结构设计计算与实例

混凝土结构设计计算与实例

本书编委会 编

人民交通出版社
China Communications Press

内 容 提 要

本书根据现行最新规范《混凝土结构设计规范》(GB 50010—2002)及相关设计规范编写而成。全书共分为八章，系统地介绍了建筑结构荷载与结构计算简图，钢筋混凝土结构构件计算，预应力混凝土结构构件计算，钢筋混凝土楼盖结构，钢筋混凝土楼梯、雨篷、圈过梁、叠合梁、深梁和墙梁，钢筋混凝土框架结构，钢筋混凝土剪力墙结构，钢筋混凝土单层排架结构等方面的设计计算方法。本书列举了大量的实例，具有很强的实用性，便于设计人员及相关专业院校师生参考使用。

图书在版编目(CIP)数据

混凝土结构设计计算与实例 / 本书编委会编. —北京：人民交通出版社，2008. 8

ISBN 978 - 7 - 114 - 07360 - 1

Ⅰ. 混… Ⅱ. 混… Ⅲ. ①混凝土结构—结构设计②混凝土结构—结构计算 Ⅳ. TU370. 4

中国版本图书馆 CIP 数据核字（2008）第 136300 号

书　　名：混凝土结构设计计算与实例
著 作 者：本书编委会
责任编辑：邵　江
出版发行：人民交通出版社
地　　址：(100011) 北京市朝阳区安定门外外馆斜街 3 号
网　　址：http://www.ccpress.com.cn
销售电话：(010) 59757969，59757973
总 经 销：北京中交盛世书刊有限公司
经　　销：各地新华书店
印　　刷：廊坊市长虹印刷有限公司
开　　本：787 × 1092　1/16
印　　张：25
字　　数：618 千
版　　次：2008 年 10 月　第 1 版
印　　次：2008 年 10 月　第 1 版第 1 次印刷
书　　号：ISBN 978 - 7 - 114 - 07360 - 1
定　　价：50.00 元

混凝土结构设计计算与实例

编　委　会

主　编：苑　辉

副主编：刘　超　李闪闪

编　委：白　鸽　卜永军　陈海霞　杜翠霞
韩国栋　吉斌武　刘雪芹　刘　争
卢月林　彭　顺　秦付良　田雪梅
文丽华　武志华　杨静林　岳永铭
张　谦　赵　娟

前　言

现在市场上的结构设计书大致可分两种，一种是结构设计教科书，侧重讲清道理；一种是设计参考书，侧重传授方法。很少有既讲道理又介绍方法和经验解决实际问题的书。设计人员设计时往往需要花费很多时间查找图书资料，广大学生在课程设计、毕业设计时也苦于如何将学到的专业知识转化为实际应用。一本既符合规范规定又有实际设计例题并收录有常用参考资料的手册是他们真正渴求的，而且随着近年来各种年新版建筑结构设计标准规范的修订和颁布实施，新形势对广大的设计人员和土木工程专业学生提出了新的更高的要求。正是出于这种思考，我们编写一套面向广大设计人员和土木工程专业学生的设计实例丛书——《结构设计计算与实例》。

《结构设计计算与实例》丛书紧扣现行建筑结构设计标准规范，重点突出了新的标准规范的设计要求，通过一系列计算例题和设计实例来促进新规范的理解应用。同时通过设计实例具体化一些规范的规定和要求，并根据实例整理出设计中常用的一些数据资料以便查用。最近几年电算的运用已经很普遍，但是设计方案是由设计人员来选定，计算结果也需要设计人员来判断和取舍，也有超过电算适用范围的工程。因此对于基本概念的了解和基本规范规定的熟悉就显得特别重要。为此，本书特别强调基本构件的计算和规范规定的理解，并在实例中分析，力求步骤清晰，促进基本技能的训练。

本系列丛书内容新而全，涉及内容广泛，编撰体例新颖，并且具有实用、可操作性强、可随查随用等特点。相信本丛书的出版，将会成为广大设计人员必备的参考书，也是土木工程专业学生课程设计的好的指导书。

本系列丛书共有以下分册：

1.《钢结构设计计算与实例》

2.《混凝土结构设计计算与实例》

3.《地基基础设计计算与实例》

4.《建筑抗震设计计算与实例》

5.《轻型钢结构设计计算与实例》

《钢结构设计计算与实例》根据现行《钢结构设计规范》(GB 50017—2002)编写，主要内容包括：受弯构件、轴心受力构件、拉弯构件、压弯构件的计算，疲劳计算，连接计算和连接构件的设计，屋盖结构和屋面结构设计计算，支撑系统的计算，吊车梁设计，门式刚架设计，钢与混凝土组合梁设计，钢管结构设计等。书中还从工程概况、设计依据入手详细介绍了单层框架钢结构厂房设计步骤，同时列出了钢结构工程设计中常用的数据资料，是一本实用性很强的资料集。

《混凝土结构设计计算与实例》根据混凝土结构设计的特点，紧扣《混凝土结构设计规范》(GB 50010—2002)、《高层建筑混凝土结构技术规程》(JGJ 3—2002)系统性地介绍了混凝土结构受弯构件、受压构件、受拉构件、受扭、受冲切及局部受压构件等的计算，板、梁、柱、墙的设计计算，根据实际工程分别列出了预应力混凝土结构、剪力墙结构、框架-剪力墙结构、底部大空间剪力墙结构、筒体结构、板柱-剪力墙结构、单层钢筋混凝土柱厂房的设计以及设计常用的数据资料等。全书内容全面丰富，理论联系实际，实用性强。

《地基基础设计计算与实例》依据《建筑地基基础设计规范》(GB 50007—2002)、《建筑基坑支护技术规程》(JGJ 120—99)、《建筑桩基技术规范》(JGJ 94—2008)等规范以及根据地基基础设计实际工程的特点，详细介绍了土的物理性质指标、地基中应力的计算、建筑地基中基础沉降的计算、土的抗剪强度及地基稳定计算、土坡稳定和土压力计算等，根据实际工程全面系统地列举了浅基础设计、无筋扩展式基础设计、钢筋混凝土扩展式基础设计、柱下钢筋混凝土条形基础设计、十字交叉钢筋混凝土条形基础设计、筏形基础设计、箱形基础设计、桩基础设计、重力式挡土墙设计、锚定板挡土墙设计、基坑设计、地下连续墙设计、沉井设计等以及设计常用的数据资料。全书理论联系实际，内容丰富，实用性及可操作性强。

《建筑抗震设计计算与实例》根据《建筑抗震设计规范》(GB 50011—2001)以及实际工程中抗震设计的内容，主要介绍了地震作用和结构抗震验算、多层砖房抗震设计、多层混凝土小砌块房屋抗震设计、配筋混凝土小型空心砌块抗震墙房屋设计、钢筋混凝土框架结构抗震设计、钢筋混凝土抗震墙结构房屋设计、钢筋混凝土框架-抗震墙结构房屋设计、底部大空间抗震墙结构房屋设计、钢筋混凝土筒体结构房屋抗震设计、板柱-抗震墙结构房屋设计、预应力混凝土结构抗震设计、单层钢筋混凝土柱厂房抗震设计、多层和高层钢结构房屋抗震设计、钢结构工业厂房抗震设计等以及设计常用的数据资料。本书知识全面、简明实用，注重理论联系实际，具有很强的实用性和可操作性。

《轻型钢结构设计计算与实例》主要根据《钢结构设计规范》(GB 50017—2002)、《冷弯薄壁型钢结构技术规范》(GB 50018—2002)、《门式刚架轻型房屋钢结构技术规程》(CECS102：2002)，按近年来轻型结构的新发展及工程设计成果，考虑建设、设计和施工的要求，将各方面的经验资料总结编写而成。主要内容包括：轻型钢结构各构件的计算、轻型钢结构的连接计算与设计、压型钢板的计算与设计、檩条与墙梁的计算与设计、屋架的计算与设计、刚架的计算与设计，还列举了单层轻型钢结构厂房的设计以及设计常用的数据资料。全书注重理论联系实际以及现代与传统方法的结合，在保证系统全面的同时，力求体现实用性和可操作性。

本套丛书主要有如下的特点和优越性：

1. 采用最新标准。丛书是最新建筑结构设计规范和实例设计相结合的书籍。

2. 快速实用。即帮助读者在短时间内掌握设计的主要方法并向读者提供一些简明实用的设计数据及相关资料。在书的前一部分介绍结构设计的基本知识以及基本算例；在书的后一部分详细列举了实际工程中经常采用的设计的实例，促进读者在实例中更好地理解规范和掌握设计方法。这种帮助读者快速学快速查，快速设计快速解决问题的轻松学习过程正是本套丛书的特色所在。此外，在书的最后还附有常用的数据资料供读者参考。

3. 内容全面。丛书从设计施工各个方面，参考大量的文献资料和实践经验编制而成，基本上能满足设计施工人员的要求。

本套丛书由一批具有丰富建筑工程设计工作经验的专家学者及高校教育工作者编写，在编写过程中还得到了部分专家的指导和帮助，在此深表谢意。限于编者的水平，同时建筑工程设计涉及面广，技术复杂，书中错误及疏漏之处在所难免，恳请广大读者批评指正。

本书编委会

目　录

第一章　建筑结构荷载与结构计算简图

第一节　荷载效应组合

一、承载能力极限状态的荷载效应组合

(1)对于承载能力极限状态,应按荷载效应的基本组合或偶然组合进行荷载(效应)组合,并应采用下列设计表达式进行设计:

$$\gamma_0 S \leqslant R \tag{1-1}$$

式中　γ_0——结构重要性系数,应根据结构的安全等级或设计使用年限确定,见表1-1;

S——荷载效应组合的设计值;

R——结构构件抗力的设计值,应按各有关建筑结构设计规范的规定确定。当考虑地震作用时,抗力设计值尚应除以承载力调整系数γ_{RE}。

表1-1　结构重要性系数

项　目	分　类	γ_0	备　注
按安全等级确定	一级	1.1	
	二级	1.0	
	三级	0.9	抗震设计时不考虑
按使用年限确定	100年及以上	1.1	
	50年	1.0	
	5年	0.9	

(2)对于基本组合,荷载效应组合的设计值S应从下列组合值中取最不利值确定:

1)由可变荷载效应控制的组合

$$S=\gamma_G S_{Gk}+\gamma_{Q1} S_{Q1k}+\sum_{i=2}^{n}\gamma_{Qi}\psi_{ci}S_{Qik} \tag{1-2}$$

式中　γ_G——永久荷载的分项系数,按表1-2取值;

γ_{Q1}、γ_{Qi}——分别为第1个和第i个可变荷载的分项系数,按表1-3取值;

S_{Gk}——按永久荷载标准值G_k计算的荷载效应值;

S_{Q1k}、S_{Qik}——按可变荷载Q_{1k}和Q_{ik}计算的荷载效应值,其中S_{Q1k}为诸可变荷载效应中起控制作用者;在计算中当对S_{Q1k}无法明显判断时,可轮次以各可变荷载效应为S_{Q1k},选其中最不利的荷载效应组合。

ψ_{ci}——可变荷载Q_{ik}的组合值系数,除对风荷载取0.6外,一般情况下都取0.7,但不小于其频遇值系数;

n——参与组合的可变荷载数。

表 1-2　　永久荷载分项系数 γ_G

项　目	效应组合情况	γ_G
永久荷载效应对结构不利时	对由可变荷载效应控制的组合	1.2
	对由永久荷载效应控制的组合	1.35
永久荷载效应对结构有利时		1.0

表 1-3　　可变荷载分项系数 γ_Q

项　目	γ_Q	项　目	γ_Q
一般情况	1.4	对标准值不小于 4kN/m² 的工业房屋楼面结构活荷载	1.3

2)由永久荷载效应控制的组合：

$$S=\gamma_G S_{Gk}+\sum_{i=1}^{n}\gamma_{Qi}\psi_{ci}S_{Qik} \tag{1-3}$$

式中符号意义同前。

基本组合设计时的荷载效应组合设计值取(1)、(2)中的最不利者。

(3)一般排架和框架结构，基本组合可采用简化规则，并应按下列组合值中取最不利值确定：

1)由可变荷载效应控制的组合，取式(1-4)和式(1-5)中最不利值。

$$S=\gamma_G S_{Gk}+\gamma_{Q1}S_{Q1k} \tag{1-4}$$

$$S=\gamma_G S_{Gk}+0.9\sum_{i=1}^{n}\gamma_{Qi}S_{Qik} \tag{1-5}$$

式中符号意义同前。

2)由永久荷载效应控制的组合。

$$S=\gamma_G S_{Gk}+\sum_{i=1}^{n}\gamma_{Qi}\psi_{ci}S_{Qik}$$

式中符号意义同前。

3)计算基础、桩基承台、支挡结构时，荷载效应基本组合按下式确定：

$$S=1.35(S_{Gk}+\sum_{i=1}^{n}S_{Qik}) \tag{1-6}$$

式中　S_{Gk}——永久荷载效应的标准组合值；

S_{Qik}——活荷载效应的标准组合值。

(4)考虑地震作用效应的基本组合：

$$S=\gamma_G S_{GE}+\gamma_{Eh}S_{Ehk}+\gamma_{Ev}S_{Evk}+\psi_w\gamma_w S_{wk} \tag{1-7}$$

式中　S——考虑地震作用效应和其他荷载效应组合的设计值；

γ_G——重力荷载分项系数，一般情况应采用 1.2，当重力荷载效应对构件承载能力有利时，不应大于 1.0；

γ_{Eh}、γ_{Ev}——分别为水平、竖向地震作用分项系数，应按表 1-4 采用；

γ_w——风荷载分项系数，应采用 1.4；

S_{GE}——重力荷载代表值的效应；

S_{Ehk}——水平地震作用标准值的效应；

S_{Evk}——竖向地震作用标准值的效应；

S_{wk}——风荷载标准值的效应；

ψ_w——风荷载组合值系数，一般结构可不考虑，风荷载起控制作用的高层建筑可采用0.2。

表 1-4　　地震作用分项系数 γ_{Eh}、γ_{Ev}

地 震 作 用	γ_{Eh}	γ_{Ev}
仅考虑水平地震作用	1.3	不考虑
仅考虑竖向地震作用	不考虑	1.3
同时考虑水平与竖向地震作用	1.3	0.5

(5)偶然组合：荷载效应组合的设计值宜按下列规定：偶然荷载代表值不乘分项系数；与偶然荷载同时出现的其他荷载可根据观测资料和工程经验采用适当的代表值。

【例 1-1】 某简支梁荷载效应组合设计值的计算

一简支梁，安全等级为二级，计算跨度 $l_0=4\text{m}$，承受均布永久荷载标准值 $g_k=8\text{kN/m}$，均布可变荷载标准值 $q_k=6\text{kN/m}$，集中可变荷载标准值 $Q_k=30\text{kN}$，作用于跨中。$\psi_{ci}=0.7$。求该梁跨中截面的弯矩设计值(如图 1-1 所示)。

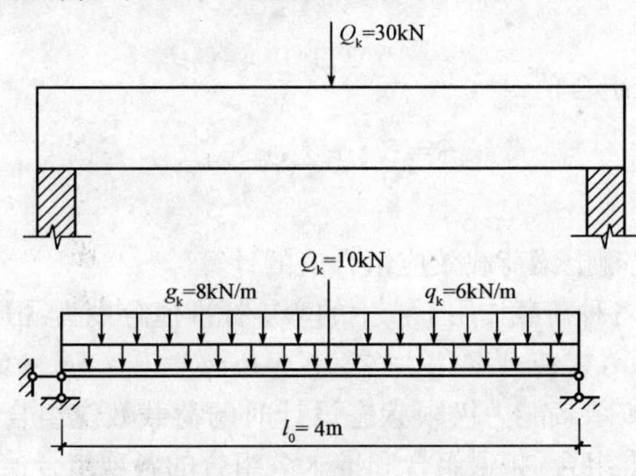

图 1-1　某简支梁计算简图

解：(1)可变荷载效应控制的组合计算。

$$M=0.9\times\left(1.2\times\frac{1}{8}\times8\times4^2+1.4\times\frac{1}{8}\times6\times4^2+1.4\times0.7\times\frac{1}{4}\times30\times4\right)$$

$$=0.9\times65.4$$

$$=58.86\text{kN}\cdot\text{m}$$

(2)按永久荷载效应控制的组合计算。

$$M=0.9\times\left(1.35\times\frac{1}{8}\times8\times4^2+1.4\times0.7\times\frac{1}{8}\times6\times4^2+1.4\times0.7\times\frac{1}{4}\times30\times4\right)$$

$$=0.9\times62.76$$

$$=56.48\text{kN}\cdot\text{m}<58.86\text{kN}\cdot\text{m}$$

按可变荷载效应控制的组合计算结果取用。

二、正常使用极限状态荷载效应组合

对于正常使用极限状态，应根据不同的设计要求，采用荷载的标准组合、频遇组合或准永久组合，并应按下列设计表达式进行设计：

$$S \leqslant C \tag{1-8}$$

式中 S——荷载效应组合的设计值；

C——结构或结构构件达到正常使用要求的规定限值，见表 1-5～表 1-15。

(1)荷载效应标准组合：

$$S = S_{Gk} + S_{Q1k} + \sum_{i=2}^{n} \psi_{ci} S_{Qik} \tag{1-9}$$

式中 S_{Gk}——按永久荷载标准值 G_k 计算的荷载效应值。

S_{Q1k}、S_{Qik}——按可变荷载 Q_{1k} 和 Q_{ik} 计算的荷载效应值，其中 S_{Q1k} 为诸可变效应中起控制作用者。

ψ_{ci}——可变荷载 Q_{ik} 的组合值系数。

(2)荷载效应频遇组合：

$$S = S_{Gk} + \psi_{f1} S_{Q1k} + \sum_{i=2}^{n} \psi_{qi} S_{Qik} \tag{1-10}$$

式中 ψ_{fi}——可变荷载 Q_i 的频遇值系数，按有关各章所列数值采用；

ψ_{qi}——可变荷载 Q_i 的准永久值系数，按有关各章所列数值采用。

式中其他符号同前。

(3)荷载效应准永久组合值：

$$S = S_{Gk} + \sum_{i=1}^{n} \psi_{qi} S_{Qik} \tag{1-11}$$

式中符号同前。

【例 1-2】 某钢筋混凝土梁荷载效应组合值的计算

一钢筋混凝土梁，在各种荷载作用下产生的弯矩标准值分别为：恒载，$M_{Gk}=2000\text{N}\cdot\text{m}$；使用活载，$M_{Q1k}=1800\text{N}\cdot\text{m}$，雪荷载，$M_{Q2k}=230\text{N}\cdot\text{m}$，$\psi_c=0.7$，$\psi_{f1}=0.5$，$\psi_{q2}=0.5$，$\psi_{q1}=0.4$ 安全等级为一级。试求按承载能力极限状态设计时的荷载效应组合值，按正常使用极限状态设计时的荷载效应标准组合、频遇组合和准永久组合的各项组合值。

解：(1)按承载能力极限状态。

1)可变荷载控制：

$$\begin{aligned} M &= 1.1\times(1.2\times2000+1.4\times1800+1.4\times0.7\times230) \\ &= 6187.9\text{N}\cdot\text{m} \end{aligned}$$

2)永久荷载控制：

$$\begin{aligned} M &= 1.1\times(1.35\times2000+1.4\times0.7\times1800+1.4\times0.7\times230) \\ &= 1.1\times4689.4 \\ &= 5158.34\text{N}\cdot\text{m} < 6187.9\text{N}\cdot\text{m} \end{aligned}$$

(2)按正常使用极限状态计算时，标准组合的荷载效应组合值计算。

$$\begin{aligned} M_k &= 2000+1800+0.7\times230 \\ &= 3961\text{N}\cdot\text{m} \\ &= 3.96\text{kN}\cdot\text{m} \end{aligned}$$

(3)按正常使用极限状态计算时，频遇组合的荷载效应组合值计算。

$$M_k = 2000 + 0.5 \times 1800 + 0.5 \times 230 = 3015\text{N}\cdot\text{m} = 3.015\text{kN}\cdot\text{m}$$

(4)按正常使用极限状态计算时，准永久组合的荷载效应组合值计算。

$$M_k = 2000 + 0.4 \times 1800 + 0.5 \times 230 = 2835\text{N}\cdot\text{m} = 2.84\text{kN}\cdot\text{m}$$

三、正常使用极限状态限值

1. 裂缝控制

混凝土结构构件的裂缝控制等级及最大裂缝宽度限值见表 1-5。

表 1-5　结构构件的裂缝控制等级及最大裂缝宽度限值

环境类别	钢筋混凝土结构		预应力混凝土结构	
	裂缝控制等级	w_{lim}(mm)	裂缝控制等级	w_{lim}(mm)
一	三	0.3(0.4)	三	0.2
二	三	0.2	二	—
三	三	0.2	—	—

注：1. 表中的规定适用于采用热轧钢筋的钢筋混凝土构件和采用预应力钢丝、钢绞线及热处理钢筋的预应力混凝土构件；当采用其他类别的钢丝或钢筋时，其裂缝控制要求可按专门标准确定。

2. 对处于年平均相对湿度小于 60%地区一类环境下的受弯构件，其最大裂缝宽度限值可采用括号内的数值。

3. 在一类环境下，对钢筋混凝土屋架、托架及需作疲劳验算的吊车梁，其最大裂缝宽度限值应取为 0.2mm；对钢筋混凝土屋面梁和托梁，其最大裂缝宽度限值应取为 0.3mm。

4. 在一类环境下，对预应力混凝土屋面梁、托梁、屋架、托架、屋面板和楼板，应按二级裂缝控制等级进行验算；在一类和二类环境下，对需作疲劳验算的预应力混凝土吊车梁，应按一级裂缝控制等级进行验算。

5. 表中规定的预应力混凝土构件的裂缝控制等级和最大裂缝宽度限值仅适用于正截面的验算；预应力混凝土构件的斜截面裂缝控制验算应符合规范《混凝土结构设计规范》(GB 50010—2002)第 8 章的要求。

6. 对于烟囱、筒仓和处于液体压力下的结构构件，其裂缝控制要求应符合专门标准的有关规定。

7. 对于处于四、五类环境下的结构构件，其裂缝控制要求应符合专门标准的有关规定。

8. 表中的最大裂缝宽度限值用于验算荷载作用引起的最大裂缝宽度。

9. 环境类别的划分见表 1-6。

10. 裂缝控制等级：根据结构的功能要求、环境条件对钢筋的腐蚀影响、钢筋种类对腐蚀的敏感性和荷载作用的时间等因素划分为三种控制等级：

一级——严格要求不出现裂缝的构件；

二级——一般要求不出现裂缝的构件；

三级——允许出现裂缝的构件。

表 1-6　混凝土结构的环境类别

环境类别		条件
一		室内正常环境
二	a	室内潮湿环境；非严寒和非寒冷地区的露天环境、与无侵蚀性的水或土壤直接接触的环境
	b	严寒和寒冷地区的露天环境、与无侵蚀性的水或土壤直接接触的环境
三		使用除冰盐的环境；严寒和寒冷地区冬季水位变动的环境；滨海室外环境
四		海水环境
五		受人为或自然的侵蚀性物质影响的环境

2. 位移控制

(1)钢筋混凝土受弯构件的挠度限值(见表 1-7)。

表 1-7 钢筋混凝土受弯构件的挠度限值

项次	构件类型	挠度限值
1	吊车梁:手动吊车 电动吊车	$l_0/500$ $l_0/600$
2	屋盖、楼盖及楼梯构件: 当 $l_0<7$m 时 当 7m$\leqslant l_0\leqslant$9m 时 当 $l_0>9$m 时	 $l_0/200(l_0/250)$ $l_0/250(l_0/300)$ $l_0/300(l_0/400)$

注:1. 表中 l_0 为构件的计算跨度。

2. 表中括号内的数值适用于使用上对挠度有较高要求的构件。

3. 如果构件制作时预先起拱,且使用上也允许,则在验算挠度时,可将计算所得的挠度值减去起拱值;对预应力混凝土构件,尚可减去预加力所产生的反拱值。

4. 计算悬臂构件的挠度限值时,其计算跨度 l_0 按实际悬臂长度的 2 倍取用。

(2)木结构受弯构件的挠度限值(见表 1-8)。

表 1-8 木结构受弯构件挠度限值

项次	构件类别		挠度限值
1	檩条	$l\leqslant3.3$m	$l/200$
		$l>3.3$m	$l/250$
2	椽条		$l/150$
3	吊顶中的受弯构件		$l/250$
4	楼板梁和搁栅		$l/250$

(3)钢结构受弯构件的挠度限值(见表 1-9)。

表 1-9 钢结构受弯构件挠度容许值

项次	构件类别	挠度容许值	
		$[v_T]$	$[v_Q]$
1	吊车梁和吊车桁架(按自重和起重量最大的一台吊车计算挠度) (1)手动吊车和单梁吊车(含悬挂吊车) (2)轻级工作制桥式吊车 (3)中级工作制桥式吊车 (4)重级工作制桥式吊车	 $l/500$ $l/800$ $l/1000$ $l/1200$	—
2	手动或电动葫芦的轨道梁	$l/400$	—
3	有重轨(重量等于或大于 38kg/m)轨道的工作平台梁 有轻轨(重量等于或小于 24kg/m)轨道的工作平台梁	$l/600$ $l/400$	—

续上表

项次	构件类别	挠度容许值	
		$[v_T]$	$[v_Q]$
4	楼(屋)盖梁或桁架、工作平台梁(第3项除外)和平台板		
	(1)主梁和桁架(包括设有悬挂起重设备的梁和桁架)	$l/400$	$l/500$
	(2)抹灰顶棚的次梁	$l/250$	$l/350$
	(3)除(1)、(2)款外的其他梁(包括楼梯梁)	$l/250$	$l/300$
	(4)屋盖檩条		
	支承无积灰的瓦楞铁和石棉瓦屋面者	$l/150$	—
	支承压型金属板、有积灰的瓦楞铁和石棉瓦等屋面者	$l/200$	—
	支承其他屋面材料者	$l/200$	—
	(5)平台板	$l/150$	—
5	墙架构件(风荷载不考虑阵风系数)		
	(1)支柱	—	$l/400$
	(2)抗风桁架(作为连续支柱的支承时)	—	$l/1000$
	(3)砌体墙的横梁(水平方向)	—	$l/300$
	(4)支承压型金属板、瓦楞铁和石棉瓦墙面的横梁(水平方向)	—	$l/200$
	(5)带有玻璃窗的横梁(竖直和水平方向)	$l/200$	$l/200$

注:1. l 为受弯构件的跨度(对悬臂梁和伸臂梁为悬伸长度的2倍)。

2. $[v_T]$为永久和可变荷载标准值产生的挠度(如有起拱应减去拱度)的容许值;$[v_Q]$为可变荷载标准值产生的挠度的容许值。

3. 冶金工厂或类似车间中设有工作级别为A7、A8级吊车的车间,其跨间每侧吊车梁或吊车桁架的制动结构,由一台最大吊车横向水平荷载(按荷载规范取值)所产生的挠度不宜超过制动结构跨度的1/2200。

(4)单层和多层钢框架结构的水平位移限值(见表1-10)。

表1-10　　单层和多层钢框架结构的水平位移限值

项次	水平位移种类	限值
1	无桥式吊车的单层框架的柱顶位移	$H/150$
2	有桥式吊车的单层框架的柱顶位移	$H/400$
3	多层框架的柱顶位移	$H/500$
4	多层框架的层间相对位移	$h/400$

注:1. 对室内装修要求较高的民用建筑多层框架结构,层间相对位移宜适当减小。无墙壁的多层框架结构,层间相对位移可适当放宽。

2. 对轻型框架结构的柱顶水平位移和层间位移均可适当放宽。

3. H 为自基础顶面至柱顶的总高度,h 为层高。

(5)单层厂房钢排架柱和露天栈桥柱的水平位移限值(见表1-11)。

表 1-11 柱水平位移(计算值)的限值

项次	位移的种类	按平面结构图形计算	按空间结构图形计算
1	厂房柱的横向位移	$H_c/1250$	$H_c/2000$
2	露天栈桥柱的横向位移	$H_c/2500$	—
3	厂房和露天栈桥柱的纵向位移	$H_c/4000$	—

注:1. 本表限值适用于在冶金工厂或类似车间中设有 A7、A8 级吊车的厂房柱和设有中级和重级工作制吊车的露天栈桥柱,在吊车梁或吊车桁架的顶面标高处,由一台最大吊车水平荷载(按荷载规范取值)所产生的计算变形值。

2. H_c 为基础顶面至吊车梁或吊车桁架顶面的高度。

3. 计算厂房或露天栈桥柱的纵向位移时,可假定吊车的纵向水平制动力分配在温度区段内所有柱间支撑或纵向框架上。

4. 在设有 A8 级吊车的厂房中,厂房柱的水平位移容许值宜减小 10%。

5. 在设有 A6 级吊车的厂房柱的纵向位移宜符合表中的要求。

(6)门式刚架轻型钢结构房屋位移限值(见表 1-12 和表 1-13)。

表 1-12 刚架柱顶位移设计值的限值

吊车情况	其他情况	柱顶位移限值	吊车情况	其他情况	柱顶位移限值
无吊车	当采用轻型钢墙板时 当采用砌体墙时	$H/60$ $H/100$	有桥式吊车	当吊车有驾驶室时 当吊车由地面操作时	$H/400$ $H/180$

注:表中 H 为刚架柱高度。

表 1-13 受弯构件的挠度限值

挠度类别	构件类别	构件挠度限值
竖向挠度	门式刚架斜梁 仅支承压型钢板屋面和冷弯型钢檩条 尚有吊顶 有悬挂起重机	 $l/180$ $l/240$ $l/400$
	檩条 仅支承压型钢板屋面 尚有吊顶	 $l/150$ $l/240$
	压型钢板屋面板	$l/150$
水平挠度	墙板	$l/100$
	墙梁 仅支承压型钢板墙 支承砌体墙	 $l/100$ $l/180$ 且$\leqslant$50mm

注:1. 表中 l 为构件跨度。

2. 对悬臂梁,按悬伸长度的 2 倍计算受弯构件的跨度。

(7)冷弯薄壁钢结构构件的挠度和侧移限值(见表 1-14)。

表 1-14 冷弯薄壁钢结构挠度和侧移限值

项次	构件类别			构件挠度和侧移限值
1	压型钢板	屋面板	屋面坡度<1/20	$l/250$
			屋面坡度≥1/20	$l/200$
		墙板		$l/150$
		楼板		$l/200$

续上表

<table>
<tr><th>项 次</th><th colspan="3">构 件 类 别</th><th>构件挠度和侧移限值</th></tr>
<tr><td rowspan="2">2</td><td rowspan="2">檩条</td><td colspan="2">瓦楞铁屋面</td><td>$l/150$</td></tr>
<tr><td colspan="2">压型钢板、钢丝瓦水泥瓦和其他水泥制品瓦屋面</td><td>$l/200$</td></tr>
<tr><td rowspan="2">3</td><td rowspan="2">墙梁</td><td colspan="2">压型钢板、瓦楞铁墙面</td><td>$l/150$（水平方向）</td></tr>
<tr><td colspan="2">窗洞顶部的墙梁</td><td>$l/200$（水平方向和竖向）</td></tr>
<tr><td rowspan="3">4</td><td rowspan="3">刚架梁</td><td colspan="2">仅支承压型钢板屋面和檩条（承受活荷载或雪荷载）</td><td>$l/180$</td></tr>
<tr><td colspan="2">尚有吊顶</td><td>$l/240$</td></tr>
<tr><td colspan="2">有吊顶且抹灰</td><td>$l/360$</td></tr>
<tr><td rowspan="4">5</td><td rowspan="4">刚架柱</td><td rowspan="2">无吊车</td><td>采用压型钢板等轻型钢墙板时</td><td>$H/75$</td></tr>
<tr><td>采用砖墙时</td><td>$H/100$</td></tr>
<tr><td rowspan="2">有桥式吊 车</td><td>吊车由驾驶室操作时</td><td>$H/400$</td></tr>
<tr><td>吊车由地面操作时</td><td>$H/180$</td></tr>
</table>

注：1. 表中窗洞顶部墙梁竖向挠度尚不得大于 10mm。

2. 表中刚架梁 l：对单跨山形门式刚架为一侧斜梁的坡面长度；对多跨山形门式刚架为相邻两柱之间斜梁一坡的坡面长度。

3. 对悬臂梁 l 取其实际悬臂长度的 2 倍。

4. 表中 l 为梁的计算跨度、H 为刚架柱高度。

（8）多高层建筑的弹性层间位移角限值（见表 1-15）。

表 1-15　弹性层间位移角限值

<table>
<tr><th>结 构 类 型</th><th>[θ_e]</th><th>结 构 类 型</th><th>[θ_e]</th></tr>
<tr><td>钢筋混凝土框架</td><td>1/550</td><td>钢筋混凝土抗震墙、筒中筒</td><td>1/1000</td></tr>
<tr><td rowspan="2">钢筋混凝土框架-抗震墙、板柱-抗震墙、框架-核心筒</td><td rowspan="2">1/800</td><td>钢筋混凝土框支层</td><td>1/1000</td></tr>
<tr><td>多、高层钢结构</td><td>1/300</td></tr>
</table>

注：表中 $\theta_c=\Delta_u/h$，Δ_u 为按多遇地震作用标准值或风荷载标准值按弹性方法计算的楼层层间最大位移、h 为计算楼层层高。

第二节　荷载作用下结构内力计算实例

【例 1-3】 某单层现浇钢筋混凝土框架房屋结构内力计算

某单层现浇钢筋混凝土民用框架房屋、不考虑抗震，地形特征为 C 类，结构安全等级二级。横向框架柱截面尺寸为 0.4m×0.6m，框架梁截面尺寸为 0.3m×1.0m，混凝土强度等级为 C30，钢筋为 HRB400，荷载取值如下：

风荷载：0.47kN/m²

雪荷载：0.30kN/m²

屋面恒载：15kN/m

纵向框架梁传来的集中荷载：32kN

纵向连梁传来的集中荷载：55kN

框架尺寸如图 1-2 所示。

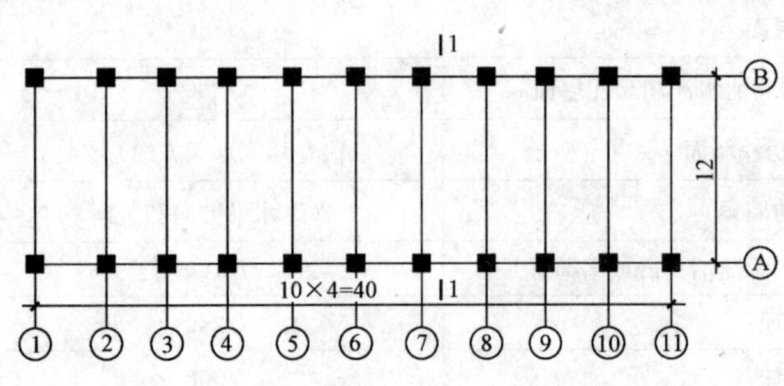

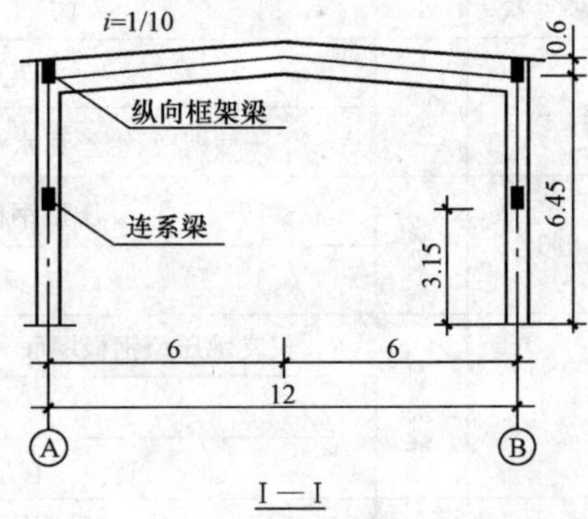

图 1-2 房屋平面及剖面(单位:m)

求采用简化规则进行荷载效应组合,确定在两种风向作用下,横向框架柱柱顶和柱底截面纵向配筋时的荷载效应基本组合:

(1)M_{max}及相应的 N。

(2)$-M_{max}$及相应的 N。

(3)N_{max}及相应的 M。

(4)N_{max}及相应的$-M$。

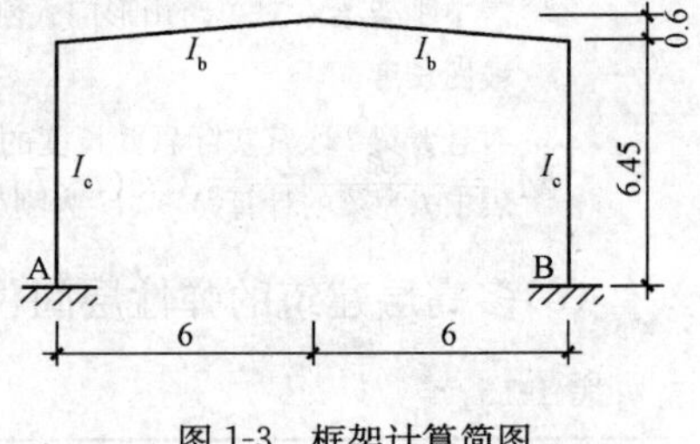

图 1-3 框架计算简图

解:

(1)基本几何数据确定(计算简图如图 1-3 所示)。

1)刚架计算跨度:$l=12$m

2)框架柱计算高度:$h=5.95+0.5=6.45$m

3)框架梁斜长:$S=\sqrt{6^2+0.6^2}=6.03$m

4)框架柱的截面惯性矩:$I_c=\dfrac{1}{12}\times0.4\times0.6^3=0.0072\text{m}^4$

5)框架梁的截面惯性矩:$I_b=\dfrac{1}{12}\times0.3\times1^3=0.025\text{m}^4$

(2)作用在横向框架上的各种荷载标准值。

1)恒载:屋面恒载:15kN/m

横向框架梁自重:$0.3\times1.0\times25=7.5$kN/m

纵向框架梁传来的集中荷载:32kN

纵向连梁传来的集中荷载:55kN

框架柱自重:$0.4\times0.6\times25\times6.45=38.7$kN

2)活荷载:

屋面均布活荷载:$0.7\times4=2.8$kN/m

雪荷载:$1\times0.3\times4=1.2$kN/m

风荷载:A 柱风载:$W_{1k}=1\times0.8\times1\times0.47\times4=1.51$kN/m

B 柱风载:$W_{2k}=1\times(-0.5)\times1\times0.47\times4=-0.95$kN/m

(3)横向框架柱柱顶截面及柱底截面的弯矩及轴向力标准值:

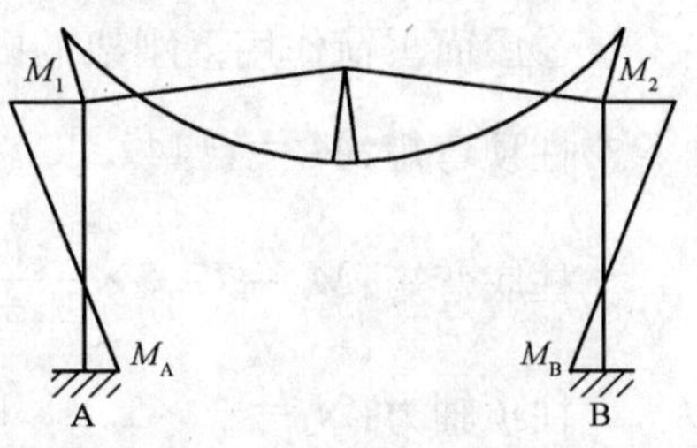

图 1-4　框架梁自重及屋面恒荷载弯矩图

1)恒载作用下(如图 1-4 所示)。

①根据刚架内力计算公式:

$$M_1=\frac{-G_k}{24M_1}(5\psi M_2+8)l^2$$

$$M_A=\frac{G_k}{24M_1}(5\psi C_2+8CM_2-1)$$

$$N_1=\frac{1}{2}G_k l$$

式中各系数的计算:

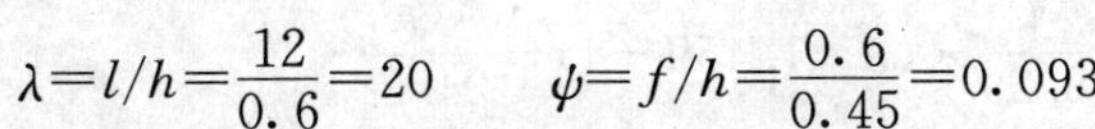

$$\lambda=l/h=\frac{12}{0.6}=20 \qquad \psi=f/h=\frac{0.6}{0.45}=0.093$$

$$k=\frac{h}{s}\times\frac{I_2}{I_1}=6.45\times0.025/(6.03\times0.0072)=3.714$$

$$M_1=4(1+k)-2M_2(k-\psi)=4\times(1+3.714)-2\times1.459\times(3.714-0.093)$$
$$=8.290$$

$$M_2=\frac{3(k-\psi)}{2(k+\psi^2)}=3\times(3.714-0.093)/[2\times(3.714+0.093^2)]=1.459$$

$$M_3=2+6k=2+6\times3.714=24.284$$

$$C_1=2(1+k)/(k-\psi)=2\times(1+3.714)/(3.714-0.093)=2.604$$

$$C_2=(C_1-1)M_2=(2.604-1)\times1.459=2.340$$

②横向框架梁自重及屋面恒荷载产生的内力:

柱顶弯矩:$M_1=-\frac{1}{24\times8.290}\times(15+7.5)\times(5\times0.093\times1.459+8)\times12^2$
$=-141.33\text{kN}\cdot\text{m}$

柱底弯矩:$M_A=-\frac{1}{24\times8.290}\times(15+7.5)\times[5\times0.093\times2.340+8\times(1.459-1)]\times12^2$
$=77.51\text{kN}\cdot\text{m}$

柱顶轴力:$N_1=\frac{1}{2}\times(15+7.5)\times12+32=167\text{kN}$

③纵向框架梁及连梁传来的集中力及柱自重

柱底轴力:$N_A=167+55+38.7=260.7\text{kN}$

2)活荷载作用下内力的计算。

①屋面均布活荷载作用下的内力:

柱顶弯矩:$M_1=-141.33\times\frac{2.8}{15+7.5}=17.59\text{kN}\cdot\text{m}$

柱底弯矩:$M_A=77.5\times\frac{2.8}{15+7.5}=9.64\text{kN}\cdot\text{m}$

柱顶轴力:$N_1=\frac{1}{2}\times2.8\times12=16.9\text{kN}$

②屋面雪荷作用下刚架的内力：

柱顶弯矩：$M_1=-141.33\times\frac{1.2}{15+7.5}=7.54\text{kN}\cdot\text{m}$

柱底弯矩：$M_A=77.5\times\frac{1.2}{15+7.5}=4.13\text{kN}\cdot\text{m}$

柱顶轴力：$N_1=\frac{1}{2}\times1.2\times12=7.2\text{kN}$

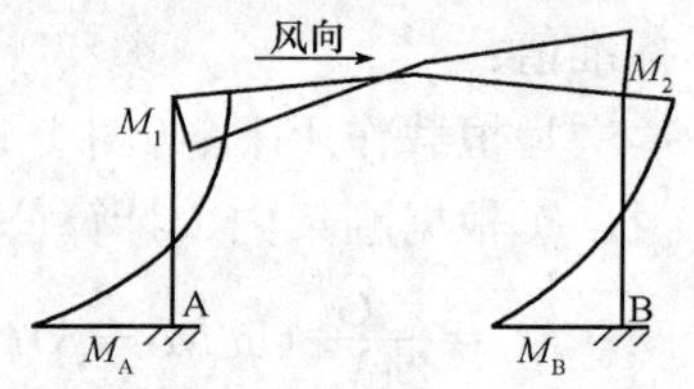

图 1-5 风荷载弯矩

3)左风荷载作用下刚架内力的计算(如图 1-5 所示)。

根据刚架内力计算表求得刚架内力：

$$M_1=-\frac{1}{12}Q_{1k}h^2K\left[\frac{1}{\mu_1}(3\mu_2-4)-\frac{6}{\mu_3}\right]+\frac{1}{12}Q_{2k}h^2K\left[\frac{1}{\mu_1}(3\mu_2-4)+\frac{6}{\mu_3}\right]$$
$$=-\frac{1}{12}\times1.51\times6.45^2\times3.714\times\left[\frac{1}{8.29}\times(3\times1.459-4)-\frac{6}{24.284}\right]$$
$$+\frac{1}{12}\times0.95\times6.45^2\times3.714\times\left[\frac{1}{8.29}\times(3\times1.459-4)+\frac{6}{24.284}\right]$$
$$=3.92+3.58=7.5\text{kN}\cdot\text{m}$$

$$M_A=\frac{1}{12}Q_{1k}\left\{\frac{K}{\mu_1}[3C_2-4(\mu_2-1)]-6+\frac{6K}{\mu_3}\right\}h^2-\frac{1}{12}Q_{2k}\left\{\frac{K}{\mu_1}[3C_2-4(\mu_2-1)]-\frac{6K}{\mu_3}\right\}h^2$$
$$=\frac{1}{12}\times1.51\times\left\{\frac{3.714}{8.29}\times[3\times2.34-4\times(1.459-1)]-6+\frac{6\times3.714}{24.284}\right\}\times6.45^2$$
$$-\frac{1}{12}\times0.95\times\left\{\frac{3.714}{8.29}\times[3\times2.34-4\times(1.459-1)]-\frac{6\times3.714}{24.284}\right\}\times6.45^2$$
$$=-14.45-4.63=-19.1\text{kN}\cdot\text{m}$$

$$M_B=\frac{1}{12}Q_{1k}\left\{\frac{K}{\mu_1}[3C_2-4(\mu_2-1)]-\frac{6K}{\mu_3}\right\}h^2-\frac{1}{12}Q_{2k}\left\{\frac{K}{\mu_1}[3C_2-4(\mu_2-1)]-6+\frac{6K}{\mu_3}\right\}h^2$$
$$=\frac{1}{12}\times1.51\times\left\{\frac{3.714}{8.29}\times[3\times2.34-4\times(1.459-1)]-\frac{6\times3.714}{24.284}\right\}\times6.45^2$$
$$-\frac{1}{12}\times0.95\times\left\{\frac{3.714}{8.29}\times[3\times2.34-4\times(1.459-1)]-6+\frac{6\times3.714}{24.284}\right\}\times6.45^2$$
$$=7.35+9.09=16.4\text{kN}\cdot\text{m}$$

$$N_A=\left[-\frac{1}{2}h^2(Q_{1k}+Q_{2k})+M_A+M_B\right]/l$$
$$=\left[-\frac{1}{2}\times6.45^2\times(1.51+0.95)+19.1+16.4\right]/12=-1.3\text{kN}(拉)$$

4)在右风荷载作用下刚架内力计算：

$$M_1=-\frac{1}{12}Q_{2k}h^2K\left[\frac{1}{\mu_1}(3\mu_2-4)-\frac{6}{\mu_3}\right]-\frac{1}{12}Q_{1k}h^2K\left[\frac{1}{\mu_1}(3\mu_2-4)+\frac{6}{\mu_3}\right]$$
$$=\frac{1}{12}\times0.95\times6.45^2\times3.714\times\left[\frac{1}{8.29}\times(3\times1.459-4)-\frac{6}{24.284}\right]$$
$$-\frac{1}{12}\times1.51\times6.45^2\times3.714\times\left[\frac{1}{8.29}\times(3\times1.459-4)+\frac{6}{24.284}\right]$$
$$=-2.47-5.69=-8.2\text{kN}\cdot\text{m}$$

$$M_A=\frac{-Q_{2k}}{12}h^2\left\{\frac{K}{\mu_1}[3C_2-4(\mu_2-1)]-6+\frac{6K}{\mu_3}\right]+\frac{Q_{1k}}{12}h^2\left\{\frac{K}{\mu_1}[3C_2-4(\mu_2-1)-\frac{6K}{\mu_3}]\right\}$$

$$=-\frac{0.95}{12}\times6.45^2\times\left\{\frac{3.714}{8.29}\times[3\times2.34-4\times(1.459-1)]-6+\frac{6\times3.714}{24.284}\right\}$$

$$+\frac{1.51}{12}\times6.45^2\times\left\{\frac{3.714}{8.29}\times[3\times2.34-4\times(1.459-1)]-\frac{6\times3.714}{24.284}\right\}$$

$$=9.09+7.35=16.4\text{kN}\cdot\text{m}$$

$$N_A=\left[\frac{1}{2}h^2(Q_{1k}+Q_{2k})-M_A-M_B\right]/l$$

$$=\left[\frac{1}{2}\times6.45^2\times(0.95+1.51)-16.4-19.1\right]/12=1.3\text{kN}(压)$$

(4)确定横向框架柱纵向配筋时的基本组合。

1)各种荷载作用下产生的横向框架柱柱顶截面和柱底截面弯矩和轴向力标准值汇总(见表1-16)。

表1-16　　柱顶和柱底截面弯矩和轴力

项　次	荷载名称	柱顶截面		柱底截面	
		M_1(kN·m)	N_1(kN)	M_A(kN·m)	N_A(kN)
1	恒荷载	−141.33	167	77.51	260.7
2	屋面均布活荷载	−17.6	16.8	9.6	16.8
3	屋面积雪荷载	−7.5	7.2	4.1	7.2
4	风荷载(风自柱 A 向柱 B 吹)	7.5	−1.3	−19.1	−1.3
5	, 风荷载(风自柱 B 向柱 A 吹)	−8.2	1.3	16.4	1.3

2)柱顶截面按简化公式进行荷载基本组合。

①$-M_{max}$及相应 N:

a. 由可变荷载控制的组合:

(a)恒荷载的荷载分项系数取1.2,得:

$-M_{max}=-1.2\times141.33-(1.4\times17.6+1.4\times8.2)\times0.9$

$=-202.10\text{kN}\cdot\text{m}$

$N=1.2\times167+(1.4\times16.8+1.4\times1.3)\times0.9=223.23\text{kN}$

(b)恒荷载的荷载分项系数取1.0,得:

$-M_{max}=-1.0\times141.33-(1.4\times17.6+1.4\times8.2)\times0.9=-173.84\text{kN}\cdot\text{m}$

$N=1.0\times167+(1.4\times16.8+1.4\times1.3)\times0.9=189.8\text{kN}$

b. 由永久荷载效应控制的组合:

$-M_{max}=-1.35\times141.33-0.7\times1.4\times17.6-0.6\times1.4\times8.2$

$=-214.34\text{kN}\cdot\text{m}$

$N=1.35\times167+0.7\times1.4\times16.8+0.6\times1.4\times1.3=242.98\text{kN}$

②M_{max}及相应 N

由表1-16知可不考虑此种组合。

③N_{max}及相应$-M$

由表 1-16 知其效应组合与$-M_{max}$及相应 N 情况完全相同，可不进行计算。

④N_{max}及相应 M

由表 1-16 知可不考虑此种组合。

3)柱底截面按简化公式进行荷载基本组合。

①$-M_{max}$及相应 N

由表 1-16 知可不考虑此种组合。

②M_{max}及相应 N

a. 由可变荷载效应控制的组合：

参与组合的荷载为表 1-16 中的项次 1、2、5。

(a)恒荷载的荷载分项系数取 1.2：

$$M_{max}=1.2\times77.5+(1.4\times9.6+1.4\times16.4)\times0.9=125.76\text{kN}\cdot\text{m}$$

$$N=1.2\times260.7+(1.4\times16.8+1.4\times1.3)\times0.9=335.65\text{kN}$$

(b)恒荷载的荷载分项系数取 1.0：

$$M_{max}=1.0\times77.5+(1.4\times9.6+1.4\times16.4)\times0.9=110.26\text{kN}\cdot\text{m}$$

$$N=1.0\times260.7+(1.4\times16.8+1.4\times1.3)\times0.9=283.51\text{kN}$$

b. 由永久荷载效应控制的组合：

$$M_{max}=1.35\times77.5+(0.7\times1.4\times9.6+0.6\times1.4\times16.4)=127.81\text{kN}\cdot\text{m}$$

$$N=1.35\times260.7+0.7\times1.4\times16.8+0.6\times1.4\times1.3=369.5\text{kN}$$

③N_{max}及相应$-M$

由表 1-16 知可不考虑此种组合。

④N_{max}及相应 M

由表 1-16 知其效应组合与 M_{max}及相应 N 情况完全相同，可不进行计算。

第三节　结构计算简图

一、支座的简化

1. 固定铰支座

固定铰支座的构造简图如图 1-6a)所示，通常用如图 1-6b)所示的方式表示。这种支座容许结构绕铰 A 转动，但不能移动(A 点的水平移动和竖向移动均被限制)。因此，结构受荷载作用时，A 点将产生水平反力 H_A 和竖向反力 V_A。略去摩擦力的作用，反力 H_A 和 V_A 均通过铰 A 的中心。如图 1-6c)所示为用支杆表示的固定铰支座的简图。支杆是专门用来表示支座的链杆，通常被认为是绝对刚性的。

2. 滚轴铰支座

滚轴铰支座(亦称可动或滚动铰支座)的构造简图如图 1-6d)所示，通常用如图 1-6e)所示的方式表示。这种支座既容许结构绕铰 A 转动，又容许沿支承面在水平方向滑动，但支承面垂直方向上的移动则被限制。图 1-6f)为用支杆表示的滚轴铰支座的简图。由图可知，结构可绕铰 A 转动，并可沿着以 B 为圆心、AB 为半径的圆弧移动；如果移动很小，则其方向可视作是水平的。

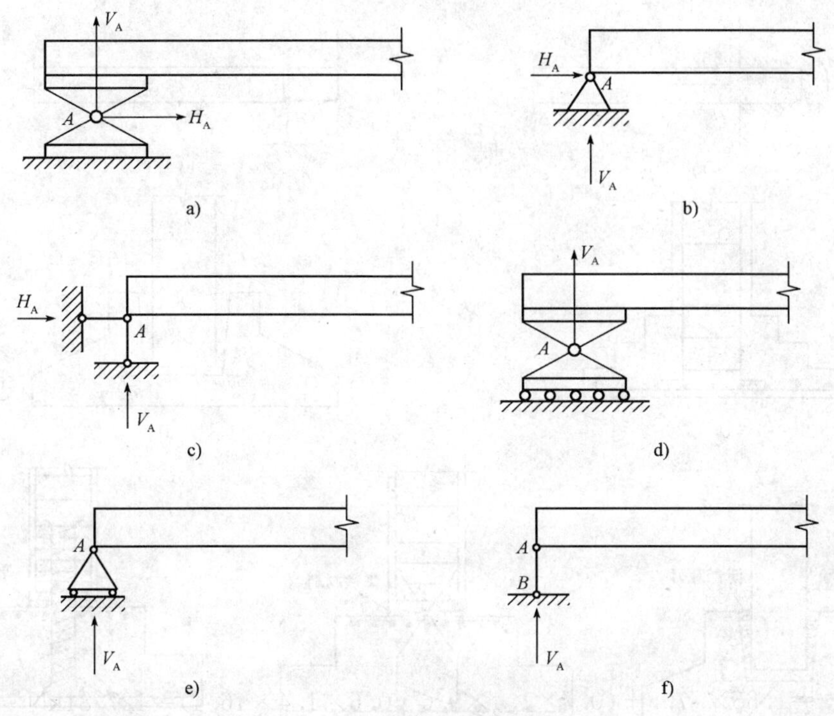

图 1-6 铰支座的简化

3. 固定支座

如图 1-7a)所示为固定支座。结构 A 端的水平移动、竖向移动和转动全被限制。在荷载作用下，A 端将产生水平和竖向反力 H_A 和 V_A 以及反力偶 M。如图 1-7b)所示为用支杆表示的固定支座的简图。

如图 1-7c)所示为一现浇钢筋混凝土柱基础。当地基土质很硬，变形很小时，柱可视作完全固接于基础顶面，则柱的支座为固定支座。如图 1-7d)、e)所示为两种预制钢筋混凝土柱杯形基础的不同构造。在图 1-7d)中，杯口四周用细石混凝土灌实，可以简化为固定支座（柱固接于基础顶面）；在图 1-7e)中，杯口四周填入沥青麻刀，柱端可以发生微小的转动，故可简化为铰支座（即柱铰接于基础杯底）。当地基土质较软且基础较小时，如图 1-7c)、d)所示情况也可简化为铰支座。如图 1-7f)、g)所示的现浇钢筋混凝土柱基础的构造亦可作为铰支座。

如图 1-7h)所示为钢筋混凝土无铰拱拱脚与墩台连接处的构造，计算中取作固定支座。如图 1-7i)所示为一跨度为 45m 的双曲拱桥拱肋支座的做法，计算中取为铰支座。

当地基土质较软，变形比较显著时，如图 1-7h)、i)所示基础可简化为弹性支座。

4. 定向支座

这种支座是将杆件末端的上下面各用辊轴夹着并嵌入墙或基础中[如图 1-8a)所示]。这样，它可容许杆件沿着杆轴方向发生不大的移动，而不容许杆端发生转动及垂直于杆轴方向的移动。这种支座反力的方向是确定的，而其大小和作用点则是未知的，因而可以用一个作用于杆端并垂直于支承平面的未知力 V 及一个未知力偶 M 来表示。定向支座可用两根相互平行且垂直于支承平面的链杆表示[如图 1-8b)所示]。

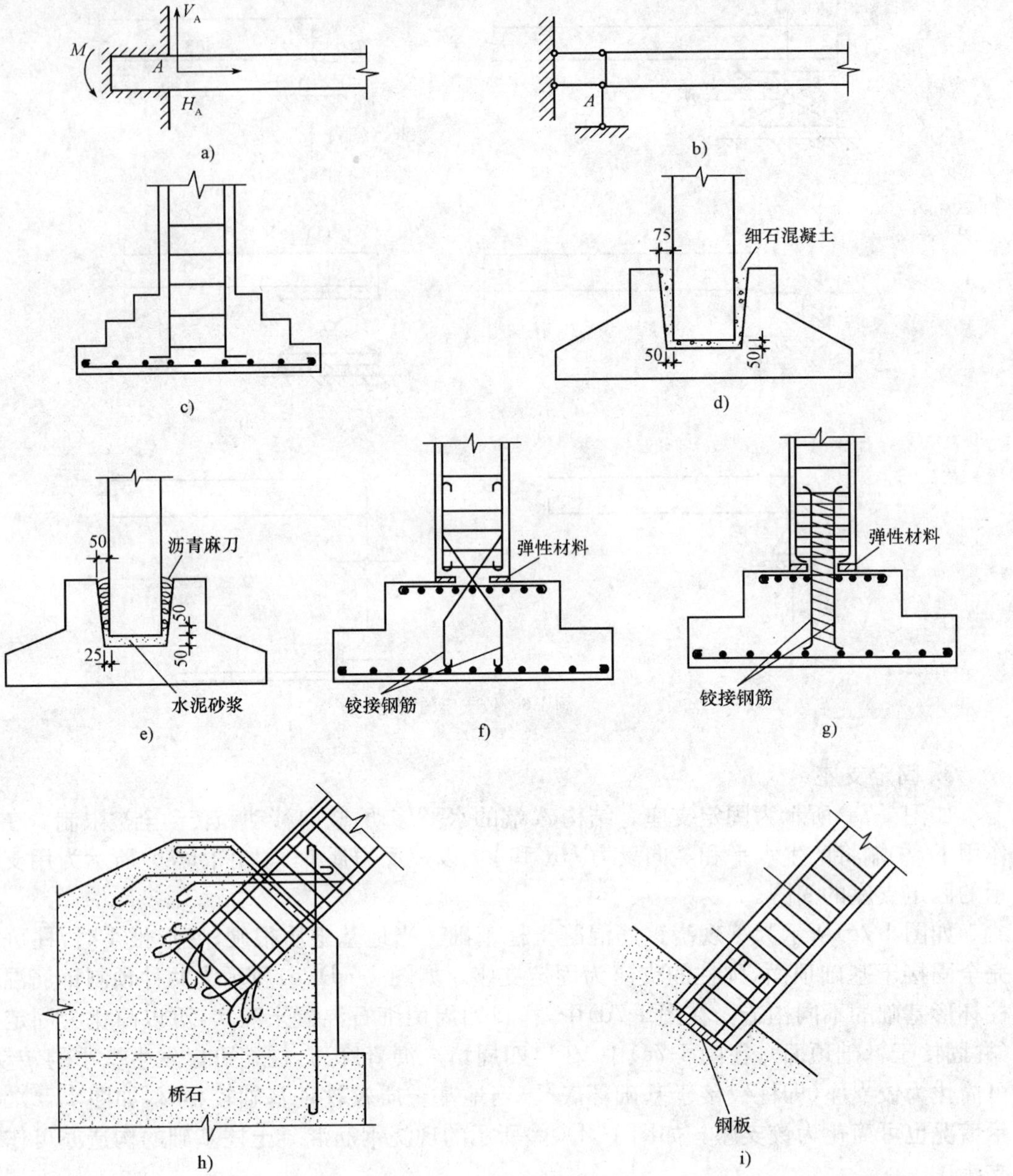

V_A M A H_A

a)

A

b)

c)

75 细石混凝土 50 50

d)

50 沥青麻刀 50 25 50 水泥砂浆

e)

弹性材料 铰接钢筋

f)

弹性材料 铰接钢筋

g)

桥石

h)

钢板

i)

图 1-7　固定支座的简化

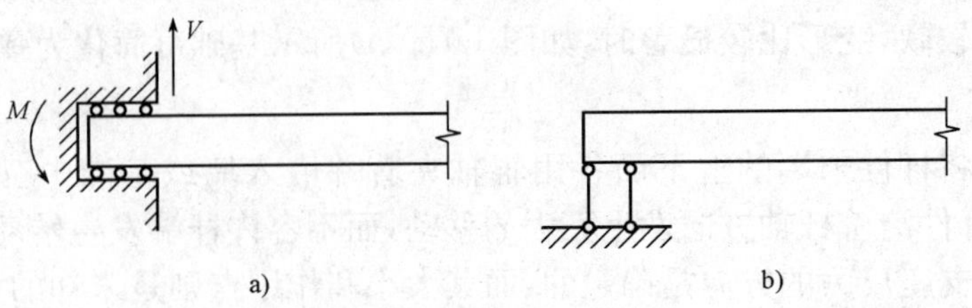

图 1-8　定向支座的简化

二、结点的简化

1. 铰结点

这种结点的特征是它所连接的各杆件都可以绕结点自由转动，即在结点处各杆件之间的夹角可以改变。若将平面杆系结构中的各杆件用其轴线来代替，则铰结点可用图 1-9a)表示。这是一种理想状况，在实际工程中是很少遇到的。

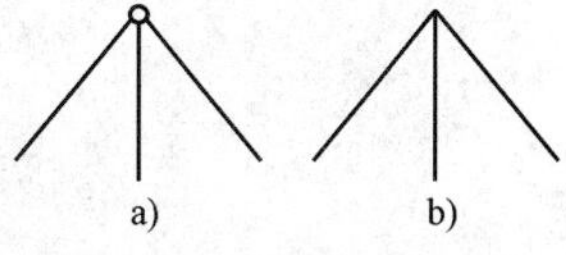

图 1-9　结点的简化(一)

2. 刚结点

这种结点的特征是它所连接的各杆件不能绕结点自由转动，即在结点处各杆端之间的夹角始终保持不变。平面结构的刚结点可用图 1-9b)表示。在钢筋混凝土结构中，刚结点比较常见。

如图 1-10a)所示为钢筋混凝土排架柱顶与钢筋混凝土屋架端部的连接构造。屋架端部与柱顶不能发生相对线位移，但仍有可能发生微小的相对转动。因此常把这种结点简化为铰结点[如图 1-10b)所示]。如图 1-10c)所示为现浇钢筋混凝土多层框架边柱与梁的结点构造。柱与梁的混凝土为整体浇灌，而且钢筋的布置使各杆可以抵抗结点加于杆端的弯矩，故柱与梁在结点处不会发生相对移动和相对转动，因此可将其简化为刚结点[如图 1-10d)所示]。

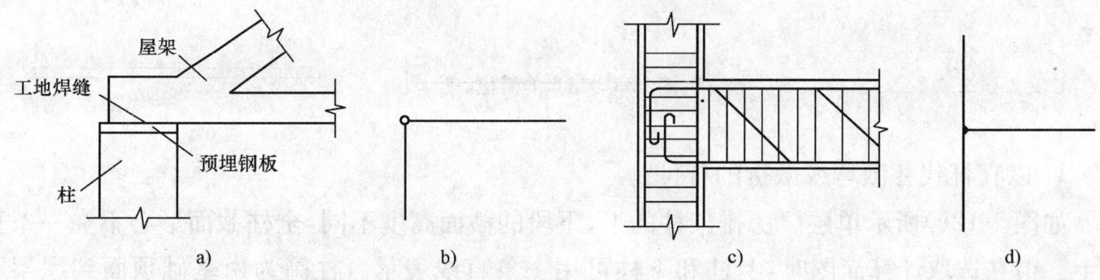

图 1-10　结点的简化(二)

如图 1-11a)所示为预制钢筋混凝土梁与柱的连接构造(明牛腿齿槽连接)，这种结点也可简化为刚结点。

确定结点简图时，除应考虑结点处的构造情况外，还要考虑结构的几何组成情况。如图 1-11b)所示的结构，结点可取为铰结点，按桁架计算；如图 1-11c)所示的结构，结点必须取为刚结点，按刚架计算。因为若将 1-11c)图所有结点都取成铰结点，固定支座都取成铰支座，结构则不能维持几何不变。实际工程中的钢筋混凝土桁架，虽然在结点构造上接近于刚结点，但其受力状态与一般刚架不同，它所受的轴向力是主要的，弯曲内力是次要的，因此计算时将其简化为铰结点。

三、构件的简化

构件的截面尺寸通常比构件的长度小得多，可以近似地采用平面假定，而截面上的应力可根据截面的内力(弯矩、轴力和剪力等)来确定。由于内力只沿构件长度方向变化，是一元函数，因此在选取计算简图时，构件可用其纵轴线表示。如梁、柱等构件的纵轴一般为直线，就用相应的直线表示，而曲杆、拱等构件的纵轴线为曲线，则用相应的曲线表示。对由单个构件连接起来的结构，构件之间的连接区用结点表示，杆件用结点间的连线表示，作用在构件上的荷载可以认为直接作用在轴线上。

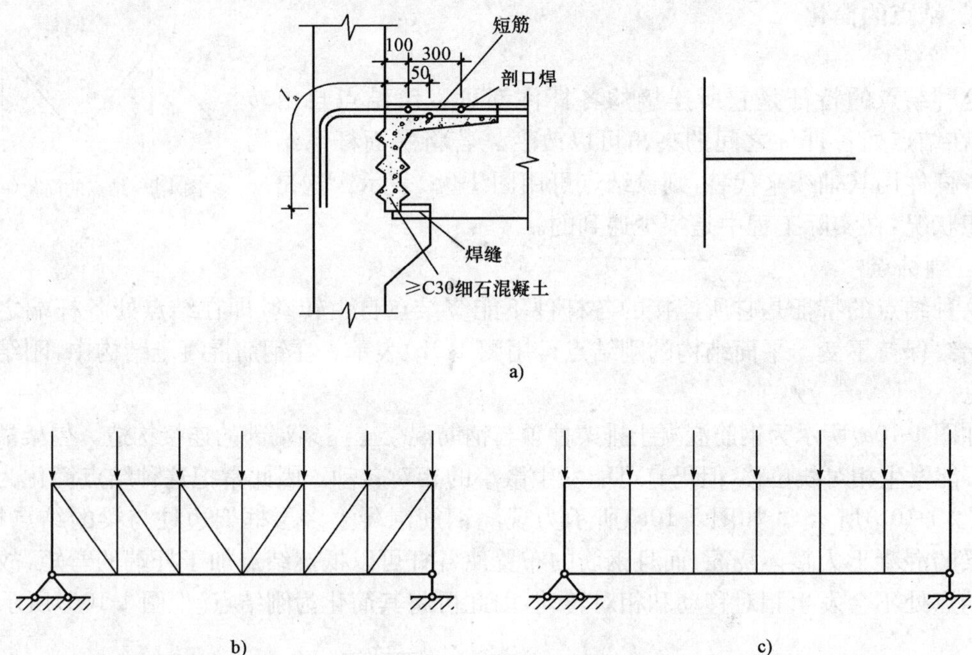

图 1-11　结点的简化(三)

1. 以直杆代替微弯或微折的杆件

如图 1-12b)所示单层厂房排架柱的上、下段的截面高度不同,全柱截面形心不在一条直线上。但在选取计算简图时,上柱和下柱可用一条直线表示。柱高为由基础顶面到屋架下弦(柱顶)的距离。排架跨度可取下柱轴线间的距离。因为对于柱顶为铰接的排架,当柱上作用荷载时,排架跨度对排架内力并无影响。如果柱顶为刚接,则取上柱轴线作为整个柱的轴线。

2. 以实体杆件代替格构式(空腹)构件

在比较复杂的结构中,格构式构件常以实体杆件代替,以使计算简化。

如图 1-12b)所示的单层厂房排架,当考虑柱承受荷载作用时,在进行排架内力计算时,可用实体横梁代替屋架[如图 1-12d)所示]。至于屋架在荷载作用下各杆件本身的内力,则可按简支桁架计算,计算时除应考虑屋面结点荷载外,还应考虑排架计算中横梁两端所受的力。

3. 构件刚度的简化

若结构中某一构件的刚度比其他构件的刚度大很多,则可将其刚度设为无限大;反之,如果它的刚度比其他构件刚度小很多,则可将其刚度设为零。采用这种假设,可使计算大为简化。

如图 1-12e)所示为矿山建筑中常遇到的带有贮仓的钢筋混凝土框架结构。由于贮仓的刚度很大,在计算框架时,可假设其刚度为无限大[如图 1-12f)所示],计算简图如图 1-12g)所示。这时,横梁 CD 的刚度 $EI=\infty$,A、B、C、D 点的转角为零。

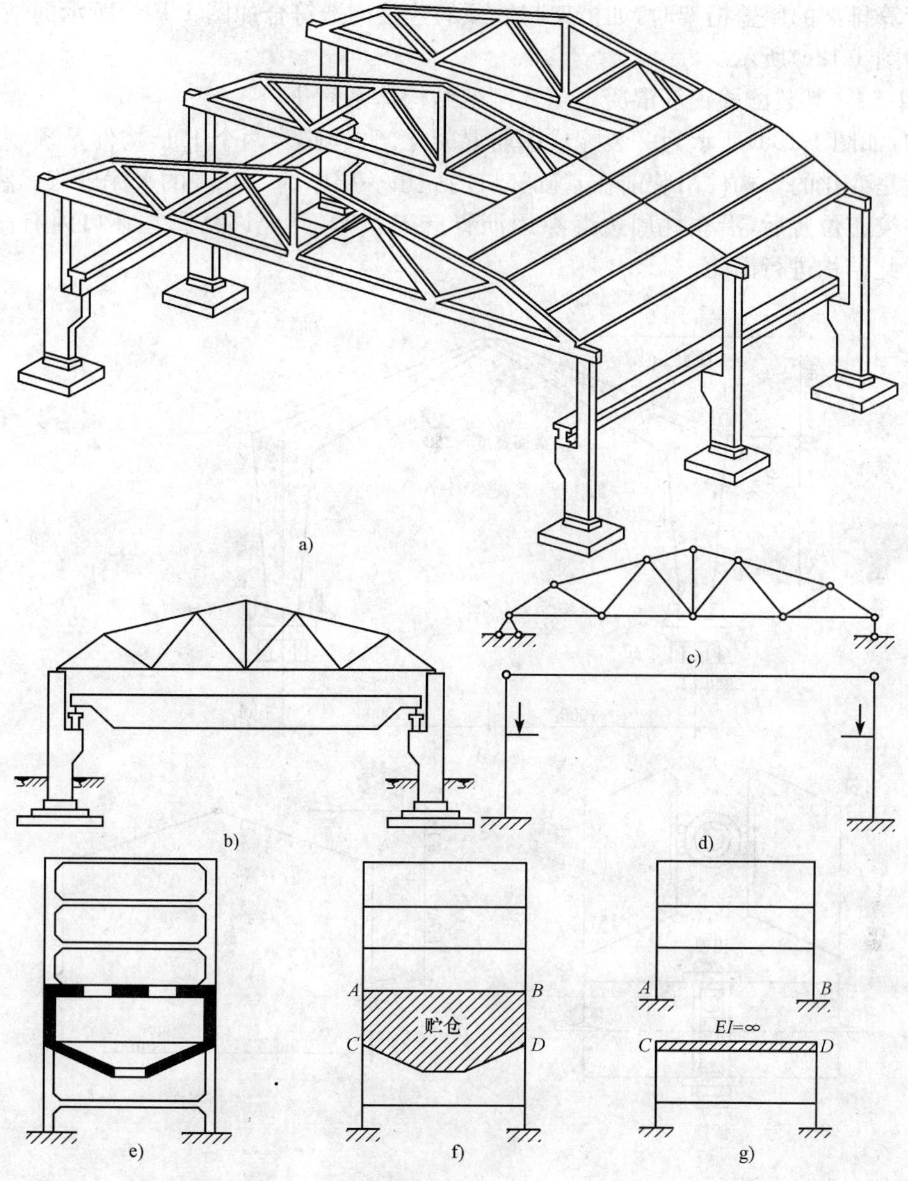

图 1-12　构件的简化

【例 1-4】 某钢筋混凝土单层厂房结构体系简化

已知：如图 1-12a)所示为一钢筋混凝土单层厂房的结构，它是由多个横向排架（各个排架通常按一定的间距有规律地沿纵向排列）借助于屋面板、吊车梁及柱间支撑等纵向构件连接成的一个复杂的空间结构。试对此结构进行体系简化。

解：由于作用在厂房上的荷载，如恒荷载、风荷载和屋面活荷载或雪荷载等一般是沿厂房纵向均匀分布的，因此可以略去排架之间纵向构件的联系作用，而把这样的空间结构简化为平面排架来计算，如图 1-12b)所示。这种不考虑空间整体作用的简化虽是近似的，但在一般情况下能较好地反映厂房结构的主要受力特点，当厂房结构承受较大的局部荷载，或屋面刚度较大且两端均有山墙时，则应考虑厂房结构的空间整体作用。

在计算排架的屋盖桁架时，如桁架与柱顶的连接构造符合如图 1-10a)所示的情况，其计算简图如图 1-12c)所示。

【例 1-5】 某装配式钢筋混凝土门式刚架结构体系简化

已知：如图 1-13a)所示为一装配式钢筋混凝土门式刚架，两个Γ形构件是预制的，构件截面高度是变化的。构件吊装前在基础杯口内先填一层厚约 50mm 的水泥砂浆。将构件插入杯口并校正位置后，沿立柱周边缝隙用沥青麻刀填实，并允许柱脚在杯口内有微小的转动。试对此结构进行简化。

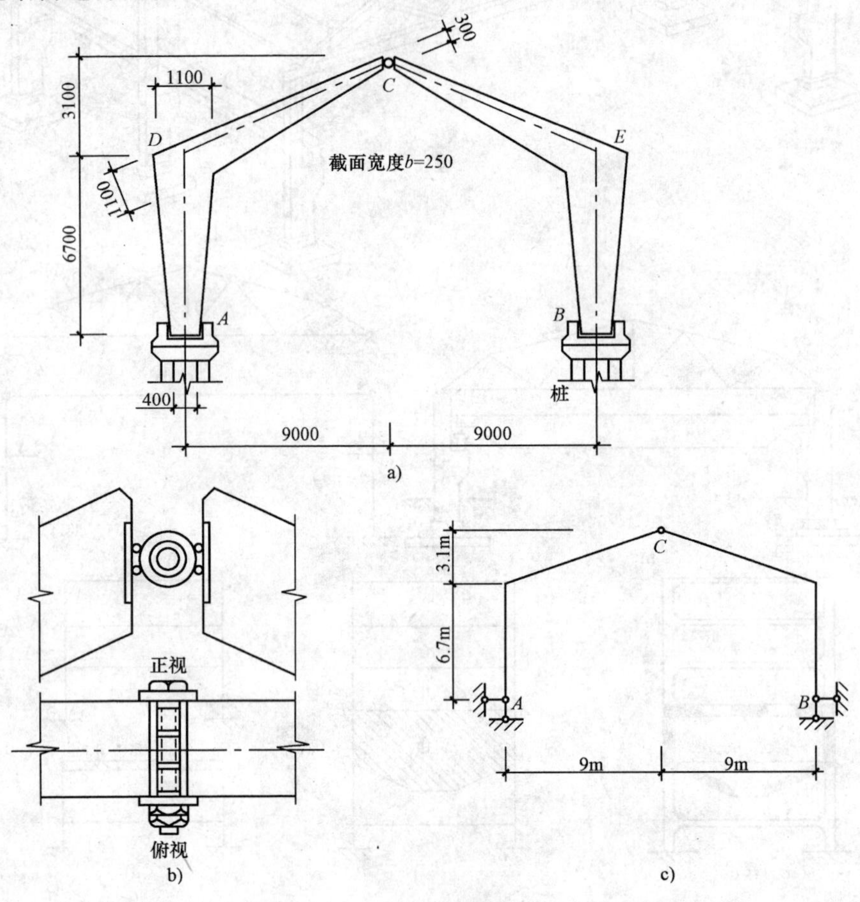

图 1-13　装配式钢筋混凝土门式刚架

解：因此在计算简图中，柱脚 A 和 B 可简化为铰支座。中间结点 C，是一个将两个构件连接起来的合页式顶铰[如图 1-13b)所示]，因此结点 C 可取为铰结点。结点 D 和 E 处，配有很多钢筋，并用混凝土浇灌成整体，则可取为刚结点。这种结构称为三铰刚架。因为Γ形构件立柱和横梁的截面均是变高度的，截面形心的连线比较复杂。为了简化，在选取计算简图时，横梁的轴线可采用从横梁顶部截面形心引出的平行于上皮的直线，立柱的轴线可采用柱底截面形心引出的竖直线。上述两轴线的交点间的距离，即分别为横梁的长度和立柱的长度。需要指出的是，柱底铰接刚架立柱的长度应从柱底(即基础杯口底面)算起。这与排架柱的取法是不同的(排架柱从基础杯口顶面算起)。作了上述简化后，门式刚架的计算简图如图 1-13c)所示。

【例 1-6】　某多层多跨框架空间结构体系简化

已知：图 1-14 所示为由横向框架和纵向框架组成的多层多跨框架体系空间结构，试将其进行体系简化。

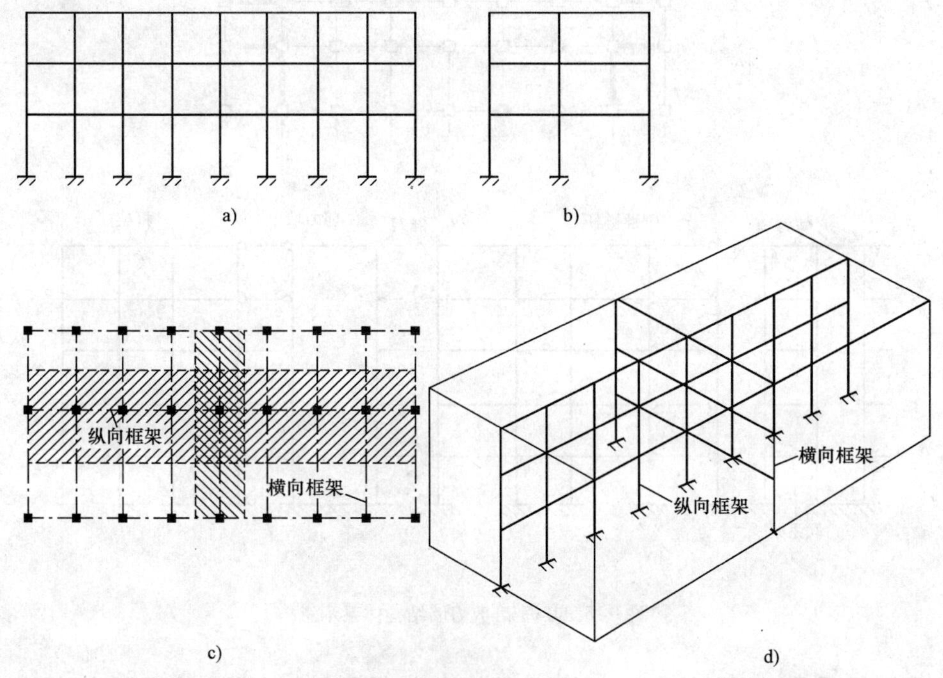

图 1-14　某多层多跨框架空间结构体系示意

解：在一般情况下，可以忽略它们之间的空间联系，对横向和纵向框架分别进行计算。此外，由于框架一般都是等距离均匀布置的，各自刚度基本相同，同时作用于房屋的荷载，如恒荷载、雪荷载、风荷载以及地震力等，一般也是均匀分布的，因此，不论纵向还是横向，在荷载作用下，各榀框架将产生相同的位移，相互之间不会产生彼此牵制的约束力，如同单独一榀框架一样工作。这样，就可取出单独一榀框架作为计算单元[如图 1-14a)、b)所示]，该单元按平面框架计算，承受的荷载为图 1-14c)中阴影部分。有时框架布置不均匀或框架刚度不相同，楼板的水平刚度很大，这时在水平荷载作用下，各榀框架之间将会产生相互牵制的约束力。当这些影响不显著时，为了简化计算，通常也不考虑这些约束力，仍可将各榀框架单独取出进行计算。

一般情况下，多层框架结构的横向刚度比较小，纵向刚度比较大，为了保证结构的承载力，通常选取横向框架进行计算。计算横向框架时，要考虑全部竖向荷载及横向水平荷载，而纵向框架通常只需验算地震力，这是因为纵向框架只承受纵向风荷载和地震力，而纵向迎风面积小且柱子多，从而风荷载产生的内力较小而可以忽略。取横向框架作为承重框架计算的优点，就是框架形式较简单，计算方便。

【例 1-7】　某框架-剪力墙结构体系的简化

图 1-15a)为一框架-剪力墙结构体系的柱网平面布置图。设沿横向有风荷载或地震力作用，全部荷载由九榀平面结构承受，其中七榀是框架(每榀为三跨)，两榀是剪力墙(每榀有两片墙)。这是由两类平面结构(即框架和剪力墙)组成的复杂的空间结构。

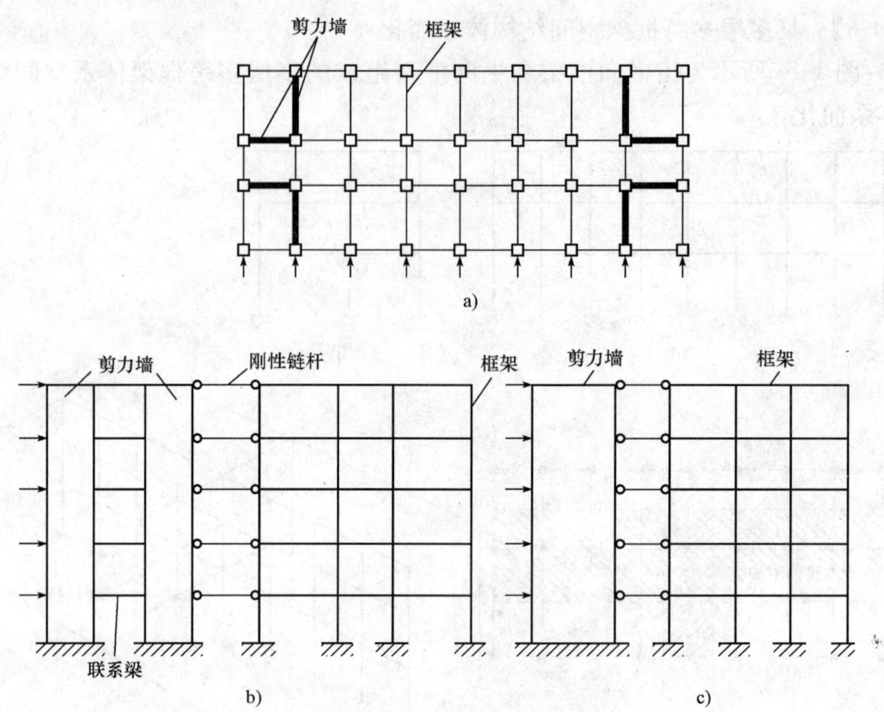

图 1-15　某框架-剪力墙结构体系示意

解:设计时可采用下列基本假定:假定楼板在自身平面内的刚度为无限大,因此所有框架和剪力墙在楼板处连成一个整体,在楼板平面内只能产生刚体位移。假定框架和剪力墙均系对称布置,因此在对称分布的水平荷载作用下,整个结构不会绕竖轴产生扭转变形。

综合上述两个假定,可知各框架和剪力墙在同一楼层处的侧移彼此相同。同时,可把原来的七榀框架合并成一榀总框架,其刚度取为七榀框架刚度之总和;并且两榀剪力墙可合并成一榀,其刚度也为两榀之总和,而楼板则用水平铰结刚性链杆代替,使框架和剪力墙在同一楼层标高处具有相等的水平位移。这样,整个空间结构可以简化组合成一个平面结构来计算,其计算简图如图 1-15b)所示。

如果再把图 1-15b)中的两片剪力墙合并,且忽略墙间连系梁的抗弯刚度,则计算简图如图 1-15c)所示。

简化成图 1-15b)或 c)后,空间结构就归结为平面结构的计算。先算出框架与剪力墙之间的相互作用力(即刚性链杆内力),分别算出框架和剪力墙的内力。

第二章　钢筋混凝土结构构件计算

第一节　受弯构件承载力计算

一、单筋矩形截面受弯构件正截面计算

1. 基本计算公式

单筋矩形截面受弯承载力计算简图如图 2-1 所示。

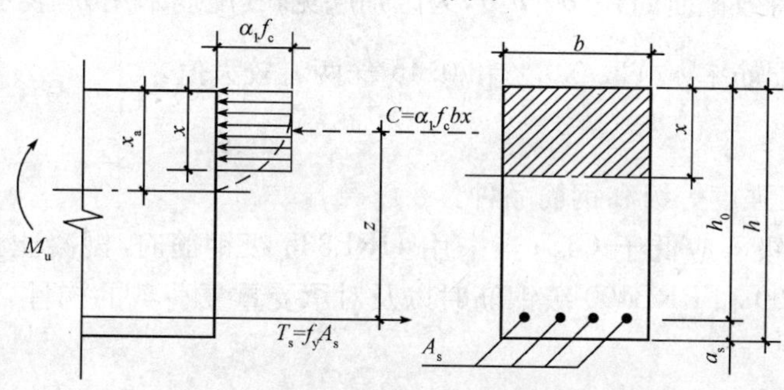

图 2-1　单筋矩形截面受弯承载力计算应力图形

$$\alpha_1 f_c bx = f_y A_s \tag{2-1}$$

式中　f_c——混凝土轴心抗压强度设计值；

b——截面宽度；

x——混凝土受压区高度；

f_y——钢筋抗拉强度设计值；

A_s——纵向受拉钢筋截面面积。

$$M = \alpha_1 f_c bx\left(h_0 - \frac{x}{2}\right) \tag{2-2}$$

式中　M——正截面受弯承载力设计值；

h_0——截面的有效高度。

或
$$M = \xi(1-0.5\xi)\alpha_1 f_c bh_0^2 \tag{2-3}$$

式中　ξ——正截面相对受压区高度，$\xi=\frac{x}{h_0}(2-2\text{b})$。

$$M = f_y A_s\left(h_0 - \frac{x}{2}\right) \tag{2-4}$$

或
$$M = f_y A_s h_0(1-0.5\xi) \tag{2-5}$$

2. 适用条件

(1)为防止超筋：破坏时应符合下列条件：

$$\xi \leqslant \xi_b \tag{2-6}$$

即
$$\rho \leqslant \xi_b \frac{\alpha_1 f_c}{f_y} \tag{2-7}$$

由此可得适筋截面的最大配筋率 ρ_{max} 为：

$$\rho_{max}=\xi_b\frac{\alpha_1 f_c}{f_y} \tag{2-8}$$

用弯矩形式表示的适用条件：

$$M\leqslant\xi_b(1-0.5\xi_b)\alpha_1 f_c bh_0^2 \tag{2-9}$$

(2)需满足最小配筋率：

$$\rho_1=\frac{A_s}{bh}\geqslant\rho_{1max} \tag{2-10}$$

式中 ρ_1——纵向受拉钢筋最小配筋率，计算配筋率的截面面积应取全截面面积($b\times h$)，不应取有效截面面积($b\times h_0$)，为区别起见，其配筋率用 ρ_1 表示。对于矩形截面，最小配筋率 ρ_{1min} 取 0.2%和 $0.45\frac{f_t}{f_y}$ 两者较大值。

3. 设计截面

(1)选择混凝土强度等级和钢筋品种。

混凝土强度等级不应低于 C15；当采用 HRB335 级钢筋时，混凝土强度等级不宜低于 C20，当采用 HRB400 和 RRB400 级钢筋时以及对承受重复荷载的构件，混凝土强度等级不得低于 C20。

(2)确定截面尺寸。

截面高度 h 一般是根据受弯构件的刚度、常用配筋率以及构造和施工要求等拟定。截面宽度 b 也应根据构造要求来确定。可按下列公式估算：

$$h_0=(1.05\sim1.1)\sqrt{\frac{M}{\rho f_y b}} \tag{2-11}$$

(3)计算钢筋截面面积和选用钢筋。

所需钢筋截面面积可按式(2-2)和式(2-4)进行计算。然后根据计算求得的钢筋截面面积 A_s 选择钢筋直径和根数，并进行布置。

4. 复核截面

复核截面时一般已知材料强度设计值(f_c、f_y)、截面尺寸(b、h 及 h_0)和钢筋截面面积(A_s)，要求计算该截面受弯承载力设计值(M_u)，并和已知弯矩设计值(M)比较，以确定构件是否安全和经济，必要时应修改设计。

对于适筋截面，M_u 可由式(2-1)和式(2-2)联立求解，对于超筋截面，则按式(2-9)计算。

5. 查表法

由基本公式可知，当需求钢筋截面面积时，必须由式(2-1)和式(2-2)联立解二次方程式，然后再验算是否满足适用条件，为了简化计算，可将上述公式适当变换后，编制成计算表格。

$$M=\alpha_s\alpha_1 f_c bh_0^2 \tag{2-12}$$

$$M=f_y A_s\gamma_s h_0 \tag{2-13}$$

式中 α_s——截面抵抗矩系数。

$$\alpha_s=\xi(1-0.5\xi) \tag{2-14}$$

$$\xi=1-\sqrt{1-2\alpha_s} \tag{2-15}$$

γ_s——内力臂系数。

$$\gamma_s=1-0.5\xi \tag{2-16}$$

$$\gamma_s=\frac{1+\sqrt{1-2\alpha_s}}{2} \tag{2-17}$$

【例 2-1】 某梁纵向受拉钢筋截面积的计算

已知:梁截面尺寸 $b\times h=250\text{mm}\times 550\text{mm}$,$M=150\text{kN}\cdot\text{m}$;$a_s=35\text{mm}$,混凝土强度等级 C20,HRB335 级钢筋。求纵向受拉钢筋截面积 A_s。

解:(1)求相对界限受压区高度 ξ_b。

$$h_0=h-a_s=550-35=515\text{mm}$$

(2)求受压区高度 x。

$$M=\alpha_1 f_c bx\left(h_0-\frac{x}{2}\right)$$

$$x=h_0-\sqrt{h_0^2-\frac{2M}{\alpha f_c b}}$$

$$=515-\sqrt{515-\frac{2\times 150\times 10^6}{1.0\times 9.6\times 300}}=114\text{mm}<\xi_b h_0$$

$$=0.55\times 515$$

$$=283.25\text{mm}$$

(3)求受拉钢筋截面积 A_s。

$$\alpha_1 f_c bx=f_y A_s$$

得
$$A_s=\frac{\alpha_1 f_c bx}{f_y}=\frac{1.0\times 9.6\times 300\times 114}{300}=1094.4\text{mm}^2$$

配
$$3\,\Phi\,22,A_s=1140\text{mm}^2$$

(4)验算配筋率。

$$\rho=\frac{A_s}{bh}\%=\frac{1140}{300\times 550}\times 100\%=0.69\%$$

$$\left.\begin{aligned}&\rho_{1\min}=0.2\%\\&\rho_{1\min}=0.45f_t/f_y=0.45\times 1.1/300=0.165\%\end{aligned}\right\}<\rho\text{,可以。}$$

【例 2-2】 某矩形截面设计计算

已知:矩形截面承受弯矩设计值 $M=180\text{kN}\cdot\text{m}$,环境类别为一类。试对该截面进行设计。

解:

(1)选用材料。

混凝土用 C30,得 $f_c=14.3\text{N/mm}^2$。

采用 HRB400 级钢筋,得 $f_y=360\text{N/mm}^2$。

(2)确定截面尺寸。

选取 $\rho=1\%$,假定 $b=250\text{mm}$,则

$$h_0=1.05\sqrt{\frac{M}{\rho f_y b}}=1.05\sqrt{\frac{180\times 10^6}{0.01\times 360\times 250}}=470\text{mm}$$

选用 $h=500\text{m}$,$h_0=500-35=465\text{mm}$

(3)计算钢筋截面面积和选择钢筋。

由式(2-2)可得

$182\times10^6=1.0\times14.3\times250x(465-0.5x)$

$x^2-930x+101818=0$

$$x=\frac{930\pm\sqrt{930^2-4\times101818}}{2}$$

$x=127\text{mm}$ 或 $x=803\text{mm}$

取 $x=127\text{mm}<0.518h_0=241\text{mm}$

$x=127\text{mm}$

$1.0\times14.3\times250\times127=360A_s$

$A_s=1261\text{mm}^2$

选用 4⌀20，$A_s=1256\text{mm}^2$

$$\rho_{1\min}=0.45\frac{f_t}{f_y}=0.45\times\frac{1.27}{360}=0.16\%<0.2\%，取\ \rho_{1\min}=0.2\%$$

$$\rho_1=\frac{1256}{250\times500}=1.0\%>\rho_{1\min}=0.2\%$$

符合要求。

钢筋布置如图 2-2 所示。

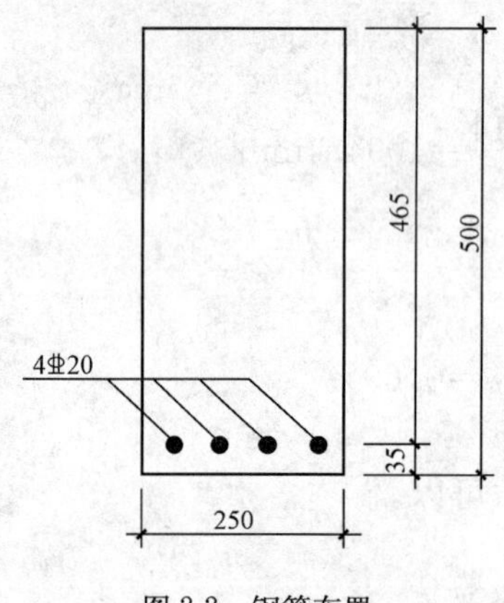

图 2-2 钢筋布置

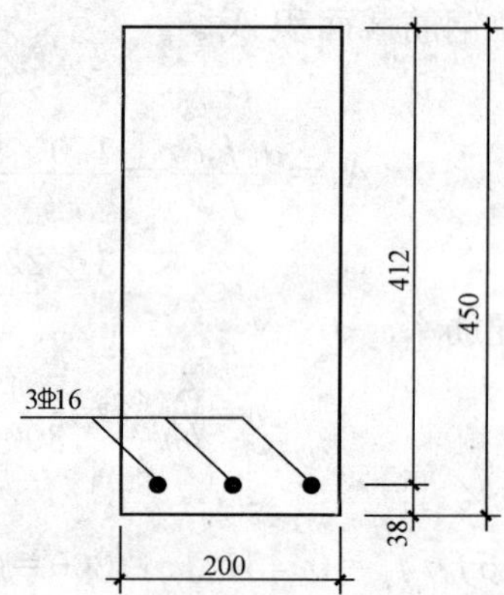

图 2-3 某钢筋混凝土梁截面示意图

【例 2-3】 某钢筋混凝土梁截面复核

已知：有一截面尺寸为 $b\times h=200\text{mm}\times450\text{mm}$ 的钢筋混凝土梁，环境类别为二(a)类。采用 C30 混凝土和 HRB400 级钢筋，截面构造如图 2-3 所示，该梁承受弯矩设计值 $M=90\text{kN}\cdot\text{m}$。复核该截面是否安全。

解：查得 $f_c=4.3\text{N/mm}^2$、$f_y=360\text{N/mm}^2$ 和 $A_s=603\text{mm}^2$

混凝土保护层厚度为 30mm，$h_0=450-30-\frac{16}{2}=412\text{mm}$

由式(2-1)可得

$$x=\frac{360\times603}{1.0\times11.9\times200}=91\text{mm}<0.518h_0=0.518\times412=213\text{mm}(符合要求)$$

将 x 值代入式(2-2)，得

$M=1.0\times14.3\times200\times91\times(412-0.5\times91)$

$=95.38\times10^6\text{N}\cdot\text{mm}$

$=95.38\text{kN}\cdot\text{m}>M=78\text{kN}\cdot\text{m}$

该截面安全。

【例 2-4】 某单跨简支板的设计计算

已知：已知一单跨简支板（图 2-4），计算跨度 $l_0=3.0\text{m}$，承受均布荷载设计值为 6.0kN/m^2（包括板的自重），混凝土强度等级为 C25，用 HPB235 级钢筋配筋，环境类别为一类，试设计该板。

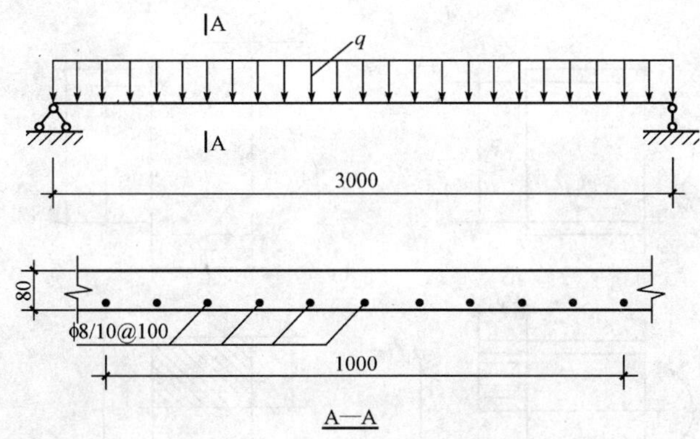

图 2-4　某单跨简支板受力简图

解：取板宽 $b=1\text{m}$ 的板带为计算单元。

(1)计算跨中弯矩。

板的计算简图如图 2-4 所示。板上均布线荷载设计值 $q=6.0\text{kN/m}$。跨中最大弯矩设计值为

$$M=\frac{ql_0^2}{8}=\frac{1}{8}\times6.0\times3.0^2=6.75\text{kN}\cdot\text{m}$$

(2)确定板厚。

选取 $\rho=1\%$，则

$$h_0=1.05\times\sqrt{\frac{0.75\times10^6}{0.01\times210\times1000}}=59.5\text{mm}$$

取 $h=80\text{mm}$，则 $h_0=80-20=60\text{mm}$

(3)计算钢筋截面面积和选择钢筋。

$$\alpha_s=\frac{M}{\alpha_1 f_c b h_0^2}=\frac{6.75\times10^6}{1.0\times11.9\times1000\times60^2}=0.157$$

得 $\gamma_s=0.915$，则

$$A_s=\frac{M}{f_y\gamma_s h_0}=\frac{6.75\times10^6}{210\times0.915\times60}=585\text{mm}^2$$

选用ϕ 8/10@100，实用 $A_s=644\text{mm}^2$，受力钢筋布置如图 2-4 所示。

二、双筋矩形截面梁正截面受弯承载力计算

1. 基本公式

双筋矩形截面受弯承载力计算简图如图 2-5 所示。

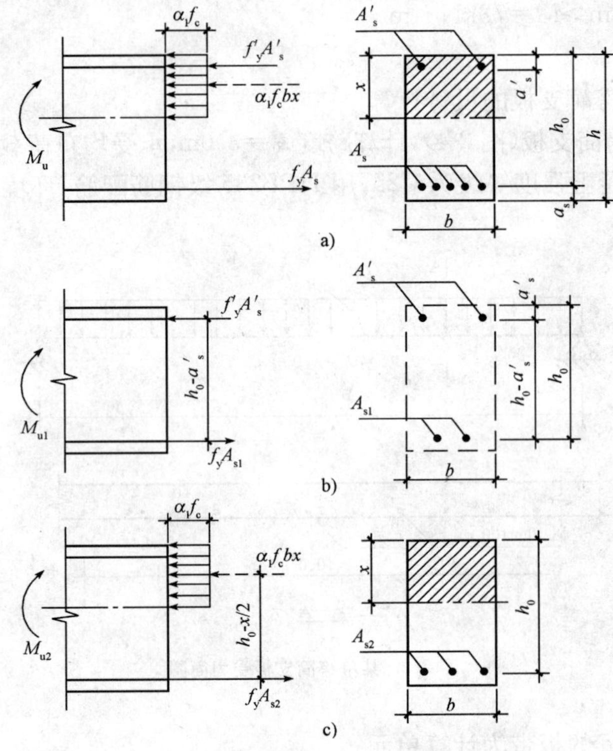

图 2-5　双筋矩形截面受弯承载力计算应力图形

$$\alpha_1 f_c bx + f'_y A'_s - f_y A_s = 0 \tag{2-18}$$

或

$$\alpha_1 f_c bh_0 \xi = f_y A_s - f'_y A'_s \tag{2-19}$$

$$M \leqslant M_u = \alpha_1 f_c bx\left(h_0 - \frac{x}{2}\right) + f'_y A'_s (h_0 - a'_s) \tag{2-20}$$

或

$$M \leqslant \alpha_1 f_c \alpha_s bh_0^2 + f'_y A'_s (h_0 - a'_s) \tag{2-21}$$

式中符号意义同前。

2. 适用条件

(1)为了防止超筋截面，应满足 $\xi \leqslant \xi_b$，这一适用条件亦可写成：

$$\rho_2 = \frac{A_{s2}}{bh_0} \leqslant \xi_b \frac{\alpha_1 f_c}{f_y} \tag{2-22}$$

(2)为了使受压钢筋 A'_s 在构件破坏时应达到抗压强度，应满足：

$$x \geqslant 2a'_s \tag{2-23}$$

即

$$z \leqslant h_0 - a'_s \tag{2-24}$$

(3)对于双筋截面，其最小配筋率一般均能满足。

3. 设计截面

截面设计时，一般有下列两种情况：

(1)已知弯矩设计值 M，截面尺寸 $b\times h$ 及材料强度设计值，求受拉钢筋截面面积和受压钢筋截面面积 A'_s。

未知数有 A'_s、A_s 和 x(亦即 ξ)三个，而计算公式只有两个。先指定其中一个未知数。亦即 $\xi=\xi_b$ 时，所需的用钢量最经济。

$$A'_s=\frac{M-\xi_b(1-0.5\xi_b)\alpha_1 f_c bh_0{}^2}{f'_y(h_0-a'_s)} \tag{2-25}$$

或
$$A'_s=\frac{M-M_{max}}{f'_y(h_0-a'_s)} \tag{2-26}$$

式中
$$M_{max}=\alpha_{s,max}\alpha_1 f_c bh_0^2$$

在式(2-18)中令 $x=\xi_b h_0$，可得：

$$A_s=\xi_b\frac{\alpha_1 f_c}{f_y}bh_0+\frac{f'_y}{f_y}A'_s \tag{2-27}$$

(2)已知弯矩设计值 M、截面尺寸 $b\times h$、材料强度设计值及受压钢筋截面面积 A'_s，求受拉钢筋截面面积 A_s。

当受压钢筋截面面积 A'_s 为已知时，可得：

$$M_{u1}=f'_y A'_s(h_0-a'_s)$$

则
$$M_{u2}=M-M_{u1}=M-f'_y A'_s(h_0-a'_s) \tag{2-28}$$

然后按与单筋截面相同的方法计算相应于 M_{u2} 所需的钢筋截面面积 A_{s2}，最后可得：

$$A_s=A_{s1}+A_{s2}$$

注意：

①当求得的 $x>\xi_b h_0$(即 $\alpha_s>\alpha_{s,max}$)，说明已知的 A'_s 太少，这时应增加 A'_s，计算方法与第一类问题相同。

②当求得的 $x<2a'_s$，即表明受压钢筋 A'_s 不能达到其抗压强度设计值。这时，A_s 可按下列公式计算：

$$A_s=\frac{M}{f_y(h_0-a'_s)} \tag{2-29}$$

4. 复核截面

复核截面时，截面尺寸、材料强度设计值以及受拉钢筋 A_s 和受压钢筋 A'_s 均为已知，要求计算截面的受弯承载力设计值 M_u。

这时，首先求得 x，然后，按下列情况计算 M：

(1)若 $\xi_b h_0\geqslant x\geqslant 2a'_s$，计算截面的受弯承载力设计值 M。

(2)若 $x<2a'_s$，

$$M_u=f_y A_s(h_0-a'_s) \tag{2-30}$$

(3)若 $x>\xi_b h_0$，

$$M=f'_y A'_s(h_0-a'_s)+\xi_b(1-0.5\xi_b)\alpha_1 f_c bh_0^2 \tag{2-31}$$

这表明截面可能发生脆性破坏。

【例 2-5】 某双筋矩形截面梁设计计算

已知梁截面尺寸 $b\times h=250\text{mm}\times550\text{mm}$，混凝土强度等级 C20，钢筋 HRB335 级钢弯矩设计值为 250kN·m，计算受拉和受压钢筋截面面积，并绘配筋图。

解：(1)验算是否需要采用双筋截面。

受拉钢筋按两排考虑　$h_0=h-60=550-60=490\text{mm}$，HRB335 级钢，$f_y=300\text{N/mm}^2$，$f'_y=100\text{N/mm}^2$，混凝土 C20 级，$f_c=9.6\text{N/mm}^2$，$\alpha_1=1.0$。

HRB335 级钢筋，$\xi_b=0.550$，单筋截面最大抗弯能力为：

$$\begin{aligned}M_{u,max}&=\alpha_1 f_c bh_0^2\xi_b(1-0.5\xi_b)\\&=1.0\times9.6\times250\times490^2\times0.550\times(1-0.5\times0.550)\\&=229.78\text{kN}\cdot\text{m}<M=250\text{kN}\cdot\text{m}\end{aligned}$$

需要采用双筋截面。

(2)计算 A_{s1}。

令 $x=\xi_b h_0$，则 $M_{u1}=M_{u,max}=229.78\text{kN}\cdot\text{m}$

$$A_{s1}=\xi_b bh_0\frac{\alpha_1 f_c}{f_y}=0.550\times250\times490\times\frac{1.0\times9.6}{300}=2156\text{mm}^2$$

(3)计算 A_{s2}。

由 A'_s 和 A_{s2} 承担的弯矩为：

$$M_{u2}=M-M_{u1}=250-229.78=20.22\text{kN}\cdot\text{m}$$

$$A_{s2}=A'_s=\frac{M_{u2}}{f_y(h_0-a'_s)}=\frac{20.22\times10^6}{300\times(490-35)}=148\text{mm}^2$$

(4)计算 A_s：

$$A_s=A_{s1}+A_{s2}=2156+148=2304\text{mm}^2$$

(5)选用钢筋(如图 2-6 所示)。

受拉钢筋：4 ⏀ 25+2 ⏀ 18($A_s=1964+509=2473\text{mm}^2$)

受压钢筋：2 ⏀ 18($A'_s=509\text{mm}^2$)

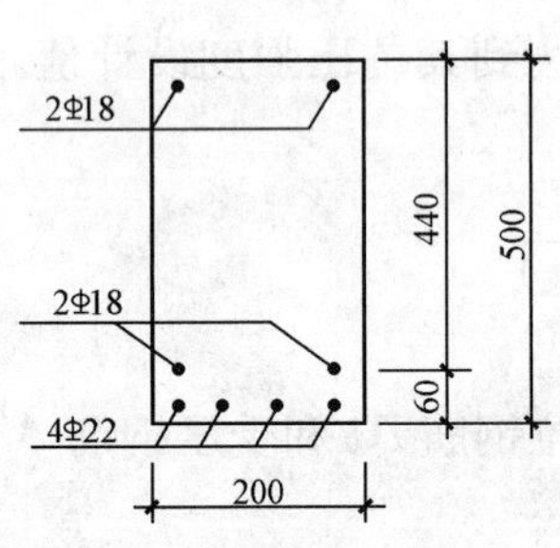

图 2-6　双筋截面配筋图

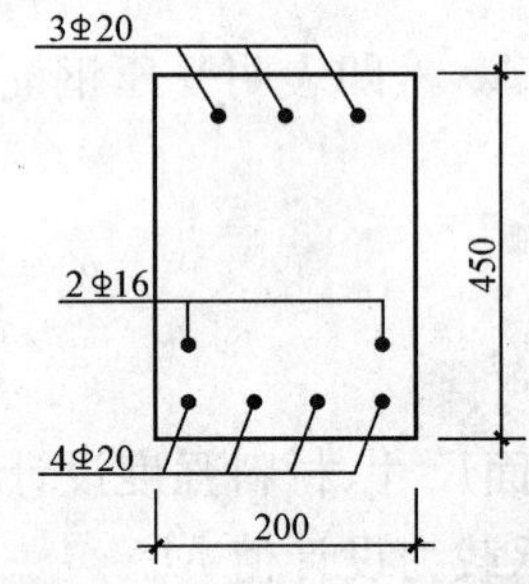

图 2-7　矩形截面梁受拉钢筋截面

【例 2-6】　某矩形截面梁受拉钢筋截面面积计算

已知某梁截面尺寸 $b\times h=250\text{mm}\times500\text{mm}$，混凝土强度等级为 C25，$f_c=11.9\text{N/mm}^2$，$\alpha_1=1.0$，钢筋用 HRB335 级，$f'_y=300\text{N/mm}^2$，承受弯矩设计值 $M=205\text{kN}\cdot\text{m}$，已配受压钢筋 3 ⏀ 20($A'_s=942\text{mm}^2$)。求：受拉钢筋截面面积 A_s(如图 2-7 所示)。

解：$M_{u2}=A'_s f'_y(h_0-a'_s)=942\times300\times(410-35)=105.98\text{kN}\cdot\text{m}$

$M_{u1}=M-M_{u2}=205-105.98=99.02\text{kN}\cdot\text{m}$

$a_{s1}=M_{u1}/\alpha_1 f_c bh_0^2=99.02\times10^6/1.0\times11.9\times250\times410^2=0.198$

$$\gamma_{s1}=\frac{1+\sqrt{1-2\alpha_{s1}}}{2}=\frac{1+\sqrt{1-2\times0.198}}{2}=0.888$$

$A_{s1}=M_{u1}/(\gamma_{s1}h_0f_y)=99.02\times10^6/(0.888\times410\times300)=907mm^2$

$A_s=A'_s+A_{s1}=942+907=1849mm^2$，选用4⌀22+2⌀16[1520+402=1922mm²]。

【例 2-7】 某梁承担最大弯矩设计值计算

已知梁的截面尺寸 $b\times h=250mm\times550mm$，混凝土为C20，$f_c=9.6N/mm^2$，$\alpha_1=1.0$，受压钢筋2⌀16($A'_s=402mm^2$)，受拉钢筋4⌀18($A_s=1017mm^2$)，如图2-8所示。求该梁所承担的最大弯矩设计值 M_u。

解：混凝土C20，$f_c=9.6N/mm^2$，受压钢筋 $f'_y=210N/mm^2$，受拉钢筋 $f_y=300N/mm^2$，$h_0=550-35=515mm$。$A'_s=402mm^2$，$A_s=1017mm^2$。

$$M_{u2}=f'_yA'_s(h_0-\alpha'_s)=210\times402\times(515-35)$$
$$=40.5\times10^6N\cdot mm=40.5kN\cdot m$$
$$A_{s2}=\frac{f'_yA'_s}{f_y}=\frac{210\times402}{300}=281.4mm^2$$
$$A_{s1}=A_s-A_{s2}=1017-281.4=735.6mm^2$$

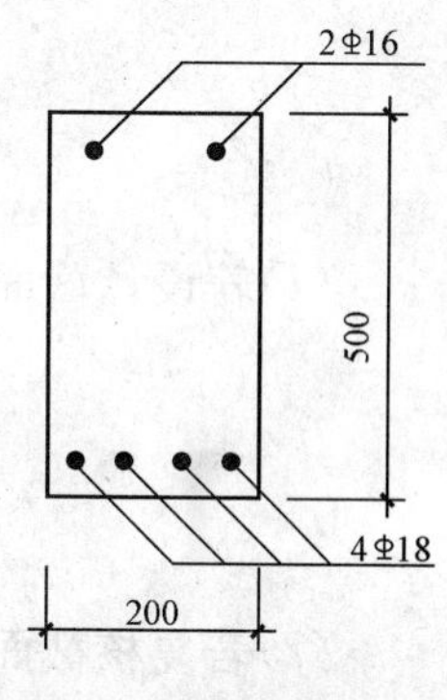

图2-8　某梁截面尺寸及配筋简图

验算适用条件：

对条件(1)　$\xi=\frac{A_{s1}}{bh_0}\cdot\frac{f_y}{\alpha_1f_c}$

$$=\frac{735.6}{200\times465}\times\frac{300}{1.0\times9.6}$$
$$=0.247<\xi_b=0.550，为适筋梁。$$

对条件(2)　$x=\xi h_0=0.248\times515=127.72mm>2a'_s=2\times35=70mm$，受压钢筋能达到屈服。

由 ξ 得 $\alpha_{s1}=0.217$

$$M_{u1}=\alpha_{s1}bh_0^2\alpha_1f_c=0.217\times250\times515^2\times1.0\times9.6$$
$$=138.13\times10^6N\cdot mm=138.13kN\cdot m$$
$$M_u=M_{u1}+M_{u2}=40.5+138.13=178.63kN\cdot m$$

该梁截面能承担的最大弯矩设计值为178.63kN·m。

三、T形截面梁正截面受弯承载力计算

1. 翼缘计算宽度

在翼缘计算宽度 b'_f 内，假定其应力分布均布，在此宽度外的翼缘则认为不起作用。

T形截面翼缘计算宽度 b'_f，取表2-1中各项规定的最小值。

表2-1　T形梁及倒L形截面受弯构件翼缘计算宽度 b'_f

项　目	考虑情况			T形截面		倒L形截面
				肋形梁(板)	独立梁	肋形梁(板)
1	按计算跨度 l_0 考虑			$l_0/3$	$l_0/3$	$l_0/6$
2	按梁(肋)净距 S_n 考虑			$b+S_n$	—	$b+S_n/2$
3	按翼缘高度 h'_f 考虑	h'_f/h_0	≥0.1	—	$b+12h'_f$	—
			<0.05	$b+12h'_f$	b	$b+5h'_f$
		$0.1>h'_f/h\geq0.05$		$b+12h'_f$	$b+6h'_f$	$b+5h'_f$

2. 判别式

两类T形截面的判别式,取中和轴在翼缘下面的临界状况,即 $x=h'_f$ 时(如图2-9所示)。

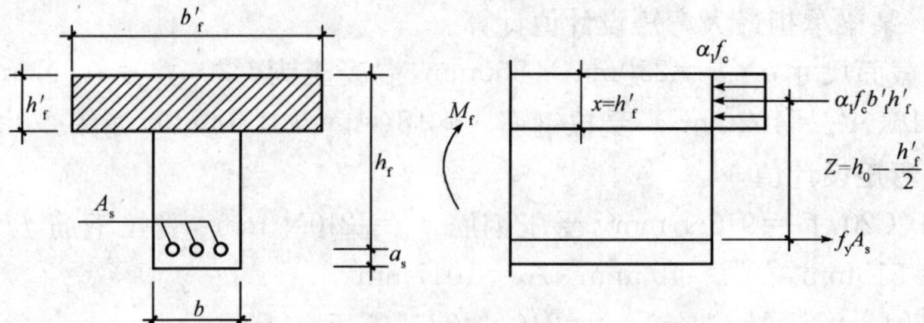

图2-9 T形截面界限状态计算图式

(1)若设计截面时,$\alpha_1 f_c$、b'_f、h'_f、h_0 已知,其判别式为:

$$\left.\begin{aligned} &M\leqslant M_f=\alpha_1 f_c b'_f h'_f\left(h_0-\frac{h'_f}{2}\right)\text{为第一类,即 } x\leqslant h'_f \\ &M>M_f=\alpha_1 f_c b'_f h'_f\left(h_0-\frac{h'_f}{2}\right)\text{为第二类,即 } x>h'_f \end{aligned}\right\} \tag{2-32}$$

(2)若复核截面时,$\alpha_1 f_c$,f_y,A_s 已知,其判别式为:

$$\left.\begin{aligned} &f_y A_s\leqslant \alpha_1 f_c b'_f h'_f \text{ 为第一类} \\ &f_y A_s>\alpha_1 f_c b'_f h'_f \text{ 为第二类} \end{aligned}\right\} \tag{2-33}$$

3. 第一类T形截面计算

由图2-10可得平衡条件:

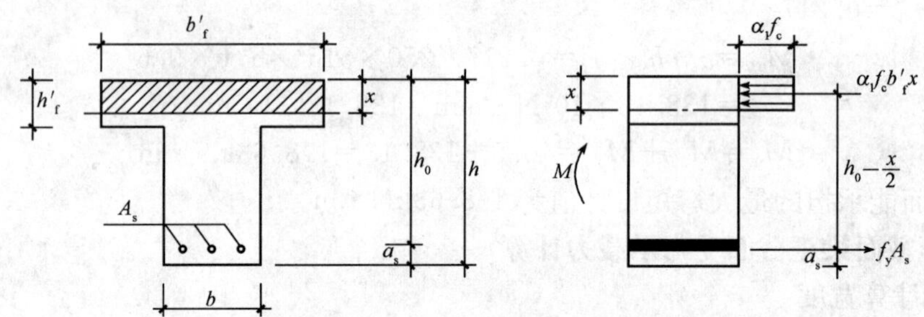

图2-10 第一类T形截面计算图式

(1)计算公式

$$\alpha_1 f_c b h_0 \xi=f_y A_s-f'_y A'_s \tag{2-34}$$

$$M\leqslant M_u=\alpha_1 f_c \alpha_s b h_0^2+f'_y A'_s(h_0-a'_s) \tag{2-35}$$

(2)适用条件

1)$\rho\leqslant\rho_{max}$ 或 $\xi=\dfrac{x}{h_0}=\dfrac{A_s}{b'_f h_0}\times\dfrac{f_y}{\alpha_1 f_c}\leqslant\xi_b$,一般均能满足,不必验算。

2)$\rho\geqslant\rho_{min}$ 或 $A_s\geqslant\rho_{min}bh$。

其中,$\rho=\dfrac{A_s}{bh_0}$,b 为肋宽,不得用 b'_f。

4. 第二类 T 形截面计算

由图 2-11 可得平衡条件：

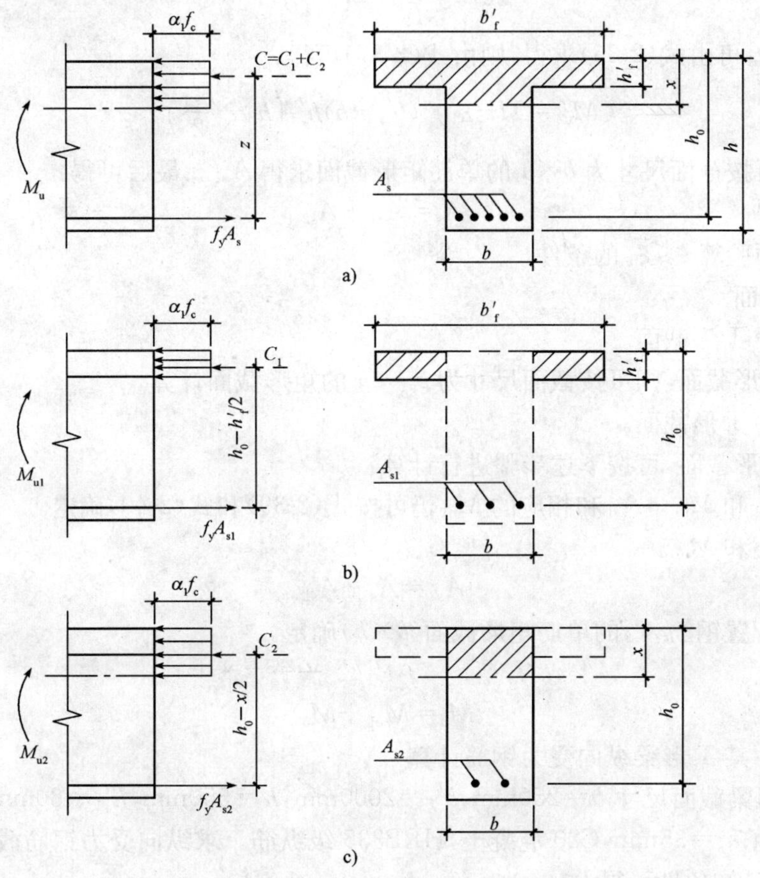

图 2-11　第二种 T 形截面受弯承载力计算应力图形

(1)计算公式

$$\alpha_1 f_c(b'_f-b)h'_f+\alpha_1 f_c b h_0 \xi+f'_y A'_s=f_y A_s \tag{2-36}$$

$$M\leqslant\alpha_1 f_c(b'_f-b)h'_f\left(h_0-\frac{h'_f}{2}\right)+\alpha_1 f_c a_s b h_0^2+f'_y A'_s(h_0-a'_s) \tag{2-37}$$

式中符号意义同前。

(2)适用条件

1)$\xi\leqslant\xi_b$。与单筋矩形截面相似，这一限制条件是为防止截面发生脆性破坏。这时公式可改写为

$$\rho_2=\frac{A_{s2}}{bh_0}\leqslant\xi_b\frac{\alpha_1 f_c}{f_y} \tag{2-38}$$

2)$\rho_1\geqslant\rho_{1\min}$。对于第二种 T 形截面，一般均能满足 $\rho_1\geqslant\rho_{1\min}$ 的要求，可不必验算。

5. 设计截面

设计 T 形截面时，一般是已知弯矩设计值和截面尺寸，求受拉钢筋截面面积。

(1)第一种 T 形截面。

第一种 T 形截面，计算方法与截面尺寸为 $b'_f\times h$ 的单筋矩形截面相同。

(2)第二种 T 形截面。

$$A_{s1}=\frac{\alpha_1 f_c}{f_y}(b'_f-b)h'_f \tag{2-39}$$

相应的 M_{u1} 可由式(2-35)求得，则由式(2-37)可得：

$$M_{u2}=M-\alpha_1 f_c(b'_f-b)h'_f\left(h_0-\frac{h'_f}{2}\right) \tag{2-40}$$

于是，即可按截面尺寸为 $b\times h$ 的单筋矩形截面求得 A_{s2}。最后可得：

$$A_s=A_{s1}+A_{s2}$$

同时，必须验算 $\xi\leqslant\xi_b$ 的条件。

6. 复核截面

(1)第一种 T 形截面。

第一种 T 形截面，则可按截面尺寸为 $b'_f\times h$ 的矩形截面计算。

(2)第二种 T 形截面。

第二种 T 形截面，可按下述步骤进行计算：

1)计算 A_{s1} 和 M_{u1}。A_{s1} 和相应的 M_{u1} 仍可按式(2-39)和式(2-40)确定。

2)计算 A_{s2} 和 M_{u2}。

$$A_{s2}=A_s-A_{s1}$$

M_{u2} 可按配置钢筋 A_{s2} 的单筋矩形截面($b\times h$)确定。

3)计算 M_u。

$$M_u=M_{u1}+M_{u2}$$

【例 2-8】 某 T 形梁纵向受力钢筋计算

已知：T 形梁截面尺寸 $b=250$mm，$b'_f=2000$mm，$h=550$mm，$h'_f=80$mm，弯矩设计值 $M=210$kN·m；$a_s=35$mm，C20 混凝土，HRB335 级纵筋。求纵向受力钢筋截面积。

解：(1)求已知条件可得 h_0。

$$h_0=h-a_s=550-35=515\text{mm}$$

(2)求受压区高度 x。

$$x=h_0-\sqrt{h_0^2-\frac{2M}{\alpha_1 f_c b'_f}}$$

$$=515-\sqrt{515^2-\frac{2\times210\times10^6}{1.0\times9.6\times2000}}=21.7\text{mm}<h'_f=80\text{mm}$$

中和轴在翼缘范围内，故可按宽度为 b'_f 的矩形梁计算。

(3)求受拉钢筋截面积 A_s。

$$\alpha_1 f_c b'_f x=f_y A_s$$

得

$$A_s=\frac{\alpha_1 f_c b'_f x}{f_y}=\frac{1.0\times9.6\times2000\times19.7}{300}=1261\text{mm}^2$$

配 5⌀18，$A_s=1272\text{mm}^2$。

【例 2-9】 某单筋 T 形梁纵向受力钢筋计算

已知：单筋 T 形梁截面尺寸 $b=300$mm，$b'_f=600$mm，$h=650$mm，$h'_f=120$mm，弯矩设计值 $M=540$kN·m；$a_s=60$mm，C30 混凝土，HRB335 钢筋。求纵向受拉钢筋截面积 A_s。

解：

$$h_0=h-a_s=650-60=590\text{mm}$$

$$x=h_0-\sqrt{h_0^2-\frac{2M}{\alpha_1 f_c b'_f}}=590-\sqrt{590^2-\frac{2\times540\times10^6}{1.0\times9.6\times600}}=189.25\text{mm}>h'_f=120\text{mm}$$

中和轴在肋部，受压区高度 x 应重新计算：

$$M=\alpha_1 f_c bx\left(h_0-\frac{x}{2}\right)+\alpha_1 f_c(b'_f-b)h'_f\left(h_0-\frac{h'_f}{2}\right)$$

$$x=h_0-\sqrt{h_0^2-\frac{2\left[M-\alpha_1 f_c(b'_f-b)\left(h_0-\frac{h'_f}{2}\right)h'_f\right]}{\alpha_1 f_c b}}$$

$$=590-\sqrt{590^2-\frac{2\times[540\times10^6-1.0\times9.6\times(600-300)\times(590-120/2)\times120]}{1.0\times9.6\times300}}$$

$$=273.3\text{mm}<\xi_b h_0=0.55\times590=324.5\text{mm}$$

求受拉钢筋截面积 A_s

$$\alpha_1 f_c[bx+(b'_f-b)h'_f]=f_y A_s$$

得
$$A_s=\frac{\alpha_1 f_c[bx+(b'_f-b)h'_f]}{f_y}=\frac{1.0\times9.6\times[300\times273.3+(600-300)\times120]}{300}$$

$$=3775.69\text{mm}^2$$

$$3\,\Phi\,25+4\,\Phi\,28\quad A_s=3936\text{mm}^2$$

四、双向受弯构件正截面承载力计算

1. 计算公式

(1)混凝土受压区面积的重心在截面的右半部［如图 2-12a)所示］。

$$\alpha_1 f_c b_c x=f_y A_s \tag{2-41}$$

式中　x——假定混凝土受压区为矩形时的受压区计算高度；

b_c——假定混凝土受压区为矩形时的受压区计算宽度。

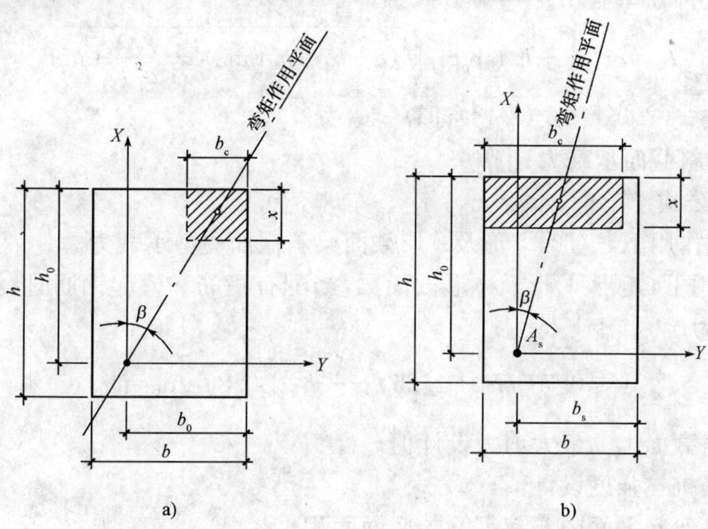

图 2-12　双向受弯单筋矩形截面受压区应力图形的简化

$$\frac{b_c}{2}-\frac{x}{2}\tan\beta=b_0-h_0\tan\beta \tag{2-42}$$

式中 β——弯矩作用平面与截面竖直边(沿 h 方向)的夹角[如图 2-12a)所示];

h_0——截面沿竖直方向的有效高度;

b_0——截面沿水平方向的有效高度。

$$M_u=\frac{f_y A_s}{\cos\beta}\left(h_0-\frac{x}{2}\right) \tag{2-43}$$

适用条件

$$b_0 \geqslant h_0 \tan\beta$$

和

$$b_c \leqslant b$$

当 $b_0 < h_0 \tan\beta$,可将截面转 90°后再计算;当 $b_c > b$ 时,应按情况Ⅱ计算。

(2)混凝土受压区面积重心在截面左半部[如图 2-12b)所示]。

$$\frac{b_c}{2}+\frac{x}{2}\tan\beta=b-b_0+h_0\tan\beta \tag{2-44}$$

2. 设计截面

一般需采用试算法,先假定截面尺寸、材料强度和配筋,然后进行复核。若求得的截面受弯承载力设计值 M_u 略大于弯矩设计值 M 时,认为假定的设计方案是可行的。否则,需重新设计。

3. 截面复核

$$b_c=b_0-h_0\tan\beta+\sqrt{(b_0-h_0\tan\beta)^2+\frac{f_y A_s}{\alpha_1 f_c}\tan\beta} \tag{2-45}$$

$$x=\frac{f_y A_s}{\alpha_1 f_c b_c} \tag{2-46}$$

受弯承载力设计值 M_u 可按公式(2-43)确定。

只须将式(2-45)中的 β 用 $-\beta$, b_0 用 $(b-b_0)$ 代替,亦即

$$b_c=b-b_0+h_0\tan\beta+\sqrt{(b-b_0+h_0\tan\beta)^2-\frac{f_y A_s}{\alpha_1 f_c}\tan\beta} \tag{2-47}$$

x 和 M_u 仍按式(2-46)和式(2-43)计算。

五、受弯构件斜截面承载力计算

1. 基本计算公式

(1)均布荷载作用下,矩形、T 形及 I 形截面梁斜截面受剪承载力。

均布荷载作用下,矩形 T 形及 I 形截面梁,当配有箍筋和弯起钢筋时,斜截面受剪承载力的设计表达式为:

$$V \leqslant 0.7 f_t b h_0+1.25 f_{yv}\frac{A_{sv}}{s}h_0+0.8 f_y A_{sb}\sin\alpha_b \tag{2-48}$$

式中 V——梁斜截面上的最大剪力设计值;

f_{yv}——箍筋抗拉强度设计值;

A_{sb}——同一弯起平面内弯起钢筋的截面面积;

f_t——混凝土轴心抗拉强度设计值;

A_{sv}——配置在同一截面内箍筋各肢的全部截面面积, $A_{sv}=nA_{sv1}$;

n——在同一截面内箍筋的肢数;

A_{sv1}——单肢箍筋的截面面积;

s——沿构件长度方向箍筋的间距；

α_b——弯起钢筋与构件纵向轴线的夹角；

0.8——弯起钢筋受力不均匀系数。

(2)集中荷载作用下的矩形截面独立梁。

该种梁包括作用有多种荷载，且其中集中荷载对支座截面或节点边缘所产生的剪力值占总剪力值的75%以上的情况。其抗剪承载力的计算按下式：

$$V \leqslant \frac{1.75}{\lambda+1.0} f_t b h_0 + f_{yv} \frac{A_{sv}}{s} h_0 + 0.8 f_y A_{sb} \sin\alpha_b \tag{2-49}$$

式中 λ——计算截面处的剪跨比，$\lambda=\frac{a}{h_0}$，当$\lambda \leqslant 1.5$时，取$\lambda=1.5$；当$\lambda > 3.0$时，取$\lambda=3.0$；

a——集中荷载到支座之间的距离。

对集中荷载作用下的T形或I形截面梁按式(2-48)计算，取肋宽为截面计算宽度。

(3)不配箍筋和弯起钢筋的一般板类受弯构件。

其斜截面的受剪承载力按下列公式计算：

$$\left.\begin{aligned} V &\leqslant 0.7\beta_h f_t b h_0 \\ \beta_h &= (800/h_0)^{1/4} \end{aligned}\right\} \tag{2-50}$$

式中 V——构件斜截面上最大剪力设计值；

β_h——截面高度影响系数，当$h_0 < 800$mm时，取为800mm；当$h_0 \geqslant 2000$mm时，取为2000mm。

2. 适用条件

(1)截面限制条件。

截面尺寸过小或配箍率过高，将引起斜压破坏。为防止斜压破坏《混凝土结构设计规范》(GB 50010—2002)规定了截面尺寸限制条件：

$$\text{当}\frac{h_w}{b} \leqslant 4.0\text{时}\qquad V \leqslant 0.25\beta_c f_c b h_0 \tag{2-51}$$

$$\text{当}\frac{h_w}{b} \geqslant 6.0\text{时}\qquad V \leqslant 0.2\beta_c f_c b h_0 \tag{2-52}$$

$$\text{当}4.0 < \frac{h_w}{b} < 6.0\text{时}\qquad V \leqslant 0.025\left(14-\frac{h_w}{b}\right)\beta_c f_c b h_0 \tag{2-53}$$

式中 V——构件斜截面上的最大剪力设计值；

b——矩形截面宽度，T形及I形截面腹板宽度；

h_w——截面的腹板高度，T形截面取有效高度减去翼缘高度；I形和箱形截面取腹板净高；矩形截面取有效高度h_0；

β_c——混凝土强度影响系数，当混凝土强度不超过C50时，取$\beta_c=1.0$；当混凝土强度为C80时，取$\beta_c=0.8$；其间按线性内插法取用。

(2)最小配箍率的限制。

箍筋配置过少，可造成斜拉破坏，截面尺寸过大，则会引起裂缝过宽。《混凝土结构设计规范》(GB 50010—2002)规定，当$V > f_t b h_0$时，最小配箍率的限制条件：

$$\rho_{sv} = \frac{nA_{sv1}}{bs} \geqslant \rho_{sv,\min} = 0.24\frac{f_t}{f_{yv}} \tag{2-54}$$

或 $$V \leqslant f_t b h_0 \tag{2-55}$$

3. 截面设计

(1)确定验算截面为支座边缘斜截面 1-1、箍筋直径或间距改变处斜截面及腹板宽和高度改变处的斜截面。

(2)验算初选的截面是否满足要求。按式(2-51)验算，若不满足，则应加大截面面积或提高混凝土强度等级。

(3)验算是否需按计算配置腹筋，按式(2-48)和式(2-49)判别。

(4)剪力设计值 V 的确定，按下列规定(如图 2-13 所示)：

1)计算支座边第一排弯起筋取支座边截面处的 V_1。

2)计算下一排的弯筋时取前一排弯筋的弯点处的 V_2。

3)箍筋直径或间距改变处 V_3。

4)腹板宽度或截面高度改变处。

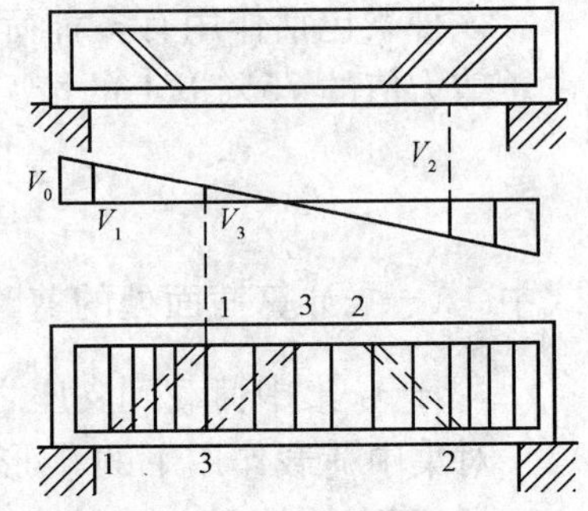

图 2-13 梁各截面的剪力

(5)当仅配箍筋时，按下式计算：

$$\frac{nA_{sv1}}{s} \geqslant \frac{V - V_c}{1.25 f_{yv} h_0} \tag{2-56}$$

$$\frac{nA_{sv1}}{s} \geqslant \frac{V - V_c}{h_0 f_{yv}} \tag{2-57}$$

选用的箍筋直径及间距应满足构造要求。

(6)同时配有弯起钢筋时，可先选定箍筋直径及间距，再按下式计算弯筋面积：

$$A_{sb} \geqslant \frac{V - V_c - V_{sv}}{0.8 f_v \sin\alpha_b} \tag{2-58}$$

【例 2-10】 某钢筋混凝土矩形截面简支梁斜截面受剪承载力计算

已知：钢筋混凝土矩形截面简支梁(如图 2-14 所示)，承受均布荷载设计值P=15.5kN/m，集中荷载设计值 P=180kN，混凝土强度等级为 C25，采用 HPB235 级钢筋作箍筋，按正截面受弯承载力计算配置的纵向受拉钢筋为 6 ⌀ 22+2 ⌀ 18，求进行斜截面受剪承载力计算。

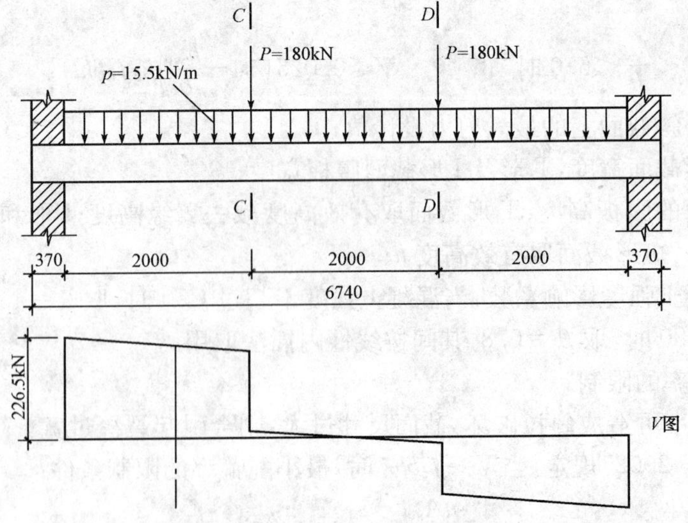

图 2-14 某简支梁受力计算简图

解:(1)计算剪力设计值,并绘剪力图。

支座边缘截面处的剪力设计值为:

$$V=\frac{1}{2}pl_n+P=\frac{1}{2}\times15.5\times6.0+180=226.5\text{kN}$$

(2)复核梁的截面尺寸。

$$h_0=h-a_s=700-60=640\text{mm}$$

$$\frac{h_w}{b}=\frac{h_0}{b}=\frac{640}{250}=2.56<4$$

$$0.25\beta_c f_c bh_0=0.25\times1.0\times11.9\times250\times640=476000\text{N}$$

$$=476\text{kN}>V=226.5\text{kN}\quad(满足要求)$$

(3)确定是否需要按计算配置腹筋。

由于集中荷载在支座截面产生的剪力值已占总剪力值的75%以上,故需考虑剪跨比λ的影响。

$$\lambda=\frac{a}{h_0}=\frac{2000}{640}=3.125>3\quad 取\lambda=3$$

$$\frac{1.75}{\lambda+1.0}f_t bh_0=\frac{1.75}{3+1.0}\times1.27\times250\times640=88900\text{N}$$

$$=88.9\text{kN}<V=226.5\text{kN}$$

故必须按计算配置腹筋

$$\rho_{sv}=\frac{nA_{sv1}}{bs}=\frac{2\times50.3}{250\times150}=0.27\%>\rho_{sv,min}=0.24\frac{f_t}{f_{yv}}=0.24\times\frac{1.27}{210}=0.145\%(满足要求)$$

$$V_{cs}=\frac{1.75}{\lambda+1.0}f_t bh_0+f_{yv}\frac{nA_{sv1}}{s}h_0=\frac{1.75}{3+1.0}\times1.27\times250\times640+210\times\frac{2\times50.3}{150}\times640$$

$$=88900+90140=179040\text{N}=179.04\text{kN}<V=226.5\text{kN}$$

故必须按计算配置弯筋。

(4)计算弯起钢筋截面面积A_{sb}。

取$\alpha_s=45°$,则

$$A_{sb}=\frac{V-V_{cs}}{0.8f_y\sin\alpha_s}=\frac{226500-179040}{0.8\times300\times0.707}=279\text{mm}^2$$

【例 2-11】 矩形简支梁箍筋直径和间距计算

已知:矩形简支梁,截面尺寸$b=300\text{mm}$,$h=600\text{mm}$,$a_s=60\text{mm}$,跨长$L=6.0\text{m}$,离两边支座2.0m处在梁上部各有一集中荷载,集中荷载作用处的剪力设计值$V=300\text{kN}$(其中集中荷载产生的剪力设计值为$V_1=240\text{kN}$);混凝土强度等级C25,HRB335箍筋。求箍筋直径和间距。

解:(1)复核截面条件。

$$0.25\beta_c f_c bh_0=0.25\times1.0\times11.9\times300\times(600-60)=481.9\times10^3\text{N}$$

$V=300\text{kN}<0.25\beta_c f_c bh_0$,截面尺寸满足要求。

(2)验算构造配筋条件。

$$\lambda=\frac{a}{h_0}=\frac{2000}{540}=3.7>3\quad 取\lambda=3$$

$$\frac{1.75}{\lambda+1.0}f_t bh_0=\frac{1.75}{3+1.0}\times1.1\times300\times540=77.96\times10^3\text{N}<V=300\text{kN}$$

应按计算配置箍筋。

(3)求箍筋截面面积及间距。

$$V=\frac{1.75}{\lambda+1.5}f_{t}bh_{0}+f_{yv}\frac{A_{sv}}{s}h_{0}$$

即
$$300=\frac{1.75}{3+1.0}\times1.27\times300\times540+300\times\frac{A_{sv}}{s}\times540$$

得
$$\frac{A_{sv}}{s}=1.30$$

在计算截面至支座之间应均匀配置双肢箍筋Φ 10@110$\left(\frac{A_{sv}}{s}=\frac{2\times78.5}{110}=1.427\right)$。

【例 2-12】 变截面梁箍筋直径和间距计算

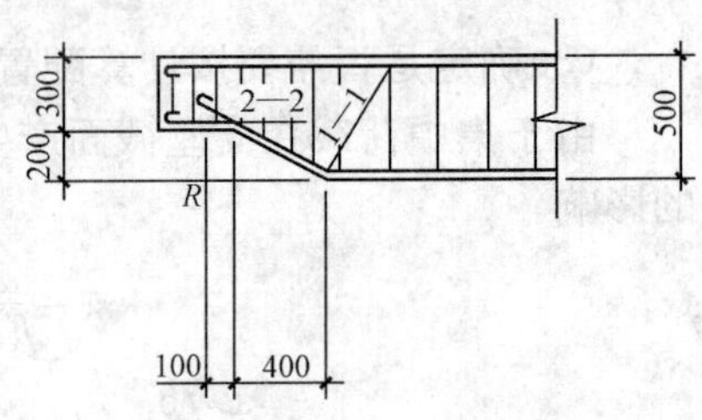

图 2-15 某变截面梁示意图

已知:梁截面尺寸 $b=250\text{mm}$,$h=500\text{mm}$,$M=128.7\text{kN·m}$;$a_s=35\text{mm}$,混凝土强度等级 C20,HPB335 级钢筋,梁端头处如图 2-15 所示,计算跨度 $l_0=6.0\text{m}$,$q=19.5\text{kN/m}$。求某变截面梁变截面处箍筋直径和间距计算。

解:(1)正截面受拉钢筋。

$$M=\frac{1}{8}ql_0^2=\frac{1}{8}\times28.6\times6^2=128.7\text{kN·m}$$

$$\alpha_s=\frac{M}{\alpha_1 f_c bh_0^2}=\frac{128.7\times10^6}{1.0\times9.6\times250\times465^2}=0.248$$

$$\xi=1-\sqrt{1-2\alpha_s}=1-\sqrt{1-2\times0.248}=0.290<0.550$$

$$\gamma_s=\frac{1+\sqrt{1-2\alpha_s}}{2}=\frac{1+\sqrt{1-2\times0.248}}{2}=0.855$$

$$A_s=\frac{M}{f_y\cdot\gamma_s\cdot h_0}=\frac{128.7\times10^6}{300\times0.855\times465}=1079\text{mm}^2$$

选配 3 Φ 22,$A_s=1140\text{mm}^2$

(2)1-1 截面受剪箍筋:

$$R=\frac{1}{2}ql_0=\frac{1}{2}\times28.6\times6=85.8\text{kN}$$

$$V_{1-1}=85.8-28.6\times0.5=71.5\text{kN}$$

$$0.7f_tbh_0=0.7\times1.1\times250\times465=89.5\times10^3\text{N}>V_{1-1}$$

构造配箍,Φ 6@300mm(双肢)。

(3)2-2 截面受剪箍筋。

$$0.7f_tbh_0=0.7\times1.1\times250\times265=51\times10^3\text{kN}<V_{2-2}=85.8\text{kN}$$

$$M_{2-2}=85.8\times(0.1+0.265)-28.6\times\frac{(0.1+0.265)^2}{2}=29.41\text{kN·m}$$

初取箍筋,Φ 6@150mm,$\frac{A_{sv}}{s}=\frac{2\times28.3}{150}=0.377$

$\frac{A_{sv}}{sb}=\frac{0.377}{250}=0.0015>\rho_{sv,min}=0.24\frac{f_t}{f_{yv}}=0.24\times\frac{1.1}{210}=0.00126$

$$\sum f_{yv}A_{sv}z_{sv}=f_{yv}A_{sv}\sum z_{sv}=f_{yv}A_{sv}\frac{C^2}{2s}$$

$$=210\times0.377\times\frac{265^2}{2}=2780\times10^3\text{N}\cdot\text{mm}$$

$$V_{sp}=\frac{M_{2-2}-0.8\sum f_{yv}A_{sv}z_{sv}}{Z-C\tan\beta}\tan\beta=\frac{29.41\times10^6-0.8\times2780000}{0.9\times265+265\tan26.57^\circ}=73272\text{N}$$

$$f_yA_s\sin\beta=210\times1140\times\sin26.57^\circ=107100\text{N}>V_{sp}$$

$$V_{cs}=0.7f_tbh_0+1.25f_{yv}\frac{A_{sv}}{s}h_0=51000+1.25\times210\times0.377\times265=77225\text{N}$$

$$V_{cs}+V_{sp}=77225+73272=150497\text{N}>V_{2-2}=85.8\text{kN}$$

故配Φ 6@150mm(双肢)。

第二节　受扭构件承载力计算

一、纯扭构件承载力计算

1. 基本计算公式

混凝土受扭构件截面尺寸如图 2-16 所示。

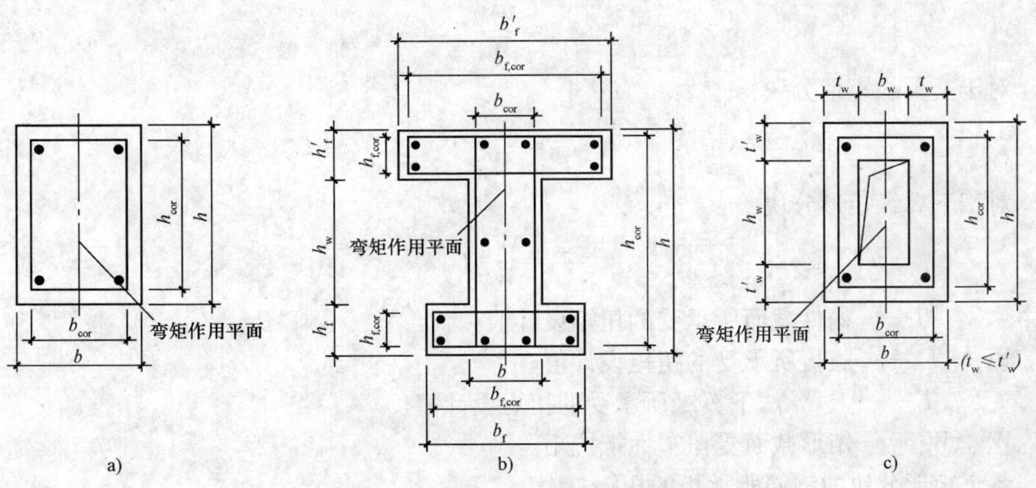

图 2-16　混凝土受扭构件截面尺寸

(1)矩形截面。

$$T\leqslant T_u=0.35f_tW_t+1.2\sqrt{\zeta}\frac{A_{st1}f_{yv}A_{cor}}{s} \tag{2-59}$$

$$\zeta=\frac{f_yA_{stl}s}{f_{yv}A_{st1}u_{cor}} \tag{2-60}$$

式中　T——扭矩设计值；

T_u——构件受扭承载力设计值；

A_{st1}——受扭计算中，沿截面周边所配置箍筋的单肢截面面积；

f_{yv}——箍筋的抗拉强度设计值；

s——沿构件长度方向的箍筋间距；

A_{cor}——截面核心部分的面积，其计算公式为 $A_{cor}=b_{cor}h_{cor}$；
b_{cor}为截面核心部分的短边尺寸，按箍筋内表面计算；
h_{cor}为截面核心部分的长边尺寸，按箍筋内表面计算；
f_t——混凝土抗拉强度设计值；
W_t——截面抗扭塑性抵抗矩；
ζ——受扭构件纵向钢筋与箍筋配筋强度的比值；它符合下列条件：

$$0.6\leqslant\xi\leqslant1.7$$

当 $\xi>1.7$ 时，取 $\xi=1.7$；
A_{stl}——受扭计算中取对称布置的全部纵向钢筋截面面积；
f_y——纵向钢筋抗拉强度设计值；
u_{cor}——截面核心部分的周长，其取值为 $2(b_{cor}+h_{cor})$。

(2)T 形截面和 I 形截面。

T 形、I 形等组合截面纯扭构件的受扭承载力时，将截面划分为几个矩形截面，并将扭矩 T 按各个矩形分块的抗扭塑性抵抗矩分配给各个矩形分块，各个矩形分块所承担的扭矩可按下列公式计算[I 形截面的截面尺寸如图 2-16b)所示]：

对于腹板部分矩形分块

$$T_w=\frac{W_{tw}}{W_t}T \tag{2-61}$$

对于上翼缘矩形分块

$$T'_f=\frac{W'_{tf}}{W_t}T \tag{2-62}$$

对于下翼缘矩形分块

$$T_f=\frac{W_{tf}}{W_t}T \tag{2-63}$$

式中 T——构件截面所承受的扭矩设计值；
T_w——腹板所承受的扭矩设计值；
T'_f、T_f——上翼缘、下翼缘所承受的扭矩设计值；
W_{tw}、W'_{tf}、W_{tf}——矩形截面受扭塑性抵抗矩。

各个矩形分块的钢筋所承担的扭矩：

对于腹板部分矩形截面，钢筋所承担的扭矩为：

$$T_{ws}=\frac{W_{tw}}{W_t}(T-0.35f_tW_t) \tag{2-64}$$

对于上翼缘矩形截面，钢筋所承担的扭矩为：

$$T'_{fs}=\frac{W'_{tf}}{W_t}(T-0.35f_tW'_t) \tag{2-65}$$

对于下翼缘矩形截面，钢筋所承担的扭矩为：

$$T_{fs}=\frac{W_{tf}}{W_t}(T-0.35f_tW_t) \tag{2-66}$$

(3)箱形截面。

$$T\leqslant T_u=0.35\alpha_h f_tW_t+1.2\sqrt{\zeta}f_{yv}\frac{A_{st1}A_{cor}}{s} \tag{2-67}$$

式中　α_h——箱形截面壁厚影响系数；$\alpha_h=2.5t_w/b_h$，当 $\alpha_h>1.0$ 时，取 $\alpha_h=1.0$。

计算中 b_h 应取箱形截面的短边尺寸；ζ 值应按式(2-60)计算，且应符合 $0.6\leqslant\zeta\leqslant1.7$ 的要求，当 $\zeta>1.7$ 时，取 $\zeta=1.7$。

2. 适用条件

(1)抗扭配筋的上限。

当 h_w/b(或 h_w/t_w)$\leqslant4$ 时

$$\frac{T}{W_t}\leqslant0.2\beta_c f_c \tag{2-68}$$

当 h_w/b(或 h_w/t_w)$=6$ 时

$$\frac{T}{W_t}\leqslant0.16\beta_c f_c \tag{2-69}$$

当 $4<h_w/b$(或 h_w/t_w)<6 时，按线性内插法确定。

式中　T——扭矩设计值；

b——矩形截面的宽度，T 形或 I 形截面腹板宽度，箱形截面侧壁总厚度 $2t_w$；

h_w——截面的腹板高度，对矩形截面，取有效高度 h_0，对 T 形截面，取有效高度减去翼缘高度，对 I 形和箱形截面，取腹板净高；

t_w——箱形截面壁厚，其值不应小于 $b_h/7$，此处，b_h 为箱形截面的宽度；

β_c——混凝土强度影响系数，当混凝土强度等级不超过 C50 时，取 $\beta_c=1.0$，当混凝土强度等级为 C80 时，取 $\beta_c=0.8$，其间按线性内插法取用；

W_t——纯扭构件的截面抗扭塑性抵抗矩。

(2)抗扭配筋的下限。

纯扭构件的最小配筋率：

$$\rho_{sv}\geqslant\rho_{sv,min}=\frac{A_{sv}}{bs}=0.28\frac{f_t}{f_{yv}} \tag{2-70}$$

式中　A_{sv}——配置在同一截面内箍筋各肢的全部截面面积。

纵向受力钢筋的最小配筋率：

$$\rho_{tl}\geqslant\rho_{tl,min}=\frac{A_{stl,min}}{bh}=0.6\sqrt{2}\frac{f_t}{f_y}=0.85\frac{f_t}{f_y} \tag{2-71}$$

【例 2-13】　纯扭构件矩形截面配筋计算

已知：钢筋混凝土矩形截面纯扭构件的截面尺寸 $b\times h=150\text{mm}\times300\text{mm}$，承受扭矩设计值 $T=5.0\text{kN}\cdot\text{m}$，纵向钢筋混凝土保护层厚度 $c=25\text{mm}$。混凝土强度等级为 C30($f_c=14.3\text{N/mm}^2$，$f_t=1.43\text{N/mm}^2$)，纵向钢筋和箍筋均采用 HPB235 级钢筋($f_y=f_{yv}=210\text{N/mm}^2$)，试计算该矩形截面配筋。

解：(1)构件截面尺寸验算：

$$W_t=\frac{1}{6}b^2(3h-b)=\frac{150^2}{6}\times(3\times300-150)=2.81\times10^6\text{mm}^3$$

$$\frac{T}{0.8W_t}=\frac{5.0\times10^6}{0.8\times2.81\times10^6}=2.22\text{N/mm}^2<0.25\beta_c f_c$$

$$=0.25\times1.0\times14.3=3.58\text{N/mm}^2\quad(满足要求)$$

(2)抗扭钢筋计算。

$b_{cor}=150-50=100\text{mm}$ $h_{cor}=300-50=250\text{mm}$

$u_{cor}=2\times(100+250)=700\text{mm}$ $A_{cor}=100\times250=25000\text{mm}^2$

取 $\zeta=1.2$，则由式(2-59)可得

$$\frac{A_{st1}}{s}=\frac{T-0.35f_tW_t}{1.2\sqrt{\zeta}f_{yv}A_{cor}}=\frac{5.0\times10^6-0.35\times1.43\times2.81\times10^6}{1.2\sqrt{1.2}\times210\times25000}=0.521\text{mm}$$

取用箍筋直径为 $\phi8$，$A_{st1}=50.3\text{mm}^2$，则

$$s=\frac{50.3}{0.521}=96.55\text{mm}$$

$$\rho_{sv}=\frac{A_{sv}}{bs}=\frac{2A_{st1}}{bs}=\frac{2\times0.521}{150}\times100\%=0.69\%>\rho_{sv,min}=0.28\frac{f_t}{f_{yv}}=0.28\times\frac{1.43}{210}\times100\%=0.19\%$$

由式(2-60)中 ζ 的定义可得：

$$A_{stl}=\zeta\frac{A_{st1}f_{yv}u_{cor}}{f_ys}=1.2\times\frac{50.3\times210\times700}{210\times109}=388\text{mm}^2>0.85\frac{f_t}{f_y}bh_0$$

$$=0.85\times\frac{1.43}{210}\times150\times300=260\text{mm}^2\quad(满足要求)$$

箍筋间距取100mm，纵筋选用4 Φ 10+2 Φ 8，$A_{stl}=15\text{mm}^2$

【例 2-14】 纯扭构件T形截面配筋计算

已知：钢筋混凝土T形截面纯扭构件的截面尺寸为（如图2-17所示）：$b=200\text{mm}$，$h=500\text{mm}$，$b'_f=400\text{mm}$，$h'_f=80\text{mm}$，纵筋混凝土保护层厚度 $c=25\text{mm}$，承受扭矩设计值 $T=12.6\text{kN}\cdot\text{m}$。混凝土强度等级为C30，纵筋采用HRB335级钢筋（$f_y=300\text{N/mm}^2$），箍筋采用HPB235级钢筋（$f_{yv}=210\text{N/mm}^2$），试计算其配筋。

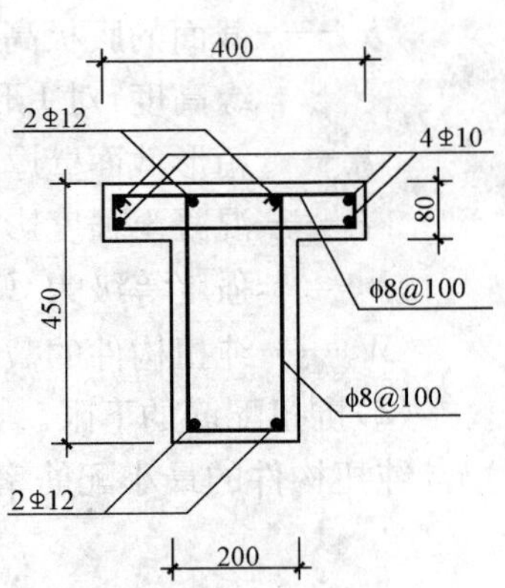

图 2-17 纯扭构件T形截面

解：(1)验算构件截面尺寸。

$$W_{tw}=\frac{b^2}{6}(3h-b)$$

$$=\frac{200^2}{6}\times(3\times500-200)=8.67\times10^6\text{mm}^3$$

$$W'_{tf}=\frac{h'^2_f}{2}(b'_f-b)=\frac{80^2}{2}\times(400-200)=0.64\times10^6\text{mm}^3$$

$$W_t=W_{tw}+W'_{tf}=(8.67+0.64)\times10^6=9.31\times10^6\text{mm}^3$$

$$\frac{T}{W_t}=\frac{12.6\times10^6}{9.31\times10^6}=1.35\text{N/mm}^2<0.20\beta_cf_c=0.20\times1.0\times14.3$$

$$=2.86\text{N/mm}^2\quad(满足要求)$$

(2)扭矩分配。

对腹板

$$T_w=\frac{W_{tw}}{W_t}T=\frac{8.67\times10^5}{9.31\times10^6}\times12.6=11.73\text{kN}\cdot\text{m}$$

对上翼缘

$$T'_f=\frac{W'_{tf}}{W_t}T=\frac{0.64\times10^6}{9.31\times10^6}\times12.6=0.87\text{kN}\cdot\text{mm}$$

(3)腹板配筋计算。

$b_{cor}=200-50=150\text{mm}$，　　$h_{cor}=450-50=400\text{mm}$，

$u_{cor}=2\times(150+400)=1100\text{mm}$　　$A_{cor}=150\times400=60000\text{mm}^2$

取 $\zeta=1.1$，则

$$\frac{A_{st1}}{s}=\frac{T_w-0.35f_tW_{tw}}{1.2\sqrt{\zeta}f_{yv}A_{cor}}=\frac{11.73\times10^6-0.35\times1.43\times8.67\times10^6}{1.2\sqrt{1.1}\times210\times60000}=0.466\text{mm}^2/\text{mm}$$

取用箍筋直径为 $\phi8$，$A_{st1}=50.3\text{mm}^2$，则

$$s=\frac{50.3}{0.466}=107.94\text{mm}$$

$$A_{stl}=\zeta\frac{A_{st1}f_{yv}u_{cor}}{f_ys}=1.1\times\frac{50.3\times210\times1100}{300\times108}=394.5\text{mm}^2>0.85\frac{f_t}{f_y}bh$$

$$=0.85\times\frac{1.43}{300}\times200\times450=365\text{mm}^2\quad（满足要求）$$

箍筋间距取 100mm，纵筋选用 4⌀12，$A_{stl}=452\text{mm}^2$

(4)上翼缘配筋计算。

$b'_{f,cor}=400-200-50=150\text{mm}$　　$h'_{f,cor}=80-50=30\text{mm}$

$u'_{f,cor}=2\times(150+30)=360\text{mm}$　　$A'_{f,cor}=150\times30=4500\text{mm}^2$

取 $\zeta=1.3$，则

$$\frac{A_{st1}}{s}=\frac{T'_f-0.35f_tW'_{tf}}{1.2\sqrt{\zeta}f_{yv}A'_{f,cor}}=\frac{0.87\times10^6-0.35\times1.43\times0.64\times10^6}{1.2\sqrt{1.3}\times210\times4500}=0.425\text{mm}^2/\text{mm}$$

取用箍筋直径为 $\phi8$，$A_{st1}=50.3\text{mm}^2$，则

$$s=\frac{50.3}{0.425}=118.35\text{mm}$$

$$A_{stl}=\zeta\frac{A_{st1}f_{yv}u_{f,cor}}{f_ys}$$

$$=1.3\times\frac{50.3\times210\times360}{300\times118}=140\text{mm}^2>0.85\times\frac{1.43}{300}\times200\times80=65\text{mm}^2\quad（满足要求）$$

箍筋间距取 100mm，纵筋选用 4⌀10，$A_{stl}=314\text{mm}^2$

二、剪扭构件承载力计算

1. 在剪力和扭矩共同作用下的矩形截面计算

(1)均布荷载作用下：

受剪承载力：

$$V\leqslant0.7\times(1.5-\beta_t)bh_0f_t+1.25\frac{nA_{sv1}f_{yv}}{S}h_0\tag{2-72}$$

受扭承载力：

$$T\leqslant0.35\beta_tW_tf_t+1.2\sqrt{\zeta}\frac{A_{st1}f_{yv}A_{cor}}{S}\tag{2-73}$$

剪扭构件混凝土受扭承载力降低系数 β_t 可按下式计算：

$$\beta_t=\frac{1.5}{1+0.5\dfrac{VW_t}{Tbh_0}}\tag{2-74}$$

(2)对于集中荷载作用下的剪扭构件(包括作用有多种荷载、且其中集中荷载对支座截面或节点边缘所产生的剪力值占总剪力值75%以上的情况)。

受剪承载力:

$$V \leqslant \frac{1.75}{\lambda+1.0}(1.5-\beta_t)bh_0 f_t+\frac{nA_{sv1}f_{yv}}{S}h_0 \tag{2-75}$$

当$\lambda<1.4$时,取$\lambda=1.4$;$\lambda>3$时,取$\lambda=3.0$。

受扭承载力:

$$T \leqslant 0.35\beta_t W_t f_t+1.2\sqrt{\zeta}\frac{A_{st1}f_{yv}A_{cor}}{S} \tag{2-76}$$

剪扭构件混凝土受扭承载力降低系数β_t按下式计算:

$$\beta_t=\frac{1.5}{1+0.2(\lambda+1.0)\dfrac{VW_t}{Tbh_0}} \tag{2-77}$$

当$\beta_t<0.5$时,取$\beta_t=0.5$;当$\beta_t>1.0$时,取$\beta_t=1.0$。

2. 适用条件

(1)抗剪扭配筋的上限。

当h_w/b(即h_0/b)$\leqslant 4$时

$$\frac{V}{bh_0}+\frac{T}{0.8W_t} \leqslant 0.25\beta_c f_c \tag{2-78}$$

当h_w/b(即h_0/b)$=6$时

$$\frac{V}{bh_0}+\frac{T}{0.8W_t} \leqslant 0.2\beta_c f_c \tag{2-79}$$

当$4<h_w/b$(即h_0/b)<6时,按线性内插法确定。

(2)抗剪扭配筋的下限。

剪扭构件箍筋最小配箍率和纵向钢筋最小配筋率应按下列公式确定:

$$\rho_{sv} \geqslant \rho_{sv,\min}=0.28\frac{f_t}{f_{yv}} \tag{2-80}$$

$$\rho_{tl} \geqslant \rho_{tl,\min}=\frac{A_{stl,\min}}{bh}=0.6\sqrt{\frac{T}{Vb}}\frac{f_c}{f_y} \tag{2-81}$$

其中,当$\frac{T}{Vb}>2$时,取$\frac{T}{Vb}=2$。

与纯扭构件类似,对于h_w/b(即h_0/b)$\leqslant 6$的剪扭构件,当符合下列条件时,可按构造要求配置钢筋(纵向钢筋和箍筋)。

$$\frac{V}{bh_0}+\frac{T}{W_t} \leqslant 0.7f_t \tag{2-82}$$

【例 2-15】 抗剪扭钢筋计算

已知:矩形截面$b\times h=250\text{mm}\times 350\text{mm}$,混凝土强度等级C20,箍筋采用HPB235级,纵筋采用HRB335级,保护层25mm;剪力设计值$V=35\text{kN}$,扭矩设计值$T=8.0\text{kN}\cdot\text{m}$(已乘重要性系数$\gamma_0$)。求抗剪扭钢筋。

解:(1)截面力学特性。

$$W_t=\frac{b^2}{6}(3h-b)=\frac{250^2}{6}\times(3\times 350-250)=8333333\text{mm}^3$$

$$bh_0=250\times(350-35)=78750\text{mm}^2$$

$$A_{cor}=(250-25\times2)\times(350-25\times2)=60000\text{mm}^2$$

$$u_{cor}=2\times(250-25\times2+350-25\times2)=1000\text{mm}$$

(2)验算是否可忽略剪力。

$$\frac{V}{bh_0}=\frac{35000}{78750}=0.444\text{N/mm}^2>0.35f_t=0.35\times1.10=0.385\text{N/mm}^2$$

不能忽略剪力影响。

(3)验算是否可忽略扭矩。

$$\frac{T}{W_t}=\frac{8\times10^6}{8333333}=0.960\text{N/mm}^2>0.175f_t=0.175\times1.10=0.1925\text{N/mm}^2$$

计算时不能忽略扭矩影响。

(4)验算是否可构造配筋。

$$\frac{V}{bh_0}+\frac{T}{W_t}=0.444+0.960=1.404\text{N/mm}^2>0.7f_t=0.7\times1.1=0.77\text{N/mm}^2$$

需按计算配筋。

(5)验算截面承载力限制条件。

$$f_{cu,k}<50\text{N/mm}^2\text{，故 }\beta_c=1.0$$

$$\frac{V}{bh_0}+\frac{T}{0.8W_t}=0.444+\frac{0.960}{0.8}=1.644\text{N/mm}^2<0.25\beta_c f_c$$

$$=0.25\times1.0\times9.6=2.4\text{N/mm}^2$$

截面尺寸满足要求。

(6)混凝土受扭承载力降低系数。

$$\beta_t=\frac{1.5}{1.0+\dfrac{0.5VW_t}{Tbh_0}}=\frac{1.5}{1.0+\dfrac{0.5\times0.444}{0.844}}=1.188>1.0$$

取

$$\beta_t=1.0$$

(7)受扭纵筋最小配筋率。

$$\frac{T}{Vb}=\frac{8\times10^6}{35\times10^3\times250}=0.9<2$$

受扭纵筋采用 HRB335 级钢筋($f_y=300\text{N/mm}^2$)

$$\rho_{tl,\min}=0.6\sqrt{\frac{T}{Vb}}\frac{f_t}{f_y}=0.6\times\sqrt{0.9}\times\frac{1.1}{300}=0.21\%$$

$$A_{tl,\min}=\rho_{tl,\min}bh=0.21\%\times250\times350=183.8\text{mm}^2$$

(8)剪扭箍筋最小配箍率。

$$\rho_{sv,\min}=0.28\frac{f_t}{f_{yv}}=0.28\times\frac{1.1}{210}=0.147\%$$

$$\left(\frac{A_{sv}}{s}\right)_{\min}=\rho_{sv,\min}b=0.147\%\times250=0.368\text{mm}$$

(9)受剪计算：

$$V=0.7f_tbh_0(1.5-\beta_t)+1.25f_{yv}\left(\frac{A_{sv}}{s}\right)_{剪}h_0$$

即 $35000=0.7\times1.1\times250\times(350-35)\times(1.5-1.0)+1.25\times210\times\left(\frac{A_{sv}}{s}\right)_{剪}\times(350-35)$

得 $$\left(\frac{A_{sv}}{s}\right)_{剪}=0.057\text{mm}$$

(10)受扭计算。

$$T=0.35\beta_t f_t W_t+1.2\sqrt{\zeta}f_{yv}\frac{A_{stl}}{s}A_{cor}$$

即 $$8\times10^6=0.35\times1.0\times1.1\times8333333+1.2\times\sqrt{\zeta}\times210\frac{A_{stl}}{s}\times60000$$

$$\sqrt{\zeta}\quad\frac{A_{stl}}{s}=0.317$$

$$\zeta\left(\frac{A_{stl}}{s}\right)^2=0.1$$

$$\frac{f_y A_{stl}s}{f_{yv}A_{stl}u_{cor}}\left(\frac{A_{stl}}{s}\right)^2=0.1$$

得 $$A_{stl}=\frac{0.063f_{yv}u_{cor}}{f_y\frac{A_{stl}}{s}}$$

设箍筋为φ 8@150(双肢箍)

$$\left(\frac{A_{sv}}{s}\right)_{总}=\frac{101}{100}=0.67>\left(\frac{A_{sv}}{s}\right)_{min}=0.293\text{mm}$$

$$\frac{A_{stl}}{s}=\frac{\left(\frac{A_{sv}}{s}\right)_{总}-\left(\frac{A_{sv}}{s}\right)_{剪}}{2}=\frac{0.67-0.057}{2}=0.307$$

$$A_{stl}=\frac{0.1\times210\times1000}{300\times0.307}=228.01\text{mm}^2>A_{stl,min}=183.8\text{mm}^2$$

(11)复核受扭纵筋与箍筋的配筋强度比 ζ:

$$\zeta=\frac{f_y A_{stl}s}{f_{yv}A_{stl}u_{cor}}=\frac{300\times228.01}{210\times0.307\times1000}=1.06$$

满足 $0.6\leqslant\zeta\leqslant1.7$ 的要求。

三、弯、剪、扭构件截面计算

(1)初步确定截面尺寸和材料强度等级。

(2)验算构件截面尺寸。

当 $h_w/b\leqslant4$ 时

$$\frac{V}{bh_0}+\frac{T}{0.8W_t}\leqslant0.25\beta_c f_t \tag{2-83}$$

当 $h_w/b=6$ 时

$$\frac{V}{bh_0}+\frac{T}{0.8W_t}\leqslant0.2\beta_c f_c \tag{2-84}$$

当 $4<h_w/b<6$ 时,按线性插入法确定。

如不满足上述条件时,应加大截面或提高混凝土强度等级。

(3)确定计算方法。

1)当符合下列条件时:

当以均布荷载为主时，$V \leqslant 0.35bh_0 f_t$ (2-85)

当以集中荷载为主时，$V \leqslant \frac{0.875}{\lambda+1.0} bh_0 f_t$ (2-86)

按不加修正的抗扭承载力计算公式计算所需的抗扭箍筋和纵筋，其中箍筋即为所需的用量，纵筋应为受弯计算和受扭计算所需用量之和。

2)当符合下列条件时：

$$T \leqslant 0.175 f_t W_t \tag{2-87}$$

则可忽略扭矩的影响，只需按受弯构件的正截面受弯承载力和斜截面受剪承载力计算。

3)当符合下列条件时：

$$\frac{V}{bh_0} + \frac{T}{W_t} \leqslant 0.7 f_t \tag{2-88}$$

则只需进行受弯承载力计算，但需根据构造要求配置抗扭箍筋和抗扭纵筋，其值不应小于最小配筋率的要求。

(4)确定钢箍数量，依次按下述顺序进行(如图 2-18 所示)：

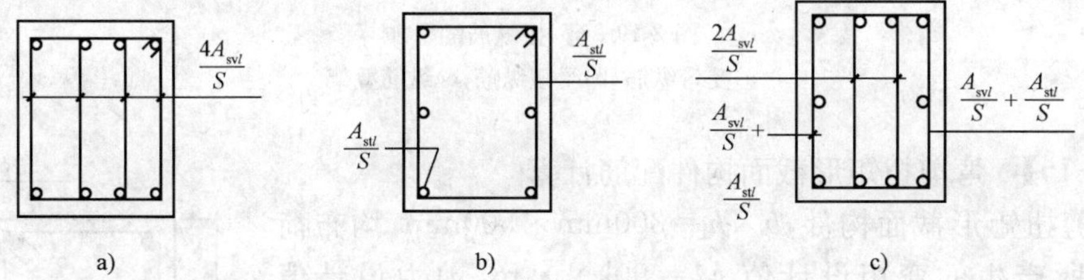

图 2-18　受扭剪箍筋的叠加

a)受剪箍筋；b)受扭箍筋；c)箍筋叠加

1)计算抗扭降低系数 β_t。

2)计算受剪箍筋数量 A_{sv1}/S。

3)计算受扭箍筋数量 A_{svl}/S。

4)计算受剪扭箍筋的总数量。

$$\frac{A_{sv}}{S} = \frac{A_{sv1}}{S} + \frac{A_{stl}}{S} \tag{2-89}$$

(5)验算配箍率。为避免少筋破坏，构件在剪扭共同作用下，其受剪及受扭箍筋面积之和 A_{sv} 的配筋率(沿截面周边布置)应满足以下要求：

$$\rho_{sv} = A_{sv}/bS \geqslant \rho_{sv,min} = 0.28 f_t / f_{yv}$$

及

$$\rho_{sv} \geqslant \rho_{sv,min} = A_{sv,min}/bS \tag{2-90}$$

(6)计算受扭纵筋数量 A_{stl}。

$$A_{stl} = \frac{\zeta f_{yv} A_{st1} u_{cor}}{f_y S} \tag{2-91}$$

式中　ζ一般取为 1.2。

(7)验算受扭纵向钢筋的配筋率 ρ_{st}。受扭构件纵向受力钢筋最小配筋率可按下式计算：

$$\rho_{stl,min} = \frac{A_{stl,min}}{bh} = 0.6\sqrt{\frac{T}{Vb}} \frac{f_t}{f_y} \tag{2-92}$$

式中 $A_{stl,min}$——在截面中对称布置的最少受扭纵筋的总截面积；

$\rho_{stl,min}$——受扭构件纵向钢筋的最小配筋率。

当 $T/Vb>2$ 时，取 $T/Vb=2$。

(8)按正截面承载力计算受弯纵筋数量。

(9)将受扭纵筋面积 A_{stl} 与受弯纵筋截面面积 A_s 相叠加，即为构件截面所需的总的纵筋截面面积。设计时，受扭纵筋最小截面面积应沿截面周边对称布置(如图 2-19 所示)。

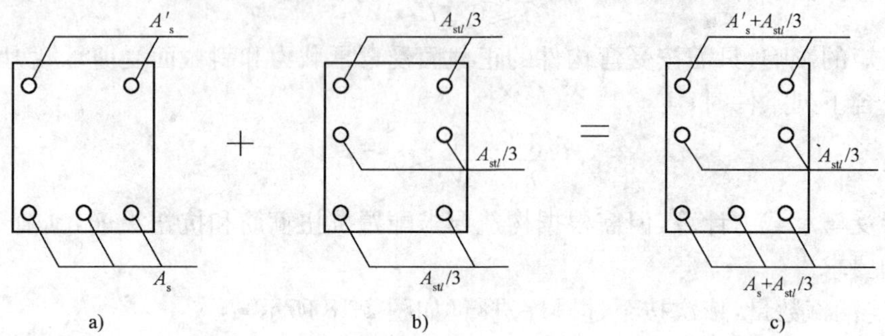

图 2-19 弯、扭纵筋的叠加

a)受弯纵筋；b)受扭纵筋；c)纵筋叠架

【例 2-16】 弯剪扭矩形截面构件配筋计算

一弯剪扭矩形截面构件，$b\times h=300\text{mm}\times500\text{mm}$，均布荷载作用下所产生的弯矩设计值 $M=90\text{kN}\cdot\text{m}$，剪力设计值 $V=120\text{kN}$，扭矩设计值 $T=12\text{kN}\cdot\text{m}$。采用 C20 级混凝土，HPB235 级钢筋。试计算其配筋(如图 2-20 所示)。

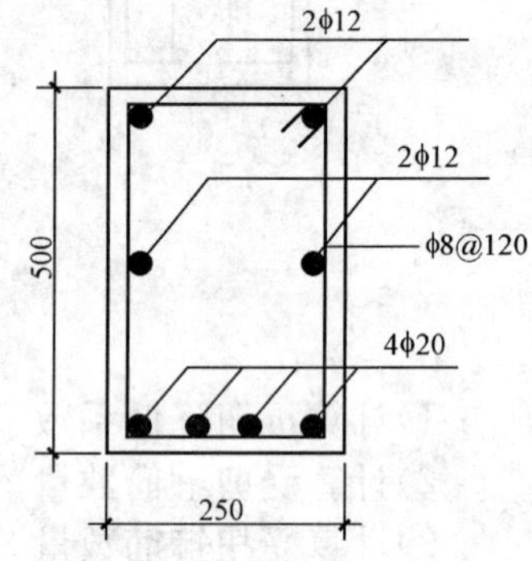

图 2-20 弯剪扭矩形截面构件示意

解：(1)计算数据。

C20 级混凝土，$f_t=1.1\text{N/mm}^2$，$f_c=9.6\text{N/mm}^2$

钢筋 HPB235 级，$f_y=210\text{N/mm}^2$，$f_{yv}=210\text{N/mm}^2$

$h_0=500-35=465\text{mm}$，$h_{cor}=450\text{mm}$，$b_{cor}=250\text{mm}$

$u_{cor}=2(450+250)=1400\text{mm}$，$A_{cor}=450\times250=112500\text{mm}^2$

$W_t=\dfrac{b^2}{6}(3h-b)=\dfrac{300^2}{6}\times(3\times500-300)=18.0\times10^6\text{mm}^3$

(2)验算截面尺寸。

$$\begin{aligned}\frac{V}{bh_0}+\frac{T}{0.8W_t}&=\frac{120\times10^3}{350\times465}+\frac{12\times10^6}{0.8\times18.0\times10^6}\\&=0.74+0.833\\&=1.573\text{N/mm}^2<0.25\times\beta_c f_c\\&=0.25\times1.0\times9.6=2.4\text{N/mm}^2\end{aligned}$$

截面尺寸符合要求。

(3)确定计算方法。

$$\begin{aligned}0.175W_t f_t&=0.175\times18\times10^6\times1.1=3.465\times10^6\text{N}\cdot\text{mm}\\&=3.465\text{kN}\cdot\text{m}<T=12\text{kN}\cdot\text{m}\end{aligned}$$

需考虑弯扭相关影响，扭矩影响不能忽略：

$$0.35bh_0f_t=0.35\times300\times465\times1.1=53708$$
$$=53.708\text{kN}<V=120\text{kN}$$

尚需考虑弯剪扭的共同作用，剪力影响不能忽略：

$$V/(bh_0)+T/W_t=1.57>0.7f_t=0.7\times1.1=0.77\text{N/mm}^2$$

应按计算配置抗剪及抗扭钢筋。

计算弯扭构件降低系数 β_t：

$$\beta_t=\frac{1.5}{1+0.5\dfrac{VW_t}{Tbh_0}}=\frac{1.5}{1+0.5\times\dfrac{120\times13\times10^9}{12\times10^6\times250\times465}}=0.962$$

$$0.5<\beta_t<1.0$$

(4)计算抗弯纵筋。

$$\alpha_s=\frac{M}{\alpha_1bh_0^2f_c}=\frac{90\times10^6}{1.0\times250\times465^2\times9.6}=0.173$$

$$\zeta=1-\sqrt{1-2\alpha_s}=1-\sqrt{1-2\times0.173}$$
$$=0.192<\zeta_b=0.614$$

为适筋破坏。

$$A_s=\zeta\frac{\alpha_1f_c}{f_y}bh_0=0.192\times\frac{9.6}{210}\times250\times465=1020.3\text{mm}^2$$

(5)计算抗剪需要的箍筋。

$$V=0.7(1.5-\beta_t)bh_0f_t+1.25\frac{nA_{sv1}f_{yv}}{s}h_0$$

采用双肢钢箍，$n=2$

$$\frac{A_{sv1}}{s}=\frac{V-0.7(1.5-\beta_t)bh_0f_t}{1.25f_{yv}h_0n}$$
$$=\frac{120\times10^3-0.7(1.5-0.962)\times300\times465\times1.1}{1.25\times210\times465\times2}=0.255$$

(6)计算抗扭箍筋和纵筋。

$$T=0.35\beta_tW_tf_t+1.2\sqrt{\zeta}\frac{A_{st1}f_{yv}A_{cor}}{s}$$

取配筋强度比 $\zeta=1.0$

则
$$\frac{A_{st1}}{s}=\frac{T-0.35\beta_tW_tf_t}{1.2\sqrt{1.0}f_{yv}A_{cor}}$$
$$=\frac{12\times10^6-0.35\times0.962\times18\times10^6\times1.1}{1.2\times1.0\times210\times9.0\times10^4}=0.235$$

所需抗扭纵筋相应为：

$$A_{stl}=\zeta\frac{A_{st1}u_{cor}}{s}\frac{f_{yv}}{f_y}$$
$$=1.0\times0.235\times1400\times\frac{210}{210}=329\text{mm}^2$$

(7)选配钢筋。

顶部纵筋为：

$$A_{st}/2=329/2=164.5\text{mm}^2$$

选用 2Φ12(A_s=226mm²)

底部纵筋为：

$$A_{stl}/2+A_s=164.5+1020.3=1184.8\text{mm}^2$$

选用 4Φ20(A_s=1250mm²)。

箍筋为

$$\frac{A_{sv1}}{s}+\frac{A_{st1}}{s}=0.255+0.235=0.460$$

选用Φ8，A_{sv1}=50.3mm²

$$s=\frac{50.3}{0.460}=109.35\text{mm}，取\ s=100\text{mm}$$

(8)验算最小配筋率。

验算最小配箍率：所选钢筋为Φ8@120

$$\rho_{sv}=\frac{nA_{sv1}}{bs}=\frac{2\times 50.3}{350\times 100}=0.00287$$

$$\rho_{sv,min}=0.28\frac{f_t}{f_{yv}}=0.28\times\frac{1.1}{210}=0.00147<\rho_{sv}=0.00287$$，满足要求。

验算受扭纵筋配筋率：

计算受扭纵筋最小配筋率

$$T/(Vb)=12\text{kN}\cdot\text{m}/(120\times 0.25)=0.4$$

$$\rho_{st,min}=0.6\sqrt{\frac{T}{Vb}}\frac{f_t}{f_y}=0.6\times 0.4\times\frac{1.1}{210}=0.00126$$

实际配筋率：

$$\rho_{tl}=\frac{A_{stl}}{bh}=\frac{329}{300\times 500}$$

$$=0.00219>\rho_{tl,min}=0.00126$$

满足要求。

现选 6Φ12，A_{st}=678mm²

则有 $$\rho_{tl}=\frac{A_{stl}}{bh}=\frac{678}{300\times 500}=0.00452>\rho_{tl,min}$$

满足要求。

受扭纵筋布置为三排，顶部及中部各配 2Φ12，底部纵筋面积为 $A_s+\frac{A_{stl}}{3}=1020.3+226=1246.3\text{mm}^2$，仍取 4Φ20，$A_s$=1256mm²，布置如图 2-20 所示。

四、T 形、I 形和箱形构件在弯剪扭共同作用下承载力计算

1. T 形和 I 字形截面在弯剪扭共同作用下的承载力计算

(1)按受弯构件的正截受弯承载力计算所需的纵向钢筋截面面积。

(2)按剪、扭共同作用下的承载力计算承受剪力所需的箍筋截面面积和承受扭矩所需的纵向钢筋截面面积和箍筋截面面积。

对于腹板，考虑其同时承受剪力(全部剪力)和相应的分配扭矩，按上节所述剪、扭共同作用下的情况进行计算，但应将公式中的 T 和 W_t 改为 T_w 和 W_{tw}。

对于受压翼缘和受拉翼缘，不考虑其承受剪力，按承受相应的分配扭矩的纯扭构件进行计算，但应将 T、W_t 分别以 T'_f、W'_{tf} 和 T_f、W_{tf} 来代替。

(3)叠加上述两者所求得的纵向钢筋截面面积和箍筋截面面积，即得最后所需的纵向钢筋截面面积和箍筋截面面积，并配置在相应的位置。

2. 箱形截面在弯剪扭共同作用下的承载力计算

(1)在弯、扭共同作用下的承载力计算。

对于在弯、扭共同作用下的箱形截面构件，也可采用叠加法进行计算，先按受弯构件正截面承载力和纯扭构件受扭承载力分别计算其纵筋和箍筋的截面面积，然后，将所求得的相应的钢筋截面面积相叠加，并配置在相应的位置。

(2)在剪、扭共同作用下的承载力计算。

如同矩形截面一样，对于在剪、扭共同作用下的箱形截面构件的承载力计算也采用混凝土项相关，钢筋项不相关的近似拟合公式。

1)计算公式。

①剪扭构件受剪承载力：

对于一般剪扭构件，受剪承载力按下列公式计算：

$$V \leqslant V_u = 0.7(1.5-\beta_t) f_t b h_0 + 1.25 \frac{f_{yv} A_{sv}}{s} h_0 \tag{2-93}$$

式中

$$\beta_t = \frac{1.5}{1+0.05 \dfrac{V}{T} \dfrac{W_t}{T b h_0}}$$

且

$$0.5 \leqslant \beta_t \leqslant 1.0$$

对于集中荷载作用下的独立剪扭件（包括作用有多种荷载，且其中集中荷载对支座截面或节点边缘所产生的剪力值占总剪力值的75%以上的情况），公式应改为：

$$V \leqslant V_u = \frac{1.75}{\lambda+1.0}(1.5-\beta_t) f_t b h_0 + \frac{f_{yv} A_{sv}}{s} h_0 \tag{2-94}$$

式中

$$\beta_t = \frac{1.5}{1+0.2(\lambda+1)\dfrac{V W_t}{T b h_0}}$$

且

$$0.5 \leqslant \beta_t \leqslant 1.0$$

式中 λ——计算截面剪跨比，其取值与无扭矩的受剪承载力计算相同。

②剪扭构件受扭承载力：

对于一般剪扭构件，受扭承载力按下列公式计算：

$$T \leqslant T_u = 0.35 \alpha_h \beta_t f_t W_t + 1.2\sqrt{\zeta} \frac{f_{yv} A_{st1} A_{cor}}{s} \tag{2-95}$$

2)适用条件：

与矩形截面相同，公式中的 b 应取箱形截面的侧壁总厚度 $2t_w$。

(3)在弯、剪、扭共同作用下的承载力计算。

对于在弯、剪、扭共同作用下的箱形截面构件，其承载计算方法与矩形截面构件相同，但有关公式应采用箱形截面构件的相应公式。

【例 2-17】 弯剪扭共同作用构件承载力计算

已知：钢筋混凝土 T 形截面纯扭构件的截面尺寸为（如图 2-21所示）：$b=200\text{mm}$，$h=450\text{mm}$，$b'_f=400\text{mm}$，$h'_f=80\text{mm}$，纵筋混凝土保护层厚度 $c=25\text{mm}$，承受扭矩设计值$T=10\text{kN}\cdot\text{m}$。

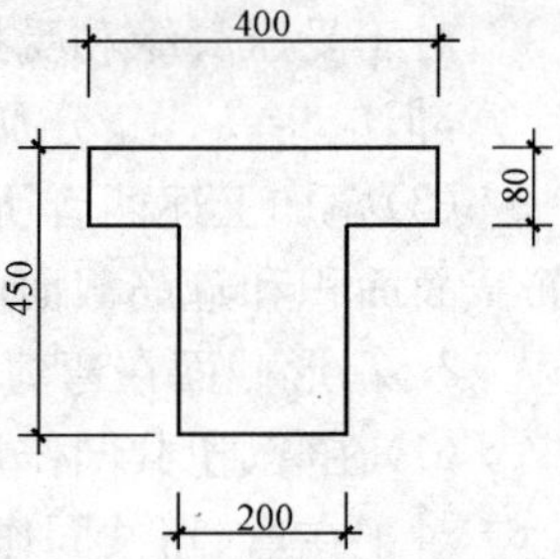

弯矩设计值$M=50\text{kN}\cdot\text{m}$，剪力设计值$V=55\text{kN}$，混凝土强度等级为 C30，纵筋采用 HRB335 级钢筋（$f_y=300\text{N/mm}^2$），箍筋采用 HPB235 级钢筋（$f_{yv}=210\text{N/mm}^2$），试计算其配筋。

图 2-21 T 形截面

解：(1)验算构件截面尺寸。

$$W_{tw}=\frac{b^2}{6}(3h-b)$$

$$=\frac{200^2}{6}\times(3\times450-200)=7.67\times10^6\text{mm}^3$$

$$W'_{tf}=\frac{h'^2_f}{2}(b'_f-b)=\frac{80^2}{2}\times(400-200)=0.64\times10^6\text{mm}^3$$

$$W_t=W_{tw}+W'_{tf}=(7.67+0.64)\times10^6=8.31\times10^6\text{mm}^3$$

$$\frac{T}{W_t}=\frac{12.6\times10^6}{8.31\times10^6}=1.52\text{N/mm}^2<0.20\beta_c f_c=0.20\times1.0\times14.3$$

$$=2.86\text{N/mm}^2\quad（满足要求）$$

$h_0=450-35=415\text{mm}$

$$\frac{V}{bh_0}+\frac{T}{0.8W_t}=\frac{55\times10^3}{200\times415}+\frac{10\times10^6}{0.8\times8.31\times10^6}=0.66+1.50=2.16\text{N/mm}^2$$

$<0.25\beta_c f_c=0.25\times1.0\times14.3=3.58\text{N/mm}^2$ （满足要求）

(2)扭矩分配。

$$T_w=\frac{7.67\times10^6}{8.31\times10^6}\times10=9.23\text{kN}\cdot\text{m}$$

$$T'_f=\frac{0.64\times10^6}{8.31\times10^6}\times10=0.77\text{kN}\cdot\text{m}$$

(3)抗弯纵向钢筋。

$$\alpha_1 f_c b'_f h'_f\left(h_0-\frac{h'_f}{2}\right)=1.0\times14.3\times400\times80\times\left(415-\frac{80}{2}\right)$$

$$=171.6\times10^6\text{N}\cdot\text{mm}=171\text{N}\cdot\text{m}>M=50\text{kN}\cdot\text{m}$$

故属于第一类 T 形梁。

$$\alpha_s=\frac{M}{\alpha_1 f_c b'_f h_0^2}=\frac{50\times10^6}{1.0\times14.3\times400\times415^2}=0.051$$

查取 $\gamma_s=0.972$，则

$$A_s=\frac{M}{\gamma_s h_0 f_y}=\frac{50\times10^6}{0.972\times415\times300}=413\text{mm}^2$$

(4)腹板抗剪和抗扭钢筋。

腹板的配筋按剪扭构件计算：

$$\beta_t=\frac{1.5}{1+0.5\dfrac{V}{T_w}\dfrac{W_{tw}}{bh_0}}=\frac{1.5}{1+0.5\times\dfrac{55\times10^3}{9.97\times10^6}\times\dfrac{7.67\times10^6}{200\times415}}=1.20>1，取\ \beta_t=1$$

1)抗剪箍筋：

$$\frac{A_{sv}}{s}=\frac{V-0.7(1.5-\beta_t)f_t b h_0}{1.5f_{yv}h_0}$$

$$=\frac{55\times10^3-0.7\times(1.5-1)\times1.43\times200\times415}{1.5\times210\times415}=0.103\text{mm}^2/\text{mm}$$

2)抗扭箍筋和纵筋：

$b_{cor}=200-50=150\text{mm}$　　$h_{cor}=450-50=400\text{mm}$

$u_{cor}=2\times(150+400)=1100\text{mm}$　　$A_{cor}=150\times400=60000\text{mm}^2$

取 $\zeta=1.2$，则

$$\frac{A_{st1}}{s}=\frac{T_w-0.35\beta_t f_t W_{tw}}{1.2\sqrt{\zeta}f_{yv}A_{cor}}$$

$$=\frac{9.23\times10^6-0.35\times1\times1.43\times7.67\times10^6}{1.2\times\sqrt{1.2}\times210\times60000}=0.325\text{mm}^2/\text{mm}$$

$$A_{stl}=\zeta\frac{A_{st1}}{s}\frac{f_{yv}}{f_y}u_{cor}=1.2\times0.325\times\frac{210}{300}\times1100=300.3\text{mm}^2$$

$$\frac{T}{Vb}=\frac{9.23\times10^6}{55\times10^3\times200}=0.84<2$$

$$\rho_{tl}=\frac{A_{stl}}{bh}=\frac{300}{200\times450}\times100\%=0.33\%>\rho_{tl,\min}=0.6\sqrt{\frac{T}{Vb}}\frac{f_t}{f_y}$$

$$=0.6\sqrt{\frac{9.23\times10^6}{55\times10^3\times200}}\times\frac{1.43}{300}\times100\%=0.26\%$$　（符合要求）

(5)受压翼缘抗扭钢筋。

按纯扭构件计算：

$b'_{f,cor}=400-200-50=150\text{mm}$　　$h'_{f,cor}=80-50=30\text{mm}$

$u'_{f,cor}=2\times(150+30)=360\text{mm}$　　$A_{f,cor}=150\times30=4500\text{mm}^2$

取 $\zeta=1.2$，则

$$\frac{A_{st1}}{s}=\frac{T'_f-0.35f_t W'_{tf}}{1.2\sqrt{\zeta}f_{yv}A'_{f,cor}}$$

$$=\frac{0.77\times10^6-0.35\times1.43\times0.64\times10^6}{1.2\times\sqrt{1.2}\times210\times4500}=0.362\text{mm}^2/\text{mm}$$

$$A_{stl}=\zeta\frac{A_{st1}}{s}\frac{u'_{f,cor}f_{yv}}{f_y}$$

$$=1.2\times0.362\times\frac{360\times210}{300}=109\text{mm}^2$$

$$>\rho_{tl,\min}bh=0.85\frac{f_t}{f_y}bh$$

$$=0.85\times\frac{1.43}{300}\times200\times80=64\text{mm}^2$$

（符合要求）

(6)钢筋配置，如图 2-22 所示。

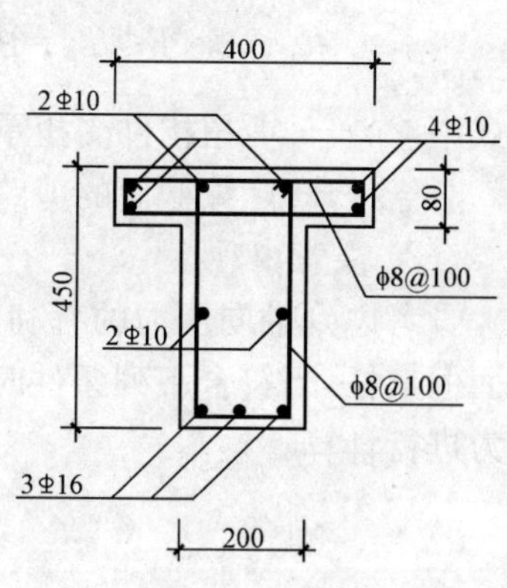

图 2-22　配筋

腹板受拉区纵筋截面面积 $A_{s,sum}=A_s+\frac{1}{3}A_{stl}=446+\frac{1}{3}\times342=560\text{mm}^2$，选用 3⌀16（$A_{s,sum}=603\text{mm}^2$）。

腹板受压区及腹部纵筋截面面积各为$\frac{1}{3}A_{stl}=\frac{1}{3}\times342=114\text{mm}^2$，各选用 2⌀10。

腹板单肢箍筋所需总用量：$\frac{A_{sv,sum}}{s}=\frac{A_{stl}}{s}+\frac{1}{2}\times\frac{A_{sv}}{s}=0.370+\frac{1}{2}\times0.169=0.460\text{mm}^2/\text{mm}$，箍筋直径选用 $\phi8$，$A_{sv,sum}=50.3\text{mm}^2$，则 $s=\frac{50.3}{0.460}=109\text{mm}$，取用 $s=100\text{mm}$。

受压翼缘纵筋采用 4ϕ10，箍筋采用 $\phi8$，$A_{st1}=50.3\text{mm}^2$，则 $s=\frac{50.3}{0.41}=123\text{mm}$，取$s=100\text{mm}$。

五、在轴向压力和扭矩共同作用下的矩形截面构件的承载力计算

1. 基本计算公式

$$T\leqslant T_u=0.35f_tW_t+1.2\sqrt{\zeta}\frac{f_{yv}A_{st1}A_{cor}}{s}+0.07\frac{N}{A}W_t \tag{2-96}$$

式中 N——轴向压力设计值；

A——构件截面面积。

2. 适用条件

与纯扭构件相同，对于轴向压力和扭矩共同作用下的矩形截面构件，其截面应符合式(2-59)和式(2-60)的要求。

3. 当符合下列条件时可按构造要求配置受扭钢筋

$$\frac{T}{W_t}\leqslant0.7f_t+0.07\frac{N}{bh_0} \tag{2-97}$$

六、矩形截面在轴向压力、弯矩、剪力和扭矩共同作用下的承载力计算

1. 基本计算公式

受剪承载力

$$V\leqslant V_u=(1.5-\beta_t)\left(\frac{1.75}{\lambda+1}f_tbh_0-0.07N\right)+f_{yv}\frac{A_{sv}}{s}h_0 \tag{2-98}$$

受扭承载力

$$T\leqslant T_u=\beta_t\left(0.35f_tW_t+0.07\frac{N}{A}W_t\right)+1.2\sqrt{\zeta}f_{yv}\frac{A_{st1}A_{cor}}{s} \tag{2-99}$$

式中 β——剪扭构件受扭承载力降低系数；

λ——计算截面的剪跨比，其取值与无扭矩时的受剪承载力计算相同。

2. 注意事项

考虑到轴向压力的有利影响，对于在轴向压力、弯矩、剪力和扭矩共同作用下的矩形截面框架柱，当符合下列条件时，可仅按偏心受压构件正截面承载力和框架柱斜截面受剪承载力进行计算。

$$T\leqslant\left(0.175f_t+0.035\frac{N}{A}\right)W_t \tag{2-100}$$

第三节 受压构件承载力计算

一、轴心受压构件正截面承载力计算

1. 基本公式

轴心受压构件正截面承载力计算图如图 2-23 所示。

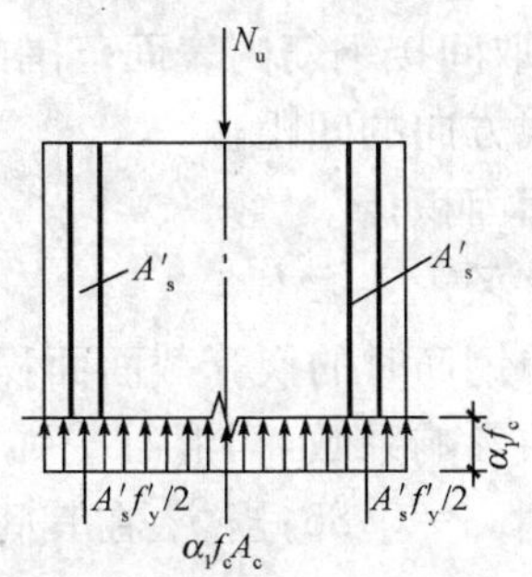

图 2-23 轴心受压构件

$$N \leqslant 0.9\varphi(f_c A + f'_y A'_s) \tag{2-101}$$

式中 N——轴向压力设计值；

A——构件截面面积，当 $\rho' > 390$ 时，A 改为 $A_u = A - A'_s$；

A'_s——全部纵向受压钢筋的截面面积；

f_c——混凝土的轴心抗压强度设计值，当截面的长边或直径小于 300mm 时，应乘以系数 0.8；

f'_y——纵向钢筋的抗压强度设计值；

φ——钢筋混凝土构件的稳定系数，见附表 1；

0.9——为保持与偏心受压构件正截面承载力计算相近可靠度时的调整系数。

2. 构件的计算长度

(1)一般多层房屋中梁柱为刚接的框架结构，各层柱的计算长度 l_0 取值。

现浇式楼盖： 底层柱 $l_0 = 1.0H$

其余各层柱 $l_0 = 1.25H$

装配式楼盖： 底层柱 $l_0 = 1.25H$

其余各层柱 $l_0 = 1.5H$

(2)当水平荷载产生的弯矩设计值占总弯矩设计值的 75%以上时，框架柱的计算长度 l_0 的计算公式如下，取两公式较小者。

$$l_0 = [1 + 0.15(\psi_u + \psi_l)]H \tag{2-102}$$

$$l_0 = (2 + 0.2\psi_{min})H \tag{2-103}$$

式中 ψ_u、ψ_l——柱的上、下端节点处交汇的各柱线刚度之和与交汇的各梁线刚度之和的比值；

ψ_{min}——比值 ψ_u、ψ_l 中的较小值；

H——柱的高度；对底层柱，为基础顶面到一层楼盖顶面之间的距离；对其余各层柱，取上、下两层楼盖顶面之间的距离。

3. 配有螺旋箍筋柱的正截面承载力计算

(1)基本公式。

$$N \leqslant 0.9(f_c A_{cor} + f'_y A'_s + 2\alpha f_y A_{ss0}) \tag{2-104}$$

$$A_{ss0} = \pi d_{cor} A_{ss1}/s \tag{2-105}$$

式中 f_y——间接钢筋的抗拉强度设计值；

A_{cor}——核心混凝土的面积，取间接钢筋内表面范围的混凝土面积；

s——间接钢筋沿构件轴线方向的间距；

A_{ss1}——单根间接钢筋的截面面积；

d_{cor}——核心混凝土截面的直径；

A_{ss0}——间接钢筋换算成纵向钢筋时的换算截面面积；

α——间接钢筋对承载力的影响系数，当混凝土强度小于等于 C50 时，$\alpha=1.0$；当混凝土强度等于 C80 时，$\alpha=0.85$；当 f_{cu}在其间时，按线性内插确定。

(2)适用条件。

在下述情况下，不宜考虑螺旋箍筋的间接作用：

1)当 $N_u^{间} > 1.5N_u^{普}$ 时。

2)当 $l_0/d > 12$ 时，以免长细比过大。

3)当 $N_u^{间} \leqslant N_u^{普}$ 时，以免未发挥作用。

4)当 $A_{ss0} < 25\% A'_s$ 时，以免间接钢筋未起约束作用。

间接钢筋的间距 S 不应大于 80mm 及 $d_{cor}/5$；同时 $S \geqslant 40$mm，以便于施工。

【例 2-18】 轴心受压钢筋混凝土柱设计

某现浇钢筋混凝土柱，采用圆形截面，直径 $d=500$mm，承受轴向压力设计值 $N=3000$kN，柱高 $H=8.5$m，计算长度 $l_0=0.7H$。采用 C30 级混凝土，纵筋采用 HRB335 级钢，箍筋采用 HPB235 级钢。采用螺旋箍筋。试设计该轴心受压柱。

解：(1)基本计算参数。

混凝土保护层厚度取 25mm，$d_{cor}=500-2\times25=450$mm，$A_{cor}=\dfrac{\pi d_{cor}^2}{4}=159000\text{mm}^2$。

初选纵筋按配筋率 $\rho'=1.5\% > \rho_{min}=0.5\%$，$A'_s=\rho' A_{cor}=1.5\%\times159000=2385\text{mm}^2$，选用 8⌀20，$A'_s=2513\text{mm}^2$。

C30 级混凝土 $f_c=14.3\text{N/mm}^2$，HRB335 级钢筋 $f'_y=300\text{N/mm}^2$，HPB235 级钢 $f_y=210\text{N/mm}^2$。

(2)计算螺旋箍筋。

C30 级混凝土 $\alpha=1.0$。

$$A_{ss0}=\frac{N/0.9-f_c A_{cor}-f'_y A'_s}{2\alpha f_y}=\frac{3000\times10^3/0.9-14.3\times159000-300\times2513}{2\times1.0\times210}$$

$$=727.94\text{mm}^2 > 0.25A'_s=0.25\times2513=628.25\text{mm}^2，可以。$$

选螺旋箍筋直径为 8mm，$A_{ss1}=50.3\text{mm}^2$，可得：

$$s=\pi d_{cor} A_{ss1}/A_{ss0}=3.14\times450\times50.3/1389.3=51.2\text{mm}$$

取 $s=50\text{mm} < d_{cor}/5=450/5=90$mm，及 $S < 80$mm，满足要求。

且 $s=50\text{mm}>s_{\min}=40\text{mm}$。

(3)按轴心受压普通钢箍柱计算承载力。

$l_0/d=0.7\times8500/500=11.9<12$,附表1,$\varphi=0.92$。

$$N_u^{普}=0.9\varphi(f_cA+f'_yA'_s)=0.9\times0.92\times\left(14.3\times\frac{500^2\pi}{4}+300\times2513\right)$$

$$=2947.9\text{kN}>N^{间}/1.5=3000/1.5=2000\text{kN}$$

满足要求,可考虑螺旋箍筋的间接作用。

【例 2-19】 多层现浇框架结构标准层中柱截面与纵筋计算

已知:已知某多层现浇框架结构标准层中柱,承受轴向压力设计值 $N=1500\text{kN}$,层高 $H=5.60\text{m}$,混凝土用 C20($f_c=9.6\text{N/mm}^2$),钢筋用 HRB335 级($f'_y=300\text{N/mm}^2$)。试求该柱截面尺寸及纵筋面积。

解:初步确定柱截面,取 $\rho'_s=0.01$,$\varphi=1.0$

$$A=\frac{N}{0.9\varphi(f_c+\rho'f'_y)}=\frac{1500\times10^3}{0.9\times1.0\times(9.6+0.01\times300)}=132275\text{mm}^2$$

$b=h=\sqrt{A}=\sqrt{132275}=363.7\text{mm}$

取 $b=h=400\text{mm}$

取 $l_0=1.25H=1.25\times5600=7000\text{mm}$

$$l_0/b=1.25\times5600/400=17.5$$

附表1,$\varphi=0.825$,故得

$$A'_s=\frac{\frac{N}{0.9\varphi}-f_cA}{f'_y}=\frac{1500000/0.825\times0.9-9.6\times400\times400}{300}=1614\text{mm}^2$$

$$A'_{s,\min}=\frac{0.6}{100}\times400\times400=960\text{mm}^2<A'_s=1614\text{mm}^2$$

满足最小配筋率要求。

选用 4Φ25($A'_s=1964\text{mm}^2$)。

二、偏心受压构件正截面承载力计算

1. 两种破坏形态的界限

(1)当符合下列条件时,截面大偏心受压破坏:

$$\xi\leqslant\xi_b \tag{2-106}$$

或

$$x\leqslant\xi_bh_0 \tag{2-107}$$

$$\xi_b=\frac{\beta_1}{1+\frac{f_y}{\varepsilon_{cu}E_s}} \tag{2-108}$$

当混凝土强度等级不大于 C50 时,可将式(2-108)简化为:

$$\xi_b=\frac{0.8}{1+\frac{f_y}{0.0033E_s}} \tag{2-109}$$

(2)当 $\xi>\xi_b$ 或 $x>\xi_bh_0$ 时为小偏心受压破坏。

2. 大偏心受压破坏

(1)基本计算公式(计算简图如图 2-24 所示)。

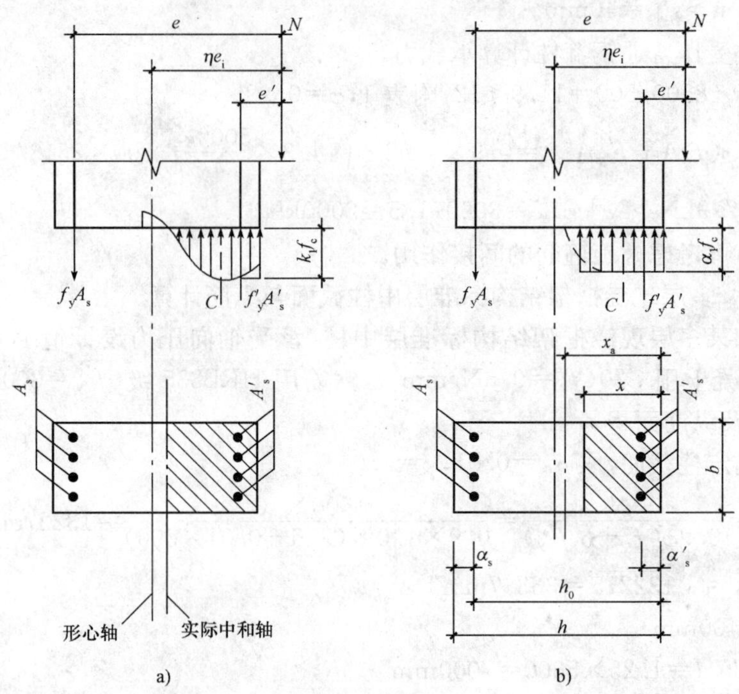

图 2-24　矩形截面大偏心受压承载力计算应力图形

$$N=\alpha_1 f_c bx+f'_y A'_s-f_y A_s \tag{2-110}$$

$$Ne=\alpha_1 f_c bx\left(h_0-\frac{x}{2}\right)+f'_y A'_s(h_0-a'_s) \tag{2-111}$$

式中　A_s、A'_s——受拉钢筋和受压钢筋的截面面积；

a_s、a'_s——受拉钢筋和受压钢筋的截面重心到相邻混凝土边缘的距离；

f_y、f'_y——受拉钢筋和受压钢筋的强度设计值；

e——偏心压力 N 的作用点到受拉钢筋重心的距离。

$$e=\eta e_i+\frac{h}{2}-a_s$$

e_i——初始偏心距，$e_i=e_0+e_a$；

e_a——附加偏心距，e_a＝取 20mm 和 $h/30$ 两者较大值，h 为偏心方向截面最大尺寸；

η——偏心受压构件考虑二阶弯矩影响的轴向压力偏心距增大系数。

(2)适用条件。

1)为了保证截面为大偏心受压破坏，满足下列条件：

$$\xi\leqslant\xi_b$$

即

$$x\leqslant\xi_b h_0$$

2)为了保证截面破坏时受压钢筋应力能达到其抗压强度设计值，必须满足下列条件：

$$x\geqslant 2a'_s$$

当 $x<2a'_s$，可偏安全地取 $z=h_0-a'_s$，并对受压钢筋合力点取矩，则可得：

$$N_u e' = f_y A_s (h_0 - a'_s)$$

式中　e'——轴向力作用点至受压钢筋 A'_s 合力点的距离，即 $e' = \eta e_i - \frac{h}{2} + a'_s$。

3. 小偏心受压破坏

(1)基本计算公式(计算简图如图 2-25 所示)。

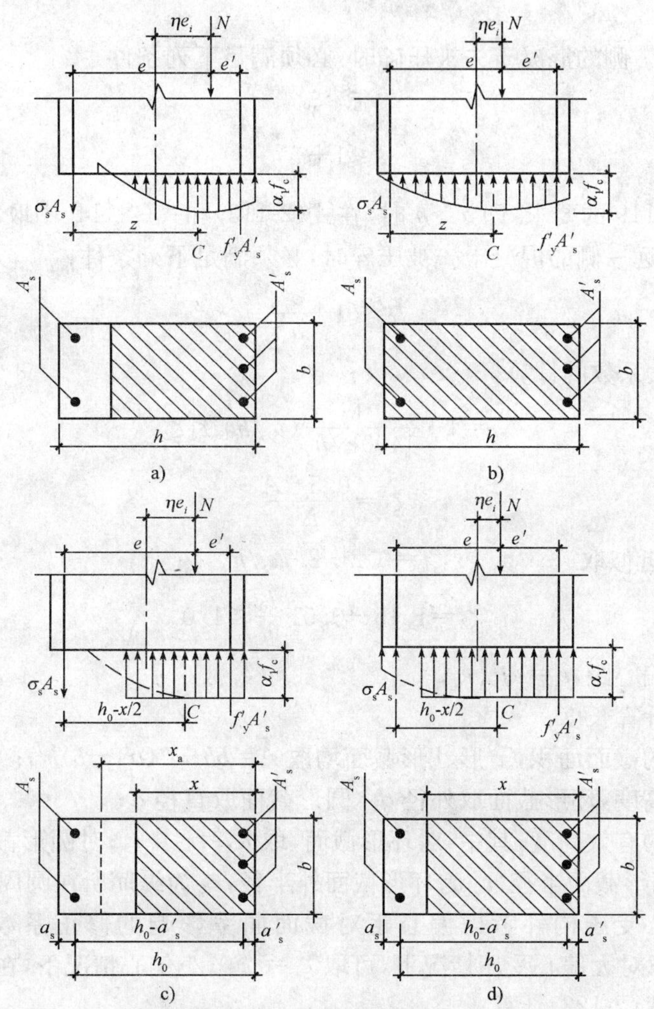

图 2-25　矩形截面小偏心受压承载力计算应力图形

按图 2-25 计算应力图形，根据平衡条件可得：

$$N = \alpha_1 f_c bx + f'_y A'_s - \sigma_s A_s \tag{2-112}$$

$$Ne = \alpha_1 f_c bx\left(h_0 - \frac{x}{2}\right) + f'_y A'_s (h_0 - a'_s) \tag{2-113}$$

或

$$Ne' = \alpha_1 f_c bx\left(\frac{x}{2} - a'_s\right) + \sigma_s A_s (h_0 - a'_s) \tag{2-114}$$

式中

$$e' = \frac{h}{2} - \eta e_i - a'_s \tag{2-115}$$

式中　σ_s——钢筋 A_s 的应力。

$$\sigma_s=\frac{\xi-\beta_1}{\xi_b-\beta_1}f_y \tag{2-116}$$

当混凝强度等级小于等于 C50 时：

$$\sigma_s=\frac{\xi-0.8}{\xi_b-0.8}f_y \tag{2-117}$$

(2)适用条件。

当靠近轴向力一侧的混凝土先被压碎时，必须满足下列条件：

$$\xi>\xi_b \tag{2-118}$$

$$\xi\leqslant 1+\frac{a_s}{h_0} \tag{2-119}$$

当不满足式 2-119 的要求，即 $x>h$ 时，在式(2-113)和式(2-114)中取 $x=h$。

当离轴向力较远一侧的混凝土先被压碎时，必须满足下列条件：

$$\xi'\leqslant 1+\frac{a'_s}{h'_0} \tag{2-120}$$

(3)偏心距增大系数的计算。

$$\eta=1+\frac{1}{1400e_i/h_0}(l_0/h)^2\zeta_1\zeta_2 \tag{2-121}$$

$$\zeta_1=\frac{0.5f_cA}{N} \tag{2-122}$$

当 N 未知时，近似取 $\zeta_1=0.2+2.7e_i/h_0$ (2-123)

$$\zeta_2=1.15-0.01\frac{l_0}{h}\leqslant 1.0 \tag{2-124}$$

式中 e_i——初始偏心距，$e_i=e_0+e_a$；

l_0——柱的计算长度；

A——构件的截面面积，T 形、I 形截面均取 $A=bh+2(b'_f-b)h'_f$；

h——截面高度，环形截面取外径 d_2，圆形截面取直径 d；

h_0——截面的有效高度；其中，对环形截面，取 $h_0=r_2+r_s$；对圆形截面，取 $h_0=r+r_s$；r 为圆形截面半径，r_2 为环形截面外半径，r_s 为纵筋所在圆周的半径；

ζ_1——小偏心受压构件考虑偏心距对截面曲率影响的修正系数；当 $\zeta_1>1$ 时，取 $\zeta_1=1$；对大偏心受压情况下，可取 $\zeta_1=1.0$；小偏心情况下，在常规配筋时，可按近似式(2-122)计算；

ζ_2——考虑构件长细比对截面曲率的影响系数；控制截面曲率 φ 随长细比 l_0/h 的增加而减小，当 $l_0/h\leqslant 15$ 时，其影响甚小，取 $\zeta_2=1$；当 $l_0/h=15\sim 30$ 时，按式(2-124)计算。

4. 非对称配筋矩形截面的计算方法

(1)大偏心受压破坏。

1)大、小偏心受压的实用判别方法：

在非对称配筋条件下：

①当 $\eta e_i<0.3h_0$ 时，按小偏心受压计算。

②当 $\eta e_i\geqslant 0.3h_0$ 时，按大偏心受压计算。如果 A_s 配得过多，也可能转为小偏心受压情况。

2)大偏心受压构件计算的基本公式。

当 $\eta e_i \geqslant 0.3h_0$ 时属大偏心受压,其计算按式(2-110)和式(2-111)进行。

3)适用条件:

①为保证受拉钢筋 A_s 达到屈服强度,应满足:

$$\xi = \frac{x}{h_0} \leqslant \xi_b$$

$$\rho = \frac{A_s}{bh_0} \leqslant \xi_b \frac{\alpha_1 f_c}{f_y}$$

②为了保证构件破坏时,受压钢筋应力达到屈服强度,则应满足:

$$x \geqslant 2a'_s, z \leqslant h_0 - a'_s$$

4)截面选择:

已知截面尺寸、材料等级及内力 M、N,求 A_s 及 A'_s。两个方程,三个未知数 A_s、A'_s 及 x,需补充条件 $\xi = \frac{x}{h_0} = \xi_b$,可充分发挥混凝土的抗压强度,使($A_s + A'_s$)最小。代入式(2-110)、式(2-111),得式(2-125)、式(2-126),则可求得 A'_s、A_s。

$$A'_s = \frac{Ne - a_1 f_c b h_0^2 \xi_b (1 - 0.5\xi_b)}{f'_y (h_0 - a'_s)} \tag{2-125}$$

$$A_s = \frac{a_1 f_c b h_0 \xi_b + f'_y A'_s - N}{f_y} \tag{2-126}$$

且

$$A_s \leqslant A_{s,min} = \rho_{min} bh。$$

(2)小偏心受压破坏。

1)全截面受压情况($\xi > \xi_b$)三个未知数,两个方程,需建立补充方程式,如图 2-26 所示。根据总用钢量最小的原则,使 A_s 屈服,即 $\sigma_s = -f_y$,则有 $\xi \geqslant 1.6 - \xi_b$,混凝土全截面充分发挥作用 $x = h$,有:

$$N \leqslant \alpha_1 f_c bh + f'_y A'_s + f'_y A_s$$

$$Ne \leqslant \alpha_1 f_c bh (h_0 - 0.5h) + f'_y A'_s (h'_0 - a_s)$$

$$A'_s = \frac{Ne - \alpha_1 f_c bh (h_0 - 0.5h)}{f'_y (h'_0 - a'_s)} \tag{2-127}$$

$$A_s = \frac{N - \alpha_1 f_c bh_0}{f'_y} - A'_s \tag{2-128}$$

若 $A'_s < A'_{s,min}$ 时,取 $A'_s = A'_{s,min} = 0.002bh$。

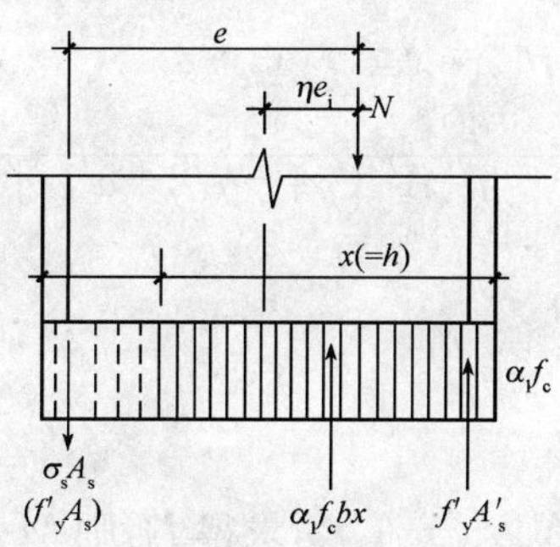

图 2-26　小偏心受压

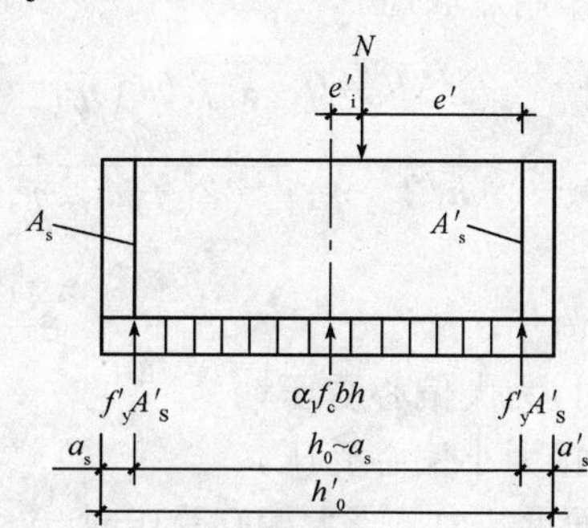

图 2-27　荷载很大而偏心距很小时的计算图式

2)反向压屈的校核　当荷载很大，$N>\alpha_1 f_c bh_0$，且偏心距很小，$e_0\leqslant 0.15h_0$ 时，应考虑附加偏心距的反向，可能发生远离纵向力一侧的破坏，如图 2-27 所示。此时尚应按下列公式验算：

$$Ne'\leqslant\alpha_1 f_c bh\left(h'_0-\frac{h}{2}\right)+f'_y A_s(h'_0-a_s)$$

$$e'=\frac{h}{2}-a'_s-e'_i$$

$$e'_i=e_0-e_a$$

$$A_s=\frac{N\left[\frac{h}{2}-a'_s-e'_i\right]-\alpha_1 f_c bh\left(h'_0-\frac{h}{2}\right)}{f'_y(h'_0-a_s)} \tag{2-129}$$

3)受压区高度较大的情况　若 $\xi_b h_0<x<h$ 时，受拉区纵筋处于受拉状态，则

$$A'_s=\frac{Ne-\alpha_1 f_c bx(h_0-0.5x)}{f'_y(h_0-a'_s)} \tag{2-130}$$

受拉钢筋应力较小，可取 $A_s=0.002bh$。

4)相对受压区高度 ξ 的计算：

$$\xi=\sqrt{\beta_2^2+2\left(\frac{N}{\alpha_1 f_c bh_0}+0.8\beta_1\right)\left(1-a'_s/h_0-\frac{2Ne}{\alpha_1 f_c bh_0^2}\right)}+\beta_2 \tag{2-131}$$

$$\beta_1=\frac{A_s f_y}{(0.8-\xi_b)\alpha_1 f_c bh_0} \tag{2-132}$$

$$\beta_2=\frac{a'_s}{h_0}(1+\beta_1)-\beta_1 \tag{2-133}$$

$$A'_s=\frac{N-\alpha_1 f_c\xi bh_0}{f'_y}+\frac{\xi-0.8}{\xi_b-0.8}A_s\geqslant 0.002bh \tag{2-134}$$

若 $A'_s<0.002bh$，取 $A'_s=0.002bh$。

(3)复核截面。

在已知截面尺寸、计算长度 l_0、材料强度等级及截面配筋 A_s 和 A'_s 时，确定截面承载能力 N 和 M。

1)大小偏心受压判别。判别大小偏心受压：按照给定的偏心距 e_0，可算得 e_i 及 η 值，当实用判别式 $\eta e_i\leqslant 0.30h_0$ 时，属于小偏心受压；而当 $\eta e_i>0.3h_0$ 时，可能属于大偏心受压，但当受拉钢筋 A_s 过大时，可为小偏心，故必须求出 x 值后用标准判别式来判断。

对纵向力作用点取矩。

$$\sum M_N=0\quad \alpha_1 f_c bx\left(\eta e_i-h_0+\frac{x}{2}\right)+f'_y A'_s e'=f_y A_s e \tag{2-135}$$

$$x=(h/2-\eta e_i)+\sqrt{(h/2-\eta e_i)^2+2[f_y A_s(\eta e_i+h/2-a_s)-f'_y A'_s(\eta e_i-h/2+a'_s)]/(\alpha_1 f_c b)} \tag{2-136}$$

$$\xi=x/h_0$$

当 $\xi\leqslant\xi_b$ 时，为大偏心受压；

当 $\xi>\xi_b$ 时，为小偏心受压。

2)复核截面承载力。当大偏心受压时，$N=\alpha_1 f_c bx+A'_s f'_y-A_s f_y$，求得 N，则 $M=Ne_0$。

当小偏心受压时，将式(2-110)中 f_y 改为 $b_s=\frac{0.8-(x/h_0)}{0.8-\xi_b}f_y$，重新算 x，求 N 及$M=Ne_0$。

5. 对称配筋矩形截面的计算方法

(1)大偏心受压。

因 $f_y A_s = f'_y A'_s$，得：

$$x = \frac{N}{\alpha_1 f_c b} \tag{2-137}$$

当 $\eta e_i > 0.3h_0$，且 $x \leqslant \xi_b h_0$ 时，为大偏心受压：

则
$$A_s = A'_s = \frac{N\left(\eta e_i - \frac{h}{2} + \frac{N}{2 f_c b}\right)}{f'_y (h_0 - a'_s)} \tag{2-138}$$

若 $x < 2a'_s$ 时，取 $x = 2a'_s$

则
$$A_s = A'_s = \frac{N\left(\eta e_i - \frac{h}{2} + a'_s\right)}{f'_y (h_0 - a'_s)} \tag{2-139}$$

并满足 $A_s = A'_s \geqslant A'_{s,min} = 0.002bh$ 的要求。

(2)小偏心受压。

当 $\eta e_i \leqslant 0.3h_0$，或 $\eta e_i > 0.3h_0$，但 $x > \xi_b h_0$ 时，为小偏心受压。

$$A_s = A'_s, f_y = f'_y$$

$$A_s = A'_s = \frac{Ne - \xi(1 - 0.5\xi) f_c b h_0^2}{f'_y (h_0 - a'_s)} \tag{2-140}$$

其中
$$\xi = \frac{N - \xi_b f_c b h_0}{\frac{Ne - 0.45 f_c b h_0^2}{(0.8 - \xi_b)(h_0 - a'_s)} + f_c b h_0} + \xi_b \tag{2-141}$$

并应满足 $A_s = A'_s \geqslant 0.002bh$ 的要求。

【例 2-20】 大偏心受压柱非对称配筋计算

某框架结构柱，截面尺寸 $b = 300\text{mm}$，$h = 500\text{mm}$，层高 $H = 4.5\text{m}$，计算长度 $l_0 = 1.25H$，轴力设计值 $N = 1450\text{kN}$，弯矩设计值 $M = 250\text{kN·m}$，采用 C30 级混凝土，纵筋采用 HRB400 级钢筋。求所需配置的 A'_s 和 A_s。

解：(1)计算偏心距增大系数。

设 $a_s = a'_s = 35\text{mm}$，$h_0 = 465\text{mm}$

$$e_0 = \frac{M}{N} = \frac{250 \times 10^6}{1450 \times 10^3} = 172\text{mm} > 0.3h_0 = 139.5\text{mm}$$

取附加偏心距 $e_a = 20\text{mm}(> h/30 = 16.7)$，则初始偏心距为 $e_i = e_0 + e_a = 192\text{mm}$。

$l_0/h = 1.25 \times 4500/500 = 11.25 > 8$，故应考虑偏心距增大系数。

$$\zeta_1 = \frac{0.5 f_c A}{N} = \frac{0.5 \times 14.3 \times 300 \times 500}{1450 \times 10^3} = 0.740$$

$$\zeta_2 = 1.15 - 0.01\frac{l_0}{h} = 1.15 - 0.01 \times 11.25 = 1.038 > 1.0\text{，取 } \zeta_2 = 1.0$$

$$\eta = 1 + \frac{1}{1400\frac{e_i}{h_0}}\left(\frac{l_0}{h}\right)^2 \zeta_1 \zeta_2 = 1 + \frac{1}{1400 \times \frac{192}{465}} \times (11.25)^2 \times 0.740 \times 1.0 = 1.162$$

$\eta e_i = 1.162 \times 192 = 223.10 > 0.3h_0 = 139.5\text{mm}$，故可先按大偏心受压计算。

(2)计算配筋。

材料强度：$f_c=14.3\text{N/mm}^2$，$f'_y=f_y=360\text{N/mm}^2$

$\xi_b=0.518$，$\alpha_{s,\max}=\xi_b(1-0.5\xi_b)=0.384$

矩形图形系数 $\alpha=1.0$

$$e=\eta e_i+\frac{h}{2}-a_s=223.10+250-35=438.10\text{mm}$$

$$A'_s=\frac{Ne-\alpha f_c bh_0^2\xi_b(1-0.5\xi_b)}{f'_y(h_0-a'_s)}$$

$$=\frac{1450\times10^3\times438.10-0.384\times14.3\times300\times465^2}{360\times430}$$

$$=1802\text{mm}^2>0.002bh=0.002\times300\times500=300\text{mm}^2$$

$$A_s=\frac{\alpha f_c bh_0\xi_b+f'_yA'_s-N}{f_y}$$

$$=\frac{14.3\times300\times465\times0.518+360\times1802-1450\times10^3}{360}$$

$$=645\text{mm}^2$$

受压钢筋选 2 ⌀ 28+2 ⌀ 22[1232+760=1992mm²]，受拉钢筋选 3 ⌀ 18(763mm²)。箍筋选用⌀ 8@300mm。截面配筋如图 2-28 所示。

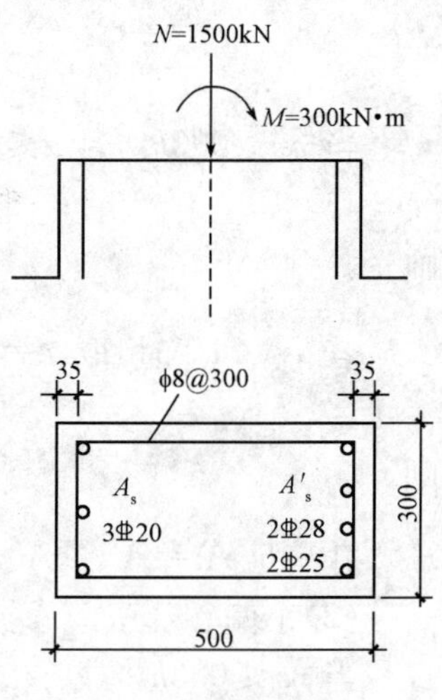

图 2-28 柱截面配筋图

【例 2-21】 小偏心受压柱非对称配筋计算

一根截面尺寸为 $b\times h=300\text{mm}\times600\text{mm}$ 的钢筋混凝土柱，控制截面中作用 $N=2800\text{kN}$，$M=300\text{kN}\cdot\text{m}$，计算长度 $l_0=4.8\text{m}$，$a_s=a'_s=40\text{mm}$，若采用 C20 级混凝土，$f_c=9.6\text{N/mm}^2$，$\alpha_1=1.0$，HRB400 级钢($f'_y=f_y=360\text{N/mm}^2$)。试确定截面两侧的纵向钢筋面积 A_s 和 A'_s。

解：(1)求初始偏心距：

$$h_0=600-40=560\text{mm}$$

$$e_0=M/N=300000/2800=107\text{mm}$$

$$e_a=h/30=600/30=20\text{mm}$$

$$e_i=e_0+e_a=107+20=127\text{mm}$$

(2)求偏心距增大系数 η：

$$\zeta_1=0.5f_cA/N=0.5\times9.6\times400\times600/(2800\times10^3)=0.411$$

$$l_0/h=4800/600=8<15，故\ \zeta_2=1.0$$

$$\eta=1+\frac{1}{1400e_i/h_0}\left(\frac{l_0}{h}\right)^2\zeta_1\zeta_2=1+\frac{1}{1400\times127/560}\times8^2\times0.411\times1.0=1.083$$

(3)判断大小偏心受压：

$$\eta e_i=1.083\times127=137.54\text{mm}<0.3h_0=0.3\times560=168\text{mm}$$

按小偏心受压构件计算。

$$e=\eta e_i+h/2-a_s=137.54+300-40=397.54\text{mm}$$

$b=300\text{mm}$，$h=600\text{mm}$，$f_c=9.6\text{N/mm}^2$，$\alpha_1=1.0$

$f'_y=f_y=360\text{N/mm}^2$，$a_s=a'_s=40\text{mm}$。

(4)求 A_s 和 A'_s：

$$A'_s=\frac{Ne-\alpha_1 f_c bh(h_0-0.5h)}{f'_y(h_0-a'_s)}$$

$$=\frac{2.8\times10^6\times397.54-1.0\times9.6\times300\times600\times(560-0.5\times600)}{360\times(560-40)}$$

$$=3546.11\text{mm}^2>0.002bh=0.002\times300\times600=360\text{mm}^2$$

$$A_s=\frac{N-\alpha_1 f_c bh}{f'_y}-A'_s$$

$$=\frac{2.8\times10^6-1.0\times9.6\times300\times600}{360}-3546.11$$

$$=2977-3546.11=-568\text{mm}<0$$

取 $A_s=0.002bh=0.002\times300\times600=360\text{mm}^2$

(5)选配钢筋：

受拉一侧用 3 ⌀ 12($A_s=339\text{mm}^2$)或 2 ⌀ 16($A_s=402\text{mm}^2$)

受压一侧用 4 ⌀ 36($A'_s=4072\text{mm}^2$)

【例 2-22】 大偏心受压柱对称配筋计算

已知：偏心受压柱 $b\times h=300\text{mm}\times500\text{mm}$，$a_s=a'_s=35\text{mm}$，平面内外计算长度均为 $l_0=6460\text{mm}$，混凝土强度等级 C25，轴力设计值 750kN(已乘重要性系数 γ_0)，对截面重心的偏心距为 $e_0=100\text{mm}$(截面长方向)，采用 HRB400 级钢筋对称配筋。求纵向钢筋。

解：(1)求附加偏心距 e_a：

$$e_a=\max\{20,h/30\}=\max\{20,500/30\}=20\text{mm}$$

(2)求初始偏心距 e_i：

$$e_i=e_0+e_a=100+20=120\text{mm}$$

(3)求偏心距增大系数 η：

$$\zeta_1=\frac{0.5f_cA}{N}=\frac{0.5\times11.9\times300\times500}{750\times10^3}=1.19>1.0$$

取 $\zeta_1=1.0$

$$\frac{l_0}{h}=\frac{6460}{500}=12.92<15$$

$$\zeta_2=1.0$$

$$\eta=1+\frac{1}{1400e_i/h_0}\left(\frac{l_0}{h}\right)^2\zeta_1\zeta_2$$

$$=1+\frac{1}{1400\times\frac{120}{465}}\times12.92^2\times1.0\times1.0$$

$$=1.462>1.0$$

(4)考虑附加偏心距及偏心距增大系数后轴向力对截面重心的偏心距：

$$\eta e_i=1.462\times120=175.44\text{mm}$$

(5)求相对界限受压区高度 ξ_b：

$$\varepsilon_{cu}=0.0033$$

纵向钢筋采用 HRB400 级钢筋 $f_s=f_y=360\text{N/mm}^2$

$$E_s=2.0\times10^5\text{N/mm}^2$$

$$\xi_b=\frac{\beta_1}{1+\frac{f_s}{E_s\varepsilon_{cu}}}=\frac{0.8}{1+\frac{360}{2.0\times10^5\times0.0033}}=0.517$$

(6)判断大小偏心：

$$N_b=\alpha_1 f_c bh_0=\alpha_1 f_c b\xi_b h_0=1.0\times11.9\times300\times0.517\times465=859324.88\text{N}$$

$$N=750\text{kN}<N_b$$

按大偏心受压计算。

(7)求等效矩形应力图形的混凝土受压区高度 x：

$$N=\alpha_1 f_c bx$$

即

$$750\times10^3=1.0\times11.9\times300x$$

$$x=210.08\text{mm}>2a'=2\times35=70\text{mm}$$

(8)求 A_s：

$$e=\eta e_i+\frac{h}{2}-a=175.44+\frac{500}{2}-35=390.44\text{mm}$$

$$Ne=\alpha_1 f_c bx\left(h_0-\frac{x}{2}\right)+f'_y A'_s(h_0-a'_s)$$

即 $$750\times10^3\times390.44=1.0\times11.9\times300\times210.08\times\left(465-\frac{210.08}{2}\right)+360A_s(465-35)$$

$$A_s=A'_s=147.70\text{mm}^2$$

(9)验算垂直于弯矩作用平面的承载力：

此时，不考虑弯矩的作用，按钢筋混凝土轴心受压构件计算

$$l_0=6460\text{mm}\qquad b=300\text{mm}$$

$$\frac{l_0}{b}=\frac{6460}{300}=21.53$$

附表 1 得：

$$\varphi=0.75-\frac{21.53-20}{22-20}\times(0.75-0.70)=0.712$$

全部纵筋配筋率

$$\rho=\frac{2\times193.72}{300\times500}=0.258\%>3\%$$

$$N=0.9\varphi(f_c A+f'_y A'_s)=0.9\times0.712\times(11.9\times300\times500+360\times2\times193.72)$$
$$=1.233\times10^6\text{N}>750\text{kN}$$

计算配筋由弯矩作用平面控制

故 $$A_s=A'_s=147.7\text{mm}^2$$

按规范钢筋混凝土受压构件单侧最小配筋率 $\rho_{min}=0.2\%$

$$0.2\%bh=0.2\%\times300\times500=300\text{mm}^2$$

配 2⌀14 $$A_s=308\text{mm}^2>193.72\text{mm}^2>0.2\%bh$$

(10)复核平面外配筋率及总配筋率：

垂直于弯矩作用平面系按钢筋混凝土轴心受压计算，其单侧配筋率 ρ 同样不应小于 $\rho_{min}=0.2\%$，否则应按素混凝土受压重新计算。两角部共 2⌀14，平面外单侧配筋率

$$\rho=\frac{308}{500\times300}\times100\%=0.205\%>\rho_{min}=0.2\%$$

全部纵向钢筋配筋率

$$\rho=\frac{2\times308}{300\times500}\times100\%=0.41\%<\rho_{min}=0.6\%$$

应加大配筋。

$$\rho_{min}bh=0.6\%\times300\times500=900mm^2$$

每角配 1⌀18（如图 2-29 所示）　$A_s=4\times254.5=1018mm^2>\rho_{min}b$

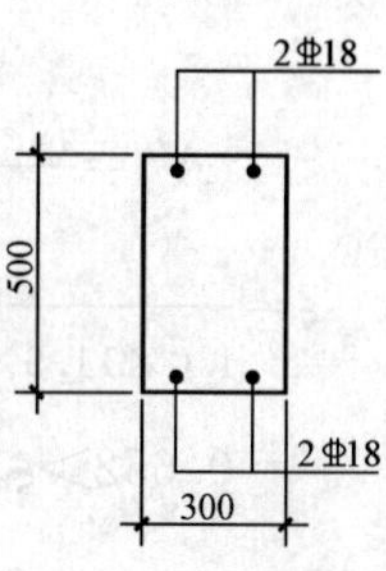

图 2-29　构件配筋

【例 2-23】　小偏心受压柱对称配筋计算

已知：偏心受压柱 $b\times h=300mm\times500mm$，$a_s=a'_s=40mm$，平面内外计算长度均为 $l_0=7750mm$，混凝土强度等级 C25，轴力设计值 1250kN（已乘重要性系数 γ_0），对截面重心的偏心距为 $e_0=100mm$（沿截面长方向），采用 HRB400 级钢筋对称配筋。求纵向钢筋。

解：(1)求附加偏心距 e_a：

$$e_a=\max\{20,h/30\}=\max\{20,500/30\}=20mm$$

(2)求初始偏心距 e_i：

$$e_i=e_0+e_a=100+20=120mm$$

(3)求偏心距增大系数 η：

$$\zeta_1=\frac{0.5f_cA}{N}=\frac{0.5\times11.9\times300\times500}{1250\times10^3}=0.714<1.0$$

$$\frac{l_0}{h}=\frac{7750}{500}=15.5>15$$

$$\zeta_2=1.15-0.01\frac{l_0}{h}=1.15-0.01\times15.5=0.995$$

$$\eta=1+\frac{1}{1400e_i/h_0}\left(\frac{l_0}{h}\right)^2\zeta_1\zeta_2=1+\frac{1}{1400\times\frac{120}{460}}\times15.5^2\times0.714\times0.995$$

$$=1.47>1.0$$

(4)考虑附加偏心距及偏心距增大系数后轴向力对截面重心的偏心距：

$$\eta e_i=1.47\times120=176.4mm$$

(5)求相对界限受压区高度 ξ_b：

$$\varepsilon_{cu}=0.0033$$

纵向钢筋采用 HRB400 级钢筋　$f_s=f_y=360N/mm^2$，$E_s=2.0\times10^5N/mm^2$

$$\xi_b=\frac{\beta_1}{1+\frac{f_s}{E_s\varepsilon_{cu}}}=\frac{0.8}{1+\frac{360}{2.0\times10^5\times0.0033}}=0.518$$

(6)判断大小偏心：

$$N_b=\alpha_1f_cbx_b=\alpha_1f_cb\xi_bh_0=1.0\times11.9\times300\times0.518\times460=850660N$$

$$N=1250kN>N_b$$

为小偏心受压。

(7)求等效矩形应力图形的混凝土受压区高度 x：

$$\xi=\frac{N-\xi_b\alpha_1 f_c bh_0}{\alpha_1 f_c bh_0+\dfrac{Ne-0.43\alpha_1 f_c bh_0^2}{(\beta_1-\xi_b)(h_0-a'_s)}}+\xi_b$$

$$x=\xi h_0$$

$$A'_s=\frac{Ne-\xi(1-0.5\xi)\alpha_1 f_c bh_0^2}{f'_y(h_0-a'_s)}$$

$$\xi=\frac{1250\times10^3-0.518\times1.0\times11.9\times300\times460}{1.0\times11.9\times300\times460+\dfrac{1250\times10^3(176.4+500/2-40)-0.43\times1.0\times11.9\times300\times460^2}{(0.8-0.518)(460-40)}}+0.518$$

$$=0.652>\xi_b$$

$$x=\xi h_0=0.652\times460=299.92\text{mm}<h=500\text{mm}$$

(8)判断是否满足$-f'_y\leqslant\sigma_s\leqslant f_y$：

$$\sigma_s=\frac{f_y}{\xi_b-\beta_1}\left(\frac{x}{h_0}-\beta_1\right)=\frac{f_y}{0.518-0.8}\times(0.652-0.8)=0.525f_y$$

满足$-f'_y\leqslant\sigma_s\leqslant f_y$

(9)求A_s：

$$A_s=A'_s=\frac{1250\times10^3\times(176.4+500/2-40)-0.652\times(1-0.5\times0.652)\times1.0\times11.9\times300\times460^2}{360\times(460-40)}$$

$$=995.66\text{mm}^2$$

(10)验算垂直于弯矩作用平面的承载力：

此时，不考虑弯矩的作用，按轴心受压构件计算

$$l_0=7750\text{mm}\qquad b=300\text{mm}$$

$$\frac{l_0}{b}=\frac{7750}{300}=25.83$$

附表1

$$\varphi=0.65-\frac{25.83-24}{26-24}\times(0.65-0.60)=0.604$$

全部纵筋配筋率

$$\rho=\frac{2\times1055}{300\times500}\times100\%=1.41\%<3\%$$

$$N=0.9\varphi(f_cA+f'_yA'_s)=0.9\times0.604\times(11.9\times300\times500+360\times2\times996)$$

$$=1.36\times10^6\text{N}>1250\text{kN}$$

故计算配筋由弯矩作用平面控制

$$A_s=A'_s=996\text{mm}^2\text{（如图 2-30 所示）}$$

按规范单侧最小配筋率　$\rho_{min}=0.2\%$

$$0.2\%bh=0.2\%\times300\times500=300\text{mm}^2$$

配 3Φ22　$A_s=1140\text{mm}^2\quad>996\text{mm}^2>0.2\%bh$

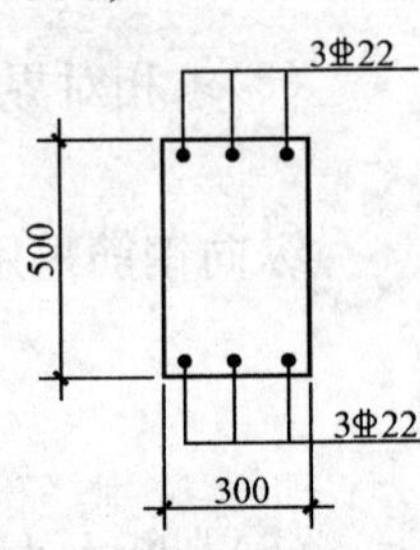

图 2-30　纵筋配筋

(11)复核平面外配筋及总配筋率：

垂直于弯矩作用平面系按钢筋混凝土轴心受压计算，其单侧配筋率ρ同样不应$<\rho_{min}=0.2\%$，两角部共 2Φ22，平面外单侧配筋率

$$\rho=\frac{2\times380.1}{500\times300}\times100\%=0.507\%>\rho_{min}=0.2\%$$

全部纵向钢筋配筋率

$$\rho=\frac{2\times1140}{300\times500}\times100\%=1.52\%>\rho_{\min}=0.6\%$$

$$\rho_{\max}=5\%$$

三、I形截面偏心受压构件正截面承载力计算

1. 基本计算公式

(1)大偏心受压破坏(计算简图如图 2-31 所示)。

1)当中和轴通过受压翼缘时。

①计算公式：

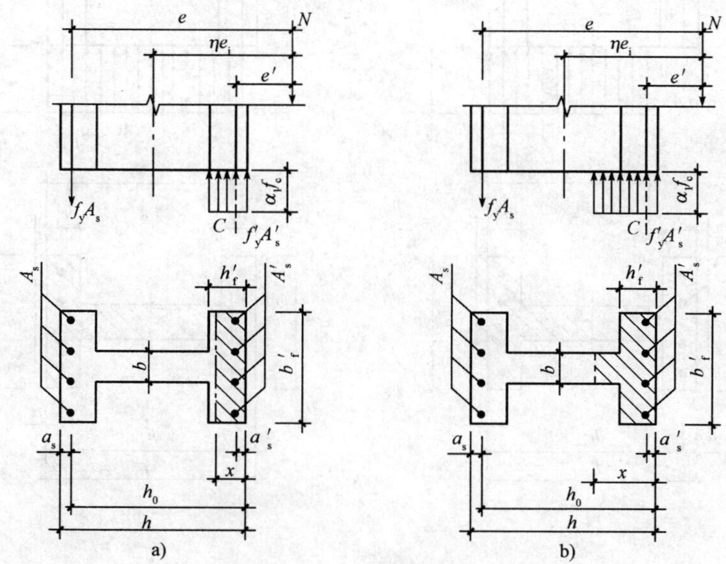

图 2-31　I形截面大偏心受压承载力计算应力图形

$$N=\alpha_1 f_c b'_f x+f'_y A'_s-f_y A_s \tag{2-142}$$

$$Ne=\alpha_1 f_c b'_f x\left(h_0-\frac{x}{2}\right)+f'_y A'_s(h_0-a'_s) \tag{2-143}$$

式中　b'_f——I形截面受压翼缘宽度。

②适用条件：

$$2a'_s\leqslant x\leqslant h'_f \tag{2-144}$$

式中　h'_f——I形截面受压翼缘高度。

2)当中和轴通过腹板时。

①计算公式：

计算应力图形如图 2-31b)所示。翼缘和腹板的混凝土抗压强度均取为 $\alpha_1 f_c$，由力的平衡条件可得：

$$N=\alpha_1 f_c[bx+(b'_f-b)h'_f]+f'_y A'_s-f_y A_s \tag{2-145}$$

$$Ne=\alpha_1 f_c bx\left(h_0-\frac{x}{2}\right)+\alpha_1 f_c(b'_f-b)h'_f\left(h_0-\frac{h'_f}{2}\right)+f'_y A'_s(h_0-a'_s) \tag{2-146}$$

②适用条件：

$$h'_{\mathrm{f}}<x\leqslant\xi_{\mathrm{b}}h_0 \tag{2-147}$$

(2)小偏心受压破坏。

1)当中和轴通过腹板时。

①计算公式：

计算应力图形如图 2-32a)所示。由力的平衡条件可得：

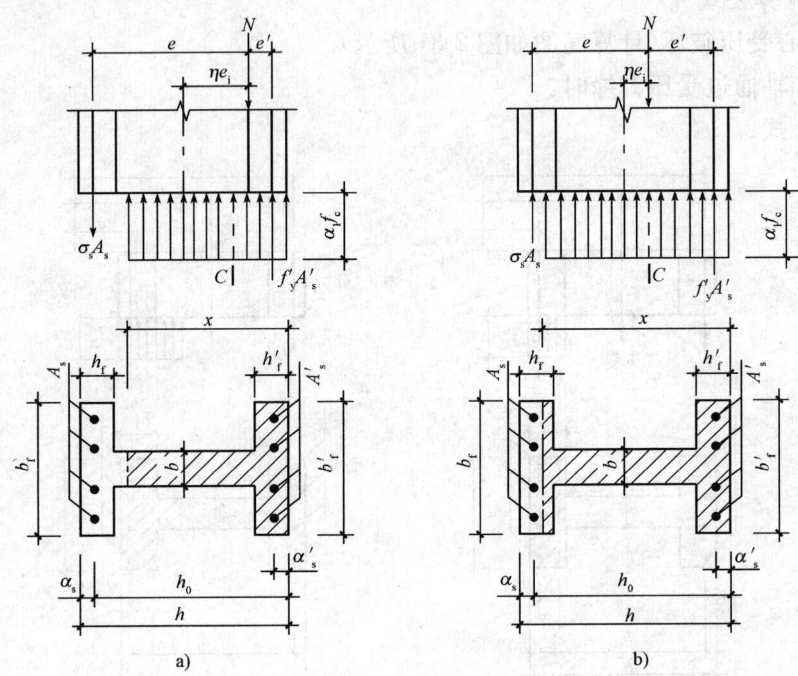

图 2-32　I形截面小偏心受压承载力计算应力图形

$$N=\alpha_1 f_{\mathrm{c}}[bx+(b'_{\mathrm{f}}-b)h'_{\mathrm{f}}]+f'_{\mathrm{y}}A'_{\mathrm{s}}-\sigma_{\mathrm{s}}A_{\mathrm{s}} \tag{2-148}$$

式中
$$\sigma_{\mathrm{s}}=\frac{\dfrac{x}{h_0}-\beta_1}{\xi_0-\beta 1}f_{\mathrm{y}}\quad 且-f'_{\mathrm{y}}\leqslant\sigma_{\mathrm{s}}\leqslant f_{\mathrm{y}}$$

$$Ne=\alpha_1 f_{\mathrm{c}}bx\left(h_0-\frac{x}{2}\right)+\alpha_1 f_{\mathrm{c}}(b'_{\mathrm{f}}-b)h'_{\mathrm{f}}\left(h_0-\frac{h'_{\mathrm{f}}}{2}\right)+f'_{\mathrm{y}}A'_{\mathrm{s}}(h_0-a'_{\mathrm{s}}) \tag{2-149}$$

②适用条件：

$$\xi_{\mathrm{b}}h_0<x\leqslant h-h_{\mathrm{f}} \tag{2-150}$$

2)当中和轴通过受压较小一侧的翼缘时。

①计算公式：

计算应力图形如图 2-32b)所示。由平衡条件可得：

$$N=\alpha_1 f_{\mathrm{c}}[bx+(b'_{\mathrm{f}}-b)h'_{\mathrm{f}}+(b_{\mathrm{f}}-b)(x-h+h_{\mathrm{f}})]+f'_{\mathrm{y}}A'_{\mathrm{s}}-\sigma_{\mathrm{s}}A_{\mathrm{s}} \tag{2-151}$$

式中
$$\sigma_{\mathrm{s}}=\frac{\dfrac{x}{h_0}-\beta_1}{\xi_{\mathrm{b}}-\beta 1}f_{\mathrm{y}}\quad 且-f'_{\mathrm{y}}\leqslant\sigma_{\mathrm{s}}\leqslant f_{\mathrm{y}}$$

$$Ne=\alpha_1 f_c bx\left(h_0-\frac{x}{2}\right)+\alpha_1 f_c(b'_f-b)h'_f\left(h_0-\frac{h'_f}{2}\right)+\alpha_1 f_c(b_f-b)(x-h+h_f)\left(\frac{h}{2}+\frac{h_f}{2}-a_s-\frac{x}{2}\right)+f'_y A'_s(h_0-a'_s) \tag{2-152}$$

②适用条件：

$$h-h_f<x\leqslant h \tag{2-153}$$

2. 对称配筋Ⅰ形截面的计算方法

由于对称配筋，$A_s=A'_s$，$f_y=f'_y$，假定中和轴通过翼缘，则由式(2-142)可得：

$$x=\frac{N}{\alpha_1 f_c b'_f} \tag{2-154}$$

若 $x\leqslant h'_f$，表明中和轴通过翼缘，可按宽度为 b'_f 的矩形截面计算。

当 $2a'_s\leqslant x\leqslant h'_f$ 时

$$A_s=A'_s=\frac{Ne-N\left(h_0-\frac{x}{2}\right)}{f_y(h_0-a'_s)} \tag{2-155}$$

当 $x<2a'_s$

$$A_s=A'_s=\frac{Ne'}{f_y(h_0-a'_s)} \tag{2-156}$$

式中

$$e'=\eta e_i-\frac{h}{2}+a'_s$$

若 $x>h'_f$，表明中和轴通过腹板，混凝土受压区高度 x 应按下列公式重新计算：

$$x=\frac{N-\alpha_1 f_c(b'_f-b)h'_f}{\alpha_1 f_c b} \tag{2-157}$$

当按式(2-157)求得的 $x\leqslant\xi_b h_0$，表明截面为大偏心受压破坏，则

$$A_s=A'_s=\frac{Ne-\alpha_1 f_c(b'_f-b)h'_f\left(h_0-\frac{h'_f}{2}\right)-\alpha_1 f_c bx\left(h_0-\frac{x}{2}\right)}{f_y(h_0-a'_s)} \tag{2-158}$$

当按式(2-157)求得的 $x>\xi_b h_0$，表明截面为小偏心受压破坏。此时，应按式(2-148)和式(2-149)或式(2-151)和式(2-152)联立求解。如同时称配筋矩形截面，可用迭代法计算。

【例 2-24】 对称配筋Ⅰ形截面柱偏心受压构件截面计算

对称配筋Ⅰ形截面柱，$b_f=b'_f=400\text{mm}$，$b=100\text{mm}$，$h_f=h'_f=100\text{mm}$，$h=600\text{mm}$，$a_s=a'_s=40\text{mm}$，柱的计算长度 $l_0=4.5\text{m}$。混凝土强度等级为 C35($f_c=16.7\text{N/mm}^2$，$\alpha_1=1.0$)，采用 HRB400 级钢筋配筋，承受轴向压力设计值 $N=750\text{kN}$，弯矩设计值 $M=360\text{kN}\cdot\text{m}$。试计算所需的钢筋截面面积 $A_s=A'_s$。

解：(1)计算 e_i 和 η。

$h_0=600-40=560\text{mm}$

$e_0=\frac{M}{N}=\frac{360\times10^6}{750\times10^3}=480\text{mm}$

$\frac{h}{30}=\frac{600}{30}=20\text{mm}$，取 $e_a=20\text{mm}$

$e_i=e_0+e_a=480+20=500\text{mm}$

$\frac{l_0}{h}=\frac{4500}{600}=7.5$

$A=bh+2(b'_f-b)h'_f=100\times600+2\times(400-100)\times100=120\times10^3\text{mm}^2$

$\zeta_1=\frac{0.5f_cA}{N}=\frac{0.5\times16.7\times120\times10^3}{750\times10^3}=1.34>1.0$　取 $\zeta_1=1.0$

$\zeta_2=1.15-0.01\frac{l_0}{h}=1.15-0.01\times7.5=1.075>1.0$　取 $\zeta_2=1.0$

$\eta=1+\frac{1}{1400\frac{e_i}{h_0}}\left(\frac{l_0}{h}\right)^2\zeta_1\zeta_2=1+\frac{1}{1400\times\frac{500}{560}}\times7.5^2\times1.0\times1.0=1.045$

$\eta e_i=1.045\times500=522.5\text{mm}>0.3h_0=0.3\times560=168\text{mm}$，可先按大偏心受压破坏计算。

(2)计算 $A_s=A'_s$。

$\frac{N}{\alpha_1f_cb}=\frac{750\times10^3}{1.0\times16.7\times400}=112.3\text{mm}>h'_f=100\text{mm}$，中和轴通过腹板。

$x=\frac{N-\alpha_1f_c(b'_f-b)h'_f}{\alpha_1f_cb}=\frac{750\times10^3-1.0\times16.7\times(400-100)\times100}{1.0\times16.7\times100}$

$=149.1\text{mm}<\xi_bh_0=0.518\times560=290.1\text{mm}$，属于大偏心受压破坏。

$e=\eta e_i+\frac{h}{2}-a_s=1.045\times500+\frac{600}{2}-40=782.5\text{mm}$

$$A_s=A'_s=\frac{Ne-\alpha_1f_c(b'_f-b)h'_f\left(h_0-\frac{h'_f}{2}\right)-\alpha_1f_cbx\left(h_0-\frac{x}{2}\right)}{f_y(h_0-a'_s)}$$

$$=\frac{750\times10^3\times782.5-1.0\times16.7\times(400-100)\times100\times\left(560-\frac{100}{2}\right)-1.0\times16.7\times100\times149.1\times\left(560-\frac{149.1}{2}\right)}{360\times(560-40)}$$

$=1124\text{mm}^2$

A_s 和 A'_s 各选用 4⌀20，$A_s=A'_s=1256\text{mm}^2$

【例 2-25】 I形截面柱偏心受压构件纵向配筋设计

已知：偏心受压柱截面尺寸如图 2-33 所示，$a_s=a'_s=45\text{mm}$，平面内计算长度为 $l_0=12.3\text{m}$，平面外计算长度 $l_{0y}=8\text{m}$，混凝土强度等级 C30，轴力设计值 1600kN(已乘重要性系数 γ_0)，对截面重心的偏心距为 $e_0=380\text{mm}$(沿截面长方向)，拟采用 HRB400 级钢筋对称配筋。求：纵向钢筋。

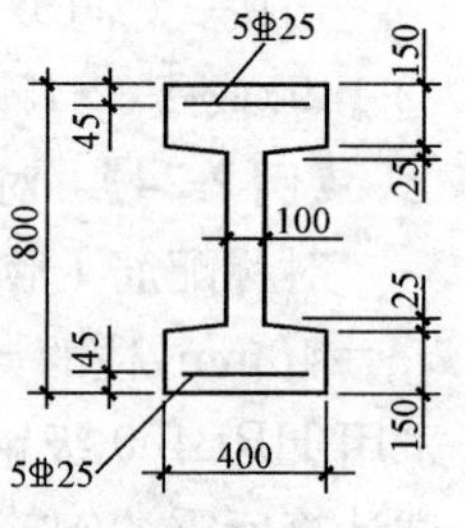

图 2-33　例 2-25 图

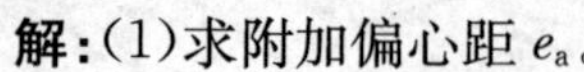

解：(1)求附加偏心距 e_a。

$$e_a=\max\{20,h/30\}=\max\{20,800/30\}=26.7\text{mm}$$

(2)求初始偏心距 e_i。

$$e_i=e_0+e_a=380+26.7=406.7\text{mm}$$

(3)求偏心距增大系数 η。

$$\zeta_1=\frac{0.5f_cA}{N}=\frac{0.5\times14.3\times177500}{1600\times10^3}=0.793<1.0$$

$$\frac{l_0}{h}=\frac{12300}{800}=15.4>15$$

$$\zeta_2=1.15-0.01\frac{l_0}{h}=1.15-0.01\times15.4=0.996$$

$$\eta=1+\frac{1}{1400e_i/h_0}\left(\frac{l_0}{h}\right)^2\zeta_1\zeta_2$$

$$=1+\frac{1}{1400\frac{406.7}{755}}\times15.4^2\times0.793\times0.996$$

$$=1.25>1.0$$

(4)考虑附加偏心距及偏心距增大系数后轴向力对截面重心的偏心距。

$$\eta e_i=1.25\times406.7=508.4\text{mm}$$

(5)求相对界限受压区高度 ξ_b。

$$\xi_{cu}=0.0033$$

$$\xi_b=0.518$$

(6)判断大小偏心。

对称配筋的对称 I 形截面

$$N_b=\alpha_1 f_c[bx_b+(b'_f-b)h'_f]=\alpha_1 f_c[b\xi_b h_0+(b_f-b)h'_f]$$

$$=1.0\times14.3\times\left[100\times0.518\times(800-45)+(400-100)\times\left(150+\frac{25}{2}\right)\right]$$

$$=1.256\times10^6\text{N}$$

$$N=1600\text{kN}>N_b$$

为小偏心受压。

(7)求等效矩形应力图形的混凝土受压区高度 x。

假设中和轴在腹板内。

$$\xi=\frac{N-\alpha_1 f_c[\xi_b bh_0+(b'_f-b)h'_f]}{\alpha_1 f_c bh_0+\frac{Ne-\alpha_1 f_c[0.43bh_0^2+(b'_f-b)h'_f(h_0-0.5h'_f)]}{(\beta_1-\xi_b)(h_0-a'_s)}}+\xi_b$$

$$x=\xi h_0$$

$$A_s=A'_s=\frac{Ne-\alpha_1 f_c[bh_0^2\xi(1-0.5\xi)+(b'_f-b)h'_f(h_0-0.5h'_f)]}{f'_y(h_0-a'_s)}$$

$$\xi=0.6065>\xi_b=0.518$$

$$x=\xi h_0=0.6065\times755=457.9\text{mm}<h-h_f=800-162.5=637.5\text{mm}$$

中和轴位置与假设相符。

(8)判断是否满足 $-f'_y\leqslant\sigma_s\leqslant f_y$。

$$\sigma_s=\frac{f_y}{\xi_b-\beta_1}\left(\frac{x}{h_0}-\beta_1\right)=\frac{f_y}{0.518-0.8}\times(0.6065-0.8)=0.686f_y$$

满足 $-f'_y\leqslant\sigma_s\leqslant f_y$

(9)求 A_s。

$$A_s=2219.5\text{mm}^2$$

(10)验算垂直于弯矩作用平面的承载力。

此时,不考虑弯矩的作用,按钢筋混凝土轴心受压构件计算。

柱截面面积 $A=177500\text{mm}^2$ $i_y=98.3\text{mm}$

$$l_0=8\text{m}$$

$$\frac{l_0}{i_y}=\frac{8000}{98.3}=81.4$$

查规范可得

$$\varphi=0.70-\frac{81.4-76}{83-76}\times(0.7-0.65)=0.66$$

全部纵筋配筋率

$$\rho=\frac{2\times2219.5}{177500}=2.5\%<3\%$$

$$N=0.9\varphi(f_cA+f'_yA'_s)=0.9\times0.66\times(14.3\times177500+360\times2\times2219.5)$$
$$=2.457\times10^6\text{N}>1600\text{kN}$$

故计算配筋由弯矩作用平面控制。

$A_s=A'_s2219.5\text{mm}^2$

按规范单侧最小配筋率 $\rho_{min}=0.2\%$

$$0.2\%A=0.2\%\times177500=355\text{mm}^2$$

配 5 ⌀ 25 $A_s=2454\text{mm}^2>2219.5\text{mm}^2>0.2\%A$

(11)复核平面外配筋及总配筋率。

垂直于弯矩作用平面系按钢筋混凝土轴心受压计算,其单侧配筋率 ρ 同样不应$<\rho_{min}=0.2\%$,两角部共 2 ⌀ 25,平面外单侧配筋率

$$\rho=\frac{2\times491}{177500}\times100\%=0.55\%>\rho_{min}=0.2\%$$

全部纵向钢筋配筋率

$$\rho=\frac{2\times2454}{177500}\times100\%=2.77\%>\rho_{min}=0.6\%$$

$$且<\rho_{max}=5\%$$

【例 2-26】 对称配筋偏心受压柱纵向钢筋设计

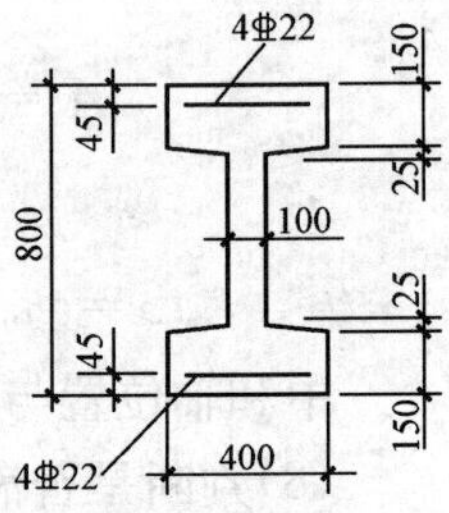

图 2-34 例 2-26 图

已知:偏心受压柱截面尺寸如图 2-34 所示,$a_s=a'_s=45\text{mm}$,平面内计算长度为 $l_0=15\text{m}$,平面外计算长度为 $l_{0y}=8\text{m}$,混凝土强度等级 C30,轴力设计值 1000kN(已乘重要性系数 γ_0),对截面重心的偏心距为 $e_0=450\text{mm}$(沿截面长方向),采用 HRB400 级钢筋对称配筋。求纵向钢筋。

解:(1)求附加偏心距 e_a。

$$e_a=\max\{20,h/30\}=\max\{20,800/30\}=26.7\text{mm}$$

(2)求初始偏心距 e_i。

$$e_i=e_0+e_a=450+26.7=476.7\text{mm}$$

(3)求偏心距增大系数 η。

$$A=177500\text{mm}^2$$

$$\zeta_1=\frac{0.5f_cA}{N}=\frac{0.5\times14.3\times177500}{1000\times10^3}=1.269>1.0$$

取 $\zeta_1=1.0$

$$\frac{l_0}{h}=\frac{15000}{800}=18.75>15$$

$$\zeta_2=1.15-0.01\frac{l_0}{h}=1.15-0.01\times18.75=0.963$$

$$\eta=1+\frac{1}{1400e_i/h_0}\left(\frac{l_0}{h}\right)^2\zeta_1\zeta_2=1+\frac{1}{1400\frac{476.7}{755}}\times18.75^2\times1.0\times0.963$$

$$=1.38>1.0$$

(4)考虑附加偏心距及偏心距增大系数后轴向力对截面重心的偏心距。

$$\eta e_i=1.38\times476.7=657.8\text{mm}$$

(5)求相对界限受压区高度 ξ_b。

$$\xi_b=0.518$$

(6)判断大小偏心。

对称配筋的对称 I 字形截面

$$N_b=\alpha_1f_c[bx_b+(b'_f-b)h'_f]=\alpha_1f_c[b\xi_bh_0+(b_f-b)h'_f]$$

$$=1.0\times14.3\times\left[100\times0.518\times(800-45)+(400-100)\times\left(150+\frac{25}{2}\right)\right]$$

$$=1.256\times10^6\text{N}$$

$$N=1000\text{kN}<N_b$$

按大偏心受压计算。

(7)求等效矩形应力图形的混凝土受压区高度 x。

先假设中和轴在翼缘内 $x\leqslant h'_f$，按宽度为 b'_f 的矩形截面求 x，

$$N=\alpha_1f_cb'_fx$$

即

$$1000\times10^3=1.0\times14.3\times400x$$

$$x=174.8\text{mm}>2a'=2\times45=90\text{mm}$$

$$>h'_f=150+\frac{25}{2}=162.5\text{mm}$$

故中和轴在腹板内，应按 T 形截面求 x

$$N=\alpha_1f_c[bx_b+(b'_f-b)h'_f]$$

即

$$1000\times10^3=1.0\times14.3\times[100x+(400-100)\times162.5]$$

$$x=211.8\text{mm}<x_b=\xi_bh_0=0.518\times755=391\text{mm}$$

(8)求 A'_s。

$$e=\eta e_i+\frac{h}{2}-a=657.8+\frac{800}{2}-45=1012.8\text{mm}$$

$$Ne=\alpha_1f_c\left[bx\left(h_0-\frac{x}{2}\right)+(b'_f-b)h'_f\left(h_0-\frac{h'_f}{2}\right)\right]+f'_yA'_s(h_0-a'_s)$$

即

$$1000\times10^3\times1012.8=1.0\times14.3\times\left[100\times211.8\times\left(755-\frac{211.8}{2}\right)+(400-100)\times162.5\times\left(755-\frac{162.5}{2}\right)\right]+360A'_s(755-45)$$

$$A'_s=1355.7\text{mm}^2$$

(9)验算垂直于弯矩作用平面的承载力。

此时，不考虑弯矩的作用，按钢筋混凝土轴心受压构件计算。

柱截面面积 $A=177500\text{mm}^2$

$$I_y=1.717\times10^9\text{mm}^4$$

$$i_y=\sqrt{\frac{I_y}{A}}=98.3\text{mm}$$

附表1 $\varphi=0.70-\frac{81.4-76}{83-76}\times(0.7-0.65)=0.66$

全部纵筋配筋率

$$\rho=\frac{2\times1355.7}{177500}=1.53\%<3\%$$

$$N=0.9\varphi(f_cA+f'_yA'_s)=0.9\times0.66\times(14.3\times177500+360\times2\times1355.7)=2.09\times10^6\text{N}>1000\text{kN}$$

故计算配筋由弯矩作用平面控制

$$A_s=A'_s=1355.7\text{mm}^2$$

按规范受压构件单侧最小配筋率 $\rho_{min}=0.2\%$

$$0.2\%A=0.2\%\times177500=355\text{mm}^2$$

配4⏀22 $A_s=1520\text{mm}^2>1355.7\text{mm}^2$

$$>0.2\%A$$

(10)复核平面外配筋率及总配筋率。

垂直于弯矩作用平面系按钢筋混凝土轴心受压计算，其单侧配筋率 ρ 同样不应 $<\rho_{min}=0.2\%$，两角部共2⏀22，平面外单侧配筋率

$$\rho=\frac{760}{177500}\times100\%=0.43\%>\rho_{min}=0.2\%$$

全部纵向钢筋配筋率

$$\rho=\frac{2\times1520}{177500}\times100\%=1.71\%>\rho_{min}=0.6\%$$

$$<\rho_{max}=5\%$$

四、环形和圆形截面偏心受压构件正截面承载力计算

1. 基本假定

(1)截面应变保持平面。

(2)不考虑混凝土的抗拉强度。

(3)混凝土受压应力-应变曲线采用如图2-35所示曲线。混凝土极限压应变 $\varepsilon_{cu}=0.0033$，受压区混凝土的应力图形采用等效矩形应力图形，等效混凝土抗压强度设计值为 α_1f_c，等效受压区高度 x 与实际受压区高度 x_a 的比值为0.8。

(4)钢筋应力取等于钢筋应变与弹性模量的乘积，但其绝对值不大于相应的强度设计值，受拉钢筋的极限拉应变取 0.01。

(5)沿周边均匀配置的钢筋，当纵向钢筋根数不少于 6 根时，可用钢环代替。

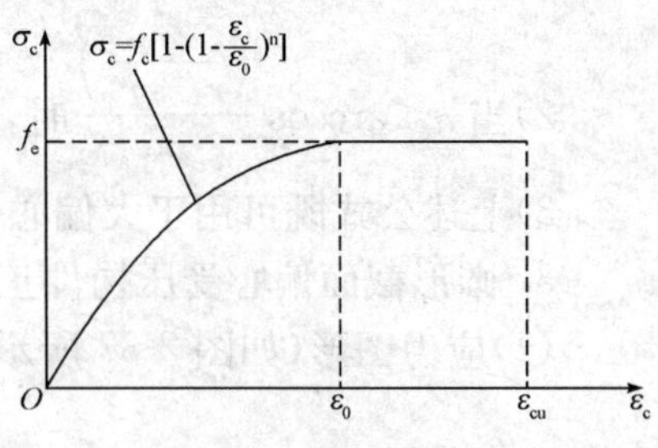

图 2-35 设计采用的混凝土受压应力-应变曲线

2. 环形截面偏心受压构件正截面承载力计算

(1)计算应力图形。

在图 2-36 中，r_1 和 r_2 为环形截面的内半径和外半径；r_s 为纵向受力钢筋所在圆周的半径；h_0 为截面有效高度。由图中可见，$h_0=r_2+r_s$。

受压区混凝土应力图形简化为矩形，受拉区混凝土不承担拉力。

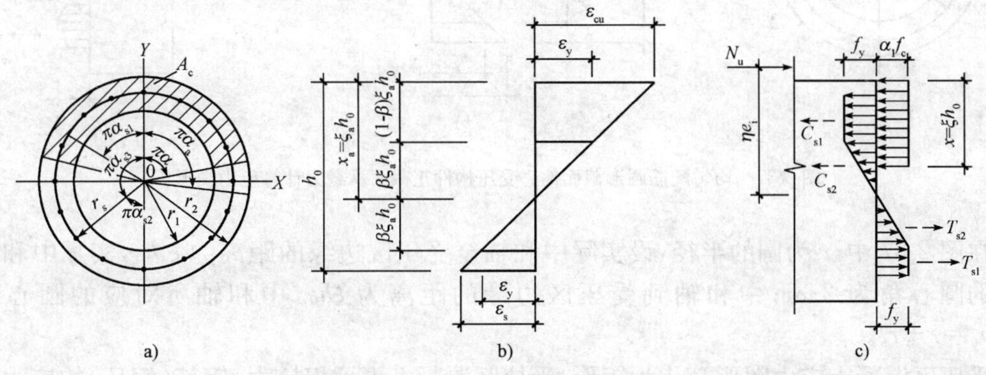

图 2-36 均匀配筋环形截面偏心受压构件正截面承载力计算应力图形

(2)基本计算公式。

$$N\leqslant\alpha_1 f_c\alpha A+(\alpha-\alpha_t)f_y A_s \tag{2-159}$$

$$N\eta e_i\leqslant\alpha_1 f_c A(r_1+r_2)\frac{\sin\pi\alpha}{\pi}+f_y A_s r_s\left(\frac{\sin\pi\alpha+\sin\pi\alpha_t}{\pi}\right) \tag{2-160}$$

$$\alpha_t=1-1.5\alpha \tag{2-161}$$

$$e_t=e_0+e_a \tag{2-162}$$

式中 A——构件截面面积；

A_s——全部纵向钢筋的截面面积；

r_1、r_2——环形截面的内、外半径；

$r_s(r_p)$——纵向钢筋所在圆的半径；

e_0——轴向力对截面重心的偏心距；

e_a——附加偏心距；取 20mm 和偏心方向截面最大尺寸的 1/30 的较大者；

α——受压混凝土截面面积与全截面面积的比值；

α_t——受拉纵向钢筋截面面积与全部纵向钢筋截面面积的比值，当 $\alpha>2/3$ 时，取 $\alpha_t=0$。

(3)适用条件。

1)上述公式仅适用于截面内纵向钢筋数量不少于 6 根，且 $\frac{r_1}{r_2}$ 不小于 0.5 的情况。

2)当 $\alpha<\arccos\dfrac{\left(\dfrac{2r_2}{r_1+r_2}\right)}{\pi}$时，环形截面偏心受压构件可按圆形截面偏心受压构件计算。

3)上述公式既可用于大偏心受压也可用于小偏心受压。

3. 圆形截面偏心受压构件正截面承载力计算

(1)应力图形(如图 2-37 所示)。

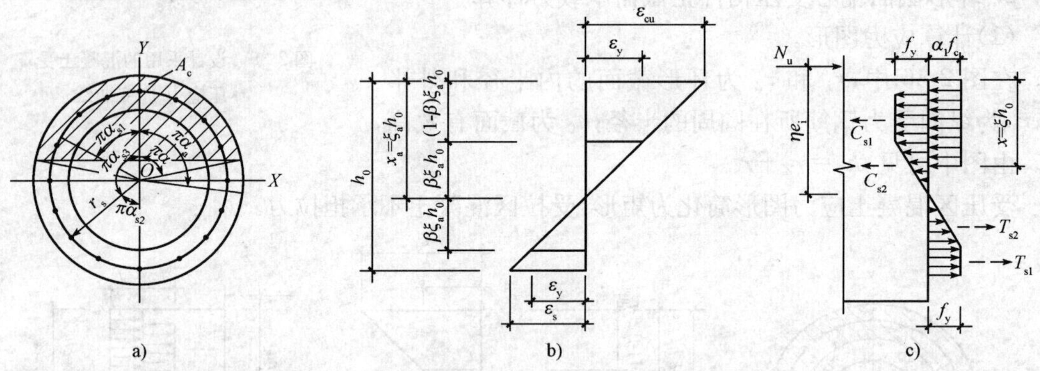

图 2-37 均匀配筋圆形截面偏心受压构件正截面承载力计算应力图形

在图 2-37 中，r 为圆的半径，设实际中和轴至受压区边缘的距离为 $\xi_a h_0$，实际中和轴所对应的圆心角为 $2\pi\alpha_a$；中和轴到受压区边缘的距离为 ξh_0，中和轴所对应的圆心角为 $2\pi\alpha$，$h_0=r+r_s$。

受压区混凝土应力图形简化为矩形，受拉区混凝土不承担拉力，钢筋(钢环)的应力图形根据平截面假定确定。

(2)基本计算公式。

$$N\leqslant\alpha_1 f_c\alpha A\left(1-\frac{\sin2\pi\alpha}{2\pi\alpha}\right)+(\alpha-\alpha_t)f_yA_s \tag{2-163}$$

$$N\eta e_i\leqslant\frac{2}{3}\alpha_1 f_cAr\frac{\sin^3\pi\alpha}{\pi}+f_yA_sA_s\frac{\sin\pi\alpha+\sin\pi\alpha_t}{\pi} \tag{2-164}$$

$$\alpha_t=1.25-2\alpha \tag{2-165}$$

$$e_i=e_0+e_a \tag{2-166}$$

$$e_a=0.12[0.3(r+r_s)-e_0] \tag{2-167}$$

式中 A——构件截面面积；

A_s——全部纵向钢筋的截面面积；

r——圆形截面的半径；

r_s——纵向钢筋所在圆的半径；

e_0——轴向力对截面重心的偏心距；

e_a——附加偏心距；取 20mm 和偏心方向截面最大尺寸的 1/30 的较大值；

α——受压区混凝土截面面积与全截面面积的比值；

α_t——纵向受拉钢筋截面面积与全部纵向钢筋截面面积的比值；当 $\alpha>0.625$ 时，取$\alpha_t=0$。

(3)适用条件：

1)上述式既适用于大偏心受压,也适用于小偏心受压。

2)上述式仅适用于截面内纵向钢筋根数不少于 6 根的情况。

【例 2-27】 圆形截面柱纵向钢筋设计

已知:圆形截面柱 $d=400\text{mm}$,计算长度 $l_0=4\text{m}$,混凝土强度等级 C30,纵筋保护层厚度 30mm,承受轴力设计值 $N=450\text{kN}$,N 对柱圆心的偏心距 $e_0=400\text{mm}$,拟采用 HRB400 级钢筋沿圆周均匀配筋。求纵向钢筋。

解:(1)求附加偏心距 e_a:

$$e_a=20\text{mm}>\frac{d}{3}=\frac{400}{30}=133\text{mm}$$

(2)求初始偏心距 e_i:

$$e_i=e_0+e_a=400+20=420\text{mm}$$

(3)求偏心距增大系数 η:

$$r_s=\frac{d}{2}-(30+10)=160\text{mm}$$

$$h_0=r+r_s=\frac{d}{2}+160=360\text{mm}$$

$$\frac{l_0}{h}=\frac{l_0}{d}=\frac{4000}{400}=10$$

$$\zeta_1=\frac{0.5f_cA}{N}=\frac{0.5\times14.3\times200^2\times\pi}{450\times10^3}=2.00>1.0$$

取 $\zeta_1=1.0$

$$\zeta_2=1.15-0.01\frac{l_0}{h}=1.15-0.01\times10=1.05>1.0$$

取 $\zeta_2=1.0$

$$\eta=1+\frac{1}{1400e_i/h_0}\left(\frac{l_0}{h}\right)^2\zeta_1\zeta_2=1+\frac{1}{1400\times\dfrac{420}{360}}\times10^2\times1.0\times1.0$$

$$=1.06$$

(4)考虑附加偏心距及偏心距增大系数后轴向力对截面重心的偏心距:

$$\eta e_i=1.06\times420=445.2\text{mm}$$

(5)求 α:

可先假设 α,求 N,反复迭代,即可解得足够精度的 α,再求 A_s。

本例先假定 $\alpha=0.4<0.625$,由 $\alpha_t=1.25-2\times0.4=0.45$ 可得:

$$\begin{cases}N=0.4\times1.0\times14.3\times\pi\times200^2\times\left[1-\dfrac{\sin(2\pi\times0.4)}{2\pi\times0.4}\right]+(0.4-0.45)\times360A_s\\N\times445.2=\dfrac{2}{3}\times1.0\times14.3\times\pi\times200^3\times\dfrac{\sin^3(\pi\times0.4)}{\pi}\\\qquad+360A_s\times160\times\dfrac{\sin(\pi\times0.4)+\sin(\pi\times0.45)}{\pi}\end{cases}$$

即

$$\begin{cases}N=550690-18A_s\\445.2N=65607538+35546A_s\end{cases}$$

消去 A_s,得 $N=476491\text{kN}<500\text{kN}$,需调整 α,再求 N。

当 $\alpha=0.39$ 时，$N=418.81\text{kN}<500\text{kN}$

当 $\alpha=0.41$ 时，$N=547.76\text{kN}>500\text{kN}$

故 α 在 0.403～0.404 之间

当 $\alpha=0.403$ 时，$N=496.22\text{kN}<500\text{kN}$

当 $\alpha=0.404$ 时，$N=503.06\text{kN}>500\text{kN}$

故取 $\alpha=0.4035$，精度足够，不再计算。

(6)求 A_s：

将 $N=450\text{kN}$，$\alpha=0.4035$，$\alpha_t=1.25-2\times0.4035=0.443$ 代入规范公式得

$$A_s=\frac{450\times10^3-0.4035\times1.0\times14.3\times\pi\times200^2\times\left[1-\dfrac{\sin(2\pi\times0.4035)}{2\pi\times0.4035}\right]}{(0.4035-0.443)\times360}$$

$$=5425.6\text{mm}^2$$

配筋率 $\rho=\dfrac{A_s}{A}=\dfrac{4390}{\pi\times200^2}\times100\%=3.49\%>\rho_{min}=0.6\%$ 且 $<\rho_{max}=5\%$

配 12 ⌀ 25，$A_s=5890.8\text{mm}^2$

五、矩形截面双向偏心受压构件正截面承载力计算

1. 基本公式

如图 2-38 所示，矩形截面双向偏压构件正截面承载力可按下式计算：

$$N_u=\frac{1}{\dfrac{1}{N_{ux}}+\dfrac{1}{N_{uy}}-\dfrac{1}{N_{u0}}} \tag{2-168}$$

式中 N_{u0}——构件截面轴心受压承载力设计值，但不考虑稳定系数 φ，也不乘系数 0.9；

N_{ux}——轴向力作用于 X 轴，并考虑相应的计算偏心距 $\eta_x e_{ix}$ 后，按全部纵向钢筋计算的构件偏心受压承载力设计值；

N_{uy}——轴向力作用于 Y 轴，并考虑相应的计算偏心距 $\eta_y e_{iy}$ 后，按全部纵向钢筋计算的构件偏心受压承载力设计值；

N_u——双向偏心受压时，并考虑在 X 轴和 Y 轴方向相应的计算偏心距分 $\eta_x e_{ix}$ 和 $\eta_y e_{iy}$ 后截面的受压承载力设计值。

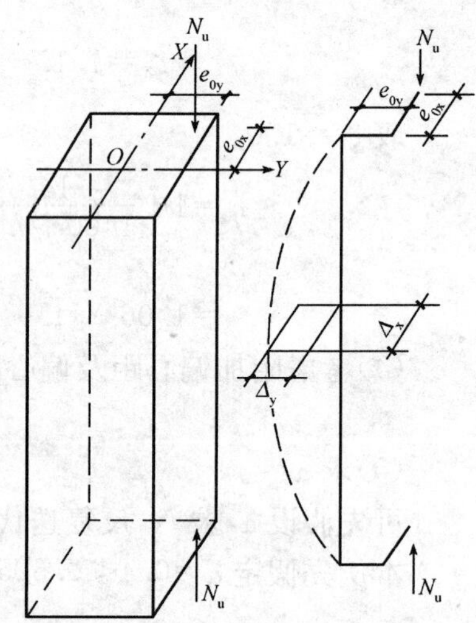

图 2-38 矩形截面双向偏心受压柱

2. 直接设计法

(1)基本公式。

为了简化计算和便于直接设计截面，仿照倪克勤公式，给出了下列简化公式：

$$\frac{1}{N_u}=\frac{1}{N_{ux}}-\frac{0.5}{N_{u0x}}+\frac{1}{N_{uy}}-\frac{0.5}{N_{u0y}} \tag{2-169}$$

式中 N_{ux}——轴向力作用于 X 轴，并考虑相应的计算偏心距 $\eta_x e_{ix}$ 后，构件截面的受压承载力设计值，这时的纵向钢筋截面面积可按等效钢筋截面面积 A_{sex} 计算；

N_{u0x}——构件截面轴心受压承载力设计值，这时所考虑的纵向钢筋截面面积与计算 N_{ux} 相同，不考虑稳定系数，也不考虑系数 0.9；

N_{uy}——轴向力作用于 Y 轴，并考虑相应的计算偏心距 $\eta_y e_{iy}$ 后，构件截面的受压承载力设计值，这时的纵向钢筋截面面积可按等效钢筋截面面积 A_{sey} 计算；

N_{u0y}——构件截面轴心受压承载力设计值，这时所考虑的纵向钢筋截面面积与计算 N_{uy} 相同，不考虑稳定系数，也不考虑系数 0.9。

A_{sex} 和 A_{sey} 可按下列公式计算：

$$A_{sex}=A_{sx}+2\zeta_x A_{swy} \tag{2-170}$$

$$A_{sey}=A_{sy}+2\zeta_y A_{swx} \tag{2-171}$$

式中　A_{sx}——布置在垂直于 X 轴两对边（图 2-39 中的上、下边）的单边纵向钢筋截面面积；

A_{sy}——布置在垂直于 Y 轴两对边（图 2-39 中的左、右边）的单边纵向钢筋截面面积；

A_{swx}——布置在垂直于 X 轴两对边腹部的单边纵向钢筋截面面积；

A_{swy}——布置在垂直于 Y 轴两对边腹部的单边纵向钢筋截面面积；

ζ_x——钢筋 A_{swy} 的折算系数；

ζ_y——钢筋 A_{swx} 的折算系数。

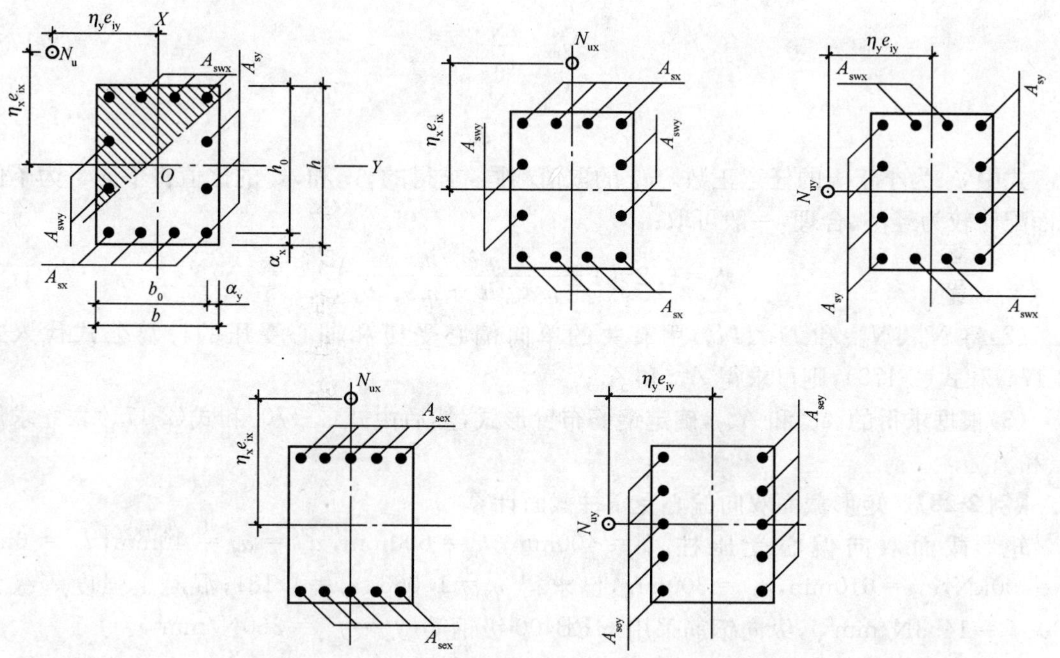

图 2-39　按直接设计法计算时的双向偏心受压截面示意图

ζ_x 和 ζ_y 可按下列公式计算：

$$\zeta_x=\begin{cases}0.5-0.8\dfrac{\eta_x e_{ix}}{h_0} & 当\dfrac{\eta_x e_{ix}}{h_0}\leqslant 0.5\\[2ex] 0.36-0.13\dfrac{h_0}{\eta_x e_{ix}} & 当\dfrac{\eta_x e_{ix}}{h_0}>0.5\end{cases} \tag{2-172}$$

$$\zeta_y=\begin{cases}0.5-0.8\dfrac{\eta_y e_{iy}}{b_0} & 当\dfrac{\eta_y e_{iy}}{b_0}\leqslant 0.5\\[2ex] 0.36-0.13\dfrac{b_0}{\eta_y e_{iy}} & 当\dfrac{\eta_y e_{iy}}{b_0}>0.5\end{cases} \tag{2-173}$$

上述公式是根据理论分析，并经适当简化而得出的。

(2)计算方法。

为了简便计算，可引入计算参变量 N_{ex} 和 N_{ey}，即令：

$$\frac{1}{N_{ex}}=\frac{1}{N_{ux}}-\frac{0.5}{N_{u0x}} \tag{2-174}$$

$$\frac{1}{N_{ey}}=\frac{1}{N_{uy}}-\frac{0.5}{N_{u0y}} \tag{2-175}$$

于是，式(2-169)可改写为：

$$\frac{1}{N_u}=\frac{1}{N_{ex}}+\frac{1}{N_{ey}} \tag{2-176}$$

应用上述公式，A_{sx} 和 A_{sy} 可按下述方法求得：

(1)首先由式(2-176)求 N_{ex} 和 N_{ey}，由于未知数有两个，而公式只有一个，故可先指定一个未知数。令 $N_u=N$，并令：

$$N_{ex}=\frac{N}{\psi_0} \tag{2-177}$$

则

$$N_{ey}=\frac{N}{1-\psi_0} \tag{2-178}$$

式中 ψ_0 为小于 1 的任意正数。ψ_0 的取值不同，求得的 A_{sx} 和 A_{sy} 的比值将不同。为了使截面配筋较为经济、合理，一般可取：

$$\psi_0=0.25\left(1+\frac{\eta_x e_{ix}/h_0}{\eta_x e_{ix}/h_0+\eta_y e_{iy}/b_0}\right) \tag{2-179}$$

(2)将 N_{ux}、N_{u0x} 和 N_{uy}、N_{u0y} 用有关的单向偏心受压和轴心受压的计算公式代入式(2-174)和式(2-175)，则可求得 A_{sex} 和 A_{sey}。

(3)根据求得的 A_{sex} 和 A_{sey}，确定钢筋布置形式，然后由式(2-170)和式(2-171)联立求解 A_{sx} 和 A_{sy}。

【例 2-28】 矩形截面双向偏心受压柱截面计算

矩形截面双向偏心受压柱，$b=400\text{mm}$，$h=600\text{mm}$，$a_x=a_y=40\text{mm}$，$l_0=6\text{m}$，$N=400\text{kN}$，$e_{0x}=610\text{mm}$，$e_{0y}=300\text{mm}$，已求得 $\eta_x=1.063$，$\eta_y=1.181$；混凝土强度等级为 C30($f_c=14.3\text{N/mm}^2$)，纵向钢筋采用 HRB400 级钢筋($f_y=f'_y=360\text{N/mm}^2$)。

求：纵向钢筋截面面积(对称配筋)。

解：(1)计算 e_{ix} 和 e_{iy}。

$h_0=h-a_x=600-40=560\text{mm}$

$b_0=b-a_y=400-40=360\text{mm}$

$e_{ax}=e_{ay}=20\text{mm}$

$e_{ix}=610+20=630\text{mm}$

$e_{iy}=300+20=320\text{mm}$

$\eta_x e_{ix}=1.063\times 630=669.7\text{mm}$

$\eta_x e_{iy}=1.181\times320=377.9\text{mm}$

(2)计算 N_{ex}、N_{ey}。

$$\psi_x=0.25\times\left(1+\frac{\frac{2\eta_x e_{ix}}{h_0}}{\frac{\eta_x e_{ix}}{h_0}+\frac{\eta_y e_{iy}}{b_0}}\right)=0.25\times\left(1+\frac{\frac{2\times669.7}{560}}{\frac{669.7}{560}+\frac{377.9}{360}}\right)=0.516$$

$$\psi_y=1-\psi_x=1-0.516=0.484$$

$$N_{ex}=\frac{N}{\psi_x}=\frac{400\times10^3}{0.516}=775.2\text{kN}$$

$$N_{ey}=\frac{N}{\psi_y}=\frac{400\times10^3}{0.484}=826.4\text{kN}$$

(3)求 A_{sex}、A_{sey}。

$$\xi_b=\frac{0.8}{1+\frac{f_y}{0.0033E_s}}=\frac{0.8}{1+\frac{360}{0.0033\times2.0\times10^5}}=0.518$$

1)求 A_{sex}：

假定 $A_{sex}=A'_{sex}=0.2bh_0\,\frac{f_c}{f_y}=0.2\times400\times560\,\frac{14.3}{360}=1780\text{mm}^2$

$$N_{ux}=\frac{1}{\frac{1}{N_{ex}}+\frac{0.5}{N_{u0x}}}=\frac{1}{\frac{1}{N_{ex}}+\frac{0.5}{f_cbh+2f'_yA_{sex}}}$$

$$=\frac{1}{\frac{1}{775.2\times10^3}+\frac{0.5}{14.3\times400\times600+2\times360\times1780}}=716.3\text{kN}$$

$$\chi_x=\frac{N_{ux}}{f_cb}=\frac{716.3\times10^3}{14.3\times400}=125.2\text{mm}<\xi_bh_0=0.518\times560=290\text{mm}$$

按大偏心受压计算。

$$A_{sex}=\frac{N_{ux}(\eta_xe_{ix}-0.5h+0.5\chi_x)}{f_y(h_0-a'_x)}$$

$$=\frac{716.3\times10^3\times(669.7-0.5\times600+0.5\times125.2)}{360\times(560-40)}=1654\text{mm}^2$$

以求得的 A_{sex}，按上述步骤重新计算。

$$N_{ux}=\frac{1}{\frac{1}{775.2\times10^3}+\frac{0.5}{14.3\times400\times600+2\times360\times1654}}=715.2\text{kN}$$

$$\chi_x=\frac{613\times10^3}{14.3\times400}=107.2\text{mm}<\xi_bh_0=290\text{mm}$$

$$A_{sex}=\frac{715.2\times10^3\times(669.7-0.5\times600+0.5\times125.0)}{360\times(560-40)}=151\text{mm}^2$$

A_{sex}与前次求得的 A_{sex}相差仅 0.4%，取 $A_{sex}=1651\text{mm}^2$。

2)求 A_{sey}：

假定 $A_{sey}=A'_{sey}=0.2hb_0\,\frac{f_c}{f_y}=0.2\times600\times360\times\frac{14.3}{360}=1716\text{mm}^2$

$$N_{uy}=\frac{1}{\frac{1}{N_{ey}}+\frac{0.5}{N_{uoy}}}=\frac{1}{\frac{1}{N_{ey}}+\frac{0.5}{f_c bh+2f_y A_{sey}}}$$

$$=\frac{1}{\frac{1}{826.4\times10^3}+\frac{0.5}{14.3\times400\times600+2\times360\times1716}}=759.2\text{kN}$$

$$\chi_y=\frac{N_{uy}}{f_c h}=\frac{759.2\times10^3}{14.3\times600}=88.5\text{mm}<\zeta_b b_0=0.518\times360=186.5\text{mm}$$

按大偏心受压计算。

$$A_{sey}=\frac{N_{uy}(\eta_y e_{iy}-0.5b+0.5\chi_y)}{f_y(b_0-a'_y)}$$

$$=\frac{759.2\times10^3\times(377.9-0.5\times400+0.5\times88.5)}{360\times(360-40)}=1464\text{mm}^2$$

以求得的 A_{sey}，重复上述计算步骤。

$$N_{uy}=\frac{1}{\frac{1}{826.4\times10^3}+\frac{0.5}{14.3\times400\times600+2\times360\times1464}}=756.7\text{kN}$$

$$\chi_y=\frac{N_{uy}}{f_c h}=\frac{756.7\times10^3}{14.3\times600}=88.1\text{mm}<\xi_b b_0=0.518\times360=186.5\text{mm}$$

按大偏心受压计算。

$$A_{sey}=\frac{756.7\times10^3\times(377.9-0.5\times400+0.5\times88.1)}{360\times(360-40)}=1457\text{mm}^2$$

A_{sey}与前次求得的 A_{sey} 相差仅 0.5%，取 $A_{sey}=1457\text{mm}^2$。

(4)选定 A_{sc}，计算 A_{swx}、A_{swy}。

选定 A_{sc}=1 ф 22，则 $A_{sc}=380.1\text{mm}^2$

$$\frac{\eta_x e_{ix}}{h_0}=\frac{669.7}{560}=1.196>0.5$$

$$\zeta_x=0.36-0.13\frac{h_0}{\eta_x e_{ix}}=0.36-0.13\times\frac{560}{669.7}=0.251$$

$$\frac{\eta_x e_{iy}}{h_0}=\frac{377.9}{360}=1.05>0.5$$

$$\zeta_y=0.36-0.13\frac{h_0}{\eta_y e_{iy}}=0.36-0.13\times\frac{360}{377.9}=0.236$$

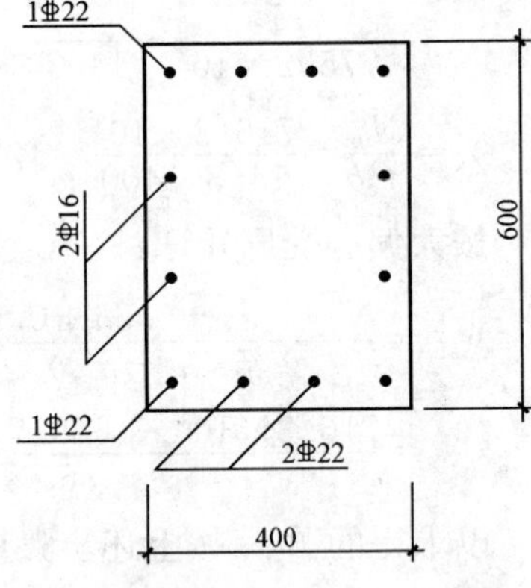

图 2-40 矩形截面双向偏心受压柱配筋

$$A_{swx}=\frac{A_{sex}-2\zeta_x A_{sey}-2(1-2\zeta_x)A_{sc}}{1-4\zeta_x\zeta_y}$$

$$=\frac{1651-2\times0.251\times1457-2\times(1-2\times0.251)\times380.1}{1-4\times0.251\times0.236}=709\text{mm}^2$$

$$A_{swy}=\frac{A_{sey}-2\zeta_y A_{sex}-2(1-2\zeta_y)A_{sc}}{1-4\zeta_x\zeta_y}$$

$$=\frac{1457-2\times0.236\times1651-2\times(1-2\times0.236)\times380.1}{1-4\times0.251\times0.236}=365\text{mm}^2$$

A_{swx}选用 2 ф 22，$A_{swx}=760\text{mm}^2$，A_{swy} 选用 2 ф 16，$A_{swy}=365\text{mm}^2$；截面配筋如图 2-40 所示。

六、偏心受力构件斜截面受剪承载力计算

1. 基本计算公式

$$V \leqslant \frac{1.75}{\lambda+1.0} f_t b h_0 + 1.0 f_{yv} \frac{A_{sv}}{S} h_0 + 0.07N \tag{2-180}$$

式中 V——剪力设计值；

λ——计算截面的剪跨比，框架柱取 $\lambda=\frac{H_n}{2h_0}$，当 $\lambda<1$ 时，取 $\lambda=1$；$\lambda>3$ 时，取 $\lambda=3$，此处 H_n 为柱净高；其他偏心受压构件 λ 见《混凝土结构设计规范》(GB 50010—2002)；

N——相应于 V 的轴力设计值；$N>0.3f_cA$ 时，取 $N=0.3f_cA$；A 为柱截面面积。

2. 适用条件

(1)为防止斜压破坏，柱的受剪截面应符合下列条件：

$$V \leqslant 0.25\beta_c f_c b h_0 \tag{2-181}$$

(2)如能符合下列条件时可需不进行斜截面受剪承载力验算，但应按构造要求配置箍筋。

$$V \leqslant \frac{1.75}{\lambda+1.0} f_t b h_0 + 0.07N \tag{2-182}$$

七、矩形截面钢筋混凝土柱双向受剪的斜截面受剪承载力计算

1. 基本计算公式

$$V_x \leqslant \frac{V_{ux}}{\sqrt{1+\left(\frac{V_{ux}\tan\theta}{V_{uy}}\right)^2}} \tag{2-183}$$

$$V_y \leqslant \frac{V_{uy}}{\sqrt{1+\left(\frac{V_{uy}}{V_{ux}\tan\theta}\right)^2}} \tag{2-184}$$

$$\theta = \arctan(V_x/V_y) \tag{2-185}$$

式中 V_x——X 轴方向的剪力设计值，对应的截面有效高度为 h_0，截面宽度为 b；

V_y——Y 轴方向的剪力设计值，对应的截面有效高度为 b_0，截面宽度为 h；

θ——斜向剪力设计值 V 的作用方向与 X 轴的夹角；

V_{ux}——在 X 轴方向的斜截面受剪承载力设计值；

V_{uy}——在 Y 轴方向的斜截面受剪承载力设计值。

V_{ux}、V_{uy}应按下列公式计算：

$$V_{ux} = \frac{1.75}{\lambda_x+1.0} f_t b h_0 + f_{yv} \frac{A_{svx}}{s} h_0 + 0.07N \tag{2-186}$$

$$V_{uy} = \frac{1.75}{\lambda_y+1.0} f_t b h_0 + f_{yv} \frac{A_{svy}}{s} h_0 + 0.07N \tag{2-187}$$

式中 λ_x、λ_y——框架柱的计算剪跨比；

A_{svx}、A_{svy}——配置在同一截面内分别平行于 X 轴、Y 轴箍筋各肢截面面积的总和；

N——与斜向剪力设计值 V 相应的轴向压力设计值，当 N 大于 $0.3f_cA$ 时，取 N 等于 $0.3f_cA$，此处，A 为构件截面面积。

在设计截面时，可在式(2-183)和式(2-184)中近似取 $V_{ux}/V_{uy}=1$ 后直接进行计算。

2. 适用条件

对于矩形截面双向受剪的钢筋混凝土框架柱，当符合下列条件，可不进行斜截面受剪承载力计算，而仅需按构造要求配置箍筋。

$$V_x \leqslant \left(\frac{1.75}{\lambda_x+1.0} f_t b h_0 + 0.07N\right)\cos\theta \tag{2-188}$$

$$V_y \leqslant \left(\frac{1.75}{\lambda_y+1.0} f_t h b_0 + 0.07N\right)\sin\theta \tag{2-189}$$

对于矩形截面双向受剪的钢筋混凝土框架柱，其受剪要求的截面应符合下列条件：

$$V_x \leqslant 0.25\beta_c f_c b h_0 \cos\theta \tag{2-190}$$

$$V_y \leqslant 0.25\beta_c f_c h b_0 \sin\theta \tag{2-191}$$

【例 2-29】 钢筋混凝土柱双向箍筋面积和间距计算

已知：框架柱 $b=400$mm，$h=600$mm，剪力设计值：$V_x=290$kN，$V_y=145$kN；弯矩设计值：$M_x=300$kN·m，$M_y=80$kN·m；轴向力设计值 $N=600$kN；$a_s=a'_s=40$mm；混凝土强度等级 C30，箍筋为 HPB235 级。求双向箍筋面积和间距。

解：(1)斜截面受剪承载力验算。

$$h_0=h-a_s=600-40=560\text{mm}$$

$$b_0=b-a_s=400-40=360\text{mm}$$

$$\theta=\arctan(V_y/V_x)=\arctan\left(\frac{300.1}{150}\right)=26.56°$$

$$0.25\beta_c f_c b h_0 \cos\theta=0.25\times1\times14.3\times400\times560\times\cos26.56°$$
$$=716289\text{N}>290000\text{N}$$

$$0.25\beta_c f_c h b_0 \sin\theta=0.25\times1\times14.3\times600\times360\times\sin26.56°$$
$$=345277\text{N}>145000\text{N}$$

满足要求。

(2)计算箍筋面积和间距。

1)验算构造配箍条件：

$$\lambda_x=M_x/V_x h_0=300\times10^6/290000\times560=1.8>1$$
$$<3$$

取 $\lambda_x=1.8$

$$\lambda_y=M_y/V_y b_0=8\times10^7/150000\times360=0.53<1$$

取 $\lambda_y=1$

$$0.3f_cA=0.3\times14.3\times400\times600=1.03\times10^6\text{N}>6\times10^5\text{N}$$

故按已知的设计值 N 计算。

$$V_x=\left(\frac{1.75}{\lambda_y+1} f_t b h_0+0.07N\right)\cos\theta$$
$$=\left(\frac{1.75}{1.8+1}\times1.43\times400\times560+0.07\times600000\right)\times\cos26.56°$$
$$=216640\text{N}<290000\text{N}$$

$$V_y=\left(\frac{1.75}{\lambda_y+1}f_c hb_0+0.07N\right)\cos\theta$$
$$=\left(\frac{1.75}{1+1}\times1.43\times600\times360+0.07\times600000\right)\times\sin26.56°$$
$$=139627\text{N}<150000\text{N}$$

不符合构造配箍条件。

2)近似取 $V_{ux}/V_{uy}=1$：

$$V_{ux}=V_x\sqrt{1+\left(\frac{V_{ux}+\tan\theta}{V_{uy}}\right)^2}$$
$$=290000\times\sqrt{1+(1\times\tan26.56°)^2}=324215\text{N}$$
$$V_{uy}=V_y\sqrt{1+\left(\frac{V_{uy}}{V_{ux}\tan\theta}\right)^2}=150000\times\sqrt{1+\left(\frac{1}{\tan26.56°}\right)^2}=335469\text{N}$$
$$\frac{A_{svx}}{s}=\left(V_{ux}-\frac{1.75}{\lambda_x+1}f_t bh_0-0.07N\right)/f_{yv}h_0$$
$$=\left(324215-\frac{1.75}{1.8+1}\times1.43\times400\times560-0.07\times600000\right)/210\times560$$
$$=0.697$$
$$s=150\text{mm},A_{svx}=104.5\text{mm}^2(2\phi8=101\text{mm}^2)$$

故 x 方向箍筋为双肢选ϕ 8@100。

$$\frac{A_{svy}}{s}=\left(V_{uy}-\frac{1.75}{\lambda_y+1}f_t hb_0-0.07N\right)/f_{yv}b_0$$
$$=\left(335469-\frac{1.75}{1+1}\times1.43\times600\times360-0.07\times600000\right)/210\times360$$
$$=0.31$$

选 $s=100\text{mm},A_{svy}=31\text{mm}^2(2\phi6=57\text{mm}^2)$

故 y 方向箍筋为双肢ϕ 6@100。

第四节 受拉构件承载力计算

一、轴心受拉构件正截面受拉承载力计算

轴心受拉构件正截面受拉承载力可按式(2-192)进行计算：

$$N\leqslant f_y A_s \tag{2-192}$$

式中 N——轴向拉力设计值；

f_y——钢筋抗拉强度设计值；

A_s——受拉钢筋全部截面积。

【例 2-30】 轴心受拉构件纵向钢筋截面计算

一钢筋混凝土屋架下弦杆，截面尺寸 200mm×200mm，混凝土为 C30，钢筋为 HRB335 级钢，承受轴向拉力设计值为 $N=300\text{kN}$。试求纵向钢筋 A_s(如图 2-41 所示)。

解：按式(2-192)，可得

$$A_s=\frac{N}{f_y}=\frac{300\times10^3}{300}=1000\text{mm}^2$$

配置 4 Φ 18($A_s=1017\text{mm}^2$)。

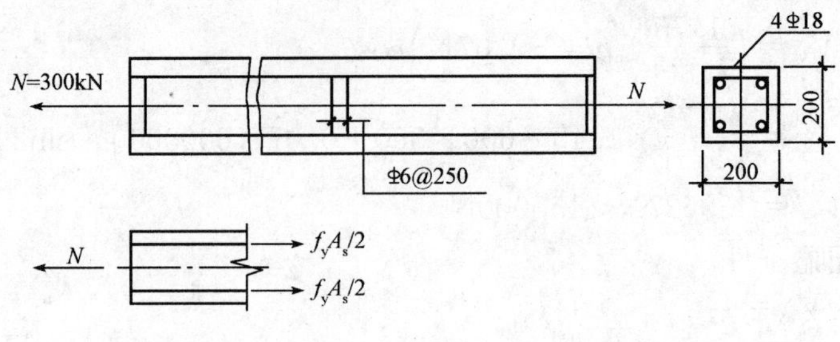

图 2-41 例 2-30 图

二、偏心受拉构件正截面受拉承载力计算

1. 基本公式

(1)矩形截面小偏心受拉正截面承载力计算(如图 2-42 所示)。

$$\left.\begin{aligned}Ne' &\leqslant f_yA_s(h'_0-a_s)\\ e' &= \frac{h}{2}-a'_s+e_0\end{aligned}\right\} \tag{2-193}$$

$$\left.\begin{aligned}Ne &\leqslant f_yA'_s(h_0-a'_s)\\ e &= \frac{h}{2}-a_s-e_0\end{aligned}\right\} \tag{2-194}$$

(2)矩形截面大偏心受拉正截面承载力计算(如图 2-43 所示)。

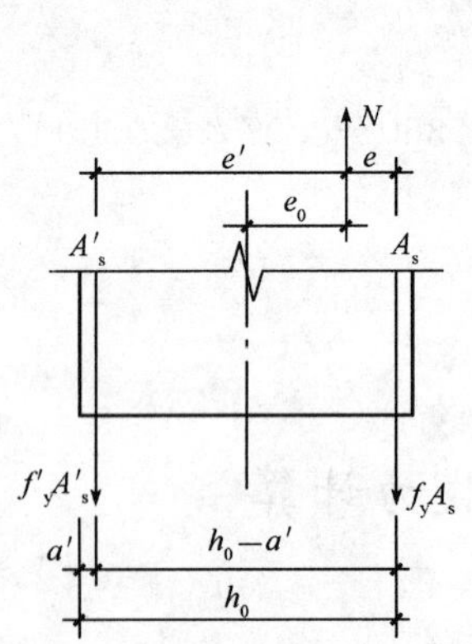

图 2-42 小偏心受拉计算图式

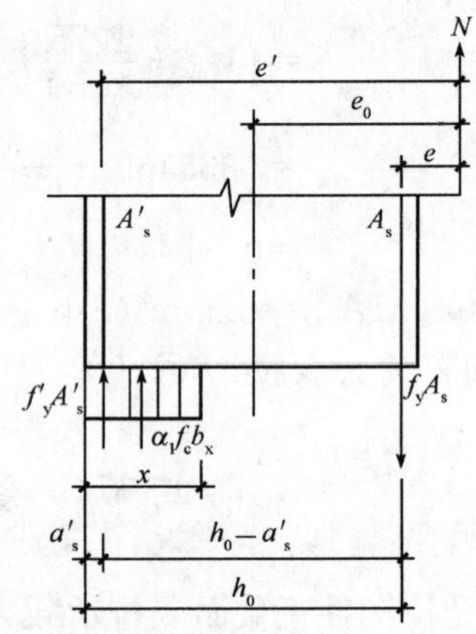

图 2-43 大偏心受拉计算图式

1)计算公式:

$$N\leqslant f_yA_s-f'_yA'_s-\alpha_1f_cbx \tag{2-195}$$

$$\left.\begin{aligned}Ne &\leqslant \alpha_1f_cbx\left(h_0-\frac{x}{2}\right)'+f'_yA'_s(h_0-a'_s)\\ e &= e_0-\frac{h}{2}+a_s\end{aligned}\right\} \tag{2-196}$$

2)适用条件:

①$x\leqslant\xi_bh_0$。

②$x\geqslant2a'_s$。

③$A_s\geqslant\rho_{min}bh$。

其中，ρ_{min}为偏心受拉构件最小配筋率。

2. 截面设计

截面设计可有以下三种情形：

(1)A_s，A'_s 均为未知，且 x 也为未知数时，应使$(A_s+A'_s)$为最小，故取 $x=\xi_b h_0$，以充分发挥混凝土抗压能力，则由式(2-195)和式(2-196)可得：

$$A'_s=\frac{Ne-\xi_b\alpha_1 f_c bh_0^2(1-0.5\xi_b)}{f'_y(h_0-a'_s)} \tag{2-197}$$

$$A_s=\xi_b bh_0\frac{\alpha_1 f_c}{f_y}+A'_s\frac{f'_y}{f_y}+\frac{N}{f_y} \tag{2-198}$$

若 A'_s 为负值或小于 $\rho'_{min}bh_0$ 时，则应按 $A'_s=\rho'_{min}bh$ 来确定配筋。此时，在计算钢筋面积 A_s 时，可不必考虑 A'_s 的作用，而按单筋矩形截面计算受拉钢筋面积，即先算出：

$$\alpha_s=\frac{Ne}{\alpha_1 f_c bh_0^2}$$

然后由计算图表查得相应的 ξ 值，再由下式算得：

$$A_s=\xi bh_0\frac{\alpha_1 f_c}{f_y}+\frac{N}{f_y} \tag{2-199}$$

(2)当已知 A'_s 时，则可由已知 A'_s，算出受压钢筋所承担的弯矩，$M'=A'_s f'_y(h_0-a'_s)$，及相应的受拉钢筋面积，$A_{s2}=A'_s f'_y/f_y$；所余的弯矩，$M_1=Ne-M'$，由受压混凝土和部分受拉钢筋 A_{s1}形成的抵抗弯矩所承担，可按单筋矩形截面受弯承载力计算方法进行，则可得出：

$$\left.\begin{aligned}A_{s1}&=M_1/(\gamma_s h_0 f_y)\\A_s&=A_{s1}+A_{s2}+N/f_y\end{aligned}\right\} \tag{2-200}$$

若所得 $\alpha_s>\alpha_{s,max}$，即 $\xi>\xi_b$，表明 A'_s 提供的抗弯能力过小，则应仍按 A'_s 未知进行计算。

(3)当 $x\leqslant 2a'_s$ 时，可近似按 $x=2a'_s$ 计算。

$$\left.\begin{aligned}&\sum M_{As'}=0, Ne'=f_y A_s(h_0-a'_s)\\&A_s=\frac{Ne'}{f_y(h_0-a'_s)}\end{aligned}\right\} \tag{2-201}$$

式中　$e'=e_0+\dfrac{h}{2}-a'_s$。

3. 截面复核

截面复核问题可由基本公式(2-195)和式(2-196)代入以上已知数据，消去 N，解得 x 值，分以下三种情况求出 N 值：

(1)当 $2a'_s\leqslant x\leqslant\xi_b h_0$ 时，将 x 代入基本公式(2-195)即可求得截面所能承受的偏心轴向拉力 N。

(2)若 $x<2a'_s$ 时，则可按式(2-201)求得 N。

(3)若 $x>\xi_b h_0$，表明受拉钢筋 A_s 配置过多，截面破坏时，A_s 达不到屈服强度，受压区混凝土先被压碎而破坏。受拉钢筋应力 σ_s 应按下式确定：

$$\sigma_s=\frac{\xi-0.8}{\xi_b-0/8}f_y \tag{2-202}$$

对偏心轴向力作用点取矩，得静力平衡式：

$$\left.\begin{array}{l}\sum M_{\mathrm{N}}=0,\alpha_1 f_{\mathrm{c}}bx\left(e_0+\dfrac{h}{2}-\dfrac{x}{2}\right)+f'_{\mathrm{y}}A'_{\mathrm{s}}e'-\sigma_{\mathrm{s}}A_{\mathrm{s}}e=0\\ e'=e_0+\dfrac{h}{2}-a'_{\mathrm{s}}\\ e=e_0-\dfrac{h}{2}+a_{\mathrm{s}}\end{array}\right\}\qquad(2\text{-}203)$$

由式(2-203)重新求得 x,并代入式(2-195),即可解得 N 值。

【例 2-31】 矩形截面小偏心受拉构件纵向钢筋面积计算

已知:矩形截面 $b=300\mathrm{mm}$,$h=500\mathrm{mm}$;轴向拉力设计值 $N=850\mathrm{kN}$,$e=100\mathrm{mm}$,$e'=320\mathrm{mm}$,$a_{\mathrm{s}}=a'_{\mathrm{s}}=40\mathrm{mm}$,混凝土强度等级 C30,纵向受力钢筋采用 HRB400 级。求纵向受力钢筋的面积。

解:(1)$N_{\varepsilon}=f_{\mathrm{t}}A'_{\mathrm{s}}(h_0-a'_{\mathrm{s}})$:

$$A'_{\mathrm{s}}=\frac{Ne}{f_{\mathrm{t}}(h_0-a'_{\mathrm{s}})}=\frac{850000\times100}{360\times(460-40)}=562.17\mathrm{mm}^2$$

配 3ϕ16($A_{\mathrm{s}}=603\mathrm{mm}^2$)

$$A_{\mathrm{s}}=\frac{Ne'}{f_{\mathrm{t}}(h'_0-a_{\mathrm{s}})}=\frac{850000\times320}{360\times(460-40)}=1798.94\mathrm{mm}^2$$

配 3ϕ28($A_{\mathrm{s}}=1847\mathrm{mm}^2$)

(2)复核纵向受力钢筋的配筋百分率。

$$A'_{\mathrm{s}}=603\mathrm{mm}^2>A_{\min}=0.2\%$$

$$\mu=\frac{603}{300\times500}=0.4\%>45f_{\mathrm{c}}/f_{\mathrm{y}}(\%)=\frac{45\times1.43}{360}=0.178\%$$

满足最小配筋率要求。

$A_{\mathrm{s}}=1847\mathrm{mm}^2$,也满足要求。

【例 2-32】 矩形截面大偏心受拉构件纵向钢筋面积计算

已知:矩形截面 $b=300\mathrm{mm}$,$h=500\mathrm{mm}$;轴向拉力设计值 $N=850\mathrm{kN}$,$e=100\mathrm{mm}$,$e'=300\mathrm{mm}$,$a_{\mathrm{s}}=a'_{\mathrm{s}}=40\mathrm{mm}$;混凝土强度等级 C30,纵向受力钢筋采用 HRB400 级。求纵向受力钢筋的面积

解:中和轴位置

$$x=h_0-\sqrt{h_0^2\ \frac{2[Ne-f'_{\mathrm{y}}A'_{\mathrm{s}}(h_0-a'_{\mathrm{s}})]}{\alpha_1 f_{\mathrm{c}}b}}$$

不考虑受压钢筋: $h_0=h-a_{\mathrm{s}}=500-40=460\mathrm{mm}$

$$x=h_0-\sqrt{h_0^2-\frac{2Ne}{\alpha_1 f_{\mathrm{c}}b}}=460-\sqrt{460^2-\frac{2\times850\times10^3\times100}{1\times14.3\times300}}$$

$$=45.3\mathrm{mm}$$

$$A_{\mathrm{s}}=\frac{N+\alpha_1 f_{\mathrm{c}}bx}{f_{\mathrm{y}}}=\frac{850\times10^3+1\times14.3\times300\times45.3}{360}$$

$$=2900\mathrm{mm}^2$$

受压钢筋 A'_{s} 按构造要求配置。

三、偏心受拉构件斜截面受剪承载力计算

1. 基本公式

$$V \leqslant \frac{1.75}{\lambda+1.0} f_t b h_0 + 1.00 f_{yv} \frac{A_{sv}}{S} h_0 - 0.2N \tag{2-204}$$

式中 N——与剪力设计值 V 相应的轴向拉力设计值；

λ——计算截面的剪跨比，取 $\lambda = a/h_0$；当 $\lambda < 1.5$ 时，取 $\lambda = 1.5$；当 $\lambda > 3$ 时，取 $\lambda = 3$；

a——集中荷载至构件支承之间的距离。

其余符号意义同前。

2. 适用条件

当式右边计算结果小于 $1.00 f_{yv} \frac{A_{sv}}{S} h_0$ 时，取 V 等于 $1.00 f_{yv} \frac{A_{sv}}{S} h_0$ 且不小于 $0.36 f_t b h_0$。

【例 2-33】 偏心受拉弦杆箍筋配制设计

某屋架下弦杆，截面尺寸为 200mm×200mm，轴心拉力设计值 $N=60$kN，配有 4 Φ 25 纵向受力钢筋，如此拉杆在距节点边缘 330mm 处作用有集中荷载，其对节点边缘截面产生的剪力设计值 $V=21$kN，设混凝土为 C30 级，$f_c=14.3\text{N/mm}^2$，$f_t=1.43\text{N/mm}^2$，$\alpha_1=1.0$，箍筋采用 HPB235 级钢，$f_{yv}=210\text{N/mm}^2$。试求该拉杆需配置的箍筋。

解： 剪跨比 $\lambda = a/h_0 = 330/165 = 2$，$N=60$kN，$V=21$kN

$$\frac{1.75}{\lambda+1.0} f_t b h_0 = \frac{1.75}{2+1.0} \times 1.43 \times 200 \times 165 = 27.53 \times 10^3 \text{N} = 27.53\text{kN}$$

$$0.2N = 0.2 \times 60 = 12\text{kN}$$

$$V_u = \frac{1.75}{\lambda+1.0} f_t b h_0 + 1.0 f_{yv} \frac{A_{sv}}{S} h_0 - 0.2N$$

$$V_s = V - V_c + 0.2N$$

$$V_s = 20 - 27.53 + 12.0 = 4.47\text{kN}$$

$$V_u = V_c + V_s - 0.2N = 27.53 + 4.47 - 12 = 20\text{kN}$$

$$V_s = 1.00 f_{yv} \frac{A_{sv}}{S} h_0$$

则
$$\frac{A_{sv}}{S} = \frac{V_s}{1.0 f_{yv} h_0} = \frac{4.47 \times 10^3}{1.0 \times 210 \times 165} = 0.129$$

采用双肢，$\phi 6$ 箍筋，$A_{sv} = 2 \times 28.3 = 56.6\text{mm}^2$

$$S = \frac{A_{sv}}{0.129} = \frac{56.6}{0.129} = 438.7\text{mm}，取 S = 400\text{mm}$$

验算配箍率

$$V_s = 1.0 f_{yv} \frac{A_{sv}}{S} h_0 = 1.0 \times 210 \times \frac{56.6}{400} \times 165 = 4.903\text{kN} < V_u = 20\text{kN}$$

$$0.36 f_t b h_0 = 0.36 \times 1.43 \times 200 \times 165 = 16988.4\text{N} = 16.988\text{kN} > V_s = 4.47\text{kN}$$

调整取 $\phi 8$，$n=2$，$S=200$mm。

$$V_s = 1.0 \times 210 \times \frac{2 \times 50.3}{200} \times 165 = 17.43\text{kN} > 0.36 f_t b h_0 = 16.988\text{kN}$$

满足要求。

第五节　冲切及局部受压承载力计算

一、钢筋混凝土受冲切承载力计算

1. 基本公式。

(1)不配抗冲切钢筋的板(计算简图如图 2-44 所示)。

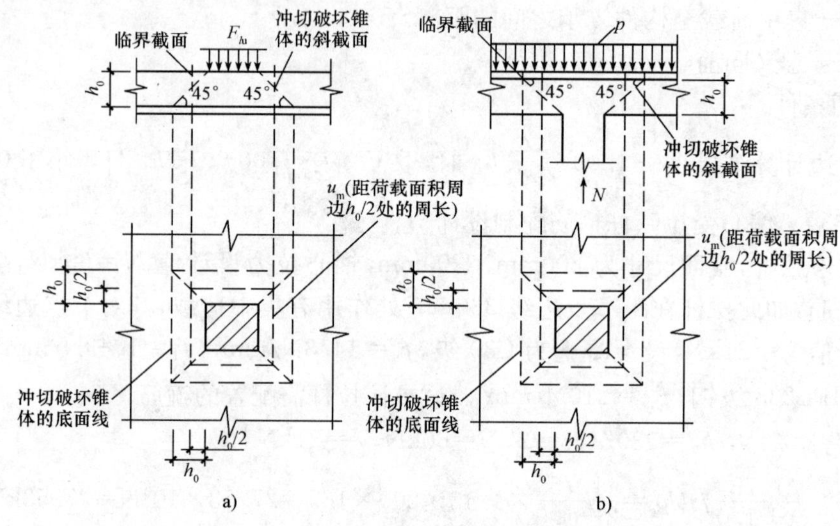

图 2-44　板受冲切承载力计算示意图

$$F_l \leqslant F_{lu} = 0.7\beta_h f_t \eta u_m h_0 \tag{2-205}$$

式(2-205)中的系数 η,应按下列两个公式计算,并取其中的较小值:

$$\eta_1 = 0.4 + \frac{1.2}{\beta_s} \tag{2-206}$$

$$\eta_2 = 0.5 + \frac{\alpha_s h_0}{4u_m} \tag{2-207}$$

式中　F_{lu}——板的受冲切承载力设计值;

F_l——局部荷载设计值或集中反力设计值,对板柱结构的节点,取柱所承受的轴向力设计值的层间差值减去柱顶冲切破坏锥体范围内板所承受的荷载设计值;

u_m——临界截面的周长,距离局部荷载或集中反力作用面积周边 $h_0/2$ 处板垂直截面的最不利平均周长;

β_h——截面高度的影响系数,当 $h \leqslant 800$mm 时,取 $\beta_h = 1.0$;当 $h \geqslant 2000$mm 时,取 $\beta_h = 0.8$;其间按线性内插法取用;

f_t——混凝土轴心抗拉强度设计值;

h_0——截面有效高度,取两个方向配筋的截面有效高度的平均值;

η_1——局部荷载或集中反力作用面积形状的影响系数;

η_2——临界截面周长与板截面有效高度之比的影响系数;

β_s——局部荷载或集中反力作用面积为矩形时的长边与短边尺寸的比值,β_s 不宜大于 4;当 $\beta_s < 2$ 时,取 $\beta_s = 2$;当面积为圆形时,取 $\beta_s = 2$;

α_s——板柱结构中柱类型的影响系数，对中柱，取 $\alpha_s=40$；对边柱，取 $\alpha_s=30$；对角柱，取 $\alpha_s=20$。

当板开有孔洞，且孔洞至局部荷载或集中反力作用面积边缘的距离不大于 $6h_0$ 时，受冲切承载力计算中取用的临界截面周长 u_m 应扣除局部荷载或集中反力作用面中心至开孔外边画出两条切线之间所包含的长度（如图 2-45 所示）。

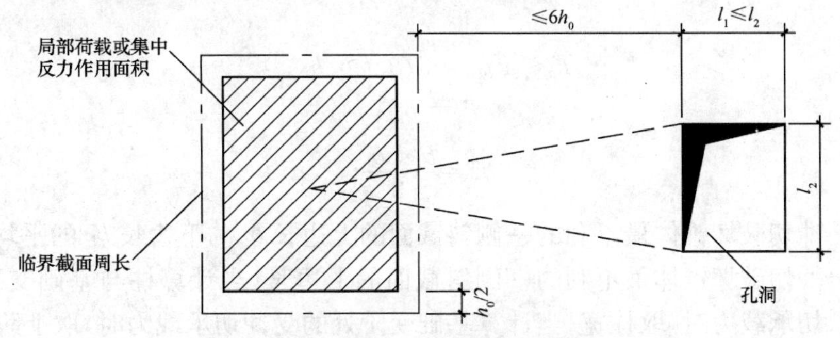

图 2-45　邻近开孔的临界截面的周长

图 2-46 中列出了某些情况下 u_m 的取值方法，可供设计时参考。

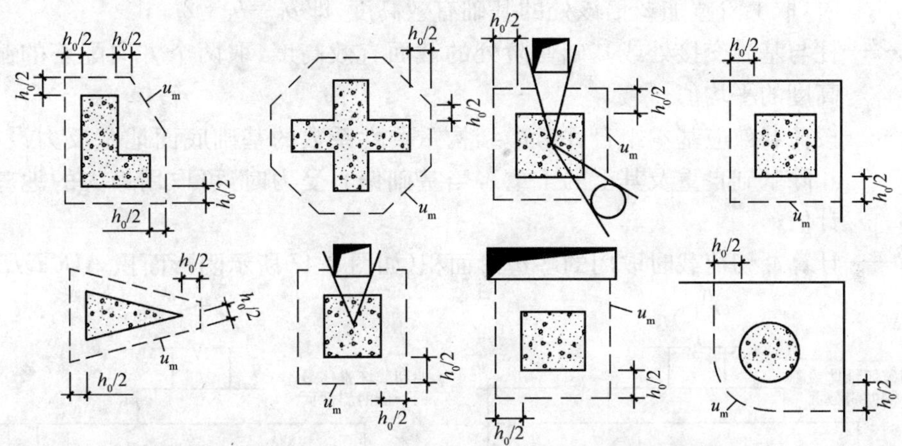

图 2-46　集中荷载作用面积不规则及开孔时的临界截面周长的取法

（2）配置抗冲切钢筋的板。

1）当配置箍筋时：

$$F_l \leqslant F_{lu}=0.35 f_t \eta u_m h_0+0.8 f_{yv} A_{svu} \tag{2-208}$$

2）当配置弯起钢筋时：

$$F_l \leqslant F_{lu}=0.35 f_t \eta u_m h_0+0.8 f_y A_{sbu} \sin\alpha \tag{2-209}$$

式中　A_{svu}——与呈 45°冲切破坏锥体斜截面相交的全部箍筋截面面积；

A_{sbu}——与呈 45°冲切破坏锥体斜截面相交的全部弯起钢筋截面面积；

f_{yv}——箍筋抗拉强度设计值；

f_y——弯起钢筋抗拉强度设计值；

3）对配置抗冲切钢筋（箍筋或弯筋）范围以外的截面，尚应按式（2-205）进行计算。此时，u_m 应取配置抗冲切钢筋的冲切破坏锥体以外 $0.5h_0$ 处的最不利周长。

4)为了避免在使用阶段斜裂缝开展过宽和抗冲切钢筋不能充分发挥强度，板的受冲切截面应满足下列要求：

$$F_l \leqslant 1.05 f_t \eta u_m h_0 \tag{2-210}$$

(3)基础的受冲切承载力计算。

对矩形截面柱的矩形基础在柱与基础交接处以及基础变阶处的受冲切承载力可按下列公式计算：

$$F_l \leqslant F_{lu} = 0.7\beta_h f_t b_m h_0; \tag{2-211}$$

$$F_l = p_s A \tag{2-212}$$

$$b_m = \frac{b_t + b_b}{2} \tag{2-213}$$

式中 b_m——冲切破坏锥体最不利的一侧斜截面的上边长 b_t 与下边长 b_b 的平均值；

b_t——冲切破坏锥体最不利的一侧斜截面的上边长，当计算柱与基础交接处的受冲切承载力时，取柱宽；当计算基础变阶处的受冲切承载力时，取上阶宽；

b_b——冲切破坏锥体最不利的一侧斜截面的下边长，当计算柱与基础交接处的受冲切承载力时，取柱宽加 2 倍基础有效高度；当计算基础变阶处的受冲切承载力时，取上阶宽加 2 倍该处的基础有效高度；即 $b_b = b_t + 2h_0$；

h_0——柱与基础交接处或基础变阶处的截面有效高度，取两个方向配筋的截面有效高度的平均值；

p_s——按荷载效应基本组合并考虑结构重要性系数的基础底面地基反力设计值(可扣除基础自重及其上的土重)，当基础偏心受力时，可取用最大的地基反力设计值；

A——计算冲切荷载时取用的多边形面积(如图 2-47 所示阴影面积 $ABCDEF$)。

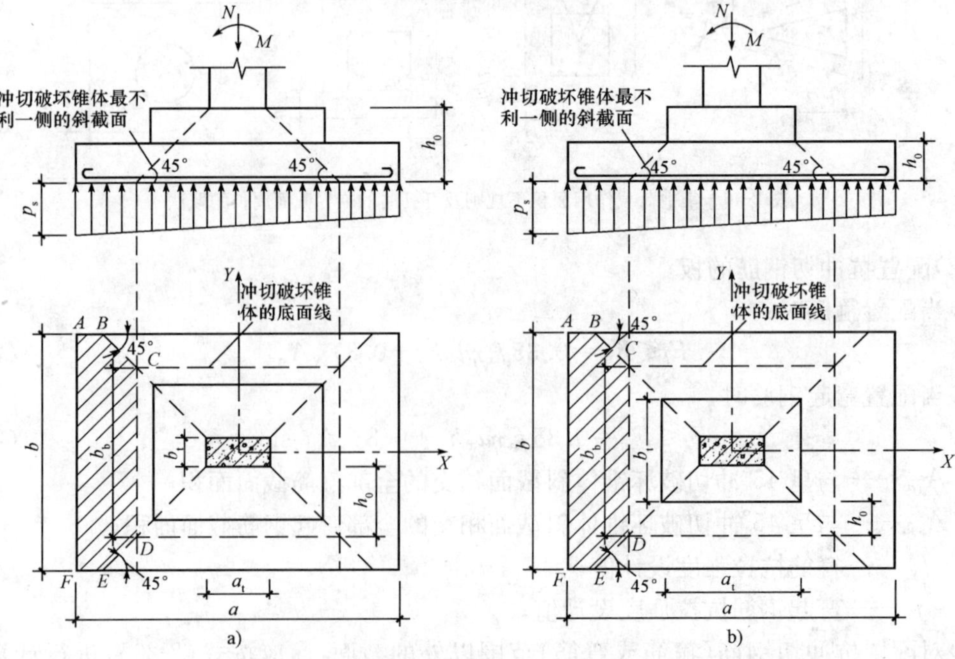

图 2-47 阶梯形基础受冲切承载力计算图

$$A=\left(\frac{b}{2}-\frac{a_t}{2}-h_0\right)a-\left(\frac{b}{2}-\frac{a_t}{2}-h_0\right)^2 \tag{2-214}$$

式中　b——基础底面沿 Y 方向的长度(与 b_t 或 b_b 相平行);

a——基础底面沿 X 方向的长度;

b_t——冲切破坏锥体斜截面沿 Y 方向的上边长;

a_t——冲切破坏锥体斜截面沿 X 方向的上边长。

对于冲切破坏锥体的底面线不完全落在基础底面范围内的现象(如图 2-48 所示),也就是出现 $b<b_t+2h_0$,A 和 b_m 可按下列公式计算:

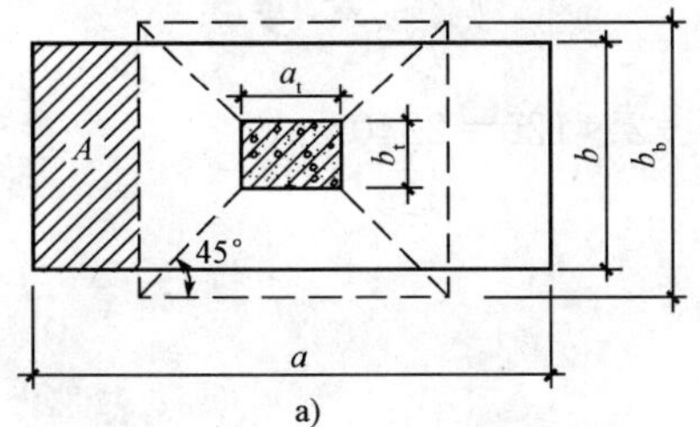

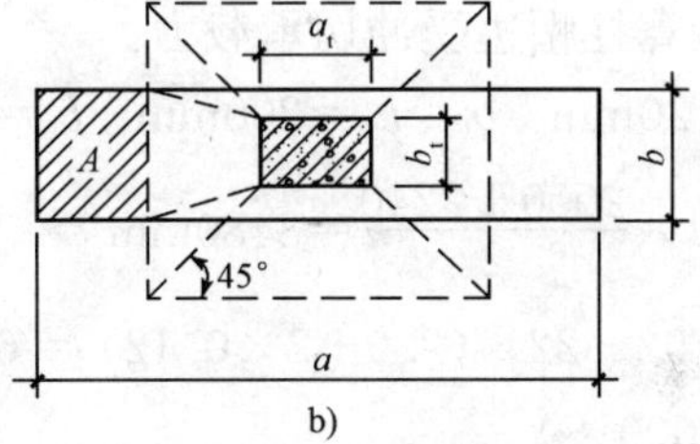

图 2-48　冲切破坏锥体底面线不完全落在基础底面范围内的情况

$$A=\left(\frac{a}{2}-\frac{a_t}{2}-h_0\right)b \tag{2-215}$$

当 $b_t+h_0<b\leqslant b_t+2h_0$ 时[图 2-48a)]

$$b_m=\frac{b_t+b_b}{2} \tag{2-216}$$

当 $b\leqslant b_t+h_0$ 时[图 2-48b)]

$$b_m=\frac{b_t+b}{2} \tag{2-217}$$

【例 2-34】　钢筋混凝土楼盖受冲切承载力验算

钢筋混凝土楼盖的柱网尺寸为 6m×6m,中柱截面尺寸为 400mm×400mm,楼盖承受的荷载设计值(包括自重)为 22kN/m²,柱帽尺寸如图 2-49 所示,混凝土强度等级为 C35(f_t=1.57mm²)。试验算受冲切承载力。

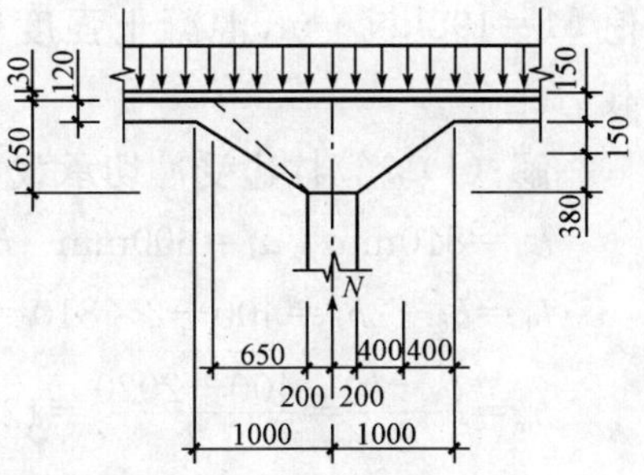

图 2-49　钢筋混凝土楼盖示意图

解:(1)验算柱边受冲切承载力。

$h_0=650\text{mm}$

$b_t=h_t=400\text{mm}$

$b_b=h_b=b_t+2h_0$

$\quad=400+2\times650=1700\text{mm}$

$u_m=4\times\frac{b_t+b_b}{2}=4\times\frac{400+1700}{2}=4200\text{mm}$

柱承受的轴向力设计值为:

$N=22\times6\times6=792\text{kN}$

$F_l = 792 - 22 \times (0.4 + 2 \times 0.65)^2 = 728.42\text{kN}$

$\beta_s = \dfrac{h_c}{b_c} = \dfrac{400}{400} = 1.0 < 2.0$　取 $\beta_s = 2.0$

$\eta_1 = 0.4 + \dfrac{1.2}{\beta_s} = 1.0$

$\alpha_s = 40$　$\eta_2 = 0.5 + \dfrac{40h_0}{4u_m} = 0.5 + \dfrac{40 \times 650}{4 \times 4200} = 2.04$

$\eta_1 < \eta_2$　故取 $\eta = \eta_1 = 1.0$

$F_{lu} = 0.7\beta_h f_t \eta u_m h_0 = 0.7 \times 1.0 \times 1.57 \times 1.0 \times 4200 \times 650 = 3000\text{kN} > F_l$　(满足要求)

(2)验算柱帽边受冲切承载力。

$h_0 = 120\text{mm}$　$b_t = h_t = 200\text{mm}$　$b_b = h_b = 2000 + 2 \times 120 = 2240\text{mm}$

$u_m = 4 \times \dfrac{2000 + 2240}{2} = 8480\text{mm}$

$F_l = 792 - 22 \times (2.0 + 2 \times 0.12)^2 = 681.61\text{kN}$

$\beta_s = \dfrac{2000}{2000} = 1.0 < 2.0$　取 $\beta_s = 2.0$

$\eta_1 = 0.4 + \dfrac{1.2}{2.0} = 1.0$

$\alpha_s = 40$　$\eta_2 = 0.5 + \dfrac{40 \times 120}{4 \times 8480} = 0.642$

$\eta_2 < \eta_1$　故取 $\eta = \eta_2 = 0.642$

$F_{lu} = 0.7\beta_h f_t \eta u_m h_0 = 0.7 \times 1.0 \times 1.57 \times 0.642 \times 8480 \times 120 = 717.98\text{kN} > F_l$　(满足要求)

【例 2-35】 矩形截面柱基础受冲切承载力验算

矩形截面柱的矩形基础的尺寸如图 2-50 所示，柱截面尺寸为 400mm×600mm，基础底面尺寸为 $a \times b = 3000\text{mm} \times 2500\text{mm}$，基础顶部承受的轴向力设计值 $N = 1198\text{kN}$，弯矩设计值 $M = 198\text{kN} \cdot \text{m}$，混凝土强度等级为 C20（$f_t = 1.10\text{N/mm}^2$）。试验算基础的受冲切承载力。

解：(1)验算柱边受冲切承载力。

$h_0 = 810\text{mm}$　$a_t = 600\text{mm}$　$b_t = 400\text{mm}$

$b_b = b_t + 2h_0 = 400 + 2 \times 810 = 2020\text{mm}$

$b_m = \dfrac{b_t + b_b}{2} = \dfrac{400 + 2020}{2} = 1210\text{mm}$

$$A = \left(\frac{a}{2} - \frac{a_t}{2} - h_0\right)b - \left(\frac{b}{2} - \frac{b_t}{2} - h_0\right)^2$$

$$= \left(\frac{3000}{2} - \frac{600}{2} - 810\right) \times 2500 - \left(\frac{2500}{2} - \frac{400}{2} - 810\right)^2 = 917400\text{mm}^2$$

$e_0 = \dfrac{M}{N} = \dfrac{198000}{1198} = 165.28\text{mm}$

$$p_s = \frac{N}{ab}\left(1 + \frac{6e_0}{a}\right) = \frac{1198 \times 10^3}{3000 \times 2500} \times \left(1 + \frac{6 \times 165.28}{3000}\right) = 0.213\text{N/mm}^2$$

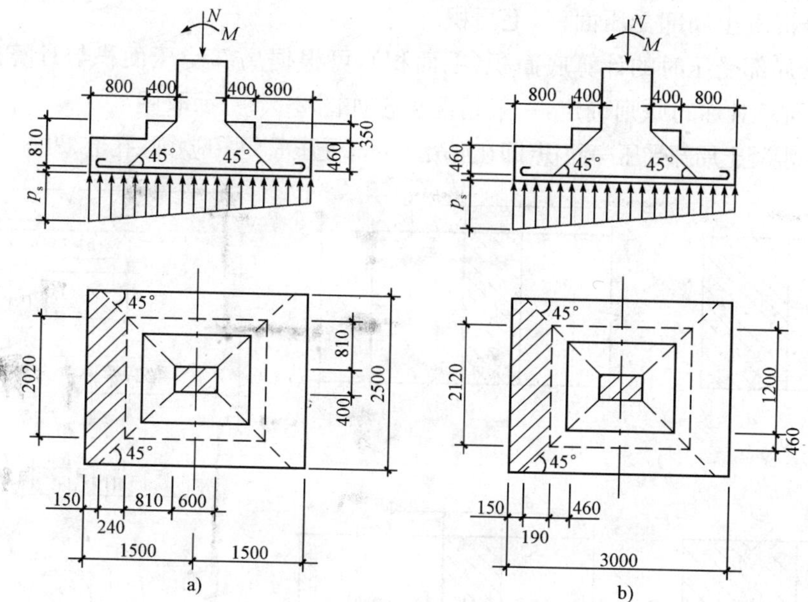

图 2-50 矩形截面柱基础示意图

$F_l = p_s A = 0.213 \times 917400 = 195.4\text{kN}$

$F_{lu} = 0.7\beta_h f_t b_m h_0 = 0.7 \times 1.0 \times 1.1 \times 1210 \times 810 = 754700\text{N} = 754.7\text{kN} > F_l$ （满足要求）

(2)验算基础变阶处的受冲切承载力。

$h_0 = 460\text{mm} \quad a_t = 1400\text{mm} \quad b_t = 1200\text{mm}$

$b_b = 1200 + 2 \times 460 = 2120\text{mm}$

$b_m = \dfrac{1200 + 2120}{2} = 1660\text{mm}$

$A = \left(\dfrac{3000}{2} - \dfrac{1400}{2} - 460\right) \times 2500 - \left(\dfrac{2500}{2} - \dfrac{1200}{2} - 460\right)^2 = 813900\text{mm}^2$

$F_l = 0.213 \times 813900 = 173.36\text{kN}$

$F_{lu} = 0.7 \times 1.0 \times 1.1 \times 1660 \times 460 = 588.0\text{kN} > F_l$ （满足要求）

二、钢筋混凝土局部受压承载力计算

1. 混凝土局部受压承载力计算

$$F_l \leqslant F_{lu} = 0.9\beta_c \beta_l f_c A_{ln} \tag{2-218}$$

式中 F_l——局部受压面积上作用的局部荷载或局部压力设计值；

F_{lu}——局部受压承载力设计值；

β_c——混凝土强度影响系数，当混凝土强度等级不超过 C50 时，取为 1.0，当混凝土强度为 C80 时，取为 0.8，其间按线性内插法取用；

β_l——混凝土局部受压时的强度提高系数，按下式计算：

$$\beta_l = \sqrt{\frac{A_b}{A_l}} \tag{2-219}$$

式中 A_l——混凝土局部受压面积(毛面积);

A_b——局部受压时的计算底面积(毛面积),可根据局部受压面积与计算底面积按同心、对称的原则确定,一般情况可按如图 2-51 所示取用。

A_{ln}——混凝土局部受压净面积(即在混凝土局部受压面积中应扣除孔道、凹槽部分的面积)。

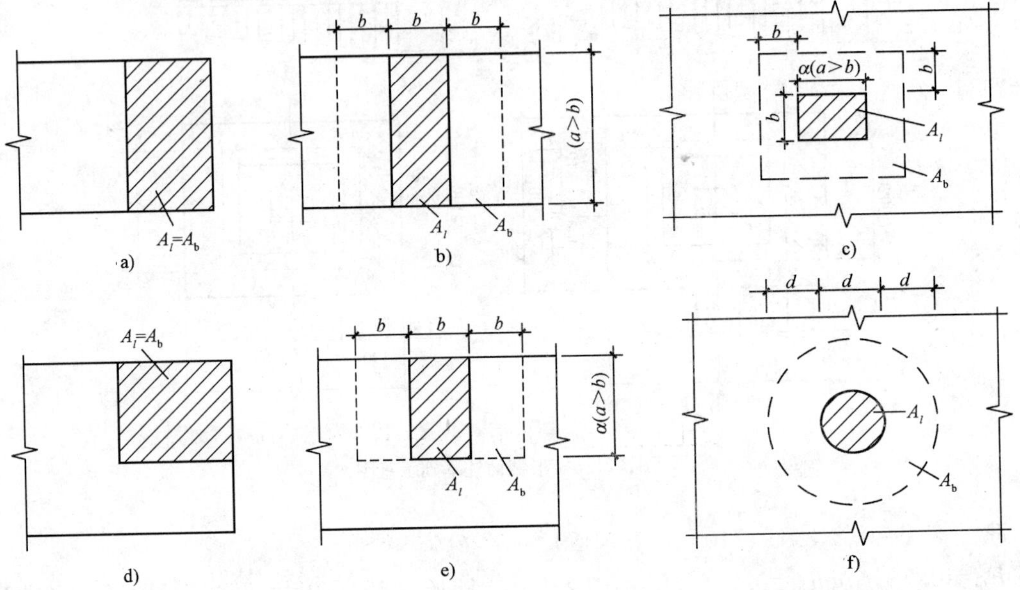

图 2-51 局部受压面积与局部受压计算底面积

2. 配筋混凝土局部受压承载力

(1)基本公式。

$$F_l \leqslant F_{lu} = 0.9(\beta_c \beta_l f_c + 2\alpha \rho_v \beta_{cor} f_y) A_{ln} \tag{2-220}$$

式中 β_{cor}——配置间接钢筋的局部受压承载力提高系数,按式(2-219)计算,但应以 A_{cor} 代替 A_b,当 $A_{cor}>A_b$ 时,应取 $A_{cor}=A_b$;

A_{cor}——方格网式或螺旋式间接钢筋内表面范围内的混凝土核心面积,其重心应与 A_l 的重心重合,计算中仍按同心、对称的原则取值;

α——间接钢筋对混凝土约束的折减系数,当混凝土强度等级不超过 C50 时,取为 1.0,当混凝土强度等级为 C80 时,取为 0.85,其间按线性内插法取用;

ρ_v——间接钢筋的体积配筋率(核芯面积 A_{cor} 范围内单位混凝土体积所含间接钢筋体积);

当间接钢筋为方格网式钢筋,如图 2-52a)所示,且在两个方向上单位长度内钢筋截面面积的比值不宜大于 1.5 时:

$$\rho_v = \frac{n_1 A_{s1} l_1 + n_2 A_{s2} l_2}{A_{cor} s} \tag{2-221}$$

当间接钢筋为螺旋式钢筋时,如图 2-52b)所示:

$$\rho_v = \frac{4A_{ss1}}{d_{cor} s} \tag{2-222}$$

式中　s——方格网式或螺旋式间接钢筋的间距；

n_1、A_{s1}——分别为方格钢筋网沿 l_1 方向的钢筋根数及单根钢筋的截面面积；

n_2、A_{s2}——分别为方格钢筋网沿 l_2 方向的钢筋根数及单根钢筋的截面面积；

A_{ss1}——单根螺旋式间接钢筋的截面面积；

d_{cor}——螺旋式间接钢筋范围以内的混凝土截面的直径；

A_{ln}——混凝土局部受压净面积。

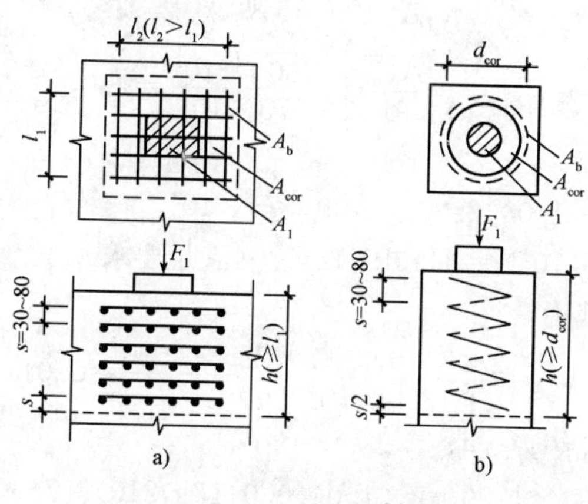

图 2-52　局部受压区的配筋

(2)适用条件。

对于配置间接钢筋的钢筋混凝土构件，其局部受压区的截面尺寸应符合下列要求：

$$F_l \leqslant 1.35\beta_c\beta_l f_c A_{ln} \tag{2-223}$$

【例 2-36】　构件局部受压承载力验算

构件局部受压面积为 250mm×350mm，根据构造要求，布置焊接钢筋网片 500mm×600mm，两方向的钢筋分别为 6ϕ6 和 7ϕ6(f_y=210N/mm^2)，钢筋网片间距 s=60mm(如图2-53所示)，混凝土强度等级为 C25(f_c=11.9N/mm^2)，承受轴向压力 F_l=2550kN。试验算其局部受压承载力。

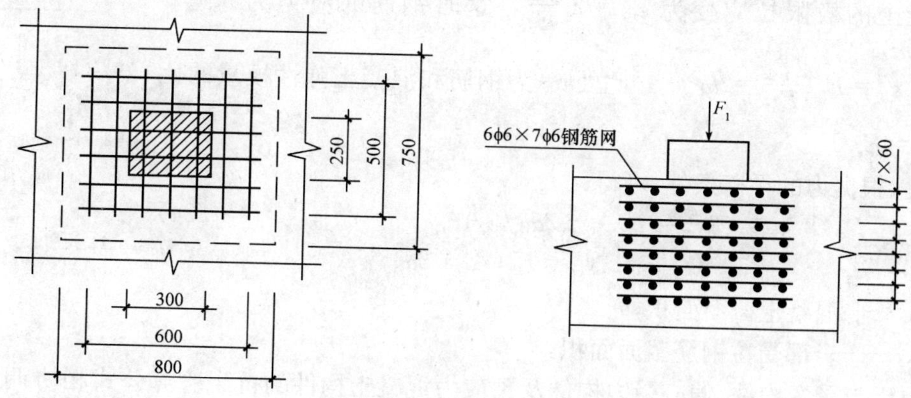

图 2-53　局部受压构件示意图

解:(1)计算混凝土局部受压强度提高系数 β_l 和 β_{cor}。

$$A_l = A_{ln} = 250\times300 = 75\times10^3\,mm^2$$

$$A_b = (250+2\times250)(300+2\times250) = 600\times10^3\,mm^2$$

$$A_{cor} = 500\times600 = 300\times10^3\,mm^2$$

$$\beta_l = \sqrt{\frac{A_b}{A_l}} = \sqrt{\frac{600\times10^3}{75\times10^3}} = 2.83$$

$$\beta_{cor} = \sqrt{\frac{A_{cor}}{A_l}} = \sqrt{\frac{300\times10^3}{75\times10^3}} = 2.0$$

(2)验算截面限制条件。

$$1.35\beta_c\beta_l f_c A_{ln} = 1.35\times1.0\times2.83\times11.9\times75\times10^3 = 3410\times10^3\,N = 3410\,kN > F_l \quad (满足要求)$$

(3)验算局部受压承载力。

$$\rho_v = \frac{n_1 A_{s1} l_1 + n_2 A_{s2} l_2}{A_{cor} s} = \frac{6\times28.3\times600+7\times28.3\times500}{300\times10^3\times60} = 0.0112$$

$$F_{lu} = 0.9(\beta_c\beta_l f_c + 2\alpha\rho_v\beta_{cor} f_y)A_{ln}$$

$$= 0.9\times(1.0\times2.83\times11.9+2\times1.0\times0.0112\times210)\times75\times10^3$$

$$= 2591\times10^3\,N = 2591\,kN > F_l \quad (满足要求)$$

第六节　钢筋混凝土构件裂缝和变形计算

一、抗裂验算

1. 轴心受拉构件抗裂验算

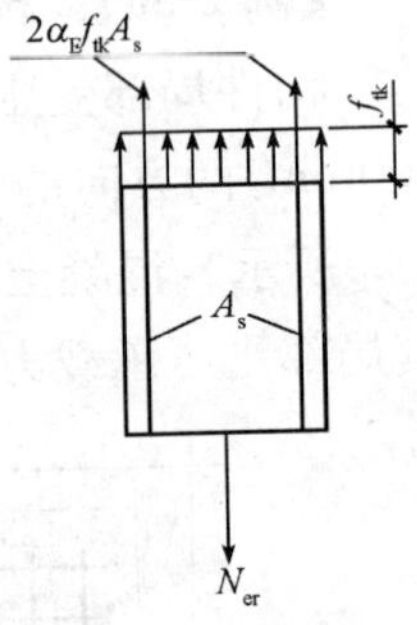

图 2-54　轴心受拉构件应力图示

轴心受拉构件在裂缝即将出现时,其计算应力图形如图 2-54 所示。

在裂缝即将出现时,混凝土已发挥了较大的塑性。这时,其变形模量 E_{ct} 大约降低至弹性模量的一半,即 $E_{ct}=0.5E_c$。因此,在裂缝即将出现时混凝土的极限拉应变为 $\varepsilon_{tu}=2\dfrac{f_{tk}}{E_c}$。这时钢筋的应力为 $\sigma_{s,cr}=E_s\varepsilon_{s,cr}=E_s\varepsilon_{tu}=E_s\dfrac{2f_{tk}}{E_c}=2\alpha_E f_{tk}$。此处 α_E 为钢筋和混凝土弹性模量的比值,即 $\alpha_E=E_s/E_c$。

于是,根据力的平衡条件,可得:

$$N_{cr} = f_{tk}A_c + 2\alpha_E f_{tk} A_s \tag{2-224}$$

即

$$N_{cr} = f_{tk}(A_c + 2\alpha_E f_{tk} A_s) \tag{2-225}$$

式中　A_c——混凝土截面面积;

　　　A_s——全部受拉钢筋截面面积。

为便于与受弯构件、偏心受力构件及预应力混凝土构件的抗裂验算公式相协调,可将钢筋应力近似取 $\sigma_s=\alpha_E f_{tk}$,则上式可改写成:

$$N_{cr} = f_{tk}(A_c + \alpha_E A_s) = f_{tk}A_0 \tag{2-226}$$

式中 $A_0=A_c+\alpha_E A_s$，为换算截面面积。

2. 受弯构件抗裂验算

截面的抗裂度可按下列公式计算：

$$M_{cr}=\gamma W_0 f_{tk} \tag{2-227}$$

$$\gamma=\beta_h\gamma_m \tag{2-228}$$

$$\beta_h=0.7+\frac{120}{h} \tag{2-229}$$

式中 γ——混凝土构件的截面抵抗矩塑性影响系数；

γ_m——混凝土构件的截面抵抗矩塑性影响系数基本值，可按正截面应变保持平面的假定，并取受拉混凝土应力图形为梯形、受拉边缘混凝土极限拉应变为 $2f_{tk}/E_c$ 确定；对常用的截面形状，γ_m 值可近似按表 2-2；

β_h——截面高度影响的修正系数，当 $\beta_h>1.0$ 时，取 $\beta_h=1.0$；当 $\beta_h<0.775$，取$\beta_h=0.775$；

h——截面高度(按 mm 计)，当 $h<400$ 时，取 $h=400$，当 $h>1600$ 时，取 $h=1600$ 对圆形、环形截面，取 $h=2r$，r 为圆形截面半径或环形截面外环半径。

表 2-2 **截面抵抗矩塑性影响系数基本值 γ_m**

项 次	1	2	3		4		5
截面形状	矩形截面	翼缘位于受压区的 T 形截面	对称 I 形截面或箱形截面		翼缘位于受拉区的倒 T 形截面		圆形和环形截面
			$b_f/b\leqslant 2$ h_f/h 为任意值	$b_f/b>2$ $h_f/h<0.2$	$b_f/b\leqslant 2$ h_f/h 为任意值	$b_f/b>2$ $h_f/h<0.2$	
γ_m	1.55	1.50	1.45	1.35	1.50	1.40	$1.6-0.24r_1/r$

注：1. 对 $b'_f>b_f$ 的 I 形截面，可按项次 2 与项次 3 之间的数值采用；对 $b'_f<b_f$ 的 I 形截面，可按项次 3 与项次 4 之间的数值采用。

2. 对于箱形截面，表中 b 值系指各肋宽度的总和。

3. r 为圆形截面半径、环形截面的外环半径；r_1 为环形截面的内环半径，对圆形截面取 r_1 为零。

3. 偏心受力构件抗裂验算

(1)偏心受压构件(如图 2-55 所示)。

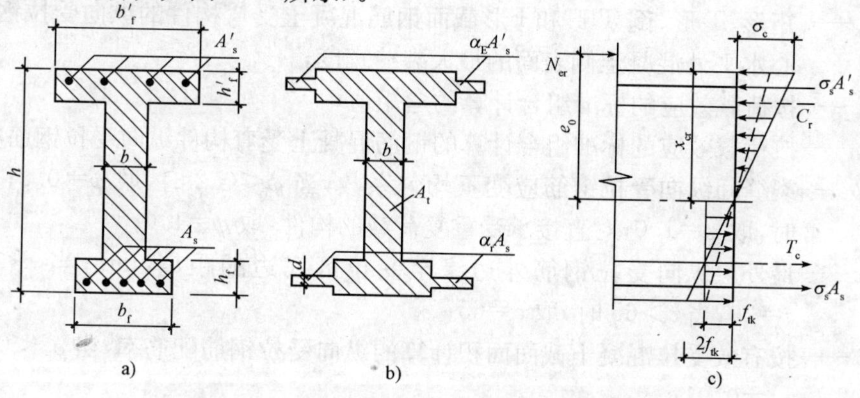

图 2-55 偏心受压构件抗裂验算的截面应力图形

偏心受压构件抗裂验算的截面应力图形如图 2-55 所示。其抗裂弯矩为：

$$M_{cr}=\sigma_{cN}W_0+\gamma f_{tk}W_0$$

即

$$M_{cr}=(\sigma_{cN}+\gamma f_{tk})W_0 \tag{2-230}$$

令 $M_{cr}=N_{cr}e_0$，则式(2-230)可改写成：

$$N_{cr}e_0=\left(\frac{N_{cr}}{A_0}+\gamma f_{tk}\right)W_0$$

则

$$N_{cr}=\frac{\gamma f_{tk}A_0}{\frac{e_0}{r_0}-1} \tag{2-231}$$

式中 r_0——换算截面的核心距，$r_0=W_0/A_0$。

(2)偏心受拉构件。

按照与偏心受压构件类似的方法可得：

$$N_{cr}=\frac{\gamma f_{tk}A_0}{\frac{e_0}{r_0}+1} \tag{2-232}$$

式中

$$\gamma=\gamma_m-(\gamma_m-1)\frac{\sigma_{cN}}{f_{tk}} \tag{2-233}$$

二、裂缝宽度验算

1. 基本公式

(1)受弯构件。

$$w_{max}=2.1\psi\frac{\sigma_{sk}}{E_s}(1.9c+0.08\frac{d_{eq}}{\rho_{te}}) \tag{2-234}$$

$$\psi=1.1-0.65\frac{f_{tk}}{\rho_{te}\sigma_{sk}} \tag{2-235}$$

$$d_{eq}=\frac{\sum n_i d_i^2}{\sum n_i \nu_i d_i} \tag{2-236}$$

$$\rho_{te}=\frac{A_s}{0.5bh+(b_f-b)h_f} \tag{2-237}$$

$$\sigma_{sk}=\frac{M_k}{0.87h_0A_s} \tag{2-238}$$

式中 w_{max}——矩形、T 形、倒 T 形和 I 形截面钢筋混凝土受弯构件的纵向受拉钢筋截面重心水平处混凝土侧表面的最大裂缝宽度；

M_k——按荷载效应的标准组合计算的弯矩值；

σ_{sk}——按荷载效应的标准组合计算的钢筋混凝土受弯构件纵向受拉钢筋应力；

ψ——裂缝间纵向受拉钢筋应变不均匀系数，当 $\psi<0.2$ 时，取 $\psi=0.2$；当 $\psi>1.0$ 时，取 $\psi=1.0$；对直接承受重复荷载的构件，取 $\psi=1.0$；

c——最外层纵向受拉钢筋外边缘至受拉区底边的距离，mm；当 $c<20$ 时，取 $c=20$，当 $c>65$ 时，取 $c=65$；

ρ_{te}——按有效受拉混凝土截面面积计算的纵向受拉钢筋配筋率，当 $\rho_{te}<0.01$ 时，取 $\rho_{te}=0.01$；

A_s——纵向受拉钢筋截面面积；

d_{eq}——纵向受拉钢筋等效直径；

d_i——第 i 种纵向受拉钢筋的公称直径；

n_i——第 i 种纵向受拉钢筋的根数；

ν_i——第 i 种纵向受拉钢筋的相对粘结特征系数，对带肋钢筋取 1.0，对光面钢筋取 0.7。

(2)对于轴心受拉构件。

$$w_{max}=2.7\psi\frac{\sigma_{sk}}{E_s}\left(1.9c+0.08\frac{d_{eq}}{\rho_{te}}\right) \tag{2-239}$$

$$\sigma_{sk}=\frac{N_k}{A_s} \tag{2-240}$$

(3)对于偏心受拉构件。

$$w_{max}=2.4\psi\frac{\sigma_{sk}}{E_s}\left(1.9c+0.08\frac{d_{eq}}{\rho_{te}}\right) \tag{2-241}$$

$$\sigma_{sk}=\frac{N_k e'}{A_s(h_0-a'_s)} \tag{2-242}$$

(4)对于偏心受压构件。

$$w_{max}=2.1\psi\frac{\sigma_{sk}}{E_s}\left(1.9c+0.08\frac{d_{eq}}{\rho_{te}}\right) \tag{2-243}$$

$$\sigma_{sk}=\frac{N_k(e-z)}{zA_s} \tag{2-244}$$

$$z=\left[0.87-0.12(1-\gamma'_f)\left(\frac{h_0}{e}\right)^2\right]h_0$$

$$\gamma'_f=\frac{(b'_f-b)h'_f}{bh_0}$$

式中　w_{max}——矩形、T 形、倒 T 形和 I 形截面钢筋混凝土轴心受拉、偏心受拉和偏心受压构件纵向受拉钢筋截面重心处混凝土侧表面的最大裂缝宽度；

N_k——按荷载效应的标准组合计算的轴向力值；

σ_{sk}——按荷载效应的标准组合计算的钢筋混凝土轴心受拉、偏心受拉和偏心受压构件纵向受拉钢筋应力；

A_s——纵向受拉钢筋截面面积，对轴心受拉构件，取全部纵向钢筋截面面积，对偏心受拉构件，取受拉较大边的纵向钢筋截面面积，对偏心受压构件，取受拉区纵向钢筋截面面积；

e'——轴向拉力作用点至受压区或受拉较小边纵向钢筋合力点的距离；

e——轴向压力作用点至纵向受拉钢筋合力点的距离；

z——纵向受拉钢筋合力点至受压区合力点之间的距离，且不大于 $0.87h_0$；

γ'_f——受压翼缘截面面积与腹板有效截面面积的比值，其中，b'_f、h'_f 为受压翼缘的宽度、高度，当 $h'_f>0.2h_0$ 时，取 $h'_f=0.2h_0$；

η_s——使用阶段的轴向压力偏心距增大系数，当 $l_0/h_0\leqslant 14$ 时，取 $\eta_s=1.0$；

ρ_{te}——按有效受拉区混凝土截面面积计算的纵向受拉钢筋配筋率，当 $\rho_{te}<0.01$ 时，取 $\rho_{te}=0.01$。

ρ_{te}按下列公式计算：

$$\rho_{te}=\frac{A_s}{A_{te}} \tag{2-245}$$

式中 A_{te}——有效受拉混凝土截面面积，可按下列规定取用：对轴心受拉构件，取构件截面面积；对偏心受拉和偏心受压构件，取 $A_{te}=0.5bh+(b_f-b)h_f$，此处，b_f、h_f 为受拉翼缘的宽度、高度。

ψ、d_{eq}的计算公式与受弯构件相同。

2. 纵向受拉钢筋应力

(1)轴心受拉构件。

$$\sigma_s=\frac{N}{A_s} \tag{2-246}$$

式中 N——作用于构件截面上的轴向拉力；

A_s——全部纵向受拉钢筋截面面积。

(2)偏心受拉构件。

当轴向力作用在钢筋 A_s 合力点和 A'_s 合力点之间时，其应力图形如图 2-56 所示，对 A'_s 合力点取矩可得：

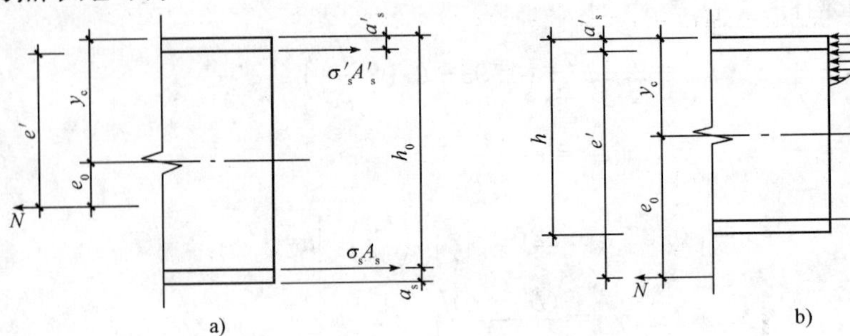

图 2-56 钢筋混凝土偏心受拉构件裂缝截面计算应力图形

$$\sigma_s=\frac{Ne'}{A_s(h_0-a'_s)} \tag{2-247}$$

$$e'=e_0+y_c-a'_s \tag{2-248}$$

式中 N——作用于构件截面上的轴向拉力；

e'——轴向拉力 N 作用点至受拉较小边纵向钢筋合力点的距离；

e_0——轴向拉力 N 的偏心距；

y_c——截面重心轴至较小受拉力缘的距离；

a'_s——钢筋 A'_s 合力点至截面近边的距离。

当轴向拉力作用在较大受拉边钢筋 A_s 合力点之外时，其应力图形如图 2-56b)所示。对受压区合力点取矩可得(近似取 $z=h_0-a'_s$)

$$\sigma_s=\frac{Ne'}{A_sz} \tag{2-249}$$

式中 e'——轴向拉力作用点至受压区纵向钢筋合力点的距离；

z——大偏心受拉构件裂缝截面处的内力臂。

当近似取 $z=h_0-a'_s$，式(2-249)与式(2-247)相同。由此可见，对于偏心受拉构件，不论轴向拉力偏心距大小，其钢筋应力均可按式(2-249)计算。

(3)偏心受压构件。

偏心受压构件裂缝截面处的应力对受压区合力点取矩可得：

$$\sigma_s=\frac{N(e-z)}{zA_s} \tag{2-250}$$

式中　N——作用于构件截面上轴向压力；

e——轴向压力 N 作用点至纵向受拉钢筋合力点的距离，其计算公式为：

$$e=\eta_s e_0+y_s \tag{2-251}$$

式中　y_s——构件截面重心至纵向受拉钢筋合力点的距离；

η——偏心受压构件裂缝截面处的内力臂系数。

$$\eta_s=1+\frac{1}{4000e_0/h_0}\left(\frac{l_0}{h}\right)^2 \tag{2-252}$$

式中　l_0——构件计算长度。

z——偏心受压构件裂缝截面处的内力臂(即纵向受拉钢筋合力点至受压区合力点的距离)。

【例 2-37】　矩形截面轴心受拉杆件最大裂缝宽度验算

矩形截面轴心受拉杆件的截面尺寸 $b\times h=200\text{mm}\times160\text{mm}$，配置 4⌀16 钢筋($A_s=804.0\text{mm}^2$)，混凝土强度等级为 C30，混凝土保护层度 $c=25\text{mm}$，按荷载效应的标准组合计算的轴向拉力值 $N_k=144\text{kN}$，最大裂缝宽度限值 $w_{lim}=0.2\text{mm}$。试验算最大裂缝宽度是否符合要求。

解：$\rho_{te}=\frac{A_s}{bh}-\frac{804}{160\times200}=0.0251$　　　$f_{tk}=2.01$

$\sigma_{sk}=\frac{N_k}{A_s}=\frac{144\times10^6}{804}=179\text{N/mm}^2$

$\psi=1.1-\frac{0.65f_{tk}}{\rho_{te}\sigma_{sk}}=1.1-\frac{0.65\times2.01}{0.0251\times179}=0.809$

$$
\begin{aligned}
w_{max}&=2.7\psi\frac{\sigma_{sk}}{E_s}(1.9c+0.08\frac{d_{eq}}{\rho_{te}})\\
&=2.7\times0.809\times\frac{179}{2\times10^5}\times(1.9\times25+0.08\times\frac{16}{0.0251})\\
&=0.19\text{mm}<w_{lim}=0.2\text{mm}\quad\text{(符合要求)}
\end{aligned}
$$

【例 2-38】　矩形截面偏心受压柱最大裂缝宽度验算

矩形截面偏心受压柱的截面尺寸 $b\times h=400\text{mm}\times600\text{mm}$，受压钢筋和受拉钢筋均为 4⌀20($A_s=A'_s=1256\text{mm}^2$)，混凝土强度等级为 C30($f_{tk}=2.01\text{N/mm}^2$)，混凝土保护层厚度 $c=40\text{mm}$，按荷载效应的标准组合计算的轴向压力值 $N_k=310\text{kN}$，弯矩值 $M_k=158\text{kN}\cdot\text{m}$。柱的计算长度 $l_0=4\text{m}$，最大裂缝宽度限值 $w_{lim}=0.2\text{mm}$，试验算最大裂缝宽度是否符合要求。

解：$\frac{l_0}{h}=\frac{4000}{600}=6.67<14$　　　取 $\eta_s=1.0$

$a_s=c+\frac{d}{2}=40+\frac{20}{2}=50\text{mm}$

$h_0=h-a_s=600-50=550\text{mm}$

$e_0=\frac{M_k}{N_k}=\frac{158}{310}=0.510\text{m}=510\text{mm}$

$$e=\eta_s e_0+\frac{h}{2}-a_s=1.0\times510+\frac{600}{2}-50=760\text{mm}$$

$$z=\eta h_0=\left[0.87-0.12\left(\frac{h_0}{e}\right)^2\right]h_0=\left[0.87-0.12\left(\frac{550}{750}\right)^2\right]\times550$$

$$=0.805\times550=443\text{mm}$$

$$\sigma_{sk}=\frac{N_k(e-z)}{A_s z}=\frac{310\times10^3\times(760-443)}{1256\times443}=176.62\text{N/mm}^2$$

$$\rho_{te}=\frac{A_s}{0.5bh}=\frac{1256}{0.5\times400\times600}=0.0105$$

$$\psi=1.1-\frac{0.65f_{tk}}{\rho_{te}\sigma_{sk}}=1.1-\frac{0.65\times2.01}{0.0105\times179}=0.405$$

$$w_{max}=2.1\psi\frac{\sigma_{sk}}{E_s}\left(1.9c+0.08\frac{d_{eq}}{\rho_{te}}\right)$$

$$=2.1\times0.405\times\frac{176.6}{2\times10^5}\times\left(1.9\times40+0.08\times\frac{20}{0.0105}\right)$$

$=0.172\text{mm}<w_{lim}=0.2\text{mm}$　　（符合要求）

【例 2-39】 简支矩形截面梁最大裂缝宽度验算

简支矩形截面梁的截面尺寸 $b\times h=200\text{mm}\times500\text{mm}$，混凝土强度等级为 C30，配置 HRB400 级钢筋 4 ⏀ 12，混凝土保护层厚度 $c=25\text{mm}$，按荷载效应的标准组合计算的跨中弯矩值 $M_k=50\text{kN}\cdot\text{m}$，最大裂缝宽度限值 $w_{lim}=0.3\text{mm}$，试验算其最大裂缝宽度是否符合要求。

解：$f_{tk}=2.01\text{N/mm}^2$　　$E_s=200\text{kN/mm}^2$

$h_0=500-(25+\frac{12}{2})=469\text{mm}$　　$A_s=452\text{mm}^2$

$\rho_{te}=\frac{A_s}{0.5bh}=\frac{452}{0.5\times200\times500}=0.0091<0.01$　　取 $\rho_{te}=0.01$

$$\sigma_{sk}=\frac{M_k}{0.87h_0A_s}=\frac{50.5\times10^6}{0.87\times469\times452}=271\text{N/mm}^2$$

$$\psi=1.1-\frac{0.65f_{tk}}{\rho_{te}\sigma_{sk}}=1.1-\frac{0.65\times2.01}{0.0091\times285}=0.596$$

$$w_{max}=2.1\psi\frac{\sigma_{sk}}{E_s}\left(1.9c+0.08\frac{d_{eq}}{\rho_{te}}\right)$$

$$=2.1\times0.596\times\frac{285}{200\times10^3}\times\left(1.9\times25+0.08\times\frac{12}{0.01}\right)$$

$=0.256\text{mm}\leqslant0.3\text{mm}$　　（满足要求）

三、受弯构件变形验算

1. 梁短期刚度 B_s 的计算公式

$$B_s=\frac{E_sA_sh_0^2}{1.15\psi+0.2+6\alpha_E\rho/(1+3.5\gamma'_f)} \tag{2-253}$$

式中　γ'_f——受压翼缘面积与腹板面积比值：

$$\gamma'_f=\frac{(b'_f-b)h'_f}{bh_0} \tag{2-254}$$

ψ——钢筋应力不均匀系数，当 $\psi<0.4$ 时，取 $\psi=0.4$ 当 $\psi>1.0$ 时，取 $\psi=1.0$，ψ 见式(2-235)；

f_{tk}——混凝土抗拉强度标准值；

ρ_{te}——按有效受拉混凝土截面面积 A_{te} 计算的纵向受拉钢筋配筋率，$\rho_{te}=A_s/A_{te}$，当 $\rho_{te}<0.01$ 时，取 $\rho_{te}=0.04$，式中 A_{te} 的计算公式为：

$$A_{te}=0.5bh+(b_f-b)h_f \tag{2-255}$$

A_{te} 取值如图 2-57 所示斜线部分面积；

σ_{sk}——按荷载效应标准组合计算的纵向受拉钢筋应力：

$$\sigma_{sk}=M_k/0.87h_0A_s \tag{2-256}$$

ρ——纵向受拉钢筋配筋率，$\rho=A_s/bh_0$；

α_E——钢筋弹性模 E_s 与混凝土弹性模量 E_c 的比值，即：

$$\alpha_E=E_s/E_c \tag{2-257}$$

M_k——按荷载效应标准组合作用计算的弯矩值；

A_s——纵向受拉钢筋面积。

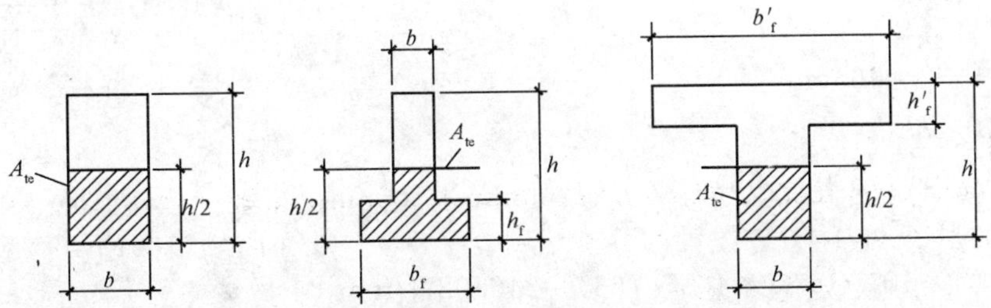

图 2-57 有效受拉混凝土面积 A_{te} 计算

2. 梁长期刚度 B 的计算公式

计算矩形、T 形、倒 T 形和 I 形截面受弯构件的刚度 B 时，全部荷载应按荷载效应的标准组合进行计算，长期荷载应按荷载效应的准永久组合进行计算：

$$B=\frac{M_k}{M_q(\theta-1)+M_k}B_s \tag{2-258}$$

式中 B——按荷载效应的标准组合，并考虑荷载长期作用影响的刚度；

M_k——按荷载效应的标准组合计算的弯矩值，取计算区段的最大弯矩值；

M_q——按荷载效应的准永久组合计算的弯矩值，取计算区段的最大弯矩值；

θ——考虑荷载长期作用对挠度增大的影响系数，其计算公式为：

$$\theta=2-0.4\frac{\rho'}{\rho}\geqslant 1.6 \tag{2-259}$$

B_s——荷载效应的标准组合作用下受弯构件的短期刚度，按式(2-253)计算；

ρ——纵向受拉钢筋配筋率；

ρ'——纵向受压钢筋配筋率。

3. 钢筋混凝土受弯构件的挠度计算

挠度计算应满足式的要求，即

$$f_{max}=C\frac{M_k l_0^2}{B}\leqslant f_{lim} \tag{2-260}$$

式中 C——与荷载类型和支承条件有关的系数。为一个常数，在均布荷载作用下简支梁的跨中挠度计算时 $C=\frac{5}{48}$，在集中荷载作用下简支梁的跨中挠度为$\frac{1}{12}$。

【例 2-40】 矩形截面简支梁跨中挠度验算

一矩形截面简支梁，计算跨度 l_0 为 4.5m，截面尺寸 $b\times h=200\text{mm}\times500\text{mm}$，均布线荷载中恒载标准值 $g_k=20\text{kN/m}$，活载标准值 $q_k=10\text{kN/m}$，准永久值系数 $\psi_q=0.5$；该梁已配纵向受拉钢筋 3⌀18($A_s=763\text{mm}^2$)；混凝土采用C20，$f_{tk}=1.5\text{N/mm}^2$，$E_c=2.55\times10^4\text{N/mm}^2$；HRB335 级钢筋，$E_s=2.0\times10^5\text{N/mm}^2$，挠度限值 f_{lim} 为 $l_0/250$。试验算该梁跨中挠度是否满足要求(如图 2-58 所示)。

解： (1)内力计算。

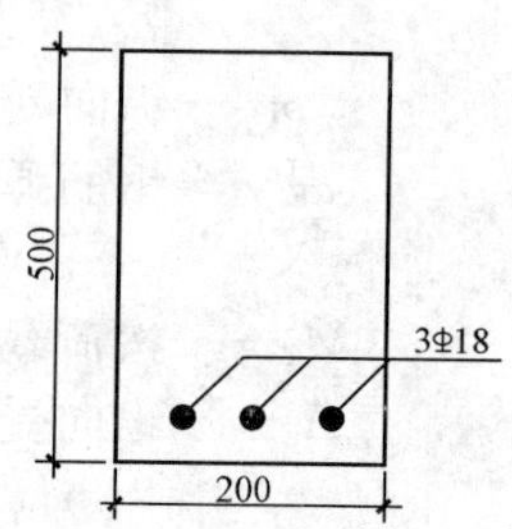

图 2-58 矩形截面简支梁

$$M_k=\frac{1}{8}(g_k+q_k)l_0^2=\frac{1}{8}\times(20+10)\times4.5^2=75.94\text{kN}\cdot\text{m}$$

$$M_g=\frac{1}{8}(g_k+\psi_q q_k)l_0^2=\frac{1}{8}\times(20+0.5\times10)\times4.5^2$$

$$=63.28\text{kN}\cdot\text{m}$$

(2)刚度计算。

$h_0=500-35=465\text{mm}$

$\rho_{te}=A_s(0.5bh_0)$

$=763/(0.5\times200\times465)=0.0164$

$\sigma_{sk}=M_k/(0.87h_0A_s)$

$=75.94\times10^6/(0.87\times465\times763)=246.02\text{N/mm}^2$

$\psi=1.1-0.65f_{tk}/(\rho_{te}\sigma_{sk})$

$=1.1-0.65\times1.54/(0.0164\times246.02)=1.1-0.248=0.852$

$\alpha_E=E_s/E_c=2.0\times10^5/2.55\times10^4=7.84$

$\rho=A_s/bh_0=763/(200\times465)=0.00820$

$$B_s=\frac{E_sA_sh_0^2}{1.15\psi+0.2+\frac{6\alpha_E\rho}{1+3.5\gamma'_f}}$$

$$=\frac{2\times10^5\times765\times465^2}{1.15\times0.852+0.2+\frac{6\times7.84\times0.00820}{1+3.5\times0}}=2.411\times10^{13}\text{N}\cdot\text{mm}^2$$

$$B=\frac{M_k}{M_g(\theta-1)+M_k}B_s$$

$$=\frac{75.94\times10^6}{63.28\times10^6\times(2-1)+75.94\times10^6}\times2.411\times10^{13}$$

$$=1.315\times10^{13}\text{N}\cdot\text{mm}^2$$

(3)挠度计算。

均布荷载作用下的简支梁的挠度按下式计算：

$$f_{max}=\frac{5}{384}\frac{(g_k+q_k)l_0^4}{B}=\frac{5\times(18+12)\times4500^4}{384\times1.315\times10^{13}}=12.18\text{mm}$$

(4)验算是否符合要求。

$f_{lim}=l_0/250=4500/250=180\text{mm}>f_{max}=12.18\text{mm}$

满足要求。

第三章　预应力混凝土结构构件计算

第一节　预应力混凝土结构构件计算基本规定

一、计算要求

预应力混凝土结构构件应根据使用条件，进行以下内容的设计计算：

(1)承载力计算。承载力计算是结构构件不发生破坏的基本保证，所有结构构件均应进行承载力计算。承载力计算的内容和方法与普通钢筋混凝土结构构件基本相同。

(2)抗裂或裂缝宽度验算。应根据结构构件的使用和耐久性等要求，按裂缝控制等级及最大裂缝宽度允许值的条件，分别进行抗裂验算或裂缝宽度验算。

(3)变形(挠度)验算。在进行受弯构件挠度验算时，应考虑预加应力引起的反拱值的影响。由于预应力结构构件在使用荷载作用下不出现裂缝或较迟出现裂缝，其截面刚度比普通钢筋混凝土构件刚度大，且可考虑反拱的有利作用，因此构件的变形(挠度)一般能满足要求。当有可靠经验时，可不进行变形(挠度)验算。

(4)施工阶段的验算。由于预应力混凝土结构构件在制作、运输和吊装等施工阶段的受力状态与使用阶段荷载作用下的受力状态不同，且施工阶段混凝土实际强度往往低于设计强度，故应根据具体情况，分别对制作、运输和吊装阶段的构件进行验算(包括承载力和裂缝)。

二、张拉控制应力

张拉控制应力 σ_{con}，是指在张拉预应力筋时所达到的规定应力。它是根据设计与施工经验确定的，张拉控制应力值 σ_{con} 等于总张拉力除以预应力筋的截面面积。张拉控制应力 σ_{con} 与张拉方法及所用预应力筋的种类有关，《混凝土结构设计规范》(GB 50010—2002)规定，在一般情况下，张拉控制应力 σ_{con} 不宜超过表 3-1 所列数值。

表 3-1　　**张拉控制应力限值[σ_{con}]**

序号	钢筋种类	张拉方法	
		先张法	后张法
1	消除应力钢丝、钢绞线	$0.75f_{ptk}$	$0.75f_{ptk}$
2	热处理钢筋	$0.70f_{ptk}$	$0.65f_{ptk}$

注：1. 要求提高构件在施工阶段的抗裂性能而在使用阶段受压区内设置的预应力钢筋；表中的限值可提高 $0.05f_{ptk}$。

2. 要求部分抵消由于应力松弛、摩擦、钢筋分批张拉以及预应力钢筋与张拉台座之间温差等因素产生的预应力损失时，表中限值可提高 $0.05f_{ptk}$。

张拉控制应力不一定等于预应力钢筋在张拉时所受到的拉应力。张拉控制应力的确定应遵循下列原则：

(1)张拉控制应力应定得高一些。σ_{con} 越高，考虑预应力损失后的有效张拉就越高，建立的有效预压应力值就越大，构件的抗裂性能就越好。《混凝土结构设计规范》(GB 50010—2002)规定：$\sigma_{con}\geqslant 0.4f_{ptk}$。

(2)张拉控制应力不能过高。因为σ_{con}取值越高,则σ_{con}值越接近预应力筋强度设计值f_{py},即σ_{con}/f_{py}比值越大,出现裂缝时的开裂弯矩M_{cr}与极限弯矩M_u越接近,构件延性差,破坏时挠度很小,没有警告,设计中应避免。此外,为了减小预应力损失,往往采用超张拉法,一般超张拉应力达到(1.03～1.05)σ_{con},这样则有可能使个别钢筋达到甚至超过屈服强度,而产生塑性变形,放张时,将使其回弹值减小,反而降低了混凝土的预压应力,达不到预期的效果。对于高强钢丝,由于施工误差和材质的离散性,可能发生脆断现象。因此,《混凝土结构设计规范》(GB 50010—2002)给出了张拉控制应力限值[σ_{con}]。

(3)热处理钢筋[σ_{con}],先张法较后张法高,因先张法放张后混凝土产生弹性压缩,使预应力降低,而后张法中千斤顶指示的预应力值是扣除混凝土弹性压缩后的张拉应力。

(4)预应力钢丝的[σ_{con}],先张法和后张法取值相同,且高于热处理钢筋,是为钢筋材质稳定,且张拉过程中的高应力在固定后降低较快,一般不会产生拉断事故。

三、预应力损失

(1)锚具变形和钢筋内缩引起的预应力损失σ_{l1}。

$$\sigma_{l1}=\frac{a}{l}E_s \tag{3-1}$$

式中 l——预应力筋张拉端至锚固端的距离,mm;

a——张拉端锚具变形和预应力筋滑移的总回缩值,mm,按表3-2取用;

E_s——预应力筋的弹性模量,N/mm²。

表 3-2　锚具变形和钢筋内缩值 a(单位:mm)

项次	锚具类别		a
1	支承式锚具(钢丝束镦头锚具等)	螺帽缝隙	1
		每块后加垫板的缝隙	1
2	锥塞式锚具(钢丝束的钢制锥形锚具等)		5
3	夹片式锚具	有预压时	5
		无预压时	6～8

注:1. 锚具变形和预应力筋内缩值也可根据实测数据确定。

2. 其他类型锚具,其a值可根据实测数据确定。

3. 块体拼成的结构,其σ_{l1}中尚应计及块体间填缝的预压变形值。当采用混凝土或砂浆为填缝材料时,每条填缝的预压变形值可取为1mm。

4. 后张法构件预应力曲线钢筋或折线钢筋由于锚具变形和预应力钢筋内缩引起的预应力损失值σ_{l1},应根据预应力钢筋与孔道壁之间反向摩擦影响长度l_f范围内的预应力钢筋变形值等于锚具变形和钢筋内缩值的条件确定。σ_{l1}可按《混凝土结构设计规范》(GB 50010—2002)附录D计算。减小该项损失的措施,可选择变形小、滑移小的锚具,减少垫板块数,先张法应尽量采用长线台座。

(2)预应力筋与孔道壁之间的摩擦引起的预应力损失σ_{l2}。

$$\sigma_{l2}=\sigma_{con}\left(1-\frac{1}{e^{\kappa x+\mu\theta}}\right) \tag{3-2}$$

式中 κ——考虑孔道每米长度局部偏差对摩擦的影响系数,按表3-3取用;

μ——预应力筋与孔道壁的摩擦系数,按表3-3取用;

θ——曲线孔道在张拉端处的切线与计算截面处切线间的夹角,rad,如图3-1所示;

x——从张拉端至计算截面的孔道长度，m，通常可近似取该段孔道在纵轴上的投影长度。

当 $\kappa x+\mu\theta\leqslant 0.2$ 时，σ_{l2} 可按下列公式近似计算：

$$\sigma_{l2}=(\kappa x+\mu\theta)\sigma_{\rm con} \tag{3-3}$$

表 3-3 **摩擦系数 κ 及 μ 值**

项次	孔道成型方式	κ	μ
1	预埋金属波纹管	0.0015	0.25
2	预埋钢管	0.0010	0.30
3	橡胶管或钢管抽芯成型	0.0014	0.55

注：1. 表中系数也可根据实测数据确定。
2. 当采用钢丝束的钢质锥形锚具及类似形式锚具时，尚应考虑锚环口处的附加摩擦损失，其值可根据实测数据确定。

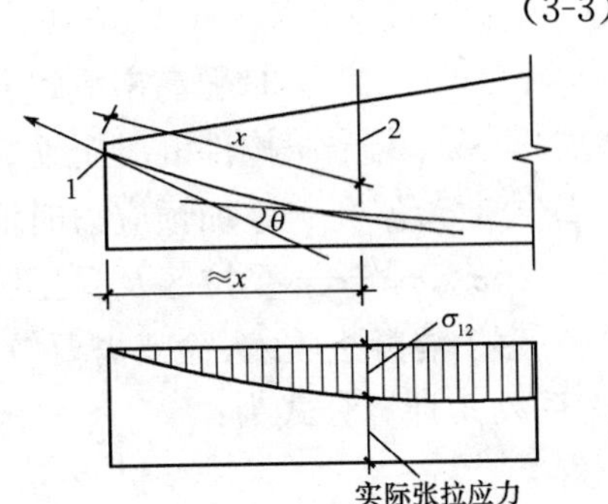

图 3-1 曲线孔道切张夹角 θ 及 σ_{l2} 分布图
1-张拉端；2-计算截面

(3)温差引起的预应力损失 σ_{l3}。

若预应力筋与两端台座之间温差为 Δt℃，钢筋的线膨胀系数 $\alpha=1.0\times10^{-5}$/℃，则 σ_{l3} 可按下式计算：

$$\sigma_{l3}=E_s\alpha\Delta t=2.0\times10^5\times1.0\times10^{-5}\Delta t=2.0\Delta t\quad \text{N/mm}^2 \tag{3-4}$$

(4)预应力筋应力松弛引起的预应力损失 σ_{l4}。

钢筋松弛引起的预应力损失 σ_{l4}，可按表 3-4 采用。

表 3-4 **预应力筋应力松弛损失 σ_{l4}**

<table>
<tr><th rowspan="2">序 号</th><th rowspan="2" colspan="2">钢 筋 种 类</th><th colspan="2">张 拉 方 式</th></tr>
<tr><th>一次张拉</th><th>超张拉</th></tr>
<tr><td>1</td><td colspan="2">热处理钢筋</td><td>$0.05\sigma_{\rm con}$</td><td>$0.035\sigma_{\rm con}$</td></tr>
<tr><td rowspan="2">2</td><td rowspan="2">预应力钢丝钢绞线</td><td>普通松弛</td><td>$0.4(\frac{\sigma_{\rm con}}{f_{\rm ptk}}-0.5)\sigma_{\rm con}$</td><td>$0.9\times0.4(\frac{\sigma_{\rm con}}{f_{\rm ptk}}-0.5)\sigma_{\rm con}$</td></tr>
<tr><td>低松弛</td><td colspan="2">当 $\sigma_{\rm con}\leqslant0.7f_{\rm ptk}$ 时，为 $0.125(\sigma_{\rm con}/f_{\rm ptk}-0.5)\sigma_{\rm con}$
当 $0.7f_{\rm ptk}<\sigma_{\rm con}\leqslant0.8f_{\rm ptk}$ 时，为 $0.2(\sigma_{\rm con}/f_{\rm ptk}-0.575)\sigma_{\rm con}$</td></tr>
</table>

注：当 $\sigma_{\rm con}/f_{\rm ptk}\leqslant0.5$ 时，第 2 项可取 $\sigma_{l4}=0$。

(5)混凝土收缩、徐变引起的预应力损失 σ_{l5}、σ_{l5}'。

1)一般情况下的 σ_{l5} 及 σ_{l5}'。根据试验资料和经验，《混凝土规范》规定，在一般情况下 σ_{l5} 及 σ_{l5}' 的量值可按下式计算：

①先张法构件：

$$\sigma_{l5}=\frac{45+280(\sigma_{pc}/f_{cu}')}{1+15\rho} \tag{3-5}$$

$$\sigma_{l5}'=\frac{45+280(\sigma_{pc}'/f_{cu}')}{1+15\rho'} \tag{3-6}$$

②后张法构件：

$$\sigma_{l5}=\frac{35+280(\sigma_{pc}/f_{cu}')}{1+15\rho} \tag{3-7}$$

$$\sigma_{l5}'=\frac{35+280(\sigma_{pc}'/f_{cu}')}{1+15\rho'} \tag{3-8}$$

式中 σ_{pc}、σ_{pc}'——受拉区、受压区预应力钢筋 A_p 和 A_p' 在各自合力点处混凝土法向压应力；

ρ、ρ'——受拉区、受压区预应力钢筋和非预应力钢筋的总配筋率；对先张法构件：$\rho=(A_p+A_s)/A_0$，$\rho'=(A'_p+A'_s)/A_0$；对后张法构件：$\rho=(A_p+A_s)/A_n$，$\rho'=(A'_p+A'_s)/A_n$；对称配置预应力筋和非预应力筋的构件，取 $\rho=\rho'$，此时配筋率应按其钢筋面积一半计算；

A_0、A_n——构件混凝土换算截面面积和净截面面积；

f_{cu}'——施加预应力时混凝土的立方体抗压强度；

σ_{l5}、σ_{l5}'——受拉区及受压区预应力筋因混凝土收缩、徐变引起的预应力损失值。

由于混凝土收缩、徐变需要较长时间才能完成，考虑时间对 σ_{l5} 及 σ_{l5}' 的影响，可乘以修正系数 β，计算公式为：

$$\beta=\frac{4j}{120+3j} \tag{3-9}$$

式中 j——结构构件从混凝土预压时起至承受外荷载的天数，当 $j>120$ 时，取 $j=120$，即$\beta=1.0$。

2)由预加力产生的混凝土法向应力计算：

由预加力产生的混凝土法向应力及相应阶段预应力钢筋的应力，可分别按下列公式计算：

①先张法构件：

由预加力产生的混凝土法向应力

$$\sigma_{pc}=\frac{N_{p0}}{A_0}\pm\frac{N_{p0}e_{p0}}{I_0}y_0 \tag{3-10}$$

②后张法构件：

由预加力产生的混凝土法向应力

$$\sigma_{pc}=\frac{N_p}{A_n}\pm\frac{N_p e_{pn}}{I_n}y_n\pm\frac{M_2}{I_n}y_n \tag{3-11}$$

式中 A_n——净截面面积，即扣除孔道、凹槽等削弱部分以外的混凝土全部截面面积及纵向非预应力钢筋截面面积换算成混凝土的截面面积之和；对由不同混凝土强度等级组成的截面，应根据混凝土弹性模量比值换算成同一混凝土强度等级的截面面积；

A_0——换算截面面积：包括净截面面积以及全部纵向预应力钢筋截面面积换算成混凝土的截面面积；

I_0、I_n——换算截面惯性矩、净截面惯性矩；

e_{p0}、e_{pn}——换算截面重心、净截面重心至预应力钢筋及非预应力钢筋合力点的距离；

y_0、y_n——换算截面重心、净截面重心至所计算纤维处的距离；

N_{p0}、N_p——先张法构件、后张法构件的预应力钢筋及非预应力钢筋的合力；

M_2——由预加力 N_p 在后张法预应力混凝土超静定结构中产生的次弯矩。

3)预应力钢筋及非应力钢筋的合力以及合力点的偏心距计算(如图 3-2 所示)：

①先张法构件：

$$N_{p0}=\sigma_{p0}A_p+\sigma'_{p0}A'_p-\sigma_{l5}A_s-\sigma'_{l5}A'_s \tag{3-12}$$

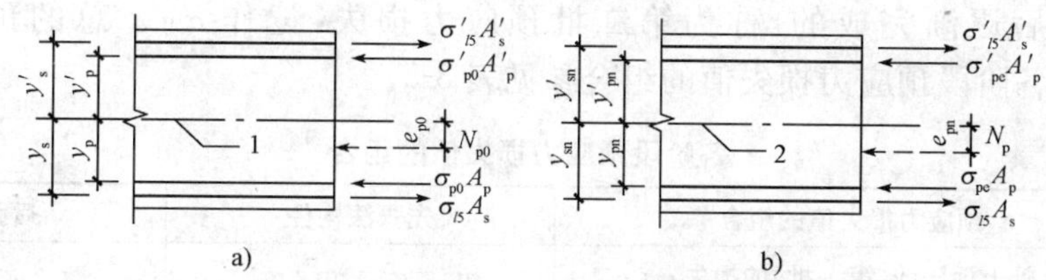

图 3-2 预应力钢筋及非预应力钢筋合力位置

a)先张法构件；b)后张法构件

1-换算截面重心轴；2-净截面重心轴

$$e_{p0}=\frac{\sigma_{p0}A_p y_p-\sigma'_{p0}A'_p y'_p-\sigma_{l5}A_s y_s+\sigma'_{l5}A'_s y'_s}{\sigma_{p0}A_p+\sigma'_{p0}A'_p-\sigma_{l5}A_s-\sigma'_{l5}A'_s} \tag{3-13}$$

②后张法构件：

$$N_p=\sigma_{pe}A_p+\sigma'_{pe}A'_p-\sigma_{l5}A_s-\sigma'_{l5}A'_s \tag{3-14}$$

$$e_{pn}=\frac{\sigma_{pe}A_p y_{pn}+\sigma'_{pe}A'_p y'_{pn}-\sigma_{l5}A_s y_{sn}+\sigma'_{l5}A'_s y'_{sn}}{\sigma_{pe}A_p+\sigma'_{pe}A'_p-\sigma_{l5}A_s-\sigma'_{l5}A'_s} \tag{3-15}$$

式中 σ_{p0}、σ'_{p0}——受拉区、受压区预应力钢筋合力点处混凝土法向应力等于零时的预应力钢筋应力；

σ_{pe}、σ'_{pe}——受拉区、受压区预应力钢筋的有效预应力；

A_p、A'_p——受拉区、受压区纵向预应力钢筋的截面面积；

A_s、A'_s——受拉区、受压区纵向非预应力钢筋的截面面积；

y_p、y'_p——受拉区、受压区预应力合力点至换算截面重心的距离；

y_s、y'_s——受拉区、受压区非预应力钢筋重心至换算截面重心的距离；

σ_{l5}、σ'_{l5}——受拉区、受压区预应力钢筋在各自合力点处混凝土收缩和徐变引起的预应力损失值；

y_{pn}、y'_{pn}——受拉区、受压区预应力合力点至净截面重心的距离；

y_{sn}、y'_{sn}——受拉区、受压区非预应力钢筋重心至净截面重心的距离。

4)环形构件采用螺旋预应力筋时局部挤压引起的预应力损失 σ_{l6} 采用环形配筋的预应力混凝土构件，如水池、油罐、高压容器和各种预应力筒管，用绕丝机将预应力筋缠绕于预制混凝土圆筒外壁，使混凝土承受环向预压力以抵抗径向内压力。由于预应力筋对混凝土的挤压作用而产生局部压陷 δ，其直径将减少 2δ，造成预应力筋的应力损失 σ_{l6}，如图 3-3 所示。

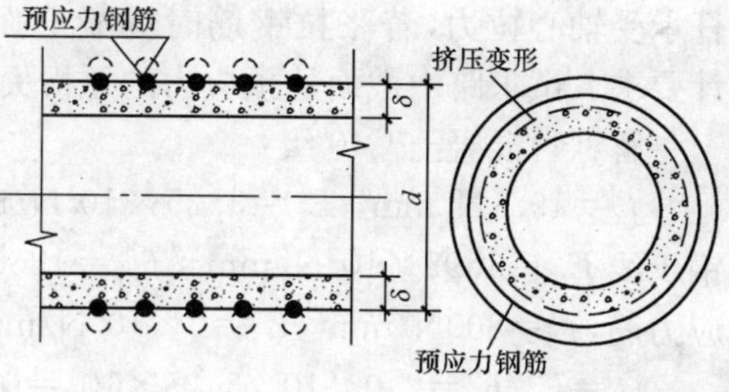

图 3-3 环形构件局部压陷预应力损失

当钢筋拉力一定时，构件直径 d 越小，钢筋对混凝土的挤压力越大，预应力损失也越大，故 σ_{l6} 与 δ/d 成正比关系。《混凝土结构设计规范》(GB 50010—2002)规定：当 $d\leqslant 3\text{m}$ 时，取 $\sigma_{l6}=30\text{N/mm}^2$；当 $d>3\text{m}$ 时，取 $\sigma_{l6}=0$。d 为圆筒外壁直径。

四、各阶段预应力损失的组合

将这些损失按先张法和后张法构件分为两批或两个阶段：第一阶段预应力损失是指在混凝土预压以前完成的，亦称为第一批预应力损失。用 $\sigma_{l\text{I}}$ 表示；第二阶段预应力损失是指在混凝土预压后逐渐完成的，称为第二批预应力损失，记作 $\sigma_{l\mathrm{II}}$。总的预应力损失为 $\sigma_l=\sigma_{l\mathrm{I}}+\sigma_{l\mathrm{II}}$。各阶段预应力损失值的组合参见表 3-5。

表 3-5　各阶段预应力损失值的组合

项　次	预应力损失值的组合	先张法构件	后张法构件
1	混凝土预压前(第一批)的损失 $\sigma_{l\mathrm{I}}$	$\sigma_{l1}+\sigma_{l2}+\sigma_{l3}+\sigma_{l4}$	$\sigma_{l1}+\sigma_{l2}$
2	混凝土预压后(第二批)的损失 $\sigma_{l\mathrm{II}}$	σ_{l5}	$\sigma_{l4}+\sigma_{l5}+\sigma_{l6}$

注：1. 先张法构件采用折线张拉时，混凝土预压前的损失考虑 σ_{l2}。

2. 电热后张法构件可不考虑摩擦损失 σ_{l2}。

3. 先张法构件由于钢筋应力松弛引起的损失值 σ_{l4} 在第一批和第二批损失中所占的比例如需区分，可根据实际情况确定。

考虑到工程实际与计算理论的偏差，《混凝土结构设计规范》(GB 50010—2002)规定，由上述计算方法求得的总损失值 σ_l 不应小于下列数值：

先张法构件：$\sigma_l\geqslant 100\mathrm{N/mm^2}$；

后张法构件：$\sigma_l\geqslant 80\mathrm{N/mm^2}$。

当进行制作、运输、吊装等施工阶段验算时，尚应按构件的实际情况考虑预应力损失值的组合。

五、算例

【例 3-1】 预应力混凝土拉杆预应力总损失值计算

一预应力混凝土屋架下弦拉杆，长 24m，混凝土强度等级为 C40，预应力筋采用 2 束钢绞线 1×7 型 7 ϕ^s9.5，$f_{py}=1320\mathrm{N/mm^2}$，$f_{ptk}=1860\mathrm{N/mm}$，$A_p=767.2\mathrm{mm^2}$；非预应力筋用 HRB335 级，4 Φ 12，$f_y=300\mathrm{N/mm^2}$，$A_s=452\mathrm{mm^2}$，拉杆截面如图 3-4 所示，孔洞直径 48mm。后张法施工，采用超张拉，用于 JM—12 锚具，充气橡皮管抽芯成型预留孔道。该拉杆承受轴心拉力，若张拉钢筋时混凝土强度已达设计要求。试求跨中截面处预应力的总损失值 σ_l。

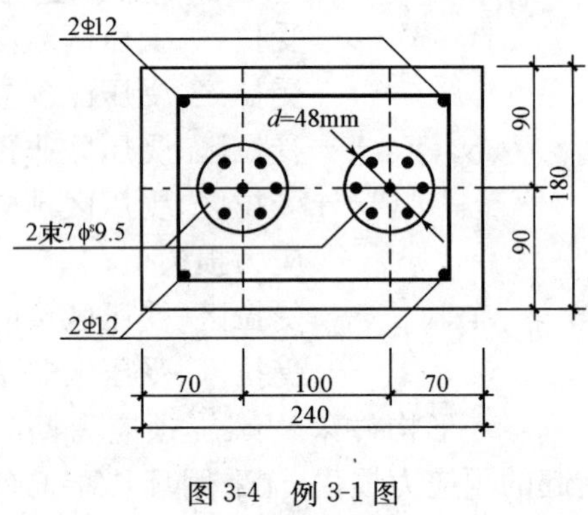

图 3-4　例 3-1 图

解：(1)混凝土 C40 级：

$f_c=19.1\mathrm{N/mm^2}$，$E_c=3.25\times10^4\mathrm{N/mm^2}$，$f_{tk}=2.39\mathrm{N/mm^2}$，$f_t=1.17\mathrm{N/mm^2}$，预应力钢绞线 $E_{sp}=1.95\times10^5\mathrm{N/mm^2}$，$f_{ptk}=1860\mathrm{N/mm^2}$，$f_{py}=1320\mathrm{N/mm^2}$，$A_p=767.2\mathrm{mm^2}$；非预应力筋，$f_y=300\mathrm{N/mm^2}$，$E_s=2\times10^5\mathrm{N/mm^2}$，$A_s=452\mathrm{mm^2}$。

$\alpha_E=E_s/E_c=2.0\times10^5/3.25\times10^4=6.15$

$\alpha_{Ep}=E_{sp}/E_c=1.95\times10^5/3.25\times10^4=6.0$

(2)构件截面积：

$A=180\times240=43200\mathrm{mm^2}$，$A_c=A-2\times\dfrac{\pi\times48^2}{4}-A_s=43200-3619-452=39129\mathrm{mm^2}$，

$A_n=A_c+\alpha_{Es}A_s=39129+6.15\times452=41908.8\mathrm{mm^2}$，$A_0=A_n+\alpha_{Ep}A_p=41908.8+6\times767.2=46512\mathrm{mm^2}$

$\sigma_{con}=0.75f_{ptk}=0.75\times1860=1395\mathrm{N/mm^2}$

(3)求第一批损失 $\sigma_{l\mathrm{I}}$：

后张法 $\sigma_{l\mathrm{I}}=\sigma_{l1}+\sigma_{l2}$

1)由式(3-1)，$\sigma_{l\mathrm{I}}=\frac{\sigma}{l}E_s$。

由表 3-2 查得 JM—12 锚具属锥塞式锚具，$a=5\mathrm{mm}$。

$$\sigma_{l1}=\frac{5}{24000}\times1.95\times10^5=40.625\mathrm{N/mm^2}$$

2)计算 σ_{l2}：抽芯成型，由表 3-3，$\kappa=0.0014$，$\mu=0.55$，$x=24.0\mathrm{m}$，$\theta=0$，$\kappa x+\mu\theta=0.0014\times24+0.55\times0=0.0336<0.2$，由式(3-3)，$\sigma_{l2}=\sigma_{con}(\kappa x+\mu\theta)=1395\times0.0336=46.872\mathrm{N/mm^2}$，$\sigma_{l1}=\sigma_{l1}+\sigma_{l2}=40.652+46.872=87.497\mathrm{N/mm^2}$。

(4)求第二批损失 $\sigma_{l\mathrm{II}}$：

后张法　$\sigma_{l\mathrm{II}}=\sigma_{l4}+\sigma_{l5}$

1)计算 σ_{l4}，由表 3-4 按普通松弛超张拉 $\psi=0.9$，$\sigma_{l4}=0.4\psi(\frac{\sigma_{con}}{f_{ptk}}-0.5)\sigma_{con}=0.4\times0.9\times(\frac{1395}{1860}-0.5)\times1395=125.55\mathrm{N/mm^2}$。

2)计算 σ_{l5}，需求出第一批损失完成后预应力筋合力处混凝土的预压应力 $\sigma_{pc\mathrm{I}}$ 及施工时混凝土实际立方强度 f_{cu}'，代入式(3-7)中求得。

$$\sigma_{pc\mathrm{I}}=\frac{(\sigma_{con}-\sigma_{l\mathrm{I}})A_p}{A_n}=\frac{(1395-87.497)\times767.2}{41908.8}=23.936\mathrm{N/mm^2}$$

已知　$f_{cu}'=40\mathrm{N/mm^2}$

则 $\frac{\sigma_{pc\mathrm{I}}}{f_{cu}'}=\frac{23.936}{40}=0.598>0.5$ 不满足，改用 C50 高强混凝土 $f_{cu}'=50\mathrm{N/mm^2}$

由式(3-7)$\sigma_{pc\mathrm{I}}/f_{cu}'=23.936/50=0.479<0.5$ 满足要求。

$$\sigma_{l5}=\frac{35+280(\sigma_{pc\mathrm{I}}/f_{cu}')}{1+15\rho}$$

对称配筋，$\rho'=\rho=\frac{1}{2}(\frac{A_p+A_s}{A_n})=\frac{1}{2}\times\frac{767.2+452}{41908.8}=0.0145$

$$\sigma_{l5}=\frac{35+280\times0.479}{1+15\times0.0145}=138.9\mathrm{N/mm^2}$$

则

$$\sigma_{l\mathrm{II}}=\sigma_{l4}+\sigma_{l5}=125.55+138.91=264.46\mathrm{N/mm^2}$$

(5)求总的损失 σ_2：

$$\sigma_l=\sigma_{l\mathrm{I}}+\sigma_{l\mathrm{II}}=87.497+264.46=351.957\mathrm{N/mm^2}$$

损失所占比例

$$\frac{\sigma_l}{\sigma_{con}}\times100\%=\frac{351.957}{1395}\times100\%=25.23\%$$

【例 3-2】 先张预应力混凝土圆孔板预应力损失计算

3.6m 先张预应力混凝土圆孔板截面如图 3-5 所示。预应力筋采用 $8\phi^H5$ 的 1570 级低松弛螺旋肋钢丝($A_p=157\mathrm{mm^2}$)，在 4m 长的钢模上张拉。混凝土为 C40 级，达到 75%强度时放张，张拉控制应力 $\sigma_{con}=0.75f_{ptk}$。要求计算预应力损失。

解：(1)截面几何特征。

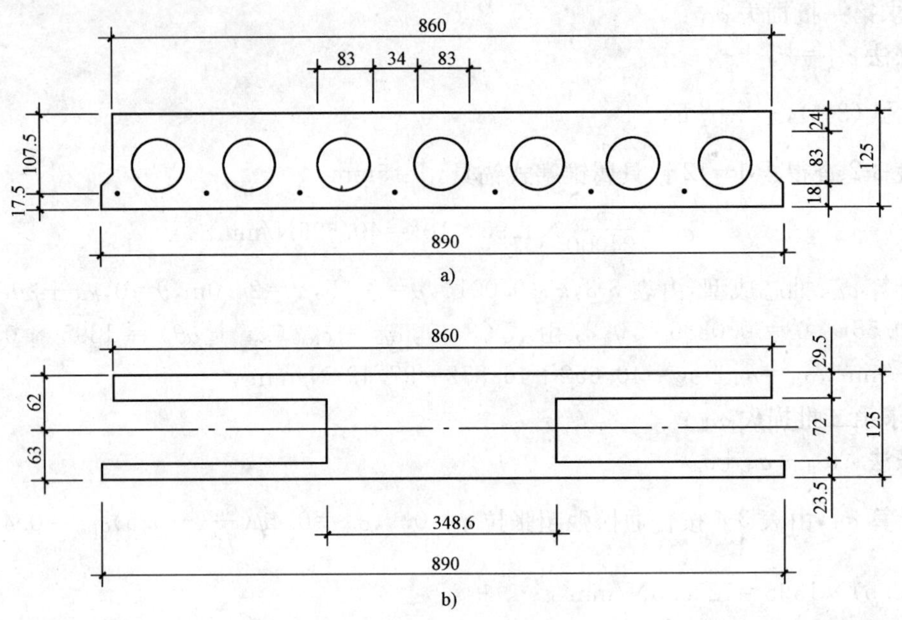

图 3-5 例 3-2 图

1)将圆孔换算成 $b_k \times h_k$ 的矩形孔。

$$7\times\frac{\pi}{4}\times83^2=b_k h_k, 7\times\frac{\pi}{64}\times83^4=\frac{1}{12}b_k h_k^3$$

解得 $b_k=526.9\text{mm}$, $h_k=72\text{mm}$,故换算的I形截面 $b'_f=860\text{mm}$, $h'_f=(24+83/2)-72/2=29.5\text{mm}$, $b_f=890\text{mm}$, $h_f'=(18+83/2)-72/2=23.5\text{mm}$, $b=\frac{b'_f+h'_f}{2}-b_k=348.6\text{mm}$。

2)螺旋肋预应力钢丝 $E_s=2.05\times10^4\text{MPa}$,C40 级混凝土 $E_c=3.25\times10^4\text{MPa}$。

$$\alpha_E=\frac{E_s}{E_c}=\frac{20.5}{3.25}=6.31, (\alpha_E-1)A_p=833.7\text{mm}^2$$

3)换算截面积 A_0:

$$A_0=860\times29.5+348.6\times72+890\times23.5+833.7=72218\text{mm}^2$$

4)求换算截面形心至截面下边缘距离 y_0:

$$S_0=860\times29.5\times110.2+348.6\times72\times59.5+890\times23.5\times11.75+833.7\times17.5$$
$$=4550\times10^3\text{mm}^3$$

$$y_0=\frac{S_0}{A_0}=63\text{mm}$$

5)预应力筋偏心距 $e_{p0}=63-17.5=45.5\text{mm}$。

6)换算截面惯性矩:

$$I_0=\frac{1}{12}\times860\times29.5^3+890\times29.5\times(62-\frac{29.5}{2})^2+\frac{1}{12}\times348.6\times72^3+348.6\times72\times(\frac{72}{2}+23.5-62)^2+\frac{1}{12}\times890\times23.5^3+890\times23.5\times(63-11.75)^2+833.7\times45.5^2$$
$$=1272\times10^5\text{mm}^4$$

(2)预应力损失计算。

张拉控制应力 σ_{con}：

$$\sigma_{con}=0.75f_{ptk}=0.75\times1570=1177.5\text{MPa}$$

1)锚具变形及钢筋内缩损失 σ_{l1}：

螺杆锚具 $a=1\text{mm}$，构件长 $l=4\text{m}$，

$$\sigma_{l1}=\frac{a}{l}E_p=\frac{1}{4000}\times2.05\times10^5=51.3\text{MPa}$$

2)钢模与构件一起入窑蒸汽养护，温差损失 $\sigma_{l2}=0$。

3)预应力筋应力松弛损失 σ_{l4}：

低松弛预应力筋，且 $0.7f_{ptk}<\sigma_{con}\leqslant0.8f_{ptk}$，非超张拉 $\psi=1.0$，

$$\sigma_{l4}=0.2\psi\left(\frac{\sigma_{con}}{f_{ptk}}-0.575\right)\sigma_{con}=0.2\times1.0\times(0.75-0.575)\times1177.5$$
$$=41.2\text{MPa}$$

第一批损失 $\sigma_{l\text{I}}=\sigma_{l1}+\sigma_{l3}+\sigma_{l4}=92.5\text{MPa}$。

4)混凝土收缩徐变损失 σ_{l5}：

放张产生第一批预应力损失后，预应力钢筋应力为 $\sigma_{con}-\sigma_{l\text{I}}$。放张后预应力筋与构件共同变形，故应按照换算截面面积 A_0 及惯性矩 I_0 计算混凝土截面上预压应力 σ_{pc}。

$$N_{p0\text{I}}=(\sigma_{con}-\sigma_{l\text{I}})A_p=(1177.5-92.5)\times157=170345\text{N}$$
$$e_{p0}=45.5\text{mm}$$

预应力筋合力点处混凝土预压应力

$$\sigma_{pc\text{I}}=\frac{N_{p0\text{I}}}{A_0}+\frac{N_{p0\text{I}}e_{p0}^2}{I_0}=\frac{170345}{72218}+\frac{170345\times45.5^2}{1272\times10^5}=5.13\text{MPa}$$

$$\frac{\sigma_{pc\text{I}}}{f_{cu}'}=\frac{5.13}{75\%\times40}=0.171<0.5,\rho=\frac{A_p}{A_0}=\frac{157}{72218}=0.00217$$

$$\sigma_{l5}=\frac{45+280\dfrac{\sigma_{pc\text{I}}}{f_{cu}'}}{1+15\rho}=\frac{45+280\times0.171}{1+15\times0.00217}=90\text{MPa}$$

第二批损失 $\sigma_{l\text{II}}=\sigma_{l5}=90\text{MPa}$。

5)全部损失为 $\sigma_l=\sigma_{l\text{I}}+\sigma_{l\text{II}}=182.5\text{MPa}$，$\sigma_l/\sigma_{con}=\dfrac{182.5\times100\%}{1177.5}=15.49\%$

第二节　预应力混凝土轴心受拉构件计算

一、预应力混凝土轴心受拉构件计算要点

预应力混凝土轴心受拉构件计算简图如图 3-6 所示。

1. 受拉承载力计算

$$\gamma_0N\leqslant f_yA_s+f_{py}A_p \tag{3-16}$$

式中　γ_0——结构重要性系数；

N——考虑结构重要性系数后的轴心拉力设计值；

A_p、A_s——分别为全部预应力筋和普通钢筋的截面面积；

f_{py}、f_y——分别为预应力筋和普通钢筋的抗拉强度设计值。

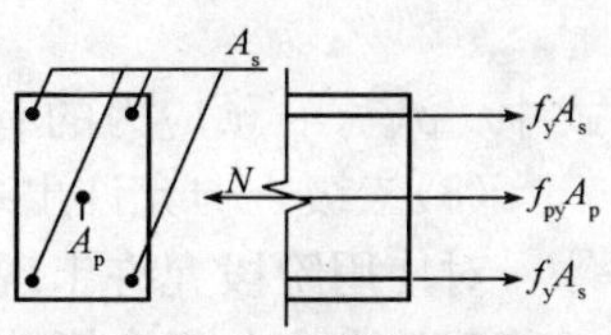

图 3-6　预应力混凝土轴心受拉构件计算简图

2. 使用阶段抗裂度及裂缝宽度验算

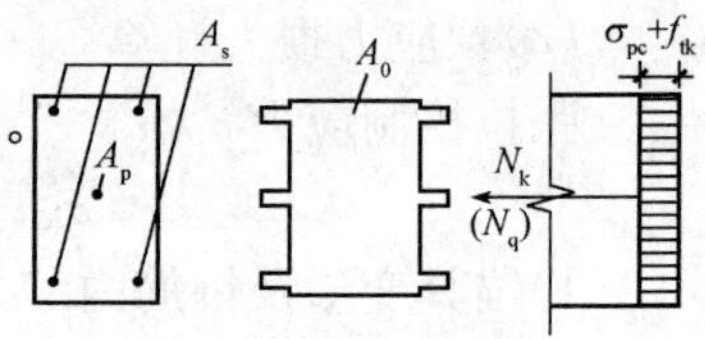

图 3-7 预应力混凝土轴心受拉构件抗裂度验算图式

预应力混凝土轴心受拉构件抗裂度计算简图如图 3-7 所示。

按所处环境类别和使用要求，应选用相应的裂缝控制等级，并按下列规定进行受拉边缘应力或正截面裂缝宽度验算。

(1)一级——严格要求不出现裂缝的构件。

对使用阶段严格要求不出现裂缝的预应力混凝土轴心受拉构件，在荷载标准组合下应符合下列规定：

$$\sigma_{ck}-\sigma_{pc}\leqslant 0 \tag{3-17}$$

(2)二级——一般要求不出现裂缝的构件。

对使用阶段一般要求不出现裂缝的预应力混凝土轴心受拉构件应符合下列规定。

在荷载的标准组合下：

$$\sigma_{ck}-\sigma_{pc}\leqslant f_{tk} \tag{3-18}$$

在荷载的准永久组合下：

$$\sigma_{cq}-\sigma_{pc}\leqslant 0 \tag{3-19}$$

式中 σ_{ck}——荷载标准组合下的混凝土法向应力，可按式(3-20)计算；

σ_{cq}——荷载准永久组合下的混凝土法向应力，可按式(3-21)计算；

σ_{pc}——扣除全部预应力损失后在抗裂验算边缘混凝土的预压应力，可按式(3-22a、3-22b)计算；

f_{tk}——混凝土抗拉强度标准值。

$$\sigma_{ck}=N_k/A_0 \tag{3-20}$$

$$\sigma_{cq}=N_q/A_0 \tag{3-21}$$

式中 N_k、N_q——按荷载的标准组合、准永久组合计算的轴向拉力；

A_0——换算截面积，$A_0=A_c+\alpha_E A_s+\alpha_E A_p$，其中 A_c 为混凝土净截面面积。

先张法轴拉构件

$$\sigma_{pc}=N_{p0}/A_0 \tag{3-22a}$$

后张法轴拉构件

$$\sigma_{pc}=N_p/A_n \tag{3-22b}$$

式中 A_n——净截面面积；

N_{p0}、N_p——先张法构件、后张法构件的预应力及非预应力钢筋的合力，按式(3-23a、3-23b)计算。

先张法构件

$$N_{p0}=\sigma_{p0}A_p-\sigma_{l5}A_s \tag{3-23a}$$

式中 σ_{p0}——受拉区预应力筋合力点处混凝土法向应力等于零时的预应力筋应力，$\sigma_{p0}=\sigma_{con}-\sigma_l+\alpha_E\sigma_{pc}$。

后张法构件

$$N_p=\sigma_{pe}A_p-\sigma_{l5}A_s \tag{3-23b}$$

式中 σ_{pe}——预应力的有效预应力，$\sigma_{pe}=\sigma_{con}-\sigma_l$。

(3)三级——允许出现裂缝的构件。

对使用阶段允许出现裂缝的预应力混凝土轴心受拉构件，按荷载的标准组合计算并考虑荷载的准永久组合影响的最大裂缝宽度不应超过最大裂缝宽度允许值。

3. 施工阶段的验算

(1)张拉或放松钢筋时的强度验算。

对预应力混凝土轴心受拉构件，预压时，一般处于全截面均匀受压。为保证此时截面的受压承载力，截面上混凝土法向压应力 σ_{cc} 应符合下列条件：

$$\sigma_{cc} \leqslant 0.8 f'_{ck} \tag{3-24}$$

式中　f'_{ck}——预压时混凝土的抗压强度标准值。

计算 σ_{cc} 时，对先张法构件，按锚具变形和钢筋内缩引起的预应力损失完成后计算；对后张法构件，按不考虑应力损失计算，即

先张法构件
$$\sigma_{cc} = (\sigma_{con} - \sigma_{l\,\mathrm{I}}) A_p / A_0 \tag{3-25}$$

后张法构件
$$\sigma_{cc} = \sigma_{con} A_p / A_n \tag{3-26}$$

(2)局部承压验算。

1)局部受压面积验算：

配置间接钢筋的混凝土结构构件，其局部受压区的截面尺寸应符合下列要求：

$$F_l \leqslant 1.35 \beta_c \beta_l f_c A_{ln} \tag{3-27}$$

$$\beta_l = \sqrt{\frac{A_b}{A_l}} \tag{3-28}$$

式中　F_l——局部受压面上作用的局部压力设计值，对后张法预应力混凝土构件中的锚头局压区，取 1.2 倍的张拉控制力，即 $F_l = 1.2\sigma_{con} A_p$；在无粘结预应力混凝土构件中，尚应与 $f_{ptk} A_p$ 值相比较，取其中的较大值；

β_l——混凝土局部受压时的强度提高系数；

f_c——预压时混凝土的轴心抗压强度设计值；

A_l——混凝土局部受压面积；

A_{ln}——锚具垫圈下的混凝土局部受压净面积，当有垫板时，可考虑预压力沿锚具垫圈边缘在垫板中按 45°角扩散后传递至混凝土的受压面积，对后张法构件，应在混凝土局部受压面积中扣除孔道、凹槽部分的面积；

A_b——局部受压时的计算底面积，可由局部受压面积与计算底面积按同心、对称的原则确定，一般情况可按图 3-8 取用。

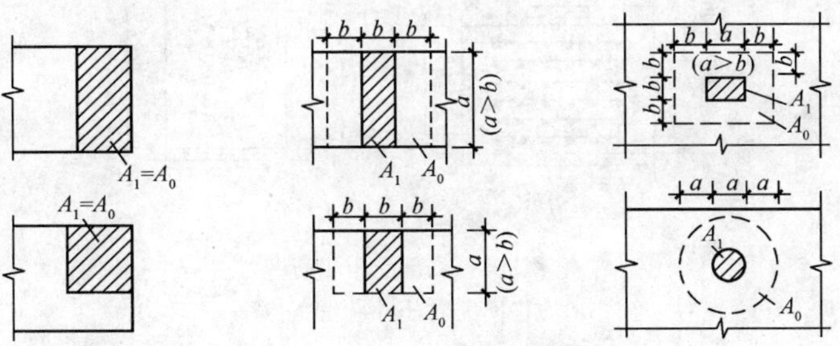

图 3-8　确定局部受压计算底面积

2)局部受压承载力验算：

配置方格网式或螺旋式间接钢筋的锚固区段，当其核芯面积 A_{cor} 大于等于混凝土局部受压面积 A_l 时，局部受压承载力可按下列公式计算：

$$F_l \leqslant 0.9(\beta_c \beta_l f_c + 2\alpha \rho_v \beta_{cor} f_y) A_{ln} \tag{3-29}$$

式中　β_{cor}——配置间接钢筋的局部受压承载力提高系数，仍按式(3-28)计算，但应以 A_{cor} 代替 A_b，即 $\beta_{cor} = \sqrt{A_{cor}/A_l}$；

α——间接钢筋对混凝土约束的折减系数，当混凝土强度等级不超过 C50 时，取

1.0；当混凝土强度等级为 C80 时，取 0.85；其间按线性内插法取用。

当为方格网配筋时[如图 3-9a)所示]，其体积配筋率应按下式计算：

$$\rho=\frac{n_1 A_{s1} l_1+n_2 A_{s2} l_2}{A_{cor} s} \tag{3-30}$$

A_{cor}——配置方格网或螺旋式间接钢筋内表面范围以内的混凝土核心面积，但不应大于 A_b，且其重心应与 A_l 的重心重合；

ρ_v——间接钢筋的体积配筋率(核心面积 A_{cor} 范围内单位混凝土体积所含间接钢筋的体积)；

n_1、A_{s1}——方格网沿 l_1 方向的钢筋根数、单根钢筋的截面面积；

n_2、A_{s2}——方格网沿 l_2 方向的钢筋根数、单根钢筋的截面面积。

此时，在钢筋网两个方向的单位长度内，其钢筋截面面积相差不应大于 1.5 倍。

当为螺旋配筋时[如图 3-9b)所示]，其体积配筋率应按下式计算：

$$\rho_v=\frac{4A_{ss1}}{d_{cor} s} \tag{3-31}$$

A_{ss1}——螺旋式单根间接钢筋的截面面积；

d_{cor}——配置螺旋式间接钢筋范围以内的混凝土直径；

s——方格网或螺旋式间接钢筋的间距。

间接钢筋应配置在图 3-9 所规定的 h 范围内。配置方格网钢筋不应少于 4 片，配置螺旋式钢筋不应少于 4 圈。

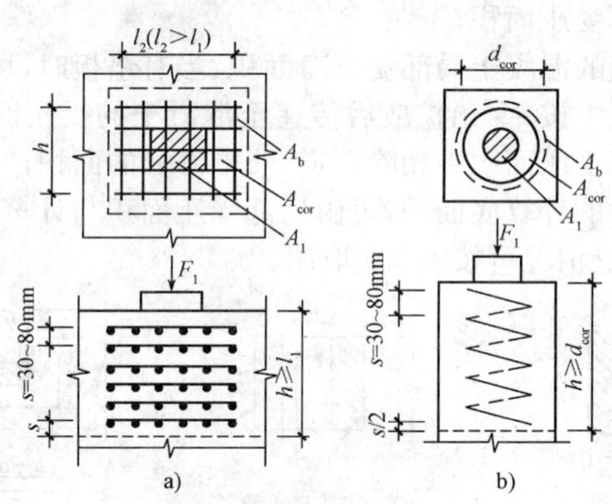

图 3-9 局部受压配筋

a)方格网配筋；b)螺旋式配筋

二、算例

【例 3-3】 后张法预应力混凝土弦杆预应力筋计算

24m 后张法预应力混凝土折线形屋架下弦杆的轴向拉力设计值 $N=720\text{kN}$，荷载标准组合轴向拉力 $N_k=580\text{kN}$。下弦杆截面尺寸及非预应力筋配置如图 3-10 所示。混凝土采用 C40 级，当混凝土达到设计强度时张拉。预应力筋采用 $\phi^{s}5$ 低松弛 1860 级高强钢丝，一端张拉，镦头锚。严格要求不出现裂缝。试计算所需预应力筋数量，验算使用阶段抗裂性。

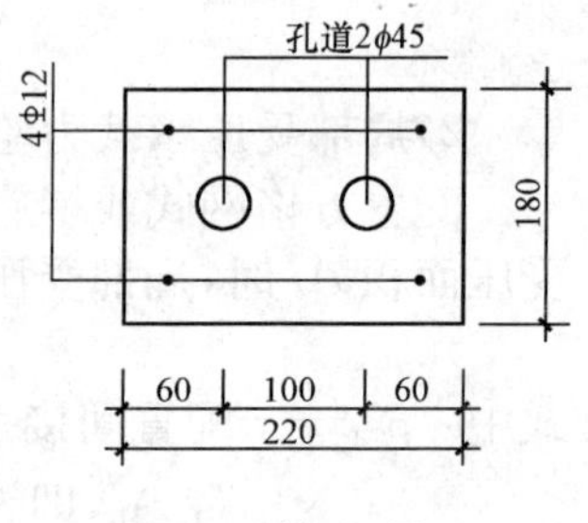

图 3-10 例 3-3 图

解:(1)计算所需预应力筋数量。

$$A_p=\frac{r_0N-f_yA_s}{f_{py}}=\frac{1.0\times720000-300\times4\times113}{1260}=464\text{mm}^2$$

选取预应力筋 26ϕ^s5($A_p=510\text{mm}^2$),分为两束,每束 13 根,预留孔道直径 45mm。

(2)使用阶段的抗裂验算。

1)截面几何特性计算:

$A_c=220\times180-2\times(\pi/4)\times45^2-4\times113=35969\text{mm}^2$

$\alpha_{E1}=1.95\times10^5/3.25\times10^4=6$

$\alpha_{E2}=2.0\times10^5/3.25\times10^4=6.15$

$A_n=35969+6.15\times4\times113=38749\text{mm}^2$

$A_0=A_c+\alpha_{E1}A_p+\alpha_{E2}A_s=35969+6\times510+6.15\times4\times113=41809\text{mm}^2$

2)预应力损失计算:

取 $\sigma_{con}=0.7f_{ptk}=0.7\times1860=1302\text{N/mm}^2$

$$\sigma_{l1}=\frac{a}{l}E_p=\frac{1}{24000}\times1.95\times10^5=8.125\text{N/mm}^2$$

$$\sigma_{l2}=\sigma_{con}(\kappa x+\mu\theta)=1302\times0.0015\times24=46.9\text{N/mm}^2$$

第一批损失为 $\sigma_{l\text{I}}=\sigma_{l1}+\sigma_{l2}=8.1+46.9=55.0\text{N/mm}^2$

$\sigma_{l4}=0.125\times(\sigma_{con}/f_{ptk}-0.5)\sigma_{con}=0.125\times(0.7-0.5)\times1302=32.6\text{N/mm}^2$

$\sigma_{pc}=\sigma_{pc\text{I}}=(\sigma_{con}-\sigma_{l\text{I}})A_p/A_n=(1302-8.1-46.9)\times510/38749=16.4\text{N/mm}^2$

$$\sigma_{l5}=\frac{25+220\sigma_{pc}/f'_{cu}}{1+15\rho}=\frac{25+220\times16.4\times40}{1+15\times(4\times113+510)/38749}=83.9\text{N/mm}^2$$

第二批损失为 $\sigma_{l\text{II}}=\sigma_{l4}+\sigma_{l5}=32.6+83.9=116.5\text{N/mm}^2$

总损失 $\sigma_l=\sigma_{l\text{I}}+\sigma_{l\text{II}}=55.0+116.5=171.5\text{N/mm}^2$

3)计算混凝土应力:

混凝土预压应力为:

$\sigma_{pc\text{II}}=(\sigma_{con}-\sigma_l)A_pA_n=(1302-171.5)\times510/38749=14.9\text{N/mm}^2$

荷载作用引起下弦杆截面拉应力为

荷载标准组合下

$\sigma_{ck}=N_k/A_0=580000/41809=13.87\text{N/mm}^2$

4)抗裂验算:

荷载标准组合下:

$\sigma_{ck}-\sigma_{pc\text{II}}=13.87-14.9=-1.03$

满足严格要求不出现裂缝。

(3)施工阶段混凝土应力验算。

$\sigma_{cc}=\sigma_{con}A_p/A_n$

$\quad=1302\times510/38749=17.1\text{N/mm}^2$

$0.8f'_{ck}=0.8\times26.8=21.4\text{N/mm}^2$

$\sigma_{cc}<0.8f'_{ck}$,满足要求。

第三节　预应力混凝土受弯构件

一、正截面受弯承载力计算

1. 基本公式

(1)矩形截面。

对于矩形截面或翼缘位于受拉区的 T 形截面，按照图 3-11 所示的计算简图，根据力的平衡条件可得

$$\alpha_1 f_c bx = f_y A_s - f'_y A'_s + f_{py} A_p + (\sigma'_{p0} - f'_{py}) A'_p \tag{3-32}$$

$$M \leqslant \alpha_1 f_c bx(h_0 - x/2) + f'_y A'_s (h_0 - a'_s) - (\sigma'_{p0} - f'_{py}) A'_p (h_0 - a'_p) \tag{3-33}$$

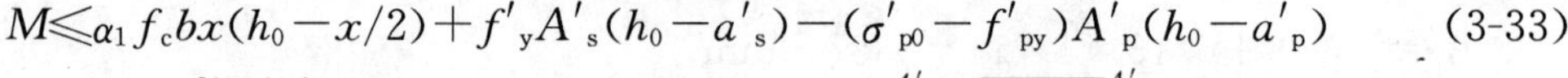

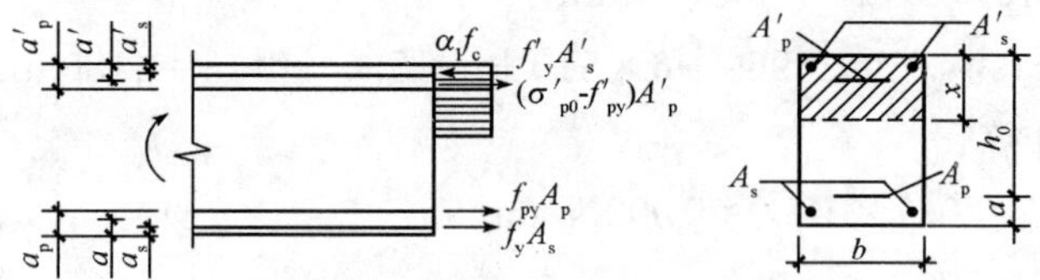

图 3-11　矩形截面受弯构件正截面受弯承载力计算简图

对采用钢绞线、消除应力钢丝作无粘结预应力筋的受弯构件，应将 f_{py} 用无粘结预应力筋的应力设计值 σ_{pu} 代替。且 $\sigma'_{p0} - f'_{py}$ 可近似用有效预应力 σ'_{pe} 代替。上述规定同样适用于式(3-36)。σ_{pu} 宜按下式计算：

$$\sigma_{pu} = \sigma_{pe} + \Delta\sigma_p \tag{3-34}$$

$$\Delta\sigma_p = (240 - 335\xi_0)(0.45 + 5.5h/l_0) \tag{3-35}$$

$$\xi_0 = \frac{\sigma_{pe} A_p}{f_c b h_p} + \frac{f_y A_s}{f_c b h_p} \tag{3-36}$$

此时，应力尚应符合下列条件：

$$\sigma_{pe} \leqslant \sigma_{pu} \leqslant f_{py} \tag{3-37}$$

式中　σ_{pe}——扣除全部预应力损失后，无粘结预应力筋中的有效预应力(按 N/mm^2 计)；

$\Delta\sigma_p$——无粘结预应力筋中的应力增量(按 N/mm^2 计)；

ξ_0——综合配筋指标，不宜大于 0.4；

l_0——受弯构件计算跨度；

h_p——无粘结预应力筋截面重心至受压区边缘的距离。

(2)T 形截面。

对于翼缘位于受压区的 T 形截面，当满足条件

$$x \leqslant h'_f \tag{3-38}$$

或

$$f_y A_s + f_{py} A_p \leqslant \alpha_1 f_c b'_f h'_f + f'_y A'_s - (\sigma'_{p0} - f'_{py}) A'_p \tag{3-39}$$

称为第一类 T 形截面构件，如图 3-12a)所示，可按宽度为 b'_f 的矩形截面计算。

对于翼缘位于受压区的 T 形截面，当不满足式(3-38)或式(3-39)的条件时，称为第二类 T 形截面构件，如图 3-12b)所示，根据力的平衡条件可得

$$\alpha_1 f_c [bx + (b'_f - b)h'_f] = f_y A_s - f'_y A'_s + f_{py} A_p + (\sigma'_{p0} - f'_{py}) A'_p \tag{3-40}$$

$$M \leqslant \alpha_1 f_c bx\left(h_0 - \frac{x}{2}\right) + \alpha_1 f_c (b'_f - b)h'_f\left(h_0 - \frac{h'_f}{2}\right) + f'_y A'_s (h_0 - a'_s) - (\sigma'_{p0} - f'_{py}) A'_p (h_0 - a'_p) \tag{3-41}$$

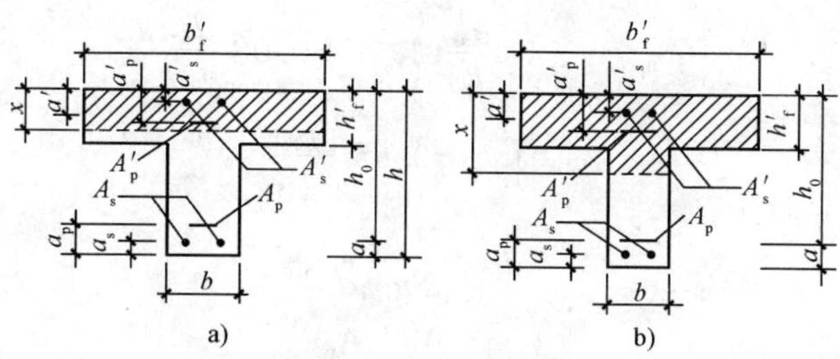

图 3-12　T 形截面受弯构件受压区高度位置

a) $x \leqslant h'_{f}$；b) $x > h'_{f}$

2. 适用条件

截面受压区高度应符合下列条件：

$$x \leqslant \xi_{b} h_{0} \tag{3-42}$$

式中　ξ_{b}——界限破坏时截面受压高度系数。

$$x \geqslant 2a'_{p} \tag{3-43}$$

式中　a'_{p}——纵向受压钢筋合力点至受压区边缘的距离，当受压区未配置纵向预应力钢筋或纵向预应力钢筋的应力为拉应力或受压区配置无粘结预应力筋时，应以 a'_{s} 代替。

当受压区高度不满足条件 $x \geqslant 2a'$ 时，正截面受弯承载力可按下式计算：

$$M \leqslant f_{py} A_{p} (h - a_{p} - a'_{s}) + f_{y} A_{s} (h - a_{s} - a'_{s}) (\sigma'_{p0} - f_{py}') A'_{p} (a_{p}' - a_{s}) \tag{3-44}$$

式中　a_{s}、a_{p}——受拉区非预应力纵向钢筋合力点、受拉区预应力纵向钢筋合力点至受拉边缘的距离。

必须指出，对于预应力混凝土受弯构件，由于受拉区预应力钢筋预拉应变的影响，其界限破坏截面受压区高度系数 ξ_{b} 与钢筋混凝土受弯构件不同。

当预应力受拉钢筋为预应力钢丝、钢绞线和热处理钢筋时，ξ_{b} 可按下式计算：

$$\xi_{b} = \frac{\beta_{1}}{1 + \dfrac{0.002}{\varepsilon_{cu}} + \dfrac{f_{s} - \sigma_{p0}}{E_{s} \varepsilon_{cu}}} \tag{3-45}$$

对有屈服点钢筋，ξ_{b} 可按下式计算：

$$\xi_{b} = \frac{\beta_{1}}{1 + \dfrac{f_{s} - \sigma_{p0}}{E_{s} \varepsilon_{cu}}} \tag{3-46}$$

如果受拉区内配置钢筋种类不同或预应力值不同，ξ_{b} 应分别计算，并取较小值。

二、使用阶段正截面抗裂度、裂缝宽度及变形验算

(1)正截面抗裂度验算。

正截面抗裂度验算参照预应力轴心受拉构件进行。

(2)正截面裂缝宽度验算。

对于在使用阶段允许出现裂缝的预应力混凝土受弯构件，应进行裂缝宽度验算。对于使用阶段允许出现裂缝的预应力混凝土受弯构件，按荷载的标准组合计算，并考虑荷载准永久组合影响的最大裂缝宽度 w_{max} 的计算及最大裂缝宽度验算公式。

$$w_{max}=1.7\psi\frac{\sigma_{sk}}{E_s}(1.9c+0.08\frac{d_{eq}}{\rho_{te}}) \tag{3-47}$$

$$\psi=1.1-0.65\frac{f_{tk}}{\rho_{te}\sigma_{sk}} \tag{3-48}$$

$$d_{eq}=\frac{\Sigma n_i d_i^2}{\Sigma n_i \nu_i d_i} \tag{3-49}$$

$$\rho_{te}=\frac{A_s+A_p}{A_{te}} \tag{3-50}$$

$$\sigma_{sk}=\frac{M_k-N_{p0}(z-e_p)}{(A_s+A_p)z} \tag{3-51}$$

式中 w_{max}——预应力混凝土受弯构件的纵向受拉钢筋截面重心水平处混凝土侧表面的最大裂缝宽度；

M_k——按荷载效应的标准组合计算的弯矩值；

σ_{sk}——按荷载效应的标准组合计算的钢筋混凝土受弯构件纵向受拉钢筋应力；

ψ——裂缝间纵向受拉钢筋应变不均匀系数，当 $\psi<0.2$ 时，取 $\psi=0.2$；当 $\psi>1.0$ 时，取 $\psi=1.0$；对直接承受重复荷载的构件，取 $\psi=1.0$；

c——最外层纵向受拉钢筋外边缘至受拉区底边的距离(mm)，当 $c<20$ 时，取 $c=20$，当 $c>65$ 时，取 $c=65$；

ρ_{te}——按有效受拉混凝土截面面积计算的纵向受拉钢筋配筋率，当 $\rho_{te}<0.01$ 时，取 $\rho_{te}=0.01$；

A_s——纵向受拉钢筋截面面积；

d_{eq}——纵向受拉钢筋等效直径；

d_i——第 i 种纵向受拉钢筋的公称直径；

z——受拉区纵向预应力筋和非预应力钢筋合力点至受压区合力点的距离，$z=0.87h_0-0.12(1-\gamma'_f)(\frac{h_0}{e})^2h_0$；

e_p——混凝土法向应力为零时全部纵向预应力筋和非预应力钢筋的合力 N_{p0} 的作用点至受拉区纵向预应力筋和非预应力钢筋合力点的距离。

(3)变形验算。

预应力混凝土受弯构件的挠度由两个部分组成：一部分是由荷载作用产生的挠度 f_0；另一部分是由预加应力作用产生的反拱 f_p。两者均可根据构件的刚度用结构力学的方法计算。

计算 f_0 时，截面刚度应区分开裂截面和不开裂截面；计算 f_p 时，按不开裂截面计算。

三、斜截面受剪承载力计算

1. 基本公式

对矩形、T形和工形截面的受弯构件，当仅配有箍筋时，其斜截面受剪承载力应按下式计算：

$$V\leqslant V_u=V_{cs}+V_p \tag{3-52}$$

式中 V——计算截面的剪力设计值；

V_u——计算截面的受剪承载力设计值；

V_{cs}——计算截面混凝土和箍筋的受剪承载力设计值，按与钢筋混凝土受剪构件相同的方法确定；

V_p——由预应力所提高的斜截面承载力设计值，按式 3-53 计算，但计算 N_{p0} 时不考虑预应力弯起钢筋的作用。

$$V_p = 0.05N_{p0} \tag{3-53}$$

式中　N_{p0}——计算截面上全截面混凝土法向应力等于零时的预应力钢筋及非预应力钢筋的合力，当 $N_{p0} > 0.3f_cA_0$ 时，取 $N_{p0} = 0.3f_cA_0$。

N_{p0} 按下式计算：

$$N_{p0} = \sigma_{p0}A_p + \sigma'_{p0}A'_p - \sigma_{l5}A_s - \sigma'_{l5}A'_s \tag{3-54}$$

式中　σ_{p0}、σ'_{p0}——受拉区、受压区的预应力钢筋合力点处混凝土法向应力等于零时的预应力钢筋应力。

对配置箍筋和弯起钢筋的矩形、T 形和工形截面的受弯构件，其斜截面受剪承载力应按下式计算：

$$V \leqslant V_u = V_{cs} + V_p + 0.8f_yA_{sb}\sin\alpha_s + 0.8f_{py}A_{pb}\sin\alpha_p \tag{3-55}$$

式中　A_{sb}、A_{pb}——同一弯起平面内非预应力弯起钢筋、预应力弯起钢筋的截面面积；

α_s、α_p——斜截面上非预应力弯起钢筋、预应力弯起钢筋的切线与构件纵轴的夹角。

2. 适用条件

(1)为了防止斜压破坏，预应力混凝土受弯构件受剪截面应符合下列条件：

当 $h_w/b \leqslant 4$ 时　　$V \leqslant 0.25\beta_cf_cbh_0$　　(3-56)

当 $h_w/b \geqslant 6$ 时　　$V \leqslant 0.20\beta_cf_cbh_0$　　(3-57)

当 $4 < h_w/b < 6$ 时　按直线内插法取用

(2)当预应力混凝土受弯构件受剪截面符合下列条件时：

对于一般受弯构件

$$V \leqslant 0.7f_tbh_0 + 0.05N_{p0} \tag{3-58}$$

对于集中荷载作用下的矩形截面独立梁

$$V \leqslant \frac{1.75}{\lambda + 1.0}f_tbh_0 + 0.05N_{p0} \tag{3-59}$$

则可不进行斜截面的受剪承载力计算，仅需按构造要求配置箍筋。

四、斜截面抗裂度验算

对于预应力混凝土受弯构件斜截面的裂缝控制，主要是验算在荷载标准组合下斜截面上混凝土的主拉应力和主压应力。

(1)混凝土主拉应力和主压应力：

对严格要求不出现裂缝的构件，在荷载标准组合下斜截面上混凝土的主拉应力 σ_{tp} 应符合下列规定：

$$\sigma_{tp} \leqslant 0.85f_{tk} \tag{3-60}$$

对一般要求不出现裂缝的构件，在荷载标准组合下斜截面上混凝土的主拉应力 σ_{tp} 应符合下列规定：

$$\sigma_{tp} \leqslant 0.95f_{tk} \tag{3-61}$$

其中，系数 0.85、0.95 为考虑张拉力的不准确性和构件质量变异影响的经验系数。

(2)混凝土主压应力验算：

对严格要求不出现裂缝的构件和一般要求不出现裂缝的构件，在荷载标准组合下斜截面上混凝土的主压应力 σ_{cp}应符合下列规定：

$$\sigma_{cp} \leqslant 0.6 f_{ck} \tag{3-62}$$

其中，系数 0.6 为考虑防止梁截面在预应力和外荷载作用下压坏的经验系数。

五、施工阶段验算

(1)对制作、运输、堆放和安装等施工阶段出现受拉区，但不允许出现裂缝的构件，或预压时全截面受压的构件，在预加应力、自重及施工荷载作用下(必要时应考虑动力系数)截面边缘的混凝土法向应力应符合下列规定

$$\sigma_{ct} \leqslant 1.0 f'_{tk} \tag{3-63}$$

$$\sigma_{cc} \leqslant 0.8 f'_{ck} \tag{3-64}$$

式中 σ_{ct}、σ_{cc}——相应各施工阶段计算截面边缘处的混凝土的拉应力、压应力。

(2)对制作、运输、堆放和安装等施工阶段预拉区允许出现裂缝的构件，当预拉区不配置预应力筋时，除应满足最小配筋率要求外，在预加应力、自重及施工荷载作用下截面边缘的混凝土法向应力应符合下列规定：

$$\sigma_{ct} \leqslant 2.0 f'_{tk} \tag{3-65}$$

$$\sigma_{cc} \leqslant 0.8 f'_{ck} \tag{3-66}$$

σ_{ct}、σ_{cc}可按材料力学的方法计算。对于先张法构件，预应力和自重作用下产生的应力均按换算截面进行计算；对于后张法构件，预应力按净截面进行计算，自重作用下产生的应力按换算截面进行计算。

六、算例

【例 3-4】 受弯构件承载力计算及抗裂验算

已知：距支座 5.85m 处为弯矩控制截面，弯矩设计值 M=707.32kN·m；按荷载效应的标准组合计算的弯矩值 M_k=571.31kN·m；按荷载效应的准永久组合计算的弯矩值 M_q=462.59kN·m。距支座 07.m 处为剪力控制截面，剪力设计值 V=177.0kN；按荷载效应的标准组合计算的剪力值 V_k=142.99kN；按荷载效应的标准组合计算的弯矩值 M_k=106.61kN·m。梁自重 3.17kN/m，梁的截面尺寸及配筋如图 3-13 所示。屋面梁的安全等级为二级，结构重要性系数 γ_0=1.0，裂缝控制等级为二级。混凝土强度等级为 C40，当混凝土达到设计规定的强度等级后张拉预应力钢筋，施工阶段预拉区允许出现裂缝。预应力钢筋采用强度级别为 1860N/mm² 的低松弛钢绞线，受压区非预应力钢筋采用 HRB400 级钢筋，预应力钢筋孔道采用金属波纹管成型。采用锥塞式锚具。求：①正截面受弯承载力计算。②斜截面受剪承载力计算。③正截面抗裂验算。④斜截面抗裂验算。⑤施工阶段验算。

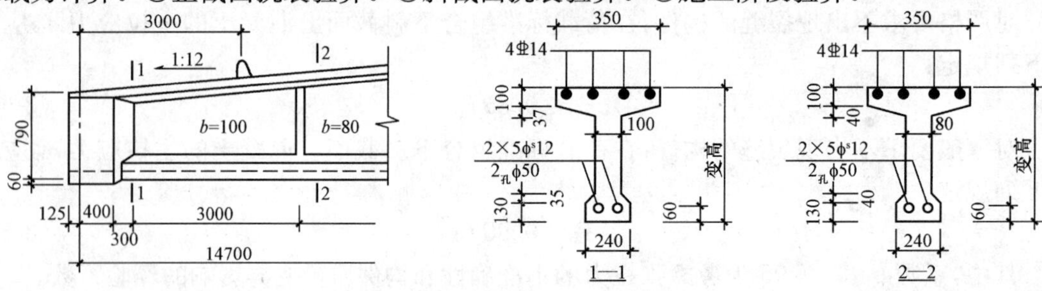

图 3-13 例 3-4 图

解:(1)截面力学特性。

预应力钢绞线与 C40 混凝土弹性模量比:

$$\alpha_{\mathrm{Ep}}=\frac{E_{\mathrm{p}}}{E_{\mathrm{c}}}=\frac{1.95\times10^{5}}{3.25\times10^{4}}=6.0$$

HRB400 级钢筋与 C40 混凝土弹性模量比:

$$\alpha_{\mathrm{Es}}=\frac{E_{\mathrm{s}}}{E_{\mathrm{c}}}=\frac{2.0\times10^{5}}{3.25\times10^{4}}=6.15$$

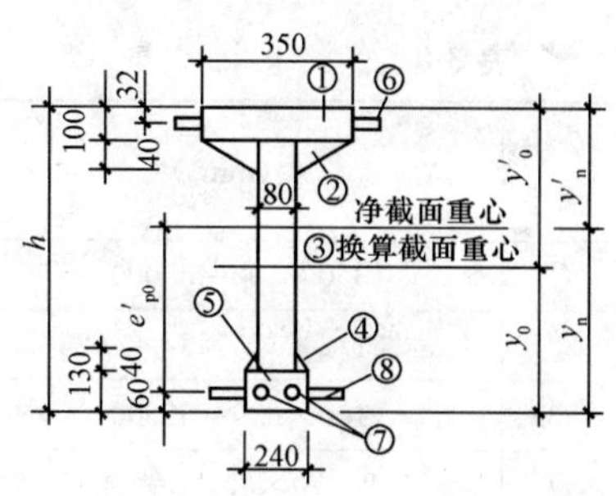

图　3-14

距支座 5.85m、3.0m 和 0.7m 处截面力学特性计算列于表 3-6～表 3-8(如图3-14所示)。

表 3-6　　**距支座 5.85m 处截面力学特性**

分块编号	A_i(mm²)	a_i (mm)	$S'_i=A_ia_i$ (×10⁴mm³)	$I'_i=S'_ia_i$ (×10⁴mm⁴)	I_{0i} (×10⁴mm⁴)
①	350×100=35000	1238	4333	5364254	1/12×350×100³=2920
②	2×1/2×135×40=5400	1175	635	745538	2/36×135×40³=48
③	80×1058=84640	659	5578	3675902	1/12×80×1058³=789524
④	1/2×80×40×2=3200	143	46	6544	2/36×80×40³=28
⑤	240×130=31200	65	203	13182	1/12×240×130³=4394
⑥	(6.15−1)×615=3617	12.56	398	499888	0
⑦	−2×π/4×50²=−3930	60	−24	−1440	−2×π/64×50⁴=−61
⑧	6×474.4=2846	60	17	1020	0
$\sum_1^7$	A_n=158677		S'_n=11169	I'_n=10303868	I'_{0n}=796853
$\sum_1^8$	A_0=161523		S'_0=11186	I'_0=10304888	I'_{00}=796853

注:A_i 为 i 分块换算截面面积;a_i 为 i 分块截面重心轴至截面下边缘的距离。

表 3-7　　**距支座 3.0m 处截面力学特性计算**

分块编号	A_i(mm²)	a_i (mm)	$S'_i=A_ia_i$ (×10⁴mm³)	$I'_i=S'_ia_i$ (×10⁴mm⁴)	I_{0i} (×10⁴mm⁴)
①	350×100=35000	1000	3500	3500000	1/12×350×100³=2920
②	2×1/2×125×37=4625	938	434	407092	2/36×125×37³=35
③	100×820=82000	540	4428	2391120	1/12×100×820³=459473
④	1/2×70×35×2=2450	142	35	4970	2/36×70×35³=17
⑤	240×130=31200	65	203	13195	1/12×240×130³=4394
⑥	(6.15−1)×615=3167	1018	322	327796	0
⑦	−2×π/4×50²=−3930	60	−24	−1440	−61
⑧	6×474.4=2846	60	17	1020	0
$\sum_1^7$	A_n=154512		S'_n=8898	I'_n=6642733	I'_{0n}=466778
$\sum_1^8$	A_0=157358		S'_0=8915	I'_0=6643753	I'_{00}=466778

表 3-8　　距支座 0.7m 处截面力学特性计算

分块编号	A_i(mm²)	a_i (mm)	$S'_i=A_ia_i$ (×10⁴mm³)	$I'_i=S'_ia_i$ (×10⁴mm⁴)	I_{0i} (×10⁴mm⁴)
①	350×100=35000	809	2832	2291088	$1/12\times350\times100^3=2920$
②	2×1/2×125×37=4625	747	345	257715	$2/36\times125\times37^3=35$
③	100×629=62900	445	2799	1245555	$1/12\times100\times629^3=207382$
④	1/2×70×35×2=2450	142	35	4970	$2/36\times70\times35^3=17$
⑤	240×130=31200	65	203	13195	$1/12\times240\times130^3=4394$
⑥	(6.15−1)×615=3167	827	262	216674	0
⑦	$-2\times\pi/4\times50^2=-3930$	60	−24	−1440	−61
⑧	6×474.4=2846	60	17	1020	0
Σ_1^7	$A_n=135412$		$S'_n=6452$	$I'_n=4027757$	$I'_{0n}=214687$
Σ_1^8	$A_0=138258$		$S'_0=6469$	$I'_0=4028777$	$I'_{00}=214687$

距支座 5.85m、3.0m 和 0.7m 处截面力学特性汇总于表 3-9。

表 3-9　　截 面 力 学 特 性

类别	截面力学特性	单位	距支座距离 x 和截面高度 h		
			$x=5.85$m, $h=1288$mm	$x=3.0$m, $h=1050$mm	$x=0.7$m, $h=859$mm
净截面	A_n	mm²	158677	154512	135412
	$y_n=S'_n/A_n$	mm	703.9	575.9	476.5
	$y'_n=h-y_n$	mm	584.1	474.1	382.5
	$I_n=I'_{0n}+I'_n-S'_ny_n$	mm⁴	3.239×10^{10}	1.985×10^{10}	1.168×10^{10}
换算截面	A_0	mm²	161523	157358	138258
	$y_0=S'_0/A_0$	mm	692.5	566.5	467.9
	$y'_0=h-y_0$	mm	595.5	483.5	391.1
	$I_0=I'_{0n}+I'_{00}-S'_0y_0$	mm⁴	3.355×10^{10}	2.060×10^{10}	1.217×10^{10}

(2)正截面受弯承载力计算。

最不利截面在距支座 5.85m 处，该截面的弯矩设计值 $M=707.32\text{kN}\cdot\text{m}$。

$$a_s=60\text{mm}\qquad a'_s=31\text{mm}$$

$$h_0=1288-60=1228\text{mm}$$

$$M=\alpha_1 f_c bx(h_0-\frac{x}{2})+f'_yA'_s(h_0-a'_s)$$

$$707.32\times10^6=1.0\times19.1\times350x(1228-\frac{x}{2})+360\times615\times(1228-32)$$

整理得：

$$3343x^2-8.2092\times10^6x+4.425\times10^8=0$$

$$x=55\text{mm}<2a'_s=2\times31=62\text{mm}$$

$$M=f_{py}A_p(h-a_p-a'_s)$$

$$A_p=\frac{M}{f_{py}(h-a_p-a'_s)}=\frac{707.32\times10^6}{1320\times(1288-60-32)}=448\text{mm}^2$$

配置 $2\phi^s10.8$，$A_p=474.4\text{mm}^2$。

(3)斜截面受剪承载力计算。

控制截面为距支座 0.7m(如图 3-15 所示)，该截面剪力设计值 $V=177\text{kN}$。

$$h_0=859-60=799\text{mm}$$

1)复核截面尺寸：

$$h_w=859-118.5-147.5=593\text{mm}$$

$$\frac{h_w}{b}=\frac{593}{100}=5.93\qquad 4<\frac{h_w}{b}<6$$

按直线内插法求得：

$$\begin{aligned}0.202\beta_c f_c bh_0&=0.202\times1.0\times19.1\times100\times799\\&=308270\text{N}>V=177000\text{N}\end{aligned}$$

截面尺寸符合要求。

2)斜截面受剪承载力：

预加力所提高的受剪承载力预应力损失与预应力钢筋合力计算见斜截面抗裂验算。

$$\sigma_{pc}=\frac{N_p}{A_n}+\frac{N_p e_{pn}}{I_n}y_n=\frac{506518}{135412}+\frac{506517\times416.5}{1.168\times10^{10}}\times(476.5-60)=11.3\text{N/mm}^2$$

$$\sigma_{p0}=\sigma_{con}-\sigma_l+\alpha_E\sigma_{pc}=1302-234.3+6.0\times11.3=1135.5\text{N/mm}^2$$

$$N_{p0}=\sigma_{p0}A_p=1135.5\times474.4=538681\text{N}<0.3f_cA_c=0.3\times19.1\times138358=792218\text{N}$$

$$V_p=0.05N_{p0}=0.05\times538681=26934\text{N}=26.93\text{kN}$$

$$0.7f_tbh_0=0.7\times1.71\times100\times799=95640\text{N}=95.64\text{kN}$$

$$0.7f_tbh_0+0.05N_{p0}=95.64+26.93=122.57\text{kN}<V=177\text{kN}$$

应按计算配置箍筋。采用双肢 $\phi8$ 箍筋，双肢，$A_{sv}=101\text{mm}^2$。

$$s=\frac{1.25f_{yv}A_{sv}h_0}{V-V_p-0.7f_tbh_0}=\frac{1.25\times210\times101\times799}{177000-122570}=389\text{mm}$$

按构造要求，取 $s=250\text{mm}$，即配置箍筋为 $\phi8@250$。

(4)正截面抗裂验算。

控制截面为距支座 5.85m 处，即距梁端 5.975m 处(如图 3-16 所示)。张拉控制应力取：

$$\sigma_{con}=0.7f_{ptk}=0.7\times1860=1302\text{N/mm}^2$$

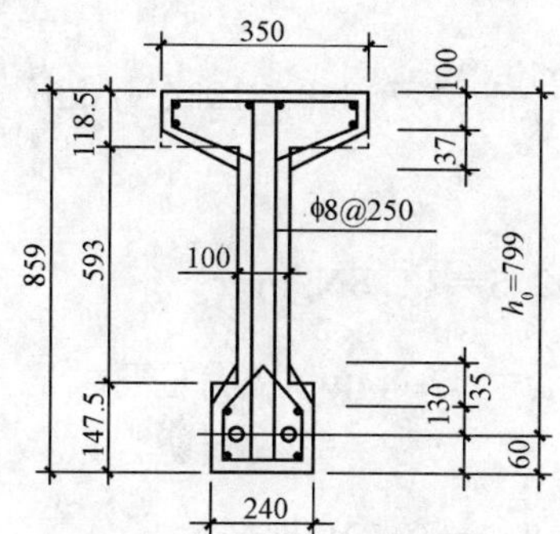

图 3-15　斜截面受剪计算示意

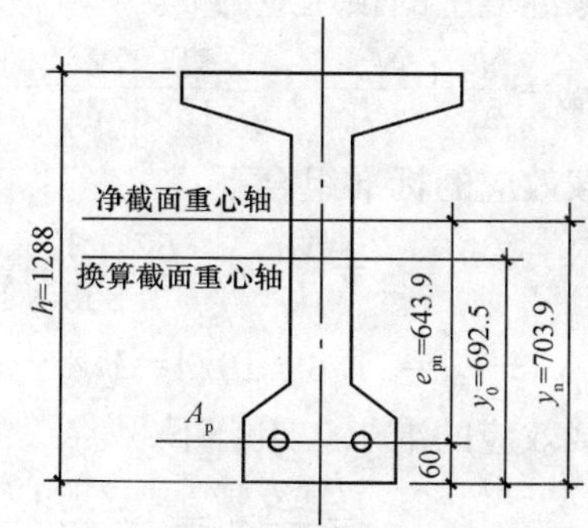

图 3-16　正截面抗裂示意

1)预应力损失值计算：

锚具变形和钢筋内缩引起的预应力损失值。

$$\sigma_{l1}=\frac{a}{l}E_s=\frac{5}{14950}\times1.95\times10^5=65.2\text{N/mm}^2$$

预应力钢筋与孔道之间摩擦引起的损失值。钢绞线，金属波纹管成孔，由表 3-3 查得 $\kappa=0.0015$。取 $x=14.95-5.975=8.975\text{m}$

$$\sigma_{l2}=\sigma_{con}(\kappa x+\mu\theta)=1302\times(0.0015\times8.975+0)=17.5\text{N/mm}^2$$

第一批预应力损失值。

$$\sigma_{l\text{I}}=\sigma_{l1}+\sigma_{l2}=65.2+17.5=82.7\text{N/mm}^2$$

$$N_{p\text{I}}=A_p(\sigma_{con}-\sigma_{l\text{I}})=474.4\times(1302-82.7)=578436\text{N}$$

$$e_{pn\text{I}}=y_n-a_p=703.9-60=643.9\text{mm}$$

受拉区预应力钢筋截面重心处的混凝土预压应力为：

$$\sigma_{pc\text{I},p}=\frac{N_{p\text{I}}}{A_n}+\frac{N_{p\text{I}}e_{pn\text{I}}^2}{I_n}=\frac{578436}{158677}+\frac{578436\times643.9^2}{3.239\times10^{10}}=11.05\text{N/mm}^2$$

预应力钢筋的应力松弛损失值。

$$\sigma_{l4}=0.125\left(\frac{\sigma_{con}}{f_{ptk}}-0.5\right)\sigma_{con}=0.125\times(0.7-0.5)\times1302=0.025\times1302=32.6\text{N/mm}^2$$

混凝土收缩和徐变引起的预应力损失

$$\rho=\frac{A_p}{A_n}=\frac{474.4}{158677}=0.0030$$

$$\sigma_{l5}=\frac{35+280\dfrac{\sigma_{pc\text{I},p}}{f'_{cu}}}{1+15\rho}=\frac{35+280\times\dfrac{11.05}{40}}{1+15\times0.0030}=107.5\text{N/mm}^2$$

第二批预应力损失值

$$\sigma_{l\text{II}}=\sigma_{l4}+\sigma_{l5}=32.6+107.5=140.1\text{N/mm}^2$$

全部预应力损失值

$$\sigma_l=\sigma_{l\text{I}}+\sigma_{l\text{II}}=82.7+140.1=222.8\text{N/mm}^2$$

2)抗裂验算：

$$N_p=A_p(\sigma_{con}-\sigma_l)=474.4\times(1302-222.8)=511972\text{N}$$

$$e_{pn}=703.9-60=643.9\text{mm}$$

受拉边缘混凝土的预压应力 σ_{pc}

$$\sigma_{pc}=\frac{N_p}{A_n}+\frac{N_pe_{pn}}{I_n}y_n=\frac{511972}{158677}+\frac{511972\times643.9}{3.239\times10^{10}}\times703.9=10.4\text{N/mm}^2$$

①在荷载效应的标准组合下：

$$\sigma_{ck}=\frac{M_k}{I_0}y_0=\frac{571.31\times10^6}{3.355\times10^{10}}\times692.5=11.8\text{N/mm}^2$$

$$\sigma_{ck}-\sigma_{pc}=11.8-10.4=1.4\text{N/mm}^2<f_{tk}=2.4\text{N/mm}^2\text{（满足要求）}$$

②在荷载效应的准永久组合下：

$$\sigma_{cq}=\frac{M_q}{I_0}y_0=\frac{462.59\times10^6}{3.355\times10^{10}}\times692.5=9.5\text{N/mm}^2$$

$\sigma_{cq}-\sigma_{pc}=9.5-10.4=-0.9\text{N/mm}^2<0$（满足要求）

(5)斜截面抗裂验算(验算支座 0.7m 处截面)。

1)截面力学特性:

如表 3-6～表 3-9 和图 3-17 所示。

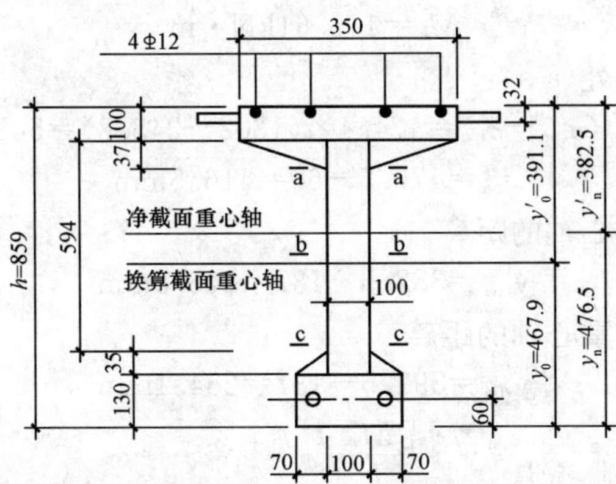

图 3-17　斜截面抗裂示意

2)预应力损失值:

锚具变形和钢筋内缩引起的预应力损失值

$$\sigma_{l1}=65.2\text{N/mm}^2$$

预应力钢筋与孔道之间摩擦引起的预应力损失值

取 $x=14.95-0.825=14.125\text{m}$

$\sigma_{l2}=\sigma_{\text{con}}(\kappa x+\mu\theta)=1302\times(0.0015\times14.125+0)=27.6\text{N/mm}^2$

第一批预应力损失值

$$\sigma_{l\,\text{I}}=\sigma_{l1}+\sigma_{l2}=65.2+27.6=92.8\text{N/mm}^2$$

预应力钢筋的应力松弛损失值

$$\sigma_{l4}=0.125\left(\frac{\sigma_{\text{con}}}{f_{\text{ptk}}}-0.5\right)\sigma_{\text{con}}=0.125\times(0.7-0.5)\times1302=0.025\times1302=32.6\text{N/mm}^2$$

$$N_{\text{p}\,\text{I}}=A_{\text{p}}(\sigma_{\text{con}}-\sigma_{l\,\text{I}})=474.4\times(1302-92.8)=573644\text{N}$$

$$e_{\text{pn}\,\text{I}}=476.5-60=416.5\text{mm}$$

受拉区预应力钢筋截面重心处的混凝土预压应力为:

$$\sigma_{\text{pc}\,\text{I},\text{p}}=\frac{N_{\text{p}\,\text{I}}}{A_{\text{n}}}+\frac{N_{\text{p}\,\text{I}}e_{\text{pn}\,\text{I}}^2}{I_{\text{n}}}=\frac{573644}{135412}+\frac{573644\times416.5^2}{1.168\times10^{10}}=12.8\text{N/mm}^2$$

混凝土收缩和徐变引起的预应力损失值

$$\rho=\frac{474.4}{135412}=0.0035$$

$$\sigma_{l5}=\frac{35+280\dfrac{\sigma_{\text{pc}\,\text{I},\text{p}}}{f'_{\text{cu}}}}{1+15\rho}=\frac{35+280\times\dfrac{12.8}{40}}{1+15\times0.0035}=118.4\text{N/mm}^2$$

第二批预应力损失值

$$\sigma_{l\,\text{II}}=\sigma_{l4}+\sigma_{l5}=32.6+118.4=151.0\text{N/mm}^2$$

全部预应力损失值

$$\sigma_l=\sigma_{l1}+\sigma_{l\,\text{II}}=92.8+151.0=243.8\text{N/mm}^2$$

3)斜截面抗裂验算：

按荷载效应的标准组合计算的剪力值和弯矩值

$$V_k=142.99\text{kN}$$

$$M_k=106.61\text{kN}\cdot\text{m}$$

①腹板与上翼缘交界处(a-a)：

$$N_p=A_p(\sigma_{con}-\sigma_l)=474.4\times(1302-243.8)=502010\text{N}$$

$$e_{pn}=476.5-60=416.5\text{mm}$$

验算点 a 至净截面重心轴的距离

$$y'_{na}=382.5-137=245.5\text{mm}$$

验算点 a 至换算截面重心轴的距离

$$y'_{0a}=391.5-137=254.1\text{mm}$$

$$\begin{aligned}\sigma_x&=\frac{N_p}{A_n}-\frac{N_pe_{pn}}{I_n}y'_{na}+\frac{M_k}{I_0}y'_{0a}\\&=\frac{502010}{135412}-\frac{502010\times416.5}{1.168\times10^{10}}\times245.5+\frac{106.61\times10^6}{1.217\times10^{10}}\times254.1\\&=1.5\text{N/mm}^2\text{(压应力)}\end{aligned}$$

$$\sigma_y=0$$

$$\begin{aligned}S_0&=350\times100\times(391.1-50)+2\times\frac{1}{2}\times125\times37\times(391.1-100-\frac{37}{3})+\\&37\times100\times(391.1-100-\frac{37}{3})+3167\times(391.1-32)\\&=15399669\text{mm}^3\end{aligned}$$

$$\tau=\frac{V_kS_0}{I_0b}=\frac{142.99\times10^3\times1539669}{1.217\times10^{10}\times100}=1.8\text{N/mm}^2$$

$$\left.\begin{matrix}\sigma_{tp}\\\sigma_{cp}\end{matrix}\right\}=\frac{\sigma_x+\sigma_y}{2}\pm\sqrt{(\frac{\sigma_x+\sigma_y}{2})^2+\tau^2}=\frac{-1.5}{2}\pm\sqrt{(\frac{-1.5}{2})^2+1.8^2}=\begin{cases}1.2\text{N/mm}^2\\-1.2\text{N/mm}^2\end{cases}$$

$$\sigma_{tp}=1.2\text{N/mm}^2<0.95f_{tk}=0.95\times2.40=2.28\text{N/mm}^2\text{(满足要求)}$$

$$\sigma_{cp}=2.7\text{N/mm}^2<0.6f_{ck}=0.6\times26.8=16.08\text{N/mm}^2\text{(满足要求)}$$

②换算截面重心处($b-b$)：

验算点至 b 净截面重心轴的距离

$$y_{nb}=476.5-467.9=8.6\text{mm}$$

验算点 b 至换算截面重心轴的距离

$$y_{0b}=0$$

$$\sigma_x=\frac{N_p}{A_n}+\frac{N_pe_{pn}}{I_n}y_{nb}=\frac{502010}{135412}+\frac{502010\times416.5}{1.168\times10^{10}}\times8.6=3.9\text{N/mm}^2$$

$$\sigma_y=0$$

$$\begin{aligned}S_0&=350\times100\times(391.1-50)+2\times\frac{1}{2}\times125\times37\times(391.1-100-\frac{37}{3})+\\&100\times(391.1-100)^2\times\frac{1}{2}+3167\times(391.1-32)\\&=18602026\text{mm}^3\end{aligned}$$

$$\tau=\frac{V_kS_0}{I_0b}=\frac{142.99\times10^3\times18602026}{1.217\times10^{10}\times100}=2.2\text{N/mm}^2$$

$$\left.\begin{matrix}\sigma_{tp}\\\sigma_{cp}\end{matrix}\right\}=\frac{\sigma_x+\sigma_y}{2}\pm\sqrt{(\frac{\sigma_x-\sigma_y}{2})^2+\tau^2}=\frac{-3.9}{2}\pm\sqrt{(\frac{-3.9}{2})^2+2.2^2}$$

$$=-1.95\pm2.94=\begin{cases}1.0\text{N/mm}^2\\-4.9\text{N/mm}^2\end{cases}$$

即

$$\sigma_{tp}=1.0\text{N/mm}^2<0.95f_{tk}=0.95\times2.40=2.28\text{N/mm}^2\text{（满足要求）}$$

$$\sigma_{cp}=4.9\text{N/mm}^2<0.6f_{ck}=0.6\times26.8=16.08\text{N/mm}^2\text{（满足要求）}$$

③下翼缘与腹板交界处($c-c$)：

验算点 c 至净截面重心轴的距离

$$y_{nc}=476.5-165=311.5\text{mm}$$

验算点 c 至换算截面重心轴的距离

$$y_{0c}=467.9-165=302.5\text{mm}$$

$$\sigma_x=\frac{N_p}{A_n}+\frac{N_pe_{pn}}{I_n}y_{nc}-\frac{M_k}{I_0}y_0$$

$$=\frac{502010}{135412}+\frac{502010\times416.5}{1.168\times10^{10}}\times311.5-\frac{106.61\times10^6}{1.217\times10^{10}}\times302.5$$

$$=6.6\text{N/mm}^2\text{（压应力）}$$

$$\sigma_y=0$$

$$S_0=350\times100\times(391.1-50)+2\times\frac{1}{2}\times125\times37\times(391.1-100-\frac{37}{3})+$$
$$100\times594\times(391.1-100-297)+3167\times(391.1-32)$$
$$=14014606\text{mm}^3$$

$$\tau=\frac{V_kS_0}{I_0b}=\frac{142.99\times10^3\times14014606}{1.217\times10^{10}\times100}=1.65\text{N/mm}^2$$

$$\left.\begin{matrix}\sigma_{tp}\\\sigma_{cp}\end{matrix}\right\}=\frac{\sigma_x+\sigma_y}{2}\pm\sqrt{(\frac{\sigma_x-\sigma_y}{2})^2+\tau^2}=\frac{-6.6}{2}\pm\sqrt{(\frac{-6.6}{2})^2+1.65^2}=\begin{cases}0.39\text{N/mm}^2\\-7.00\text{N/mm}^2\end{cases}$$

$$\sigma_{tp}=0.39\text{N/mm}^2<0.95f_{tk}=0.95\times2.40=2.28\text{N/mm}^2\text{（满足要求）}$$

$$\sigma_{cp}=7.00\text{N/mm}^2<0.6f_{ck}=0.6\times26.8=16.08\text{N/mm}^2\text{（满足要求）}$$

(6)施工阶段验算。

1)张拉阶段验算：

验算距支座 0.7m 处截面。

锚具变形和钢筋内缩引起的预应力损失

$$\sigma_{l1}=65.2\text{N/mm}^2$$

预应力钢筋与孔道之间摩擦引起的损失

考虑不利情况，取 $x=0.7+0.125=0.825\text{m}$

$$\sigma_{l2}=\sigma_{con}(\kappa x+\mu\theta)=1302\times(0.0015\times0.825+0)=1.6\text{N/mm}^2$$

第一批预应力损失值

$$\sigma_{l\text{I}}=\sigma_{l1}+\sigma_{l2}=65.2+1.6=66.8\text{N/mm}^2$$

$$N_{p\text{I}}=A_p(\sigma_{con}-\sigma_{l\text{I}})=474.4\times(1302-66.8)=585979\text{N}$$

上边缘应力

$$\sigma_{ct}=\sigma_{cp}+\frac{N_k}{A_0}-\frac{M_k}{I_0}y'_0=\frac{585979}{135412}-\frac{585979\times416.5}{1.168\times10^{10}}\times391.1=-3.8\text{N/mm}^2$$

$$\sigma_{ct}=3.8\text{N/mm}^2<2.0f'_{tk}=2.0\times2.40=4.8\text{N/mm}^2\text{（满足要求）}$$

下边缘应力

$$\sigma_{ct}=\sigma_{pc}+\frac{N_k}{A_0}+\frac{M_k}{I_0}y_0=\frac{585979}{135412}+\frac{585979\times416.5}{1.168\times10^{10}}\times467.9=14.1\text{N/mm}^2$$

$$<0.8f'_{ck}=0.8\times26.8=21.44\text{N/mm}^2\text{（满足要求）}$$

$\sigma_{ct}=3.8\text{N/mm}^2=1.58f'_{tk}$时，预拉区纵向钢筋的配筋率不应小于 0.316%，而预拉区纵向钢筋实际的配筋率为：

$$\frac{A'_s}{A}=\frac{615}{350\times100+125\times37+100\times629+70\times35+240\times130}\times100\%$$

$$=0.452\%<0.316\%\text{（满足要求）}$$

2）吊装时验算（如图 3-18 所示）：

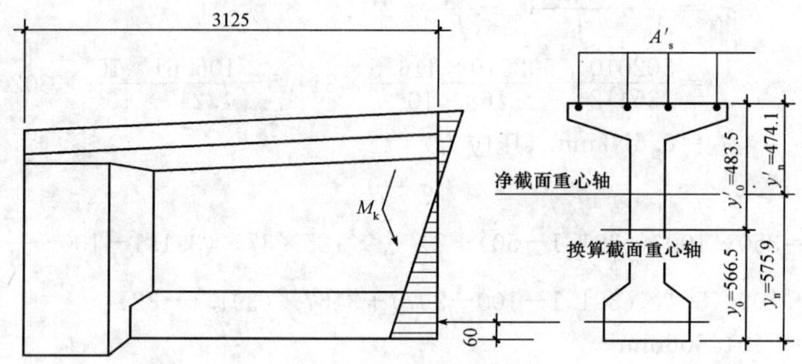

图 3-18　吊装验算示意

吊点距梁端 3.125m。

吊装时自重产生的弯矩

$$M_k=\frac{1}{2}q_{Gk}l^2\times1.5=\frac{1}{2}\times3.17\times3.125^2\times1.5=23.22\text{kN}\cdot\text{m}$$

锚具变形和钢筋内缩引起的预应力损失

$$\sigma_{l1}=65.2\text{N/mm}^2$$

预应力钢筋与孔道之间摩擦引起的损失

考虑不利情况，取 $x=3.125\text{m}$。

$$\sigma_{l2}=\sigma_{con}(\kappa x+\mu\theta)=1302\times(0.0015\times3.125+0)=6.1\text{N/mm}^2$$

第一批预应力损失值

$$\sigma_{l\text{I}}=\sigma_{l1}+\sigma_{l2}=65.2+6.1=71.3\text{N/mm}^2$$

$$N_{p\text{I}}=A_p(\sigma_{con}-\sigma_{l\text{I}})=474.4\times(1302-71.3)=583844\text{N}$$

截面边缘混凝土法向应力按规范计算。

上边缘应力

$$e_{pn\text{I}}=y_n-a_p=575.9-60=515.9\text{mm}$$

$$\sigma_{ct}=\frac{N_{pI}}{A_n}-\frac{N_{pI}e_{pnI}}{I_n}y'_n-\frac{M_k}{I_0}y'_0$$

$$=\frac{583844}{154512}-\frac{583844\times515.9}{1.985\times10^{10}}\times474.4-\frac{23.22\times10^6}{2.060\times10^{10}}\times483.5$$

$$=-3.96\text{N/mm}^2\text{（拉应力）}$$

即　　$\sigma_{ct}=3.96\text{N/mm}^2<2.0f'_{tk}=2.0\times2.40=4.8\text{N/mm}^2$（满足要求）

下边缘应力

$$\sigma_{cc}=\frac{N_{pI}}{A_n}+\frac{N_{pI}e_{pnI}}{I_n}y_n+\frac{M_k}{I_0}y_0$$

$$=\frac{583844}{154512}+\frac{583844\times515.9}{1.985\times10^{10}}\times575.9+\frac{23.22\times10^6}{2.060\times10^{10}}\times566.5$$

$$=13.2\text{N/mm}^2<0.8f'_{ck}=0.8\times26.8=21.44\text{N/mm}^2\text{（满足要求）}$$

$\sigma_{ct}=3.96\text{N/mm}^2=1.65f'_{tk}$时，预拉区纵向钢筋的配筋率不应小于0.33%，而预拉区纵向钢筋实际的配筋率为：

$$\frac{A'_s}{A}=\frac{615}{350\times100+125\times37+100\times820+70\times35+240\times130}\times100\%$$

$$=0.396\%>0.33\%$$

满足要求。

第四节　预应力混凝土连续梁板计算

一、预应力混凝土连续梁板的结构方案

（1）配置连续曲线预应力钢筋的等截面连续梁［如图3-19a）所示］。这种连续梁，分析计算简单，模板不复杂，但预应力钢筋的摩擦损失较大。

（2）配置连续曲线预应力钢筋的变截面连续梁。对于跨度较大、荷载较大的连续梁桥以及柱线刚度小的框架结构，由于中间支座处的负弯矩一般远大于跨中弯矩，故可采取在支座处加腋或将梁底面做成折线或曲线的方法［如图3-19b）所示］。采用这种结构方案时，预应力钢筋稍有弯曲就可以做到沿梁长各截面得到较为优化的预应力偏心距，并可减小摩擦损失，也能减轻梁自重。因此，在工程实践中常采用此种方案。

（3）用连接器形成连续梁。对于一些跨度较大的多跨连续梁，若一起现浇留孔，施加预应力，其施工用的模板及支撑将较多，预应力钢筋也太长，穿束困难，且摩擦损失太大。因而可采用逐跨浇筑，逐跨张拉，再用专用连接器将预应力钢筋连接起来形成整体连续梁［如图3-19c）所示］。采用这种结构方案时，由于每次只张拉一跨或二跨，摩擦损失小，施工用的模板和支撑也便于周转。但是施工阶段的结构形式与使用阶段的结构形式有所不同，结构分析时应以注意。

（4）预制装配式连续梁，又可称为部分连续的连续梁。这种连续梁适用于中小跨度的结构。预制装配式施工方法一般采用先张法制作预应力混凝土简支梁，简支梁中预留孔道，在吊装就位后，再用连续的后张预应力钢筋将其拼成整体［如图3-19d）所示］。

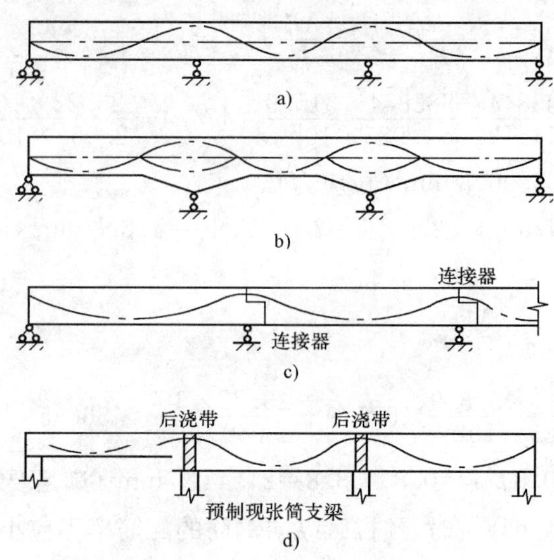

图 3-19 连续梁结构方案

二、预应力混凝土连续梁的设计步骤

(1)初步确定构件的截面尺寸。预应力混凝土连续梁的截面尺寸可按照常用的高跨比和宽高比确定。预应力混凝土连续梁的高跨比一般为$\frac{1}{25}\sim\frac{1}{13}$,宽高比一般为$\frac{1}{6}\sim\frac{1}{3}$。此外,预应力混凝土连续梁一般与现浇板形成整体,构成 T 形连续梁。

(2)计算在恒荷载、活荷载和其他各种荷载(如风荷载等)组合下的内力以及控制截面的最大和最小弯矩。

(3)根据求得的弯矩值和规定的裂缝控制等级,初步确定预应力钢筋的有效预应力值和预应力钢筋截面面积。

(4)布置预应力钢筋,计算等效荷载。布置预应力钢筋时,应使预应力钢筋的形状接近于弯矩图的形状。按荷载平衡法设计时,要求预应力钢筋的形状为理想的抛物线,这将使预应力钢筋在中间支座处形成尖角。然而,在实际工程中,这种尖角是难以施工的,因此,在布置预应力钢筋时,在支座处,通常采用反向抛物线过渡。反弯点距中间支座约为$(0.1\sim0.15)l_0$处。

(5)验算正常使用极限状态。根据构件的裂缝控制等级,验算受拉边缘的混凝土法向应力或正截面的裂缝宽度。必要时,尚需验算斜截面的裂缝控制要求。

(6)计算承载力极限状态。计算正截面受弯承载力,根据已求得的预应力钢筋截面面积,确定所需的非预应力钢筋截面面积。此外,尚需计算斜截面承载力。

三、算例

【例 3-5】 预应力混凝土双跨连续 T 形大梁设计

试设计预应力混凝土双跨连续 T 形大梁(如图 3-20 所示),计算跨度均为 18m,截面的有效翼缘宽度为 1500mm,翼缘厚度为 100mm,承受均布恒荷载标准值为 18kN/m(包括自重),均布活荷载标准值为 29kN/m,准永久系数 $\psi_q=0.5$,裂缝控制等级为二级。混凝土强度等级为 C40,预应力钢筋采用光面钢丝 ϕ^P5。

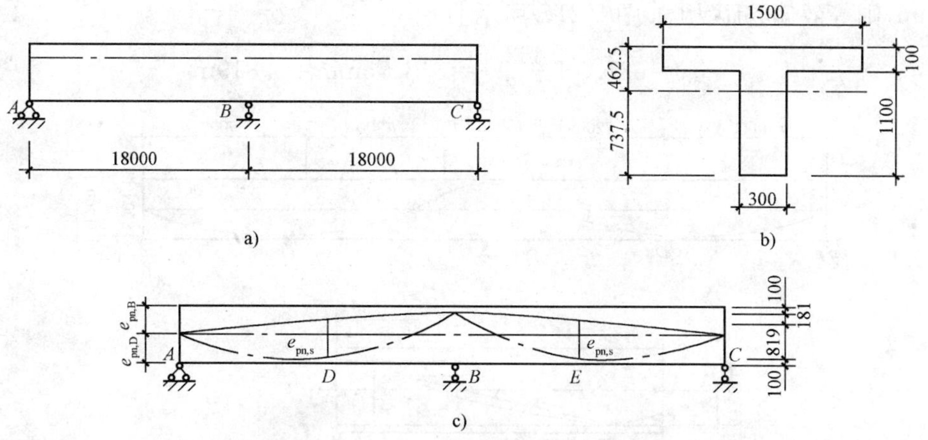

c)

图 3-20　例 3-5 中的预应力混凝土连续梁

解:(1)选择截面尺寸和计算截面特征。

取梁高 $h=\frac{l_0}{15}=1.2\text{m}=1200\text{mm}, b=300\text{mm}$

截面面积 $A=4.8\times10^5\text{mm}^2$,形心轴到截面上边缘的距离 $y_c=462.5\text{mm}$,形心轴到截面下边缘的距率 $y_t=737.5\text{mm}$

截面惯性矩 $I=7.037\times10^5\text{mm}^4$

(2)计算由恒荷载和活荷载在跨中和支座处产生的弯矩标准值由恒荷载产生的内支座弯矩标准值。

$$M_{k,Bg}=-\frac{gl_0^2}{8}=-\frac{18}{8}\times18^2=-729\text{kN}\cdot\text{m}$$

由恒荷载产生的跨中弯矩标准值

$$M_{k,mg}=\frac{gl_0^2}{16}=\frac{18}{16}\times18^2=364.5\text{kN}\cdot\text{m}$$

由恒荷载产生的跨内最大弯矩标准值(在距边支座 $0.375l_0$ 处)

$$M_{k,max,g}=\frac{9}{128}gl_0^2=\frac{9}{128}\times18\times18^2=410\text{kN}\cdot\text{m}$$

由活荷载产生的内支座弯矩标准值

$$M_{k,Bq}=-\frac{gl_0^2}{8}=-\frac{29\times18^2}{8}=-1174.5\text{kN}\cdot\text{m}$$

由活荷载产生的跨中弯矩标准值(为了计算简化,不考虑活荷载的最不利布置)

$$M_{k,mq}=\frac{9l_0^2}{16}=\frac{29\times18^2}{16}=587.25\text{kN}\cdot\text{m}$$

由活荷载产生的跨内最大弯矩标准值(在距边支座 $0.375l_0$ 处)

$$M_{k,max,q}=\frac{9}{128}ql_0^2=\frac{9}{128}\times29\times18^2=661\text{kN}\cdot\text{m}$$

(3)估计预应力的大小。

假定预应力钢筋轴线为抛物线,跨中预应力钢筋截面重心至底面的距离为 100mm,支座处预应力钢筋截面重心至顶面 100mm 的距离,亦即 $e_{pn,D}=e_{pn,E}=637.5\text{mm}$, $e_{pn,B}=$

362.5mm，则等效偏心距为[如图 3-21c)所示]：

$$e_{pn,s}=637.5+\frac{362.5}{2}=818.75mm=0.819m$$

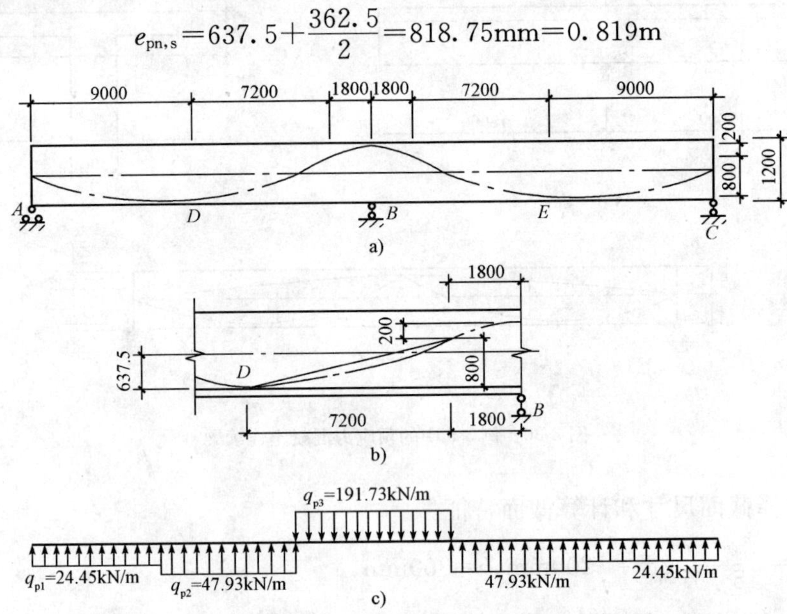

图 3-21　例 3-5 中预应力混凝土连续梁的预应力钢筋布置及其等效荷载

设预应力钢筋引起的等效均布荷载平衡恒荷载和 35％的活荷载，则要求平衡的均布荷载为

$q_p=18+0.35\times29=28.15kN/m$

取 $e_{pn,m}=e_{pn,s}$，得

$$N_{pe}=\frac{q_p l_0^2}{8e_{pn,s}}=\frac{28.15\times18^2}{8\times0.819}=1392kN$$

假设预应力钢筋总预应力损失为 $20\%\sigma_{con}$，则

$$N_{con}=\frac{N_{pe}}{0.8}=\frac{1392}{0.8}=1740kN$$

选用 ϕ^p5 高强碳素钢丝作为预应力钢筋，取

$$\sigma_{con}=0.75f_{ptk}=0.75\times1570=1177.5N/mm^2$$

则所需高强钢丝的截面面积和根数

$$A_p=N_{con}/\sigma_{con}=\frac{1740\times10^3}{1177.5}=1477.7mm^2$$

$$n=\frac{1477.7}{19.63}=75.28\text{ 根}$$

预应力钢丝取为两束，每束 40 根，实际的预应力钢筋的截面面积为 $A_p=80\times19.63=1570mm^2$。

(4)布置预应力钢筋，计算等效荷载及主弯矩、次弯矩和综合弯矩。

预应力钢筋的有效预应力(仍假设预应力钢筋总预应力损失为 $20\%\sigma_{con}$)为：

$\sigma_{pe}=0.8\sigma_{con}=0.8\times1177.5=942N/mm^2$

则 $N_{pe}=A_p\sigma_{pe}=1649\times942=1.553\times10^6N=1.553\times10^3kN$

$$q_{p1}=\frac{8N_{pe}e_{pn1}}{l_{01}^2}=\frac{8\times1.553\times10^6\times0.6375}{(2\times9)^2}=24450\text{N/m}=24.45\text{kN/m}$$

$$q_{p2}=\frac{8N_{pe}e_{pn2}}{l_{02}^2}=\frac{8\times1.553\times10^6\times0.8}{(2\times7.2)^2}=47930\text{N/m}=47.93\text{kN/m}$$

$$q_{p3}=\frac{8N_{pe}e_{pn3}}{l_{03}^2}=\frac{8\times1.553\times10^6\times0.2}{(2\times1.8)^2}=191730\text{N/m}=191.73\text{kN/m}$$

由预应力钢筋有效预加力产生的主弯矩图、次弯矩图和综合弯矩图分别如图 3-22a)～3-22c)所示。由此可见，次弯矩对支座起有利作用，对跨中起不利作用。

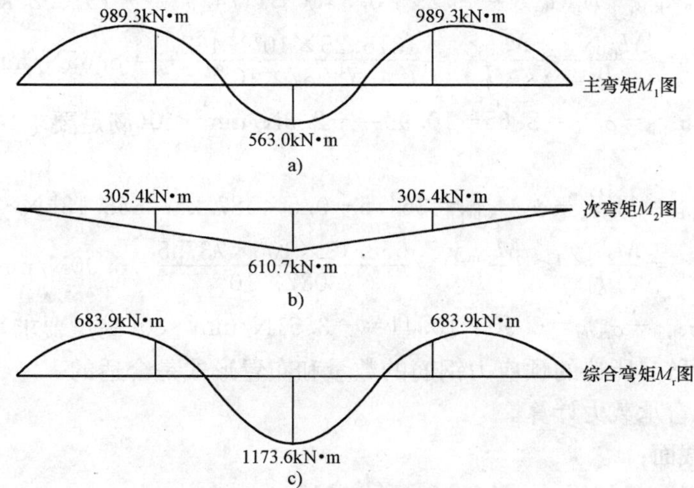

图 3-22　预应力混凝土梁的主弯矩、次弯矩和综合弯矩

(5)裂缝控制验算。

1)按荷载效应的标准组合。

①中间支座截面：

$$M_{k,B}=M_{k,Bg}+M_{k,Bq}=-729-1174.5=-1903.5\text{kN}\cdot\text{m}$$

$$\sigma_{sk,B}=\frac{-M_{k,B}y_{0c}}{I_0}\approx\frac{-M_{k,B}y_c}{I}=\frac{1903.5\times10^6\times462.5}{7.037\times10^{10}}=12.51\text{N/mm}^2$$

$$\begin{aligned}\sigma_{pc,B}&=\frac{N_{pe}}{A_n}+\frac{M_{1,B}y_{nc}}{I_n}+\frac{M_{2,B}y_{nc}}{I_n}\approx\frac{N_{pe}}{A}+\frac{M_{1,B}y_c}{I}+\frac{M_{2,B}y_c}{I}\\&=\frac{1.553\times10^6}{4.8\times10^5}+\frac{563.0\times10^6\times462.5}{7.037\times10^{10}}+\frac{610.7\times10^6\times462.5}{7.037\times10^{10}}\\&=3.24+3.70+4.01=10.95\text{N/mm}^2\end{aligned}$$

$$\sigma_{sk,B}-\sigma_{pc,B}=12.51-10.95=1.56\text{N/mm}^2$$

$$<f_{tk}=2.40\text{N/mm}^2\text{（符合要求）}$$

②跨中截面：

$$M_{k,m}=M_{k,mg}+M_{k,mq}=364.5+587.25=951.75\text{kN}\cdot\text{m}$$

$$\sigma_{sk,m}=\frac{M_{k,m}y_{0t}}{I_0}\approx\frac{M_{k,m}y_t}{I}=\frac{951.75\times10^6\times737.5}{7.037\times10^{10}}=9.97\text{N/mm}^2$$

$$\sigma_{pc,m}=\frac{N_{pe}}{A_n}+\frac{M_{1,m}y_{nt}}{I_n}+\frac{M_{2,m}y_{nt}}{I_n}\approx\frac{N_{pe}}{A}+\frac{M_{1,m}y_t}{I}+\frac{M_{2,m}y_t}{I}$$

$$=\frac{1.553\times10^6}{4.8\times10^5}+\frac{989.3\times10^6\times737.5}{7.037\times10^{10}}-\frac{305.4\times10^6\times737.5}{7.037\times10^{10}}$$

$$=3.24+10.37-3.20=10.41\text{N/mm}^2$$

$$\sigma_{sk,m}-\sigma_{pc,m}=9.97-10.41=-0.44\text{N/mm}^2$$

$$<f_{tk}=2.40\text{N/mm}^2$$（符合要求）

2)按荷载效应的准永久组合。

①中间支座截面：

$$M_{q,B}=M_{k,Bq}+\psi_q M_{k,Bq}=-729+0.5\times(-1174.5)=-1316.25\text{kN}\cdot\text{m}$$

$$\sigma_{sq,B}=\frac{M_{q,B}y_{0c}}{I_0}\approx\frac{M_{q,B}y_c}{I}=\frac{1316.25\times10^6\times462.5}{7.037\times10^{10}}=8.65\text{N/mm}^2$$

$$\sigma_{sq,B}-\sigma_{pc,B}=8.65-10.95=-2.3\text{N/mm}^2<0$$（满足要求）

②跨中截面：

$$M_{q,m}=M_{k,mg}+\psi_q M_{k,mq}=364.5+0.5\times587.25=658.13\text{kN}\cdot\text{m}$$

$$\sigma_{sq,m}=\frac{M_{g,m}y_{0t}}{I_0}\approx\frac{M_{q,m}y_t}{I}=\frac{658.13\times10^6\times737.5}{7.037\times10^{10}}=6.90\text{N/mm}^2$$

$$\sigma_{sq,m}-\sigma_{pc,m}=6.90-10.41=-3.51\text{N/mm}^2<0$$（满足要求）

由上述验算可知，所选的预应力钢筋的数量和布置形式是合适的。

(6)正截面受弯承载力计算。

1)中间支座截面：

$$M_B=1.2M_{k,Bg}+1.4M_{k,Bq}+1.0M_{2,B}$$

$$=-1.2\times729-1.4\times1174.5+1.0\times610.7=-1908.4\text{kN}\cdot\text{m}$$

$h_{0p}=1100\text{mm}$，$h_{0s}=1160\text{mm}$，则近似取 $h_0=1120\text{mm}$

$$\alpha_s=\frac{M_B}{\alpha_1 f_c b h_0^2}=\frac{1908.4\times10^6}{1.0\times19.1\times300\times1120^2}=0.266$$

查得 $\xi=0.316$

$$x=\xi h_0=0.316\times1120=353.92\text{mm}$$

所需非预应力钢筋的面积为：

$$A_s=\frac{M_B-A_p f_{py}(h_{0p}-0.5x)}{f_y(h_{0s}-0.5x)}$$

$$=\frac{1908.4\times10^6-1649\times1110\times(1100-0.5\times353.92)}{300\times(1160-0.5\times353.92)}=742\text{mm}^2$$

选用 4⌀20，$A_s=1256\text{mm}^2$。

2)跨内截面：

取跨内距边支座 $0.375l_0$ 处的截面进行计算。

$$M_{max}=1.2M_{k,max,g}+1.4M_{k,max,q}+1.0M_2$$

$$=1.2\times452+1.4\times683+1.0\times(0.375\times610.7)=1728\text{kN}\cdot\text{m}$$

其 AD 段的抛物线方程为：

$$e_{pe,x}=4e_{pn1}\left[\frac{x}{l_0}-\left(\frac{x}{l_0}\right)^2\right]$$

当 $x=0.375l_0$ 时，在距支座 $0.375l_0$ 处预应力钢筋的抛物线垂度为：

$e_{pe,x}=4e_{pn1}(0.375-0.375^2)=0.9375e_{pn1}=0.9375\times637.5=597.7\text{mm}$

则在　　$x=0.375l_0$ 处预应力钢筋的偏心距为

$$e_{pn,x}=597.7\text{mm}$$

于是可得 $h_{0p}=597.7+462.5=1060.2\text{mm}$

又　　$h_{0s}=1200-40=1160\text{mm}$

则近似取 $h_0=1140\text{mm}$

按第一类 T 形截面计算跨内所需非预应力钢筋面积 A_s。

$\alpha_s=\dfrac{1728\times10^6}{1.0\times19.1\times1500\times1140^2}=0.046$

$\xi=0.05$

$x=\xi h_0=0.05\times1140=57\text{mm}$（$x<h'_f=100\text{mm}$，为第一种 T 形截面）

$A_s=\dfrac{1728\times10^6-1649\times1110\times(1100-0.5\times57)}{300\times(1160-0.5\times57)}<0$

按构造配非预应力筋为 4Φ20，$A_s=1256\text{mm}^2$。

第四章 钢筋混凝土楼盖结构

第一节 装配式楼盖

一、预制混凝土板梁设计要点

1. 预制混凝土实心板

实心板上、下表面比较平整，便于地面和天棚处理。小跨度的实心板常用作走道板及管沟盖板等，是典型的单向受力简支板。板厚常为50～70mm，板宽为500～1000mm，长度为1200～2200mm。

有些地区曾采用夹层实心板，主要目的是合理使用建筑材料。例如上层（两层时）或中层（三层时）采用强度较低的轻混凝土，这不仅可减轻自重，还可改善板的隔热和隔音性能；在下层受拉区则可采用预应力混凝土或预应力混凝土芯板。

我国北方地区推广使用整个房间开间的预制实心大楼板，采用双向配筋且沿板的短边方向施加预应力（也可双向施加预应力）。这种板板厚（包括面层）仅为110mm，板的平面尺寸按照建筑模数，开间从2.7m到3.9m，按0.3m进级；进深为4.8m和5.1m。这种大楼板按双向板计算，用钢量较少，且室内无板缝，效果较好。但构件尺寸大，给制作、运输和吊装带来一定困难，适用性较差。

实心板可按受弯构件进行正截面承载力计算及抗裂度验算（预应力板）或裂缝宽度（非预应力板）和挠度验算。

2. 预制混凝土空心板

空心板自重较实心板轻，且因其截面高度较实心板大，故刚度亦大，隔热隔音效果亦较好。空心板的顶棚和板面均较槽形板易于处理，因而在装配式楼盖中应用最为广泛。

空心板截面的孔洞可为圆形、方形、矩形或椭圆形等（如图4-1所示）。圆孔的孔洞率虽小些，但可利用钢管抽芯成型，较为方便，因此目前国内民用建筑常用圆孔空心板。

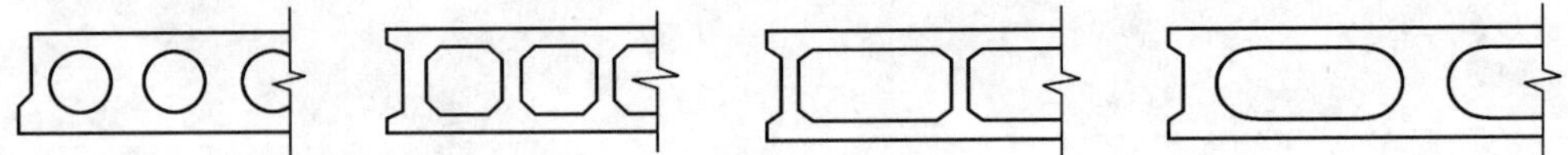

图4-1 空心板截面

空心板的截面高度一般为其跨度的1/25～1/20（非预应力板）或1/35～1/30（预应力板），其取值宜符合砖的模数。板宽一般取500～1000mm。

空心板在安装前需将板两端孔洞用预制块或砖块填密实，以加强板端的承压能力并避免在灌缝或在梁顶现浇混凝土时漏浆。

空心板的混凝土强度等级通常采用C20（非预应力板）或C30（预应力板），钢筋一般采用HPB235级钢筋或冷拔低碳钢丝。

空心板可按受弯构件进行正截面承载力计算以及抗裂度（预应力板）或裂缝宽度验算和挠度验算。在计算时可将孔洞截面换算成等效的工字形截面（如图4-2所示），即将圆孔换

算成矩形孔 $b_e \times h_e$，换算的原则是两者的截面面积和惯性矩相等、重心位置不变且板的总高度和宽度也不变，即

$$\frac{\pi d^2}{4}=b_e h_e \text{ 或 } \frac{\pi d^2}{64}=\frac{b_e h_e^3}{12} \tag{4-1}$$

则

$$b_e=\frac{\sqrt{3}}{6}\pi d, h_e=\frac{\sqrt{3}}{2}d \tag{4-2}$$

式中 d——圆孔的直径。

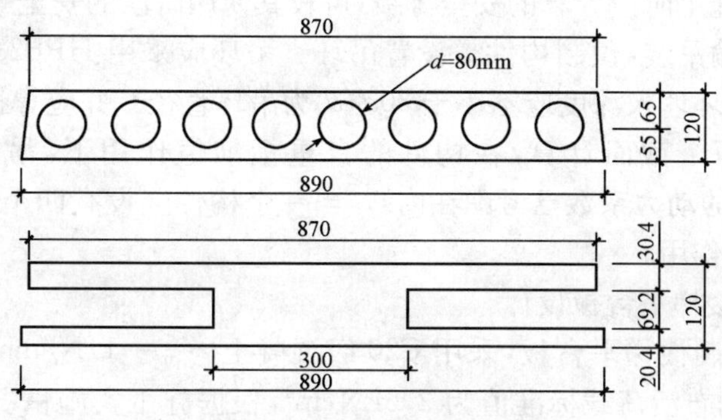

图 4-2 截面换算

3. 预制混凝土槽形板

槽形板有肋向下的正槽形板和肋向上的倒槽形板两种。正槽形板[如图 4-3a)所示]可以比较充分地利用板面混凝土受压能力，比较经济，但不能构成平整的顶棚，通常用于跨度和荷载均较大的工业厂房。板的厚度一般为 25～30mm。为了加强槽形板的刚度，使两个肋较好地协同工作，避免肋在施工中因受扭而产生裂缝，可加设横肋。倒槽形板[如图 4-3b)所示]一般用于木地板的楼面，肋间可铺设隔热、隔音材料等。

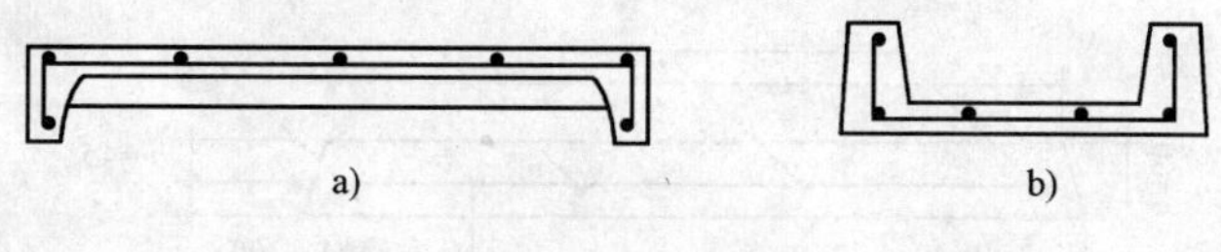

图 4-3 槽形板

4. 混凝土预制梁

装配式楼盖一般需设置楼盖梁。楼盖梁可为预制的或现浇的，应视梁的尺寸和施工现场条件而定，此处仅简述预制梁。

预制梁的常用截面如图 4-4 所示。预制梁通常为简支梁或带悬臂的简支梁(用于外廊式房屋)，也有做成连续梁的。简支预制梁的高跨比一般为 1/18～1/14，截面宽高比常为1/3～1/2。

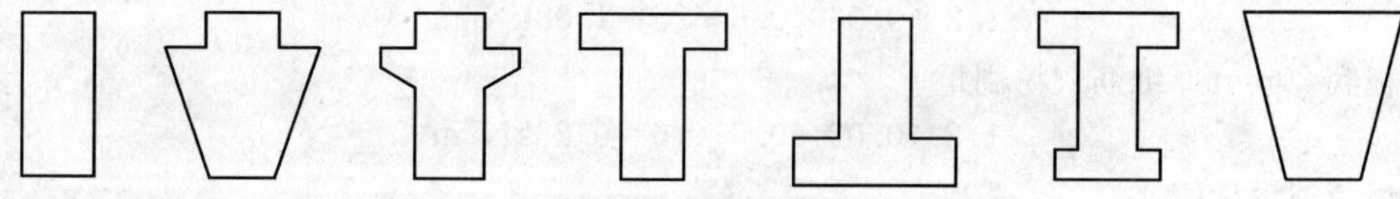

图 4-4 预制梁常用截面

设计预制楼盖梁应首先选用材料及估算截面尺寸，然后进行正截面和斜截面承载力计算，以确定纵向受力钢筋截面面积和腹筋（箍筋和弯起钢筋）；然后再验算裂缝宽度（对预应力梁应验算抗裂度）和挠度。此外，还应进行施工阶段的验算。

二、预制构件施工阶段验算要点

(1)对于预制板、预制小梁应考虑施工或检修集中荷载 0.8kN（可根据具体情况适当增大），但此集中荷载与使用活荷载不同时考虑。

(2)预制构件本身吊装的验算，应将构件自重乘以动力系数 1.5。

(3)预制构件在施工阶段验算的安全等级，可较其使用阶段的安全等级降低一级。

(4)为了便于运输吊装，预制构件需设置吊环。吊环应采用 HPB235 级钢筋制作，严禁使用冷加工钢筋。吊环埋入深度应不小于 $30d$（d 为吊环直径），并应焊接或绑扎在钢筋骨架上。每个吊环可按两个截面计算，在构件的自重标准值作用下，吊环拉应力不应大于 50N/mm^2（构件自重的动力系数已考虑在内）。当一个构件上设有四个吊环时，设计时仅考虑三个吊环同时发挥作用。

【例 4-1】 预制楼梯平台板设计

如图 4-5 所示预制楼梯平台板，采用 C20 级混凝土（$f_{cm}=11\text{N/mm}^2$），HPB235 级钢筋（$f_y=210\text{N/mm}^2$），均布活荷载标准值为 2.5kN/m^2，根据施工实施情况每块板上考虑一集中荷载（标准值）2.0kN，试设计此平台板。

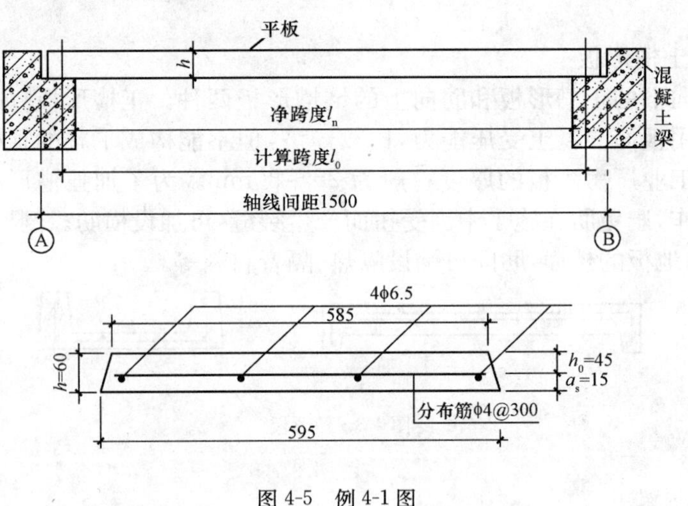

图 4-5 例 4-1 图

解：(1)荷载设计值和计算简图。

30mm 厚细石混凝土面层重 g_1

$$1.2\times0.03\times0.6\times24=0.518\text{kN/m}$$

60mm 厚钢筋混凝土平板重 g_2

$$1.2\times0.06\times0.6\times25=1.08\text{kN/m}$$

板底 20mm 厚纸筋灰粉刷重 g_3

$$1.2\times0.02\times0.6\times16=0.23\text{kN/m}$$

恒荷载设计值 g

$$g=g_1+g_2+g_3=0.518+1.08+0.23=1.828\text{kN/m}$$

板面均布活荷载设计值 q

$$1.4\times0.6\times2.5=2.1\text{kN/m}$$

施工集中荷载设计值 Q

$$1.4\times2.0=2.8\text{kN}$$

平板的轴线间长度为 1500mm，实际长度为 1500－20＝1480mm；计算跨度为

$$l_0+l_n+h=(1480-2\times90)+60=1360\text{mm}=1.36\text{m}$$

计算简图如图 4-6 所示。

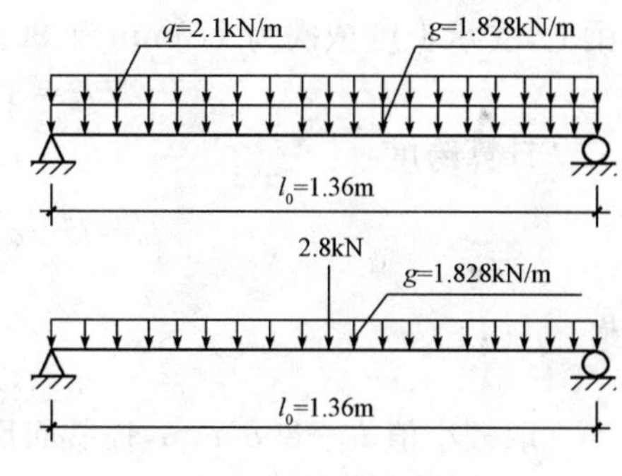

图 4-6　例 4-1 计算简图

(2)弯矩计算。

使用阶段跨中最大弯矩

$$M=\frac{1}{8}(g+q)l_0^2=\frac{1}{8}(1.828+2.1)\times1.36^2$$

$$=0.908\text{kN}\cdot\text{m}$$

施工阶段跨中最大弯矩

$$M=\frac{1}{8}g_2l_0^2+\frac{1}{4}Ql_0=\frac{1}{8}\times1.08\times1.36^2+\frac{1}{4}\times2.8\times1.36=1.202\text{kN}\cdot\text{m}$$

应按大者即施工阶段跨中弯矩进行正截面承载力计算。

(3)正截面承载力计算(配筋计算)。

板的净保护层厚度为 10mm，故取 $a_s=15\text{mm}$，则板截面有效高度

$$h_0=60-15=45\text{mm}$$

$$\alpha_s=\frac{M}{\alpha_1f_cbh_0^2}=\frac{120200}{1.0\times11\times600\times45^2}=0.090$$

查得受压区相对高度 $\xi=0.095$，则所需受力钢筋截面面积 A_s

$$A_s=\xi\frac{f_c}{f_y}bh_0=\frac{0.095}{0.095}\times\frac{11}{210}\times600\times45=134.36\text{mm}^2$$

采用 4ϕ6.5，实际 $A_s=133\text{mm}^2>134.36\text{mm}^2$，可以采用分布钢筋 ϕ4@300，配筋如图4-7所示。如果简支端支座处有部分嵌固作用，则可将跨中受力钢筋的 1/3～1/2 弯起以承受可能出现的负弯矩。这时在钢筋弯折处均应配置分布钢筋，如图 4-8 所示。

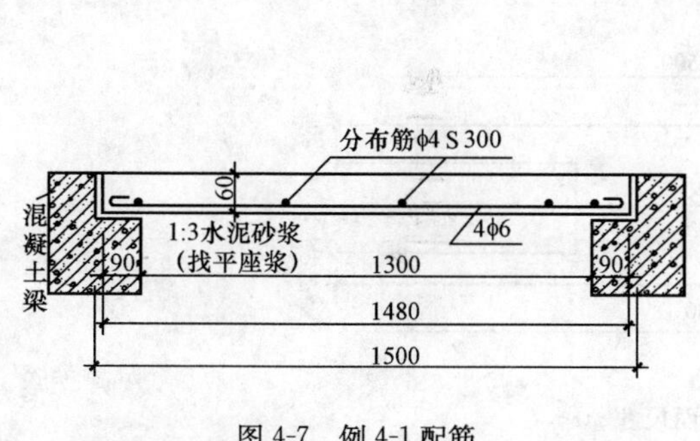

图 4-7　例 4-1 配筋

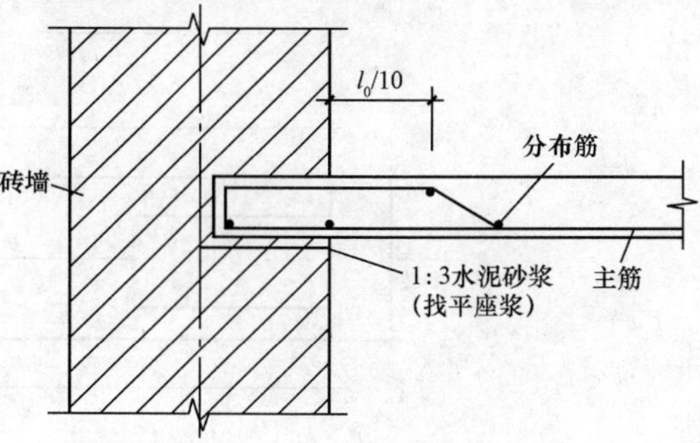

图 4-8　弯折处配置分布钢筋

【例 4-2】　教学楼教室空心板设计

某教学楼教室进深 6.5m，宽为 9.9m，中间设两根大梁搁置在纵墙上，上铺钢筋混凝土

空心板(铺 10 块 500mm 宽和 2 块 600mm 宽的板)试设计宽 500mm 的空心板。

(1)材料及板的尺寸。

选用 C20 级混凝土,HPB235 级钢筋。

教室内两边跨板的长度为 3200mm(实际长度为 3180mm),板两端分别搁置在砖墙和大梁上,支承长度依次为 110mm 和 90mm,故板净跨度

$$l_n=3180-110-90=2980\text{mm}$$

计算跨度

$$l_0=l_n+a=2980+\frac{90+110}{2}=3080\text{mm}$$

或

$$l_0=1.05l_n=3129\text{mm}$$

取较小值 $l_0=3080$mm,板截面尺寸如图 4-9a)所示,折算截面尺寸如图 4-9b)所示。

圆孔折算成矩形孔的宽度和高度分别为:

$$b_e=\frac{\sqrt{3}\pi}{6}d=\frac{\sqrt{3}\times3.14}{6}\times80=72.5\text{mm}$$

$$h_e=\frac{\sqrt{3}}{2}d=\frac{\sqrt{3}}{2}\times80=69.3\text{mm}$$

折算截面的肋部宽度为 $b=500\times4\times72.5=210$mm

上、下翼缘厚度分别为:

$$h'_f=65-\frac{69.3}{2}=30.4\text{mm}\qquad h_f=55-\frac{69.3}{2}=20.4\text{mm}$$

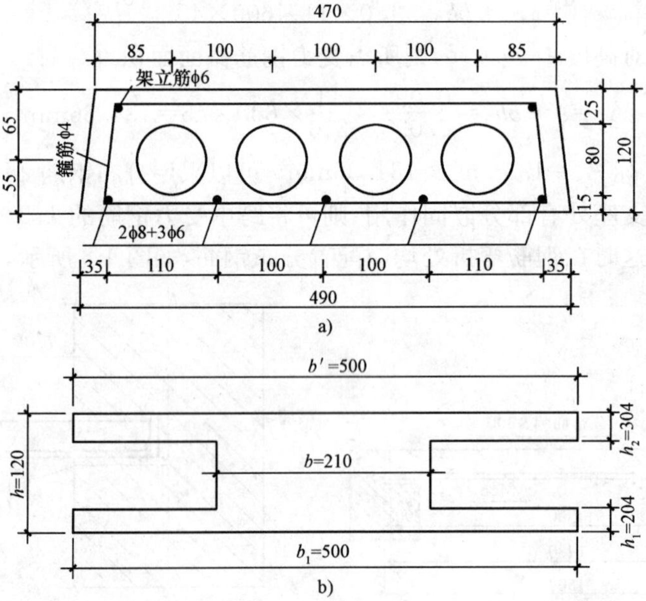

图 4-9 截面尺寸

(2)荷载及计算简图。

30mm 厚细石混凝土面层

$$0.03\times0.5\times24=0.36\text{kN/m}$$

空心板自重(包括填缝)

$$\left(0.5\times0.12-4\times\frac{3.14\times0.08^2}{4}\right)\times1\times25=0.998\text{kN/m}$$

板底 20mm 纸筋石灰粉刷

$$0.02\times0.5\times16=0.16\text{kN/m}$$

恒载标准值和设计值分别为：

$$g_k=0.36+0.998+0.16=1.518\text{kN/m},g=1.2\times1.518=1.822\text{kN/m}$$

教室楼面均布活荷载标准值为 2kN/m^2，则

$q_k=0.5\times2=1\text{kN/m},q=1.4\times1=1.4\text{kN/m}$

计算简图如图 4-10 所示。

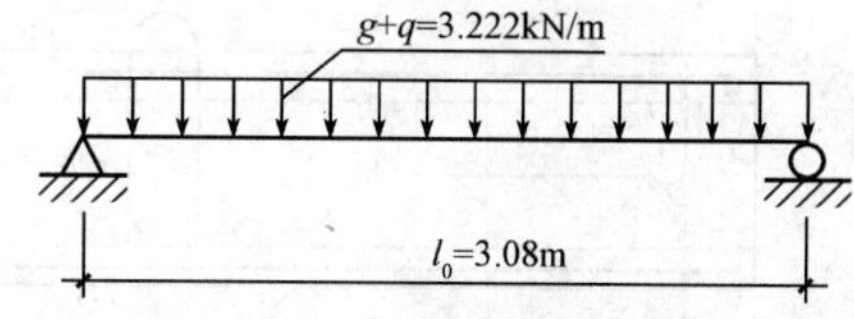

图 4-10　例 4-2 计算简图

(3)内力计算。

跨中最大弯矩标准值和设计值分别为：

$$M_k=\frac{1}{8}(g_k+q_k)l_0^2=\frac{1}{8}(1.518+1)\times3.08^2=2.986\text{kN}\cdot\text{m}$$

$$M=\frac{1}{8}(g+q)l_0^2=\frac{1}{8}(1.822+1.4)\times3.08^2=821\text{kN}\cdot\text{m}$$

荷载长期作用下的跨中弯矩标准值为：

$$M_{lk}=\frac{1}{8}(g_k+\psi_q q_k)l_0^2=\frac{1}{8}(1.518+0.5\times1)\times3.08^2=2.393\text{kN}\cdot\text{m}$$

支座边缘剪力设计值为：

$$V=\frac{1}{2}(g+q)l_n=\frac{1}{2}(1.822+1.4)\times2.98=4.8\text{kN}$$

(4)正截面和斜截面承载力计算。

正截面按单筋 T 形截面计算，先验算 T 形截面类型：

$$f_{cm}b'_f h'_f\left(h_0-\frac{h'_f}{2}\right)=11\times500\times30.4\times\left(107-\frac{30.4}{2}\right)$$

$$=15348960\text{N}\cdot\text{mm}=15.35\text{kN}\cdot\text{m}>M=3.821\text{kN}\cdot\text{m}$$

故为第一类型，可按宽为 b'_f 的矩形截面计算。

$$\alpha_s=\frac{M}{\alpha_1 f_c b'_f h_0^2}=\frac{3821000}{11\times500\times107^2}=0.061$$

查得 $\xi=0.063$，则正截面承载力所需纵向受拉钢筋截面面积为：

$$A_s=\xi\frac{f_c}{f_y}b'_f h_0=0.063\times\frac{11}{210}\times500\times107=176.6\text{mm}^2$$

选用 2ϕ8＋3ϕ6，实际截面面积为 $186\text{mm}^2>176.6\text{mm}^2$。另外配置分布钢筋 ϕ4@300。

$V_c=0.07f_c bh_0=0.07\times10\times210\times107=15729\text{N}>V=4800\text{N}$

说明按计算不需配置箍筋。为了防止在运输、起吊时端部可能断裂，因此在端部配置 2ϕ4 构造箍筋。

(5)吊环计算。

为了运输吊装需要，在空心板四角附近设置 4 个吊环，计算时仅考虑 3 个同时发挥作用。空心板自重标准值 $G_k=0.998\times3.18=3.174\text{kN}=3174\text{N}$，则每个吊环的截面面积 A_s

按下式计算：

$$A_s=\frac{G_k}{2(n-1)\sin45^\circ\sigma_s}=\frac{3174}{2\times(4-1)\times0.707\times50}=15\text{mm}^2$$

选用吊环直径为 ϕ6，$A_s=28.3\text{mm}^2>15\text{mm}^2$。

(6)配筋图。

如果板运输的路程较远，道路不平时，为防止混凝土开裂，宜增设 2ϕ6 架立筋。该钢筋亦可承受因板支座的部分嵌固作用而可能出现的负弯矩。配筋如图 4-11 所示。

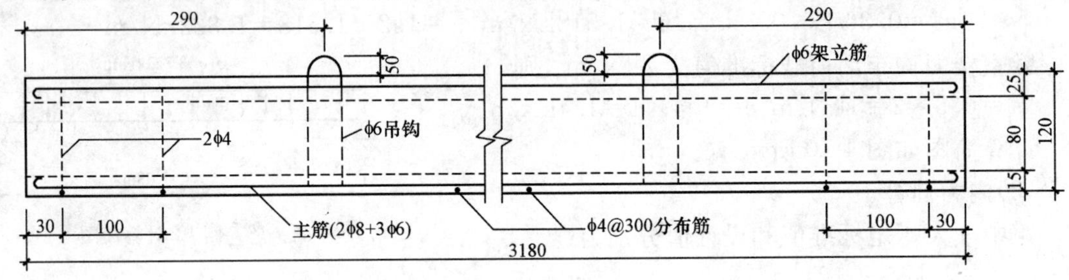

图 4-11 配筋图

【例 4-3】 楼盖预制钢筋混凝土外伸梁设计

试设计如图 4-12 所示楼盖的预制钢筋混凝土外伸梁。

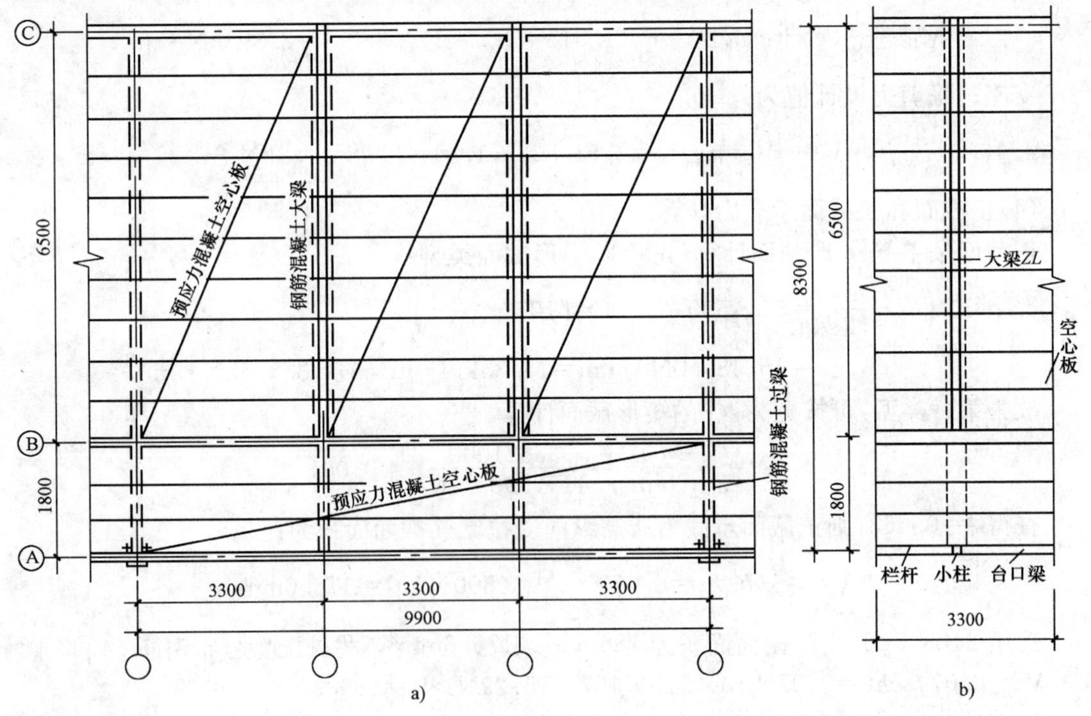

图 4-12 例 4-3 图

解：(1)材料及截面尺寸。

采用 C20 级混凝土，纵向受力钢筋用 HRB335 级钢筋，其他为 HPB235 级钢筋。

初步选定梁截面尺寸为 200mm×550mm(符合构造要求)，两边各挑出 100mm 以搁置空心板，其靠纵墙处外伸部分截面为 200mm×400mm，外端为 200mm×200mm（如图 4-13 所示）。

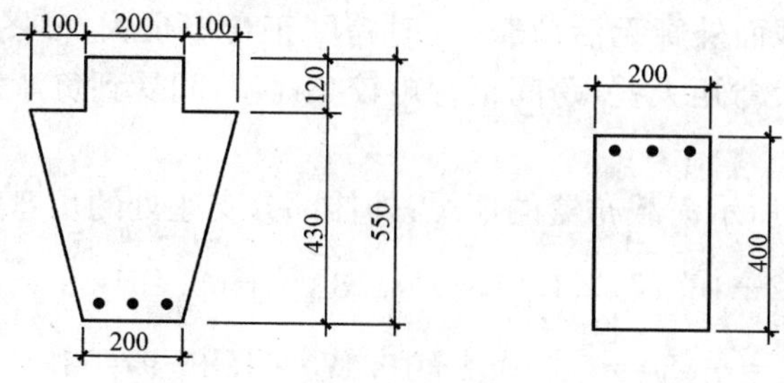

图 4-13　梁截面尺寸

(2)荷载及计算简图。

大梁室内承载部分：

空心板传来恒荷载设计值为：

$$(1.822-0.432)\times2\times3.1+0.432\times2\times3.3=11.47\text{kN/m}$$

大梁自重

$$1.2\times(0.2\times0.55+2\times\frac{1}{2}\times0.1\times0.43)\times25=4.59\text{kN/m}$$

大梁粉刷

$$1.2\times(0.44\times2+0.2)\times0.02\times16=0.415\text{kN/m}$$

恒荷载总值

$$g=11.47+4.59+0.415=16.475\text{kN/m}$$

楼面均布活荷载

$$q=1.4\times2\times3.3=9.24\text{kN/m}$$

大梁走廊承载部分：

30mm 厚细石混凝土面层

$$1.2\times0.03\times24\times3.3=2.851\text{kN/m}$$

空心板自重（包括填缝）

$$1.2\times0.998\times2\times3.3=7.904\text{kN/m}$$

20mm 厚板底粉刷

$$1.2\times0.02\times16\times3.1=1.19\text{kN/m}$$

外伸梁自重

$$1.2\times0.2\times\left(\frac{0.2+0.4}{2}\right)\times25=1.8\text{kN/m}$$

外伸梁粉刷

$$1.2\times(0.2+0.3\times2)\times0.02\times16=0.307\text{kN/m}$$

$$g=14.052\text{kN/m}$$

梁外端集中恒荷载（包括栏杆、扶手、台口梁及小立柱等重量）经估算为 7.5kN，则

$$G=1.2\times7.5=9\text{kN}$$

外廊均布活荷载

$$q=1.4\times3.5^{㊀}\times3.3=16.17\text{kN/m}$$

大梁计算简图如图 4-14 所示，其中 a)图为教室和外廊均满载的情况，这时 B 支座处剪力最大；c)图为教室满载而外廊无活荷载，这时跨间正弯矩最大；e)图为外廊满载而室内无活荷载，这时外伸部分负弯矩大些，跨间正弯矩较小，且跨间受到负弯矩影响的范围亦大些。

(3)内力计算。

先考虑如图 4-14a)所示荷载布置的情况：外伸部分支座处的负弯矩 M_B 为：

$$M_B=-\left[\frac{1}{2}(14.052+16.17)\times1.8^2+9\times1.8\right]=-65.156\text{kN}\cdot\text{m}$$

$$R_{B1}=-V_{B1}=(14.052+16.17)\times1.8+9=63.4\text{kN}$$

$$R_{Br}=V_{Br}=\frac{(16.475+9.24)\times6.5}{2}+\frac{M_B}{l_0}=83.574+\frac{65.156}{6.5}=93.598\text{kN}$$

支座 B、C 的反力分别为：

$$R_B=63.4+93.598=156.998\text{kN}$$

$$R_C=83.574-\frac{63.4}{6.5}=73.82\text{kN}$$

产生最大正弯矩的截面距支座 C 的距离为：

$$x=R_c/(g+q)=73.82/25.715=2.87\text{m}$$

则跨间最大正弯矩为：

$$M_{max}=73.82\times2.87-\frac{1}{2}\times25.715\times2.87^2=105.96\text{kN}\cdot\text{m}$$

弯矩和剪力如图 4-14b)所示。

对于如图 4-14c)、e)所示荷载布置的情况，可按相同方法求得弯矩和剪力值，此处从略。其相应的弯矩、剪力如图 4-14d)、f)所示。

(4)正截面承载力计算。

从图 4-14 可知，BC 跨跨间最大正弯矩为 $M_{max}=117.02\text{kN}\cdot\text{m}$，略去梁截面两侧挑出部分，近似按 200×550mm 的矩形截面计算，取 $a_s=35\text{mm}$，$h_0=550-35=515\text{mm}$，则

$$\alpha_s=\frac{M}{\alpha_1 f_c bh_0^2}=\frac{11702\times10^4}{1.0\times11\times200\times515^2}=0.2$$

查得受压区相对高度 $\xi=0.225$

则所需纵向受拉钢筋的截面面积 A_s 为：

$$A_s=\xi\frac{f_c}{f_y}bh_0=0.225\times\frac{11}{310}\times200\times515=822.3\text{mm}^2$$

选用 2Φ18+2Φ16，实际截面面积为 $509+402=911\text{mm}^2>A_s$

BC 跨 B 支座处最大负弯矩 $M_B=-65.16\text{kN}\cdot\text{m}$，仍按矩形截面计算，可得：

$$\alpha_s=\frac{M_B}{\alpha_1 f_c bh_0^2}=\frac{6516\times10^4}{1.0\times11\times200\times515^2}=0.112\text{，查得 }\xi\approx0.12$$

则

$$A_s=\xi\frac{f_{cm}}{f_y}bh_0=0.12\times\frac{11}{310}\times200\times515=438.6\text{mm}^2$$

㊀——考虑到外廊可能出现密集人群的情况，故取 3.5kN/m。

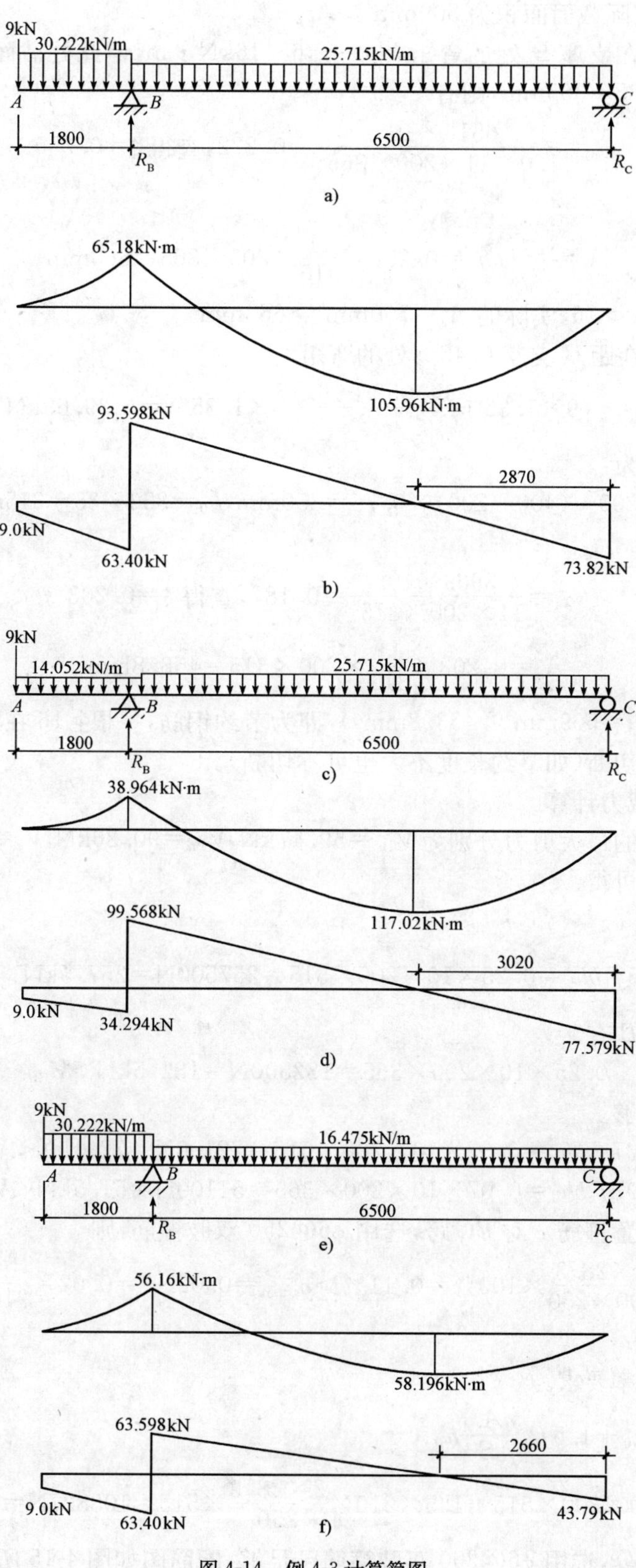

图 4-14 例 4-3 计算简图

选用 2⌀18，实际截面面积为 $509\text{mm}^2>A_s$。

外伸部分 AB 在支座 B 处的弯矩 $M_B=-65.16\text{kN}\cdot\text{m}$，但此处截面尺寸为 $200\text{mm}\times400\text{mm}$，$h_0=400-35=365\text{mm}$，则有

$$\alpha_s=\frac{6516\times10^4}{1.0\times11\times200\times365^2}=0.222\text{，查得 }\xi=0.256$$

则

$$A_s=\xi\frac{f_c}{f_y}bh_0=0.256\times\frac{11}{310}\times200\times365=663\text{mm}^2$$

选用 2⌀18+1⌀16，实际的 $A_s=710\text{mm}^2>663\text{mm}^2$。

外伸部分 AB 在距 B 支座 0.45m 处的弯矩

$$M_D=-(9\times1.35+\frac{14.052+16.17}{2}\times1.35^2)=-39.69\text{kN}\cdot\text{m}$$

此处截面高度为：

$$h=200+(400-200)\times0.75=350\text{mm},h_0=350-35=315\text{mm}$$

则有

$$\alpha_s=\frac{3969\times10^4}{11\times200\times315^2}=0.182\text{，查得 }\xi=0.203$$

$$A_s=0.203\times\frac{11}{310}\times200\times315=453.8\text{mm}^2$$

选用 2⌀18（$A_s=509\text{mm}^2>453.8\text{mm}^2$），即为节约钢筋，一根⌀16 在距支座 B0.45m 处延长锚固长度可予切断（如节约长度不大也可不切断）。

(5)斜截面承载力计算。

按净跨度算得的最大剪力分别为 $V_{Bl}=59.47\text{kN}$，$V_{Br}=90.26\text{kN}$，$V_c=74.24\text{kN}$。

验算截面尺寸可得：

对 BC 跨有

$$0.25f_cbh_0=0.25\times10\times200\times515=257500\text{N}=257.5\text{kN}>\begin{matrix}V_{Br}\\V_c\end{matrix}$$

对外伸部分 AB 有

$$0.25\times10\times200\times365=182500\text{N}=182.5\text{kN}>V_{Bl}$$

截面尺寸均足够。

$$0.07f_cbh_0=0.07\times10\times200\times515=72100\text{N}=72.1\text{kN}<V_{Br}$$
$$0.07f_cbh_0=0.07\times10\times200\times365=51100\text{N}=51.5\text{kN}<V_{Bl}$$

均需按计算配置箍筋。对 BC 跨，选用 $\phi6@250$ 双肢箍筋，则

$$\rho_{sv}=\frac{nA_{sv1}}{bS}=\frac{2\times28.3}{200\times250}\times100\%=0.11\%>\rho_{svmin}=0.02\frac{f_c}{f_y}=0.02\times\frac{10}{210}\times100\%$$
$$=0.095\%$$

满足最小配箍率要求。

$$V_{cs}=0.07f_cbh_0+1.5f_{yv}\frac{nA_{sv1}}{S}h_0$$
$$=0.07\times10\times200\times515+1.5\times210\times\frac{2\times28.3}{250}\times515=108827\text{N}=108.83\text{kN}>V_{Bs}$$

对 AB 外伸部分，选用 $\phi6@200$ 双肢箍筋已足够，配筋图如图 4-15 所示。

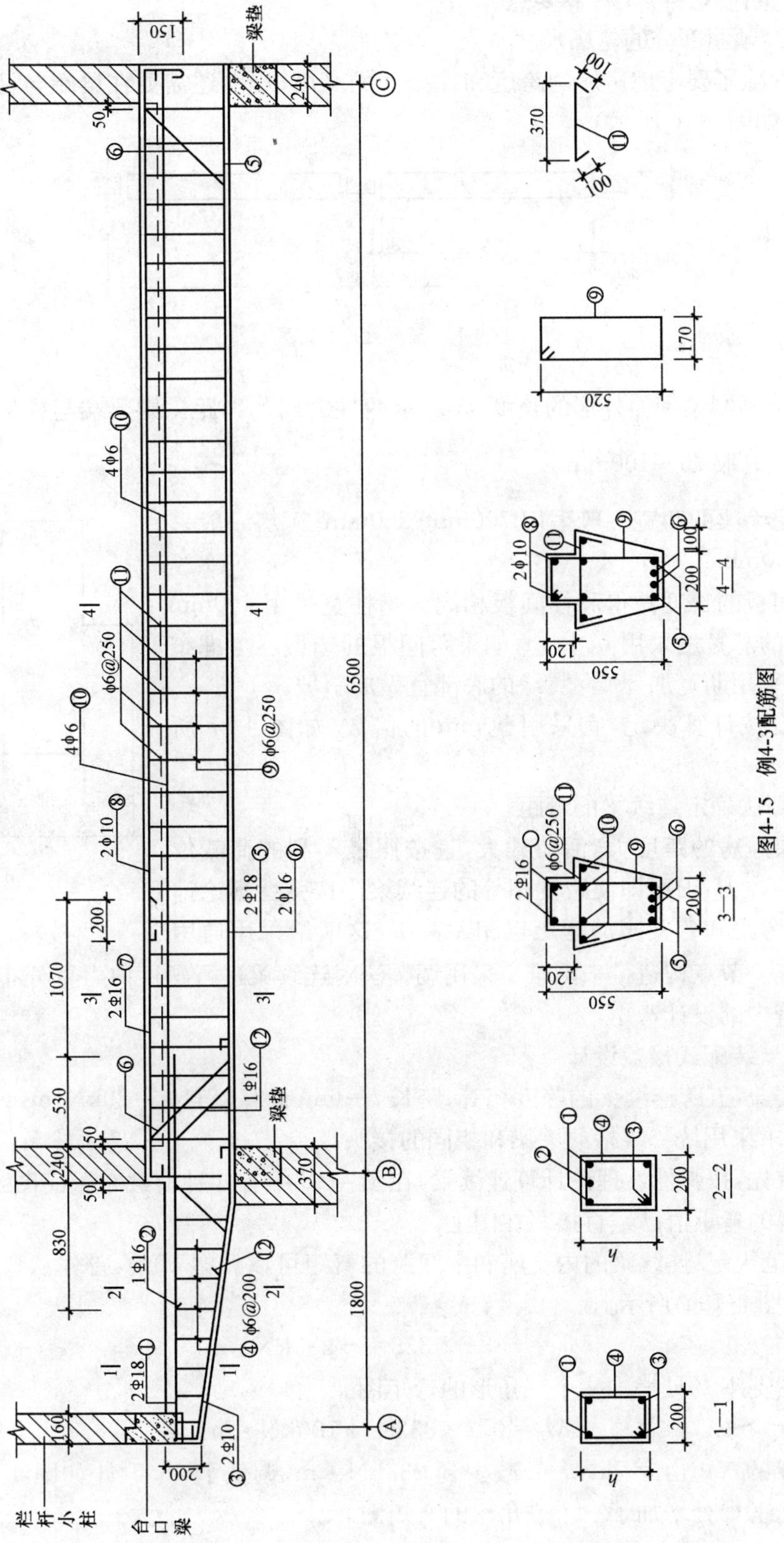
梁垫
梁垫
栏杆小柱
台口梁
1—1
2—2
3—3
4—4
2Φ18
2Φ10
1Φ16
Φ6@200
1Φ16
2Φ16
2Φ10
4Φ6
Φ6@250
Φ6@250
4Φ6
2Φ18
2Φ16
2Φ16
Φ6@250
2Φ10
6500
1800
830
530
1070
200
150
240
370
160
200
520
170
550
120
100
370
100
图4-15　例4-3配筋图

三、装配整体式连续梁计算要点

1. 连续梁预制部分的轮廓尺寸

梁的长度除了要考虑房屋的跨度和柱截面的高度以外，还需要在梁端与柱侧之间留有一定的空隙（如图 4-16 所示）。

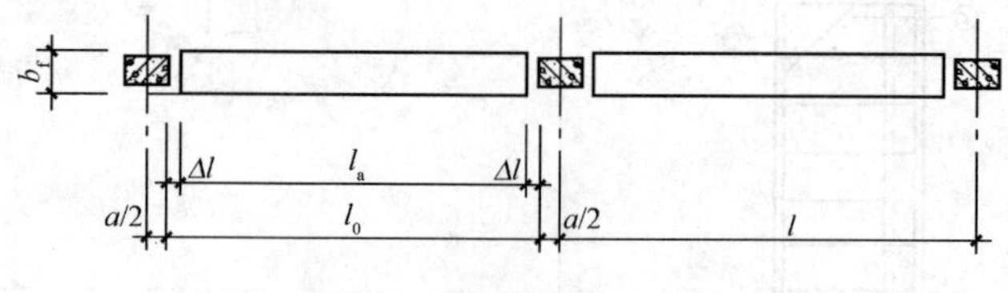

图 4-16　梁长度计算简图

用 l_a 表示预制梁平面外形的长度，l_0 表示两柱之间的净距。则梁端与柱侧之间的空隙 $\Delta l=\dfrac{l_0-l_a}{2}$，一般取 75～100mm。

民用房屋大梁的肋宽一般采用 200mm、250mm；厂房一般采用 250mm、300mm。

如果跨间板的长度做得和柱间板相同。当柱宽采用 400mm 时，两侧翼缘的总宽度采用 650mm；如果跨间板的选型不考虑布置在柱间，宜采用肋宽加 300。翼缘的底部宜做成斜坡。

梁的高度按计算决定，宜采用 50mm 的倍数（如图 4-17 所示）。

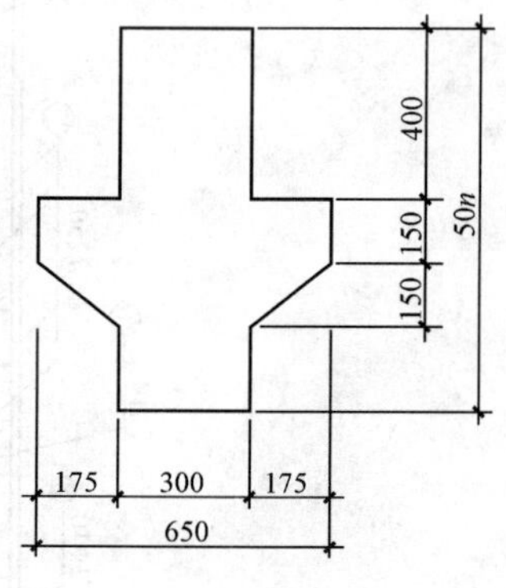

图 4-17　梁高度选用

2. 用调幅法确定连续梁的弯距

由于多层厂房的跨度大，活荷载大，宜按照最不利的荷载位置来确定梁的内力，因而即使跨度相等的连续梁当按弹性理论计算时，各跨的弯距和各支座的弯矩也相差甚多，这就给采用通用预制构件和统一节点构造带来困难。采用调幅法对连续梁进行塑性内力重分布的计算可以调整支座和跨中的设计弯矩。

【例 4-4】　装配式楼盖设计

装配式楼盖，五跨连续梁的跨度相等，跨长 $l=6\text{m}$，计算恒载 $g=20\text{kN/m}$，计算活载 $q=60\text{kN/m}$。要求采用统一规格的大梁和相同的接头。

解：(1)首先，按弹性性理论计算连续梁，在图 4-18 中有四种荷载布置简图，按照最不利荷载组合算得的弯矩值已经直接写在图上。

(2)按规范规定：连续梁的内支座和中间跨的弯矩可以调幅 30%，首先从弯矩最大的支座 B 开始[如图 4-18a)所示]。

$$M_B=-0.7\times333=-233\text{kN}\cdot\text{m}$$

相当于在支座 B 处增加一个三角形的弯矩图。

$$\Delta M_B=0.3\times333=+100\text{kN}\cdot\text{m}$$

令支座 C 的弯矩由 317kN · m 减少到 233kN · m，调低了 26.5%[如图 4-18b)所示]。也相当于在支座 C 处增加了一个三角形的弯矩图。

$$\Delta M_C=317-233=84\text{kN}\cdot\text{m}$$

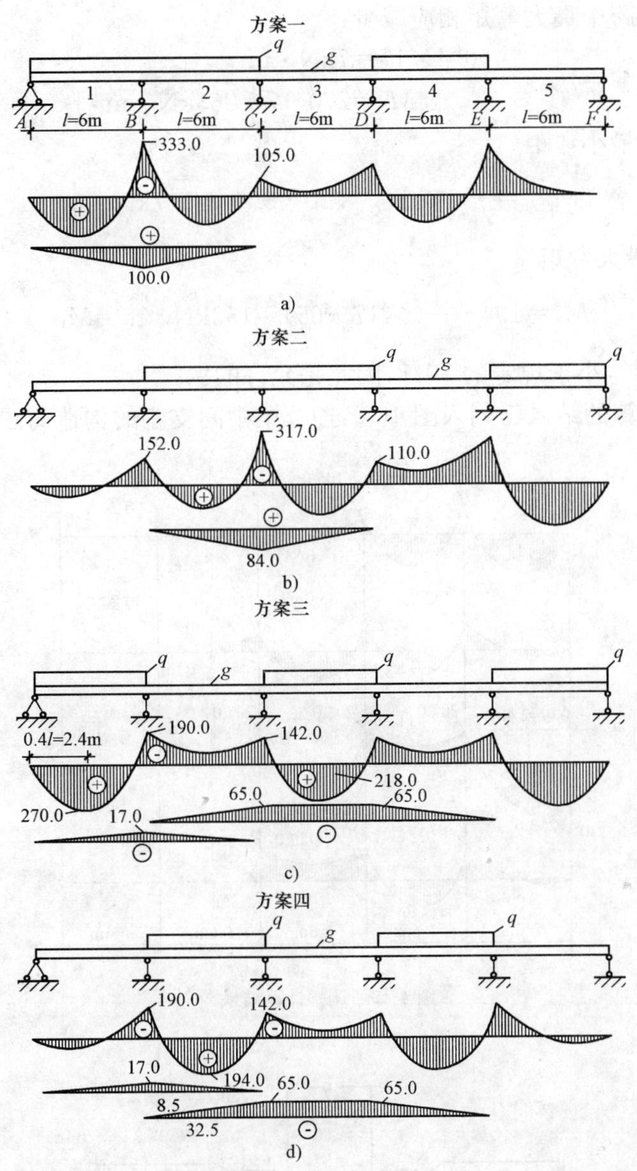

图 4-18　荷载布置简图

中间支座弯矩统一了，也就有条件做成统一的接头[如图 4-18 所示]。再来调整跨中弯矩[如图 4-18c)所示]。

$$M_3=0.7\times218=158\text{kN}\cdot\text{m}$$

相当于在支座 C 和 D 增加负弯矩

$$-\Delta M_C=-\Delta M_D=218-153=65\text{kN}\cdot\text{m}$$

$$M_C=M_D=-142-65=-207\text{kN}\cdot\text{m}$$

按照图 4-18c)的荷载布置方案，并保持支座 B 的弯矩为 207kN · m，相当于在支座 B 增加一个三角形的负弯矩图。

$$-\Delta M_B=207-190=17\text{kN}\cdot\text{m}$$

因此，第一跨的跨中最大弯矩相应减少：

$$0.4\times17=7\text{kN}\cdot\text{m}$$

$$M_1=270-7=263\text{kN}\cdot\text{m}$$

此时，第二跨的最小弯距

$$\text{M}_{2\min}=-207+\frac{1}{8}\times20\times6^2=-117\text{kN}\cdot\text{m}$$

第二跨的跨中最大弯矩

$$M_2=194-\frac{1}{2}\times(17+65)=153\text{kN}\cdot\text{m}=M_4$$

大约减少 21.9%，小于规定的 30%，因此是允许的。

(3)以上调幅计算的结果已列入图 4-19，连续梁中间支座的构造简图，如图 4-20 所示。

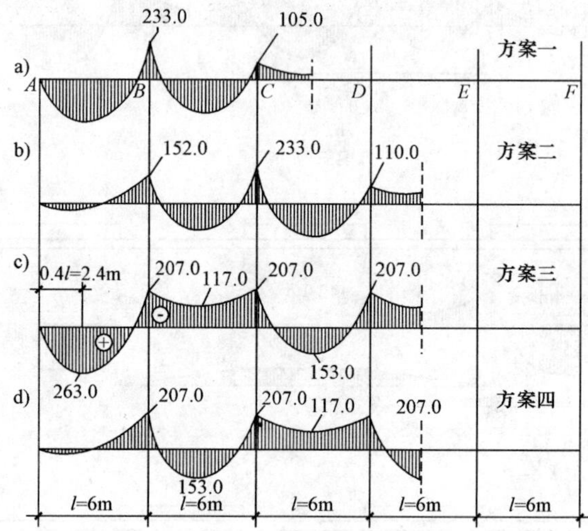

图 4-19 调幅计算结果

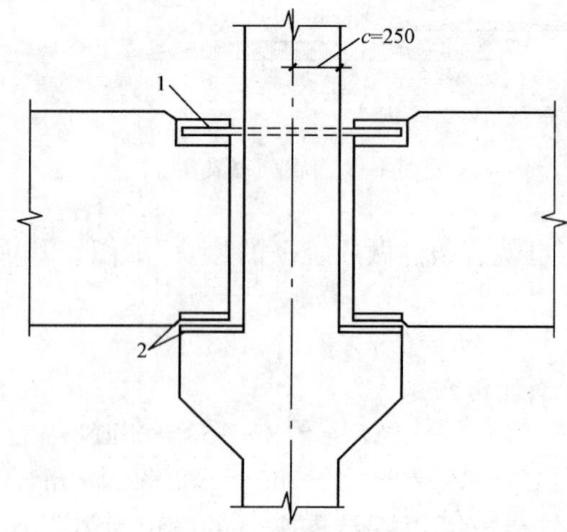

图 4-20 连续梁中间支座的构造简图

1-连结钢筋焊在预埋板上；2-预埋钢板

第二节 现浇楼盖

一、单向板肋形楼盖设计要点

1. 结构布置

单向板、次梁、主梁的经济跨度为：

单向板 1.7～2.5m，荷载较大时取较小值，一般不宜超过 3m

次 梁 4～6m

主 梁 5～8m

常见的单向板肋梁楼盖结构平面布置方案有以下三种：

(1)主梁横向布置，次梁纵向布置，如图 4-21a)所示。其优点是主梁和柱可形成横向框架，其横向刚度大，而各榀横向框架间由纵向的次梁相连，房屋的整体性较好。此外，由于主梁与外纵墙垂直，窗户高度可取得大些，对采光有利。

(2)主梁纵向布置，次梁横向布置，如图 4-21b)所示。这种布置适用于横向柱距比纵向柱距大得多的情况。它的优点是减小了主梁的截面高度，增加室内净高。

(3)只布置次梁，不设主梁，如图 4-21c)所示。它仅适用于有中间走道的砖混房屋。

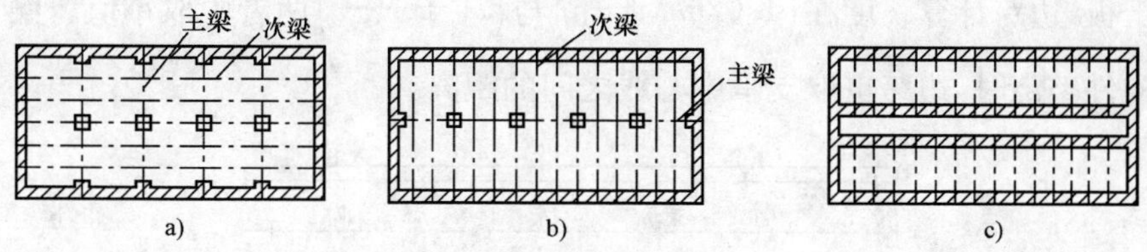

图 4-21 梁的布置

a)主梁沿横向布置；b)主梁沿纵布置；c)不设主梁

2. 计算简图

(1)简化假定。

1)板、次梁、主梁在支座处没有竖向位移。

2)次梁、主梁、柱(墙)分别作为板、次梁、主梁的支座可自由转动。这实际上忽略了次梁、主梁、柱(墙)在支承处对板、次梁、主梁的转动约束能力。

3)不考虑薄膜效应对板内力分析的影响。

4)在确定次梁、主梁承受的荷载时，忽略板、次梁的连续性，按简支构件计算支座反力。

5)跨数超过 5 跨的连续梁、板，当各跨荷载相同且跨度相差不超过 10%时，可按 5 跨的等跨连续梁、板计算。

(2)计算单元及负荷范围。

对于梁式板，1m 宽度和整个板块的受力是一样的。故板可取 1m 宽度的板带作为其计算单元，在此范围内(如图 4-22 所示用阴影线表示)的楼面均布荷载便是该板带承受的荷载，这一荷载范围称为负荷范围。

主、次梁的截面形状都是两侧带翼缘(板)的 T 形截面，每侧翼板的计算宽度取与相邻梁中心距的一半。次梁承受板传来的均布线荷载，其大小由板的支座反力确定。由前述假定

4)可知,一根次梁的负荷范围以及次梁传给主梁的集中荷载范围如图 4-22 所示。

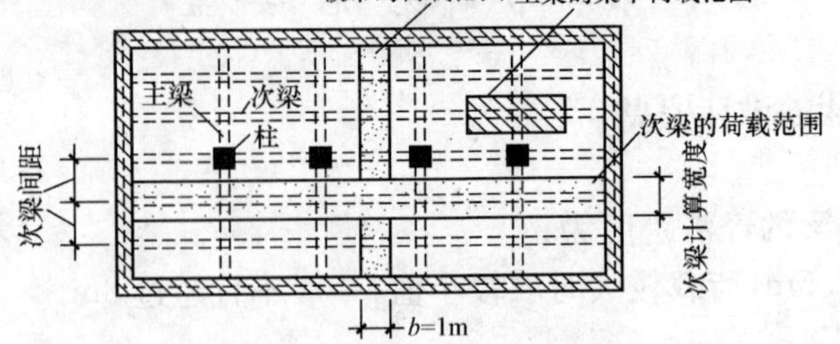

图 4-22　板、梁的荷载计算范围

(3)计算跨度。

梁、板的计算跨度 l_0 是指内力计算时所采用的跨间长度。

1)当按弹性理论计算时,中间各跨取支承中心线之间的距离。

2)如果端部搁置在支承构件上,则对于梁,伸进边支座的计算长度可在 $0.025l_{n1}$ 和 $a/2$ 两者中取小值,即边跨计算长度在 $\left(1.025l_{n1}+\dfrac{b}{2}\right)$ 与 $\left(l_{n1}+\dfrac{a+b}{2}\right)$ 两者中取小值(如图 4-23 所示);对于板,边跨计算长度在 $\left(1.025l_{n1}+\dfrac{b}{2}\right)$ 与 $\left(l_{n1}+\dfrac{h+b}{2}\right)$ 两者中取小值。梁、板在边支座与支承构件整浇时,边跨也取支承中心线之间的距离。

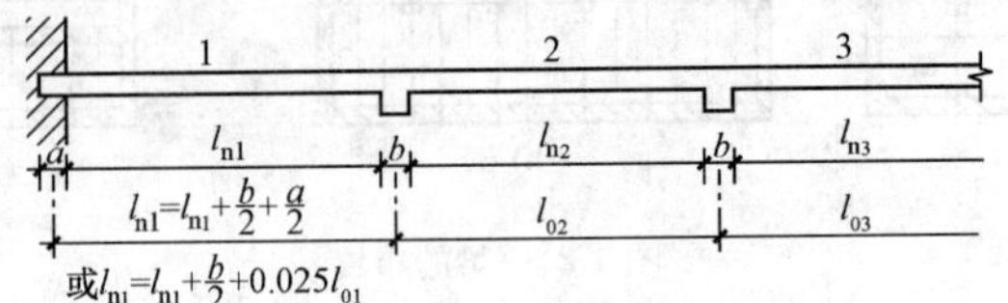

图 4-23　计算跨度

(4)折算荷载。

折算荷载的取值如下:

连续板 $$g'=g+\frac{q}{2}\qquad q'=\frac{q}{2} \tag{4-3}$$

连续梁 $$g'=g+\frac{q}{4}\qquad q'=\frac{3q}{4} \tag{4-4}$$

式中 g、q——单位长度上恒荷载、活荷载设计值;

g'、q'——单位长度上折算恒荷载、折算活荷载设计值。

3. 连续梁、板按调幅法的内力计算方法

(1)设计原则。

用调幅法计算连续梁、板内力必须符合下列设计原则:

1)钢筋应采用具有明显屈服台阶的 HRB335 级、HRB400 级热轧钢筋,混凝土强度等级小于等于 C45。

2)截面的弯矩调幅系数 β 不宜超过 0.25,不等跨连续梁、板不宜超过 0.2。

3)调幅截面的相对受压区高度系数 ξ 应满足 $0.10\leqslant\xi\leqslant0.35$。

4)不等跨连续梁、板各跨中截面的弯矩不宜调整。

5)结构在正常使用阶段不应出现塑性铰,且变形和裂缝宽度应符合规定。

6)考虑弯矩调幅后,应将下列区段内箍筋的计算截面积增大 20%:对集中荷载,取支座边至最近一个集中荷载之间的区段;对均布荷载,取支座边至距支座边为 $1.05h_0$ 的区段,此处 h_0 为梁截面的有效高度。

7)为减少构件发生斜拉破坏的可能性,箍筋的配箍率应满足下列要求:

$$\rho_{sv} \geqslant 0.03 f_c / f_{yv} \tag{4-5}$$

8)连续梁、板弯矩经调整后,仍应满足静力平衡条件,即梁、板的任意一跨支座弯矩的平均值与跨中弯矩之和应略大于该跨按简支梁计算的跨中弯矩。任何控制截面的弯矩值不宜小于简支弯矩的 1/3。

(2)用调幅法计算等跨连续梁板。

1)连续梁:

在均布荷载和间距相同、大小相等的集中荷载作用下,等跨连续梁各跨跨中及支座截面的弯矩设计值 M 可分别按下列公式计算:

承受均布荷载时

$$M = \alpha_{mb}(g+q)l_0^2 \tag{4-6}$$

承受集中荷载时

$$M = \eta\alpha_{mb}(G+Q)l_0 \tag{4-7}$$

式中 g——沿梁单位长度上的恒荷载设计值;

q——沿梁单位长度上的活荷载设计值;

G——一个集中恒荷载设计值;

Q——一个集中活荷载设计值;

l_0——计算跨度,按表 4-5 采用;

α_{mb}——考虑塑性内力重分布的弯矩系数,按表 4-1 采用;

η——集中荷载修正系数,按表 4-2 采用。

表 4-1 **连续考虑塑性内力重分布的弯矩系数 α_{mb}**

端支座支承情况	截面					
	端支座	边跨跨中	离端第二支座	离端第二跨跨中	中间支座	中间跨跨中
	A	Ⅰ	B	Ⅱ	C	Ⅲ
搁支在墙上	0	1/11	−1/10(用于两跨连续梁) −1/11(用于多跨连续梁)	1/16	−1/14	1/16
与梁整体连接	−1/24	1/14	−1/10(用于两跨连续梁) −1/11(用于多跨连续梁)	1/16	−1/14	1/16
与柱整体连接	−1/16	1/14	−1/10(用于两跨连续梁) −1/11(用于多跨连续梁)	1/16	−1/14	1/16

注:表中弯矩系数适用于荷载比 q/g 大于 0.3 的等跨连续梁。

表 4-2 **集中荷载修正系数 η**

荷载情况	截面					
	A	Ⅰ	B	Ⅱ	C	Ⅲ
当在跨中中点处作用 1 个集中荷载时	1.5	2.2	1.5	2.7	1.6	2.7
当在跨中三分点处作用 2 个集中荷载时	2.7	3.0	2.7	3.0	2.9	3.0
当在跨中四分点处作用 3 个集中荷载时	3.8	4.1	3.8	4.5	4.0	4.8

在均布荷载和间距相同、大小相等的集中荷载作用下，等跨连续梁的剪力设计值 V 分别按下列公式计算：

均布荷载

$$V=\alpha_{vb}(g+q)l_n \tag{4-8}$$

集中荷载

$$V=\alpha_{vb}n(G+Q) \tag{4-9}$$

式中 α_{vb}——梁的剪力系数，按表 4-3 采用；

l_n——净跨度；

n——一跨内集中荷载的个数。

表 4-3 连续梁考虑塑性内力重分布的剪力系统 α_{vb}

<table>
<tr><th rowspan="3">荷载情况</th><th rowspan="3">端支座支承情况</th><th colspan="5">截　面</th></tr>
<tr><th>A 支座内侧</th><th>B 支座外侧</th><th>B 支座内侧</th><th>C 支座外侧</th><th>B 支座内侧</th></tr>
<tr><th>A_{in}</th><th>B_{ex}</th><th>B_{in}</th><th>C_{ex}</th><th>C_{in}</th></tr>
<tr><td rowspan="2">均布荷载</td><td>搁支在墙上</td><td>0.45</td><td>0.60</td><td rowspan="2">0.55</td><td rowspan="2">0.55</td><td rowspan="2">0.55</td></tr>
<tr><td>梁与梁或梁与柱整体连接</td><td>0.50</td><td>0.55</td></tr>
<tr><td rowspan="2">集中荷载</td><td>搁支在墙上</td><td>0.42</td><td>0.65</td><td rowspan="2">0.60</td><td rowspan="2">0.55</td><td rowspan="2">0.55</td></tr>
<tr><td>梁与梁或梁与柱整体连接</td><td>0.50</td><td>0.60</td></tr>
</table>

2）连续板：

承受均布荷载的等跨单向连续板，各跨跨中及支座截面的弯矩设计值 M 按下列公式计算：

$$M=\alpha_{mp}(g+q)l_0^2 \tag{4-10}$$

式中 g、q——沿板跨单位长度上的恒荷载设计值、活荷载设计值；

α_{mp}——弯矩系数，按表 4-4 采用；

l_0——计算跨度，按表 4-5 采用。

表 4-4 连续板考虑塑性内力重分布的弯矩系数 α_{mp}

<table>
<tr><th rowspan="3">端支座支承情况</th><th colspan="6">截　面</th></tr>
<tr><th>端支座</th><th>边跨跨中</th><th>离端第二支座</th><th>离端第二跨跨中</th><th>中间支座</th><th>中间跨跨中</th></tr>
<tr><th>A</th><th>Ⅰ</th><th>B</th><th>Ⅱ</th><th>C</th><th>Ⅲ</th></tr>
<tr><td>搁支在墙上</td><td>0</td><td>1/11</td><td>−1/10
（用于两跨连续板）</td><td rowspan="2">1/16</td><td rowspan="2">−1/14</td><td rowspan="2">1/16</td></tr>
<tr><td>与梁整体连接</td><td>−1/24</td><td>1/14</td><td>−1/11
（用于多跨连续板）</td></tr>
</table>

注：表中弯矩系数适用于荷载比 q/g 大于 0.3 的等跨连续板。

表 4-5　　梁、板的计算跨度 l_0

支承情况	计算跨度	
	梁	板
两端与梁(柱)整体连接	净跨 l_n	净跨 l_n
两端支承在砖墙上	$1.05l_n(\leqslant l_n+b)$	$l_n+h(\leqslant l_n+a)$
一端与梁(柱)整体连接,另一端支承在砖墙上	$1.025l_n(\leqslant l_n+b/2)$	$l_n+h/2(\leqslant l_n+a/2)$

注:表中 b 为梁的支承宽度,a 为板的搁置长度,h 为板厚。

(3)用调幅法计算不等跨连续梁、板。

不等跨连续梁、板或各跨荷载值相差较大的等跨连续梁、板,可按下列步骤进行内力重分布计算。

1)连续梁。

①按荷载的最不利布置,用弹性方法分别求出连续梁各控制截面的最不利弯矩 M_e。

②在弹性弯矩的基础上,降低各支座截面的弯矩,其调幅系数 β 不宜超过 0.2;在进行正截面受弯承载力计算时,连续梁各支座截面的弯矩设计值可按下列公式计算:

当连续梁搁置在墙上时

$$M=(1-\beta)M_e \tag{4-11}$$

当连续梁两端与梁或柱整体连接时

$$M=(1-\beta)M_e-V_0b/3 \tag{4-12}$$

式中 V_0——按简支梁计算的支座剪力设计值;

b——支座宽度。

③连续梁各跨中截面的弯矩不宜调整,其弯矩设计值取考虑荷载最不利布置并按弹性方法求得的最不利弯矩值和按下式算得的弯矩值之间的较大值:

$$M=1.02M_0-\left|\frac{M_a^l+M_a^r}{2}\right| \tag{4-13}$$

式中 M_0——按简支梁计算的跨中弯矩设计值;

M_a^l、M_a^r——连续梁左、右支座调整后的弯矩设计值。

④连续梁各控制截面的剪力设计值,可按荷载最不利布置,根据调整后的支座弯矩用静力平衡条件计算,也可近似取考虑活荷载最不利布置按弹性方法算得的剪力值。

如果需要画出调幅后的弯矩包络图,以供纵筋弯起、切断等构造要求使用,可在弹性弯矩图的基础上,分别叠加考虑支座调幅的附加三角形弯矩图,得到调幅后的弯矩图,根据弯矩图外包线得到弯矩包络图。

2)连续板。

①从较大跨度板开始,在下列范围内选定跨中的弯矩设计值:

边跨
$$\frac{(g+q)l_0^2}{14}\leqslant M\leqslant\frac{(g+q)l_0^2}{11} \tag{4-14}$$

中间跨
$$\frac{(g+q)l_0^2}{20}\leqslant M\leqslant\frac{(g+q)l_0^2}{16} \tag{4-15}$$

②按照所选定的跨中弯矩设计值,根据静力平衡条件,来确定较大跨度的两端支座弯矩

设计值，再以此支座弯矩为已知值，重复上述条件和步骤确定邻跨的跨中弯矩和另一支座的弯矩。

4. 板、次梁、主梁的截面设计及构造

(1)计算要点。

1)板。

①厚度：现浇钢筋混凝土单向板的厚度除了应满足建筑功能外，还应符合下列要求：

跨度小于 1500mm 的屋面板　　$h \geqslant 50$mm

跨度大于等于 1500mm 的屋面板　　$h \geqslant 60$mm

民用建筑楼板　　$h \geqslant 60$mm

工业建筑楼板　　$h \geqslant 70$mm

行车道下的楼板　　$h \geqslant 80$mm

②刚度：单向板的厚度尚应不小于跨度的 1/40(连续板)、1/35(简支板)以及 1/12(悬臂板)。因为板的混凝土用量占整个楼盖的 50%以上，因此在满足上述条件的前提下，板厚应尽可能薄些。板的配筋率一般为 0.3%～0.8%。

③弯矩折减：为了利用四边与梁整浇板存在拱作用的有利因素，单向板中间跨的跨中截面弯矩及支座截面弯矩可各折减 20%，但边跨的跨中截面弯矩及支座截面弯矩则不折减。

④支承长度：现浇板在墙上的支承长度不宜小于 120mm。

2)次梁。

次梁的跨度一般为 4～6m，梁高为跨度的 1/18～1/12；梁宽为梁高的 1/3～1/2。纵向钢筋的配筋率一般为 0.6%～1.5%。

在现浇肋梁楼盖中，板可作为次梁的上翼缘。在跨内正弯矩作用下，板位于受压区，故次梁的跨内截面应按 T 形截面计算，翼缘计算宽度 b'_f 可按有关规定确定；在支座附近的负弯矩区段，板处于受拉区，仍应按矩形截面计算纵向受拉钢筋。

当次梁按考虑内力重分布方法设计时，调幅截面的相对受压区高度系数应满足 $\xi \leqslant 0.35h_0$ 的限制，此外，在斜截面受剪承载力计算中，还应注意将计算所需的箍筋面积增大 20%。

3)主梁。

①主梁的跨度一般在 5～8m 为宜，梁高为跨度的 1/15～1/10。主梁除承受自重和直接作用在主梁上的荷载外，主要是次梁传来的集中荷载。为简化计算，可将主梁的自重等均布荷载等效成集中荷载，其作用点与次梁的位置相同。因梁、板整体浇筑，故主梁跨内截面按 T 形截面计算，支座截面按矩形截面计算。

②如果主梁是框架横梁，水平荷载(如风载、地震作用等)也会在梁中产生弯矩和剪力，此时应按框架梁设计。

③在主梁支座处，主梁与次梁截面的上部纵向钢筋相互交叉重叠(如图 4-24 所示)，致使主梁承受负弯矩的纵筋位置下移，梁的有效高度减小。所以在计算主梁支座截面负钢筋时，截面有效高度 h_0 应取：一排钢筋时，$h_0 = h-(50\sim60\text{mm})$；两排钢筋时，$h_0 = h-(70\sim80\text{mm})$，$h$ 是截面高度。

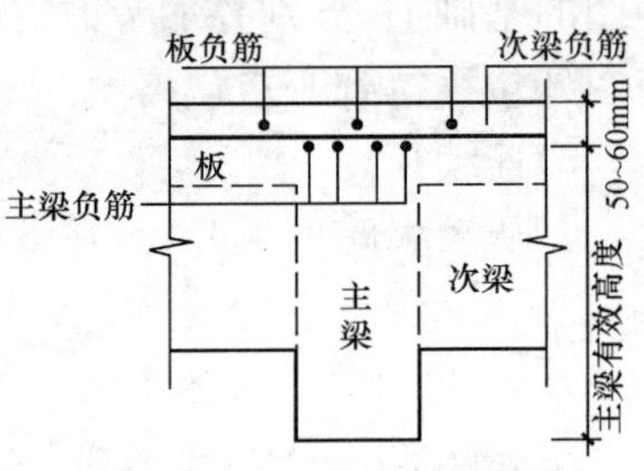

图 4-24　主梁支座截面的钢筋位置

④次梁与主梁相交处，在主梁高度范围内受到次梁传来的集中荷载的作用。此集中荷载因并非作用在主梁顶面，而是依靠次梁的剪压区传递至主梁的腹部。所以在主梁局部长度上将引起主拉应力，并有可能使梁腹部出现斜裂缝，特别是当集中荷载作用于主梁的受拉区时。为了防止斜裂缝出现而引起的局部破坏，需设置横向附加钢筋，把此集中荷载传递到主梁顶部受压区。

⑤附加横向钢筋应布置在长度为 $s=2h_1+3b$ 的范围内（如图 4-25 所示），以便能充分发挥作用。所需附加横向钢筋可采用附加箍筋和吊筋，宜优先采用附加箍筋。附加箍筋和吊筋的总截面面积按下式计算：

$$F_l \leqslant 2f_y A_{sb}\sin\alpha + mnf_{yv}A_{sv1} \tag{4-16}$$

式中 F_l——由次梁传递的集中力设计值；

f_y——吊筋的抗拉强度设计值；

f_{yv}——附加箍筋的抗拉强度设计值；

A_{sb}——一根吊筋的截面面积；

A_{sv1}——单肢箍筋的截面面积；

m——附加箍筋的排数；

n——在同一截面内附加箍筋的肢数；

α——吊筋与梁轴线间的夹角。

主梁搁置在砌体上时，应设置垫块，并进行砌体的局部受压承载力计算。

主梁纵向钢筋的弯起和切断，原则上应按弯矩包络图和剪力包络图确定。

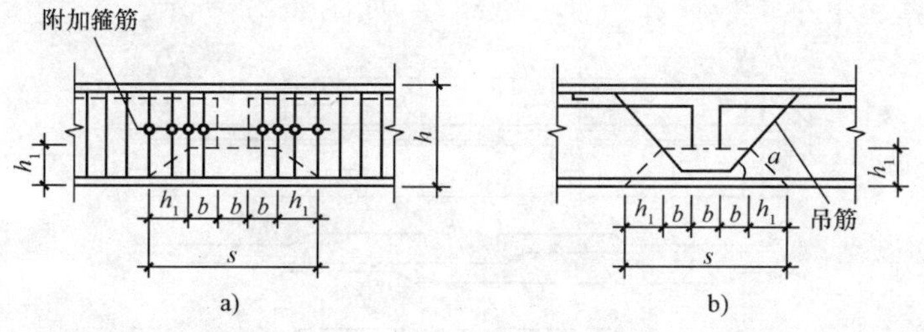

图 4-25 附加横向钢筋布置

(2)构造要求。

1)板中受力筋。

①间距：负钢筋直径一般不小于 $\phi 8$。对于绑扎钢筋，当板厚 $h \leqslant 150$mm 时，间距不应大于 200mm；当 $h > 150$mm 时，间距不应大于 $1.5h$，且不应大于 300mm。伸入支座的受力钢筋间距不应大于 400mm，且截面面积不得少于受力钢筋的 1/3。钢筋间距也不宜小于 70mm。当端支座为简支时，下部正钢筋伸入支座的长度不应小于 $5d$。

②弯起式配筋：弯起式配筋可先按跨内正弯矩的需要确定所需钢筋的直径和间距，然后在支座附近弯起 1/2～2/3，如果还不满足所要求的支座负钢筋需要，再另加直的负钢筋，通常取相同的间距。弯起式配筋的钢筋锚固较好，可节省钢材，但施工较复杂。

③分离式配筋：分离式配筋的钢筋锚固稍差，耗钢量略高，但设计和施工都比较方便，是目前较常用的。当板厚超过 120mm 且承受的动荷载较大时，不宜采用分离式配筋。

④弯起和截断:连续单向板内受力钢筋的弯起和截断,一般可以按图 4-26 确定,图中的取值为:当板上均布或荷载 q 与均恒荷载 g 的比值 $q/g \leqslant 3$ 时,$a=l_n/4$;当 $q/g>3$ 时,$a=l_n3$。l_n 为板的净跨长。当连续板的相邻跨度之差超过 20%或各跨荷载相差很大时,则钢筋的弯起与切断应按弯矩包络图确定。

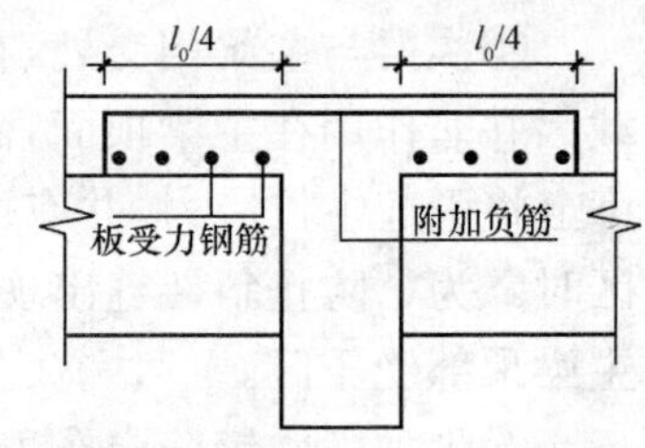

图 4-26　与主梁垂直的附加负筋

2)板中构造钢筋。

①分布钢筋:在平行于单向板的长跨,与受力钢筋垂直的方向设置分布钢筋,分布钢筋放在受力筋的内侧。分布钢筋的截面面积不应少于受力钢筋的 10%,且每米宽度内不少于 3 根,在受力钢筋的弯折处也宜设置分布钢筋。

分布钢筋具有以下主要作用:一是浇筑混凝土时固定受力钢筋的位置;二是承受混凝土收缩和温度变化所产生的内力;三是承受并分布板上局部荷载产生的内力;四是对四边支承板,可承受在计算中未计及但实际存在的长跨方向的弯矩。

当板中温度应力较大时,宜按计算出的温度拉应力确定温度钢筋的数量。当不计算温度应力时,在可能产生温度拉应力方向按构造配置的温度钢筋的配筋率不宜小于 0.2%,间距不宜大于 200mm。温度钢筋宜以钢筋网的形式在板的上、下表面配置。跨度大于 4m 的多跨连续板且采用泵送混凝土时,亦宜按上述原则布置构造钢筋网。

②与主梁垂直的附加负筋:主梁是单向板长跨方向的支座,在主梁梁肋附近的板面存在一定的负弯矩,因此必须在主梁上部的板面配置附加短钢筋。其数量不少于每米 5ϕ6,且沿主梁单位长度内的总截面面积不少于板中单位宽度内受力钢筋截面面积的 1/3,伸入板中的长度从主梁梁肋边算起不小于板计算跨度 l_0 的 1/4,如图 4-27 所示。

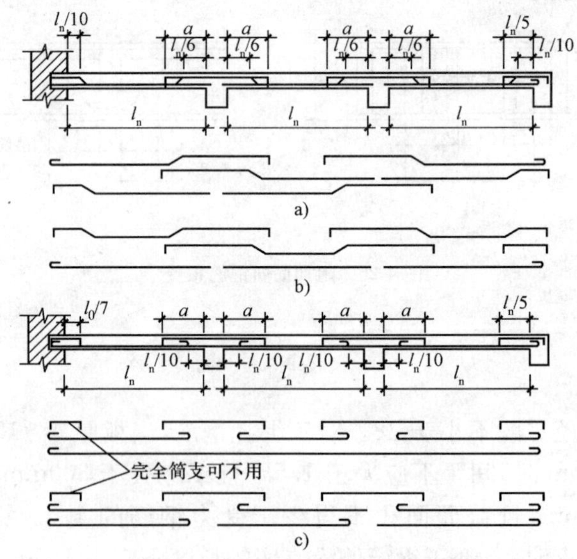

图 4-27　连续单向板的配筋方式

a)一端弯起式;b)两端弯起式;c)分离式

③与承重墙垂直的附加负筋:嵌入承重墙内的单向板,计算时按简支考虑,但实际上有部分嵌固作用,将产生局部负弯矩。为此,应沿承重墙每米配置不少于 5ϕ6 的附加短负筋,伸出墙边长度大于等于 $l_0/7$,如图 4-28 所示。

④板角附加短钢筋：两边嵌入墙内的板角部分，应在板面双向配置 5ϕ6 的附加短负筋，每一方向伸出墙边长度大于等于 $l_0/4$，如图 4-28 所示。

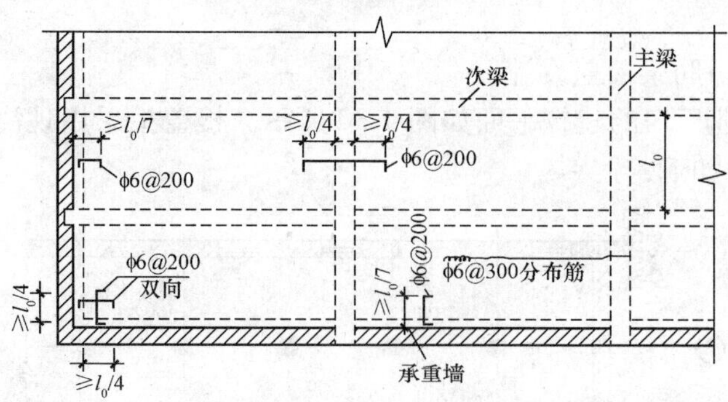

图 4-28　板的构造钢筋

3)次梁。

次梁的配筋方式也有弯起式和连续式，如图 4-29 所示。沿梁长纵向钢筋的弯起和切断，原则上应按弯矩及剪力包络图确定。但对于相邻跨跨度相差不超过 20%，活荷载和恒荷载的比值 $q/g \leqslant 3$ 的连续梁，可参考图 4-29 布置钢筋。

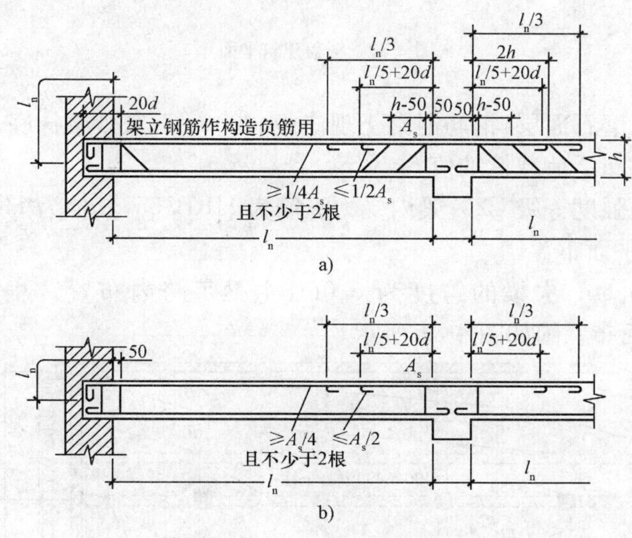

图 4-29　次梁的钢筋布置

a)有弯起钢筋；b)无弯起钢筋

按图 4-29，中间支座负钢筋的弯起，第一排的上弯点距支座边缘为 50mm；第二排、第三排上弯点距支座边缘分别为 h 和 $2h$。

支座处上部受力钢筋总面积为 A_s，则第一批截断的钢筋面积不得超过 $A_s/2$，延伸长度从支座边缘起不小于 $l_n/5+20d$（d 为截断钢筋的直径）；第二批截断的钢筋面积不得超过 $A_s/4$ 延伸长度不小于 $l_n/3$。所余下的纵筋面积不小于 $A_s/4$，且不少于 2 根，可用来承担部分负弯矩并兼作架立钢筋，其伸入边支座的锚固长度不得小于 l_a。

位于次梁下部的纵向钢筋除弯起的外，应全部伸入支座，不得在跨间截断。

连续次梁因截面上、下均配置受力钢筋，所以一般均沿梁全长配置封闭式箍筋，第一根箍筋可距支座边 50mm 处开始布置，同时在简支端的支座范围内，一般宜布置一根箍筋。

二、算例

【例 4-5】 单向板肋梁楼盖设计

已知：某多层工业厂房的建筑平面如图 4-30 所示。楼盖拟采用现浇钢筋混凝土单向板肋梁楼盖。设计资料如下：

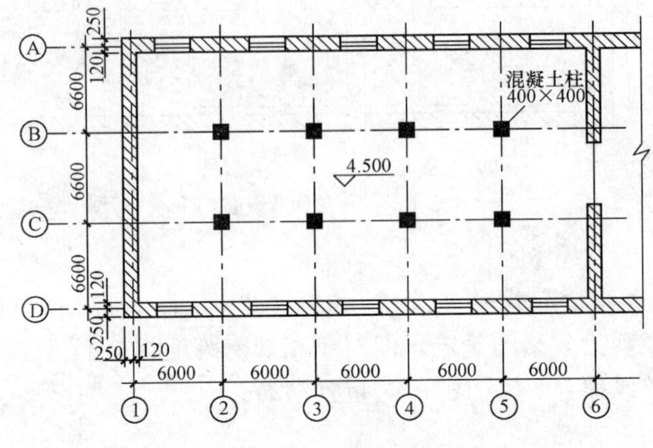

图 4-30 楼盖建筑平面

(1)楼面做法：水磨石面层，钢筋混凝土现浇板，20mm 石灰砂浆抹底。

(2)楼面荷载：均布活荷载标准值 6kN/m²。

(3)材料：混凝土强度等级 C20；梁内受力纵筋为 HRB335，其他为 HPB235 钢筋。

(4)楼盖的结构平面布置。

主梁的跨度为 6.6m、次梁的跨度为 6.0m，主梁每跨内布置 2 根次梁，板的跨度为 2.2m。楼盖结构平面布置图如图 4-31 所示。

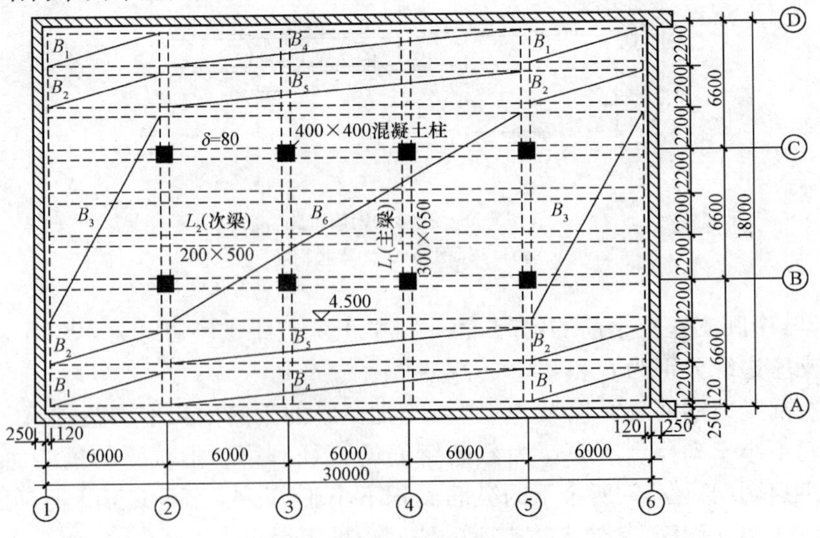

图 4-31 楼盖结构平面布置图

求对该单向板肋梁楼盖进行设计。

解:(1)确定截面尺寸。

1)对工业建筑的楼板,要求 $h \geqslant 80$mm,取板厚 $h=80$mm。

2)次梁截面高度应满足 $h=l/18 \sim l/12=6000/18 \sim 6000/12=333 \sim 500$mm。取 $h=500$mm。截面宽度取为 $b=200$mm。

3)主梁的截面高度应满足 $h=l/15 \sim l/10=6600/15 \sim 6600/10=440 \sim 660$mm,取 $h=650$mm。截面宽度取为 $b=300$mm。

(2)板设计。

1)荷载计算:

板的恒荷载标准值:

水磨石面层	0.65kN/m^2
80mm 钢筋混凝土板	$0.08 \times 25=2\text{kN/m}^2$
20mm 石灰砂浆	$0.02 \times 17=0.34\text{kN/m}^2$
小计	2.99kN/m^2
板的活荷载标准值:	6kN/m^2

恒荷载分项系数取 1.2;因楼面活荷载标准值大于 4.0kN/m^2,所以活荷载分项系数应取 1.3。于是板的

恒荷载设计值　　$g=2.99 \times 1.2=3.588\text{kN/m}^2$

活荷载设计值　　$q=6 \times 1.3=7.8\text{kN/m}^2$

荷载总设计值　　$g+q=11.388\text{kN/m}^2$,近似取为 $g+q=11.4\text{kN/m}^2$

2)计算简图:

按内力重分布设计,板的计算跨度:

边跨　$l_{01}=l_n+h/2=2200-100-120+80/2$

$=2020\text{mm}<1.025l_n=2030\text{mm}$

取 $l_{01}=2020$mm

中间跨　$l_{02}=l_n=2200-200=2000$mm

取 1m 宽板带作为计算单元,计算简图如图 4-32 所示。

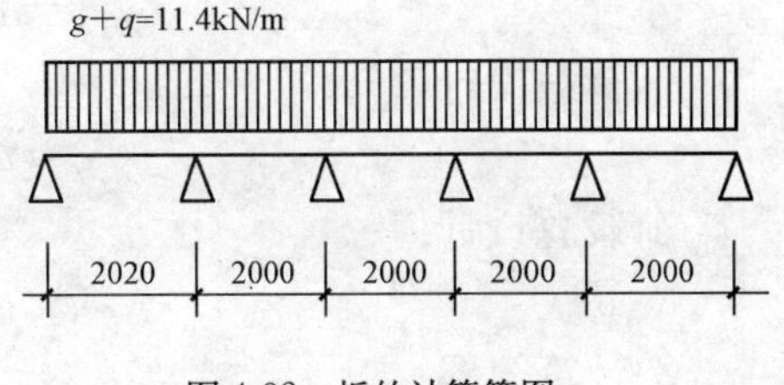

图 4-32　板的计算简图

3)弯矩设计值:

由表 4-4 可查得,板的弯矩系数 α_{mp} 分别为:边跨中,1/11;离端第二支座,$-1/11$;中跨中,1/16;中间支座,1/14。故

$$M_1=-M_B=(g+q)l_{01}^2/11=11.4 \times 2.02^2/11=4.23\text{kN} \cdot \text{m}$$

$$M_c=-(g+q)l_{02}^2/14=-11.4 \times 2.0^2/14=-3.26\text{kN} \cdot \text{m}$$

$$M_2=(g+q)l_{02}^2/16=-11.4 \times 2.0^2/16=2.85\text{kN} \cdot \text{m}$$

4)正截面受弯承载力计算:

板厚 80mm,$h_0=80-20=60$mm。C20 混凝土,$\alpha_1=1.0$,$f_c=9.6\text{kN/mm}^2$;HPB235 钢筋,$f_y=210\text{kN/m}^2$。板配筋计算的过程列于表 4-6。

表 4-6　　板的配筋计算

截面		A	B	2	C
弯矩设计值(kN·m)		4.23	−4.23	2.85	−3.26
$\alpha_s=M/\alpha_1 f_c bh_0^2$		0.122	0.122	0.082	0.094
ξ		0.131	0.131	0.087	0.099
轴线①～②④～⑤	计算配筋(mm^2) $A_s=\xi bh_0 f_c/f_y$	359.3	359.3	238.6	271.5
	实际配筋(mm^2)	ϕ8@140 $A_s=359$	ϕ8@140 $A_s=359$	ϕ6/8@140 $A_s=281$	ϕ6/8@140 $A_s=281$
轴线②～④	计算配筋(mm^2) $A_s=\xi bh_0 f_c/f_y$	359.3	359.3	0.8×238.6 =190.9	0.8×271.5 =217.2
	实际配筋/mm^2	ϕ8/10@180 $A_s=358$	ϕ8/10@180 $A_s=358$	ϕ6/8@180 $A_s=218$	ϕ6/8@180 $A_s=218$

注:对轴线②～④间的板带,其跨内截面2、3和支座截面的设计弯矩可折减20%。为了方便起见,近似对钢筋面积折减20%。

(3)次梁设计。

按考虑内力重分布设计。

1)荷载设计值:

恒荷载设计值

相板来恒荷载　　3.588×2.2=7.89kN/m

次梁自重　　0.2×(0.5−0.08)×25×1.2=2.52kN/m

次梁粉刷　　0.02×(0.5−0.08)×2×17×1.2=0.34kN/m

小计　　$g=10.75$kN/m

活荷载设计值

$$q=7.8\times2.2=17.16\text{kN/m}$$

荷载总设计值

$$g+q=27.91\text{kN/m}$$

2)计算简图:

计算跨度:

边跨　$l_{01}=l_n+a/2=6000-120-300/2+240/2$

$=5850\text{mm}<1.025l_n=1.025\times5730$

$=5873\text{mm}$,取 $l_{01}=5850\text{mm}$

中间跨　$l_{02}=l_n=6000-300=5700\text{mm}$

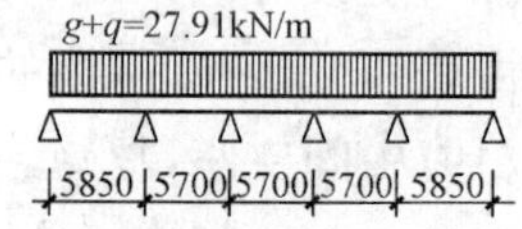

图 4-33　次梁的计算简图

因跨度相差小于10%,可按等跨连续梁计算。次梁的计算简图如图4-33所示。

3)内力计算:

由表4-1和表4-3可分别查得弯矩系数和剪力系数。

弯矩设计值：

$$M_1=-M_B=(g+q)l_{01}^2/11=27.91\times5.85^2/11=86.83\text{kN}\cdot\text{m}$$

$$M_2=(g+q)l_{02}^2/16=27.91\times5.70^2/16=56.67\text{kN}\cdot\text{m}$$

$$M_c=-(g+q)l_{02}^2/14=27.91\times5.70^2/14=64.77\text{kN}\cdot\text{m}$$

剪力设计值：

$$V_A=0.45(g+q)l_{n1}=0.45\times27.91\times5.73=71.97\text{kN}$$

$$V_{B1}=0.60(g+q)l_{n1}=0.60\times27.91\times5.73=95.95\text{kN}$$

$$V_{Br}=0.55(g+q)l_{n2}=0.55\times27.91\times5.70=87.50\text{kN}$$

$$V_C=0.55(g+q)l_{n2}=0.55\times27.91\times5.70=87.50\text{kN}$$

4)承载力计算。

①正截面受弯承载力：

正截面受弯承载力计算时，跨内按 T 形截面计算，翼缘宽度取 $b_f=l/3=6000\text{mm}=2000\text{mm}$；又 $b'_f=b+s_n=200+2000=2200\text{mm}>2000\text{mm}$，故取 $b'_f=2000\text{mm}$。除支座 B 截面纵向钢筋按两排布置外，其余截面均布置一排。

C20 混凝土，$\alpha_1=1.0$，$f_c=9.6\text{kN/mm}^2$，$f_t=1.1\text{kN/mm}^2$；纵向钢筋采用 HRB335 钢，$f_y=300\text{kN/mm}^2$，箍筋采用 HPB235 钢，$f_{yv}=210\text{kN/mm}^2$。正截面承载力计算过程列于表 4-7。经判别，跨内截面均属于第一类 T 形截面。

表 4-7　　次梁正截面受弯承载力计算

截　面	1	B	2	C
弯矩设计值(kN·m)	86.83	−86.83	56.67	−64.77
$\alpha_s=M/\alpha_1 f_c b h_0^2$	$\frac{86.83\times10^6}{9.6\times2000\times465^2}=0.021$	$\frac{86.83\times10^6}{9.6\times200\times440^2}=0.234$	$\frac{56.67\times10^6}{9.6\times2000\times465^2}=0.014$	$\frac{64.77\times10^6}{9.6\times200\times465^2}=0.156$
ξ	0.021	0.27<0.35	0.014	0.171<0.35
$A_s=\xi b h_0 f_c/f_y$	625	760.3	416.6	507.5
选配钢筋(mm^2)	3Φ16(弯 1) $A_s=603$	5Φ14(弯 1) $A_s=769$	3Φ14(弯 1) $A_s=461$	2Φ16+1Φ14(弯) $A_s=556.1$

②斜截面受剪承载力计算包括：截面尺寸的复核、腹筋计算和最小配箍率验算。

验算截面尺寸：

$h_w=h_0-h'_f=440-80=360\text{mm}$，因 $h_w/b=360/200=1.8<4$，截面尺寸按下式验算：

$$0.25\beta_c f_c b h_0=0.25\times1\times9.6\times200\times440=211.2\times10^3\text{N}>V_{max}=95.95\text{kN}$$

截面尺寸满足要求。

计算所需腹筋：

采用 $\phi6$ 双肢箍筋，计算支座 B 左侧截面。由 $V_{cs}=0.7f_1bh_0+1.25f_{yv}\frac{A_{sv}}{s}h_0$，可得到箍筋间距

$$s=\frac{1.25f_{yv}A_{sv}h_0}{V_{B1}-0.7f_tbh_0}=\frac{1.25\times210\times56.6\times440}{95950-0.7\times1.1\times200\times440}=232\text{mm}$$

调幅后受剪承载力应加强，梁局部范围内将计算的箍筋面积增加 20%。现调整箍筋间距，$s=0.8\times232=186\text{mm}$，最后取箍筋间距 $s=150\text{mm}$。为方便施工，沿梁长不变。

验算配箍率下限值：

弯矩调幅时要求的配箍率下限为：$0.3\dfrac{f_t}{f_{yv}}=0.3\times\dfrac{1.1}{210}=1.57\times10^{-3}$，实际配箍率 $\rho_{sv}=\dfrac{A_{sv}}{bs}=\dfrac{56.6}{200\times150}=1.89\times10^{-3}>1.57\times10^{-3}$，满足要求。

(4)主梁设计。

主梁按弹性方法设计。

1)荷载设计值：

为简化计算，将主梁自重等效为集中荷载。

次梁传来恒荷载　　　　$10.75\times6=64.5\text{kN}$

主梁自重(含粉刷)

$[(0.65-0.08)\times0.3\times2.2\times25+2\times(0.65-0.08)\times2\times2.2\times34]\times1.2=12.31\text{kN}$

恒荷载　　$G=76.81\text{kN}$，取 $G=77\text{kN}$

活荷载　　$Q=17.16\times6=102.96\text{kN}$，取 $Q=103\text{kN}$

2)计算简图：

其计算跨度：

边跨　$l_{n1}=6600-200-120=6280\text{mm}$，因 $0.025l_{n1}=157\text{mm}<a/2=185\text{mm}$，取 $l_{01}=1.025l_{n1}+b/2=1.025\times6280+400/2=6637\text{mm}$，近似取 $l_{01}=6640\text{mm}$

中跨　$l_{02}=6600\text{mm}$

主梁的计算简图如图 4-34 所示。因跨度相差不超过 10%，故可利用图 4-35 计算内力。

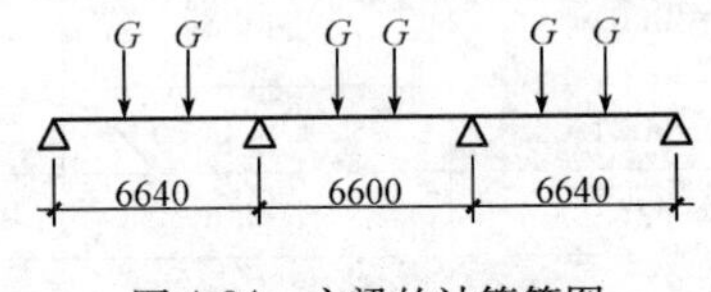

图 4-34　主梁的计算简图

3)内力设计值及包络图。

①弯矩设计值：

弯矩 $M=k_1Gl+k_2Ql$，不同荷载组合下各截面的弯矩计算结果见表 4-8。

表 4-8　　　　主梁的弯矩计算

项次	荷载简图	$\dfrac{k}{M_1}$	$\dfrac{k}{M_B}$	$\dfrac{k}{M_2}$	$\dfrac{k}{M_c}$
①	GG GG GG	$\dfrac{0.244}{124.75}$	$\dfrac{-0.267}{-136.51}$	$\dfrac{-0.067}{-34.05}$	$\dfrac{-0.267}{-136.51}$
②	QQ　QQ	$\dfrac{0.289}{197.65}$	$\dfrac{-0.133}{-90.96}$	$\dfrac{-0.133}{-90.41}$	$\dfrac{-0.133}{-90.96}$

续上表

项次	荷载简图	$\frac{k}{M_1}$	$\frac{k}{M_B}$	$\frac{k}{M_2}$	$\frac{k}{M_c}$
③	Q Q	$\frac{-0.045}{-30.78}$	$\frac{-0.133}{-90.96}$	$\frac{0.200}{135.96}$	$\frac{-0.133}{-90.96}$
④	QQ QQ	$\frac{0.229}{152.62}$	$\frac{-0.311}{-211.70}$	$\frac{0.17}{115.57}$	$\frac{-0.089}{-60.87}$
组合项次 M_{min}(kN·m)		①+③ 93.97	①+④ −348.21	①+② −56.36	①+④ −197.38
组合项次 M_{max}(kN·m)		①+② 322.4		①+③ 170.01	

②剪力设计值：

剪力 $V=k_3G+k_4Q$，不同荷载组合下各截面的剪力计算结果见表 4-9。

表 4-9　　主梁的弯力计算

项次	荷载简图	$\frac{k}{V_A}$	$\frac{k}{V_{Bl}}$	$\frac{k}{V_{Br}}$
①	GG GG GG	$\frac{0.733}{56.44}$	$\frac{-1.267}{-97.56}$	$\frac{1.00}{77.00}$
②	QQ QQ	$\frac{0.866}{89.20}$	$\frac{-1.134}{116.8}$	$\frac{0}{0}$
④	Q Q Q Q	$\frac{0.689}{70.97}$	$\frac{-1.311}{-135.03}$	$\frac{1.222}{125.87}$
组合项次 $\pm V_{max}$(kN)		①+② 145.64	①+④ −232.59	①+④ 202.87

主梁的内力包络图如图 4-35 所示：

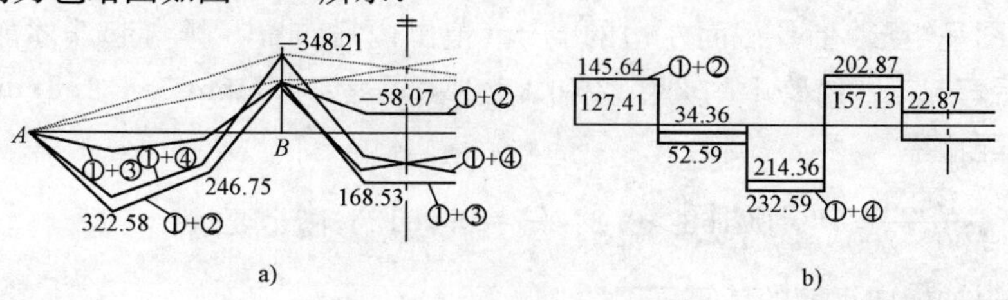

图 4-35　主梁的内力包络图

a)弯矩包络图；b)剪力包络图

(5)承载力计算。

1)正截面受弯承载力:

正截面受弯承载力的计算过程列于表 4-10。

表 4-10　　主梁正截面承载力计算

截　面	1	B	2	
弯矩设计值(kN·m)	322.4	−312.21	170.01	−56.36
$\alpha_s=M/\alpha_1 f_c bh_0^2$	$\frac{322.4\times10^6}{9.6\times2200\times615^2}$ =0.04	$\frac{312.21\times10^6}{9.6\times300\times580^2}$ =0.322	$\frac{170.01\times10^6}{9.6\times2200\times615^2}$ =0.021	$\frac{56.36\times10^6}{9.6\times300\times615^2}$ =0.052
γ_s	0.98	0.839	0.99	0.974
$A_s=M/\gamma_s f_y h_0$	1783.1	2138.64	930.8	313.6
选配钢筋(mm²)	4⌀22(弯 2)+ 1⌀18(弯) A_s=1774.9	5⌀22(弯 2)+ 1⌀18(弯) A_s=2155	2⌀22+ 1⌀18(弯) A_s=1014.7	2⌀22 A_s=760

主梁纵向钢筋的弯起和切断按弯矩包络图确定。

2)斜截面受剪承载力:

验算截面尺寸:

$h_w=h_0-h'_f=580-80=500$mm,因 $h_w/b=500/300=1.67<4$,截面尺寸按下式验算 $0.25\beta_c f_c bh_0=0.25\times1\times9.6\times300\times580=417.6\times10^3\text{N}>V_{max}=232.59$kN,知截面尺寸满足要求。

计算所需腹筋:

采用 ϕ8@200 双肢箍筋

$$V_{cs}=0.7f_t bh_0+1.25f_{yv}\frac{A_{sv}}{s}h_0=0.7\times1.1\times300\times580+1.25\times210\times\frac{100.6}{200}\times580$$

$$=210562\text{N}=210.6\text{kN}$$

$V_s=145.64\text{kN}<V_{cs}$,$V_{Br}=202.87\text{kN}<V_{cs}$,$V_{Bl}=232.59\text{kN}>V_{cs}$

故截面左边尚需配置弯起钢筋,弯起钢筋所需面积(弯起角取 $\alpha_s=45°$)

$$As_b=(V_{Bl}-V_{cs})/0.8f_y\sin\alpha_s=\frac{232870-210562}{0.8\times300\times0.707}=131.5\text{mm}^2$$

主梁剪力图呈矩形,在 B 截面左边的 2.2m 范围内需布置 3 排弯起筋才能覆盖此最大剪力段,现先后弯起第一跨跨中的 2⌀22 和 1⌀18,$A_{sb}=254.5\text{mm}^2>131.5\text{mm}^2$。

验算最小配箍率:

$$\rho_{sv}=\frac{A_{sv}}{bs}=\frac{100.6}{300\times200}=0.00168>0.24\frac{f_t}{f_{yv}}=0.00126\text{,满足要求。}$$

次梁两侧附加横向钢筋的计算:

次梁传来的集中力 $F_l=64.5+103=167.5$kN,$h_1=650-500=150$mm,附加箍筋布置范围为 $2h_1+3b=2\times150+3\times200=900$mm。取附加箍筋 ϕ8@200 双肢,则在长度 s 内可布

置附加箍筋的排数 $m=900/200+1=6$ 排，次梁两侧各布置 3 排。另加吊筋 1Φ18，$A_{sb}=4.5\mathrm{mm}^2$。

$2f_yA_{sb}\sin\alpha+m\cdot nf_{yv}A_{sv1}=2\times300\times254.5\times0.707+6\times2\times210\times50.3=234.7\mathrm{kN}>F_l$

满足要求。

主梁边支座下需设置梁垫，计算从略。

(6)绘制施工图。

板配筋、次梁配筋和主梁配筋图分别如图 4-36～图 4-38 所示。

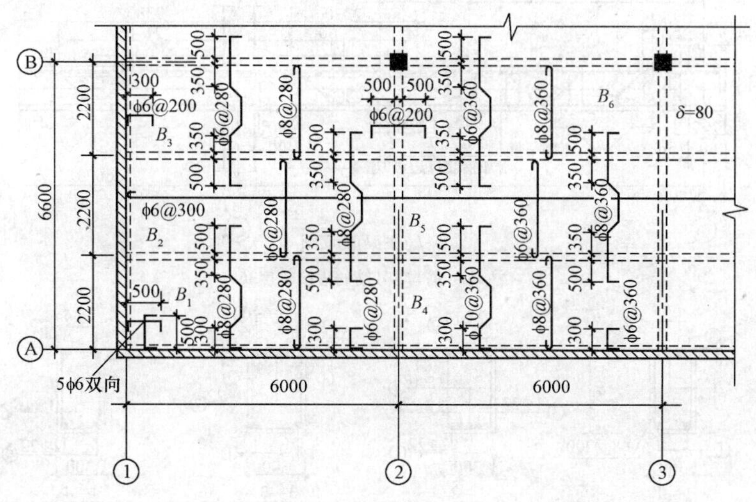

图 4-36　板配筋图

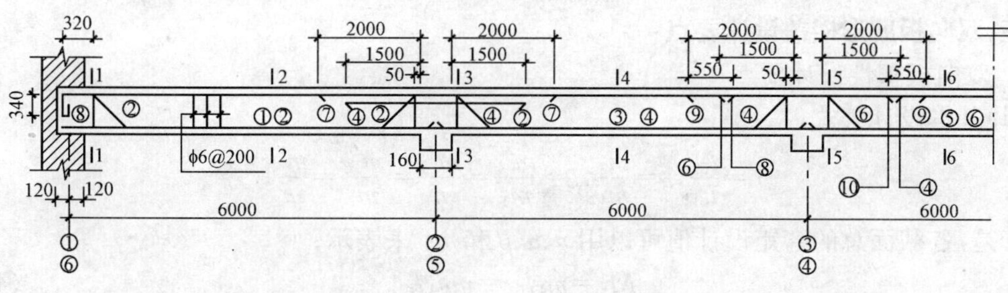

*L*2(次梁)配筋图

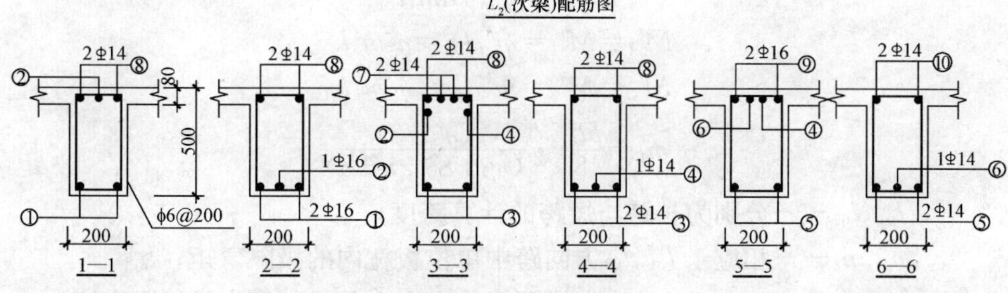

图 4-37　次梁配筋图

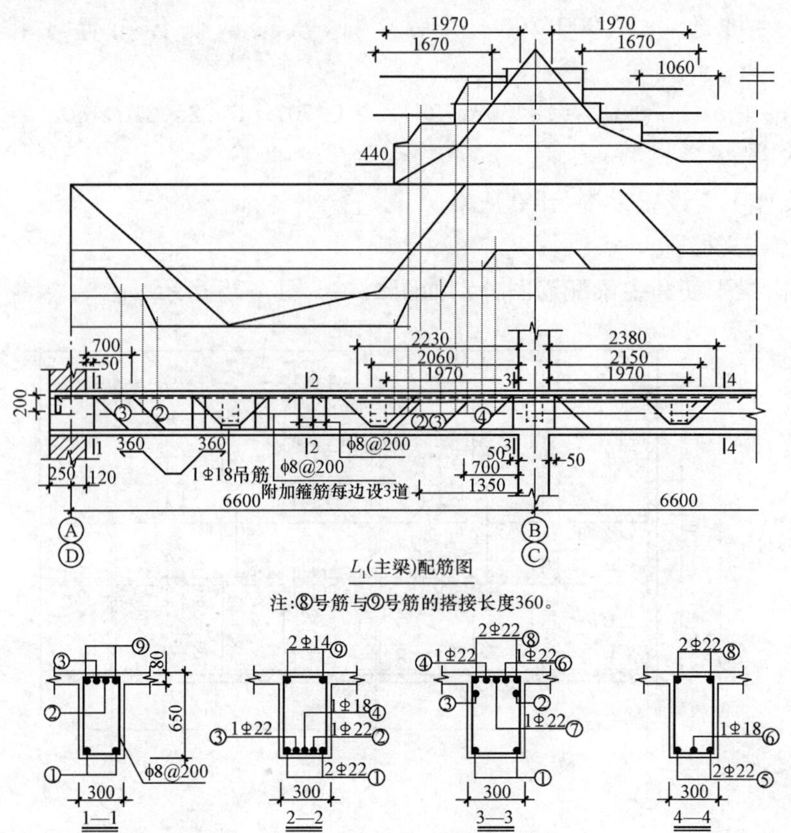

图 4-38 主梁配筋图

三、双向板肋形楼盖设计要点

1. 双向板塑性设计要点

(1)基本设计公式。

$$n=\frac{l_{02}}{l_{01}},\alpha=\frac{m_2}{m_1},\beta=\frac{m'_1}{m_1}=\frac{m''_1}{m_1}=\frac{m'_2}{m_2}=\frac{m''_2}{m_2}$$

于是,各截面总的弯矩设计值可以用 n、α、β 和 m_1 来表示:

$$M_1=m_1 l_{02}=nm_1 l_{01} \tag{4-17}$$

$$M_2=m_2 l_{01}=am_1 l_{01} \tag{4-18}$$

$$M'_1=M''_1=m'_1 l_{02}=n\beta m_1 l_{01} \tag{4-19}$$

$$M'_2=M''_2=m'_2 l_{01}=\alpha\beta m_1 l_{01} \tag{4-20}$$

$$m_1=\frac{pl_{01}^2}{8}\cdot\frac{(n\text{-}1/3)}{(n\beta+\alpha\beta+n+\alpha)} \tag{4-21}$$

式中 l_{01}、l_{02}——分别为长跨与短跨的计算跨度;

m_1、m_2——相应于 l_{01}、l_{02} 方向跨中单位板宽内的极限弯矩;

m'_1、m''_1、m'_2、m''_2——相应于 l_{01}、l_{02} 方向两对边支座上单位板宽内的极限弯矩;

M'_1、M''_1、M'_2、M''_2——相应于 l_{01}、l_{02} 方向两对边支座上总的极限弯矩;

M_1、M_2——相应于 l_{01}、l_{02} 方向上跨中总的极限弯矩。

(2)四边连续双向板。

$$m_1=\frac{pl_{01}^2}{8}\frac{\left(n-\frac{1}{3}\right)}{\left[n\beta+\alpha\beta+\left(n-\frac{1}{4}\right)+\frac{3}{4}\alpha\right]} \tag{4-22}$$

$$M_1=m_1\left(l_{02}-\frac{l_{01}}{2}\right)+\frac{m_1}{2}\cdot\frac{l_{01}}{2}=m_1\left(n-\frac{1}{4}\right)l_{01} \tag{4-23}$$

$$M_2=m_2\frac{l_{01}}{2}+\frac{m_2}{2}\cdot\frac{l_{01}}{2}=\frac{3}{4}\alpha m_1 l_{01} \tag{4-24}$$

(3)有简支边的双向板。

1)三边连续、一长边简支。此时简支边的支座弯矩等于零，其余支座弯矩和长跨跨中弯矩不变，而短跨因简支边不需要弯起部分跨中钢筋，故跨中弯矩为：

$$M_1=\frac{1}{2}\left[n+\left(n-\frac{1}{4}\right)\right]m_1 l_{01}=\left(n-\frac{1}{8}\right)m_1 l_{01} \tag{4-25}$$

2)三边连续、一短边简支。此时简支边的支座弯矩等于零，其余支座弯矩和短跨跨中弯矩不变，长跨跨中弯矩为：

$$M_2=\frac{1}{2}\left(\alpha+\frac{3}{4}\alpha\right)m_1 l_{01}=\frac{7}{8}\alpha m_1 l_{01} \tag{4-26}$$

3)两相邻边连续、另两相邻边简支。此时两个方向的跨中弯矩分别取①、②两种情况的弯矩值。

2. 截面设计

对于周边与梁整浇的双向板，规范允许对四边与梁整结板，其弯矩设计值按下列情况进行折减：

(1)中间跨的跨中截面及中间支座截面，减小 20%。

(2)边跨的跨中截面及楼板边缘算起的第二个支座截面，当 $l_b/l_0<1.5$ 时减小 20%；当 $1.5\leqslant l_b/l_0\leqslant 2.0$ 时减小 10%，式中 l_0 为垂直于楼板边缘方向板的计算跨度；l_b 为沿楼板边缘方向板的计算跨度。

(3)楼板的角区格不折减。

由于是双向配筋，两个方向的截面有效高度不同。考虑到短跨方向的弯矩比长跨方向的大，故应将短跨方向的跨中受拉钢筋放在长跨方向的外侧，以期具有较大的截面有效高度。通常分别取值如下：短跨方向，$h_{01}=h-20\text{mm}$；长跨方向，$h_{02}=h-30\text{mm}$，其中 h 为板厚。

3. 构造要求

(1)双向板的厚度不宜小于 80mm。

(2)由于挠度不另作验算，双向板的板厚与短跨跨度长的比值 h/l_{01} 应满足刚度要求：

简支板　　$h/l_{01}\geqslant\frac{1}{45}$

连续板　　$h/l_{01}\geqslant\frac{1}{50}$

(3)按弹性理论方法设计时，所求得的跨中正弯矩钢筋数量是指板的中央处的数量，靠近板的两边，其数量可逐渐减少。将板在 l_{01} 和 l_{02} 方向各分为 3 个板带，如图 4-39 所示。两个方向的边缘板宽度均为 $l_{01}/4$，其余则为中间板带。在中间板带上，按跨中最大正弯矩求得的单位板宽内的钢筋数量均匀布置；而在边缘板带上，按中间板带单位板宽内的钢筋数量一半均匀布置。

(4)支座上承受负弯矩的钢筋，按计算值沿支座均匀布置，并不得在板带内减少。

双向板支承梁的均布荷载 p_e 计算：

按弹性理论设计计算梁的支座弯矩时，可按支座弯矩等效的原则，按下式将三角形荷载和梯形荷载等效为均布荷载 p_e（如图 4-40 所示）。

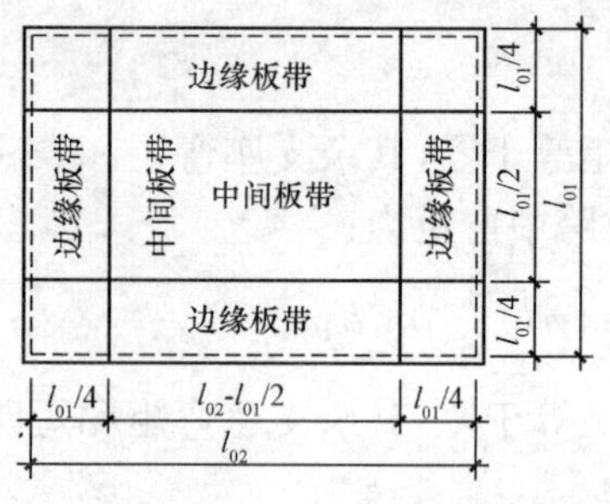

图 4-39　板带的划分

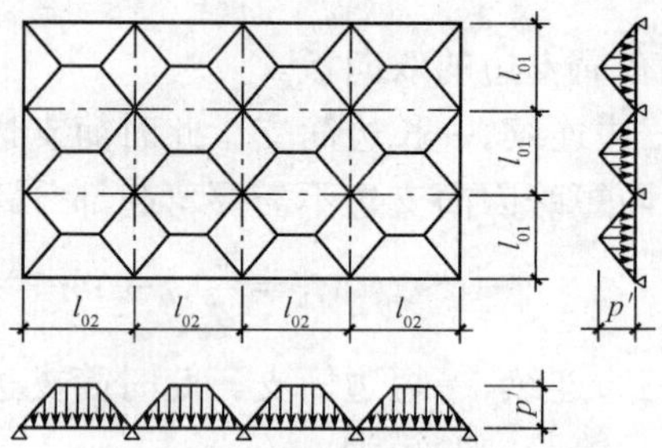

图 4-40　双向板支承梁承受的荷载

三角形荷载作用时

$$p_e=\frac{5}{8}p' \tag{4-27}$$

梯形荷载作用时

$$p_e=(1-2\alpha_1^2+\alpha_1^3)p' \tag{4-28}$$

式中　p'——$p'=p\cdot\frac{l_{01}}{2}=(g+q)\cdot\frac{l_{01}}{2}$；

g、q——分别为板面的均布恒荷载和均布活荷载，$\alpha_1=l_{01}/2l_{02}$；

l_{01}、l_{02}——分别为长跨与短跨的计算跨度。

【例 4-6】　双向板肋梁楼盖设计

某厂房拟采用双向板肋梁楼盖，结构平面布置如图 4-41 所示，支承梁截面取为250mm×500mm，板厚取为 100mm。

设计资料如下：楼面活荷载 $q_k=8\text{kN/m}^2$，板自重加上面层、粉刷层等，恒载$g_k=3.24\text{kN/m}^2$；采用 C20 混凝土，板中钢筋采用 HPB235 钢。试进行板的设计。

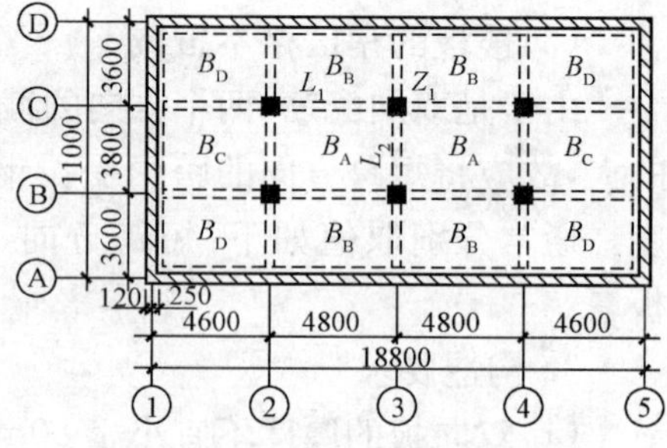

图 4-41　双向板肋梁楼盖结构平面布置图

(1)按弹性理论设计。

1)设计荷载：

$$q=1.3\times 8=10.4\text{kN/m}^2$$

$$g=1.2\times 3.24=3.888\text{kN/m}^2$$

$$g+\frac{q}{2}=3.888+\frac{10.4}{2}=9.088\text{kN/m}^2\approx 9.1\text{kN/m}^2$$

$$q/2=5.2\text{kN/m}^2$$

$$g+q=3.888+10.4=14.288\text{kN/m}^2\approx 14.3\text{kN/m}^2$$

2)计算跨度：

内跨：$l_0=l_c$(轴线间距离)；边跨：$l_0=l_c-250+100/2$

各区格板的计算跨度列于表 4-11。

表 4-11　　　　　　　　　　**按弹性理论计算的弯矩值**

项目 \ 区格	A	B	C	D
l_{01}(m)	3.8	3.4	3.8	3.4
l_{02}(m)	4.8	4.8	4.4	4.4
l_{01}/l_{02}	0.79	0.71	0.86	0.77
m_1	$(0.0276+0.2\times0.0141)\times9.1\times3.8^2+(0.0573+0.2\times0.0337)\times5.2\times3.8^2=8.81$	$(0.0368+0.2\times0.0197)\times9.1+3.4^2+(0.0673+0.2\times0.03)\times5.2\times3.4^2=8.69$	$(0.0285+0.2\times0.0134)\times9.1\times3.8^2+(0.0496+0.2\times0.035)\times5.2\times3.8^2=8.35$	$(0.0376+0.2\times0.0195)\times9.1\times3.4^2+(0.0596+0.2\times0.0327)\times5.2\times3.4^2=8.34$
m_2	$(0.0141+0.2\times0.0276)\times9.1\times3.8^2+(0.0337+0.2\times0.0573)\times5.2\times3.8^2=5.97$	$(0.0197+0.2\times0.0368)\times9.1\times3.4^2+(0.03+0.2\times0.0673)\times5.2\times3.4^2=5.46$	$(0.0134+0.2\times0.0285)\times9.1\times3.8^2+(0.035+0.2\times0.0496)\times5.2\times3.8^2=5.88$	$(0.0195+0.2\times0.0376)\times9.1\times3.4^2+(0.0327+0.2\times0.0596)\times5.2\times3.4^2=5.52$
m'_1	$-0.0671\times14.3\times3.8^2=-13.86$	$-0.0893\times14.3\times3.4^2=-14.76$	$-0.0681\times14.3\times3.8^2=-14.06$	$-0.0916\times14.3\times3.4^2=-15.14$
m''_1	-13.86	0	-14.06	0
m'_2	$-0.056\times14.3\times3.8^2=-9.227$	$-0.0744\times14.3\times3.4^2=-12.30$	0	0
m''_2	-11.56	-12.30	$-0.0566\times14.3\times3.8^2=-11.69$	$-0.0755\times14.3\times3.4^2=-12.48$

3)弯矩计算：

跨中最大弯矩为当内支座固定时，在 $g+q/2$ 作用下的跨中弯矩值与内支座铰支时，在 $q/2$ 作用下的跨中弯矩值之和。本题计算时混凝土的泊松比取 0.2。支座最大负弯矩为当内支座固定时，$g+q$ 作用下的支座弯矩。

根据不同的支承情况，整个楼盖可以分为 A、B、C、D 四种区格板。

A 区格板：$l_{01}/l_{02}=0.79$

$$m_1=(0.0276+0.2\times0.0141)(g+q/2)l_{01}^2+(0.0573+0.2\times0.0337)ql_{01}^2/2$$
$$=3.997+4.819=8.81\text{kN}\cdot\text{m}$$

$$m_2=(0.0141+0.2\times0.0276)(g+q/2)l_{01}^2+(0.0337+0.2\times0.0573)ql_{01}^2/2$$
$$=2.578+3.391=5.97\text{kN}\cdot\text{m}$$

$$m'_1=m''_1=-0.0671(g+q)l_{01}^2=-13.86\text{kN}\cdot\text{m}$$

$m'_2=m''_2=-0.056(g+q)l_{01}^2=-11.56\text{kN}\cdot\text{m}$

对边区格板的简支边，取 m' 或 $m''=0$。各区格板分别算得的弯矩值，列于表 4-10。

4)截面设计：

截面有效高度：假定选用 ϕ10 钢筋。则 l_{01} 方向跨中截面的 $h_{01}=80\text{mm}$；h_{02} 方向跨中截面的 $h_{02}=70\text{mm}$；支座截面的 $h_0=80\text{mm}$。

截面设计用的弯矩：楼盖周边未设圈梁，故只能将区格的跨中弯矩及 $A-A$ 支座弯矩减少 20%，其余均不折减。为了便于计算，近似取 $\gamma=0.95$，$A_s=\dfrac{m}{0.95h_0f_y}$。截面配筋计算结果及实际配筋列于表 4-12。

表 4-12　按弹性理论设计的截面配筋

截面 \ 项目			h_0(mm)	m(kN·m)	A_s(mm²)	配　筋	实有 A_s(mm²)
跨中	A 区格	l_{01}方向	80	8.81×0.8=7.05	441.7	ϕ8/10@140	460
		l_{02}方向	70	5.97×0.8=4.78	342.3	ϕ8@140	359
	B 区格	l_{01}方向	80	8.69	544.4	ϕ10@140	561
		l_{02}方向	70	5.46	391	ϕ8/10@140	460
跨中	C 区格	l_{01}方向	80	8.35	523.2	ϕ10@140	561
		l_{02}方向	70	5.88	421.1	ϕ8/10@140	460
	D 区格	l_{01}方向	80	8.34	522.6	ϕ10@140	561
		l_{02}方向	70	5.52	395.3	ϕ8/10@140	460
支座	$A-A$		80	−11.56×0.8=−9.25	579.6	ϕ10@130	604
	$A-B$		80	−13.86	868.4	ϕ10@90	872
	$A-C$		80	−11.69	732.5	ϕ10@100	785
	$C-D$		80	−15.14	948.6	ϕ10@80	981
	$B-B$		80	−12.30	770.7	ϕ10@100	785
	$B-D$		80	−12.48	782	ϕ10@100	785

(2)按塑性铰线法设计。

1)设计荷载：

$$g+q=14.3\text{kN/m}^2$$

2)计算跨度：

内跨　$l_0=l_c-b$(b 为梁宽)

边跨　$l_0=l_c-250+100/2-b/2$

各区格板的计算跨度值列于表 4-12。

3)弯矩计算：

首先假定边缘板带跨中配筋率与中间板带相同，支座截面配筋率不随板带而变，取同一数值；跨中钢筋在离支座 $l_1/4$ 处间隔弯起；取 $m_2=\alpha m_1$，对所有区格，均取 $\alpha=0.6$；取 $\beta'_1=\beta''_1=\beta'_2=\beta''_2=2$。

A 区格板：属四边连续板：

$M_1=m_1(4.6-3.6/2)+m_1/2\times3.6/4\times2=3.70m_1$

$M_2 = m_2 \times 3.6/2 + m_2/2 \times 3.6/4 \times 2 = 2.70m_2 = 1.62m_1$

$M'_1 = M''_1 = -2m_1 \times 4.6 = -9.2m_1$

$M'_2 = M''_2 = -2m_2 \times 3.6 = -7.2m_2 = -4.32m_1$

（支座总弯矩取绝对值），即得

$3.70m_1 + 1.62m_1 + \frac{1}{2}(9.2m_1 + 9.2m_1 + 4.32m_1 + 4.32m_1) = \frac{14.3}{8} \times 3.6^2 \times (4.6 - 3.6/3)$

$m_1 = 4.18\text{kN} \cdot \text{m}$

$m_2 = 0.6 \times 4.18 = 2.51\text{kN} \cdot \text{m}$

$m'_1 = m''_1 = -2 \times 4.18 = -8.36\text{kN} \cdot \text{m}$

$m'_2 = m''_2 = -2 \times 2.51 = -5.02\text{kN} \cdot \text{m}$

B 区格板：属三边连续、一长边简支板。将 A 区格板的 m''_1 作为 B 区格板 m'_1 的已知值，并取 $m''_1 = 0$，则

$$M'_1 = -8.36 \times 4.6 = -38.46\text{kN} \cdot \text{m}, m''_1 = 0$$

$$M'_2 = M''_2 = -2m_2 \times 3.3 = -6.6m_2 = -3.96m_1$$

$M_1 = \left(\frac{4.6}{3.3} - \frac{1}{8}\right)m_1 \times 3.3 = 4.19m_1, M_2 = \frac{3}{4} \times 0.6m_1 \times 3.3 = 1.49m_1$

$4.19m_1 + 1.49m_1 + \frac{1}{2} \times (38.46 + 0 + 3.96m_1 + 3.96m_1) = \frac{14.3}{8} \times 3.3^2 \times (4.6 - 3.3/3)$

$m_1 = 5.07\text{kN} \cdot \text{m}, m_2 = 0.6 \times 5.07 = 3.04\text{kN} \cdot \text{m}$

$m'_1 = -8.36\text{kN} \cdot \text{m}, m'_2 = m''_2 = -2 \times 3.04 = -6.08\text{kN} \cdot \text{m}$

C 区格板：属三边连续、一短边简支板。将 A 区格板的 m'_2 作为 C 区格板 m''_2 的已知道，并取 $m'_2 = 0$，则

$$M'_2 = 0, M''_2 = -5.02 \times 3.6 = -18.07\text{kN} \cdot \text{m}$$

$$M'_1 = M''_1 = -2m_1 \times 4.3 = -8.6m_1$$

$M_1 = \left(\frac{4.3}{3.6} - \frac{1}{4}\right)m_1 \times 3.6 = 3.40m_1, M_2 = \frac{7}{8} \times 0.6m_1 \times 3.6 = 1.89m_1$

$3.40m_1 + 1.89m_1 + \frac{1}{2}(8.6m_1 + 8.6m_1 + 0 + 18.07) = \frac{14.3}{8} \times 3.6^2 \times (4.3 - 3.6/3)$

$m_1 = 4.52\text{kN} \cdot \text{m}, m_2 = 0.6 \times 4.52 = 2.71\text{kN} \cdot \text{m}$

$m'_1 = m''_1 = -2 \times 4.52 = -9.04\text{kN} \cdot \text{m}, m''_2 = -2 \times 2.71 = -5.42\text{kN} \cdot \text{m}$

D 区格板：属两邻边连续、另两邻边简支板。分别将 B 区格板的 m'_2 作为 D 区格板 m''_2 的已知值，C 区格板 m''_1 作为 D 区格板 m'_1 的已知值，并取 $m''_1 = m'_2 = 0$，则

$M'_1 = -9.04 \times 4.3 = -38.87\text{kN} \cdot \text{m}, M''_1 = 0$

$M'_2 = 0, M''_2 = -6.08 \times 3.3 = -20.06\text{kN} \cdot \text{m}$

$M_1 = \left(\frac{4.3}{3.3} - \frac{1}{8}\right)m_1 \times 3.3 = 3.89m_1, M_2 = \frac{7}{8} \times 0.6m_1 \times 3.3 = 1.73m_1$

将各参数值代入式得到

$3.89m_1 + 1.73m_1 + \frac{1}{2} \times (38.87 + 0 + 0 + 20.06) = \frac{14.3}{8} \times 3.3^2 \times (4.3 - 3.3/3)$

$$m_1 = 5.84\text{kN} \cdot \text{m}, m_2 = 0.6 \times 5.84 = 3.50\text{kN} \cdot \text{m}$$

$$m'_1 = -9.04\text{kN} \cdot \text{m}, m''_2 = -6.08\text{kN} \cdot \text{m}$$

所有计算结果列于表 4-13。

表 4-13　　按塑性铰线法计算的弯矩

区格	A	B	C	D
l_{01}(m)	3.6	3.3	3.6	3.3
l_{02}(m)	4.6	4.6	4.3	4.3
M_1	$3.70m_1$	$4.19m_1$	$3.40m_1$	$3.89m_1$
M_2	$1.62m_1$	$1.49m_1$	$1.89m_1$	$1.73m_1$
M'_1	$-9.20m_1$	−38.46	$-8.60m_1$	−38.87
M''_1	$-9.20m_1$	0	$-8.60m_1$	0
M'_2	$-4.32m_1$	$-3.96m_1$	0	0
M''_2	$-4.32m_1$	$-3.96m_1$	−18.07	−20.06
m_1	4.18	5.07	4.52	5.84
m_2	2.51	3.04	2.71	3.50
m'_1	−8.36	−8.36	−9.04	−9.04
m''_1	−8.36	0	−9.04	0
m'_2	−5.02	−6.08	0	0
m''_2	−5.02	−6.08	−5.42	−6.08

4)截面设计：

各区格板的截面配筋计算列于表 4-14，配筋施工图如图 4-42 所示。

表 4-14　　按塑性理论设计的截面配筋

截面			h_0(mm)	m(kN·m)	A_s(mm^2)	配筋	实有 A_s(mm^2)
跨中	A 区格	l_{01}方向	80	4.18×0.8=3.34	209.3	ϕ6/8@180	218
		l_{02}方向	70	2.51×0.8=2.01	143.9	ϕ6@180	157
	B 区格	l_{01}方向	80	5.07	317.7	ϕ8/10@180	358
		l_{02}方向	70	3.04	217.7	ϕ6/8@180	218
	C 区格	l_{01}方向	80	4.52	283.2	ϕ8@180	279
		l_{02}方向	70	2.71	194.1	ϕ6/8@180	218
	D 区格	l_{01}方向	80	5.84	365.9	ϕ8/10@180	358
		l_{02}方向	70	3.50	250.6	ϕ8@180	279
支座	A—A		80	−5.02×0.8=−4.02	251.9	ϕ8@180	279
	A—B		80	−8.36	523.8	ϕ8@90	559
	A—C		80	−5.02	314.5	ϕ6@90	314
	C—D		80	−9.04	566.4	ϕ8@90	559
	B—B		80	−6.08	381.0	ϕ6/ϕ8@90	437
	B—D		80	−6.08	381.0	ϕ6/ϕ8@90	437

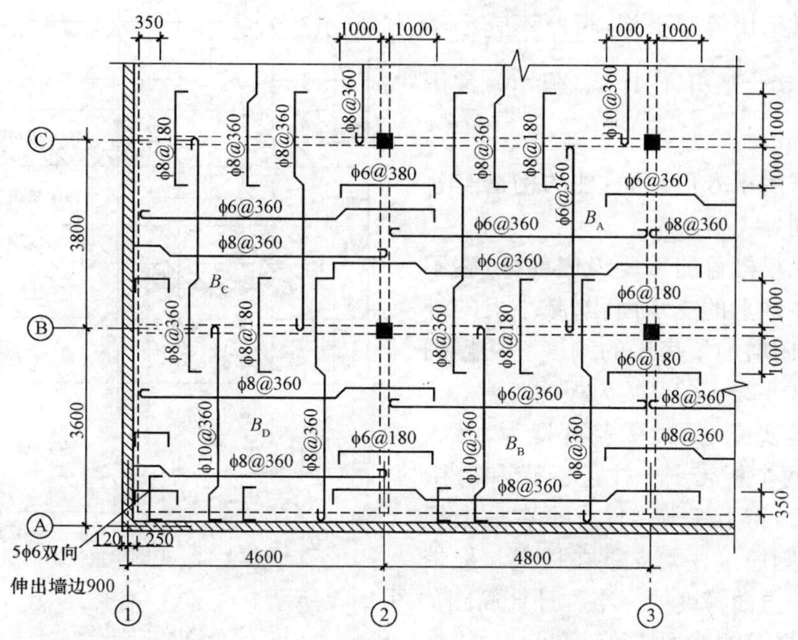

图 4-42　按塑性铰线法设计时板的配筋图

注：未标明的墙边板面钢筋均为 ϕ6@360，伸出墙边 500，板厚 100。

第三节　现浇无梁楼盖

一、无梁楼盖的布置

无梁楼盖的柱网通常布置成正方形或矩形，以正方形最为经济。楼盖的四边可支承在墙上或支承在边柱的圈梁上，也可悬臂伸出边柱以外（如图 4-43 所示）。后者可减少边跨跨中弯矩和柱的不平衡弯矩，并能减少柱和柱帽的型式，但悬臂部分将形成一条狭窄的廊子，使用不便，故仅用于冷库等建筑中。

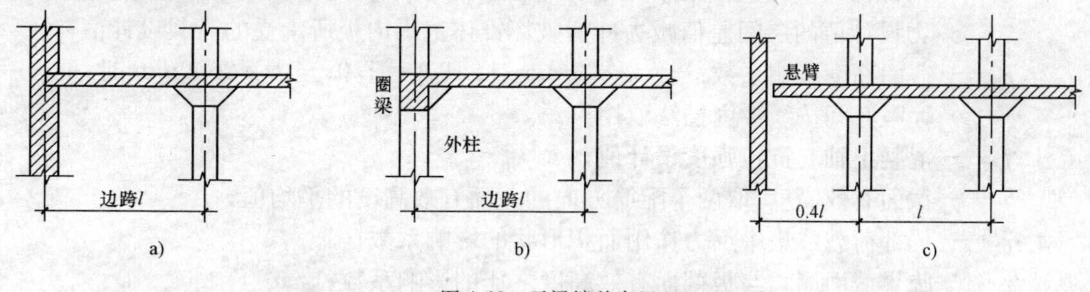

图 4-43　无梁楼盖布置

无梁楼盖每一个方向不宜少于三跨，以保证有足够的侧向刚度。当楼面活荷载在 5kN/m^2 以上时，跨度不宜大于 6m。

二、无梁楼盖的组成、受力特点及计算简图

无梁楼盖由三部分组成——楼板、柱和柱帽。

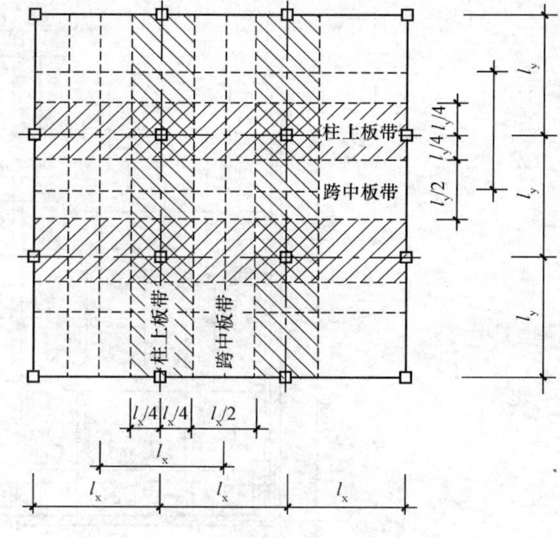

图 4-44 无梁楼盖计算简图

楼板通常采用等厚平板，板厚不宜小于区格长边的$\frac{1}{35}\sim\frac{1}{32}$，并不小于 120mm，常用为 160～200mm。

柱一般采用正方形截面，柱的构造与一般楼盖中相同。

柱帽是无梁楼盖的重要组成部分，它不仅扩大了板在柱上的支承面积，减小板的计算跨度，而且还增加了房屋的刚度。柱帽的宽度，一般为(0.2～0.3)l，l为板的跨度。

根据试验研究，无梁楼盖可视为在纵、横方向分成两个板带——柱上板带和跨中板带——受力，跨中板带弹性支承在柱上板带上，柱上板则通过柱帽支承在柱上。板带的宽度为另一方向跨度的一半。计算简图如图 4-44 所示。

三、无梁楼盖的冲切计算

无梁楼盖上的全部荷载是通过柱帽传给柱子，柱帽与板的周界即为楼盖的冲切面，冲切破坏锥体的斜面大体呈 45°倾角。无梁楼盖的冲切计算按下列方法进行：

(1)不配置抗冲切钢筋时。

此时冲切面的冲切强度按下式计算：

$$F_l \leqslant 0.7\beta_h f_t \eta u_m h_0 \tag{4-29}$$

式(4-29)中的系数 η，应按下列两个公式计算，并取其中较小值：

$$\eta_1 = 0.4 + \frac{1.2}{\beta_s} \tag{4-30}$$

$$\eta_2 = 0.5 + \frac{\alpha_s h_0}{4u_m} \tag{4-31}$$

式中 F_1——局部荷载设计值或集中反力设计值；对板柱结构的节点，取柱所承受的轴向压力设计值的层间差值减去冲切破坏锥体范围内板所承受的荷载设计值；

β_h——截面高度影响系数：当 $h\leqslant 800$mm 时，取 $\beta_h=1.0$；当 $h\geqslant 2000$mm 时，取 $\beta_h=0.9$，其间按线性内插法取用；

f_t——混凝土轴心抗拉强度设计值；

h_0——截面有效高度，取两个配筋方向的截面有效高度的平均值；

η_1——局部荷载或集中反力作用面积形状的影响系数；

η_2——临界截面周长与板截面有效高度之比的影响系数；

β_s——局部荷载或集中反力作用面积为矩形时的长边与短边尺寸的比值，β_s 不宜大于 4；当 $\beta_s<2$ 时，取 $\beta_s=2$；当面积为圆形时，取 $\beta_s=2$；

α_s——板柱结构中柱类型的影响系数：对中柱，取 $\alpha_s=40$；对边柱，取 $\alpha_s=30$；对角柱，取 $\alpha_s=20$；

u_m——临界截面的周长：距离局部荷载或集中反力作用面积周边 $h_0/2$ 处板垂直截面的最不利周长；

当板开有孔洞且孔洞至局部荷载或集中反力作用面积边缘的距离不大于 $6h_0$ 时，受冲切承载力计算中取用的临界截面周长 u_m，应扣除局部荷载或集中反力作用面积中心至开孔外边画出两条切线之间所包含的长度(如图 4-45 所示)。

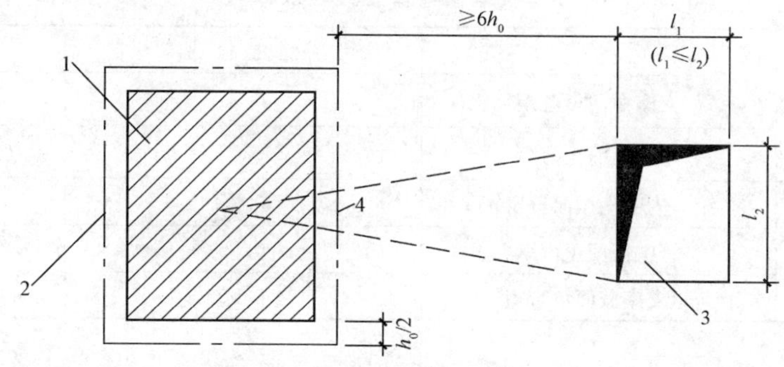

图 4-45　邻近孔洞时的临界截面周长

1-局部荷载或集中反力作用面；2-临界截面周长；3-孔洞；4-应扣除的长度

注：当图中 $l_1>l_2$ 时，孔洞边长 l_2 用 $\sqrt{l_1 l_2}$ 代替。

(2)在局部荷载或集中反力作用下。

当受冲切承载力不满足要求且板厚受到限制时，可配置箍筋或弯起钢筋。此时，受冲切截面应符合下列条件：

$$F_l \leqslant 1.05 f_t \eta u_m h_0 \tag{4-32}$$

配置箍筋或弯起钢筋的板，其受冲切承载力应符合下列规定：

当配置箍筋时

$$F_l \leqslant (0.35 f_t + 0.15\sigma_{pc,m})\eta u_m h_0 + 0.8 f_{yv} A_{svu} \tag{4-33}$$

当配置弯起钢筋时

$$F_l \leqslant (0.35 f_t + 0.15\sigma_{pc,m})\eta u_m h_0 + 0.8 f_y A_{sbu} \sin\alpha \tag{4-34}$$

式中　A_{svu}——与呈 45°冲切破坏锥体斜截面相交的全部箍筋截面面积；

A_{sbu}——与呈 45°冲切破坏锥体斜截面相交的全部弯起钢筋截面面积；

α——弯起钢筋与板底面的夹角。

四、无梁楼盖的内力计算

无梁楼盖的内力，通常按弹性理论方法计算，常用的方法有等代框架法和经验系数法。

1. 等代框架法

等代框架法将整个无梁楼盖结构分别沿纵、横柱列方向划分为纵、横两个方向的等代框架。此时等代框架梁的宽度取法是：竖向荷载作用时，取板跨中心线之间的距离；水平荷载作用时，则取板跨中心线之间距离的一半较为适宜。等代框架梁的高度取板的厚度。等代框架梁的计算跨度，取为 $l_x-\frac{2c}{3}$ 或 $l_y-\frac{2c}{3}$，c 为柱帽宽度。等代框架柱的计算高度为：对于楼层，取层高减去柱帽的高度；对于底层，取基础顶面至该层楼板底面的高度减去柱帽的高度。

当仅有竖向荷载时，等代框架可近似地按分层法计算，并应考虑活荷载的不利组合。

最后得出的等代框架梁的弯矩值，按表 4-15 中的系数分配给柱上板带和跨中板带。柱端弯矩按计算决定。

表 4-15　　等代框架梁弯矩经验系数

截　面		柱上板带	跨中板带
内　跨	支座截面负弯矩	0.75	0.25
	跨中截面正弯矩	0.55	0.45
边　跨	第一内支座截面负弯矩	0.75	0.25
	跨中截面正弯矩	0.55	0.45
	边支座截面负弯矩	0.90	0.10

2. 经验系数法

经验系数法是在试验研究与实践经验的基础上提出来的，计算时，只要算出总弯矩，再乘以弯矩分配系数，即得各截面的弯矩。此法简单方便，因而被广为采用。但此法适用于比较规则的等代框架，且必须符合上列要求：

(1)每一个方向至少有三个连续跨。

(2)同一方向的最大跨度与最小跨度之比应不大于 1.2。

(3)任一区格的长边与短边之比应不大于 1.5。

(4)活荷载与静荷载之比应不大于 3。

经验系数法的计算荷载，是按全部均布荷载计算，不考虑活荷载的不利组合。表 4-16 为经验系数法总弯矩分配表。

表 4-16　　经验系数法总弯矩分配

截　面		柱上板带	跨中板带
内　跨	支座截面负弯矩	$0.50M_0$	$0.17M_0$
	跨中截面正弯矩	$0.18M_0$	$0.15M_0$
边　跨	第一内支座截面负弯矩	$0.50M_0$	$0.17M_0$
	跨中截面正弯矩	$0.22M_0$	$0.18M_0$
	边支座截面负弯矩	$0.48M_0$	$0.05M_0$

$$\text{表中 } M_0=\frac{1}{8}ql_y\left(l_x-\frac{2c}{3}\right)^2$$

板柱节点处上、下柱柱端弯矩之和可近似取以下数值：

中柱　　$0.25M_0$

边柱　　$0.40M_0$

五、截面设计

对竖向荷载作用下有柱帽的板，考虑到板的穹顶作用，除边跨及边支座处，其他截面的计算弯矩均可乘以 0.8 的折减系数。

板的有效高度，同一区格在两个方向的同号弯矩作用下，应分别采用不同的有效高度，当为正方形区格时，为简化起见，可取两个方向有效高度的平均值。

六、无梁楼盖的构造要求

楼板配筋一般采用双向配筋。根据无梁楼盖的受力特点，钢筋布置应按下列规则：在柱上板带和柱上板带相交区，弯矩同号，均为负值，钢筋均布置在板面；在跨中板带与跨中板带相交区，弯矩同号，但均为正值，钢筋均布置在板底；在跨中板带与柱上板带相交区，弯矩不同号，柱上板带为正值，钢筋布置在板底；跨中板带为负值，钢筋布置在板面。对同号弯矩区，应将较大弯矩方向的受力钢筋置于外层。

钢筋有弯起式和分离式两种配置方式，通常采用一端弯起并带直钩的弯起式配筋。钢筋弯起与切断点的位置，应满足如图 4-46 所示的要求。支座上承受负弯矩的钢筋，宜采用不小于直径为 12mm 的钢筋。

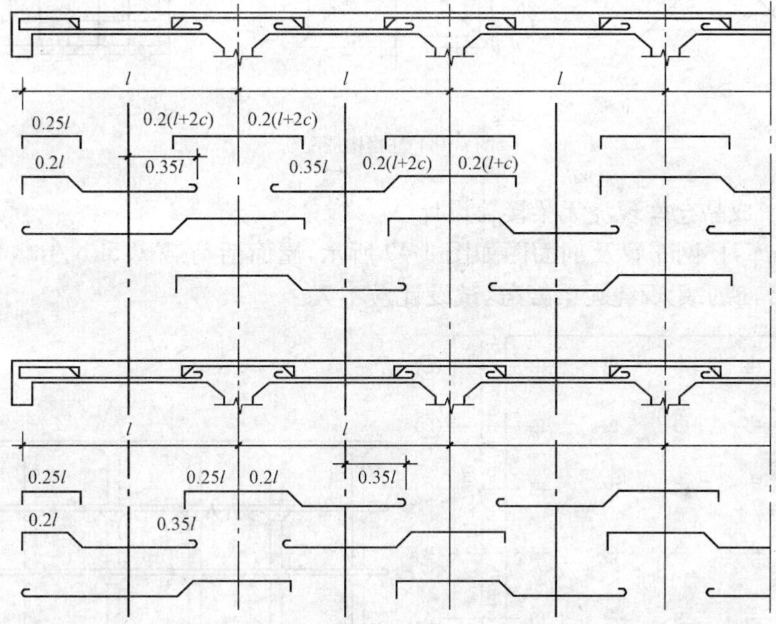

图 4-46　无梁楼盖配筋

柱帽的构造尺寸如图 4-47 所示。一般不需进行计算，只需按如图 4-48 所示构造配筋即可。

无梁楼盖的周边应设置圈梁，其截面高度应不小于板厚的 2.5 倍。

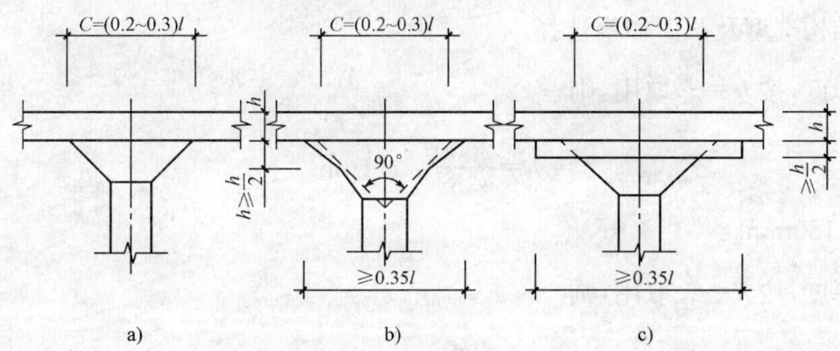

图 4-47　柱帽构造尺寸

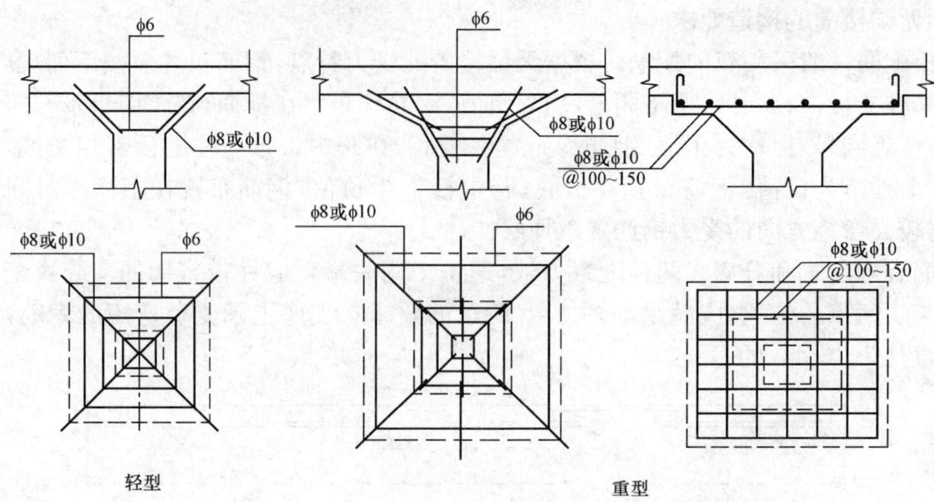

图 4-48　柱帽构造配筋

【例 4-7】　成品仓库现浇无梁楼盖设计

某成品仓库，柱网布置及剖面图如图 4-49 所示，屋面活荷载 $1.5\mathrm{kN/m^2}$，各层楼面活荷载为 $12\mathrm{kN/m^2}$，现采用现浇无梁楼盖，试设计。

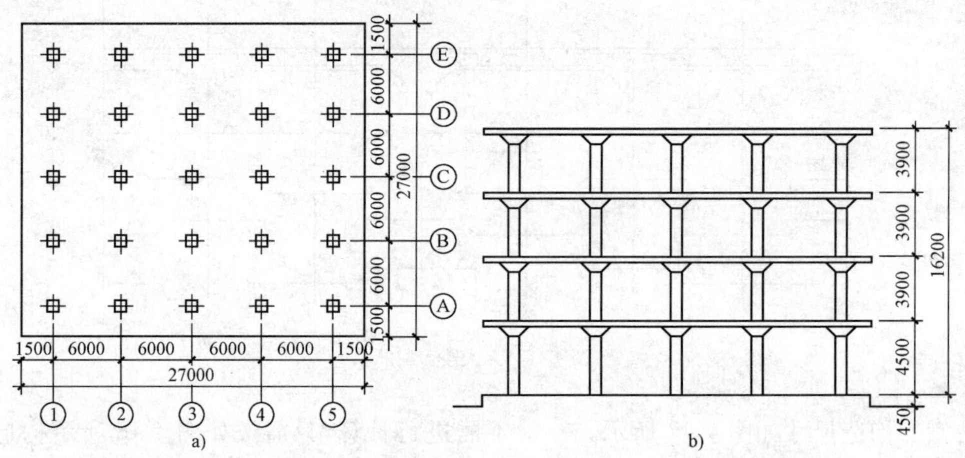

图 4-49　成品仓库柱网布置

解：(1)结构选型及截面初步选择。

屋盖板厚度，按 $h=\dfrac{l}{35}$ 取用，则

$$h=\frac{6000}{35}=171\mathrm{mm}$$

选取 $h=180\mathrm{mm}$。

楼盖板厚度，按 $h=\dfrac{l}{30}$ 取用，则

$$h=\frac{6000}{30}=200\mathrm{mm}$$

选取 h=200mm。

柱子截面尺寸，选用 500mm×500mm。

柱帽尺寸，柱帽宽 c 按(0.2～0.3)l 取用，则取 c=1600mm，柱帽高取 600mm。

(2)计算简图。

1)板的计算跨度 l：

板跨 $l_x=l_y$=6m，柱帽宽度 c=1.6m，则

$$l=l_y-\frac{2c}{3}=6-\frac{2}{3}\times 1.6=4.93\text{m}$$

2)柱的计算高度：

设柱帽高 0.6m，板厚 0.2m，室内外高差 0.45m，基础顶面离室外地面为 0.2m，则

一般层：3.9－0.6＝3.3m

底层：4.5－0.2－0.6＋0.45＋0.2＝4.35m

计算简图如图 4-50 所示。

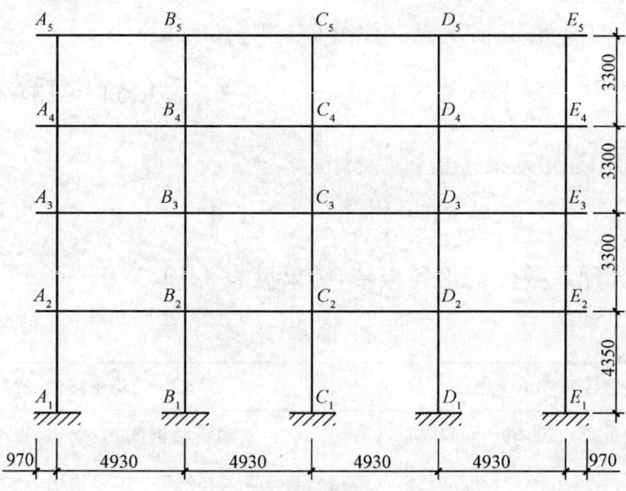

图 4-50　例 4-7 计算简图

(3)荷载计算。

1)屋盖板荷载计算(见表 4-17)：

表 4-17　　屋盖荷载计算

荷载种类		荷载标准值 (kN/m²)	荷载系数	荷载设计值 (kN/m²)
恒载	①屋面板自重 ②20mm 厚水泥砂浆找平 ③二毡三油	0.18×25＝4.5 0.45 0.35	1.2	6.35
活荷载		1.5	1.4	2.1
合计				8.45

2)楼盖板荷载计算(见表 4-18)：

表 4-18　　楼盖荷载计算

荷载种类		荷载标准值（kN/m²）	荷载系数	荷载设计值（kN/m²）
恒载	①楼盖板自重 ②20mm 厚水泥砂浆面层	0.2×25=5 0.02×20=0.4	1.2	6.48
活荷载		12	1.3	15.6
合　计				22.08

(4)内力计算。

本例符合经验系数法的适用条件，按经验系数法进行设计。由于纵、横两个方向均为对称，故本例以②轴线作为算例。

1)屋盖板在竖向荷载作用下的内力计算：

屋盖板荷载设计值为 8.45kN/m²，其中活荷载为 2.1kN/m²。

$$M_0=\frac{1}{8}ql_x\left(l_y-\frac{2c}{3}\right)^2=\frac{1}{8}\times8.45\times6\times\left(6-\frac{2}{3}\times1.6\right)^2=154.23\text{kN}\cdot\text{m}$$

悬臂板根部弯矩

$$M=-\frac{1}{2}\times8.45\times6\times\left(1.5-\frac{1}{3}\times1.6\right)^2=-23.69\text{kN}\cdot\text{m}$$

按表 4-15 弯矩分配系数分配给各板带，结果见表 4-19。

表 4-19　　板带弯矩计算

柱上板带(kN·m)	跨中板带(kN·m)
悬臂板根部 $M=-0.48\times23.69=-11.37$	悬臂板根部 $M=-0.05\times23.69=-1.18$
$M_{A5}=-0.48M_0=-74.03(-18.39)$	$M_{A5}=-0.05M_0=-7.71(-1.92)$
$M_1=0.22M_0=33.39(8.45)$	$M_1=0.18M_0=27.76(6.91)$
$M_{B5}=-0.5M_0=-77.48(-19.20)$	$M_{B5}=-0.17M_0=-26.20(-6.53)$
$M_2=0.18M_0=27.76(6.9)$	$M_2=0.15M_0=23.13(5.76)$

括号内数值为活荷载引起的内力，按活荷载占总荷载的比值$\frac{2.1}{8.45}=0.249$求得，以便与风荷载组合。

2)楼盖板在竖向荷载作用下的内力计算：

楼盖板荷载设计值为 22.08kN/m²，其中活荷载为 15.6kN/m²。

将屋盖板的弯矩乘以$\frac{22.08}{8.45}=2.61$的系数，即得

楼盖板的总弯矩

$$M_0=154.23\times2.61=403.00\text{kN}\cdot\text{m}$$

悬臂端根部弯矩

$$M=-23.69\times2.61=-61.83\text{kN}\cdot\text{m}$$

按表 4-16 弯矩分配系数分配给各板带，见表 4-20。

表 4-20　　板 带 弯 矩 计 算

柱上板带(kN·m)	跨中板带(kN·m)	柱上板带(kN·m)	跨中板带(kN·m)
悬臂板根部 $M=-29.68$	悬臂板根部 $M=-3.09$	$M_B=-201.52(-142.78)$	$M_B=-68.54(-48.43)$
$M_A=-193.42(-136.66)$	$M_A=-20.13(-14.22)$	$M_2=72.54(51.25)$	$M_2=60.44(42.70)$
$M_1=88.64(62.63)$	$M_1=72.54(51.25)$		

注：括号内数值为活荷载引起的弯矩。

3)柱子在竖向荷载作用下的内力计算：

中柱弯矩：$M=0.25M_0$ 则

$$M_{E_5E_4}=0.25M_0=0.25\times154.23=38.56\text{kN}\cdot\text{m}$$

$$M_{E_4E_5}=M_{B_4B_3}=M_{B_3B_2}=\frac{1}{2}\times0.25\times403.00=50.38\text{kN}\cdot\text{m}$$

$$M_{B_2B_3}=0.25M_0\times\frac{4.35}{3.3+4.35}=0.25\times403\times0.57=57.43\text{kN}\cdot\text{m}$$

$$M_{B_2B_1}=0.25M_0\times\frac{3.3}{3.3+4.35}=0.25\times403\times0.43=43.32\text{kN}\cdot\text{m}$$

$$M_{B_1B_2}=\frac{1}{2}M_{B_2B_1}=\frac{1}{2}\times43.32=21.66\text{kN}\cdot\text{m}$$

边柱弯矩：M 为 $0.4M_0$ 减悬臂恒荷载引起的 M，则

$$M_{A_5A_4}=0.4\times154.23-23.69\times\frac{6.35}{8.45}=43.89\text{kN}\cdot\text{m}$$

$$M_{A_4A_5}=M_{A_4A_3}=M_{A_3A_2}=\frac{1}{2}(0.4\times403-61.83\times\frac{6.48}{22.08})=71.53\text{kN}\cdot\text{m}$$

$$M_{A_2A_3}=(0.4\times403-61.83\times\frac{6.48}{22.08})\times0.57=143\times0.57=81.54\text{kN}\cdot\text{m}$$

$$M_{A_2A_1}=143\times0.43=61.51\text{kN}\cdot\text{m}$$

$$M_{A_1A_2}=\frac{1}{2}M_{A_2A_1}=\frac{1}{2}\times61.51=30.76\text{kN}\cdot\text{m}$$

柱子轴向力：以中柱为例，按负荷面积计算，则

屋盖自重及屋面活荷载　　$8.45\times6\times6=304.2\text{kN}$

二～四层楼盖自重　　$3\times6.48\times6\times6=699.84\text{kN}$

二～四层楼面活荷载　　$3\times15.6\times6\times6=1684.8\text{kN}$

柱自重　　$25\times0.5\times0.5\times16.2\times1.2=121.5\text{kN}$

四个柱帽自重

$$4\times\left\{\frac{0.6}{6}[1.6^2+(1.6+0.5)^2+0.5^2]-0.5^2\times0.6\right\}\times1.2\times25$$

$$=4\times\{0.722-0.15\}\times1.2\times25=4\times17.16=68.64\text{kN}$$

中柱柱底轴力合计为　　　　　　　　$N=2879\text{kN}$

同理得边柱柱底轴力为　　　　　　　$N=2207\text{kN}$

4)在水平荷载作用下的内力计算：

基本风压值 $w_0=0.35\text{kN/m}^2$，体型系数 $\mu_s=0.8+0.5=1.3$，作用于楼盖水平处的风压值为，$w_2=0.364\text{kN/m}^2$，$w_3=0.455\text{kN/m}^2$，$w_4=0.519\text{kN/m}^2$，$w_5=0.569\text{kN/m}^2$，经计算风荷载作用在各楼盖水平处的节点荷载见表 4-21。

表 4-21　　水平风力计算表

作用位置	二层楼面	三层楼面	四层楼面	屋面
水平风力(kN)	9.66	10.65	12.14	6.66

本例按反弯点法进行内力计算，其结果如图 4-51 所示。

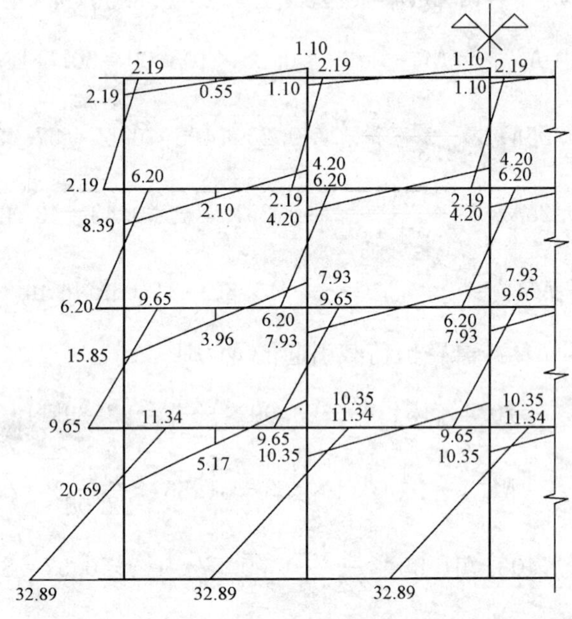

图 4-51　反弯点法计算内力

将等代梁的弯矩，按表 4-15 分配给各板带。现以二层楼盖为例，如表 4-22 所示。

表 4-22　　风荷载弯矩分配

柱上板带(kN·m)	跨中板带(kN·m)	柱上板带(kN·m)	跨中板带(kN·m)
$M_{A_2}=0.9\times20.69=18.62$	$M_{A_2}=0.1\times20.69=2.07$	$M_2=0.55\times0=0$	$M_2=0.45\times0=0$
$M_1=0.55\times5.17=2.84$	$M_1=0.45\times5.17=2.32$	$M_{C_3}=M_{B_2}=7.76$	$M_{C_3}=M_{B_2}=2.59$
$M_{B_2}=0.75\times10.35=7.76$	$M_{B_2}=0.25\times10.35=2.59$		

(5)内力组合。

以二层楼盖为例，见表 4-23。

表 4-23　　内力组合表(单位:kN·m)

构件	板带	截面	各种荷载下的内力			内力组合		设计内力
			恒载	活载	风载	恒载+活载	恒载+0.9(风载+活载)	
第二层楼盖	柱上板带	悬臂端				29.68		29.68
		M_{A_2}	56.76	136.66	18.62	193.42	196.51	196.51
		M_1	26.01	62.63	2.84	88.64	84.93	88.64
		M_{B_2}	58.74	142.78	7.76	201.52	194.23	201.52
		M_2	21.29	51.25	0	72.54	67.42	72.54
	跨中板带	悬臂端				3.09		3.09
		M_{A_2}	5.91	14.22	2.07	20.13	20.57	20.57
		M_1	21.29	51.25	2.32	72.54	69.50	72.54
		M_{B_2}	20.11	48.43	2.59	68.54	66.03	68.54
		M_2	17.74	42.70	0	60.44	56.17	60.44

柱子以中柱柱底截面为例,用同样方法组合出柱是由竖向荷载的内力控制,设计内力为:$N=2879\text{kN}$,$M=21.66\text{kN}\cdot\text{m}$。

(6)截面设计。

混凝土强度等级为C25,钢筋为HRB335钢。

1)楼盖板。

以二层楼盖为算例,按规定,对有柱帽的板,考虑穹顶作用,其内跨跨中及内支座的设计弯矩均乘以0.8折减系数。h_0 取平均值,即取 $h_0=h-30$。

①柱上板带,计算过程列于表4-24。

表 4-24　　柱上板带配筋计算

项目＼截面	A支座	第一跨跨中	B(C)支座	第二(三)跨跨中
M的计算值(N·mm)	196.51×10^6	88.64×10^6	201.52×10^6	72.54×10^6
M的设计值(N·mm)	196.51×10^6	88.64×10^6	161.22×10^6	58.03×10^6
$\alpha_s=\frac{M}{\alpha_1 f_c b h_0^2}$	0.190	0.086	0.156	0.056
γ_s	0.893	0.955	0.915	0.971
$A_s=\frac{M}{f_y\gamma_s h_0}(\text{mm}^2)$	4314	1819	3455	1172
选用钢筋	Φ14@100	Φ12@200	Φ12@100	Φ12@200

②跨中板带，计算过程列于表 4-25。

表 4-25 跨中板带配筋计算

项目＼截面	A 支座	第一跨跨中	B(C)支座	第二(三)跨跨中
M 的计算值(N·mm)	20.57×10^6	72.54×10^6	68.54×10^6	60.44×10^6
M 的设计值(N·mm)	20.57×10^6	72.54×10^6	54.83×10^6	48.35×10^6
α_s	0.0199	0.070	0.053	0.047
γ_s	0.99	0.964	0.973	0.976
$A_s(mm^2)$	407	1475	1105	971
选用钢筋	⌀12@200	⌀12@200	⌀12@200	⌀12@200

2)柱截面设计。

以中柱柱底截面为例，截面设计时，柱的计算长度按无侧移框架计算，又由于柱帽的作用，故取 $0.7H$，H 为内力计算时的计算高度。

中柱柱底截面的内力为：$N=2879\text{kN}$，$M=21.66\text{kN}\cdot\text{m}$

①计算 L_0：

$$L_0=0.7H=0.7\times4.35=3.04\text{m},\frac{L_0}{h}=\frac{3.04}{0.5}=6.08$$

②计算 e：

$$e_0=\frac{M}{N}=\frac{21.66\times10^6}{2.879\times10^6}=7.52\text{mm}<0.3h_0=0.3\times465=139.55\text{mm}$$

$$e_a=\max\left\{20,\frac{h}{3}\right\}=20\text{mm}$$

$$e_i=e_0+e_a=20+7.52=27.52\text{mm}$$

$$\xi_1=\frac{0.5f_cA}{N}=\frac{0.5\times11.9\times500\times500}{2879\times10^3}=0.517$$

$$\xi_2=1$$

$$\eta=1+\frac{1}{1400e_i/h_0}(\frac{L_0}{h})^2\xi_1\xi_2$$

$$=1+\frac{1}{1400\times\frac{27.52}{465}}\times6.08^2\times0.517\times1.0$$

$$=1.23$$

$$e=\eta e_i+\frac{h}{2}-a'_s$$

$$=1.23\times27.52+\frac{500}{2}-35=248.85\text{mm}$$

③$\xi_b=0.550$。

④判断大小偏心：

$$N_b = \alpha_1 f_c b x_b = 1.0 \times 11.9 \times 500 \times 0.55 \times 465 = 1521.71\text{kN}$$

$$N = 2879\text{kN} > 1521.71\text{kN}$$

为小偏心受压

⑤求等效矩形应力图形的混凝土受压区高度 x

$$\xi = \frac{N - \xi_b \alpha_1 f_c b h_0}{\alpha_1 f_c b h_0 + \dfrac{Ne - 0.43\alpha_1 f_c b h_0^2}{(\beta_c - \xi_b)(h_0 - a'_s)}} + \xi_b$$

$$= \frac{2879 \times 10^3 - 0.55 \times 1.0 \times 11.9 \times 500 \times 465}{1.0 \times 11.9 \times 500 \times 465 + \dfrac{2879 \times 10^3 \times 248.85 - 0.43 \times 1.0 \times 11.9 \times 500 \times 465^2}{(0.8 - 0.55) \times (465 - 35)}} + 0.55$$

$$= 0.317 + 0.55$$

$$= 0.867 > \xi_b = 0.55$$

$$x = \xi_b \cdot h_0 = 0.55 \times 465 = 255.75 < h = 500\text{m}$$

⑥求 A_s：

$$A_s = A'_s = \frac{Ne - \xi(1 - 0.5\xi)\alpha_1 f_c b h_0^2}{f_y{}'(h_0 - a_s{}')}$$

$$= \frac{2879 \times 10^3 \times 248.85 - 0.867 \times (1 - 0.5 \times 0.867) \times 1.0 \times 11.9 \times 500 \times 465^2}{300 \times (465 - 35)}$$

$$= 665\text{mm}^2 > 0.290 \times bh = 0.002 \times 500 \times 500 = 500\text{mm}^2$$

A_s 和 $A_s{}'$ 各选用 3 Φ 18

$$A_s = A_s{}' = 763\text{mm}^2$$

(7)柱帽周边板冲切强度验算。

柱帽尺寸

$$1600\text{mm} \times 1600\text{mm}$$

板的有效高度

$$h_0 = 170\text{mm}$$

冲切破坏锥体的计算周长

$$u_m = (1600 + 170) \times 4 = 7080\text{mm}$$

$$F_l = (6000 \times 6000 - 1940 \times 1940) \times 0.022$$

$$= 7.09 \times 10^5\text{N}$$

$$\eta_1 = 0.4 + \frac{1.2}{\beta_s} = 0.4 + \frac{1.2}{2} = 1.0$$

$$\eta_2 = 0.5 + \frac{\alpha_s h_0}{4\mu_m} = 0.5 + \frac{40 \times 170}{4 \times 7080} = 0.740$$

$$0.7\beta_h f_t \eta \mu_m \cdot h_0 = 0.7 \times 1.0 \times 1.27 \times 0.740 \times 7080 \times 170$$

$$= 7.92 \times 10^5\text{N} > 7.09 \times 10^5\text{N}$$

所以不需配抗冲钢筋。

施工图如图 4-52 所示。

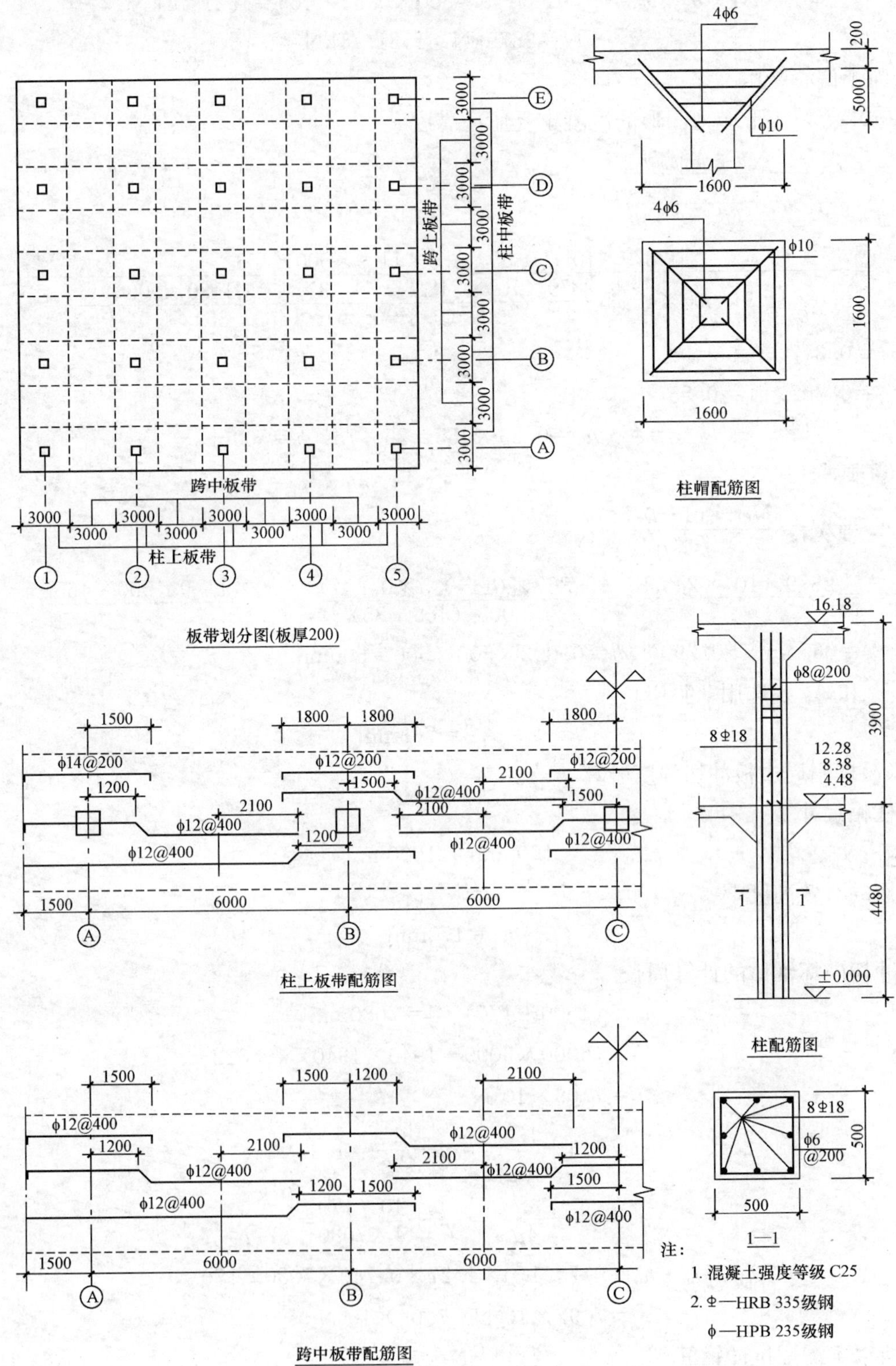
跨中板带
柱上板带
板带划分图(板厚200)
柱帽配筋图
柱上板带配筋图
跨中板带配筋图
柱配筋图
1—1
注:
1. 混凝土强度等级 C25
2. Φ—HRB 335级钢
ϕ—HPB 235级钢

图 4-52　施工图

第五章　钢筋混凝土楼梯、雨篷、叠合梁、深梁和墙梁

第一节　楼　　梯

一、梁式楼梯的设计要点

1. 踏步板

梁式楼梯的踏步板为两端斜支在斜梁上的单向简支板，斜梁的间距就是踏步板的跨度。为了计算方便，可竖向切出一个踏步作为计算单元（如图 5-1 所示），这时板的折算高度 h 可近似取梯形截面的平均高度，即

$$h=\frac{c}{2}+\frac{t}{\cos\alpha} \tag{5-1}$$

由于三角形踏步部分参加工作，因此其下的斜板厚度 t 可做得薄些，一般取 $t=30\sim 40\text{mm}$。踏步板的配筋除按计算确定外，尚应符合构件要求，即每一级踏步所配受力钢筋不少于 2ϕ6，整个梯段板沿斜向布置间距不大于 300mm 的 ϕ6 分布钢筋（如图 5-2 所示）。

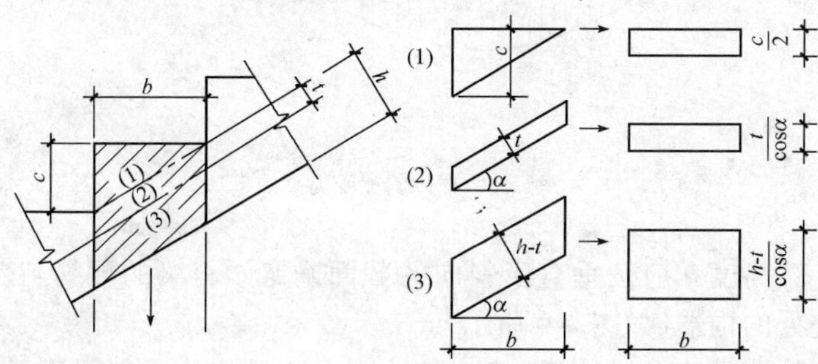

图 5-1　踏步板计算简图

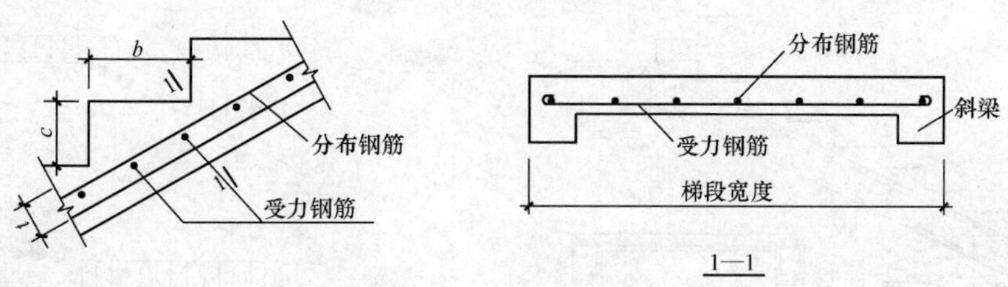

图 5-2　踏步板配筋

2. 梯段斜梁

梯段斜梁承受由踏步板传来的荷载、栏杆重量及自重等。需注意，作用在斜梁上的荷载，其单位长度内的恒荷载系按倾斜长度计算而活荷载系按水平长度计算，为了统一，可将

恒荷载换算成沿水平方向单位长度分布。

斜梁是斜向搁置在上、下平台梁上的受弯构件，其竖向荷载 q 除在梁中引起弯矩 M 和剪力 V 外，还将产生轴向力 N。但因轴向力影响很小而在设计中可不予计算。

斜梁的弯矩可按跨度为 l_0、荷载为 q 的水平简支梁计算(如图 5-3 所示)，即跨中弯矩为

$$M=\frac{1}{8}ql_0^2 \tag{5-2}$$

斜梁的剪力应为按水平梁算得的剪力乘以 $\cos\alpha$[如图 5-3b)所示]，即

$$V=\frac{1}{2}ql_0\cos\alpha \tag{5-3}$$

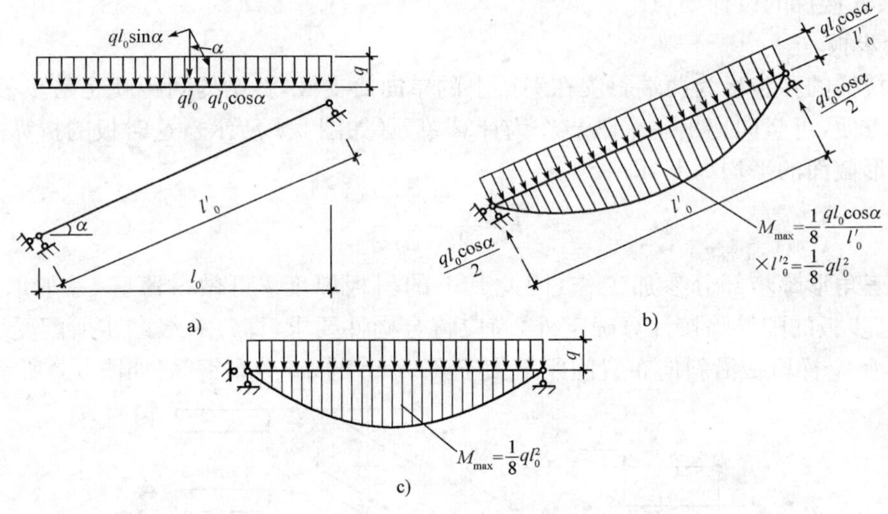

图 5-3 梯段斜梁受力图

斜梁的截面计算高度 h 应按垂直于斜向的截面确定。斜梁的配筋与普通梁相似，但需注意与平台梁相交处的构造(如图 5-4 所示)。

折线形斜梁可按普通简支梁计算，其一般计算方法是将梯段斜梁上的荷载化成在水平方向单位长度上分布(如图 5-5 所示)，然后再计算弯矩 M 和剪力 V。

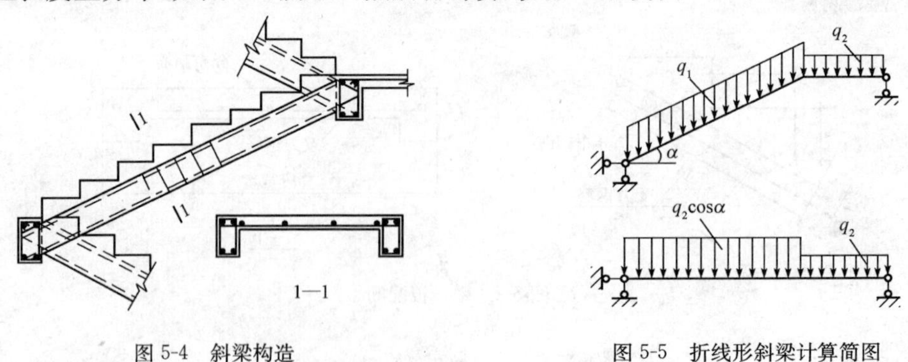

图 5-4 斜梁构造　　图 5-5 折线形斜梁计算简图

3. 平台板和平台梁

平台板一般为单向板(也可能是双向板)，当板的两端均支承在平台梁上时，考虑到梁对板的弹性约束[如图 5-6a)所示]，板的跨中弯矩可按：

$$M=\frac{1}{10}ql_0^2 \tag{5-4}$$

计算。当板的一端支承在平台梁而另一端支承于墙上时[如图 5-6b)所示],板的跨中弯矩应按下式计算:

$$M=\frac{1}{8}ql_0^2 \tag{5-5}$$

平台梁除承受平台板传来的均布荷载外,还承受梯段斜梁传来的集中荷载(支座反力)P_1 和 P_2(当上、下梯跑等长时,$P_1=P_2$),一般将平台梁按支承在楼梯间两边横墙上的简支梁考虑,计算简图如图 5-7 所示。平台梁的计算及构造可按一般受弯构件处理。平台梁虽为倒 L 形截面,但考虑其工作时截面的不对称性,故计算时可不计入翼缘的作用而近似按梁肋宽度为 b 的矩形截面计算。

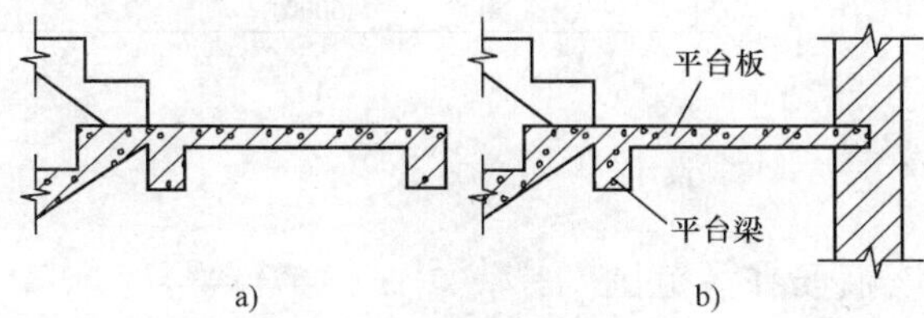

图 5-6 平台板、平台梁构造

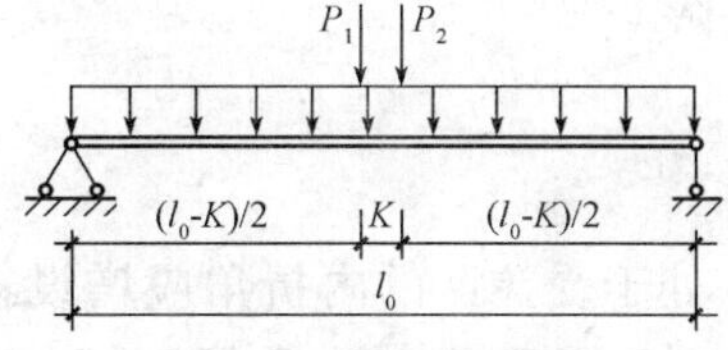

图 5-7 平台梁计算简图

二、板式楼梯的设计要点

1. 梯段斜板

板式楼梯中的梯段板是一锯齿形斜板,支承在上、下平台梁上(最下层的梯段斜板支承在地垄墙上),其受力情况与梁式楼梯中的斜梁相似。考虑到斜板的刚度较小,当其两端与平台梁整体相连时,由于支座对斜板的嵌固影响,故跨中弯矩可近似取:

$$M=\frac{1}{10}ql_0^2 \tag{5-6}$$

斜板厚度一般取 $l'/30$ 左右(l' 为梯段斜跨度)。斜板的受力钢筋沿板长方向布置,在每个踏步下应配置一根分布钢筋。考虑到斜板支座处的整体性,为防止该处混凝土表面开裂,应在斜板上部适量配筋,其伸出支座长度为 $l_n/4$(l_n 为斜板净跨度),如图 5-8 所示。

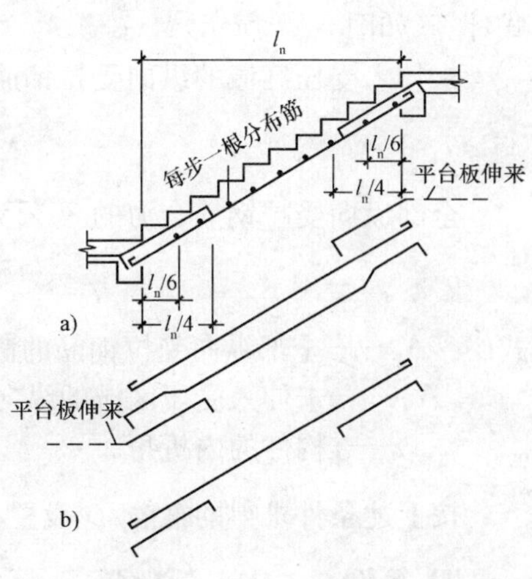

图 5-8 梯段斜板设计

2. 平台板和平台梁

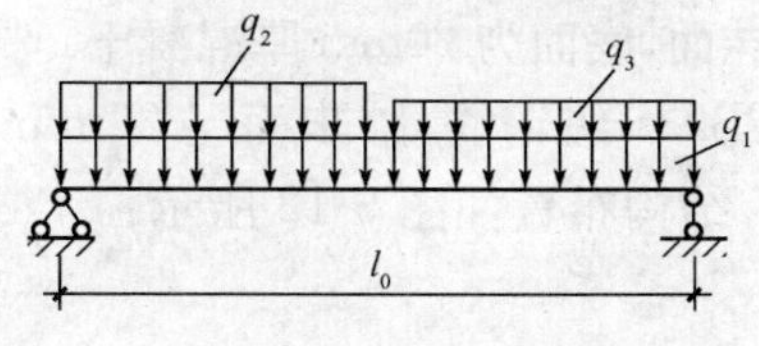

图 5-9 板式楼梯计算简图

平台板的计算与构造与梁式楼梯中的平台板相同。平台梁承受由平台板传来的均布荷载及斜板传来的均布荷载,可按单跨简支梁计算(如图 5-9 所示)。计算时可略去中间空隙不计,按荷载布满全跨考虑。在图 5-9 中,q_1 为平台梁自重及平台板传来的荷载;q_2、q_3 为斜板传来的荷载,当上、下梯跑等长时,$q_2=q_3$。

三、三折式楼梯的设计要点

三折式楼梯的斜梁一般是折线形的，如图 5-10a）为例，其计算简图如图 5-10b）所示，其最大弯矩和剪力根据实际荷载按简支梁计算。

B_2 的配筋构造如图 5-10b）所示，折线形斜梁的内折角处的受拉纵向钢筋应断开，并应满足锚固长度 l_a 的要求，一般情况下取 $l_a=35d$。

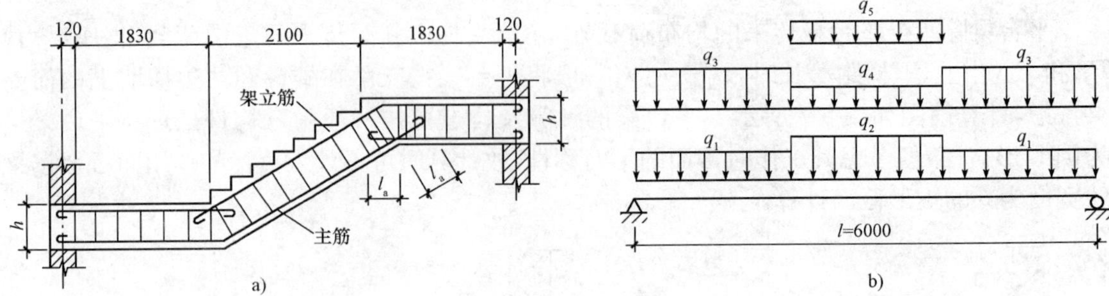

图 5-10　三折式楼梯设计

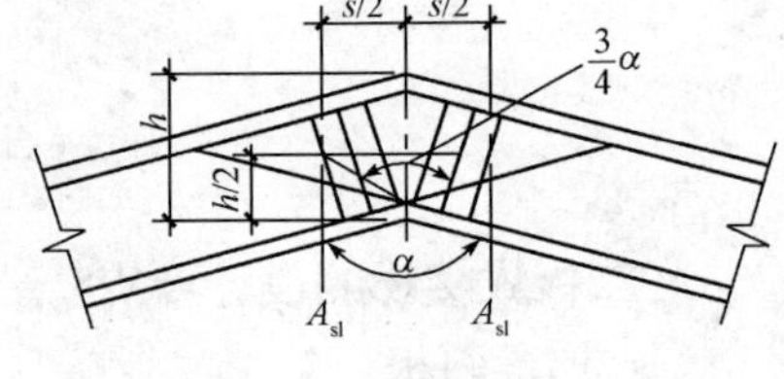

图 5-11　箍筋计算

处于受拉区的内折角应增设箍筋。该箍筋在 s 范围内应足以承受未伸入受压区域的纵向受拉钢筋的合力，且在任何情况下不应小于全部纵向受拉钢筋合力的35%。由箍筋承受的纵向受拉钢筋的合力，可按下列公式计算（如图 5-11 所示）：

未伸入受压区域的纵向受拉钢筋的合力为：

$$N_{s1}=2f_yA_{s1}\cos\frac{\alpha}{2} \tag{5-7}$$

全部纵向受拉钢筋合力的 35%为：

$$N_{s2}=0.7f_yA_s\cos\frac{\alpha}{2} \tag{5-8}$$

式中　A_s——全部纵向受拉钢筋的截面面积；

A_{s1}——未伸入受压区域的纵向受拉钢筋的截面面积；

α——构件的内折角。

按上述条件求得的箍筋，应设置在长度为 $s\left(s=h\tan\frac{3}{8}\alpha\right)$ 的范围内。

四、算例

【例 5-1】 学生宿舍板式楼梯设计

某学生宿舍楼梯，采用板式楼梯。结构布置如图 5-12 所示。现浇钢筋混凝土梁板，混凝土用 C30 级，钢筋用 HPB235 级。踏步面层为 20mm 厚水泥砂浆抹面，底面为 20mm 厚混凝土。

某办公楼，现浇钢筋混凝土板式楼梯。混凝土用 C20、HPB235 级钢筋，踏步面层 20mm 厚水泥砂浆抹灰，底面 20mm 厚水泥砂浆抹灰活载 2.5kN/m² 结构布置如图 5-12 所示：

解：(1)梯段板设计。

1)板厚：$h=(1/25\sim1/30)l'_1=(1/25\sim1/30)l_n/\cos\alpha=(1/25\sim1/30)\times3000/0.894$
$=134\sim112\text{mm}$

取 $h=100\text{mm}$（板竖向高度为 $h/\cos\alpha=100/0.894=112\text{mm}$）。

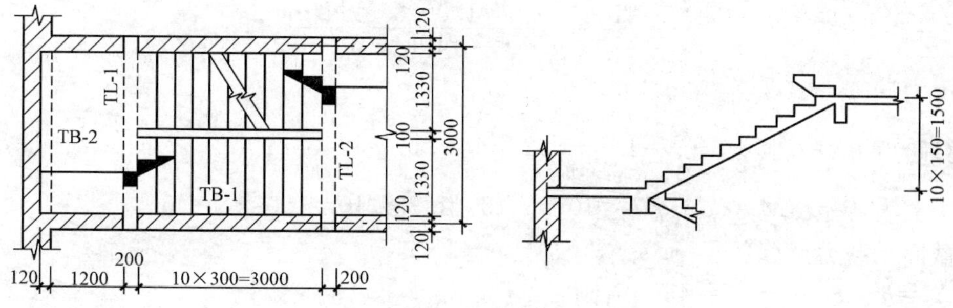

图 5-12　楼梯结构布置

2)荷载：

梯段板自重　$1.2\times(0.112+0.262)/2\times0.3\times1.3\times\dfrac{1}{0.3}\times25=7.29\text{kN/m}$

踏步抹灰重　$1.2\times(0.3+1.15)\times0.02\times1.3\times\dfrac{1}{0.3}\times20=0.94\text{kN/m}$

下表面抹灰重　$1.2\times0.335\times0.02\times1.3\times\dfrac{1}{0.3}\times17=0.59\text{kN/m}$

栏杆重　$\underline{1.2\times0.10=0.12\text{kN/m}}$

$g=8.94\text{kN/m}$

使用活荷载设计值　$\underline{q=1.4\times2.5\times1.3=4.55\text{kN/m}}$

$p=g+q=13.49\text{kN/m}$

踏步荷载计算如图 5-13 所示。

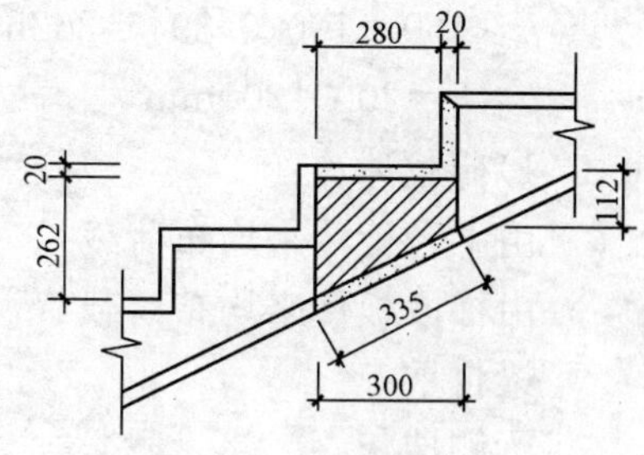

图 5-13　踏步荷载计算

3)内力计算：

梯段板的水平投影计算跨度为

$$l_{01}=l_n+b=3.0+0.2=3.2\text{m}$$

跨中最大弯矩

$$M=\frac{1}{10}(g+q)l_{01}^2=\frac{1}{10}\times13.49\times3.2^2=13.81\text{kN}\cdot\text{m}$$

4)截面承载力计算：

$$h_0=h-c=100-20=80\text{mm}$$

则 $\alpha_s=M/bh_0^2f_c=13.81\times10^6/1300\times80^2\times9.6=0.173$

查表 $\gamma_s=0.904$，$A_s=M/\gamma_s h_0 f_y=13.81\times10^6/0.904\times80\times210=909.32\text{mm}^2$，选用 12$\phi$10($A_s=942\text{mm}^2$)，间距为 125mm<200mm，满足。

(2)平台板计算。

平台板取 1m 宽作为计算单元。取板厚 60mm。

1)荷载计算：

平台板自重　$1.2\times0.06\times25=1.8\text{kN/m}$

板面抹灰重　$1.2\times0.02\times20=0.48\text{kN/m}$

板底抹灰重　$\underline{1.2\times0.02\times17=0.41\text{kN/m}}$

恒载设计值　$g=2.69\text{kN/m}$

活载设计值

$$\frac{q=1.4\times2.5\times1.0=3.5\text{kN/m}}{p=g+q=6.19\text{kN/m}}$$

2)内力计算：

计算跨度 $l_{02}=l_n+\frac{b}{2}+\frac{h}{2}=1.2+0.2/2+0.06/2=1.33\text{m}$

跨中最大弯矩　$M=(g+q)l_{02}^2/10=6.19\times1.33^2/10=1.09\text{kN}\cdot\text{m}$

3)截面承载力计算：

取 $h_0=h-a=60-15=45\text{mm}$，则

$$\alpha_s=M-bh_0^2f_c=1.09\times10^6/1000\times45^2\times9.6=0.056$$

查表　$\gamma_s=0.971$　$A_s=M/\gamma_s h_0 f_y=1.09\times10^6/0.971\times45\times210=118.8\text{mm}^2$，选 5$\phi$6 ($A_s=142\text{mm}^2$)。

(3)平台梁计算。

确定平台梁的截面尺寸

$$\left.\begin{aligned}l_{03}&=l_n+a=2.76+0.24=3.00\text{m}\\ l_{03}&=1.05l_n=1.05\times2.76=2.90\text{m}\end{aligned}\right\}\text{取 } l_{03}=2.90\text{m}$$

$$\left.\begin{aligned}h&\geqslant l_{03}/12=2.90/12=0.24\text{m}\\ h&\geqslant150+100/0.894=262\text{mm}\end{aligned}\right\}\text{取大者，且符合模数 } h=300\text{mm}$$

$b\times h=200\times300\text{mm}^2$

1)荷载计算：

由平台板传来均布荷载	$6.19\times(1.20/2+0.2)=4.95\text{kN/m}$
由梯段板传来均布荷载	$13.49\times3.0/2=20.24\text{kN/m}$
梁自重	$1.2\times0.2\times(0.3-0.06)\times25=1.44\text{kN/m}$
梁侧抹灰	$1.2\times0.02\times(0.3-0.06)\times2\times17=0.20\text{kN/m}$
荷载设计值	$g+q=26.83\text{kN/m}$

2)内力计算。$l_{03}=2.90\text{m}$，净跨度 $l_n=2.76\text{m}$

$$M=(g+q)l_{03}^2/8=26.83\times2.9^2/8=28.21\text{kN}\cdot\text{m}$$

$$V=(g+q)l_n/2=26.83\times2.76/2=37.03\text{kN}$$

3)承载力计算。$l_0=300-35=265\text{mm}$，$h'_f=60\text{mm}$。

正截面承载力，另侧无梁，按矩形截面计算：

$$\alpha_s=\frac{M}{f_c bh_0^2}=\frac{28.21\times10^6}{9.6\times200\times265^2}=0.209,\gamma_s=0.881$$

$$A_s=\frac{M}{f_y\gamma_s h_0}=\frac{28.21\times10^6}{210\times0.881\times265}=575.39\text{mm}^3$$

选用 3Φ16，$A_s=603\text{mm}^2$　配筋偏高，以抵抗扭矩作用。

斜截面承载力验算：

$$\frac{V}{0.7f_t bh_0}=\frac{37.03\times10^3}{0.7\times1.1\times200\times265}=0.907<1.00\quad\text{按构造配筋。}$$

选用双肢，ϕ6@200　$A_{sv1}=28.3\text{mm}^2$，$s=200\text{mm}$，$b=200\text{mm}$

$\rho_{sv}=nA_{sv1}/bs=2\times28.3/200\times200=0.142\%>\rho_{sv,min}=0.24f_t/f_{yv}=0.24\times1.1/210=0.125\%$。满足要求。

(4)板式楼梯配筋图详(如图 5-14 所示)。

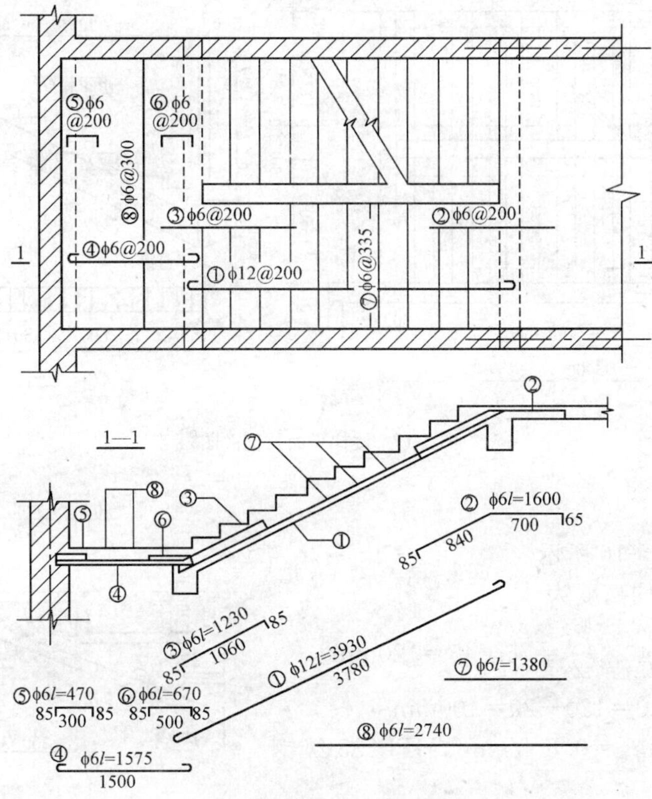

图 5-14　板式楼梯配筋图

【例 5-2】　办公楼现浇梁式楼梯设计

某办公楼采用现浇梁式楼梯。混凝土强度等级为 C20，钢筋为 HPB335 级钢。活荷载标准值为 3.0kN/m²。设计该楼梯结构布置图如图 5-15 所示。

解：(1)踏步板 TB_1 计算。

1)荷载计算：

水磨石面层　$(0.30+0.15)\times 0.65\times 1.2=0.35\text{kN/m}$

板底抹灰　$0.02\times 0.3\times \frac{\sqrt{5}}{2}\times 17\times 1.2=0.14\text{kN/m}$

踏步板自重(厚 40mm)$\left(\frac{1}{2}\times 0.15+0.04\times \frac{\sqrt{5}}{2}\right)\times 0.3\times 25\times 1.2=1.08\text{kN/m}$

$$g=0.35+0.14+1.08=1.57\text{kN/m}$$

活荷载　$q=3.0\times 0.3\times 1.4=1.26\text{kN/m}$

$$p=1.57+1.26=2.83\text{kN/m}$$

2)内力计算：

计算跨度　$l_{01}=1.35+\frac{1}{2}\times(0.2+0.2)=1.55\text{m}$

跨中弯矩　$M_{max}=\frac{1}{8}\times 2.83\times 1.55^2=0.85\text{kN}\cdot\text{m}$

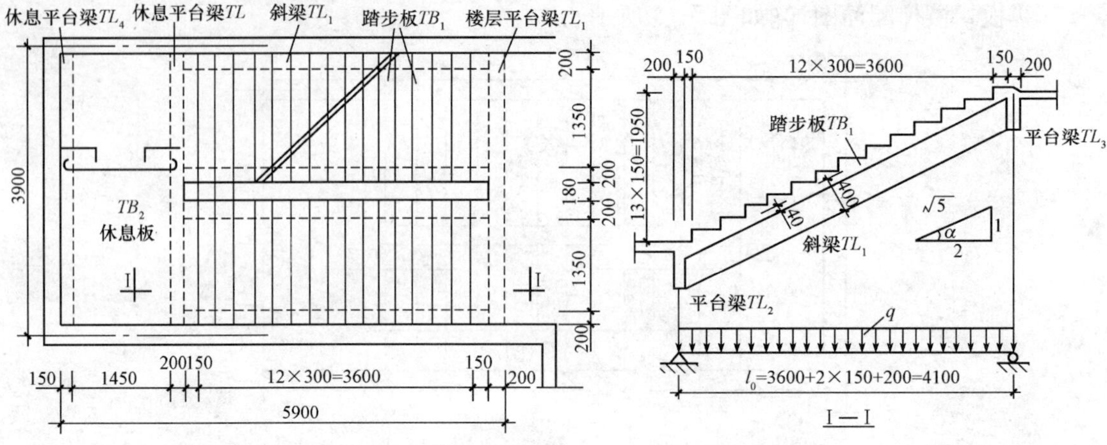

图 5-15　楼梯平面及剖面图

3)截面计算：

踏步做法如图 5-16 所示。

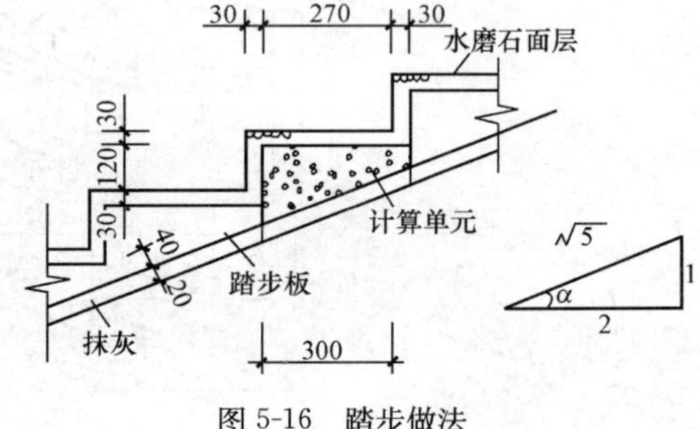

图 5-16　踏步做法

踏步截面的平均高度为

$$h=\frac{1}{2}\times150+40\times\frac{\sqrt{5}}{2}=75+45=120\text{mm}$$

$$h_0=h-20=120-20=100\text{mm}$$

混凝土用 C20，$f_c=9.6\text{N/mm}^2$，HPB235 级钢 $f_y=210\text{N/mm}^2$

$$\alpha_s=\frac{M}{f_c bh_0^2}=\frac{0.85\times10^6}{9.6\times300\times100^2}=0.029,\gamma_s=0.985$$

$$A_s=\frac{M}{\gamma_s h_0 f_y}=\frac{0.85\times10^6}{0.985\times100\times210}=41.09\text{mm}^2$$

按构造要求，梁式楼梯踏步板配筋应不少于 2 根，现选配 2ϕ6($A_s=57\text{mm}^2$)。

(2)斜梁 TL_1 计算。

斜梁计算简图为一简支梁。计算跨度 l_{02} 为：

$$l_{02}=3600+2\times150+200=4100\text{mm}$$

梁高　$h=\frac{1}{10}l_{02}=\frac{1}{10}\times4100=410\text{mm}$，取 400mm。

梁宽　$b=\frac{1}{2}h=\frac{1}{2}\times400=200\text{mm}$

1)荷载计算：

踏步传来荷载	$2.83\times\left(\frac{1.35}{2}+0.2\right)\times\frac{1}{0.3}=8.25\text{kN/m}$
梁自重	$0.2\times(0.4-0.04)\times\frac{\sqrt{5}}{2}\times25\times1.2=2.42\text{kN/m}$
梁侧面和底板灰重	$0.02\times(0.20+2\times0.4)\times\frac{\sqrt{5}}{2}\times17\times1.2=0.46\text{kN/m}$
金属栏杆重	$0.10\times1.2=0.12\text{kN/m}$
	11.25kN/m

2）内力计算：

最大弯矩　$M_{max}=\frac{1}{8}gl_{02}^2=\frac{1}{8}\times11.25\times4.1^2=23.64\text{kN}\cdot\text{m}$

最大剪力　$V_{max}=\frac{1}{2}gl_{02}^2\cos\alpha=\frac{1}{2}\times11.25\times4.1\times\frac{2}{\sqrt{5}}=20.63\text{kN}$

3）截面承载力计算。TL_1 与 TB_1 现浇在一起，故 TL_1 可按倒 L 形截面受弯构件计算。

翼缘厚度　$h'_f=40\text{mm}$

翼缘宽度　$b'_f=\frac{l_{02}}{6}=\frac{4100}{6}=683.3\text{mm}$

$$b'_f=b+\frac{S_n}{2}=200+\frac{1350}{2}=875\text{mm}$$

取两者较小者　$b'_f=683.3\text{mm}$

$$f_c=9.6\text{N/mm}^2,f_y=210\text{N/mm}^2$$

$$h_0=h-35=400-35=365\text{mm}$$

$$\alpha_1f_cb'_fh'_f\left(h_0-\frac{h'_f}{2}\right)=9.6\times683.3\times40\times\left(365-\frac{40}{2}\right)$$

$$=90.52\times10^6\text{N}\cdot\text{mm}>23.64\times10^6\text{N}\cdot\text{mm}$$

故属于第一类 L 形截面，即受压区在翼缘内。

$$\alpha_s=\frac{M}{f_cb'_fh_0^2}=\frac{23.64\times10^6}{9.6\times683.3\times365^2}=0.027\text{，查表 }\gamma_s=0.986$$

$$A_s=\frac{M}{f_y\gamma_sh_0}=\frac{23.64\times10^6}{210\times0.986\times365}=313\text{mm}^2$$

选用 2ϕ14（$A_s=308\text{mm}^2$）。

斜截面承载力计算：

$$0.7f_tbh_0=0.7\times1.1\times200\times365=56210\text{N}>20630\text{N}$$

故可按构造配置箍筋。选配 ϕ6@250。

斜梁配筋如图 5-17 所示。

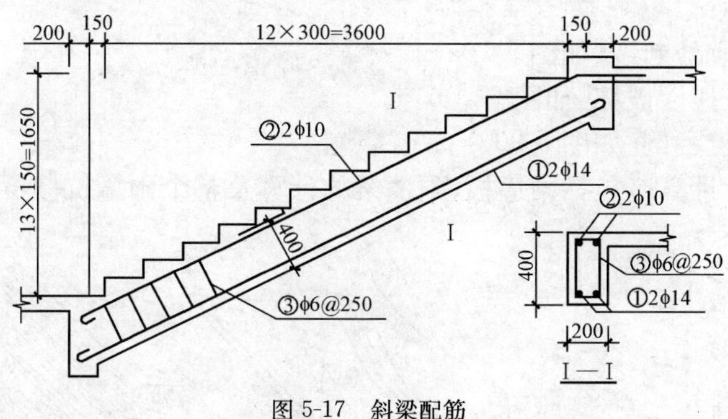

图 5-17　斜梁配筋

第二节　雨　　篷

一、雨篷设计说明

（1）雨篷一般由雨篷板和雨篷梁组成。雨篷梁除支承雨篷板外，还兼有过梁的作用。一般民用房屋雨篷板的悬挑长度为 600～1200mm 或更大。

(2)当雨篷为现浇时,悬挑板一般做成变厚度的,其根部不小于 70mm,板端不小于 50mm(如图 5-18 所示)。雨篷梁的宽度一般与墙厚相同,其高度则按计算要求确定。

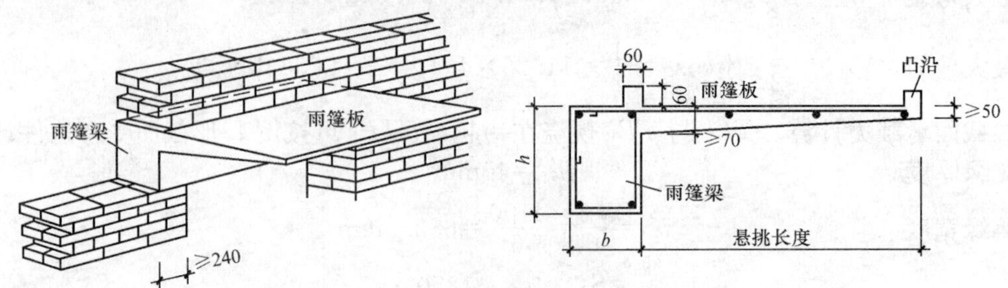

图 5-18 雨篷设计

(3)雨篷梁伸入墙体的长度,要按抗倾覆的要求确定。梁伸入墙体的支承长度越长,压在梁上的墙体重量越大,则抗倾覆的能力越大。为此,雨篷梁伸入墙体的支承长度一般不应小于 240mm(目前常为 370mm)。

(4)预制雨篷往往带有边梁,雨篷梁和边梁通常做成反梁(即梁位于板的上面),形成一个封闭圈。这样,可以正向平置浇制,且能使雨篷顶棚平整。预制雨篷通用构件的一般尺寸为:板的悬挑长度≤1160mm,板厚为 35mm,雨篷梁长度为 1800～3300mm,梁高为 160～180mm(如图 5-19 所示)。

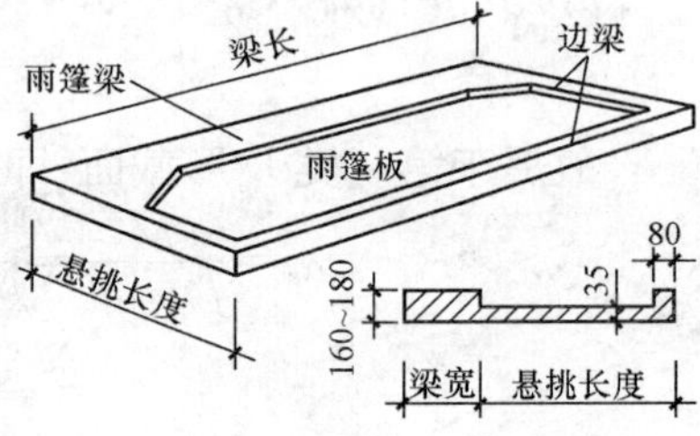

图 5-19 预制雨篷

(5)作用在雨篷板上的荷载有恒荷载(包括防水层、找平层、顶棚抹灰等构造层重及板自重,有时还要考虑周边加砌砖沿的重量)、雪荷载或施工与检修集中荷载,计算时雪荷载和集中荷载不同时考虑。

(6)雨篷梁除承受由雨篷板传来的荷载外,还承受其上墙体的重量及楼(层)盖梁板可能传来的荷载(按过梁荷载的计算规定采用)。

(7)雨篷的破坏:

①雨篷板在支座处断裂[如图 5-20a)]。

②雨篷梁受弯、扭而破坏[如图 5-20b)]。

③整个雨篷倾覆翻倒[如图 5-20c)]。

(8)雨篷的设计计算应包括雨篷板、雨篷梁的计算及整个雨篷抗倾覆验算三部分内容。

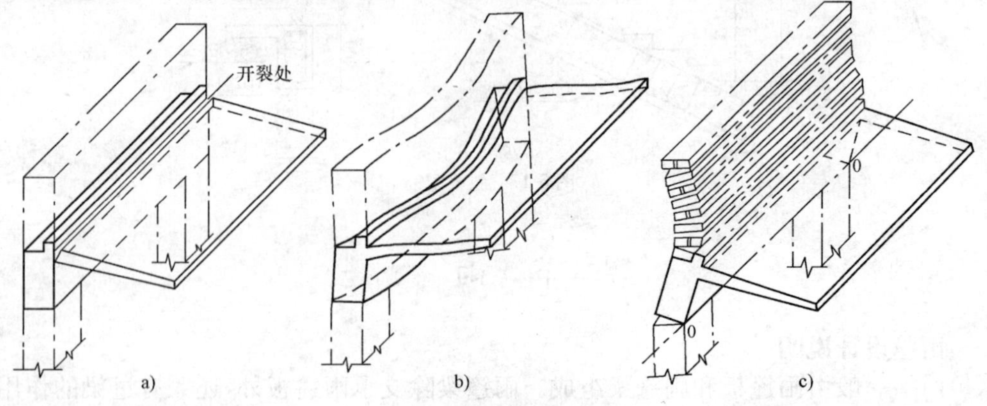

图 5-20 雨篷的破坏

二、雨篷梁设计要点

(1)如图 5-21a)所示雨篷梁，既是雨篷悬挑板的支承，又起过梁作用。由于雨篷板上荷载的作用点不在梁的竖向对称平面上，所以这些荷载除使梁产生弯曲外，还使梁产生扭转。

(2)板上荷载 q 及 F，可认为作用在梁的重心轴 y-y 上，并附加一个力偶[如图 5-21b)所示]：

$$M_{\mathrm{T}}=M_{\mathrm{F}}+M_{\mathrm{q}} \tag{5-9}$$

式中

$$\left.\begin{aligned}M_{\mathrm{F}}&=F\left(l+\frac{b}{2}\right)\\M_{\mathrm{q}}&=ql\left(\frac{1+b}{2}\right)\end{aligned}\right\} \tag{5-10}$$

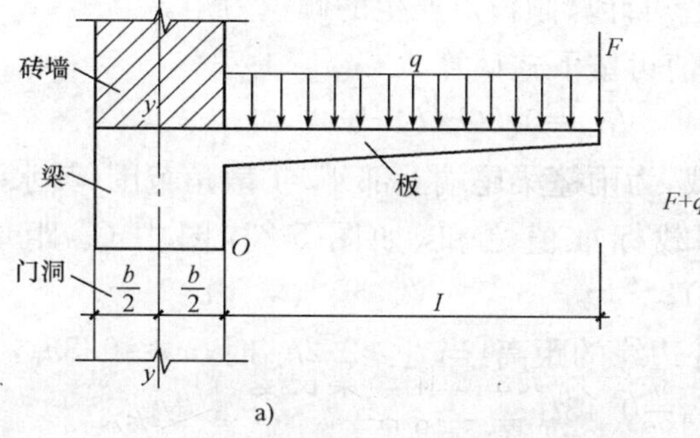

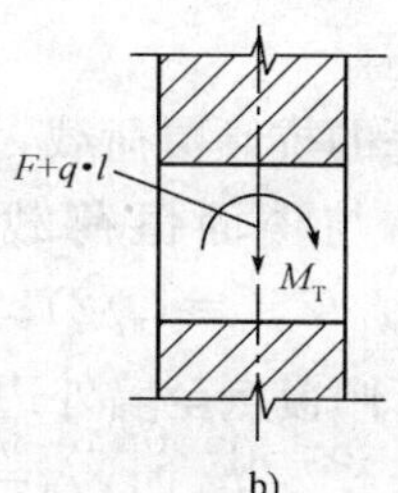

图 5-21　雨篷梁计算简图

(3)荷载 q 及 F 与梁上墙体传来的荷载等，使梁受弯曲，而力偶 M_{T} 使梁产生顺时针方向的转动，但由于梁两端嵌固在墙体中，墙体将会阻止其转动[如图 5-22a)所示]，这就使梁承受扭矩。对如图 5-22a)所示的雨篷梁，作用于梁上沿梁长度方向单位长度内的扭矩值为：

$$t=\frac{M}{l} \tag{5-11}$$

扭矩分布图如图 5-22b)所示，在梁支座处该扭矩达到最大值为：

$$T=\frac{1}{2}tl \tag{5-12}$$

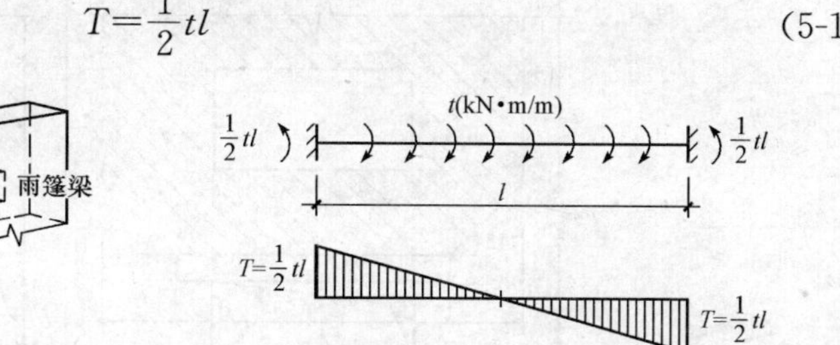

图 5-22　雨篷梁受力示意图

(4)需注意，此处梁支座处总扭矩应取 $T=T_{\mathrm{q}}+T_{\mathrm{F}}$(这时 T_{q} 值仅考虑由恒荷载产生)或 $T=T_{\mathrm{q}}$(这时 T_{q} 值应由恒荷载及活荷载共同产生)两者中的较大值作为扭矩的设计值。

(5)雨篷梁是受弯兼受剪、受扭构件，因此除按受弯构件计算其所需的纵向受力钢筋外，还应按扭矩和剪力共同作用计算所需的附加纵向钢筋及箍筋。其钢筋构造亦应符合抗扭要求，详见下节设计实例。

三、雨篷的抗倾覆验算要点

(1)作用在雨篷板上的荷载(包括恒荷载和活荷载)，将绕 O 点产生倾覆力矩 M_{0v}，而雨篷梁自重、梁上部的砌体重量，以及可能有的压在雨篷梁上面的其他梁和板的荷载(不考虑活荷载)的总和将产生抗倾覆力矩 M_{r0}。因此，雨篷的抗倾覆可按下式进行验算：

$$M_r \geqslant M_{0v} \tag{5-13}$$

式中 M_r——雨篷的抗倾覆力矩设计值；

M_{0v}——雨篷的荷载设计值对计算倾覆点产生的倾覆力矩。

(2)雨篷的抗倾覆力矩设计值可按下式计算

$$M_r = 0.8G_r(l_2 - x_0) \tag{5-14}$$

式中 G_r——雨篷的抗倾覆荷载，为雨篷梁尾端上部 45°扩散角范围(其水平长度为 l_3)内的砌体与楼面恒荷载标准值之和(如图 5-23，图中 G_r 距墙外边缘的距离 $l_2 = l_1/2, l_3 = l_n/2$)；

x_0——计算倾覆点至墙外边缘的距离，当 $l_1 \geqslant 2.2h_b$ 时，$x_0 = 0.3h_b$，且不大于 $0.13l_1$；当 $l_1 < 2.2h_b$ 时，$x_0 = 0.13l_1$；

l_1——梁埋入砌体墙中的长度；

h_b——梁的截面高度。

(3)荷载设计值对计算倾覆点产生的倾覆力矩 M_{0v} 可按下式计算(如图 5-23 所示)：

$$M_{0v} = F(l_n + x_0) + ql_n\left(\frac{1}{2}l_n + x_0\right) \tag{5-15}$$

式中 F——作用在雨篷板尾端的施工或检修集中荷载设计值，按沿板宽每隔 2.5～3m 考虑一个集中荷载；

q——作用在雨篷板上的均布恒荷载和活荷载设计值总和。

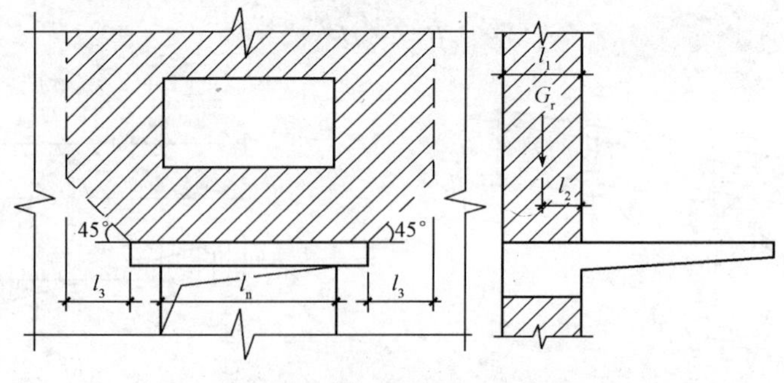

图 5-23 雨篷抗倾覆验算简图

四、算例

【例 5-3】 工业厂房雨篷设计

图 5-24 为某工业厂房之雨篷，采用混凝土强度等级为 C20，钢筋直径 $d \geqslant 12$mm 时用 HRB335 级钢筋，$d < 12$mm 时用 HPB235 级钢筋。

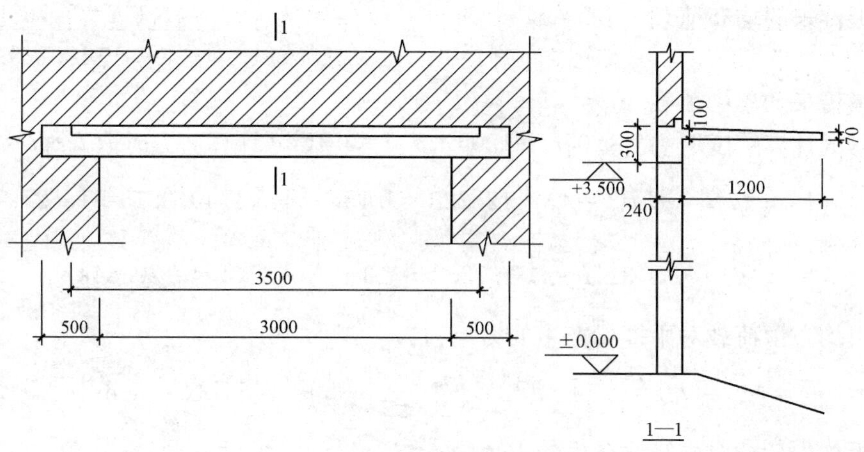

图 5-24 某工业厂房雨篷

解:(1)雨篷板承载力计算。

取 1m 宽为计算单元,按悬臂板进行承载力计算。

1)荷载及内力计算:

20mm 厚水泥砂浆面层	1.2×0.02×20×1=0.48kN/m
板自重(按平均厚 75mm 计)	1.2×0.075×25×1=2.25kN/m
20mm 厚顶棚石灰砂浆抹灰	1.2×0.02×17×1=0.41kN/m
恒荷载设计值总计	3.14kN/m
施工或检修集中荷载	1.4×1.0=1.4kN

板的计算跨度 $l_0=l_n$,则板固端弯矩为:

$$M=\frac{1}{2}ql_0^2+Fl_0=\frac{1}{2}\times 3.14\times 1.2^2+1.4\times 1.2=3.94\text{kN}\cdot\text{m}$$

2)正截面受弯承载力计算:

雨篷板根部板厚 $h=100$mm,设 $a_s=20$mm,则有效高度 $h_0=100-20=80$mm。

$$\alpha_s=\frac{M}{\alpha_1 f_c bh_0^2}=\frac{3.94\times 10^6}{1.0\times 9.6\times 1000\times 80^2}=0.064,\text{查得 } \gamma_s=0.967$$

$$A_s=\frac{M}{\gamma_s f_y h_0}=\frac{3.94\times 10^6}{0.967\times 210\times 80}=242.53$$

选用 ϕ8@100 $A_s=265\text{mm}^2>242.53\text{mm}^2$

分布钢筋采用 ϕ6@200。

(2)雨篷梁计算。

假定梁截面尺寸为 $b=240$mm,$h=300$mm(符合构造要求),设 $a_s=35$mm,则 $h_0=300-35=265$mm。

1)荷载及内力计算:

梁自重 1.2×(0.06×0.06+0.3×0.24)×25=2.27kN/m

20mm 厚梁粉刷重 1.2×0.02×(0.24+0.3+0.22)×17=0.31kN/m

梁上砖砌体重 $1.2\times(0.24\times 19+0.02\times 17)\times\frac{3}{3}=5.88\text{kN/m}$

雨篷板传来的均布荷载 $3.14\times1.2=3.768\text{kN/m}$

$\Sigma 12.228\text{kN/m}$

雨篷板传来的集中荷载 1.4kN

雨篷梁的计算跨度取 $l_0=1.05l_n=1.05\times3.0=3.15\text{m}$（计算剪力时取 $l_0=l_n$）。

弯矩：$M=\frac{1}{8}ql_0^2+\frac{1}{4}Fl_0$②$=\frac{1}{8}\times12.228\times3.15^2+\frac{1}{4}\times1.4\times3.15=16.27\text{kN}\cdot\text{m}$

剪力：$V=\frac{1}{2}ql_n+\frac{1}{2}\times3\times F=\frac{1}{2}\times12.228\times3+\frac{1}{2}\times3\times1.4=20.44\text{kN}$

雨篷板均布恒荷载对雨篷梁产生的力矩为：

$$M_q=(t_q)=3.14\times1.2\times\left(\frac{1.2+0.24}{2}\right)=2.71\text{kN}\cdot\text{m/m}$$

雨篷板集中荷载对雨篷梁产生的力矩为：

$$M_F=(t_F)=\frac{3\times1.4}{3.15}\times\left(1.2+\frac{0.24}{2}\right)=1.76\text{kN}\cdot\text{m/m}$$

$$t=t_q+t_F=2.71+1.76=4.47\text{kN}\cdot\text{m/m}$$

扭矩 $$T=\frac{1}{2}tl_0=\frac{1}{2}\times4.47\times3.15=7.04\text{kN}\cdot\text{m}$$

2)截面承载力计算：

由于雨篷梁系承受弯、剪、扭共同作用的构件。

首先验算构件截面尺寸及是否需按计算配置抗扭钢筋：$\frac{hw}{b}=\frac{265}{240}=1.1<4$

$$W_t=\frac{b^2}{6}(3h-b)=\frac{240^2}{6}\times(3\times300+240)=10.94\times10^6\text{mm}^3$$

$$\frac{V}{bh_0}+\frac{T}{0.8W_t}=\frac{20440}{240\times265}+\frac{7.040\times10^6}{0.8\times10.94\times10^6}=1.125\text{N/mm}^2<0.25\beta_c f_c=2.4\text{N/mm}^2$$

$$>0.7f_t=0.77\text{N/mm}^2$$

计算结果说明截面尺寸足够，但需按计算配置抗扭钢筋。

现计算受弯所需纵向钢筋：

$$\alpha_s=\frac{M}{\alpha_1 f_c bh_0^2}=\frac{16.27\times10^6}{1.0\times9.6\times240\times265^2}=0.10\text{，查得 }\gamma_s=0.947$$

$$A_s=\frac{M}{\gamma_s f_y h_0}=\frac{16.27\times10^6}{0.947\times300\times265}=216\text{mm}^2$$

计算受剪所需的箍筋：

$$\beta_t=\frac{1.5}{1+0.5\frac{V}{T}\frac{W_t}{bh_0}}=\frac{1.5}{1+0.5\times\frac{20440}{7040000}\times\frac{10.94\times10^6}{240\times265}}=1.21>1.0$$

取 $\beta_t=1.0$。

$$\frac{A_{sv}}{s}=\frac{V-0.7(1.5-\beta_t)f_t bh_0}{1.25f_{yv}h_0}$$

$$=\frac{20440-0.7\times(1.5-1)\times1.1\times240\times265}{1.25\times210\times265}<0$$

说明按计算不需箍筋，即箍筋按构造要求配置。

计算抗扭钢筋：

$$b_{cor}=240-50=190\text{mm},\quad h_{cor}=300-50=250\text{mm}$$

$$u_{cor}=2(190+250)=880\text{mm},\quad A_{cor}=190\times250=47500\text{mm}^2$$

设 $\zeta=1.0$，则有

$$\frac{A_{st1}}{s}=\frac{T-0.35f_tW_t}{1.2\sqrt{\zeta}f_{yv}A_{cor}}=\frac{7.04\times10^6-0.35\times1.1\times10.94\times10^6}{1.2\times1\times210\times47500}=0.24\text{mm}$$

$$A_{st}=\zeta\frac{A_{st1}}{s}\frac{f_{yv}}{f_y}u_{cor}=1.0\times0.24\times\frac{210}{300}\times880=148\text{mm}^2$$

配置钢筋：

受拉区所需配置纵向钢筋截面面积为：

$$A_s+\frac{1}{3}A_{st}=216+\frac{1}{3}\times148=265.3\text{mm}^2$$

选用 2⌀14，实际的截面面积为 308mm^2＞267.7mm^2，可以。受压区及腹部所需钢筋截面面积为：

$$\frac{2}{3}A_{st}=\frac{2}{3}\times148=98.67\text{mm}^2$$

考虑到梁截面高度不大，故仅在受压区配置钢筋（梁腹不设抗钮钢筋），选用 2⌀12（兼作架立钢筋）。

按计算箍筋单肢总用量为：

$$\frac{A_{st1}}{s}+\frac{1}{2}\frac{A_{sv}}{s}=0.24+0=0.24\text{mm}$$

选用箍筋直径为 $\phi6$，其单肢截面面积为 $A_{st1}=28.3\text{mm}^2$，则箍筋间距应为：

$$s=\frac{28.3}{0.24}=118\text{mm}$$

现取 $s=100$mm。雨篷板和雨篷梁钢筋布置如图 5-25 所示。

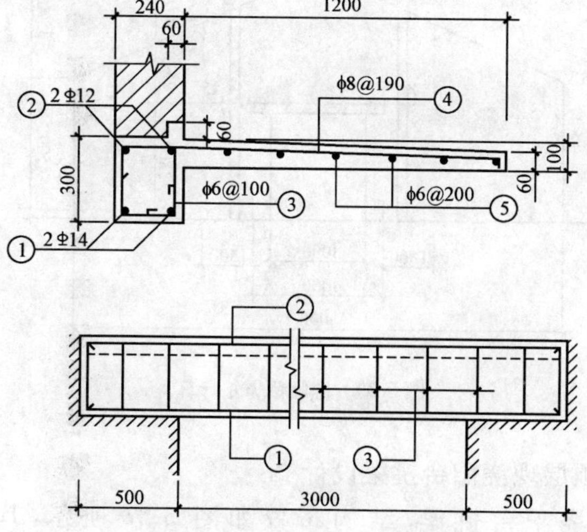

图 5-25　雨篷板和雨篷梁钢筋布置

(3)雨篷抗倾覆验算。

1)倾覆力矩：

由图 5-24 可知，雨篷总长度为 4.0m。荷载设计值对计算倾覆点 O 产生的倾覆力矩按式(5-15)计算，其中取 $x_0 \approx 0.13b_0 = 0.13 \times 240 = 31\text{mm}$。

$$M_{0v} = F(l_n + x_0) + ql_n(\frac{1}{2}l_n + x_0)$$

$$= 1.5 \times 1.4(1.2 + 0.031) + 3.14 \times 1.2\left(\frac{1}{2} \times 1.2 + 0.031\right) \times 4$$

$$= 12.10\text{kN} \cdot \text{m}$$

2)抗倾覆力矩：

雨篷梁(包括粉刷)自重标准值

$$\frac{(2.27 + 0.31)}{1.2} \times 4 = 8.6\text{kN}$$

雨篷梁上砖砌体自重标准值(按如图 5-26 所示虚线范围内砌体计算)：

$$(0.24 \times 19 + 0.02 \times 17) \times \left[\frac{1}{2} \times 7 \times 1.63 + \left(7 \times 2.57 - \frac{1}{2} \times 1.5 \times 1.5 \times 2\right)\right]$$

$$= 105.08\text{kN}$$

恒荷载标准值总和

$$G_r = 8.6 + 105.08 = 113.68\text{kN}$$

雨篷的抗倾覆力矩设计值为：

$$M_r = 0.8G_r(l_2 - x_0) = 0.8 \times 113.68 \times (0.24 - 0.031)$$

$$= 19.01\text{kN} \cdot \text{m} > M_{0v} = 13.01\text{kN} \cdot \text{m}$$

满足要求。

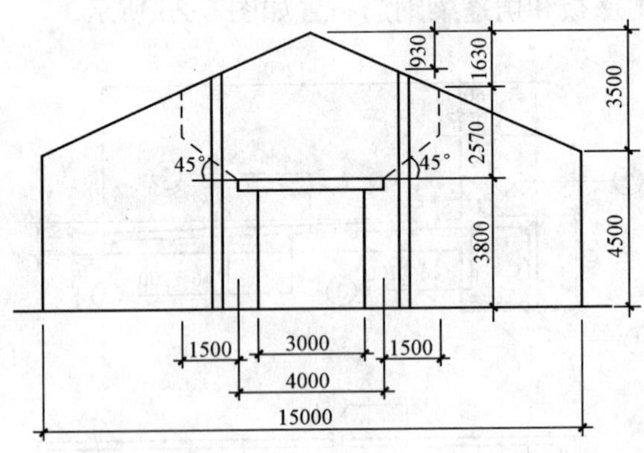

图 5-26 抗倾覆力矩计算

【例 5-4】 住宅楼顶层现浇阳台挑梁设计

某住宅楼顶层现浇阳台挑梁，结构布置如图 5-27 所示，均布活荷载标准值为 2.5kN/m^2，栏杆线荷载标准值为 4.0kN/m，混凝土强度等级为 C20，钢筋采用 HRB335，墙宽 240mm，砖强度 MU15，砂浆强度 M2.5，试设计此阳台挑梁。

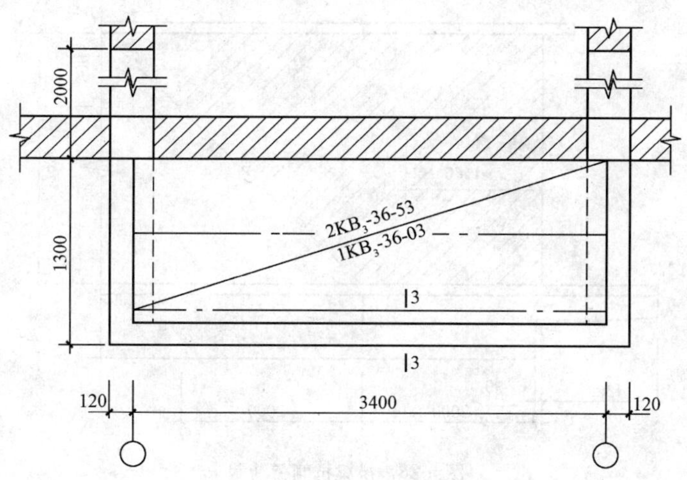

图 5-27　阳台挑梁结构布置

解:(1)荷载及内力计算。

阳台挑梁荷载设计值计算如下:

25mm 水泥砂浆面层重	$1.2\times(0.025\times20)=0.6\text{kN/m}^2$
120mm 预制多孔板重	$1.2\times(0.08\times25)=2.4\text{kN/m}^2$
12mm 板底纸筋石灰顶棚重	$1.2\times(0.012\times16)=0.23\text{kN/m}^2$
阳台均布活荷载	$1.4\times2.5\quad=3.50\text{kN/m}^2$
	$\Sigma6.73\text{kN/m}^2$

挑梁自重　$1.2\times\left(0.24\times\frac{0.15+0.25}{2}\times25\right)=1.44\text{kN/m}$

沿梁(凸梁)自重　$1.2\times(0.12\times0.2\times25)=0.72\text{kN/m}$

阳台板传来线荷载　$6.73\times1.7=11.44\text{kN/m}$

挑梁上栏杆线荷载　$1.2\times4.0=4.8\text{kN/m}$

以上总计线荷载设计值 q　$=18.40\text{kN/m}$

前沿梁自重

$$1.2\times[(0.08\times0.13\times25)+(0.12\times0.35\times25)]=1.57\text{kN/m}$$

前沿梁上栏杆线荷载　$1.2\times4.0=4.8\text{kN/m}$

前沿梁传来集中荷载设计值为:

$$F=(1.57+4.8)\times1.7=10.83\text{kN}$$

(2)挑梁抗倾覆验算。

挑梁的抗倾覆荷载为图 5-28 虚线范围内的砌体重量和楼面恒荷载标准值之和:

楼面恒载:$2\times2\times1.7=6.8\text{kN}$

虚线范围内砌体重量标准值为:

$$0.24\times19\times\left[(2+2)\times2.9-\left(\frac{1}{2}\times2\times2\right)\right]=43.78\text{kN}$$

抗倾覆荷载标准值 G_r 为:

$$G_r=6.8+43.78=50.58\text{kN}$$

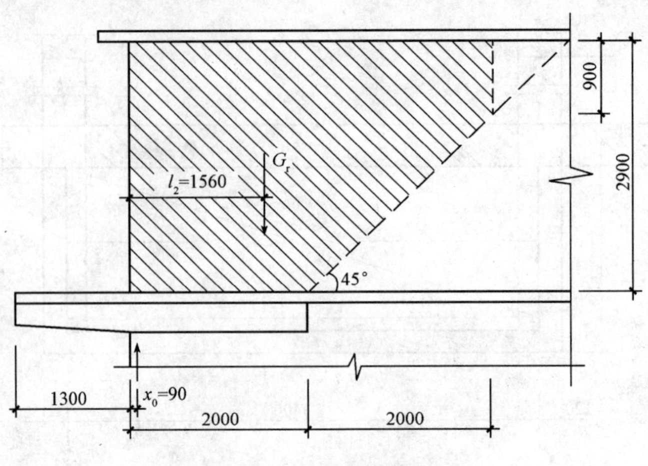

图 5-28 挑梁抗倾覆荷载

楼面恒荷载作用点至墙外边缘的距离为 1.0m，砌体重量作用点至墙外边缘的距离为 1.65m，则 G_r 作用点至墙外边缘的距离 l_2 为：

$$l_2=\frac{6.8\times1+43.78\times1.65}{6.8+43.78}=1.56\text{m}$$

根据《砌体结构设计规范》(GB 50003—2001)，挑梁的抗倾覆力矩设计值 M_r 为：

$M_r=0.8G_r(l_2-x_0)=0.8\times50.58\times(1.56-0.09)=59.48\text{kN}\cdot\text{m}$

挑梁埋入砌体的长度 $l_1=2\text{m}>2.5h_b=2.2\times0.30=0.66\text{m}$，则计算倾覆点至墙外边缘的距离 x_0 为：

$$x_0=0.3h_b=0.3\times300=90\text{mm}$$

则挑梁的荷载设计值对计算倾覆点产生的倾覆力矩 M_{0v} 为：

$$\begin{aligned}M_{0v}&=ql(0.5l+x_0)+F(l+x_0)\\&=18.4\times1.3\times(0.5\times1.3+0.09)+10.83\times(1.3+0.09)\\&=32.75\text{kN}\cdot\text{m}<59.48\text{kN}\cdot\text{m}\end{aligned}$$

满足抗倾覆要求。

(3)正截面受弯承载力计算。

根据《砌体结构设计规范》(GB 50003—2001)第 7.4.5 条的规定，挑梁的最大弯矩设计值与最大剪力设计值分别为：

$$M_{max}=M_{0v}=32.75\text{kN}\cdot\text{m}$$

$$V_{max}=V_0=ql+F=18.4\times1.3+10.83=34.75\text{kN}$$

已知挑梁截面尺寸为 $b\times h=240\text{mm}\times250\text{mm}$，$a_s=35\text{mm}$，则 $h_0=250-35=215\text{mm}$。

$$\alpha_s=\frac{M}{\alpha_1 f_c bh_0^2}=\frac{32750000}{1.0\times9.6\times240\times215^2}=0.308\text{，查得 }\gamma_s=0.810$$

则所需受拉钢筋截面面积为：

$$A_s=\frac{M}{\gamma_s f_y h_0}=\frac{32.75\times10^6}{0.810\times300\times215}=627\text{mm}^2$$

选用 3⌀16，实际的 $A_s=603\text{mm}^2$。

(4)斜截面受剪承载力计算。

$0.25f_cbh_0=0.25\times10\times240\times215=129000\text{N}=129\text{kN}>V=34.75\text{kN}$

截面尺寸足够。

$0.07f_cbh_0=0.07\times10\times240\times215=36120\text{N}=36.12\text{kN}>V$

按计算不需配箍筋，现按构造要求配置 ϕ6@200 双肢箍筋，箍筋配置如图 5-29 所示。

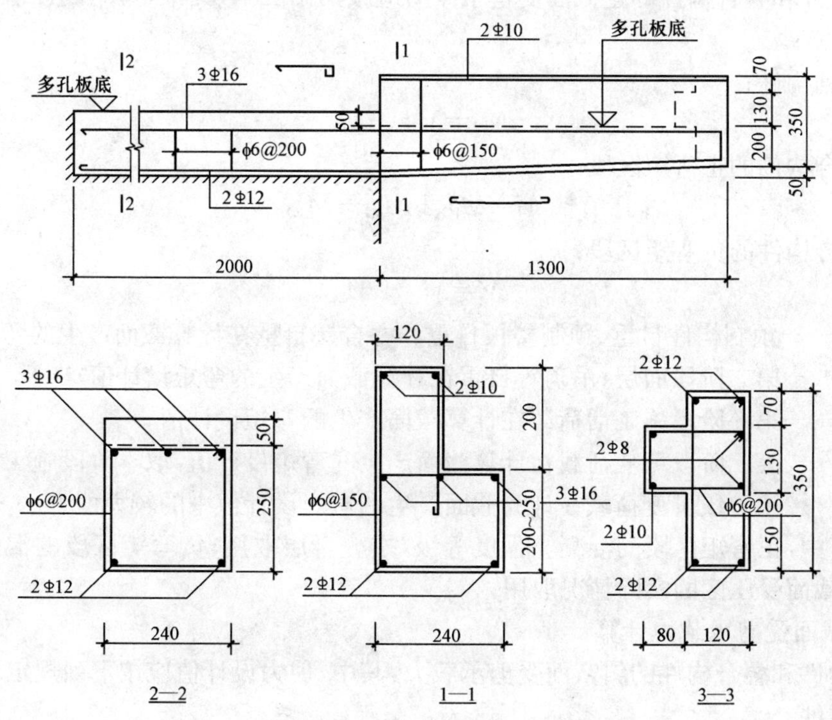

图 5-29　例 5-4 箍筋配置

(5)挑梁下砌体局部受压承载力验算。

根据《砌体结构设计规范》(GB 50003—2001)(5.2.4—1～5.2.4—5)可得，

$$a_0=10\sqrt{\frac{h_c}{f}}=10\times13.69=136.9\text{mm}$$

$$A_l=ab=136.9\times240=32856\text{mm}^2$$

$$A_0=(a+h)h=(136.9+240)\times240=90456\text{mm}^2$$

$$\gamma=1+0.35\sqrt{\frac{A_0}{A_l}-1}=1+0.35\sqrt{\frac{90456}{32856}-1}=1.46>1.25$$

$$N_l=34.75\text{kN}$$

$$n=1.0$$

$$n\gamma fA_l=1.0\times1.25\times1.60\times32856=65.712\text{kN}>34.75\text{kN}$$

局部受压承载力满足。

第三节　叠合式梁

一、钢筋混凝土叠合式受弯构件按承载能力极限状态计算

1. 正截面受弯承载力计算

预制构件和叠合构件的正截面受弯承载力应按书第二章，其中，弯矩设计值应按下列规定取用：

(1)预制构件：

$$M_1 = M_{1G} + M_{1Q} \tag{5-16}$$

(2)叠合构件的正弯矩区段：

$$M = M_{1G} + M_{2G} + M_{2Q} \tag{5-17}$$

(3)叠合构件的负弯矩区段：

$$M = M_{2G} + M_{2Q} \tag{5-18}$$

式中　M_{1G}——预制构件自重、预制楼板自重和叠合层自重在计算截面产生的弯矩设计值；

M_{2G}——第二阶段面层、吊顶等自重在计算截面产生的弯矩设计值；

M_{1Q}——第一阶段施工活荷载在计算截面产生的弯矩设计值；

M_{2Q}——第二阶段可变荷载在计算截面产生的弯矩设计值，取本阶段施工活荷载和使用阶段可变荷载在计算截面产生的弯矩设计值中的较大值。

在计算中，正弯矩区段的混凝土强度等级，按叠合层取用；负弯矩区段的混凝土强度等级，按计算截面受压区的实际情况取用。

2. 斜截面受剪承载力计算

预制构件和叠合构件的斜截面受剪承载力，其中，剪力设计值应按下列规定取用：

预制构件

$$V_1 = V_{1G} + V_{1Q} \tag{5-19}$$

叠合构件

$$V = V_{1G} + V_{2G} + V_{2Q} \tag{5-20}$$

式中　V_{1G}——预制构件自重、预制楼板自重和叠合层自重在计算截面产生的剪力设计值；

V_{2G}——第二阶段面层、吊顶等自重的计算截面产生的剪力设计值；

V_{1Q}——第一阶段施工活荷载在计算截面产生的剪力设计值；

V_{2Q}——第二阶段可变荷载在计算截面产生的剪力设计值，取本阶段施工活荷载和使用阶段可变荷载在计算截面产生的剪力设计值中的较大值。

在计算中，叠合构件斜截面上混凝土和箍筋的受剪承载力设计值 V_{CS}应取叠合层和预制构件中较低的混凝土强度等级进行计算，且不低于预制构件的受剪承载力设计值；对预应力混凝土叠合构件，不考虑预应力对受剪承载力的有利影响，取 $V_p = 0$。

3. 叠合面受剪承载力验算

$$V \leqslant 1.2 f_t + 0.85 f_{yv} \frac{A_{sv}}{s} h_0 \tag{5-21}$$

式中　V——作用于叠合构件斜截面上的剪力设计值，即 $V = V_{1G} + V_{2G} + V_{2Q}$；

f_t——混凝土轴心抗拉强度设计值，按叠合层及预制构件中的较低者取用；

f_{yv}——箍筋抗拉强度设计值；

b——矩形截面的宽度，T 形截面或 I 形截面的腹板宽度；

h_0——叠合构件的截面有效高度。

4. 适用条件

(1)当叠合面配箍率 $\rho_{sv}=\frac{A_{sv}}{bs}<0.15\%$时，箍筋对叠合面抗剪所起的作用很小，可以忽略不计，故式(5-17)只适用于 $\rho_{sv}\geqslant 0.15\%$的叠合梁。

(2)试验还表明，当配箍率过高时，叠合面的受剪承载力将由混凝土强度控制。因此，钢筋混凝土叠合构件的截面尚应符合下列要求：

$$V\leqslant 0.25\beta_c f_c bh_0 \tag{5-22}$$

(3)对不配箍筋的叠合板，其叠合面混凝土的受剪承载力可按下列公式计算：

$$V\leqslant V_{iu}=\tau bh_0 \tag{5-23}$$

(4)在应用公式上述，还应满足下列构造要求：对承受静荷载为主的叠合梁，预制构件叠合面可采用凹凸不宜小于 6mm 的自然粗糙面；叠合层混凝土厚度不小于 100mm，叠合层混凝土强度等级不宜低于 C20。

二、钢筋混凝土叠合式受弯构件按正常使用极限状态计算

1. 纵向受拉钢筋应力计算及控制

(1)纵向受拉钢筋应力的计算。

在使用阶段，在弯矩 $M_k=M_{1Gk}+M_{2k}$ 作用下，二阶段受力叠合构件受拉钢筋应力 σ_{sk} 可按叠加方法进行计算，即

$$\sigma_{sk}=\sigma_{s1k}+\sigma_{s2k} \tag{5-24}$$

式中 σ_{s1k}——在弯矩标准值 M_{1Gk}作用下预制构件纵向受拉钢筋的应力；

σ_{s2k}——在弯矩标准值 M_{2k}作用下叠合构件纵向受拉钢筋的应力增量。

σ_{s1k}可按下述方法计算：

$$\sigma_{s1k}=\frac{M_{1Gk}}{0.87h_{01}A_s} \tag{5-25}$$

式中 M_{1Gk}——预制构件、预制楼板和叠合层等自重标准值在计算截面产生的弯矩值；

h_{01}——预制构件截面的有效高度；

σ_{s2k}可按下列公式计算：

$$\sigma_{s2k}=\frac{0.5\left(1+\frac{h_1}{h}\right)M_{2k}}{0.87h_0A_s} \tag{5-26}$$

M_{2k}——第二阶段荷载标准组值在计算截面上产生的弯矩值，M_{2k}按下列公式计算：

$$M_{2k}=M_{2Gk}+M_{2Qk} \tag{5-27}$$

式中 M_{2Gk}——面层、吊顶等自重标准值(形成叠合层后新增加的)在计算截面产生的弯矩标准值；

M_{2Qk}——使用阶段可变荷载的标准值在计算截面产生弯矩值。

对于矩形、T 形和 I 形截面叠合构件，当$\frac{h_1}{h}<0.4$ 时，随着$\frac{h_1}{h}$的减小，β 增长速度将减缓，甚至下降。因此，上述公式也不再适用。当$\frac{h_1}{h}<0.4$ 时，在施工阶段宜设置可靠支撑。

当$\frac{M_{1Gk}}{M_{1u}}<0.35$时，$\sigma_{s2k}$可按下列公式计算：

$$\sigma_{s2k}=\frac{M_{2k}}{0.87h_0A_s} \tag{5-28}$$

(2)纵向受拉钢筋应力的控制。

对于二阶段受力叠合构件，在荷载效应的标准组合下，其纵向受拉钢筋应力σ_{sk}，即$(\sigma_{s1k}+\sigma_{s2k})$，必须满足下列要求：

$$\sigma_{sk}=\sigma_{s1k}+\sigma_{s2k}\leqslant 0.9f_y \tag{5-29}$$

2. 裂缝宽度验算

(1)基本计算公式。

仿照普通钢筋混凝土受弯构件，结合二阶段受力叠合式受弯构件的受力特点，按荷载效应的标准组合，并考虑长期作用影响的最大裂缝宽度可按下列公式计算：

$$w_{max}=2.2\psi\frac{\sigma_{s1k}+\sigma_{s2k}}{E_s}l_{cr} \tag{5-30}$$

(2)平均裂缝间距。

$$l_{cr}=\left(1.9c+0.08\frac{d_{eq}}{\rho_{te1}}\right) \tag{5-31}$$

式中 d_{eq}——受拉区纵向钢筋的等效直径；

ρ_{te1}——按预制构件截面有效受拉混凝土面积计算的纵向受拉钢筋配筋率。

ρ_{te1}可按下列公式计算：

$$\rho_{te1}=\frac{A_s}{0.5bh_1+(b_f-b)h_f} \tag{5-32}$$

(3)纵向受拉钢筋应变不均匀系数。

$$\psi=1.1-\frac{0.65f_{tk1}}{\rho_{te1}\sigma_{s1k}+\rho_{te}\sigma_{s2k}} \tag{5-33}$$

式中 f_{tk1}——预制构件混凝土的轴心抗拉强度标准值。

(4)最大裂缝宽度计算公式。

对于二阶段受力的叠合受弯构件，按荷载的标准组合，并考虑长期作用影响的最大裂缝宽度可按下列公式计算：

$$w_{max}=2.2\psi\frac{\sigma_{s1}+\sigma_{s2}}{E_s}\left(1.9c+0.08\frac{d_{eq}}{\rho_{te1}}\right) \tag{5-34}$$

三、挠度验算

(1)短期荷载作用下的截面刚度和构件挠度。

$$B_{s2}=\frac{E_sA_sh_0^2}{0.7+0.6\frac{h_1}{h}+\frac{4.5\alpha_E\rho}{1+3.5\gamma'_f}} \tag{5-35}$$

γ'_f——受压翼缘截面面积与腹板有效截面面积的比值；

α_E——钢筋弹性模量与叠合层混凝土弹性模量的比值，即E_s/E_{c2}。

(2)长期荷载作用下的截面刚度和构件挠度。

$$B=\frac{M_k}{\left(\frac{B_{s2}}{B_{s1}}-1\right)M_{1Gk}+(\theta-1)M_q+M_k}B_{s2} \tag{5-36}$$

$$M_k = M_{1Gk} + M_{2k} \tag{5-37}$$

$$M_q = M_{1Gk} + M_{2Gk} + \psi_q M_{2Qk} \tag{5-38}$$

式中 θ——考虑荷载长期作用对挠度增大的影响系数；

M_k——叠合构件按荷载效应的标准组合计算的弯矩值；

M_q——叠合构件按荷载效应的准永久组合计算的弯矩值；

B_{s1}——预制构件的短期刚度；

B_{s2}——叠合构件第二阶段的短期刚度；

ψ_q——第二阶段可变荷载的准永久值系数。

四、算例

【例 5-5】 钢筋混凝土叠合梁设计

钢筋混凝土叠合梁(如图 5-30 所示)的计算跨度 $l_0=6\text{m}$；预制梁截面尺寸为：$b=250\text{mm}$，$h_1=600\text{mm}$（$h_{01}=560\text{mm}$），$b'_f=450\text{mm}$，$h'_f=100\text{mm}$；叠合梁截面高度 $h=800\text{mm}$（$h_0=760\text{mm}$）。叠合前，承受预制梁自重、预制板自重和后浇混凝土自重等恒荷载 $g_{1k}=19\text{kN/m}$，施工活荷载 $q_{1k}=11\text{kN/m}$。叠合后，承受的恒荷载除 g_{1k} 外，还增加面层自重等恒荷载 $g_{2k}=4.5\text{kN/m}$；在施工阶段，承受的活荷载与叠合前相同；在使用阶段，承受活荷载 $q_{2k}=42\text{kN/m}$，准永久系数 $\psi_q=0.5$。裂缝宽度限值 $w_{max}=0.3\text{mm}$，挠度限值 $\Delta=\frac{l_0}{300}$。混凝土强度等级均为 C25（$f_c=11.9\text{N/mm}^2$，$f_t=1.27\text{N/mm}^2$，$f_{tk}=1.78\text{N/mm}^2$），纵向钢筋采用 HRB335 级钢筋。试设计该叠合梁。

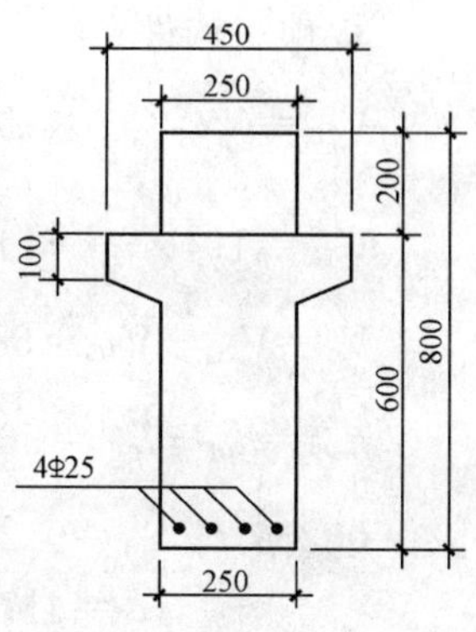

图 5-30 钢筋混凝土叠合梁

解：(1)正截面受弯承载力计算。

1)预制构件：

$$M_{1Gk}=\frac{1}{8}\times19\times6^2=85.5\text{kN}\cdot\text{m}$$

$$M_{1Qk}=\frac{1}{8}\times11\times6^2=49.5\text{kN}\cdot\text{m}$$

$$M_{1k}=M_{1Gk}+M_{1Qk}=85.5+49.5=135\text{kN}\cdot\text{m}$$

$$M_1=1.2\times85.5+1.4\times49.5=171.9\text{kN}\cdot\text{m}$$

$$\alpha_s=\frac{171.9\times10^6}{11.9\times450\times560^2}=0.1024$$

查表得 $\gamma_s=0.946$，则

$$A_s=\frac{171.9\times10^6}{300\times0.946\times560}=1082\text{mm}^2$$

2)叠合构件：

由于施工活荷载比使用活荷载小很多，故只须按使用阶段进行计算。

$$M_{2Gk}=\frac{1}{8}\times4.5\times6^2=20.25\text{kN}\cdot\text{m}$$

$$M_{2Qk}=\frac{1}{8}\times42\times6^2=189\text{kN}\cdot\text{m}$$

$$M_{1G}=1.2\times85.5=102.6\text{kN}\cdot\text{m}$$

$$M_{2G}=1.2\times20.25=24.3\text{kN}\cdot\text{m}$$

$$M_{2Q}=1.4\times189=264.6\text{kN}\cdot\text{m}$$

$$M=M_{1G}+M_{2G}+M_{2Q}=102.6+24.3+264.6=391.5\text{kN}\cdot\text{m}$$

$$\alpha_s=\frac{391.5\times10^6}{11.9\times250\times760^2}=0.2278$$

查表得 $\gamma_s=0.869$，则

$$A_s=\frac{391.5\times10^6}{300\times0.869\times760}=1976\text{mm}^2$$

选用 4 Φ 25，$A_s=1964\text{mm}^2$。

(2)斜截面受剪承载力计算。

1)预制构件：

$$V_{1G}=1.2\times\frac{1}{2}\times19\times6=69.4\text{kN}$$

$$V_{1Q}=1.4\times\frac{1}{2}\times11\times6=46.2\text{kN}$$

$$V_1=V_{1G}+V_{1Q}=68.4+46.2=114.6\text{kN}$$

$$h_{w1}=h_{01}-b'_{f1}=560-100=460\text{mm}\quad \frac{h_{w1}}{b}=\frac{460}{250}=1.84<4.0$$

又 $0.25\beta_c f_c bh_{01}=0.25\times1.0\times11.9\times250\times560$

$=417\times10^3\text{N}=417\text{kN}>V_1$（截面尺寸满足要求）

$0.7f_t bh_{01}=0.7\times1.27\times250\times560$

$=125\times10^3\text{N}=125\text{kN}>V_1$（箍筋按构造要求配置）

2)叠合构件：

按使用阶段进行计算。

$$V_{2G}=1.2\times\frac{1}{2}\times4.5\times6=16.2\text{kN}$$

$$V_{2Q}=1.4\times\frac{1}{2}\times42\times6=176.4\text{kN}$$

$$V=V_{1G}+V_{2G}+V_{2Q}=68.4+16.2+176.4=261\text{kN}$$

$$\frac{h_0}{b}=\frac{760}{250}=3.04<4.0$$

又 $0.25\beta_c f_c bh_0=0.25\times1.0\times11.9\times250\times760$

$=565\times10^3\text{N}=565\text{kN}>V$（截面尺寸满足要求）

$0.7f_t bh_0=0.7\times1.27\times250\times760$

$=169\times10^3\text{N}=169\text{kN}<V$（箍筋应按计算确定）

箍筋间距取为 200mm，则

$$A_{sv}=\frac{V-0.7f_t bh_0}{1.25f_{yv}h_0}s=\frac{261\times10^3-169\times10^3}{1.25\times210\times760}\times200=92\text{mm}^2$$

选用 $2\phi8$，$A_{sv}=101\text{mm}^2$。

(3)叠合面受剪承载力计算。

$$\rho_{sv}=\frac{101}{200\times250}\times100\%=0.002\times100\%=0.2\%>0.15\%\text{（满足要求）}$$

$$V=1.2f_{t}bh_{0}+0.85\frac{A_{sv}}{s}f_{yv}h_{0}$$

$$=1.2\times1.27\times250\times760+0.85\times\frac{101}{200}\times210\times760$$

$$=290\times10^{3}+68.5\times10^{3}=358.5\times10^{3}\text{N}=358.5\text{kN}>V\text{(满足要求)}$$

(4)钢筋应力控制。

$$\sigma_{s1k}=\frac{M_{1Gk}}{0.87h_{01}A_{s}}=\frac{85.5\times10^{6}}{0.87\times560\times1964}=89.35\text{N/mm}^{2}$$

$$M_{2k}=M_{2Gk}+M_{2Qk}=20.25+189=209.25\text{kN}\cdot\text{m}$$

$$\sigma_{s2k}=\frac{0.5(1+h_{1}/h)M_{2k}}{0.87h_{0}A_{s}}=\frac{0.5\times\left(1+\frac{600}{800}\right)\times209.25\times10^{6}}{0.87\times760\times1964}=140.99\text{N/mm}^{2}$$

$$\sigma_{sk}=\sigma_{s1k}+\sigma_{s2k}=89.35+140.99=230.34\text{N/mm}^{2}<0.9f_{y}$$

$$=0.9\times300=270\text{N/mm}^{2}\text{(满足要求)}$$

(5)裂缝宽度验算。

$$\rho_{te1}=\frac{A_{s}}{0.5bh_{1}}=\frac{1964}{0.5\times250\times600}=0.0262$$

$$\rho_{te}=\frac{A_{s}}{0.5bh}=\frac{1964}{0.5\times250\times800}=0.0196$$

$$\psi=1.1-\frac{0.65f_{tk1}}{\rho_{te1}\sigma_{s1k}+\rho_{te}\sigma_{s2k}}=1.1-\frac{0.65\times1.78}{0.0262\times94.1+0.0196\times133.4}=0.872$$

$c=25$mm

$$w_{max}=2.2\psi\frac{\sigma_{sk}}{E_{s}}\left(1.9c+0.08\frac{d_{eq}}{\rho_{te1}}\right)$$

$$=2.2\times0.872\times\frac{230.34}{2.0\times10^{5}}\times\left(1.9\times25+0.08\times\frac{25}{0.0262}\right)$$

$$=0.27\text{mm}<w_{lim}=0.3\text{mm(满足要求)}$$

(6)挠度验算。

1)计算 B_{s1}：

$$E_{c}=2.8\times10^{4}\text{N/mm}^{2}$$

$$\alpha_{E}=\frac{2.0\times10^{5}}{2.8\times10^{4}}=7.143$$

$$\rho_{1}=\frac{1964}{250\times560}=0.014$$

$$\psi_{1}=1.1-\frac{0.65f_{tk1}}{\rho_{te1}\sigma_{s1k}}=1.1-\frac{0.65\times1.78}{0.0262\times94.1}=0.631$$

$$B_{s1}=\frac{E_{s}A_{s}h_{01}^{2}}{1.15\psi_{1}+0.2+6\alpha_{E}\rho_{1}}=\frac{2.0\times10^{5}\times1964\times560^{2}}{1.15\times0.631+0.2+6\times7.143\times0.014}$$

$$=8.074\times10^{13}\text{N}\cdot\text{mm}^{2}=8.074\times10^{4}\text{kN}\cdot\text{m}^{2}$$

2)计算 B_{s2}：

$$\rho=\frac{1964}{250\times760}=0.0103$$

$$B_{s2}=\frac{E_{s}A_{s}h_{0}^{2}}{0.7+0.6\frac{h_{1}}{h}+4.5\alpha_{E}\rho}=\frac{2.0\times10^{5}\times1964\times760^{2}}{0.7+0.6\times\frac{600}{800}+4.5\times7.143\times0.0103}$$

$=1.532\times10^{14}\text{N}\cdot\text{mm}^2=1.532\times10^5\text{kN}\cdot\text{m}^2$

3)计算 B：

$M_k=M_{1Gk}+M_{2k}=85.5+209.25=294.75\text{kN}\cdot\text{m}$

$M_q=M_{1Gk}+M_{2Gk}+0.5\times M_{2Qk}$

$=85.5+20.25+0.5\times189=200.25\text{kN}\cdot\text{m}$

$\theta=2.0$

$$B=\frac{M_k}{M_q(\theta-1)+M_k+\left(\frac{B_{s2}}{B_{s1}}-1\right)M_{1Gk}}B_{s2}$$

$$=\frac{294.75}{200.25\times(2-1)+294.75+\left(\frac{1.532\times10^5}{8.074\times10^4}-1\right)\times90}\times1.532\times10^5$$

$$=0.512\times1.532\times10^5=7.84\times10^4\text{kN}\cdot\text{m}^2$$

4)计算 Δ：

$$\Delta=\frac{5M_kl_0^2}{48B}=\frac{5\times294.75\times6^2}{48\times7.84\times10^4}=0.0141\text{m}=14.1\text{mm}$$

$\frac{\Delta}{l_0}=\frac{14.1}{6000}=\frac{1}{426}<\frac{1}{300}$（满足要求）

第四节　深　梁

一、正截面受弯承载力计算

钢筋混凝土深受弯构件的正截面受弯承载力应符合下列规定：

$$M\leqslant f_yA_sz \tag{5-39}$$

$$z=\alpha_d(h_0-0.5x) \tag{5-40}$$

$$\alpha_d=0.80+0.04\frac{l_0}{h} \tag{5-41}$$

当 $l_0<h$ 时，取内力臂 $z=0.6l_0$。

式中　x——截面受压区高度；当 $x<0.2h_0$ 时，取 $x=0.2h_0$；

h_0——截面有效高度：$h_0=h-a_s$，其中 h 为截面高度；当 $l_0/h\leqslant2$ 时，跨中截面 a_s 取 $0.1h$，支座截面 a_s 取 $0.2h$；当 $l_0/h>2$ 时，a_s 按受拉区纵向钢筋截面重心至受拉边缘的实际距离取用；

M——深受弯构件的最大弯矩设计值；

A_s——深受弯构件的纵向受力钢筋面积；

z——内力臂；

l_0——深受弯构件的计算跨度；

f_y——纵向钢筋的抗拉强度设计值。

二、斜截面受剪承载力计算

1. 截面尺寸限制条件

当 $h_w/b\leqslant4$ 时

$$V\leqslant\frac{1}{60}(10+l_0/h)\beta_cf_cbh_0 \tag{5-42}$$

当 $h_w/b \geqslant 6$ 时

$$V \leqslant \frac{1}{60}(7+l_0/h)\beta_c f_c b h_0 \tag{5-43}$$

当 $4 < h_w/b < 6$ 时，按线性内插法取用。

式中　V——构件斜截面上的最大剪力设计值；

l_0——计算跨度，当 $l_0 < 2h$ 时，取 $l_0 = 2h$；

b——矩形截面的宽度以及T形、I形截面的腹板厚度；

h、h_0——截面高度、截面有效高度；

h_w——截面的腹板高度：对矩形截面，取有效高度 h_0；对T形截面，取有效高度减去翼缘高度；对I形截面，取腹板净高；

β_c——混凝土强度影响系数，当混凝土强度等级不超过C50时，取 $\rho_c = 1.0$。当混凝土强度等级为C80时，取 $\rho_c = 0.8$，其间按线性内插法确定。

2. 抗裂验算

一般要求不出现斜裂缝的钢筋混凝土深梁应符合下列条件：

$$V_k \leqslant 0.5 f_{tk} b h_0 \tag{5-44}$$

式中　V_k——按荷载效应的标准组合计算的剪力值。

f_{tk}——混凝土抗拉强度标准值。

此时可不进行斜截面受剪承载力计算，但应按构造要求规定配置分布钢筋。

3. 斜截面受剪承载力验算

(1)矩形、T形和I形截面的深受弯构件，在均布荷载作用下，当配有竖向分布钢筋和水平分布钢筋时，其斜截面的受剪承载力应符合下列规定：

$$V \leqslant 0.7\frac{(8-l_0/h)}{3}f_t b h_0 + 1.25\frac{(l_0/h-2)}{3}f_{yv}\frac{A_{sv}}{s_h}h_0 + \frac{(5-l_0/h)}{6}f_{yh}\frac{A_{sh}}{s_v}h_0 \tag{5-45}$$

式中　V——构件斜截面上的最大剪力设计值；

l_0——计算跨度；

f_{yv}——竖向分布钢筋的抗拉强度设计值；

f_{yh}——竖向分布钢筋的抗拉强度设计值；

f_t——混凝土抗拉强度设计值；

A_{sv}——竖向分布钢筋面积；

A_{sh}——水平向分布钢筋面积；

s_h——水平钢筋间距；

s_v——竖向分布钢筋间距。

(2)对集中荷载作用下的深受弯构件(包括作用有多种荷载，且其中集中荷载对支座截面所产生的剪力值占总剪力值的75%以上的情况)，其斜截面的受剪承载力应符合下列规定：

$$V \leqslant \frac{1.75}{\lambda+1}f_t b h_0 + \frac{(l_0/h-2)}{3}f_{yv}\frac{A_{sv}}{s_h}h_0 + \frac{(5-l_0/h)}{6}f_{yh}\frac{A_{sh}}{s_v}h_0 \tag{5-46}$$

式中　λ——计算剪跨比：当 $l_0/h \leqslant 2.0$ 时，取 $\lambda = 0.25$；当 $2.0 < l_0/h < 5.0$ 时，取 $\lambda = a/h_0$，其中，a 为集中荷载到深受弯构件支座的水平距离；λ 的上限值为 $(0.92l_0/h - 1.58)$，下限值为 $(0.42l_0/h - 0.58)$；

l_0/h——跨高比，当 $l_0/h < 2.0$ 时，取 $l_0/h = 2.0$。

三、构造要求

(1)深梁的截面宽度不应小于 140mm。当 $l_0/h \geqslant 1$ 时,h/b 不宜大于 25;当 $l_0/h<1$ 时,l_0/b 不宜大于 25。深梁的混凝土强度等级不应低于 C20。当深梁支承在钢筋混凝土柱上时,宜将柱伸至深梁顶。深梁顶部应与楼板等水平构件可靠连接。

(2)钢筋混凝土深梁的纵向受拉钢筋宜采用较小的直径,且宜按下列规定布置:

1)单跨深梁和连续深梁的下部纵向钢筋宜均匀布置在梁下边缘以上 $0.2h$ 的范围内(如图 5-31 和图 5-32 所示)。

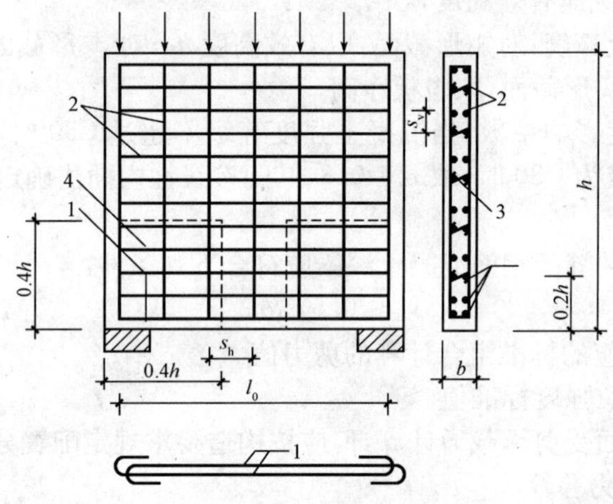

图 5-31 单跨深梁的钢筋配置

1-下部纵向受拉钢筋及其弯折锚固;2-水平及竖向分布钢筋;3-拉筋;4-拉筋加密区

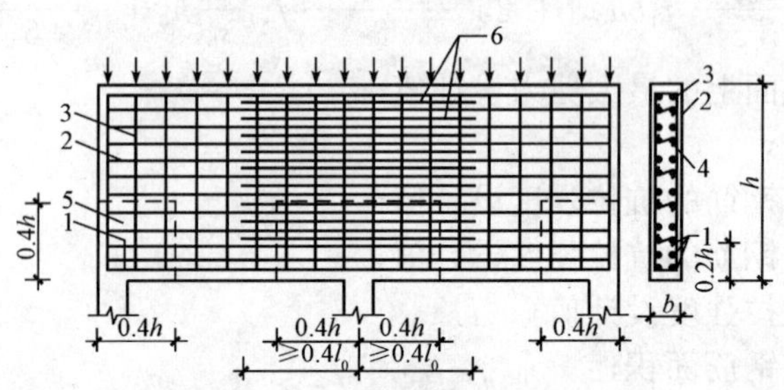

图 5-32 连续深梁的钢筋配置

1-下部纵向受拉钢筋;2-水平分布钢筋;3-竖向分布钢筋;4-拉筋;5-拉筋加密区;6-支座截面上部的附加水平钢筋

2)连续深梁中间支座截面的纵向受拉钢筋宜按图 5-33 规定的高度范围和配筋比例均匀布置在相应高度范围内。对于 $l_0/h \leqslant 1.0$ 的连续深梁,在中间支座底面以上 $0.2l_0$ 到 $0.6l_0$ 高度范围内的纵向受拉钢筋配筋率尚不宜小于 0.5%。水平分布钢筋可用作支座部位的上部纵向受拉钢筋,不足部分可由附加水平钢筋补足,附加水平钢筋自支座向跨中延伸的长度不宜小于 $0.4l_0$(如图 5-32 所示)。

3)深梁的下部纵向受拉钢筋应全部伸入支座,不应在跨中弯起或截断。在简支单跨深梁支座及连续深梁梁端的简支支座处,纵向受拉钢筋应沿水平方向弯折锚固(如图 5-31 所示),其锚固长度应按规范规定的受拉钢筋锚固长度 l_a 乘以系数 1.1 采用;当不能满足上述锚固长度要求时，应采取在钢筋上加焊锚固钢板或将钢筋末端焊成封闭式等有效的锚固措施。连续深梁的下部纵向受拉钢筋应全部伸过中间支座的中心线，其自支座边缘算起的锚固长度不应小于 l_a。

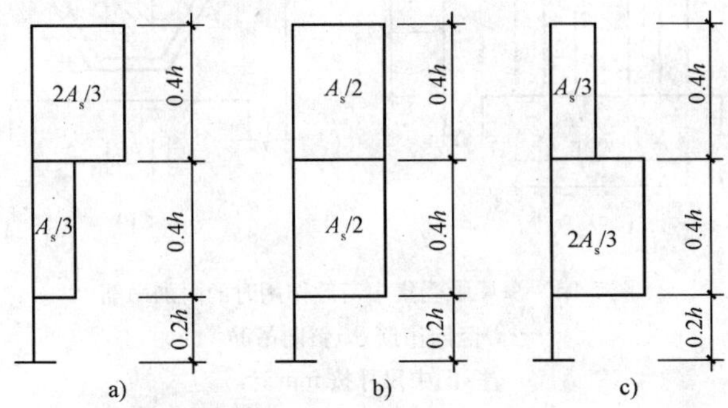

图 5-33 连续深梁中间支座截面纵向受拉钢筋在不同高度范围内的分配比例

a) $1.5<l_0/h\leqslant2.5$；b) $1<l_0/h\leqslant1.5$；c) $l_0/h\leqslant1$

4)深梁应配置双排钢筋网，水平和竖向分布钢筋的直径均不应小于 8mm，其间距不应大于 200mm。

当沿深梁端部竖向边缘设柱时，水平分布钢筋应锚入柱内。在深梁上、下边缘处，竖向分布钢筋宜做成封闭式。

在深梁双排钢筋之间应设置拉筋，拉筋沿纵横两个方向的间距均不宜大于 600mm，在支座区高度为 $0.4h$，长度为 $0.4h$ 的范围内(图 5-31 和图 5-32 中的虚线部分)，尚应适当增加拉筋的数量。

5)当深梁全跨沿下边缘作用有均布荷载时，应沿梁全跨均匀布置附加竖向吊筋，吊筋间距不宜大于 200mm。

当有集中荷载作用于深梁下部 3/4 高度范围内时，该集中荷载应全部由附加吊筋承受，吊筋应采用竖向吊筋或斜向吊筋。竖向吊筋的水平分布长度 s 应按下列公式确定如图 5-34a)所示：

当 $h_1\leqslant h_b/2$ 时

$$s=b_b+h_b \tag{5-47}$$

当 $h_1>h_b/2$ 时

$$s=b_b+2h_1 \tag{5-48}$$

式中 b_b——传递集中荷载构件的截面宽度；

h_b——传递集中荷载构件的截面高度；

h_1——从深梁下边缘到传递集中荷载构件底边的高度。

竖向吊筋应沿梁两侧布置，并从梁底伸到梁顶，在梁顶和梁底应做成封闭式。

6)深梁的纵向受拉钢筋配筋率 ρ($\rho=\frac{A_n}{bh}$)水平分布钢筋配筋率 ρ_{sh}($\rho_{sh}=\frac{A_{sh}}{bs_v}$，$s_v$ 为水平分布钢筋的间距)和竖向分布钢筋配筋率 ρ_{sv}($\rho_{sv}=\frac{A_{sv}}{bs_h}$，$s_h$ 为竖向分布钢筋的间距)不宜小于表 5-1 规定的数值。

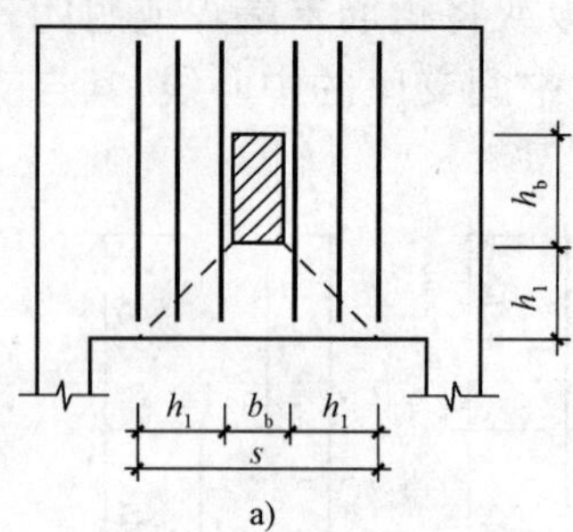

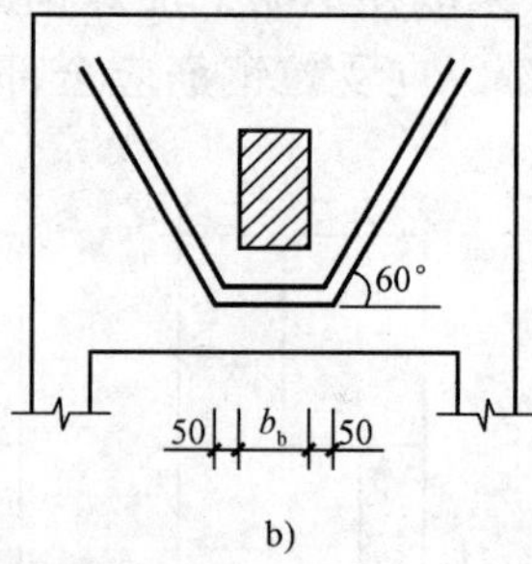

图 5-34　深梁承受集中荷载作用时的附加吊筋

a)竖向吊筋；b)斜向吊筋

注：图中尺寸按 mm 计。

表 5-1　**深梁中钢筋的最小配筋百分率(%)**

钢筋种类	纵向受拉钢筋	水平分布钢筋	竖向分布钢筋
HPB235	0.25	0.25	0.20
HRB335、HRB400、RRB400	0.20	0.20	0.15

注：当集中荷载作用于连续深梁上部 1/4 高度范围内且 $l_0/h>1.5$ 时，竖向分布钢筋最小配筋百分率应增加 0.05。

7)除深梁以外的深受弯构件，其纵向受力钢筋、箍筋及纵向构造钢筋的构造规定与一般梁相同，但其截面下部 1/2 高度范围内和中间支座截面上部 1/2 高度范围内布置的纵向构造钢筋宜较一般梁适当加强。

【例 5-6】　简支深梁设计

某简支深梁，受两集中荷载 P 作用，如图 5-35 所示，其中恒载 $P_G=520\text{kN}$，活载 $P_Q=360\text{kN}$，采用 C30 级混凝土、HRB335 级钢筋，要求在正常使用情况下无裂缝。求对该深梁进行设计。

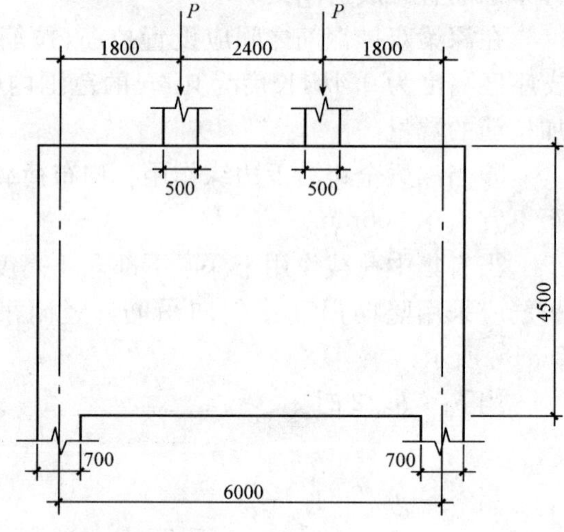

图 5-35　例 5-6 图

解：(1)计算跨度。

$l_c=6000\text{mm}$

$1.15l_n=1.15\times5300=6095\text{mm}$

取 l_c 和 $1.15l_n$ 之较小值，则

$l_0=6000\text{mm}$

(2)计算荷载和内力。

假定梁宽 $b=250\text{mm}$，则深梁自重标准值(线分布荷载)为：

$q_k=bh\gamma=250\times4500\times25\times10^{-9}=0.0281\text{kN/mm}=28.1\text{kN/m}$

梁顶集中荷载标准值

$P_k=520+360=880\text{kN}$

支座剪力标准值

$V_k = P_k + \frac{1}{2} q_k l_0 = 880 + \frac{1}{2} \times 28.1 \times 6 = 964\text{kN}$

梁顶集中荷载设计值

$P = 1.2G_k + 1.4Q_k = 1.2 \times 520 + 1.4 \times 360 = 1128\text{kN}$

支座剪力设计值

$V = P + \frac{1}{2} \times 1.2 q_k l_0 = 1128 + \frac{1}{2} \times 1.2 \times 28.1 \times 6 = 1229\text{kN}$

跨中弯矩设计值

$M = 1.2 \times (520 \times 1.8 + \frac{1}{8} \times 28.1 \times 6^2) + 1.4 \times 360 \times 1.8 = 2182\text{kN} \cdot \text{m}$

(3)确定截面宽度。

$b = \frac{V_k}{0.5 f_{tk} h} = \frac{964 \times 10^3}{0.5 \times 2.01 \times 4500} = 213\text{mm}$

$\frac{l_0}{h} = \frac{6000}{4500} = 1.33 > 1.0$ 取 $b = 250\text{mm}$，$\frac{h}{b} = \frac{4500}{250} = 18 < 25$，满足构造要求，同时，由于已满足抗裂要求，可不必进行受剪承载力计算。

(4)计算主筋和分布筋。

$\frac{l_0}{h} = \frac{6000}{4500} = 1.33 < 2.0$

$a_s = 0.1h = 0.1 \times 4500 = 450\text{mm}$

$h_0 = 4500 - 450 = 4050\text{mm}$

$\alpha_s = \frac{M}{\alpha_1 f_c b h_0^2} = \frac{2182 \times 10^6}{1.0 \times 14.3 \times 250 \times 4050^2} = 0.0372$

查表得 $\xi = 0.038 < 0.2$，取 $x = 0.2h_0 = 0.2 \times 4050 = 810\text{mm}$

由于 $l_0 \geqslant h$，则

$\alpha_d = 0.80 + 0.04 \frac{l_0}{h} = 0.08 + 0.04 \times \frac{6000}{4500} = 0.8533$

$z = \alpha_d (h_0 - 0.5x) = 0.8553 \times (4050 - 0.5 \times 810) = 3118\text{mm}$

$A_s = \frac{M}{f_y z} = \frac{2182 \times 10^6}{300 \times 3118} = 2333\text{mm}^2$

选用 12Φ16，$A_s = 2413\text{mm}^2$，分 6 层放置，每层间距 100mm。

$\rho = \frac{A_s}{bh} = \frac{241B}{250 \times 4500} = 0.0021 \times 100\% = 0.21\% > \rho_{min} = 0.20\%$（满足要求）

锚固长度为 $1.1l_a = 1.1\alpha \frac{f_y}{f_t} d = 1.1 \times 0.14 \times \frac{300}{1.43} d = 32.3d = 32.3 \times 16 = 517\text{mm}$。现支座长度为 700mm，故放置水平弯钩即可。

水平和竖向分布钢筋采用Φ 8@200（两层钢筋网），则

$\rho_{sh} = \rho_{sv} = \frac{100.6}{250 \times 200} \times 100\% = 0.0020 \times 100\% = 0.20\%$　（满足要求）

(5)验算局部受压承载力。

1)支座处：

$F_l = V = 1229\text{kN}$

支座局部受压时的计算底面面积 A_b 与局部受压面积 A_l 相等，故混凝土局部受压强度提高系数 $\beta = 1$。

$F_{lu} = 0.9\beta f_c A_{ln} = 0.9 \times 1.0 \times 14.3 \times 700 \times 250$

$= 2252 \times 10^3\text{N} = 2252\text{kN} > F_l$　　（满足要求）

2)集中荷载加荷点：

$F_l = P = 1128\text{kN}$

$A_b = 3A_l$

$\beta = \sqrt{\dfrac{A_b}{A_l}} = \sqrt{3} = 1.732$

$F_{lu} = 0.9\beta f_c A_{ln} = 0.9 \times 1.732 \times 14.3 \times 500 \times 250$

$= 27.86 \times 10^3\text{N} = 2786\text{kN} > F_l$　　（满足要求）

(6)配置拉筋。

在两层钢筋网之间，每隔600mm设置S形拉筋。但在支座上方1800mm×1800mm范围内及支座中点至集中荷载中点连线两侧各400mm范围内(斜压带)，每一横竖钢筋交点均设置拉筋。

第五节　墙　　梁

一、墙梁荷载

1. 使用阶段墙梁上的荷载

(1)承重墙梁。

1)托梁顶面的荷载设计值 Q_1、F_1，取托梁自重及本层楼盖的恒荷载和活荷载。

2)墙梁顶面的荷载设计值 Q_2，取托梁以上各层墙体自重，以及墙梁顶面以上各层楼(屋)盖的恒荷载和活荷载；集中荷载可沿作用的跨度近似化为均布荷载。

(2)自承重墙梁。

墙梁顶面的荷载设计值 Q_2，取托梁自重及托梁以上墙体自重。

2. 施工阶段托梁上的荷载

(1)托梁自重及本层楼盖的恒荷载。

(2)本层楼盖的施工荷载。

(3)墙体自重，可取高度为 $\dfrac{l_{0\max}}{3}$ 的墙体自重，开洞时尚应按洞顶以下实际分布的墙体自重复核；$l_{0\max}$ 为各计算跨度的最大值。

二、墙梁的托梁正截面承载力计算

(1)托梁跨中截面应按钢筋混凝土偏心受拉构件计算，其弯矩 M_{bi} 及轴心拉力 N_{bti} 可按下列公式计算：

$$M_{bi} = M_{1i} + \alpha_M M_{2i} \tag{5-49}$$

$$N_{bti} = \eta_N \frac{M_{2i}}{H_0} \tag{5-50}$$

对简支墙梁

$$\alpha_M = \psi_M \left(1.7\frac{h_b}{l_0} - 0.03\right) \tag{5-51}$$

$$\psi_M = 4.5 - 10\frac{a}{l_0} \tag{5-52}$$

$$\eta_N = 0.44 + 2.1\frac{h_w}{l_0} \tag{5-53}$$

对连续墙梁和框支墙梁

$$\alpha_M = \psi_N \left(2.7\frac{h_b}{l_{0i}} - 0.08\right) \tag{5-54}$$

$$\psi_M = 3.8 - 8\frac{a_i}{l_{0i}} \tag{5-55}$$

$$\eta_N = 0.8 + 2.6\frac{h_w}{l_{0i}} \tag{5-56}$$

式中　M_{1i}——荷载设计值 Q_1、F_1 作用下的简支梁跨中弯矩或按连续梁或框架分析的托梁各跨跨中最大弯矩；

M_{2i}——荷载设计值 Q_2 作用下的简支梁跨中弯矩或按连续梁或框架分析的托梁各跨跨中弯矩中的最大值；

α_M——考虑墙梁组合作用的托梁跨中弯矩系数，可按式(5-51)或(5-54)计算，但对自承重简支墙梁应乘以 0.8；当式(5-51)中的$\frac{h_b}{l_0} > \frac{1}{6}$时，取$\frac{h_b}{l_0} = \frac{1}{6}$；当式(5-54)中的$\frac{h_b}{l_{0i}} > \frac{1}{7}$时，取$\frac{h_b}{l_{0i}} = \frac{1}{7}$；

η_N——考虑墙梁组合作用的托梁跨中轴力系数，可按式(5-53)或(5-56)计算，但对自承重简支墙梁应乘以 0.8；式中，当$\frac{h_w}{l_{0i}} > 1$ 时，取$\frac{h_w}{l_{0i}} = 1$；

ψ_M——洞口对托梁弯矩的影响系数，对无洞口墙梁取 1.0，对有洞口墙梁可按式(5-52)或(5-55)计算；

a_i——洞口边至墙梁最近支座的距离，当 $a_i > 0.35 l_{0i}$时，取 $a_i = 0.35 l_{0i}$。

(2)托梁支座截面应按钢筋混凝土受弯构件计算，其弯矩 M_{bj} 可按下列公式计算：

$$M_{bj} = M_{1j} + \alpha_M M_{2j} \tag{5-57}$$

$$\alpha_M = 0.75 - \frac{a_i}{l_{0i}} \tag{5-58}$$

式中　M_{1j}——荷载设计值 Q_1、F_1 作用下按连续梁或框架分析的托梁支座弯矩；

M_{2j}——荷载设计值 Q_2 作用下按连续梁或框架分析的托梁支座弯矩；

α_M——考虑组合作用的托梁支座弯矩系数，无洞口墙梁取 0.4，有洞口墙梁可按式(5-58)计算，当支座两边的墙体均有洞口时，a_i 取较小值。

三、墙梁斜截面承载力计算

(1)墙梁的托梁斜截面受剪承载力应按钢筋混凝土受弯构件计算，其剪力 V_{bj} 可按下式计算：

$$V_{bj} = V_{1j} + \beta_V V_{2j} \tag{5-59}$$

式中　V_{1j}——荷载设计值 Q_1、F_1 作用下按连续梁或框架分析的托梁支座边剪力或简支梁支座边剪力；

V_{2j}——荷载设计值 Q_2 作用下按连续梁或框架分析的托梁支座边剪力或简支梁支座边剪力；

β_V——考虑组合作用的托梁剪力系数，无洞口墙梁边支座取 0.6，中支座取 0.7；有洞口墙梁边支座取 0.7，中支座取 0.8。对自承重墙梁，无洞口时取 0.45，有洞口时取 0.5。

(2)墙梁的墙体受剪承载力，应按下列公式计算：

$$V_2 \leqslant \xi_1 \xi_2 \left(0.2+\frac{h_b}{l_{0i}}+\frac{h_t}{l_{0i}}\right) f h h_w \tag{5-60}$$

式中 V_2——在荷载设计值 Q_2 作用下墙梁支座边剪力的最大值；

ξ_1——翼墙或构造柱影响系数，对单层墙梁取 1.0，对多层墙梁，当 $\frac{b_f}{h}=3$ 时取 1.3，当 $\frac{b_f}{h}=7$ 或设置构造柱时取 1.5，当 $3<\frac{b_f}{h}<7$ 时，按线性插入取值；

ξ_2——洞口影响系数，无洞口墙梁取 1.0，多层有洞口墙梁取 0.9，单层有洞口墙梁取 0.6；

h_t——墙梁顶面圈梁截面高度。

四、托梁支座上部砌体局部受压承载力计算

$$Q_2 \leqslant \zeta f h \tag{5-61}$$

$$\zeta = 0.25 + 0.08\frac{b_f}{h} \tag{5-62}$$

式中 ζ——局压系数，当 $\zeta>0.81$ 时，取 $\zeta=0.81$。

当 $b_f/h \geqslant 5$ 或墙梁支座处设置上、下贯通的落地构造柱时可不验算局部受压承载力。

五、墙梁的构造要求

1. 材料要求

(1)托梁的混凝土强度等级不应低于 C30。

(2)纵向钢筋宜采用 HRB335、HRB400 或 RRB400 级钢筋。

(3)承重墙梁的块体强度等级不应低于 MU10，计算高度范围内墙体的砂浆强度等级不应低于 M10。

2. 墙体构造

(1)框支墙梁的上部砌体房屋，以及设有承重的简支墙梁或连续墙梁的房屋，应满足刚性方案房屋的要求。

(2)墙梁的计算高度范围内的墙体厚度，对砖砌体不应小于 240mm，对混凝土小型砌块砌体不应小于 190mm。

(3)墙梁洞口上方应设置混凝土过梁，其支承长度不应小于 240mm；洞口范围内不应施加集中荷载。

(4)承重墙梁的支座处应设置落地翼墙，翼墙厚度，对砖砌体不应小于 240mm，对混凝土砌块砌体不应小于 190mm，翼墙宽度不应小于墙梁墙体厚度的 3 倍，并与墙梁墙体同时砌筑。当不能设置翼墙时，应设置落地且上、下贯通的构造柱。

(5)当墙梁墙体在靠近支座 $\frac{1}{3}$ 跨度范围内开洞时，支座处应设置落地且上、下贯通的构

造柱，并应与每层圈梁连接。

(6)墙梁计算高度范围内的墙体，每天可砌高度不应超过 1.5m，否则，应加设临时支撑。

3. 托梁构造

(1)有墙梁的房屋的托梁两边各一个开间及相邻开间处应采用现浇混凝土楼盖，楼板厚度不宜小于 120mm，当楼板厚度大于 150mm 时，宜采用双层双向钢筋网，楼板上应少开洞，洞口尺寸大于 800mm 时应设洞边梁。

(2)托梁每跨底部的纵向受力钢筋应通长设置，不得在跨中段弯起或截断。钢筋接长应采用机械连接或焊接。

(3)墙梁的托梁跨中截面纵向受力钢筋总配筋率不应小于 0.6%。

(4)托梁距边支座边 $l_0/4$ 范围内，上部纵向钢筋面积不应小于跨中下部纵向钢筋面积的 1/3。连续墙梁或多跨框支墙梁的托梁中支座上部附加纵向钢筋从支座边算起每边延伸不少于 $l_0/4$。

(5)承重墙梁的托梁在砌体墙、柱上的支承长度不应小于 350mm。纵向受力钢筋伸入支座应符合受拉钢筋的锚固要求。

(6)当托梁高度 $h_b \geqslant 500$mm 时，应沿梁高设置通长水平腰筋，直径不应小于 12mm，间距不应大于 200mm。

(7)墙梁偏开洞口的宽度及两侧各一个梁高 h_b 范围内直至靠近洞口的支座边的托梁箍筋直径不宜小于 8mm，间距不应大于 100mm(如图 5-36 所示)。

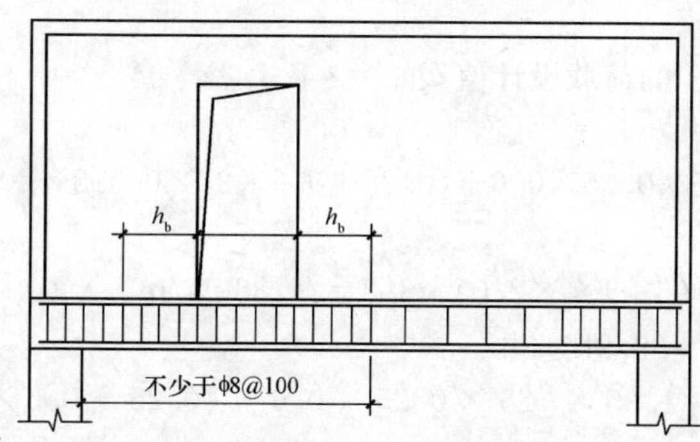

图 5-36　偏开洞时托梁箍筋加密区

六、算例

【例 5-7】　住宅楼墙梁设计

某住宅楼，建筑要求作成大开间，采用墙梁体系，结构布置及荷载如图 5-37 所示，开间为 3.3m，屋面恒荷为 4.6kN/m²，活载为 0.7kN/m²，三、四、五层楼面恒载为 3.0kN/m²，楼面活载为 2.0kN/m²，二层楼面恒载为 3.95kN/m²，活载为 2.0kN/m²，托梁 $b\times h_b=$ 250mm×600mm，混凝土为 C30，纵筋为 HRB335，箍筋为 HPB235，墙体厚度 240mm，采用 MU10 烧结多孔砖，M10 混合砂浆。顶梁 $b_l\times h_t=$240mm×180mm。求设计该墙梁。

解：(1)计算长度。

$L_c=6$m

$L_n=6-0.87=5.13$m

$L_0=1.1l_n=5.64$m

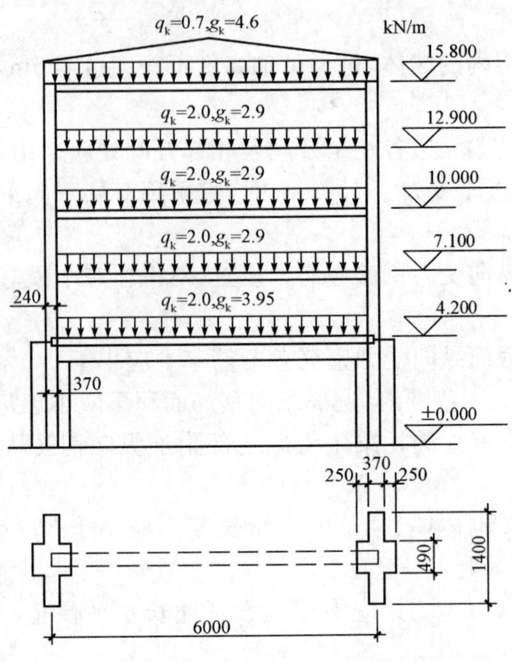

图 5-37 例 5-7 简支墙梁简图

(2)荷载计算。

1)作用在托梁顶面上的荷载设计值 Q_1：

组合一：

托梁自重：1.2×[25×0.25×0.6＋(0.25＋0.6×2)×0.015×20]

＝5.022kN/m

二层楼盖：(1.2×3.95＋1.4×2.0)×3.3＝24.88kN/m

Q_1＝5.022＋24.88＝29.9kN/m

组合二：托梁自重：1.35×[25×0.25×0.6＋(0.25＋0.6×2)×0.015×20]＝5.65kN/m

二层楼盖：(1.35×3.95＋1.0×2.0)×3.3＝24.20kN/m

Q_1＝5.65＋24.20＝29.85kN/m

取组合一：Q_1＝29.9kN/m

2)作用在墙梁顶面上的荷载设计值 Q_2：

组合一：托梁自重：1.2×4.2×2.76×4＝55.64kN/m

二层以上楼盖和屋盖：

[(1.4×2.0＋1.2×2.9)×3＋(1.4×0.7＋1.2×4.6)]×3.3＝76.02kN/m

Q_2＝55.64＋76.02＝131.66kN/m

组合二：托梁自重：1.35×4.2×2.76×4＝62.6kN/m

二层以上楼盖和屋盖：

[(1.0×2.0＋1.35×2.9)×3＋(1.0×0.7＋1.35×4.6)]×3.3＝81.36kN/m

Q_2＝62.6＋81.36＝143.96kN/m

取组合二：$Q_2=143.96\text{kN/m}$

简支墙梁计算简图如图 5-38 所示。

(3)使用阶段墙梁的托梁承载力计算。

1)托梁正截面承载力计算：

$$M_1=\frac{Q_1 l_0^2}{8}=\frac{29.9\times5.64^2}{8}=118.89\text{kN/m}$$

$$M_2=\frac{Q_2 l_0^2}{8}=\frac{143.69\times5.64^2}{8}=572.41\text{kN}\cdot\text{m}$$

$$\alpha_M=1.7\frac{h_b}{l_0}-0.03=1.7\times\frac{0.6}{5.64}-0.03=0.151$$

$$\eta_N=0.44+2.1\frac{h_w}{l_0}=0.44+2.1\times\frac{2.76}{5.64}=1.468$$

$$H_0=h_w+\frac{h_b}{2}=2.76+0.3=3.06\text{m}$$

$$M_b=M_1+\alpha_M M_2=118.89+0.151\times572.41=205.32\text{kN}\cdot\text{m}$$

$$N_{bt}=\eta_N\frac{M_2}{H_0}=1.468\times\frac{572.41}{3.06}=274.61\text{kN}$$

$e_0=\frac{M_b}{N_{bt}}=\frac{205.32}{274.61}=0.748\text{m}>\frac{1}{2}h_b-a_s=0.3-0.06=0.24\text{m}$，故为大偏心受拉构件

$$e=e_0-\frac{h_b}{2}+a_s=748-300+60=508\text{mm}$$

$$A'_s=\frac{N_{bt}e-\alpha_{smax}f_c bh_0^2}{f'_y(h_0-a'_s)}=\frac{274610\times508-0.399\times14.3\times250\times540^2}{300\times(540-35)}<0$$

按构造配筋，$A'_s=0.002\times250\times600=300\text{mm}^2$，选配 2⌀14(308mm²)，满足要求。

$$\alpha_s=\frac{N_{bt}e}{f_c bh_0^2}=\frac{274610\times507}{14.3\times250\times540^2}=0.134,\gamma_s=0.928$$

$A_s=\frac{N_{bt}e}{\gamma_s h_0 f_y}+\frac{N_{bt}}{f_y}=\frac{274610\times508}{0.928\times540\times300}+\frac{274610}{300}=1843\text{mm}^2$，选配 6⌀20(1884mm²)，满足要求。

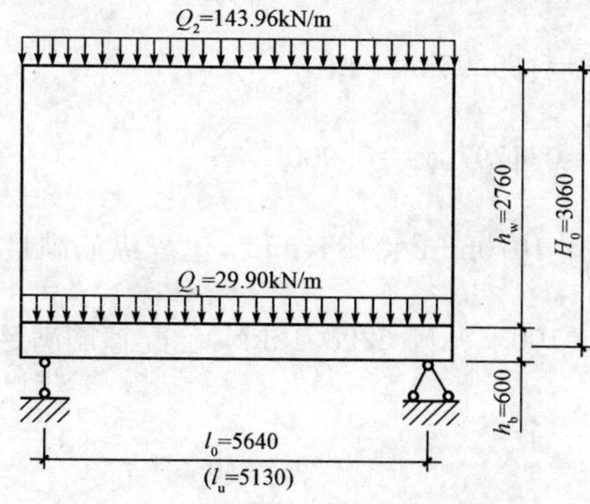

图 5-38　例 5-7 计算简图

2)托梁斜截面受剪承载力计算：

$V_1=\frac{Q_1 l_n}{2}=\frac{29.90\times 5.13}{2}=76.69\text{kN}$

$V_2=\frac{Q_2 l_n}{2}=\frac{143.96\times 5.13}{2}=369.26\text{kN}$

$V_b=V_1+\beta_v V_2=76.69+0.6\times 369.26=298.25\text{kN}$

$<0.25f_c bh_0=0.25\times 14.3\times 250\times 640=572.0\text{kN}$，受剪截面满足要求。

$>0.7f_t bh_0=0.7\times 1.43\times 250\times 640=160.16\text{kN}$，应按计算配置箍筋。

$\frac{A_{sv}}{s}=\frac{V_b-0.7f_t bh_0}{1.25h_{b0}f_{yv}}=\frac{298120-160160}{1.25\times 210\times 540}=0.973$，选配双肢箍 $\phi 10@160$，$\frac{A_{sv}}{s}=\frac{157}{160}=0.98$，且 $\rho_{sv}=\frac{A_{sv}}{bs}=\frac{157}{250\times 160}=0.00409>\rho_{svmin}=0.24\frac{f_t}{f_{yv}}=0.24\times\frac{1.43}{210}=0.00163$，满足要求。

(4)使用阶段墙梁的墙体承载力计算。

1)墙梁受剪承载力计算：

$\frac{b_f}{h}=\frac{1400}{240}=5.833$，$\xi_1=1.442$，无洞口，$\xi_2=1$；$f=1.89\text{N/mm}^2$，则

$V_2=369.26\text{kN}<\xi_1\xi_2\left(0.2+\frac{h_b}{l_0}+\frac{h_t}{l_0}\right)fhh_w=1.442\times\left(0.2+\frac{0.6}{5.64}+\frac{0.18}{5.64}\right)\times 1.89\times 240\times 2760=610.73\text{kN}$，满足要求。

2)托梁支座上部砌体局部受压承载力计算：

$\zeta=0.25+0.08\frac{b_f}{h}=0.25+0.08\times 5.833=0.717$

$Q_2=143.96\text{kN}<\zeta fh=0.717\times 1.89\times 240=325.24\text{kN/m}$，满足要求。

(5)施工阶段托梁载力验算。

结构重要性系数　$\gamma_0=1.0$

施工阶段作用在托梁上均布荷载：

$29.95+\frac{1}{3}\times 5.64\times 0.24\times 15.3\times 1.35=39.22\text{kN/m}$

$M=\frac{1}{8}\times 39.22\times 5.64^2=155.95\text{kN}\cdot\text{m}$

$\alpha_s=\frac{155.95\times 10^6}{11.9\times 250\times 540^2}=0.1797$，$\gamma_s=0.900$

$A_s=\frac{155.95\times 10^6}{300\times 0.900\times 540}=1070\text{mm}^2<1884\text{mm}^2$，已配纵筋满足要求。

$V=\frac{1}{2}\times 39.22\times 5.13=100.59\text{kN}<298.12\text{kN}$，已配箍筋满足要求。

第六章　钢筋混凝土框架结构

第一节　框架结构设计的基本要求

一、框架体系的选择

(1)多层房屋不宜采用单跨框架。单跨框架在发生地震时，框架柱一旦出现塑性铰，将危及该柱距的上层建筑，并可能引起相邻柱距的上层建筑连续倒塌。

《高层建筑混凝土结构技术规程》(JGJ 3—2002)规定：抗震设计的框架结构不宜采用单跨框架。

(2)多跨框架结构应设计成双向框架体系。地震发生时，纵横两个方向的水平地震作用都由抗侧力构件承担。主体结构除个别部位外，不应采用铰接。

(3)框架结构的柱与梁，宜上下左右贯通，不宜采用复式框架。也宜避免采用梁上立柱、柱上顶板的结构方案。

(4)不采用砖混框-剪结构。框架结构按抗震设计时，不应采用部分由砌体墙承重的混合形式。框架结构与砌体结构是两种截然不同的结构体系，其抗侧刚度、变形能力等相差很大，将这两种结构在同一建筑物中混合使用，而不以抗震缝将其分开，对建筑物的抗震能力将产生很不利的影响。

框架结构中的楼、电梯间及局部出屋顶的电梯机房、楼梯间、水箱间等，应采用框架承重，不应采用砌体墙承重。

(5)剪力墙虽少也应考虑框-剪协同工作。在抗震设计的框架结构中，仅在楼、电梯间或其他部位设置少量钢筋混凝土剪力墙时，由于框架与剪力墙协同工作，使框架上部受力增加，剪力墙底部承受的倾覆力矩减小。因此，结构分析计算应考虑框架与剪力墙的协同工作。

二、结构布置

(1)多高层框架结构，可采用全现浇，也可采用装配整体式。装配整体式框架宜优先采用预制梁板现浇柱方案，梁应采用叠合梁，使预制楼板端部钢筋锚接在梁的叠合层内，以加强梁板的整体性。

(2)框架结构的柱网布置，即柱距的大小，应根据建筑使用功能要求、结构受力的合理性、有利于方便施工及经济合理等因素确定。

(3)柱网的开间和进深，可设计成大柱网或小柱网(如图 6-1 所示)。大柱网适用于建筑平面要求有较大空间的房屋，但将增大梁柱的截面尺寸。小柱网梁柱截面尺寸小，适用于饭店、办公楼、医院病房楼等分隔墙体较多的建筑。在有抗震设防的框架房屋中，过大的柱网将给实现强柱弱梁及延性框架增加一定困难。

(4)框架按支承楼板方式，可分为横向承重框架、纵向承重框架和双向承重框架(如图 6-2 所示)。但是，从抗风荷载和地震作用而言，无论横向承重还是纵向承重，框架都是抗侧力结构。

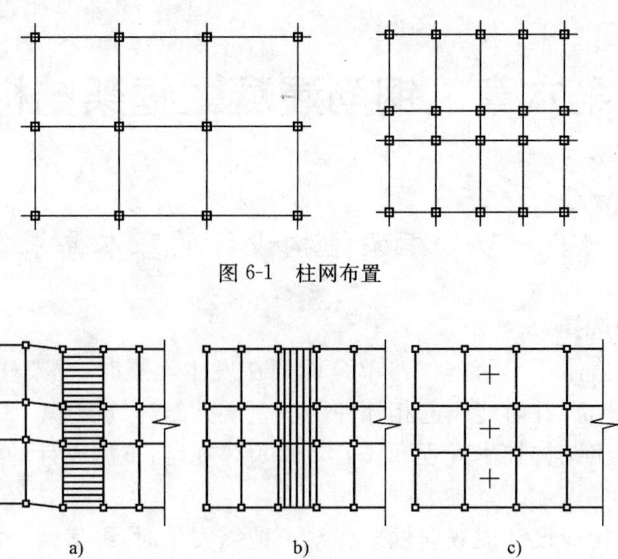

图 6-1　柱网布置

图 6-2　框架承重方式

a)横向；b)纵向；c)双向

(5)有抗震设防的框架结构，或非地震区层数较多的房屋框架结构，横向和纵向均应设计成刚接框架，成为双向梁柱抗侧力体系。主体结构除个别部位外，不应采用铰接。

抗震设计的框架结构不宜采用单跨框架。

(6)框架梁、柱中心线宜重合。当梁柱中心线不能重合时，在计算中应考虑偏心对梁柱节点核心区受力和构造的不利影响，同时也应考虑梁荷载对柱子的偏心影响。为承托隔墙而又要尽量减少梁轴线与柱轴线的偏心距，可采用梁上挑板承托墙体的处理方法(如图 6-3 所示)。

(7)梁、柱中心线之间的偏心距不宜大于柱截面在该方向宽度的 1/4。当为 8 度及 9 度抗震设防时，如偏心距大于该方向柱宽的 1/4 时，可采取增设梁的水平加腋(如图 6-4 所示)等措施。设置水平加腋后，仍须考虑梁荷载对柱子的偏心影响。

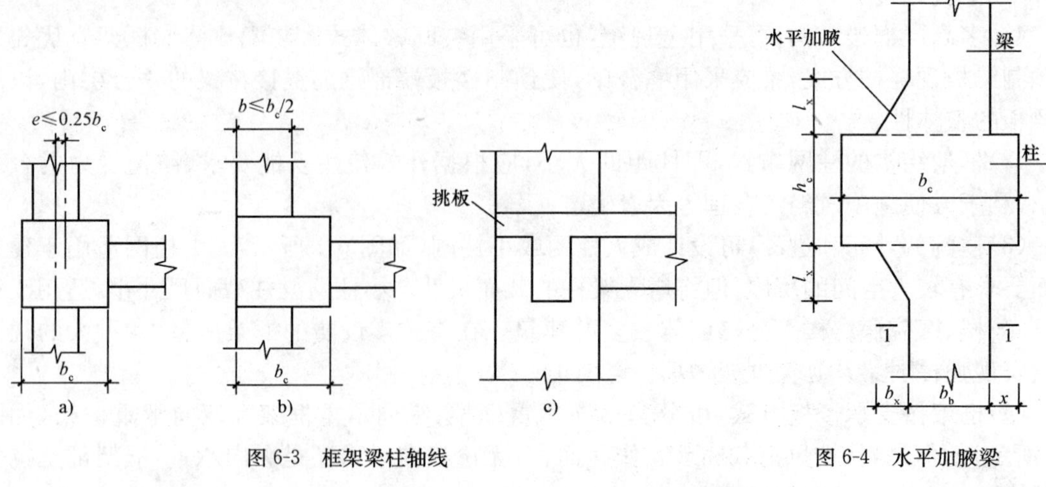

图 6-3　框架梁柱轴线

图 6-4　水平加腋梁

1)梁的水平加腋厚度可取梁截面高度，水平尺寸宜满足下列要求：

$$\frac{b_x}{l_x}\leqslant\frac{1}{2} \tag{6-1}$$

$$b_b+b_x+x\geqslant\frac{1}{2}b_c \tag{6-2}$$

$$b_x\leqslant\frac{2}{3}b_b \tag{6-3}$$

式中　b_x——梁水平加腋宽度；

l_x——梁水平加腋长度；

b_b——梁截面宽度；

b_c——偏心方向上柱截面宽度；

x——非加腋侧梁边到柱边的距离。

2)梁采用水平加腋时，框架节点有效宽度 b_j 宜符合下列规定：

①当 $x=0$ 时，按下式计算：

$$b_j\leqslant b_b+b_x \tag{6-4}$$

②当 $x\neq0$ 时，按以下二式计算的较大值采用：

$$\left.\begin{aligned}&b_j\leqslant b_b+b_x+x\\&b_j\leqslant b_b+2x\\&\text{且 } b_j\leqslant b_b+0.5h_c\end{aligned}\right\} \tag{6-5}$$

式中　h_c——柱截面高度。

框架沿高度方向各层平面柱网尺寸宜相同。柱子截面变化时，尽可能使轴线不变，或上下仅有较小的偏心。当某楼层高度不等而形成错层时，或上部楼层某些框架柱取消形成不规则框架时，应视不规则程度采取措施加强楼层，如加厚楼板、增加边梁配筋。

三、框架填充墙

1. 填充墙的布置

(1)在框架柱之间嵌有砌体填充墙时，由于砌体的刚度较大，地震时必将吸收较多的能量，墙体两端的框架柱势必也要承受较大的地震作用，与墙体填充墙相连的柱子宜增加配筋和配箍。

(2)在窗台以下如连续砌筑砌体维护墙，将使框架柱形成短柱，发生脆性破坏。

(3)砌体填充墙的自重很大，抗侧刚度也很大，布置不当极易形成偏心，产生扭转。

(4)抗震设计时，框架结构的填充墙宜采用轻质材料，如采用砌体填充墙，其布置应符合下列要求：

1)避免形成上、下层刚度变化过大；

2)避免形成短柱；

3)减少因抗侧刚度偏心所造成的扭转。

2. 填充墙的稳定

抗震设计时，砌体填充墙及隔墙应具有自身稳定性，并应符合下列要求：

(1)砌体的砂浆强度等级不应低于 M5，墙顶应与框架梁(或楼板)密切结合，最上面一层砖可以斜放，与梁底(或板底)顶紧斜砌。

(2)砌体填充墙应沿框架柱全高设置 2ϕ6@500 的拉墙筋，拉筋伸入墙内的长度，6、7 度时不应小于墙长的 1/5 且不应小于 700mm，8、9 度时宜沿墙全长贯通。

(3)墙长大于 5m 时，墙顶与梁(板)宜有钢筋拉结；墙长大于层高的 2 倍时，宜设置钢筋混凝土构造柱；墙高超过 4m 时，墙体半高处(或门洞上皮)宜设置与柱连接且沿墙全长贯通的钢筋混凝土水平系梁，但应注意避免产生短柱。

四、梁截面设计

1. 框架梁截面尺寸确定

(1)在一般荷载情况下，框架梁截面高度 h_b 可设为 $\left(\frac{1}{18}\sim\frac{1}{10}\right)l_b$，且不小于 400mm，也不宜大于 1/4 净跨，l_b 为框架梁的计算跨度。梁的宽度 b_b 不宜小于 $1/4h_b$，且不应小于 200mm。为了降低楼层高度，或便于通风管道等通行，必要时可设计成宽度较大的扁梁，此时应根据荷载及跨度情况，满足梁的挠度限值，扁梁截面高度可取 $h_b\geqslant\left(\frac{1}{18}\sim\frac{1}{15}\right)l_b$。

(2)框架梁应具有足够的抗剪承载力。矩形、T 形和工字形截面梁其截面组合的剪力设计值应符合下列条件：

1)无地震作用组合时：

$$V_b\leqslant 0.25\beta_c f_c bh_0 \tag{6-6}$$

2)有地震作用组合时：

跨高比大于 2.5 的梁

$$V_b\leqslant\frac{1}{\gamma_{RE}}(0.2\beta_c f_c bh_0) \tag{6-7}$$

跨高比不大于 2.5 的梁

$$V_b\leqslant\frac{1}{\gamma_{RE}}(0.15\beta_c f_c bh_0) \tag{6-8}$$

式中 V_b——框架梁的剪力设计值；

f_c——混凝土轴心抗压强度设计值；

b、h_0——梁截面宽度和有效高度；

γ_{RE}——承载力抗震调整系数为 0.85；

β_c——混凝土强度影响系数，当混凝土强度等级不大于 C50 时，取 1.0；当混凝土强度等级为 C80 时，取 0.8；其间按线性内插取用。

(3)为了使框架梁具有较好的变形能力，梁端的受压区高度应满足以下要求：

$$\left.\begin{array}{ll}\text{无地震组合时} & x\leqslant\xi_b h_b\\ \text{有地震组合时，一级} & x\leqslant 0.25h_0\\ \text{二、三级} & x\leqslant 0.35h_0\end{array}\right\} \tag{6-9}$$

式中 ξ_b——相对界限受压区高度，其计算公式为：

$$\xi_b=\frac{x}{h}=\frac{\beta_1}{1+\frac{f_y}{0.0033E_s}} \tag{6-10}$$

式中 f_y——受拉钢筋的强度设计值；

E_s——钢筋的弹性模量；

h_0——梁的截面有效高度；

x——混凝土受压区高度；

β_1——混凝土强度影响系数；

如果梁的受压区高度 x 不满足式(6-9)要求时，应增大梁的截面尺寸。

在确定梁端混凝土受压区高度时，可考虑梁的受压钢筋计算在内。

2. 加腋梁等效线刚度的确定

为满足梁的刚度和承载力要求，可将梁设计成加腋形式(如图 6-5 所示)。这种加腋梁在进行框架的内力和位移计算时，可采用等效线刚度代替变截面加腋梁的实际线刚度。当梁两端加腋对称时，其等效线刚度为：

$$K'_b=\beta K_b \tag{6-11}$$

式中　K_b——加腋梁中间部分截面的线刚度(图 6-6)；

β——等效刚度系数，见表 6-1。

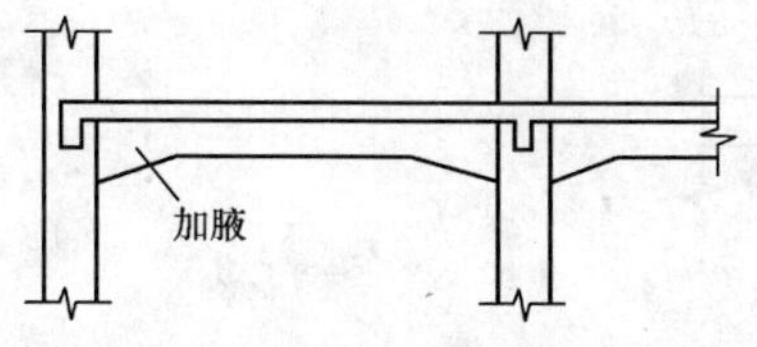

图 6-5　加腋梁

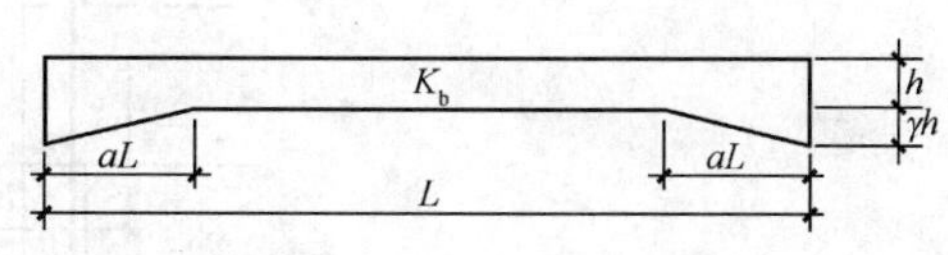

图 6-6　加腋梁线刚度

表 6-1　　**加腋梁等效刚度系数 β**

α \ γ	0.0	0.4	0.6	1.0	1.5	2.0
0.10	1.00	1.25	1.34	1.47	1.57	1.64
0.20	1.00	1.52	1.76	2.16	2.56	2.87
0.30	1.00	1.78	2.21	3.09	4.16	5.19
0.40	1.00	2.00	2.62	4.10	6.32	8.92
0.50	1.00	2.15	2.92	4.89	8.25	12.70

3. 框架梁混凝土强度等级的确定

(1)现浇框架梁的混凝土强度等级，当抗震等级为一级时，不应低于 C30；当为二、三、四级及非抗震设计时，不应低于 C20。梁的混凝土强度等级不宜大于 C40。

(2)当梁柱的混凝土强度不同时，应先浇灌梁柱节点高等级的混凝土，并在梁上留坡楼(如图 6-7 所示)。

(3)装配整体叠合梁的预制部分混凝土强度等级不宜低于 C30。

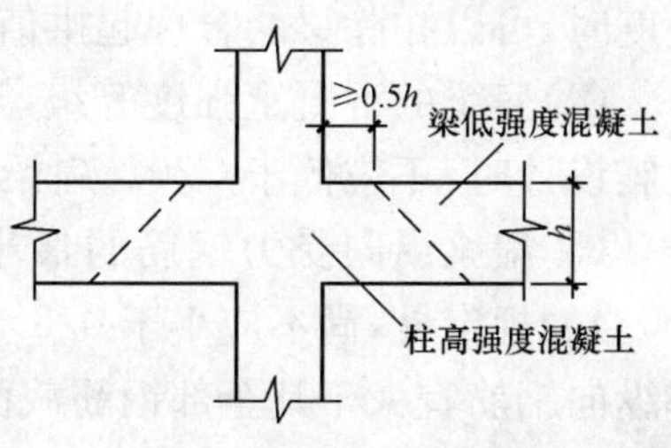

图 6-7　梁柱节点与梁不同混凝土强度等级

4. 框架梁的惯性矩取值

在进行框架的内力和位移计算时，现浇楼板，上有现浇叠合层的预制楼板均应考虑对框架梁的惯性矩增加，按表 6-2 取用。

表 6-2　　梁惯性矩取值

楼板 \ 梁部位	边框架梁	中框架梁
预制楼板	$I=1.2I_0$	$I=1.5I_0$
现浇楼板	$I=1.5I_0$	$I=2.0I_0$

注：I_0 为梁矩形截面的惯性矩。

5. 框架扁梁的设计

(1)楼板应现浇，梁中线宜与柱中线重合；当梁宽大于柱宽时，扁梁应双向布置(如图 6-8 所示)；扁梁的截面尺寸应符合下列要求，并应满足挠度和裂缝宽度的规定：

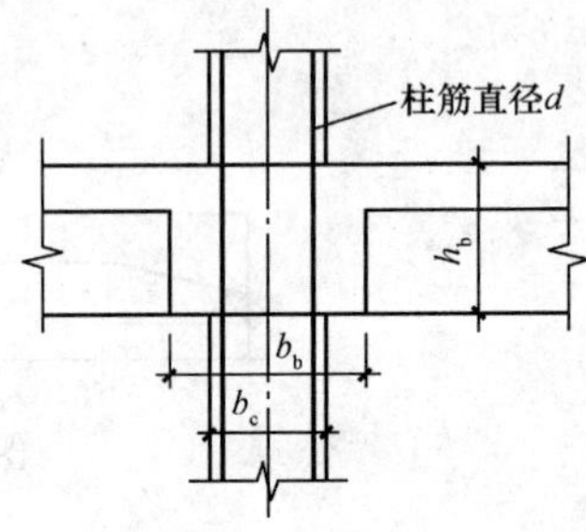

图 6-8　扁梁

$$b_b \leqslant 2b_c \tag{6-12}$$

$$b_b \leqslant b_c + h_b \tag{6-13}$$

$$h_b \geqslant 16d \tag{6-14}$$

式中　b_c——柱截面宽度，圆形截面取柱直径的 0.8 倍；

b_b、h_b——分别为梁截面宽度和高度；

d——柱纵筋直径。

(2)框架的边梁不宜采用宽度大于柱截面在该方向尺寸的扁梁。

(3)采用扁梁时，除验算其承载力外，尚应注意满足挠度及剪压比的要求。在计算梁的挠度时，可以扣除梁的合理起拱值，并可考虑现浇板翼缘的有利影响。

(4)扁梁的混凝土强度等级，当抗震等级为一级时，不应低于 C30；当为二、三、四级及非抗震设计时，不应低于 C20。扁梁的混凝土强度等级不宜大于 C40。

(5)扁梁纵向受力钢筋的最小配筋率，除应符合《混凝土结构设计规范》(GB 50010—2002)的规定外，尚不应小于 0.3%，一般为单排放置，间距不宜大于 100。锚入柱内的梁上部纵向钢筋宜大于其全部钢筋截面面积的 60%，扁梁跨中上部钢筋宜有支座纵向钢筋(较大端)的 1/4～1/3 通长。

(6)扁梁两侧面应配置腰筋，每侧的截面面积不应小于梁腹板截面面积 bh_w 的 10%(h_w 为梁高减楼板厚度)，直径不宜小于 12mm，间距不宜大于 200mm。

(7)扁梁的箍筋肢距不宜大于 200mm。

(8)扁梁的截面承载力验算及有关构造要求除上述外同一般框架梁。

五、框架柱设计

1. 柱混凝土强度等级确定

现浇框架柱的混凝土强度等级，当抗震等级为一级时，不得低于 C30；抗震等级为二～四级及非抗震设计时，不低于 C20。设防烈度 8 度时不宜大于 C70，9 度时不宜大于 C60。

2. 柱截面尺寸确定

(1)框架柱剪跨比。

$$\lambda=M/(Vh_0) \tag{6-15}$$

式中　λ——框架柱的剪跨比；反弯点位于柱高中部的框架柱，可取柱净高与 2 倍柱截面有效高度之比值；柱剪跨比宜大于 2；

M——柱端截面组合的弯矩计算值，可取上、下端的较大值；

V——柱端截面与组合弯矩计算值对应的组合剪力计算值；

h_0——计算方向上截面有效高度。

(2)按柱轴向荷载设计值确定柱截面尺寸。

1)仅有风荷载作用或无地震作用组合时：

$$N=(1.05\sim1.1)N_v \tag{6-16}$$

$$A_c\geqslant\frac{N}{f_c} \tag{6-17}$$

式中　N_v——由竖向荷载产生的轴向力设计值；

N——柱轴向力设计值。

2)有水平地震作用组合时：

$$N=\zeta N_v \tag{6-18}$$

$$A_c\geqslant\frac{N}{\mu_N f_c} \tag{6-19}$$

式中　ζ——增大系数，框架结构外柱取 1.3，不等跨内柱取 1.25，等跨内柱取 1.2；框剪结构外柱取 1.1～1.2，内柱取 1.0；

f_c——混凝土轴心抗压强度设计值；

μ_N——柱轴压比限值。

当不能满足式(6-17)和式(6-19)时，应增大柱截面或提高混凝土强度等级。

(3)按柱截面抗剪要求确定柱截面尺寸。

无地震组合时

$$V_c\leqslant0.25\beta_c f_c bh_0 \tag{6-20}$$

有地震组合时

剪跨比大于 2 的柱：

$$V_c\leqslant\frac{1}{\gamma_{RE}}(0.2\beta_c f_c bh_0) \tag{6-21}$$

剪跨比不大于 2 的柱：

$$V_c\leqslant\frac{1}{\gamma_{RE}}(0.15\beta_c f_c bh_0) \tag{6-22}$$

式中　V_c——框架柱的剪力设计值；

f_c——混凝土轴心抗压强度设计值；

b、h_0——柱截面宽度和截面有效高度；

γ_{RE}——承载力抗震调整系数为 0.85；

β_c——当$\beta_c \leqslant$C50 时，β_c 取 1.0；C80 时，β_c 取 0.8；C50～C80 之间时，取其内插值。如果不满足式(6-20)～式(6-22)时，应增大柱截面或提高混凝土强度等级。

(4)柱截面尺寸。

非抗震设计时，不宜小于 250mm，抗震设计时，不宜小于 300mm；圆柱截面直径不宜小于 350mm；柱剪跨比宜大于 2；柱截面高宽比不宜大于 3。

第二节　用近似法计算多层框架

一、计算竖向荷载作用的分层计算法

分层计算法就是将多层框架分解成顶层、中间层和底层三个计算单元，采用力矩分配法计算。

(1)每一个计算单元，都假定作用在本层的活荷载所引起的弯矩和剪力只在本层起作用，对上、下层的影响略去不计；还假定作用在对称或不对称框架上的任意竖向荷载所引起的侧移也略去不计。这就可以将每个计算单元的框架独立核算(如图 6-9、图 6-10 所示)。

(2)分层计算时，假定上下柱的远端为固接。而实际上只有底层下柱的下端才是固接，其余各柱的远端，都是弹性支承。在用力矩分配法计算时，上层柱和中层柱的线刚度取 0.9。顶层和中间层向柱端的传递系数取 1/3，底层柱的线刚度仍取 1.0，向柱底的传递系数仍取 0.5。

(3)由于每段柱子既是上层的下柱，又是下层的上柱，上下层的恒载是同时存在的，所以由恒载引起的柱端弯矩应由上下两层的计算结果叠加并将节点不平衡力矩再进行一次分配。

(4)框架梁在竖向荷载作用下，梁端负弯矩允许考虑塑性变形内力重分布予以适当降低，可采用调幅系数 β：

对于现浇框架　　　　β=0.8～0.9

对于装配整体式框架　　β=0.7～0.8

为计算方便，在求梁固端弯矩值时先可乘以调幅系数 β 值，然后再进行框架弯矩分配计算。

(5)竖向荷载产生的梁固端弯矩只在本计算单元内进行弯矩分配，单元之间不再进行分配。弯矩分配完成后，梁端弯矩为固端弯矩、分配弯矩和传递弯矩之代数和，柱端分配弯矩之代数和的平衡弯矩，须向远端传递，传递弯矩值在底层计算单元为平衡弯矩的 1/2，上部其他计算单元为平衡弯矩的 1/3。由于每根柱分别属于上下两个计算单元，所以，柱端弯矩值为本计算单元柱端平衡弯矩与相邻计算单元传递弯矩之代数和。

由于分层法分计算单元进行计算，最后梁柱节点的弯矩总和可能不等于零，此时不需要再进行分配计算。

(6)框架梁端的弯矩调幅只在竖向荷载作用下进行，水平力作用下梁端弯矩不允许调幅。因此，必须先对竖向荷载作用下梁端弯矩按调幅计算后的各杆弯矩值再与水平力作用下的各杆弯矩进行组合，而不应采用竖向荷载作用下与水平力作用下计算所得弯矩组合后

再对梁端弯矩进行调幅。

(7)高层建筑在竖向荷载作用下,活荷载一般按均布考虑,不进行不利分布的计算。但是,当活荷载值较大时,应考虑其不利分布对梁跨中弯矩的影响。

(8)竖向荷载作用下,框架梁跨中计算所得的弯矩值小于按简支梁计算的跨中弯矩的50%时,则至少按简支梁计算的跨中弯矩的50%进行截面配筋。

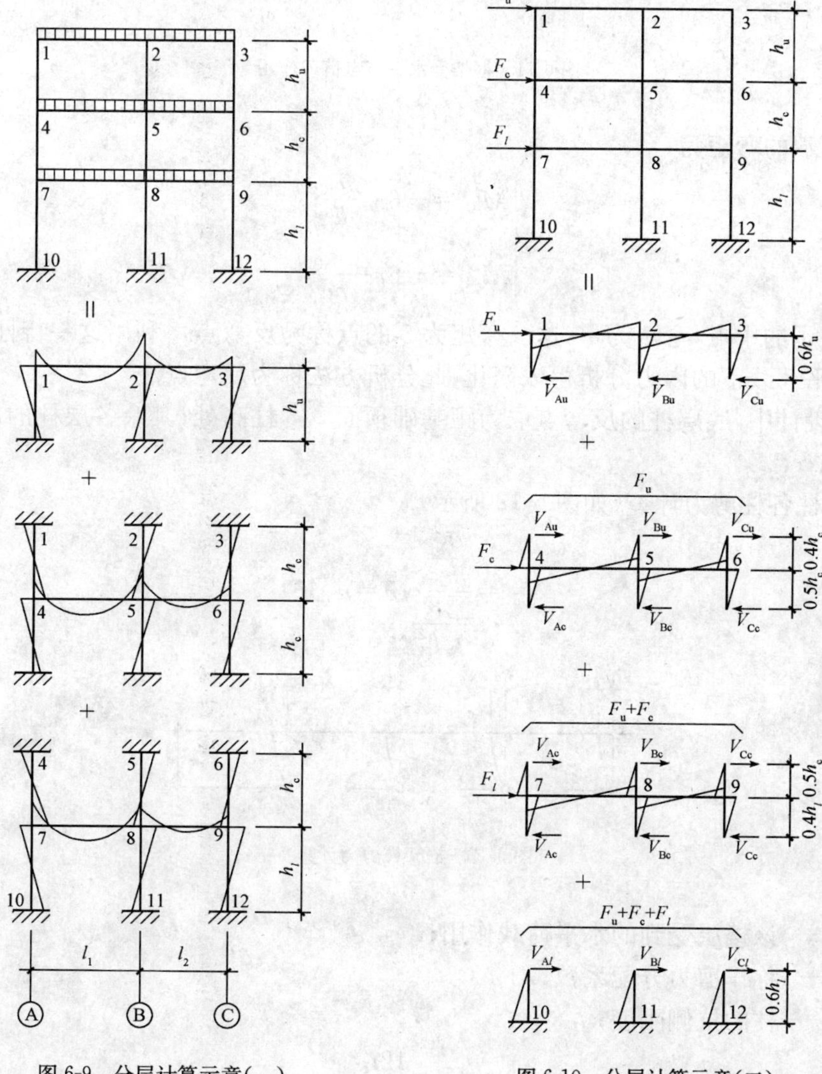

图 6-9　分层计算示意(一)

图 6-10　分层计算示意(二)

二、计算水平荷载作用的反弯点法

1. 基本假定

(1)作用在多层框架上的水平作用主要是风及地震,简化为节点水平力的形式按静力计算。

(2)框架梁与框架柱的线刚度之比大于 3。

(3)框架结构在节点水平荷载作用下的变形曲线如图 6-11 所示。

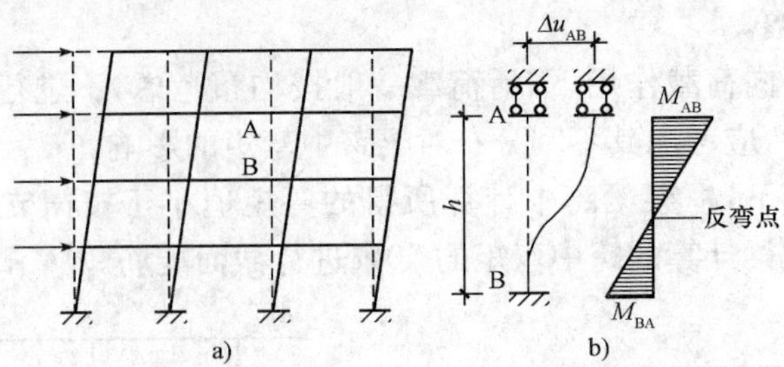

图 6-11 框架受水平节点荷载作用

柱上、下端的弯矩为：

$$\begin{cases} M_{AB}=-6i\dfrac{\Delta u_{AB}}{h} \\ M_{AB}=-6i\dfrac{\Delta u_{AB}}{h} \end{cases} \tag{6-23}$$

(4)在柱子的中点，弯矩为零，这一弯矩为零的点称为反弯点。利用这一特性，可以使框架在节点水平荷载下的内力分析得以简化，此分析方法称为反弯点法。

在工程设计中，底层柱的反弯点取为距基础顶面 2/3 柱高处；其余各层柱的反弯点取为柱高的中点。

2. 框架柱各柱剪力计算(如图 6-12 所示)

$$V_{iK}=\frac{\dfrac{K_i}{h_i^{\ 2}}}{\sum\limits_i\dfrac{K_i}{h_i^2}}iF=n\sum F \tag{6-24}$$

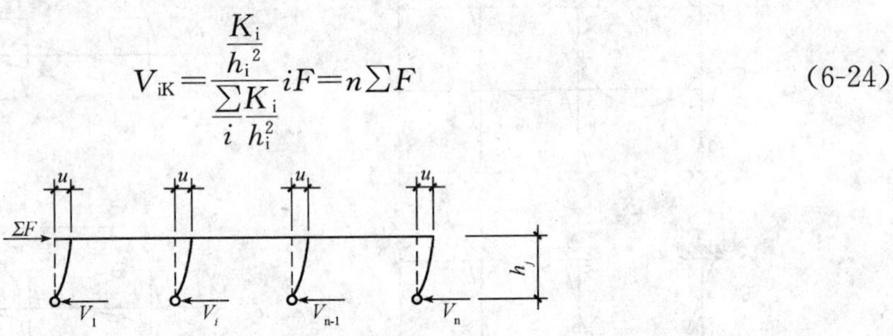

图 6-12 框架柱剪力计算

式中 $\sum F$——该楼层受到的水平荷载作用；

n——称作剪力分配系数；

K_i——柱的抗侧刚度；

$$K_i=\frac{12i_c}{hi^2}$$

式中 i_c——柱的线刚度，$i_c=\dfrac{EI_c}{h}$；

h_i——柱的高度。

当同一层柱高相等时，剪力分配系数可简写成：

$$\eta=\frac{K_i}{\Sigma K_i} \tag{6-25}$$

当同一层各柱采用混凝土的强度等级相同，各柱的截面尺寸也相同时，各柱的剪力分配系数还可以再简化成：

$$\eta=\frac{1}{n} \tag{6-26}$$

3. 柱上、下端的弯矩(如图 6-13 所示)

(1)对于底层柱。

$$\left.\begin{aligned}M_{c1k}^{t}&=V_{1k}\frac{h_{1}}{3}\\M_{c1k}^{b}&=V_{1k}\frac{2h_{1}}{3}\end{aligned}\right\} \tag{6-27}$$

(2)对于上部各层柱。

$$M_{cjk}^{t}=M_{cjk}^{b}=V_{jk}\frac{h_{j}}{2} \tag{6-28}$$

式中　M_{c1k}^{t}——底层柱顶弯矩标准值；

M_{c1k}^{b}——底层柱底弯矩标准值；

M_{cjk}^{t}——第 j 层柱顶弯矩标准值；

M_{cjk}^{b}——第 j 层柱底弯矩标准值。

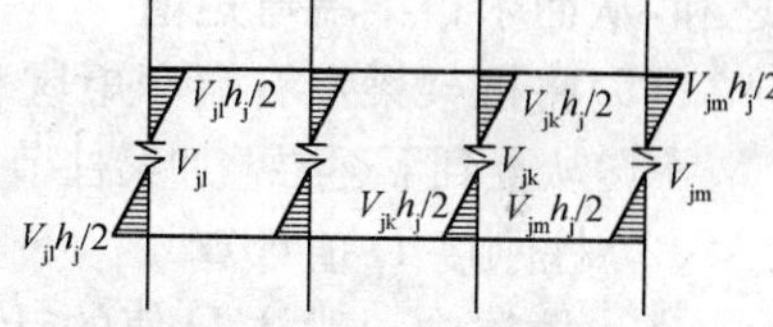

图 6-13　求柱端弯矩

4. 梁端弯矩

(1)梁端弯矩。

可由节点平衡条件求得，对于顶层，梁与边柱交接处的梁端弯矩[如图 6-14a)所示]：

$$M_{b}^{r}=-M_{c}^{b} \tag{6-29}$$

梁与中柱交接处的梁端弯矩[如图 6-14b)所示]：

$$\left.\begin{aligned}M_{b}^{r}&=M_{l}\frac{i_{b}^{r}}{i_{b}^{r}+i_{b}^{c}}\\M_{b}^{c}&=M_{l}\frac{i_{b}^{c}}{i_{b}^{r}+i_{b}^{c}}\end{aligned}\right\} \tag{6-30}$$

(2)对于中间层和底层，梁与边柱节点处的梁端弯矩[如图 6-14c)所示]：

$$M_{1}=M_{c}^{t}+M_{c}^{b} \tag{6-31}$$

梁与中柱交接处的梁端弯矩[如图 6-14c)所示]：

$$\left.\begin{aligned}M_{b}^{r}&=(M_{c}^{t}+M_{c}^{b})\frac{i_{b}^{r}}{i_{b}^{r}+i_{b}^{c}}\\M_{b}^{c}&=(M_{c}^{t}+M_{c}^{b})\frac{i_{b}^{c}}{i_{b}^{r}+i_{b}^{c}}\end{aligned}\right\} \tag{6-32}$$

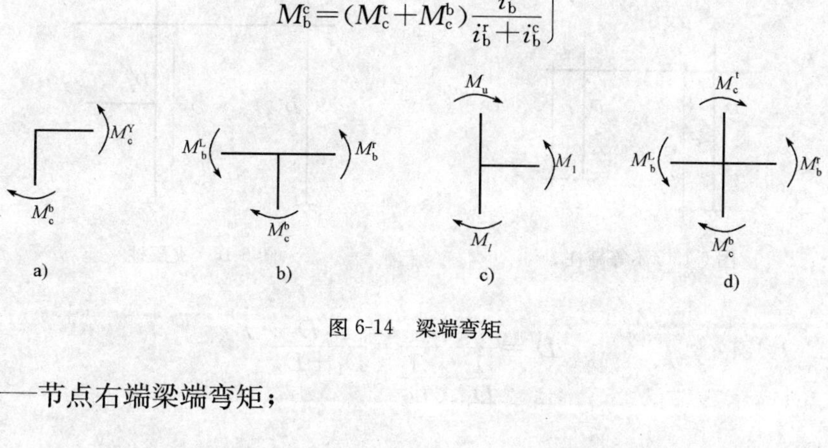

a)　b)　c)　d)

图 6-14　梁端弯矩

式中　M_{b}^{r}——节点右端梁端弯矩；

M_c^b——节点下柱端弯矩；

M_b^r——节点右端梁端弯矩；

M_c^t——节点上部柱端弯矩；

i_b^r——节点右端梁线刚度；

i_b^l——节点左端梁线刚度。

三、计算水平荷载作用的 D 值法

1. 计算步骤

(1)在水平力作用下求出各楼层剪力 V_i。

(2)将楼层剪力 V_i 按该层各柱的 D 值比例分配到各柱，得到柱的剪力 V_{ij}。

(3)求出柱的反弯点高度 y，由剪力 V_{ij} 及反弯点高度 y 计算出柱上下端弯矩。

(4)根据梁柱节点平衡条件，梁柱节点的上下柱端弯矩之和应等于节点左右边梁端弯矩之和，从而求得梁端弯矩值。

(5)将框架梁左右端弯矩这和除以梁的跨度，则可得到梁端剪力。

(6)从上到下逐层叠加梁柱节点左右边梁端剪力值，可得到各层柱在水平力作用下的轴力值。

2. 柱刚度 D 值计算

(1)楼层中一般柱 D 值的计算：

$$D=\alpha_c i_c \frac{12}{h^2} \tag{6-33}$$

式中 h——层高；

i_c——柱的线刚度，$i_c=EI_c/h$；

E——柱混凝土弹性模量；

I_c——柱截面惯性矩；

α_c——与梁柱刚度比有关的刚度修正系数，按附表 3 计算。

(2)当同一楼层中有个别柱的高度 h_a、h_b 与一般柱的高度 h 不相等时(如图 6-15 所示)，这些个别柱的抗侧刚度按下列公式计算：

$$\left.\begin{aligned} D_a&=\alpha_{ca} i_{ca} \frac{12}{h_a^2} \\ D_b&=\alpha_{cb} i_{cb} \frac{12}{h_b^2} \end{aligned}\right\} \tag{6-34}$$

(3)带有夹层的柱(图 6-16)，其抗推刚度按下式计算：

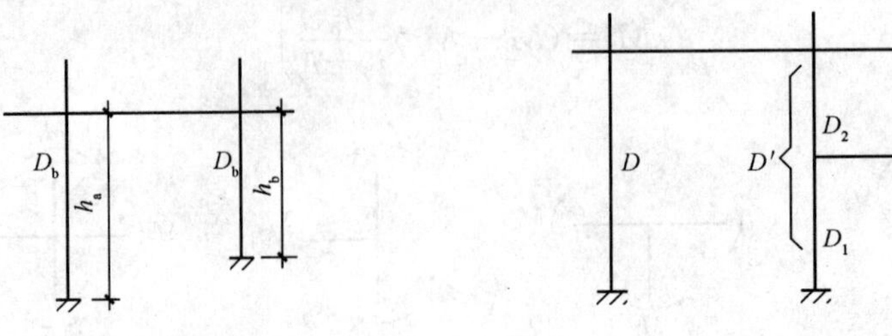

图 6-15 不等高柱

图 6-16 夹层柱

$$D'=\frac{1}{\frac{1}{D_1}+\frac{1}{D_2}}=\frac{D_1 D_2}{D_1+D_2} \tag{6-35}$$

其中

$$\left.\begin{aligned}D_1&=\alpha_{c1}i_{c1}\frac{12}{h_1^2}\\D_2&=\alpha_{c2}i_{c2}\frac{12}{h_2^2}\end{aligned}\right\}\tag{6-36}$$

3. 框架柱的反弯点高度

y 按下式计算(如图 6-17 所示)

$$y=y_0+y_1+y_2+y_3\tag{6-37}$$

式中　y_0——标准反弯点高度，由附表 4 和附表 5 查取；

y_1——上、下层梁刚度不等时的修正值，由附表 6 查取；

y_2、y_3——上、下层层高不等时的修正值，由附表 7 查取。

当反弯点高度为 $0\leqslant y\leqslant h$ 时，反弯点在本层；当 $y>h$ 时，本层无反弯点，反弯点在上层；当 $y<0$ 时，反弯点在下层。

4. 柱剪力计算

$$V_{ij}=V_i\frac{D_j}{\Sigma D_j}=V_i\frac{D_j}{D_i}\tag{6-38}$$

式中　V_i——水平力产生的第 i 层楼层剪力；

D_j——第 j 柱的抗推刚度；

D_i——第 i 层所有柱抗推刚度的总和。

5. 柱端弯矩

可按下式计算(图 6-18)：

$$\left.\begin{aligned}M_b&=Vy\\M_t&=V(h-y)\end{aligned}\right\}\tag{6-39}$$

式中　V——柱剪力，由式(6-38)求得；

h——层高；

M_b——柱底部弯矩；

M_t——柱顶部弯矩；

y——反弯点高度，由式(6-37)求得。

6. 中柱梁端弯矩

可按下式计算[如图 6-19a)所示]：

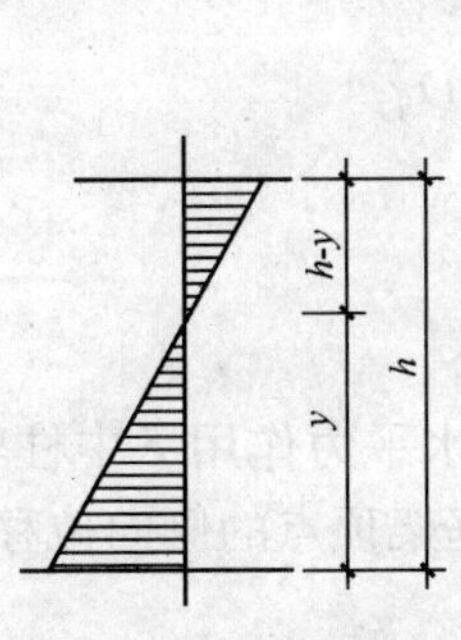

图 6-17　反弯点高度

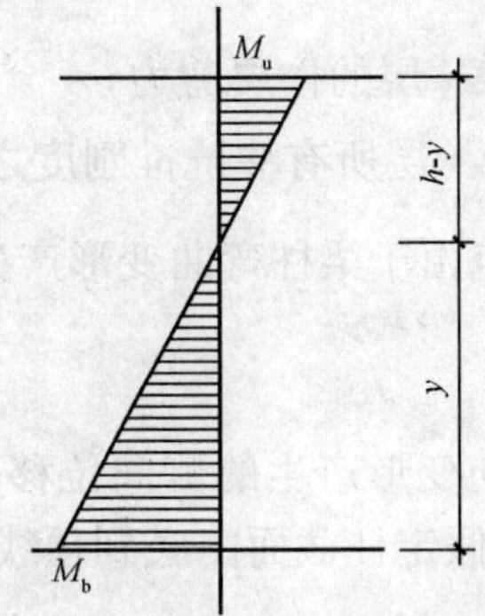

图 6-18　柱端弯矩

$$\left.\begin{aligned}M_{b1}&=(M_{cb}+M_{cu})\frac{i_{b1}}{i_{b1}+i_{b2}}\\M_{b2}&=(M_{cb}+M_{cu})\frac{i_{b2}}{i_{b1}+i_{b2}}\end{aligned}\right\}\tag{6-40}$$

边柱梁端弯矩为[如图 6-19b)所示]：

$$M_b=M_{cb}+M_{cu}\tag{6-41}$$

式中 M_{b1}、M_{b2}、M_b——梁端弯矩；

M_{cb}、M_{cu}——上柱下端和下柱上端弯矩；

i_{b1}、i_{b2}——梁的线刚度。

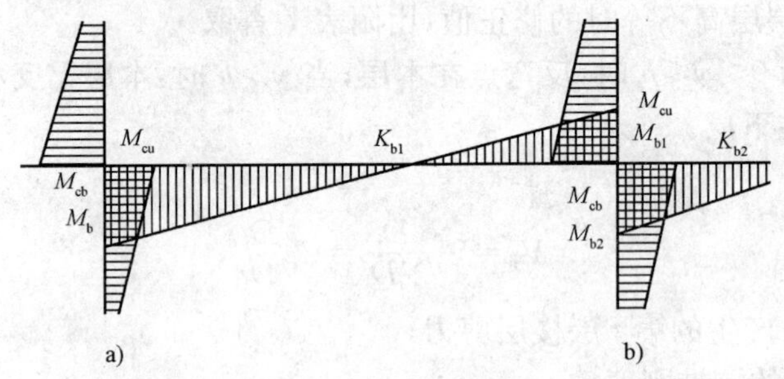

图 6-19 梁端弯矩

a)中柱；b)边柱

7. 梁端剪力 V_b

可由梁右端和左端弯矩之和除以梁跨度求得。

8. 框架结构水平位移计算

$$u=u_M+u_N\tag{6-42}$$

式中 u——框架结构水平位移；

u_M——梁柱弯曲变形产生的水平位移；

u_N——柱轴向变形产生的水平位移。

u_M 和 u_N 的计算：

u_M 可由 D 值法求得，框架第 i 层由于梁柱弯曲变形产生的层间变形为：

$$u_{Mi}=V_i/D_i\tag{6-43}$$

式中 V_i——第 i 层的楼层剪力；

D_i——第 i 层所有柱抗推刚度之和，即 D_i、$\sum\limits_i D_{ij}$ 。

框架的顶点由于梁柱弯曲变形产生的变形为：

$$u_M=\sum_{i=1}^{n}u_{Mi}\tag{6-44}$$

求柱子轴向变形产生的侧向位移 u_N 时，假定在水平力作用下中柱轴力很小，仅边柱发生轴向变形，并假定柱截面由底到顶线性变化，此时框架顶点的侧向位移可按下式计算：

$$u_N=\frac{V_0H^3}{E_{c1}A_{c1}B^2}F_N\tag{6-45}$$

式中 V_0——底部剪力；

B——框架的宽度，即边柱间距；

E_{c1}——框架底层柱的混凝土弹性模量；

A_{c1}——框架底层边柱截面面积；

F_N——位移系数，取决于水平力形式、顶层柱与底层柱的轴向刚度比，由附表 8 查得；附表 8 中，$s_N = E_{c2}A_{c2}/E_{c1}A_{c1}$，为顶层边柱与底层边柱的轴向刚度比；

H——框架总高度。

第三节　框架结构构件设计要点

一、框架梁正截面设计要点

1. 计算假定

框架结构中的次梁，可作为楼板的一个部分，在边跨端支座与框架梁相交宜按铰接，中支座按连续梁。次梁可不考虑延性，箍筋按剪力确定，梁端无箍筋加密区要求，跨中上部钢筋按架立筋，构造同非抗震设计梁。

2. 框架梁的截面

(1)框架梁的截面高度 h 可按 $\left(\frac{1}{18} \sim \frac{1}{10}\right) l_0$ 确定，但 l_n/h 不宜小于 4(l_0 为框架梁的计算跨度，l_n 为框架梁的净跨)。

(2)框架梁的截面宽度 b 不宜小于 200mm，且 h/b 不宜大于 4。

(3)框架梁受剪截面应符合下列条件：

非抗震设计
抗震设计，跨高比

$$\left.\begin{aligned} V_b &\leqslant 0.25\beta_c f_c b h_0 \\ l_0/h &> 2.5 \end{aligned}\right\} \tag{6-46}$$

$$\left.\begin{aligned} V_b &\leqslant \frac{1}{\gamma_{RE}}(0.2\beta_c f_c b h_0) \\ l_0/h &\leqslant 2.5 \end{aligned}\right\} \tag{6-47}$$

跨高比

$$V_b \leqslant \frac{1}{\gamma_{RE}}(0.15\beta_c f_c b h_0) \tag{6-48}$$

式中　V_b——框架梁的剪力设计值；

γ_{RE}——斜截面承载力抗震调整系数，取 $\beta = 0.85$；

β_c——混凝土强度影响系数：当混凝土强度等级不超过 C50 时，β_c 取 1.0；当混凝土强度等级为 C80 时，β_c 取 0.80，其间按线性内插法取用。

3. 框架梁的纵向钢筋构造

(1)纵向受拉钢筋的配筋率，不应小于表 6-3 规定中的较大值。

表 6-3　　纵向受拉钢筋最小配筋率(%)

抗震等级	梁中位置	
	支座	跨中
一级	0.4 和 $80f_t/f_y$	0.3 和 $65f_t/f_y$
二级	0.3 和 $65f_t/f_y$	0.25 和 $55f_t/f_y$
三、四级	0.25 和 $55f_t/f_y$	0.2 和 $45f_t/f_y$
非抗震	0.2 和 $45f_t/f_y$	

(2)梁截面上部和下部至少应各配置两根纵向钢筋，对抗震等级为一、二级时，其截面面积不应小于梁支座处上部钢筋中较大截面面积的1/4，且钢筋直径不应小于14mm；三、四级和非抗震设计时，钢筋直径不应小于12mm。

(3)按抗震设计的框架梁两端截面的纵向受压钢筋A'_s和纵向受拉钢筋A_s的截面面积的比值以及计入受压钢筋的梁端混凝土受压区高度x应符合下列要求，且纵向受拉钢筋的配筋率均不应大于2.5%；当混凝土强度等级大于C60时，对采用HRB335级钢筋不宜大于3%，对采用HRB400级钢筋不宜大于2.6%。纵向受压钢筋A'_s在满足下列条件时不宜过多配置。

一级抗震等级　$A'_s/A_s \geqslant 0.5, x \leqslant 0.25h_0$

二、三级抗震等级　$A'_s/A_s \geqslant 0.3, x \leqslant 0.35h_0$

(4)一、二级抗震等级的框架梁，贯通中柱的每根纵向钢筋的直径，分别不宜大于与纵向钢筋相平行的柱截面尺寸的1/20；对圆形截面柱，不宜大于纵向钢筋所在位置柱截面弦长的1/20。

(5)按抗震设计时，框架梁纵向钢筋宜采用直钢筋，不宜采用弯起钢筋。当框架梁承受较大竖向荷载且跨中钢筋较多时，可采用弯起钢筋。锚入柱内的弯起钢筋，当能有效的承受负弯矩时应计入受拉钢筋截面面积之内。

4. 非抗震设计的配筋构造

(1)当梁端实际受到部分约束但按简支计算时，应在支座区上部设置纵向构造钢筋。也可用梁上部架立钢筋取代该纵向钢筋，但其面积不应小于梁跨中下部纵向受力钢筋计算所需截面面积的1/4，且不少于两根。该附加纵向钢筋自支座边缘向跨内的伸出长度不应少于$0.2l_0$，l_0为该跨梁的计算跨度。

(2)梁内架立钢筋的直径，当梁的跨度小于4m时，不宜小于8mm；当梁的跨度等于4～6m时，不宜小于10mm；当梁的跨度大于6m时，不宜小于12mm。架立钢筋与纵钢筋搭接长度，当直径8mm时为100mm，当直径≥10mm时为150mm。

(3)梁支座截面负弯矩纵向受拉钢筋不宜在受拉区截断。如必须截断时，应按以下规定进行：

1)当$V \leqslant 0.7f_tbh_0$时，应延伸至按正截面受弯承载力计算不需要该钢筋的截面以外不小于$20d$处截断，且从该钢筋强度充分利用截面伸出的长度不应小于$1.2l_a$。

2)当$V > 0.7f_tbh_0$时，应延伸至按正截面受弯承载力计算不需要该钢筋的截面以外不小于h_0且不小于$20d$处截断，且从该钢筋强度充分利用截面伸出的长度不应小于$1.2l_a + h_0$。

3)若按上述规定确定的截断点仍位于与支座最大负弯矩对应的受拉区内，则应延伸至不需要该钢筋的截面以外不小于$1.3h_0$且不小于$20d$，且从该钢筋强度充分利用截面伸出的延伸长度不应小于$1.2l_a + 1.7h_0$。

(4)在采用绑扎骨架的钢筋混凝土梁中，承受剪力的钢筋，宜优先采用箍筋。当设置弯起钢筋时，弯起钢筋的弯终点外应留有锚固长度，其长度在受拉区不应小于$20d$，在受压区不应小于$10d$。梁底层钢筋中角部钢筋不应弯起。

梁中弯起钢筋的弯起角宜取45°或60°。弯起钢筋不应采用浮筋。

(5)在梁的受拉区中，弯起钢筋的弯起点，可设在按正截面受弯承载力计算不需要该钢筋截面之前；但弯起钢筋与梁中心线的交点，应在不需要该钢筋的截面之外；同时，弯起点与按计算充分利用该钢筋的截面之间的距离，不应小于 $h_0/2$。

5. 非抗震设计时框架梁内钢筋的搭接和锚固

(1)非抗震设计时，受拉钢筋的最小锚固长度应取 l_a。钢筋接头可采用机械接头、搭接接头和焊接接头。受拉钢筋绑扎搭接接头的搭接长度应根据位于同一连接区段内搭接钢筋面积百分率按下式计算，且不应小于 300mm。

$$l_l = \zeta l_a \tag{6-49}$$

式中 l_l——受拉钢筋的搭接长度；

l_a——受拉钢筋的锚固长度，应按现行《混凝土结构设计规范》(GB 50010—2002)第 9.3 节的有关规定采用；

ζ——受拉钢筋搭接长度修正系数，见表 6-4。

表 6-4　纵向受拉钢筋搭接长度修正系数 ζ

同一连接区段内搭接钢筋面积百分率(%)	≤25	50	100
受拉搭接长度修正系数 ζ	1.2	1.4	1.6

注：同一连接区段内搭接钢筋面积百分率取在同一连接区段内有搭接接头的受力钢筋与全部受力钢筋面积之比。

(2)非抗震设计时，框架梁和框架柱的纵向受力钢筋在框架节点区的锚固和搭接，应符合图 6-20 的要求。

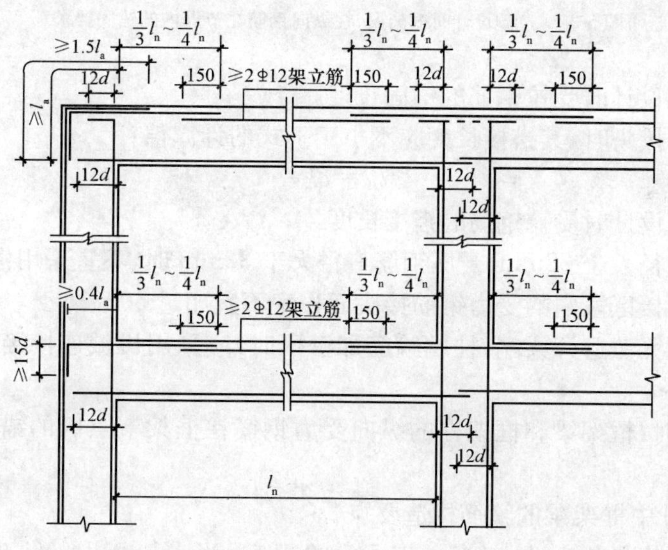

图 6-20　非抗震设计时框架梁、柱纵向钢筋在节点区的锚固要求

6. 抗震设计时框架梁钢筋的锚固和连接

有抗震设防时的框架梁，其纵向钢筋的配筋构造应符合下列要求(如图 6-21 所示)：

(1)抗震设计时，钢筋混凝土结构构件纵向受力钢筋的锚固和连接，应符合下列要求：

1)纵向受拉钢筋的最小锚固长度应按下列各式采用：

一、二级抗震等级　$l_{aE} = 1.15 l_a$　(6-50)

三级抗震等级　$l_{aE} = 1.05 l_a$　(6-51)

四级抗震等级　$l_{aE} = 1.00 l_a$　(6-52)

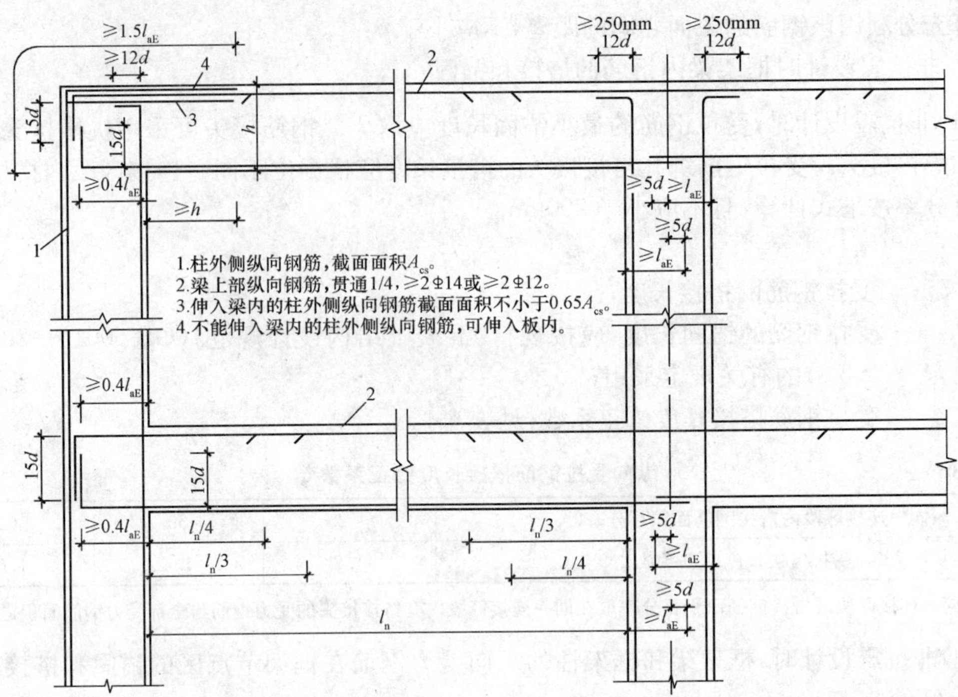

图 6-21 抗震设计时框架梁、柱纵向钢筋在节点内的锚固要求

式中 l_{aE}——抗震设计时受拉钢筋的锚固长度。

2)当采用搭接接头时，其搭接长度应不小于下式的计算值：

$$l_{lE}=\zeta l_{aE} \tag{6-53}$$

式中 l_{lE}——抗震设计时受拉钢筋的搭接长度。

3)受拉钢筋直径大于 28mm、受压钢筋直径大于 32mm 时，不宜采用搭接接头。

4)位于同一连接区段内的受力钢筋接头面积率不宜超过 50%。

5)当接头位置无法避开梁端、柱端箍筋加密区时，应采用机械连接接头，且钢筋接头面积率不应超过 50%。

(2)抗震设计时，框架梁和框架柱的纵向受力钢筋在框架节点区的锚固和搭接，应符合图 6-21 的要求。

7. 非抗震设计中框架梁的箍筋构造要点

(1)梁中箍筋的最大间距宜符合表 6-5 的规定，当 $V>0.7f_tbh_0$ 时，箍筋的配筋率 $\left(\rho_{sv}=\dfrac{A_{sv}}{bs}\right)$ 尚不应小于 $0.24f_t/f_{yv}$。

表 6-5　无地震组合梁箍筋的最大间距(单位：mm)

h \ V	$\geqslant 0.7f_tbh_0$	$<0.7f_tbh_0$	h \ V	$\geqslant 0.7f_tbh_0$	$<0.7f_tbh_0$
150<h≤300mm	150	200	500<h≤800mm	250	350
300<h≤500mm	200	300	h>800mm	300	400

(2)当梁中配有计算需要的纵向受压钢筋时，箍筋应做成封闭式；箍筋的间距在绑扎骨架中不应大于 $15d$，在焊接骨架中不应大于 $20d$（d 为纵向受压钢筋的最小直径），同时在任何情况下均不应大于 400mm；当一层内的纵向受压钢筋多于 3 根时，应设置复合箍筋；当一层内的纵向受压钢筋多于 5 根且直径大于 18mm 时，箍筋间距不应大于 $10d$；当梁的宽度不大于 400mm，且一层内的纵向受压钢筋不多于 4 根时，可不设置复合箍筋。

(3)在受力钢筋搭接长度范围内应配置箍筋，箍筋直径不宜小于搭接钢筋直径的 0.25 倍；箍筋间距：当为受拉时不应大于搭接钢筋较小直径的 5 倍，且不应大于 100mm；当为受压时不应大于搭接钢筋较小直径的 10 倍，且不应大于 200mm。当受压钢筋直径大于 25mm 时，搭接接头两端面外 100mm 范围内各设置两根箍筋。

8. 抗震设计中框架梁的箍筋设计要点

有地震组合框架梁中箍筋的构造要求，应符合下列规定：

(1)梁端箍筋的加密区长度、箍筋最大间距和箍筋最小直径，应按表 6-6 的规定取用；当梁端纵向受拉钢筋配筋率大于 2%时，表中箍筋最小直径应增大 2mm。

(2)第一个箍筋应设置在距构件节点边缘不大于 50mm 处。

表 6-6　梁端箍筋加密区的构造要求

抗震等级	箍筋加密区长度	箍筋最大间距	箍筋最小直径
一级	$2h$ 或 500mm 两者中的较大值	纵向钢筋直径的 6 倍，梁高的 1/4 或 100mm 三者中的最小值	ϕ10
二级	$1.5h$ 或 500mm 两者中的较大值	纵向钢筋直径的 8 倍，梁高的 1/4 或 100mm 三者中的最小值	ϕ8
三级		纵向钢筋直径的 8 倍，梁高的 1/4 或 150mm 三者中的最小值	ϕ8
四级		纵向钢筋直径的 8 倍，梁高的 1/4 或 150mm 三者中的最小值	ϕ6

注：箍筋最小直径除符合表中要求外，尚不应小于纵向钢筋直径的 1/4。

(3)梁箍筋加密区长度内的箍筋肢距：一级抗震等级不宜大于 200mm 及 20 倍箍筋直径的较大值；二、三级抗震等级不宜大于 250mm 及 20 倍箍筋直径较大值，四级抗震等级不宜大于 300mm。

(4)沿梁全长箍筋的配筋率 ρ_{sv} 应符合下列规定：

一级抗震等级

$$\rho_{sv} \geqslant 0.30 f_t / f_y \tag{6-54}$$

二级抗震等级

$$\rho_{sv} \geqslant 0.28 f_t / f_y \tag{6-55}$$

三、四级抗震等级

$$\rho_{sv} \geqslant 0.26 f_t / f_y \tag{6-56}$$

(5)非加密区的箍筋最大间距不宜大于加密区箍筋间距的 2 倍。

(6)梁的箍筋应有 135°弯钩，弯钩端部直段长度不应小于 10 倍箍筋直径和 75mm 的较大值。

二、框架梁斜截面受剪承载力设计要点

1. 框架梁的剪力设计值，应按下列规定计算：

(1)无地震组合时，取考虑风荷载组合的剪力设计值。

(2)有地震组合时，按抗震等级分为：

一级抗震等级

$$V_b = 1.3\frac{(M_b^l + M_b^r)}{l_n} + V_{Gb} \tag{6-57}$$

二级抗震等级

$$V_b = 1.2\frac{(M_b^l + M_b^r)}{l_n} + V_{Gb} \tag{6-58}$$

三级抗震等级

$$V_b = 1.1\frac{(M_b^l + M_b^r)}{l_n} + V_{Gb} \tag{6-59}$$

9 度设防烈度和一级抗震等级的框架结构尚应符合：

$$V_b = 1.1\frac{(M_{bua}^l + M_{bua}^r)}{l_n} + V_{Gb} \tag{6-60}$$

对四级抗震等级，取地震作用组合下的剪力设计值。

式中 M_{bua}^l、M_{bua}^r——框架梁左、右端考虑承载力抗震调整系数的正截面受弯承载力值；应分别按顺时针和逆时针方向计算它们之和；

M_b^l、M_b^r——考虑地震作用组合的框架梁左、右端弯矩设计值；

V_{Gb}——考虑地震作用组合时的重力荷载代表值产生的剪力设计值(9 度时高层建筑还应包括竖向地震作用标准值)可按简支梁计算确定；

l_n——梁的净跨。

三、框架柱截面设计要点

1. 截面尺寸确定

(1)框架柱的截面形式一般采用矩形、方形、圆形或多边形等。截面宽度和高度：非抗震设计时均不宜小于 250mm，抗震设计时均不宜小于 300mm；圆柱截面直径及多边形截面的内切圆直径不宜小于 350mm；错层处框架柱的截面高度不应小于 600mm。截面高度与宽度的比值不宜大于 3。

(2)框架柱的截面宜满足 $l_0/b_c \leqslant 30$；$l_0/h_c \leqslant 25$；(l_0 为柱的计算长度；b_c、h_c 分别为柱截面宽度和高度)。框架柱的剪跨比宜大于 2。

(3)在柱的截面中部 1/3 左右的核心部位配置附加纵向钢筋形成芯柱(如图 6-22 所示)，在周期反复水平荷载作用下这种柱具有良好的延性和耗能能力，能够有效地改善钢筋混凝土柱在高轴压比情况下的抗震性能。为了便于梁筋通过，芯柱边长不宜小于柱边长或直径的 1/3，且不宜小于 250mm。

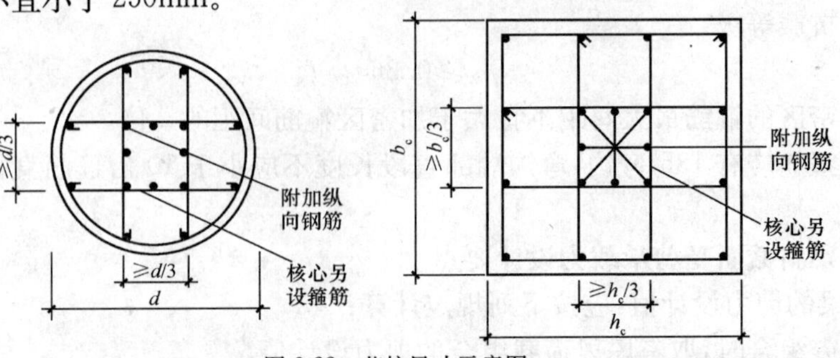

图 6-22 芯柱尺寸示意图

(4)框架柱截面的组合最大剪力设计值应符合下列条件：

无地震作用组合时：

$$V \leqslant 0.25\beta_c f_c b h_0 \tag{6-61}$$

有地震作用组合时：

剪跨比大于 2
$$V \leqslant \frac{1}{\gamma_{RE}}(0.2\beta_c f_c b h_0) \tag{6-62}$$

剪跨比不大于 2
$$V \leqslant \frac{1}{\gamma_{RE}}(0.15\beta_c f_c b h_0) \tag{6-63}$$

框架柱的剪跨比可按下式计算：

$$\lambda = M^c/(V^c h_0) \tag{6-64}$$

式中　V——剪力设计值；

b——矩形截面的宽度，T 形截面、I 形截面的腹板宽度；

h_0——截面有效高度；

β_c——混凝土强度的折减系数；

λ——框架柱的剪跨比。反弯点位于柱高中部的框架柱，可取柱净高与计算方向 2 倍柱截面有效高度之比值；

M^c——柱端截面未经调整的组合弯矩计算值，可取柱上、下端的较大值；

V^c——柱端截面与组合弯矩计算值对应的组合剪力计算值。

(5)一、二、三级抗震等级的各类结构的框架柱和框支柱，其轴压比 N/f_cA 不宜大于表 6-7规定的限值。对Ⅳ类场地上较高的高层建筑，柱轴压比限值应适当减小。

表 6-7　　**框架柱轴压比限值**

结构体系	抗震等级		
	一　级	二　级	三　级
框架结构	0.7	0.8	0.9
框架-剪力墙结构、筒体结构	0.75	0.85	0.95
部分框支剪力墙结构	0.6	0.7	—

注：1. 轴压比 $N/(f_cA)$ 指考虑地震作用组合的框架柱和框支柱轴向压力设计值 N 与柱全截面面积 A 和混凝土轴心抗压强度设计值 f_c 乘积之比值；对不进行地震作用计算的结构，取无地震作用组合的轴力设计值。

2. 当混凝土强度等级为 C65～C70 时，轴压比限值宜按表中数值减小 0.05；混凝土强度等级为 C75～C80 时，轴压比限值宜按表中数值减小 0.10。

3. 剪跨比 $\lambda \leqslant 2$ 的柱，其轴压比限值应按表中数值减少 0.05；对剪跨比 $\lambda < 1.5$ 的柱，轴压比限值应专门研究并采取特殊构造措施。

4. 沿柱全高采用井字复合箍，且箍筋间距不大于 100mm、肢距不大于 200mm、直径不小于 12mm，或沿柱全高采用复合螺旋箍，且螺距不大于 100mm，肢距不大于 200mm、直径不小于 12mm，或沿柱全高采用连续复合矩形螺旋箍，且螺距不大于 80mm、肢距不大于 200mm、直径不小于 10mm 时，轴压比限值均可按表中数值增加 0.10；上述三种箍筋的配箍特征值 λ_v 均应按增大的轴压比由表 5.3.4 确定。

5. 当柱截面中部设置由附加纵向钢筋形成的芯柱，且附加纵向钢筋的总面积不少于柱截面面积的 0.8%时，其轴压比限值可按表中数值增加 0.05。此项措施与注 4 的措施同时采用时，轴压比限值可按表中数值增加 0.15，但箍筋的配箍特征值 λ_v 仍可按轴压比增加 0.10 的要求确定。

6. 柱经采用上述加强措施后，其最终的轴压比限值不应大于 1.05。

2. 抗震设计时柱端弯矩调整

(1)抗震设计时，一、二、三级框架的梁、柱节点处，除顶层和柱轴压比小于 0.15 者外，柱端考虑地震作用的组合弯矩值应按下列规定予以调整：

一级抗震等级

$$\Sigma M_c = 1.4\Sigma M_b \tag{6-65}$$

二级抗震等级

$$\Sigma M_c = 1.2\Sigma M_b \tag{6-66}$$

三级抗震等级

$$\Sigma M_c = 1.1\Sigma M_b \tag{6-67}$$

9 度设防烈度和一级抗震等级的框架结构尚应符合

$$\Sigma M_c = 1.2\Sigma M_{bua} \tag{6-68}$$

式中 ΣM_c——节点上、下柱端截面顺时针或逆时针方向组合弯矩设计值之和。上、下柱端的弯矩，可按弹性分析的弯矩比例进行分配；

ΣM_b——节点左、右梁端截面逆时针或顺时针方向组合弯矩设计值之和。节点左、右梁端均为负弯矩时，绝对值较小一端的弯矩应取零；

ΣM_{bua}——节点左、右梁端逆时针或顺时针方向实配的正截面抗震受弯承载力所对应的弯矩值之和，可根据实际配筋面积和材料强度标准值确定。

当反弯点不在柱高范围内时，柱端弯矩设计值可直接乘以强柱系数，一级取 1.4，二级取 1.2，三级取 1.1。

(2)抗震设计时，一、二、三级框架结构的底层柱底截面的弯矩设计值，应分别采用考虑地震作用组合的弯矩值与增大系数 1.5、1.25 和 1.15 的乘积。

(3)抗震设计时，框架角柱应按双向偏心受力构件进行正截面承载力设计。一、二、三级框架角柱经调整后的弯矩，剪力设计值宜乘以不小于 1.1 的增大系数。

3. 抗震设计时，柱端剪力的确定

抗震设计时，框架柱端部截面组合的剪力设计值，一、二、三级应按下列公式调整；四级时可直接取考虑地震作用组合的剪力计算值。

一级抗震等级

$$V_c = 1.4\frac{(M_c^t + M_c^b)}{H_n} \tag{6-69}$$

二级抗震等级

$$V_c = 1.2\frac{(M_c^t + M_c^b)}{H_n} \tag{6-70}$$

三级抗震等级

$$V_c = 1.1\frac{M_c^t + M_c^b}{H_n} \tag{6-71}$$

9 度设防烈度和一级抗震等级的框架结构尚应符合

$$V_c = 1.2\frac{(M_{cua}^t + M_{cua}^b)}{H_n} \tag{6-72}$$

式中 H_n——柱的净高；

M_c^t、M_c^b——分别为柱上、下端顺时针或逆时针方向截面组合的弯矩设计值，应符合本节第 3、4 条的要求；

M_{cua}^t、M_{cua}^b——分别为柱上下端顺时针或逆时针方向实配的正截面抗震受弯承载力所对应的弯矩值，可根据实配受压钢筋面积、材料强度标准值和轴向压力等确定。

4. 框架柱的纵筋构造

框架柱和框支柱的纵向受力钢筋的配置，应符合下列要求：

(1)圆柱中纵向钢筋宜沿周边均匀布置，根数不宜少于8根，且不应少于6根。

(2)纵向受力钢筋直径d不宜小于12mm。全部纵向受力钢筋配筋率：对于非抗震设计不宜大于5%，不应大于6%，对于抗震设计不应大于5%。

(3)当偏心受压柱的截面高度$h \geqslant 600$mm时，在柱的侧面上应设置直径为10～16mm的纵向构造钢筋，并相应设置复合箍筋和拉筋。

(4)柱中纵向钢筋的净间距不应小于50mm，在偏心受压柱中，垂直于弯矩作用平面的侧面上的纵向受力钢筋以及轴心受压柱中各边的纵向受力钢筋，其中距不宜大于300mm。

(5)框架柱和框支柱中全部纵向受力钢筋的配筋百分率不应小于表6-8规定的数值，同时，第一侧的配筋百分率不应小于0.2；对Ⅳ类场地上较高的高层建筑，抗震设计的最小配筋百分率应按表中数值增加0.1采用。

表6-8　柱全部纵向受力钢筋最小配筋百分率(%)

柱类型	抗震等级				非抗震设计
	一级	二级	三级	四级	
框架中柱、边柱	1.0	0.8	0.7	0.6	0.6
框架角柱	1.2	1.0	0.9	0.8	
框支柱	1.2	1.0	0.9	0.8	0.8

注：柱全部纵向受力钢筋最小配筋百分率，当采用HRB400级钢筋时，应按表中数值减小0.1；当混凝土强度等级为C60及以上时，应按表中数值增加0.1。对抗震等级为特一级的高层建筑结构，中、边柱取1.4%，角柱、框支柱取1.6%。

(6)抗震设计时，柱的纵向钢筋宜对称配置。截面尺寸大于400mm的柱，纵向钢筋的间距不宜大于200mm。地下室柱截面每侧的纵向钢筋面积，除应满足计算要求外，不应少于地上一层对应柱每侧纵筋面积的1.1倍。

(7)当按一级抗震等级设计，且柱的剪跨比$\lambda \leqslant 2$时，柱每侧纵向钢筋的配筋率不宜大于1.2%。

(8)边柱及角柱在地震作用组合产生小偏心受拉时，柱内纵向钢筋总截面面积应比计算值增加25%。

(9)柱中各部位钢筋的接头采用搭接接头方案时(如图6-23所示)，搭接接头方案宜满足以下条件：

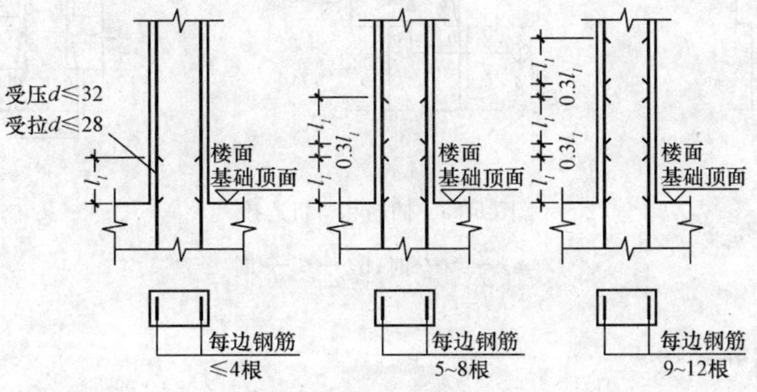

图6-23　纵向钢筋搭接接头方案(非抗震)

1)受压钢筋直径 $d \leqslant 32$mm;受拉钢筋的直径 $d \leqslant 28$mm。

2)非抗震时搭接位置可以从基础顶面或各层板面开始(如图 6-23 所示),柱每边的钢筋不多于 4 根时,可一次搭接;柱每边的钢筋为 5～8 根时,可分 2 次搭接;柱每边的钢筋为 9～12 根,可分为三次搭接。

3)抗震时搭接位置应错开,同一截面内钢筋接头,不宜超过全截面钢筋总根数的 50%(如图 6-24 所示)。当柱纵向钢筋总根数为 4 根时,可在同一截面搭接。

4)在搭接接头范围内,箍筋间距 $\leqslant 5d$(d 为柱的较小纵向钢筋直径),且应 $\leqslant 100$mm。

(10)下柱伸入上柱搭接钢筋的根数及直径应满足上柱受力的要求。当上下柱内钢筋直径不同时,搭接长度应按上柱内钢筋直径计算。

当钢筋的折角大于 1∶6 时,应设插筋或将上柱内钢筋伸入下柱,与下柱内钢筋搭接[如图 6-25a)所示];当折角不大于 1∶6 时,下柱内钢筋可以弯折伸入上柱搭接[如图 6-25b)所示]。柱内钢筋的搭接接头方案应符合图 6-23 和图 6-24c)的规定。

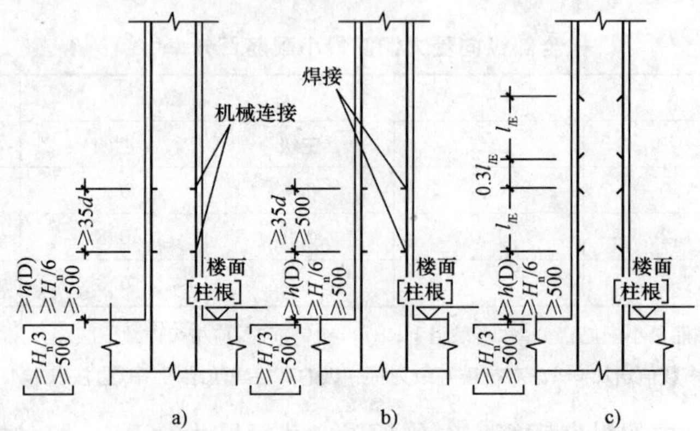

图 6-24　纵向钢筋连接方案(抗震)

a)用于机械连接;b)用于焊接连接;c)用于搭接连接

注:柱根系指地下室的顶面或无地下室情况的基础顶面。

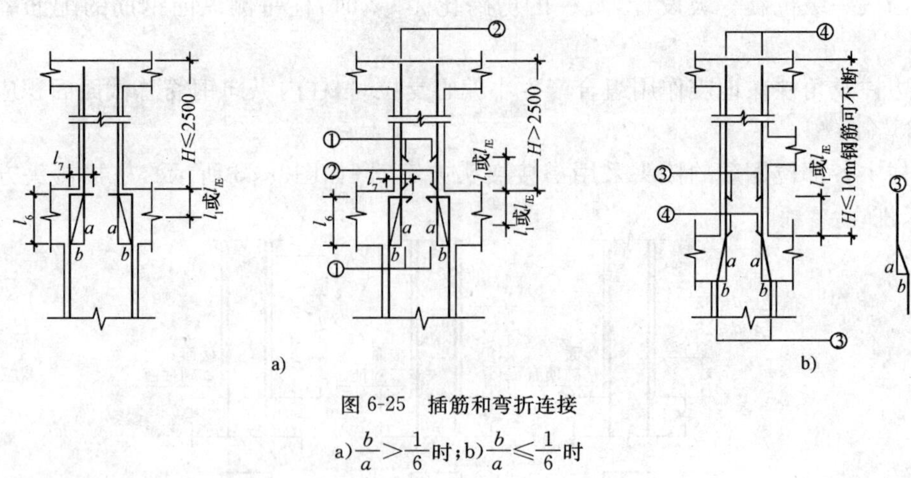

图 6-25　插筋和弯折连接

a)$\frac{b}{a} > \frac{1}{6}$时;b)$\frac{b}{a} \leqslant \frac{1}{6}$时

5. 框架柱的箍筋构造

非抗震设计时,柱中箍筋应符合以下规定:

(1)箍筋应为封闭式。

(2)箍筋间距不应大于 400mm,且不应大于构件截面的短边尺寸和最小纵向钢筋直径的 15 倍。

(3)箍筋直径不应小于最大纵向钢筋直径的 1/4,且不应小于 6mm。

(4)当柱中全部纵向受力钢筋的配筋率超过 3%时,箍筋直径不应小于 8mm,箍筋间距不应大于最小纵向钢筋直径的 10 倍,且不应大于 200mm。箍筋未端应做成 135°弯钩,弯钩末端直段长度不应小于 10 倍箍筋直径,且不应小于 75mm(图 6-26)。

(5)当柱每边纵筋多于 3 根时,应设置复合箍筋(可采用拉条)。

(6)柱内纵向钢筋采用搭接做法时,搭接长度范围内箍筋直径不应小于搭接钢筋较大直径的 0.25 倍;在纵向受拉钢筋的搭接长度范围内的箍筋间距不应大于搭接钢筋较小直径的 5 倍,且不应大于 100mm;在纵向受压钢筋的搭接长度范围内的箍筋间距不应大于搭接钢筋较小直径的 10 倍,且不应大于 200mm。当受压钢筋直径大于 25mm 时,尚应在搭接接头端面外 100mm 的范围内各设置两道箍筋。

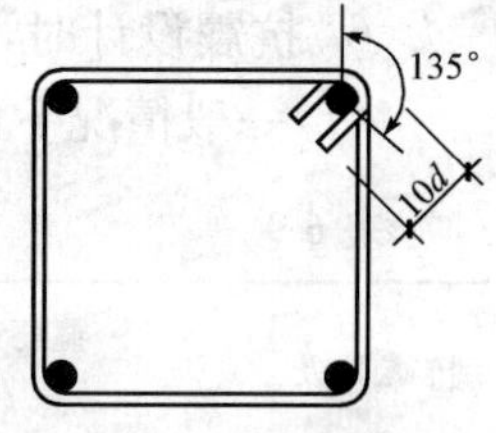

图 6-26　箍筋的弯钩

(7)抗震设计时,柱箍筋设置应符合下列要求:

1)箍筋应有 135°弯钩,弯钩端部直段长度不应小于 10 倍的箍筋直径,且不小于 75mm。

2)箍筋加密区的箍筋肢距,一级不宜大于 200mm;二、三级不宜大于 250mm 和 20 倍箍筋直径的较大值,四级不宜大于 300mm。每隔一根纵向钢筋宜在两个方向有箍筋约束;采用拉筋组合箍时,拉筋宜紧靠纵向钢筋并钩住纵向钢筋。

(8)各类柱箍筋示意图如图 6-27 所示。

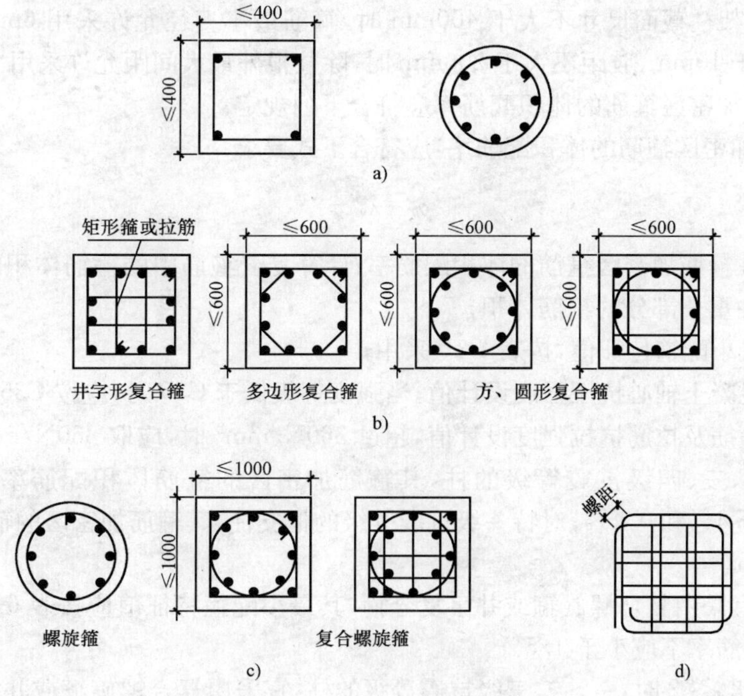

图 6-27　各类箍筋示意图

a)普通箍;b)复合箍;c)螺旋箍;d)连续复合螺旋箍(用于矩形截面柱)

1)底层柱上端和其他各层的柱两端应取矩形截面柱的长边尺寸(或圆形截面柱之直径)、柱净高的 1/6 和 500mm 三者的最大值范围内。

2)底层柱刚性地面以上、下各 500mm 的范围内。

3)底层柱柱根以上 1/3 柱净高的范围内。

4)剪跨比不大于 2 的柱和因填充墙等形成的柱净高与截面高度之比不大于 4 的柱全高范围内。

5)一级及二级框架的角柱的全高范围。

6)需要提高变形能力的柱的全高范围。

6. 抗震设计时,柱箍筋加密区的箍筋最小直径和最大间距

(1)一般情况下,应符合表 6-9 的要求。

表 6-9　　柱端箍筋加密区的构造要求

抗震等级	箍筋最大间距(mm)	箍筋最小直径(mm)	抗震等级	箍筋最大间距(mm)	箍筋最小直径(mm)
一级	$6d$ 和 100 的较小值	10	三级	$8d$ 和 150(柱根 100)的较小值	8
二级	$8d$ 和 100 的较小值	8	四级	$8d$ 和 150(柱根 100)的较小值	6(柱根 8)

注:1. 表中 d 为柱纵向钢筋直径,单位为 mm。

2. 柱根指框架柱底部嵌固部位。

(2)剪跨比不大于 2 的柱,箍筋间距不应大于 100mm,一级时尚不应大于 6 倍的纵向钢筋直径。

(3)三级框架柱截面尺寸不大于 400mm 时,箍筋最小直径允许采用 6mm;二级框架柱箍筋直径不小于 10mm、肢距不大于 200mm 时,除柱根外最大间距允许采用 150mm。

(4)柱箍筋加密区箍筋的体积配筋率应符合下列规定:

1)柱箍筋加密区箍筋的体积配筋率,应符合下式要求:

$$\rho_v=\lambda_v \frac{f_c}{f_{yv}} \tag{6-73}$$

式中　ρ_v——柱箍筋加密区箍筋的体积配筋率:计算复合箍筋中的箍筋体积配筋率时,应扣除重叠部分的箍筋体积;

λ_v——最小配箍特征值,按表 6-10 采用;

f_c——混凝土轴心抗压强度设计值;当强度等级低于 C35 时,应按 C35 取值;

f_{yv}——箍筋及拉筋抗拉强度设计值,超过 $360N/mm^2$ 时,应取 $360N/mm^2$ 计算。

2)对一、二、三、四级抗震等级的柱,其箍筋加密区的箍筋体积配筋率分别不应小于 0.8%、0.6%、0.4%和 0.4%;对特一级抗震等级的框支柱,其箍筋加密区的箍筋体积配筋率不应小于 1.6%。

3)框支柱宜采用复合螺旋箍或井字复合箍,其最小配箍特征值应按表 6-10 中数值增加 0.02,且体积配筋率不应小于 1.5%。

4)当剪跨比 $\lambda \leqslant 2$ 时,一、二、三级抗震等级的柱,宜采用复合螺旋箍或井字复合箍,其箍筋体积配箍率不应小于 1.2%;9 度设防烈度时,不应小于 1.5%。

5)当混凝土强度等级大于 C60 时,箍筋宜采用复合箍、复合螺旋箍或连续复合矩形螺

旋箍。

(5)在柱箍筋加密区外，箍筋的体积配筋率不宜小于加密区配筋率的一半；对一、二级抗震等级；箍筋间距不应大于 $10d$；对三、四级抗震等级，箍筋间距不应大于 $15d$；此处，d 为纵向钢筋直径。

(6)箍筋的体积配筋率分别按下列公式计算(箍筋相重叠部分不计入)。式中 n_1、n_2、n_3 为配置在同一截面内，同一方向，截面面积相同的箍筋肢数。

$$\rho_v=\frac{\Sigma a_k l_k}{l_1 l_2 s} \tag{6-74}$$

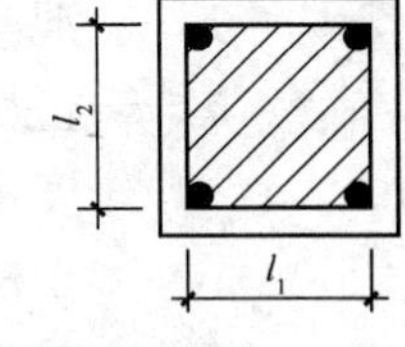

图 6-28　柱核芯

式中　a_k——箍筋单肢截面面积；

l_k——对应于 a_k 的箍筋单肢总长度，重叠段按一肢计算；

l_1、l_2——柱核心混凝土面积的两个边长(如图 6-28 所示)；

s——箍筋间距。

表 6-10　柱箍筋加密区的箍筋最小配箍特征值 λ_v

抗震等级	箍筋型式	轴压比								
		≤0.3	0.4	0.5	0.6	0.7	0.8	0.9	1.0	1.05
一级	普通箍、复合箍	0.10	0.11	0.13	0.15	0.17	0.20	0.23	—	—
	螺旋箍、复合或连续复合矩形螺旋箍	0.08	0.09	0.11	0.13	0.15	0.18	0.21	—	—
二级	普通箍、复合箍	0.08	0.09	0.11	0.13	0.15	0.17	0.19	0.22	0.24
	螺旋箍、复合或连续复合矩形螺旋箍	0.06	0.07	0.09	0.11	0.13	0.15	0.17	0.20	0.22
三级	普通箍、复合箍	0.06	0.07	0.09	0.11	0.13	0.15	0.17	0.20	0.22
	螺旋箍、复合或连续复合矩形螺旋箍	0.05	0.06	0.07	0.09	0.11	0.13	0.15	0.18	0.20

注：1. 普通箍筋指单个矩形箍筋或单个圆形箍筋；螺旋箍指单个螺旋箍筋；复合箍筋指由矩形、多边形、圆形箍筋或拉筋组成的箍筋；复合螺旋箍指由螺旋箍与矩形、多边形、圆形箍筋或拉筋组成的箍筋；连续复合矩形螺旋箍指全部螺旋箍为同一根钢筋加工成的箍筋。

2. 当计算复合螺旋箍筋的体积配筋率时，其中非螺旋箍筋的箍筋体积应乘以换算系数 0.8。

3. 当混凝土强度等级大于 C60 时，表中 λ_v 值宜按下列规定采用：轴压比不大于 0.6 时，λ_v 值增大 0.02；轴压比大于 0.6 时，λ_v 值增大 0.03。

4. 对抗震等级为特一级的高层建筑框架柱，表中 λ_v 值增大 0.02 采用；框支柱，表中 λ_v 值增大 0.03 采用。

四、框架梁柱节点受剪承载力计算要点

1. 框架梁柱节点核芯区受剪的水平截面

应符合的条件

$$V_j\leqslant\frac{1}{\gamma_{RE}}(0.3\beta_c\eta_j f_c b_j h_j) \tag{6-75}$$

式中　h_j——框架节点水平截面的高度，可取 $h_j=h_c$，此处，h_c 为框架柱的截面高度；

b_j——框架节点水平截面的宽度，按下列方法取值：当 b_b 不小于 $b_c/2$ 时，可取 b_c；当 b_b 小于 $b_c/2$ 时，可取 $b_b+0.5h_c$ 和 b_c 二者中的较小者；此处，b_b 为梁的截面宽度，

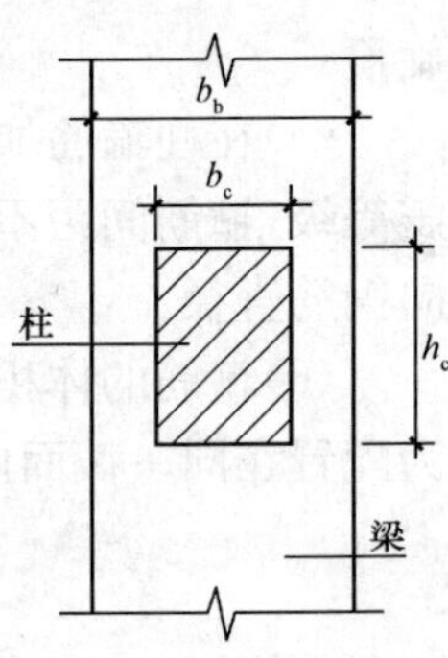

图 6-29　梁宽大于柱宽

b_c 为柱的截面宽度。当梁柱轴线有偏心距 e_0 时，e_0 不宜大于柱截面宽度的1/4，此时，节点宽度应取 $0.5(b_b+b_c)+0.25h_c-e_0$、$b_b+0.5h_c$ 和 b_c 三者中的最小值；

当梁宽大于柱宽时（如图 6-29 所示）按下述"五、框架扁梁框架梁柱节点设计要点"计算；

f_c——混凝土轴心抗压强度设计值；

β_c——混凝土强度影响系数；

η_j——正交梁的结束影响系数。楼板为现浇，四侧各梁截面宽度不小于该侧柱截面宽度的 1/2，且正交方向梁高度不小于框架梁高度的 3/4 时，可采用 1.5，9 度时宜采用 1.25，其他情况均采用 1.0。

2. 一、二级框架梁柱节点核心区组合的剪力设计值 V_j 可按下列规定计算

(1)9 度设防烈度和一级抗震等级的框架结构。

1)顶层中间节点：

$$V_j=1.15\frac{M_{bua}^l+M_{bua}^r}{h_{b0}-a'_s} \tag{6-76}$$

且不应小于按式(6-77)求得的 V_j 值。

2)其他层的中间节点和端节点：

$$V_j=1.15\frac{(M_{bua}^l+M_{bua}^r)}{h_{b0}-a'_s}\left(1-\frac{h_0-a'_s}{H_c-h_b}\right) \tag{6-77}$$

且不应小于按式(6-79)求得的 V_j 值。

(2)其他情况。

1)一级抗震等级：

顶层中间节点

$$V_j=1.35\frac{(M_b^l+M_b^r)}{h_0-a'_s} \tag{6-78}$$

其他层中间节点和端节点

$$V_j=1.35\frac{(M_b^l+M_b^r)}{h_{b0}-a'_s}\left(1-\frac{h_{b0}-a'_s}{H_c-h_b}\right) \tag{6-79}$$

2)二级抗震等级：

顶层中间节点

$$V_j=1.2\frac{(M_b^l+M_b^r)}{h_0-a_s} \tag{6-80}$$

其他层的中间节点和端节点

$$V_j=1.2\frac{(M_b^l+M_b^r)}{h_{b0}-a'_s}\left(1-\frac{h_{b0}-a'_s}{H_c-h_b}\right) \tag{6-81}$$

式中　M_{bua}^l、M_{bua}^r——框架节点左、右两侧的梁端考虑承载力抗震调整系数的正截面受弯承载力值；

M_b^l、M_b^r——考虑地震作用组合的框架节点左、右两侧的梁端弯矩设计值；

h_{b0}、h_b——分别为梁的截面有效高度、截面高度，当节点两侧梁高不相同时，取其平均值；

H_c——节点上柱和下柱反弯点之间的距离。

(3)对各抗震等级的顶层端节点和三、四级抗震等级的框架节点核芯区。

可不进行计算，但应符合构造措施要求。三级框架的房屋高度接近二级框架房屋高度的下限时，节点核芯区宜进行计算。

3. 框架梁柱节点的受剪承载力

应按下列公式计算

当设防烈度为9度时：

$$V_j \leqslant \frac{1}{\gamma_{RE}}\left[0.9\eta_j f_t b_j h_j + \frac{f_{yv}A_{svj}}{s}(h_{b0}-a'_s)\right] \tag{6-82}$$

其他情况时：

$$V_j \leqslant \frac{1}{\gamma_{RE}}\left[1.1\eta_j f_t b_j h_j + 0.05\eta_j N\frac{b_j}{b_c} + \frac{f_{yv}A_{svj}}{s}(h_{b0}-a'_s)\right] \tag{6-83}$$

式中　N——考虑地震作用组合的节点上柱底部的轴向压力设计值；当N大于$0.5f_c b_c h_c$时，取$0.5f_c b_c h_c$；当N为拉力时，取$N=0$；

A_{svj}——配置在框架节点宽度b_j范围内同一截面箍筋各肢的全部截面面积；

h_{b0}——梁截面有效高度，节点两侧梁截面高度不等时取平均值；

f_{yv}——箍筋的抗拉强度设计值；

f_t——混凝土抗拉强度设计值；

s——箍筋间距；

γ_{RE}——承载力抗震调整系数，可采用0.85。

4. 框架节点的一般配筋构造

(1)框架柱的纵向钢筋应贯穿中间层中间节点和中间层端节点，柱纵向钢筋接头应设在节点区以外。

(2)非抗震设计时，在框架节点内应设置水平箍筋，箍筋应符合表6-9对柱中箍筋的构造规定，但间距不宜大于250mm。当顶层端节点内设有梁上部纵向钢筋和柱外侧纵向钢筋的搭接接头时，节点内水平箍筋应符合表6-9中受拉搭接区的规定。对四边均有梁与之相连的中间节点，节点内可只设置沿周边的矩形箍筋。

(3)抗震设计时，框架节点核心区箍筋的最大间距和最小直径宜按表6-9中加密区箍筋间距和直径采用；对于一、二、三级抗震等级的框架节点核心区，配箍特征值λ_v分别不宜小于0.12、0.10和0.08，且其箍筋体积配筋率分别不宜小于0.6%、0.5%和0.4%，框架柱的剪跨比$\lambda \leqslant 2$的框架节点核心区配箍特征值不宜小于核心区上、下柱端配箍特征值中的较大值。

五、框架扁梁框架梁柱节点设计要点

1. 扁梁框架的梁柱节点

按下列规定：

(1)楼板应为现浇，梁柱中心线宜重合。

(2)扁梁柱节点核心区应根据梁上部纵向钢筋在柱宽范围内、外的截面面积比例，对柱宽以内及柱宽以外范围分别验算受剪承载力。

(3)核心区验算方法除符合一般梁柱节点的要求外，尚应符合下列要求：

1)四边有梁的约束影响系数，验算核心区的受剪承载力时可取1.5。

2)按上述(2)验算核心区剪力时，核心区有效宽度可取梁宽与柱宽之和的平均值。

3)验算核心区受剪承载力时，在柱宽范围的核心区压应力有效范围纵横方向均可取梁宽与柱宽之和的平均值，轴力的取值同一般梁柱节点，柱宽以外的核心区可不考虑轴力对受剪承载力的有利作用。

4)锚入柱内的梁上部钢筋宜大于其全部截面面积的60%。

2. 圆柱截面梁柱节点

当梁中线与柱中线重合时，受剪的水平截面应符合下列条件：

$$V_j \leqslant \frac{1}{\gamma_{RE}} 0.3\eta_j \beta_c f_c A_j \tag{6-84}$$

式中 A_j——节点核心区有效截面面积，当 b_b 不小于 $D/2$ 时，取 $0.8D^2$；当 b_b 小于 $D/2$ 但不小于柱直径的0.4倍时，取 $0.8D(b_b+D/2)$；

D——圆柱截面直径；

b_b——梁的有效宽度；梁的宽度不宜小于 $0.4D$；

η_j——梁对节点的约束影响系数；其值与矩形截面柱框架节点相同，柱宽度按柱直径采用；

3. 圆柱截面框架节点的受剪承载力

应按下列公式计算：

当设防烈度为9度时：

$$V_j \leqslant \frac{1}{\gamma_{RE}} \left(1.2\eta_j t_f A_j + 1.57 f_{yv} A_{sh} \frac{h_{b0} - a'_s}{s} + f_{yv} A_{sv} \frac{h_{b0} - a'_s}{s}\right) \tag{6-85}$$

其他情况时：

$$V_j \leqslant \frac{1}{\gamma_{RE}} \left(1.5\eta_j f_t A_j + 0.05\eta_j \frac{N}{D^2} A_j + 1.57 f_{yv} A_{sh} \frac{h_{b0} - a'_s}{s} + f_{yv} A_{sv} \frac{h_{b0} - a'_s}{s}\right) \tag{6-86}$$

式中 h_{b0}——梁的有效高度；

N——轴向力，取值同一般梁柱节点；

A_{sh}——单根圆形箍筋的截面面积；

A_{sv}——同一截面设计计算方向箍筋或拉筋的总截面面积。

4. 框架梁柱节点的受剪承载力验算

可以采用计算图表。

(1)梁柱节点核心区截面是否满足式(6-84)要求，可按下列公式验算：

1)矩形截面柱框架节点：

$$V_j \leqslant \frac{1}{\gamma_{RE}} (0.3\beta_c \eta_j f_c b_j h_j) = V_{j1} b_j h_j \tag{6-87}$$

2)圆柱截面框架节点：

$$V_j \leqslant \frac{1}{\gamma_{RE}} 0.3\eta_j \beta_c f_c A_j = V_{j1} A_j \tag{6-88}$$

式中 V_{j1}——见表6-11。

表 6-11　　$V_{j1}=0.3\eta_j\beta_c f_c/\gamma_{RE}$ 值（单位：N/mm^2）

η_j	混凝土强度等级								
	C20	C25	C30	C35	C40	C45	C50	C55	C60
1.5	5.08	6.30	7.57	8.84	10.11	11.22	12.23	13.39	14.56
1.25	4.24	5.25	6.31	7.37	8.43	9.35	10.19	11.16	12.13
1.0	3.39	4.20	5.05	5.89	6.74	7.48	8.15	8.93	9.71

（2）框架节点的受剪承载力，可按下列公式计算：

1）矩形截面柱框架节点：

$$V_j\leqslant[V_j]=\frac{1}{\gamma_{RE}}\left[1.1\eta_j f_t b_j h_j+0.05\eta_j N\frac{b_j h_j}{b_c h_c}+\frac{f_{yv}A_{svj}}{s}(h_{b0}-a'_s)\right]$$
$$=(V_{jc1}+V_{jN})b_j h_j+V_{js1} \tag{6-89}$$

当设防烈度为 9 度时：

$$V_j\leqslant\frac{1}{\gamma_{RE}}\left[0.9\eta_j f_t b_j h_j+\frac{f_{yv}A_{svj}}{s}(h_{b0}-a'_s)\right]$$
$$\leqslant[V_j]=V_{jc}2b_j h_j+V_{js1} \tag{6-90}$$

2）圆柱截面框架节点：

$$V_j\leqslant[V_j]=\frac{1}{\gamma_{RE}}\left(1.5\eta_j f_t A_j+0.05\eta_j\frac{N}{D^2}A_j+1.57f_{yv}A_{sh}\frac{h_{b0}-a'_s}{s}+f_{yv}A_{sv}\frac{h_{b0}-a'_s}{s}\right)$$
$$=V_{jc3}A_j+V_{jN}A_j+V_{js2}+V_{js1} \tag{6-91}$$

当设防烈度为 9 度时：

$$V_j\leqslant[V_j]=\frac{1}{\gamma_{RE}}\left(1.2\eta_j f_t A_j+1.57f_{yv}A_{sh}\frac{h_{b0}-a'_s}{s}+f_{yv}A_{sv}\frac{h_{b0}-a'_s}{s}\right)$$
$$=V_{jc4}A_j+V_{js2}+V_{js1} \tag{6-92}$$

式中　V_{jci}——$\dfrac{n\eta_j f_t}{\gamma_{RE}}$，其值见表 6-12；

V_{jN}——$\dfrac{0.05\eta_j\beta}{\gamma_{RE}}$，$\beta=\dfrac{N}{b_c h_c}$ 或 $\beta=\dfrac{N}{D^2}$，其值见表 6-13；

V_{js}——$\dfrac{f_{yv}A_{sv}}{\gamma_{RE}s}(h_{b0}-a'_s)=\dfrac{f_{yv}A_{sv}}{\gamma_{RE}}n$，其值见表 6-14 和表 6-15。

表 6-12　　$V_{jci}=n\eta_j f_t/\gamma_{RE}$ 值（单位：N/mm^2）

V_{jci}	n	η_j	混凝土强度等级								
			π20	π25	π30	π35	π40	π45	π50	π55	π60
V_{jc1}	1.1	1.5	2.14	2.47	2.78	3.05	3.32	3.49	3.67	3.80	3.96
		1.25	1.78	2.05	2.31	2.54	2.77	2.91	3.06	3.17	3.30
		1.0	1.42	1.64	1.85	2.03	2.21	2.33	2.45	2.54	2.64
V_{jc2}	0.9	1.5	1.75	2.02	2.27	2.49	2.72	2.86	3.00	3.11	3.24
		1.25	1.46	1.68	1.89	2.08	2.26	2.38	2.50	2.59	2.70
		1.0	1.16	1.34	1.51	1.66	1.81	1.91	2.00	2.08	2.16
V_{jc3}	1.5	1.5	2.91	3.36	3.79	4.16	4.53	4.76	5.00	5.19	5.40
		1.25	2.43	2.80	3.15	3.46	3.77	3.97	4.17	4.32	4.50
		1.0	1.94	2.24	2.52	2.77	3.02	3.18	3.34	3.46	3.60
V_{jc4}	1.2	1.25	1.94	2.24	2.52	2.77	3.02	3.18	3.34	3.46	3.60
		1.0	1.55	1.79	2.02	2.22	2.41	2.54	2.67	2.77	2.88

表 6-13　　$V_{jN}=\frac{1}{\gamma_{RE}}0.05\eta_j\beta$ 值（单位：N/mm²）

β		2	3	4	5	6	7	8	9	10	11	12	13	14	15	16	17	18
V_{jN}	$\eta_j=1$	0.118	0.176	0.235	0.294	0.353	0.412	0.471	0.529	0.588	0.647	0.706	0.765	0.824	0.882	0.941	1.000	1.059
	$\eta_j=1.25$	0.147	0.221	0.294	0.368	0.441	0.515	0.588	0.662	0.735	0.809	0.882	0.956	1.029	1.103	1.176	1.250	1.324
	$\eta_j=1.5$	0.176	0.265	0.353	0.441	0.529	0.618	0.706	0.794	0.882	0.971	1.059	1.147	1.235	1.324	1.412	1.500	1.588
β		19	20	21	22	23	24	25	26	27	28	29	30	31	32	33	34	35
V_{jN}	$\eta_j=1$	1.118	1.176	1.235	1.294	1.353	1.412	1.471	1.529	1.588	1.647	1.706	1.765	1.824	1.882	1.941	2.000	2.059
	$\eta_j=1.25$	1.397	1.471	1.544	1.618	1.691	1.765	1.838	1.912	1.985	2.059	2.132	2.206	2.279	2.353	2.426	2.500	2.574
	$\eta_j=1.5$	1.676	1.765	1.853	1.941	2.029	2.118	2.206	2.294	2.382	2.471	2.559	2.647	2.735	2.824	2.912	3.000	3.088

注：$\beta=N/(b_c h_c)$，N 为上柱底部轴向压力设计值，b_c 和 h_c 上柱截面的宽度和高度。

表 6-14　　HPB235 钢（$f_{yv}=210\text{N/mm}^2$）　$V_{js}=\frac{1}{\gamma_{RE}}f_{yv}A_{sv}n$（kN）值

箍筋层数	ϕ8，箍筋肢数					ϕ10，箍筋肢数				
n	2	3	4	5	6	2	3	4	5	6
1	24.9	37.3	49.7	62.1	74.6	38.8	58.2	77.6	97.0	116.4
2	49.7	74.6	99.4	124.3	149.1	77.6	116.4	155.2	193.9	232.7
3	74.6	111.8	149.1	186.4	223.7	116.4	174.5	232.7	290.9	349.1
4	99.4	149.1	198.8	248.5	298.2	155.2	232.7	310.3	387.9	465.5
5	124.3	186.4	248.5	310.7	372.8	193.9	290.9	387.9	484.9	581.8
6	149.1	223.7	298.2	372.8	447.4	232.7	349.1	465.5	581.8	698.2
7	174.0	261.0	348.0	434.9	521.9	271.5	407.3	543.0	678.8	814.6
8	198.8	298.2	397.7	497.1	596.5	310.3	465.5	620.6	775.8	930.9
9	223.7	335.5	447.4	559.2	671.1	349.1	523.6	698.2	872.7	1047.3
10	248.5	372.8	497.1	621.4	745.6	387.9	581.8	775.8	969.7	1163.6
箍筋层数	ϕ12，箍筋肢数					ϕ14，箍筋肢数				
n	2	3	4	5	6	2	3	4	5	6
1	55.9	83.8	111.8	139.7	167.7	76.0	114.1	152.1	190.1	228.1
2	111.8	167.7	223.5	279.4	335.3	152.1	228.1	304.2	380.2	456.3
3	167.7	251.5	335.3	419.1	503.0	228.1	342.2	456.3	570.3	684.4
4	223.5	335.3	447.1	558.8	670.6	304.2	456.3	608.4	760.4	912.5
5	279.4	419.1	558.8	698.6	838.3	380.2	570.3	760.4	950.6	1140.7
6	335.3	503.0	670.6	838.3	1005.9	456.3	684.4	912.5	1140.7	1368.8
7	391.2	586.8	782.4	978.0	1173.6	532.3	798.5	1064.6	1330.8	1596.9
8	447.1	670.6	894.2	1117.7	1341.2	608.4	912.5	1216.7	1520.9	1825.1
9	503.0	754.4	1005.9	1257.4	1508.9	684.4	1026.6	1368.8	1711.0	2053.2
10	558.8	838.3	1117.7	1397.1	1676.5	760.4	1140.7	1520.9	1901.1	2281.3

表 6-15　　**HRB335 钢**（$f_{yv}=300\text{N/mm}^2$）　$V_{js}=\frac{1}{\gamma_{RE}}f_{yv}A_{sv}n$（kN）值

箍筋	Φ10 箍筋肢数					Φ12 箍筋肢数					Φ14 箍筋肢数				
层数 n	2	3	4	5	6	2	3	4	5	6	2	3	4	5	6
1	55.4	83.2	110.9	138.6	166.3	79.8	119.7	159.7	199.6	239.5	108.7	163.0	217.3	271.6	326.0
2	110.9	166.3	221.8	277.2	332.6	159.7	239.5	319.3	399.2	479.0	217.3	326.0	434.6	543.3	652.0
3	166.3	249.5	332.6	415.8	499.0	239.5	359.2	479.0	598.8	718.5	326.0	489.0	652.0	815.0	978.0
4	221.8	332.6	443.5	554.4	665.3	319.3	479.0	638.7	798.3	958.0	434.6	652.0	869.3	1086.6	1304.0
5	277.2	415.8	554.4	693.0	831.6	399.2	598.8	798.3	997.9	1197.5	543.3	815.0	1086.6	1358.3	1629.9
6	332.6	499.0	665.3	831.6	997.9	479.0	718.5	958.0	1197.5	1437.0	652.0	978.0	1304.0	1629.9	1955.9
7	388.1	582.1	776.2	970.2	1164.2	558.8	838.3	1117.7	1397.1	1676.5	760.6	1141.0	1521.3	1901.6	2281.9
8	443.5	665.3	887.0	1108.8	1330.6	638.7	958.0	1277.4	1596.7	1916.0	869.3	1304.0	1738.6	2173.3	2607.9
9	499.0	748.4	997.9	1247.4	1496.9	718.5	1077.8	1437.0	1796.3	2155.5	978.0	1466.9	1955.9	2444.9	2933.9
10	554.4	831.6	1108.8	1386.0	1663.2	798.3	1197.5	1596.7	1995.9	2395.0	1086.6	1629.9	2173.3	2716.6	3259.9

5. 框架节点核心区的箍筋和纵向钢筋的配置

应符合下列要求：

(1)框架节点中的箍筋最大间距、最小直径宜按表 6-9 取用；对一、二、三级抗震等级的框架节点核心区，其箍筋最小配筋特征值分别不宜小于 0.12、0.10、0.08，且其箍筋体积配筋率分别不宜小于 0.6%、0.5%和 0.4%。

(2)柱中的纵向受力钢筋，不宜在节点中切断。

第四节　框架结构算例

某四层办公楼，采用现浇混凝土框架结构，其结构平面图、剖面图如图 6-30 所示：

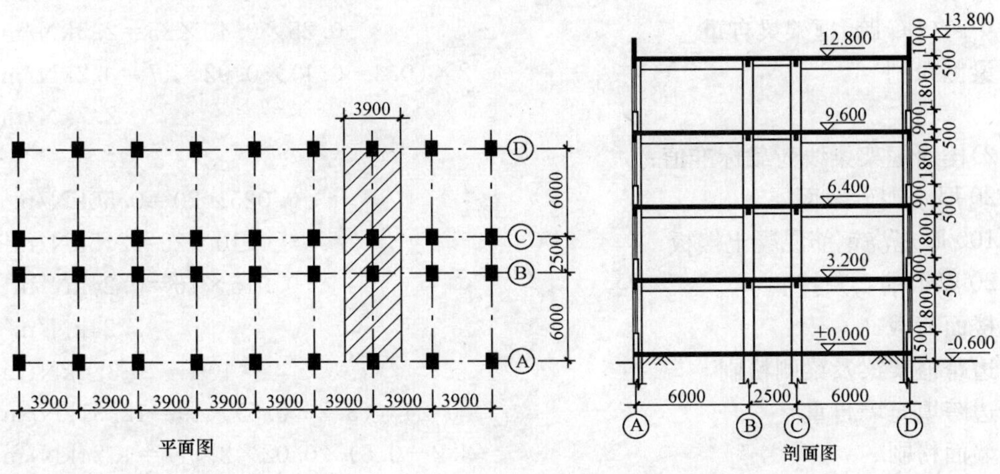

图 6-30　结构平面布置图

建筑作法如下：

(1)墙身做法：墙身为普通机制砖填充墙，M5 水泥砂浆砌筑。内粉刷为混合砂浆底，纸筋灰面，厚 20mm，“803”内墙涂料两度。外粉刷为 1：3 水泥砂浆底，厚 20mm，马赛克贴面。

(2)楼面做法:顶层为 20mm 厚水泥砂浆找平,5mm 厚 1∶2 水泥砂浆加"108"胶水着色粉面层;底层为 15mm 厚纸筋面石灰抹底,涂料两度。

(3)屋面做法:现浇楼板上铺膨胀珍珠岩保温层(檐口处厚 100mm,2%自两侧檐口向中间找坡),1∶2 水泥砂浆找平层厚 20mm,二毡三油防水层。

(4)门窗做法:门厅处为铝合金门窗,其他均为木门,钢窗。

(5)地质资料:属Ⅲ类建筑场地,余略。

荷载:

(1)基本风压:$w_0=0.4\text{kN/m}^2$(地面粗糙度属 B 类)。

(2)活荷载:屋面活荷载 1.5kN/m^2,办公楼楼面活荷载 1.5kN/m^2,走廊楼面活荷载 2.5kN/m^2。

试设计该现浇混凝土框架。

1. 荷载计算

(1)恒载计算。

1)屋面框架梁线荷载标准值:

20 厚 1∶2 水泥砂浆找平	$0.02\times20=0.4\text{kN/m}^2$
100 厚~140 厚(2%找坡)膨胀珍珠岩	$\dfrac{0.10+0.14}{2}\times7=0.84\text{kN/m}^2$
100 厚现浇钢筋混凝土楼板	$0.10\times25=2.5\text{kN/m}^2$
15 厚纸筋石灰抹底	$0.015\times16=0.24\text{kN/m}^2$
屋面恒荷载	3.98kN/m^2
边跨(AB、CD 跨)框架梁自重	$0.25\times0.50\times25=3.13\text{kN/m}$
梁侧粉刷	$2\times(0.5-0.1)\times0.02\times17=0.27\text{kN/m}$
	3.4kN/m
中跨(BC 跨)框架梁自重	$0.25\times0.40\times25=2.5\text{kN/m}$
梁侧粉刷	$2\times(0.4-0.1)\times0.02\times17=0.2\text{kN/m}$
	2.7kN/m

2)楼面框架梁线荷载标准值:

20 厚水泥砂浆面层	$0.025\times20=0.50\text{kN/m}^2$
100 厚现浇钢筋混凝土楼板	$0.10\times25=2.5\text{kN/m}^2$
20 厚纸筋石灰抹底	$0.015\times16=0.24\text{kN/m}^2$
楼面荷载	3.24kN/m^2
边跨框架梁及梁侧粉刷	3.4kN/m
边跨填充墙自重	$0.24\times(3.2-0.5)\times19=12.31\text{kN/m}$
墙面粉刷	$(3.2-0.5)\times0.02\times2\times17=1.84\text{kN/m}$
	14.15kN/m
中跨框架梁及梁侧粉刷	2.7kN/m

3)屋面框架节点集中荷载标准值:

边柱连系梁自重	$0.25\times0.50\times3.9\times25=12.19\text{kN}$
梁侧粉刷	$0.02\times(0.50-0.10)\times2\times3.9\times17=1.06\text{kN}$

1m 高女儿墙自重 $1\times3.9\times0.24\times19=17.78\text{kN}$

墙侧粉刷 $1\times0.02\times2\times3.9\times17=2.65\text{kN}$

连系梁传来屋面自重 $\frac{1}{2}\times3.9\times\frac{1}{2}\times3.9\times3.98=15.13\text{kN}$

顶层边节点集中荷载 $G_{4A}=G_{4D}=48.81\text{kN}$

中柱连系梁自重 $0.25\times0.40\times3.9\times25=9.75\text{kN}$

梁侧粉刷 $0.02\times(0.40-0.10)\times2\times3.9\times17=0.80\text{kN}$

连系梁传来屋面自重 $\frac{1}{2}\times(3.9+3.9-2.5)\times1.25\times3.98=13.18\text{kN}$

$\frac{1}{2}\times3.9\times1.95\times3.98=15.13\text{kN}$

顶层中节点集中荷载 $G_{4B}=G_{4C}=38.86\text{kN}$

4)楼面框架节点集中荷载标准值：

边柱连系梁自重 12.19kN

粉刷 1.06kN

钢窗自重 $3.0\times1.8\times0.45=2.43\text{kN}$

窗下墙体自重 $0.24\times0.9\times3.6\times19=14.77\text{kN}$

粉刷 $2\times0.02\times0.9\times3.6\times17=2.20\text{kN}$

窗边墙体自重 $0.60\times(3.2-1.4)\times0.24\times19=4.92\text{kN}$

粉刷 $0.60\times(3.2-1.4)\times0.02\times17=0.73\text{kN}$

框架柱自重 $0.03\times0.45\times3.2\times25=10.8\text{kN}$

粉刷 $0.78\times0.02\times3.2\times17=0.85\text{kN}$

连系梁传来楼面自重 $\frac{1}{2}\times3.9\times\frac{1}{2}\times3.9\times3.24=12.32\text{kN}$

中间层边节点集中荷载 $G_A=G_D=62.27\text{kN}$

中柱连系梁自重 9.75kN

粉刷 0.80kN

内纵墙自重 $3.6\times(3.2-0.4)\times0.24\times19=45.96\text{kN}$

粉刷 $3.6\times(3.2-0.4)\times2\times0.02\times17=6.85\text{kN}$

扣除门洞重 $-2.1\times1.0\times(5.24-0.2)=-10.58\text{kN}$

框架柱自重 10.8kN

粉刷 0.85kN

连系梁传来楼面自重 $\frac{1}{2}\times(3.9+3.9-2.5)\times1.25\times3.24=10.73\text{kN}$

$\frac{1}{2}\times3.9\times1.95\times3.24=12.32\text{kN}$

中间层中节点集中荷载 $G_B=G_C=87.48\text{kN}$

(2)活荷载计算(图 6-31)

顶层活荷载： $p_{4AB}=p_{4CD}=1.5\times3.9=5.85\text{kN/m}$

$p_{4BC}=1.5\times2.5=3.75\text{kN/m}$

$$P_{4A}=P_{4D}=\frac{1}{2}\times3.9\times\frac{1}{2}\times3.9\times1.5=5.70\text{kN/m}$$

中间层活荷载：$P_{4B}=P_{4C}=\frac{1}{2}\times(3.9+3.9-2.5)\times 1.25\times1.5+\frac{1}{4}\times3.9\times3.9\times1.5=10.67\text{kN}$

$$p_{AB}=p_{CD}=1.5\times3.9=5.85\text{kN/m}$$

$$p_{BC}=2.0\times2.5=5.0\text{kN/m}$$

$$P_A=P_D=\frac{1}{2}\times3.9\times\frac{1}{2}\times3.9\times1.5=5.70\text{kN}$$

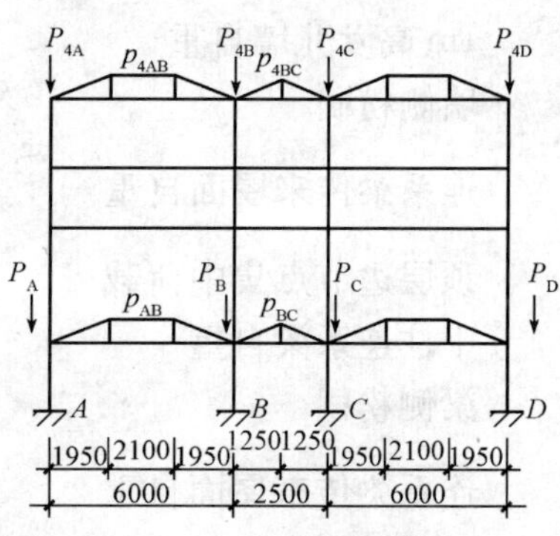

图 6-31 活荷载作用下结构计算简图

$$P_B=P_C=\frac{1}{2}\times(3.9+3.9-2.5)\times1.25\times2.0+\frac{1}{4}\times3.9\times3.9\times1.5=12.33\text{kN}$$

(3)风荷载计算。

风荷载标准值计算公式为：

$$w=\beta_z\mu_s\mu_z w_0$$

因结构高度小于 30m，可取 $\beta_z=1.0$；对于矩形截面 $\mu_s=1.3$；μ_z 可查《建筑结构荷载规范》(GB 50009—2001)，当查得的 $\mu<1.0$ 时，取 $\mu_z=1.0$。将风荷载换算成作用于框架每层节点上的集中荷载，计算过程见表 6-16。表 6-16 为一榀框架各层节点的受风面积，计算结果如图 6-32 所示。

表 6-16

层次	β_s	μ_s	z/m	μ_z	w_0/(kN·m^{-2})	A/m^2	P_w/kN
4	1.0	1.3	13.4	1.10	0.45	10.14	6.53
3	1.0	1.3	10.2	1.01	0.45	12.48	7.37
2	1.0	1.3	7.0	1.00	0.45	12.48	7.30
1	1.0	1.3	3.8	1.00	0.45	13.65	7.99

2. 计算简图

(1)作用在屋顶框架梁上线荷载为(如图 6-33 所示)。

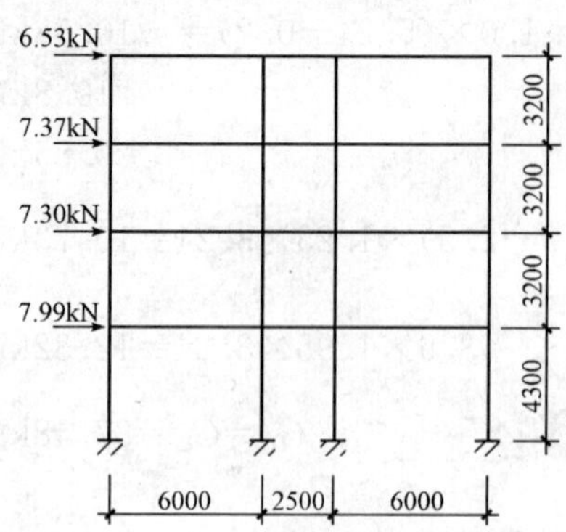

图 6-32 风荷载作用下结构计算简图

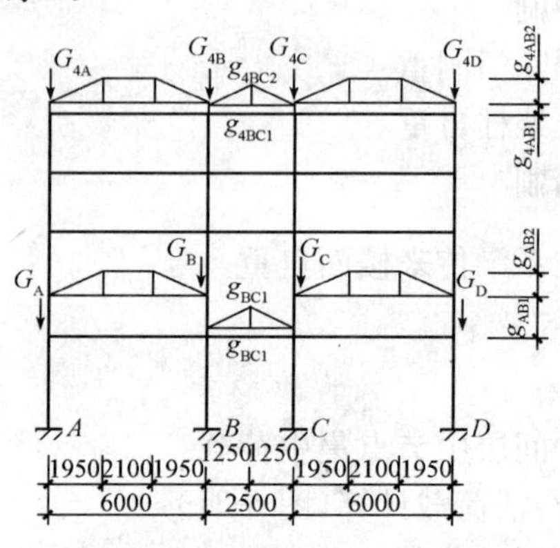

图 6-33 框架梁上线荷载计算简图

1)原有线荷载：$g_{4AB1}=g_{4CD1}=3.4\text{kN/m}$

$g_{4BC1}=2.7\text{kN/m}$

2)由面荷转化为线荷载：

$g_{4AB2}=g_{4CD2}=3.98\times3.9=15.52\text{kN/m}$

$g_{4BC1}=3.98\times2.5=9.95\text{kN/m}$

(2)作用在中间层框架上的线荷载(如图 6-33 所示)：

1)原有线荷载：$g_{AB1}=g_{CD1}=3.4+14.15=17.55\text{kN/m}$

$g_{BC1}=2.7\text{kN/m}$

2)由面荷载转来：$g_{AB2}=g_{CD2}=3.24\times3.9=12.64\text{kN/m}$

$g_{BC1}=3.24\times2.5=8.1\text{kN/m}$

(3)风荷载(如图 6-32 所示)。

3. 截面尺寸及线刚度确定

(1)截面尺寸确定

边跨(AB、CD 跨)梁：取 $h=\frac{1}{12}l=\frac{1}{12}\times6000=500\text{mm}$，$b=\frac{1}{2}h=250\text{mm}$

中跨(BC 跨)梁：取 $h=400\text{mm}$，$b=250\text{mm}$

边柱(A 轴、D 轴)连系梁：取 $b\times h=250\text{mm}\times500\text{mm}$

中柱(B 轴、C 轴)连系梁：取 $b\times h=250\text{mm}\times400\text{mm}$

柱截面均为 $b\times h=300\text{mm}\times450\text{mm}$

现浇楼板厚 100mm。

(2)构件线刚度计算

AB、CD 跨梁：

$$i=2E\times\frac{1}{12}\times0.25\times0.50^3/6.0=8.68\times10^{-4}E$$

BC 跨梁：

$$i=2E\times\frac{1}{12}\times0.25\times0.40^3/2.5=10.67\times10^{-4}E$$

上部各层柱：

$$i=E\times\frac{1}{12}\times0.30\times0.45^3/3.2=7.12\times10^{-4}E$$

底层柱：

$$i=E\times\frac{1}{12}\times0.30\times0.45^3/4.3=5.30\times10^{-4}E$$

(3)荷载计算。

各梁柱构件的线刚度经计算后列于图 6-34。其中在求梁截面惯性矩时考虑到现浇楼板的作用，取 $I=2I_0$(I_0 为不考虑楼板重缘作用的梁截面惯性矩)。

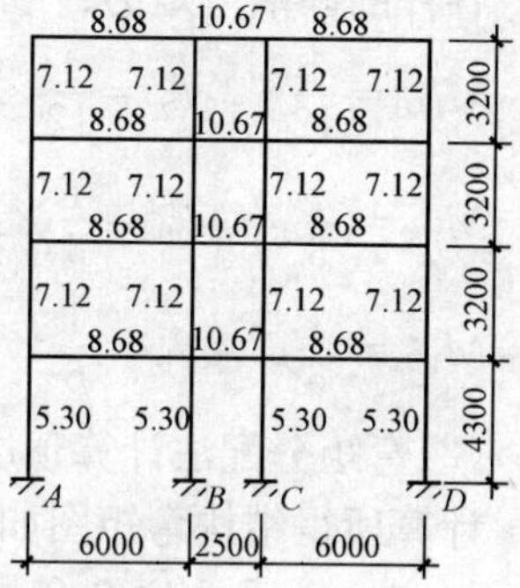

图 6-34　结构计算简图(图中数字为线刚度)

4. 内力计算

(1)用分层法计算竖向荷载下的内力。

结构计算简图如图 6-35a)所示，图中柱的线刚度取框架柱实际线刚度的 0.9 倍。

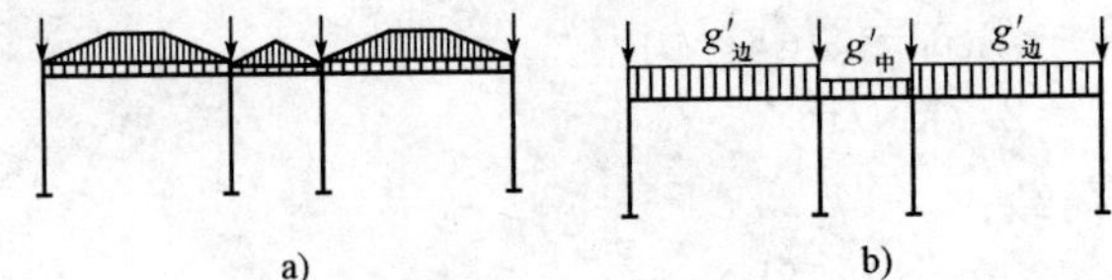

图 6-35　中架上的荷载分布

把梯形荷载化为等效均布荷载(如图 6-36 所示)：

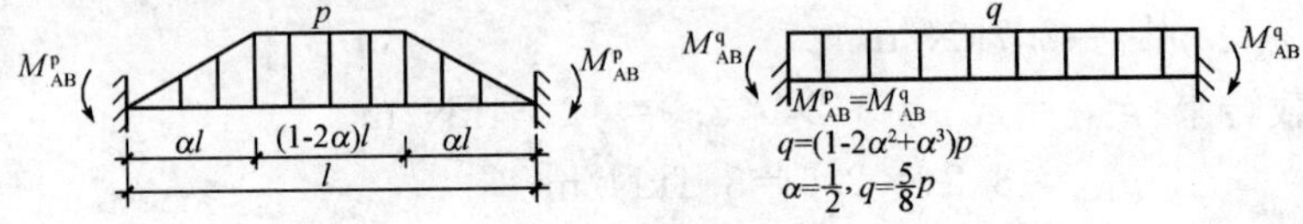

图 6-36　梯形分布荷载等效为均布荷载

顶层：

1)边跨：$\alpha=\dfrac{1950}{6000}=0.325$

$g''_{4边}=g_{4AB1}+(1-2\alpha^2+\alpha^3)g_{4AB2}=3.4+(1-2\times0.325^2+0.325^3)\times15.52=16.17\text{kN/m}$

2)中间跨：$\alpha=\dfrac{1}{2}$，$g'_{4中}=g_{4BC1}+\dfrac{5}{8g_{4BC2}}=2.7+\dfrac{5}{8}\times9.95=8.92\text{kN/m}$

中间层：

1)边跨：$z=\dfrac{1950}{6000}=0.325$

$g''_{边}=17.55+(1-2\times0.325^2+0.325^3)\times12.64=27.95\text{kN/m}$

2)中间跨：$\alpha=\dfrac{1}{2}$

$g''_{中}=2.7+\dfrac{5}{8}\times8.1=7.76\text{kN/m}$

各杆的固端弯矩为：

$M_{4AB}=\dfrac{1}{12}g'_{4边}l^2_{边}=\dfrac{1}{12}\times16.17\times6^2=48.51\text{kN}\cdot\text{m}$

$M_{4BC}=\dfrac{1}{3}g'_{4中}l^2_{中}=\dfrac{1}{3}\times8.92\times1.25^2=4.65\text{kN}\cdot\text{m}$

$M_{4CB}=\dfrac{1}{6}g'_{4中}l^2_{中}=\dfrac{1}{6}\times8.92\times1.25^2=2.32\text{kN}\cdot\text{m}$

(2)弯矩分配法计算顶层结构过程(如图 6-37 所示)。

计算所得结构弯矩图如图 6-38 所示。

$M_{A下}=\dfrac{7.12\times0.9}{7.12\times0.9+8.68}=0.425$

$M_{A右}=\dfrac{8.68}{7.12\times0.9+8.68}=0.575$

$M_{B左}=\dfrac{8.68\times4}{8.68\times4+10.67\times2+4\times7.12\times0.9}=0.425$

$$M_{\text{B右}}=\frac{10.67\times 2}{8.68\times 4+10.67\times 2+4\times 7.12\times 0.9}=0.261$$

$$M_{\text{B下}}=\frac{4\times 7.12\times 0.9}{8.68\times 4+10.67\times 2+4\times 7.12\times 0.9}=0.314$$

A(下柱)	A(右梁)		B(左梁)	B(下梁)	B(右梁)		BC中点
0.425	0.575		0.425	0.314	0.261		
	-48.51		48.51		-4.65		-2.32
20.62	27.89	1/2 →	13.95				
	-12.29	← 1/2	-24.57	-18.15	-15.09	-1 →	15.09
5.22	7.07	1/2 →	3.54				
	-0.75	← 1/2	-1.50	-1.12	0.92	-1 →	0.92
0.32	0.43	1/2 →	0.22				
			-0.09	0.07	-0.06	-1 →	0.06
26.16	-26.16		40.06	-19.34	-20.72		13.75

图 6-37　顶层在恒荷载作用下的弯矩分配

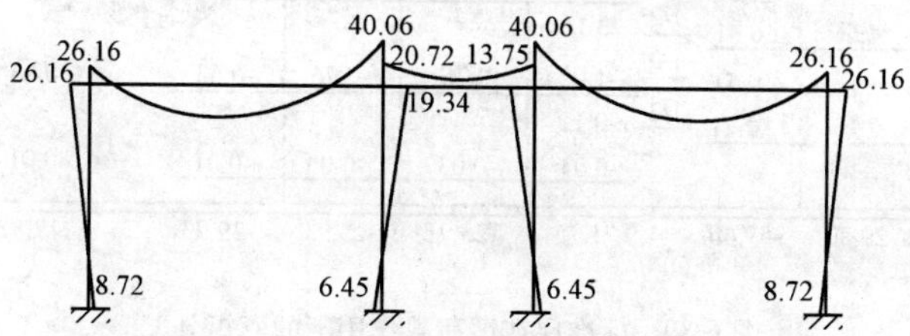

图 6-38　顶层在恒荷载作用下的弯矩图

(3)求跨中弯矩。

AB 跨跨中弯矩：$M_1=\frac{1}{8}\times 16.17\times 6.0^2=72.8\text{kN/m}$

$$M_{\text{跨中}}=-\frac{26.16+40.06}{2}+72.8=39.69\text{kN}\cdot\text{m}$$

BC 跨跨中弯矩：$M_1=\frac{1}{8}\times 8.92\times 2.5^2=6.97\text{kN}\cdot\text{m}$

$$M_{\text{跨中}}=-\frac{20.72+13.75}{2}+6.97=10.27\text{kN}\cdot\text{m}$$

(4)中间标准层弯矩分配过程及弯矩图(如图 6-39 和图 6-40 所示)。

$$M_{\text{A上}}=\frac{7.12\times 0.9}{7.12\times 0.9+7.12\times 0.9+8.68}=0.298$$

$$M_{\text{A下}}=\frac{7.12\times 0.9}{7.12\times 0.9+7.12\times 0.9+8.68}=0.298$$

$$M_{\text{A右}}=\frac{8.68}{7.12\times 0.9\times 2+8.68}=0.404$$

$$M_{\text{B左}}=\frac{8.68\times 4}{8.68\times 4+7.12\times 0.9\times 4\times 2+10.67\times 2}=0.323$$

$$M_{\text{B上}}=M_{\text{B下}}=\frac{7.12\times 0.9\times 4}{8.68\times 4+7.12\times 0.9\times 4\times 2+10.67\times 2}=0.239$$

$$M_{B右}=\frac{10.67\times2}{8.68\times4+7.12\times0.9\times4\times2+10.67\times2}=0.199$$

中间层跨中弯矩：

AB 跨跨中弯矩 $M_1=\frac{1}{8}\times27.95\times6.0^2=125.78\text{kN}\cdot\text{m}$

$$M_{跨中}=-\frac{1}{2}\times(59.6+71.25)+125.78=60.36\text{kN}\cdot\text{m}$$

BC 跨跨中弯矩：$M_1=\frac{1}{8}\times7.76\times2.52=6.06\text{kN}\cdot\text{m}$

$$M_{跨中}=-\frac{1}{2}\times(23.93+23.93)+6.06=-17.87\text{kN}\cdot\text{m}$$

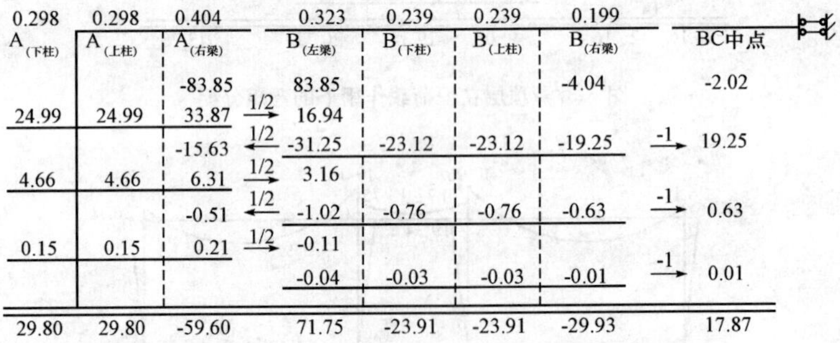

A(下柱)	A(上柱)	A(右梁)		B(左梁)	B(下柱)	B(上柱)	B(右梁)		BC中点
0.298	0.298	0.404		0.323	0.239	0.239	0.199		
		-83.85		83.85			-4.04		-2.02
24.99	24.99	33.87	1/2 →	16.94					
		-15.63	← 1/2	-31.25	-23.12	-23.12	-19.25	-1 →	19.25
4.66	4.66	6.31	1/2 →	3.16					
		-0.51	← 1/2	-1.02	-0.76	-0.76	-0.63	-1 →	0.63
0.15	0.15	0.21	1/2 →	-0.11					
				-0.04	-0.03	-0.03	-0.01	-1 →	0.01
29.80	29.80	-59.60		71.75	-23.91	-23.91	-29.93		17.87

图 6-39 标准层在恒荷载作用下的弯矩分配

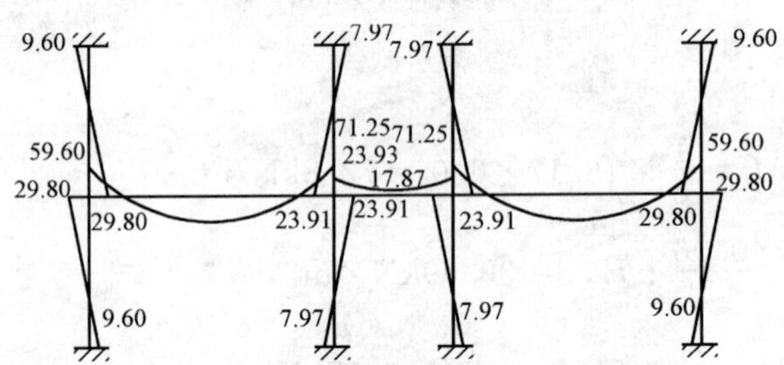

图 6-40 标准层在恒荷载作用下的弯矩图

(5)底层弯矩分配过程及弯矩图(如图 6-41 和图 6-42 所示)。

$$M_{A下}=\frac{5.3}{5.3+7.12\times0.9+8.68}=0.260$$

$$M_{A上}=\frac{7.12\times0.9}{5.3+7.12\times0.9+8.68}=0.314$$

$$M_{A右}=\frac{8.68}{5.3+7.12\times0.9+8.68}=0.426$$

$$M_{B左}=\frac{8.68\times4}{5.3\times4+7.12\times0.9\times4+10.67\times2+8.68\times4}=0.337$$

$$M_{B下}=\frac{5.3\times4}{5.3\times4+7.12\times0.9\times4+10.67\times2+8.68\times4}=0.206$$

$$M_{B左}=\frac{7.12\times0.9\times4}{5.3\times4+7.12\times0.9\times4+10.67\times2+8.68\times4}=0.249$$

$$M_{B右}=\frac{10.67\times2}{5.3\times4+7.12\times0.9\times4+10.67\times2+8.68\times4}=0.208$$

A(下柱)	A(上柱)	A(右梁)		B(左梁)	B(下柱)	B(上柱)	B(右梁)		BC中点
0.260	0.314	0.426		0.337	0.206	0.249	0.208		
		-83.85		83.85			-4.04		-2.02
21.80	26.33	35.72	1/2 →	17.86					
		-16.46	← 1/2	-32.91	-20.12	-24.32	-20.32	-1 →	20.32
4.28	5.17	7.01	1/2 →	3.51					
		-5.09	← 1/2	-1.18	-0.73	-0.87	-0.73	-1 →	0.73
0.15	0.19	0.25	1/2 →	0.13					
				-0.04	-0.03	-0.03	-0.03	-1 →	0.03
26.23	31.69	-57.92		71.22	-25.22	-20.88	-25.12		19.06

图 6-41　底层在恒荷载作用下的弯矩分配

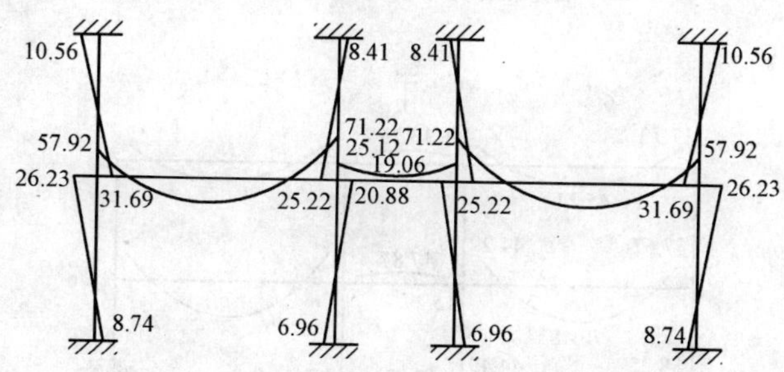

图 6-42　底层在恒荷载作用下的弯矩图

跨中弯矩：

AB 跨跨中弯矩：

$$M_1=\frac{1}{8}\times27.95\times6.0^2=125.78\text{kN}\cdot\text{m}$$

$$M_{跨中}=-\frac{1}{2}(57.92+71.22)+125.78=61.21\text{kN}\cdot\text{m}$$

BC 跨跨中弯矩：$M_1=\frac{1}{8}\times7.76\times2.5^2=6.06\text{kN}\cdot\text{m}$

$$M_{跨中}=-\frac{1}{2}\times(25.12+25.12)+6.06=19.06\text{kN}\cdot\text{m}$$

(6)弯矩图修正。

为提高精度，可将节点不平衡弯矩再分配一次进行修正，修正后竖向荷载作用下整个结构矩图如图 6-43a)所示。并进而可求得框架各梁柱的剪力和轴力，如图 6-43b)所示。

考虑梁端弯矩调幅，并将梁端节点弯矩换算至梁端柱边，以备内力组合时用，如图 6-44 所示。

(7)活荷载作用下的内力计算。

活荷载作用下的内力计算也采用分层法，考虑到活荷载分布的最不利组合，各层楼面活荷载布置可能有如图 6-45 所示的几种组合形式。同样采用弯矩分配法计算，考虑弯矩调幅，并将梁端节点弯矩换算成梁端柱边。其最后弯矩图(标准层)如图 6-45 所示。

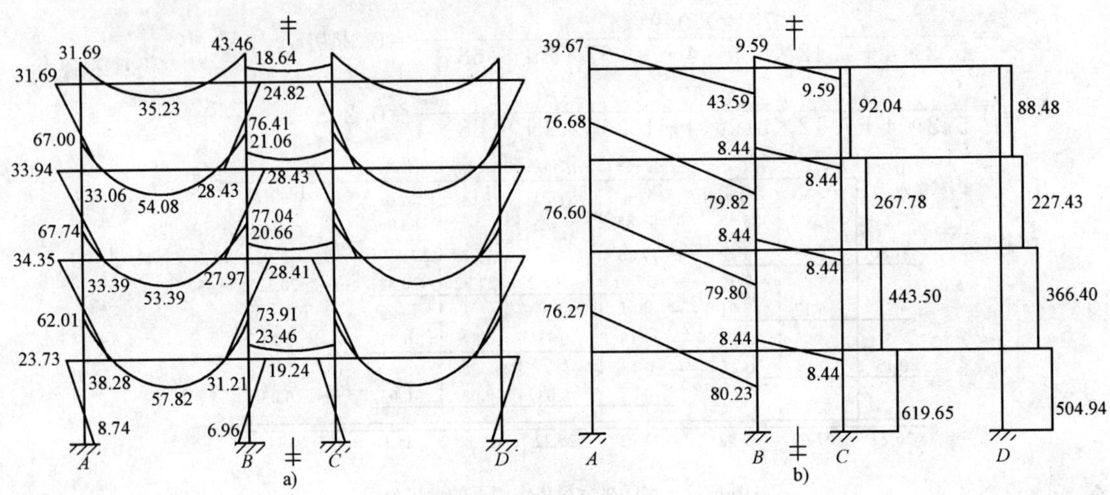

图 6-43　恒荷载作用下剪力图、轴力图(单位:kN)

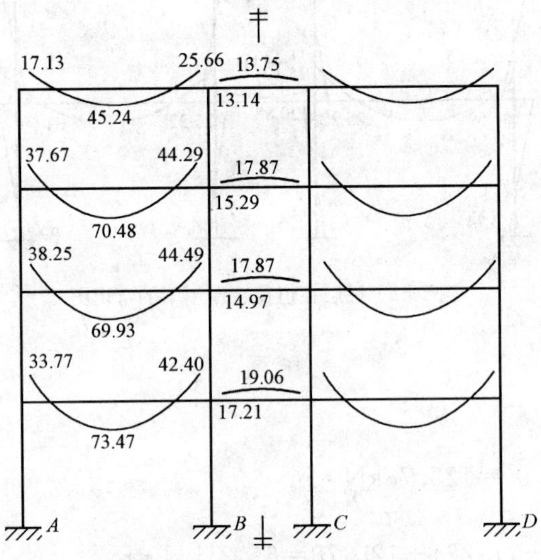

图 6-44　弯矩图(单位:kN·m)

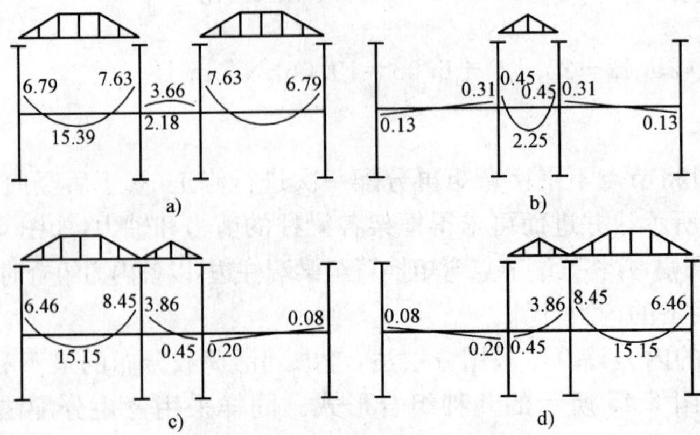

图 6-45　弯矩图(单位:kN·m)

(8)风荷载作用下的内力计算。

风荷载作用下的结构计算简图如图 6-46 所示。内力计算采用 D 值法，计算过程见图 6-46。风荷载作用下框架结构弯矩图如图 6-47 所示，框架轴力图和剪力图如图 6-48 所示。

(9)内力组合

由于对称性，每层梁有 5 个控制截面，即图 6-49 中的 1、2、3、4、5 号截面，表 6-17 给出了第二层梁的内力组合过程；柱则分为边柱和中柱（即 A 柱、B 柱），每个柱每层有两个控制截面，如例图 6-49 所示，内力组合见表 6-18 和表 6-19。

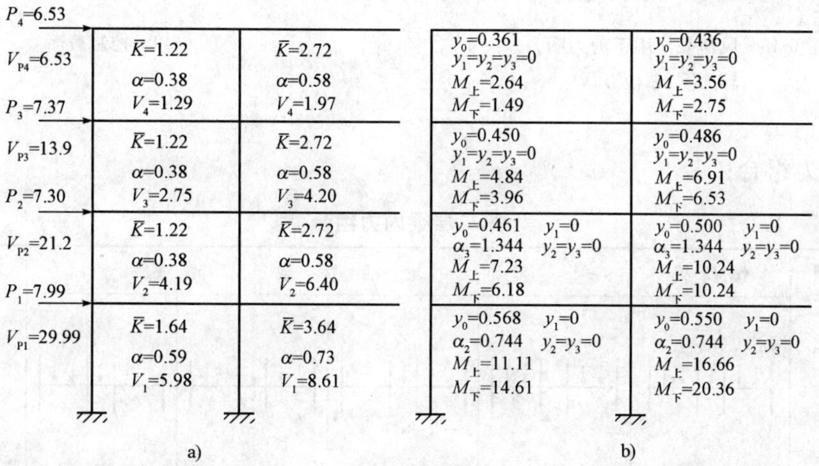

P_4=6.53
V_{P4}=6.53
$\bar{K}$=1.22 α=0.38 V_4=1.29
$\bar{K}$=2.72 α=0.58 V_4=1.97
P_3=7.37
V_{P3}=13.9
$\bar{K}$=1.22 α=0.38 V_3=2.75
$\bar{K}$=2.72 α=0.58 V_3=4.20
P_2=7.30
V_{P2}=21.2
$\bar{K}$=1.22 α=0.38 V_2=4.19
$\bar{K}$=2.72 α=0.58 V_2=6.40
P_1=7.99
V_{P1}=29.99
$\bar{K}$=1.64 α=0.59 V_1=5.98
$\bar{K}$=3.64 α=0.73 V_1=8.61

a)

y_0=0.361 y_1=y_2=y_3=0 $M_上$=2.64 $M_下$=1.49
y_0=0.436 y_1=y_2=y_3=0 $M_上$=3.56 $M_下$=2.75
y_0=0.450 y_1=y_2=y_3=0 $M_上$=4.84 $M_下$=3.96
y_0=0.486 y_1=y_2=y_3=0 $M_上$=6.91 $M_下$=6.53
y_0=0.461 y_1=0 α_3=1.344 y_2=y_3=0 $M_上$=7.23 $M_下$=6.18
y_0=0.500 y_1=0 α_3=1.344 y_2=y_3=0 $M_上$=10.24 $M_下$=10.24
y_0=0.568 y_1=0 α_2=0.744 y_2=y_3=0 $M_上$=11.11 $M_下$=14.61
y_0=0.550 y_1=0 α_2=0.744 y_2=y_3=0 $M_上$=16.66 $M_下$=20.36

b)

图 6-46 D 值法内力计算

a)剪力在各层分配（单位：kN）；b)各柱反弯点及柱端弯矩（单位：kN · m）

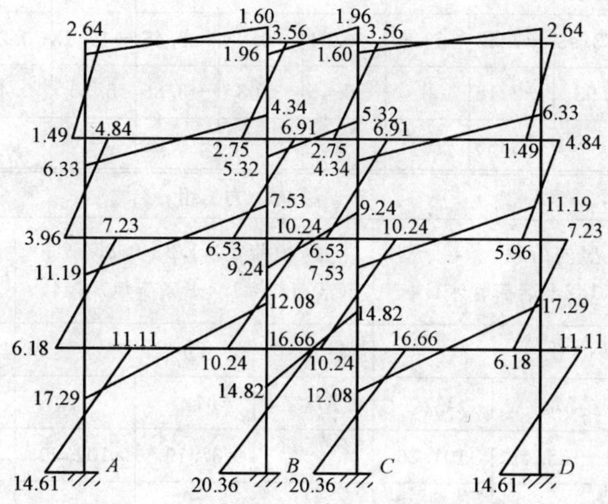

图 6-47 风荷载作用下弯矩图（单位：kN · m）

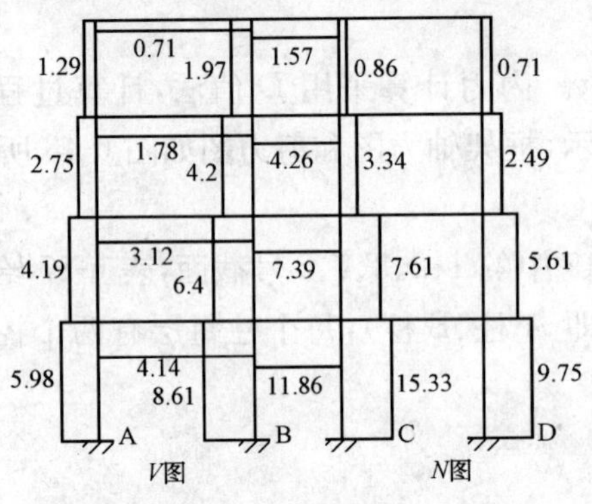

图 6-48 风荷载作用下剪力图、轴力图(单位:kN)

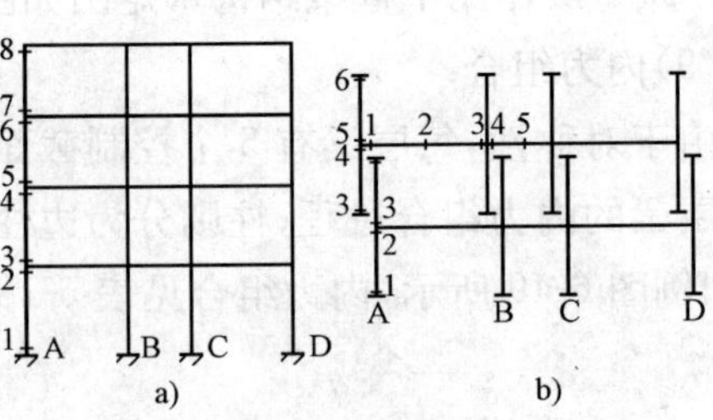

图 6-49 控制截面

梁的内力组合:

表 6-17 第二层梁内力组合

荷载类型 / 截面号	恒荷载 ①		活荷载 ②		活荷载 ③		活荷载 ④		活荷载 ⑤		风荷载 ⑥	
	M	V	M	V	M	V	M	V	M	V	M	V
1	−38.25	70.83	−6.79	11.62	0.13	−0.08	−6.46	11.41	−0.08	0.05	±11.19	±3.12
2	69.93	—	15.39	—	−0.23	—	15.15	—	0.04	—	±4.02	—
3	−44.99	−73.93	−7.63	−11.92	−0.31	−0.08	−8.45	−12.13	0.20	0.05	±7.53	±3.12
4	−14.97	6.92	−2.18	0	−0.45	3.03	−3.86	5.30	0.45	0.76	±9.24	±7.39
5	−17.87	—	−3.66	—	2.25	—	−0.68	—	−0.68	—	0	—

荷载类型 / 截面号	内力组合:竖向荷载 恒荷载×1.2+活荷载×1.4 ⑦			恒荷载×1.2+0.85(活荷载×1.4+风荷载×1.4) ⑧			恒荷载×1.2+风荷载×1.4 ⑨		
	M_{max}	M_{min}	V_{max}	M_{max}	M_{min}	V_{max}	M_{max}	M_{min}	V_{max}
1	—	−55.41	101.26	—	67.19	102.29	—	−61.57	89.36
2	105.46	—	—	107.81	—	—	89.54	—	—
3	—	−65.82	−105.70	—	−73.00	−106.86	—	64.53	93.08
4	—	−23.37	15.72	—	−33.55	23.4	—	−30.9	18.65
5	—	−26.57	—	—	−25.80	—	—	−21.44	—

表 6-18

柱号	荷载类型 / 截面	三层分析 活荷载				二层分析 活荷载			
		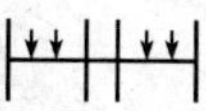	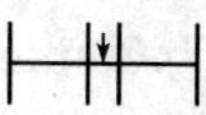	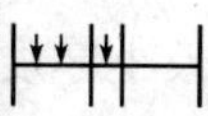	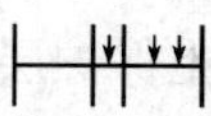	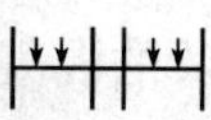	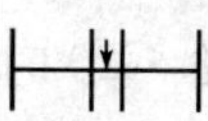	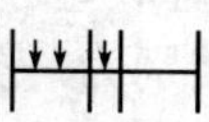	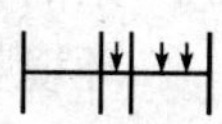
A柱	M_4	5.18	−0.08	4.97	0.05	1.72	−0.03	1.65	0.01
	M_3	1.72	−0.03	1.65	0.01	5.18	−0.08	4.97	0.05
	N	11.55	−0.06	11.27	0.07	0	0	0	0
B柱	M_4	−4.23	0.40	−3.20	−0.23	−1.41	0.13	−1.07	−0.08
	M_3	−1.41	0.13	−1.07	−0.08	−4.23	0.40	−3.20	−0.23
	N	12.15	3.19	18.66	−0.04	0	0	0	0

表 6-19 二层柱内力组合

柱号	荷载类型 / 截面	恒荷载		活荷载			风荷载	
		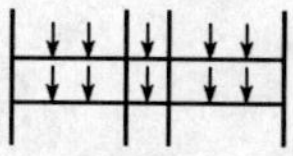	上层传来	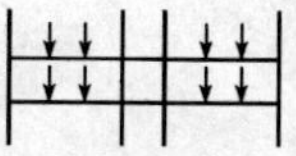	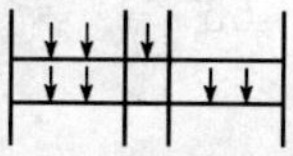	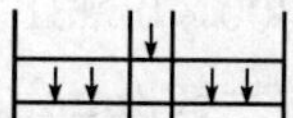	上层传来	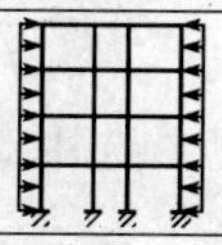
		①	②	③	④	⑤	⑥	⑦
A柱	M_4	34.35	—	6.9	6.69	1.64	—	±7.23
	M_3	38.28	—	6.9	6.83	5.15	—	±6.18
	N	76.70	289.70	11.55	11.27	−0.06	33.75	∓4.19
B柱	M_4	−28.41	—	−5.64	−4.61	−1.01	—	±10.24
	M_3	−31.21	—	−5.64	−5.30	−4.10	—	±10.24
	N	88.24	355.26	12.15	18.66	3.19	55.75	∓6.4

柱号	荷载类型 / 截面	内力组合 恒荷载×1.2+活荷载×1.4			恒荷载×1.2+0.85(活荷载×1.4+风荷载×1.4)			恒荷载×1.2+风荷载×1.4	
		N_{max},M	N_{min},M	N,M	N_{max},M	N_{min},M	N,M	N_{max},M	N_{min},M
		⑧	⑨	⑩	⑪	⑫	⑬	⑭	⑮
		(1)+(2)+(3)+(6)	(1)+(2)+(5)	(1)+(2)+(4)	(7)+(8)	(7)+(9)	(7)+(10)	(1)+(2)+(7)	
A柱	M_4	50.88	43.52	50.59	58.03	50.75	57.82	31.10	51.34
	M_3	55.55	53.15	55.50	61.73	59.33	61.6	37.28	53.35
	N	503.10	439.60	455.46	498.91	443.79	459.64	433.81	445.55
B柱	M_4	−41.99	−35.51	−40.55	−52.23	−45.75	−50.79	−19.76	−48.43
	M_3	−45.35	−43.19	−44.87	−55.59	−53.43	−55.11	−23.11	−51.79
	N	627.26	536.67	558.32	620.86	543.07	564.27	443.5	541.16

(10)截面设计。

1)梁的设计：

以二层 AB 梁为例，其最不利组合如下：

$M_{AB}=-67.19\text{kN}\cdot\text{m}$　$M_{跨中}=107.81\text{kN}\cdot\text{m}$　$M_{BA}=-73\text{kN}\cdot\text{m}$

$V_{AB}=102.29\text{kN}$　$V_{BA}=-106.86\text{kN}$

①正截面强度计算：

梁的截面尺寸为500mm×250mm。

环境类别为一类，C20时梁的混凝土保护层最小厚度为30mm。

故设$a=35\text{mm}$，则$h_0=500-35=465\text{mm}$

由混凝土和钢筋等级，查表得：

$f_c=9.6\text{N/mm}^2$，$f_y=300\text{N/mm}^2$，$f_t=1.10\text{N/mm}^2$

$\alpha_1=1.0$，$\beta_1=0.8$，$\xi_b=0.55$

对于梁端，不考虑现浇混凝土板的作用

梁端A：$\alpha_s=\dfrac{M}{\alpha_1 f_c b h_0^2}=\dfrac{67.19\times10^6}{1.0\times9.6\times250\times465^2}=0.129$

$\xi=1-\sqrt{1-2\alpha_s}=0.139<\xi_b=0.55$（满足要求）

$\gamma_s=0.5(1+\sqrt{1-\alpha_s})=0.931$

$A_s=\dfrac{M}{f_y\gamma_s h_0}=\dfrac{67.19\times10^6}{300\times0.931\times465}=517\text{mm}^2$

选用3Φ16，$A_s=603\text{mm}^2$。

梁端B：$\alpha_s=\dfrac{M}{\alpha_1 f_c b h_0^2}=\dfrac{73\times10^6}{1.0\times9.6\times250\times465^2}=0.146$

$\xi=1-\sqrt{1-2\alpha_s}=0.159<\xi_b=0.55$（满足要求）

$\gamma_s=0.5(1+\sqrt{1-\alpha_s})=0.962$

$A_s=\dfrac{M}{f_y\gamma_s h_0}=\dfrac{73\times10^6}{300\times0.962\times465}=544\text{mm}^2$

选用3Φ16，$A_s=603\text{mm}^2$。

对于梁中截面，考虑混凝土现浇板翼缘受压，按T形梁计算。

翼缘计算宽度取$b'_f=l_0/3=6000/3=2000\text{mm}$

$$\alpha_1 f_c b'_f h'_f\left(h_0-\frac{h'_f}{2}\right)=1.0\times9.6\times2000\times100\times\left(465-\frac{100}{2}\right)$$

$$=796.8\times10^6>107.95\times10^6$$

属于第一种类型的T形截面。以b'_f代替b，可得

$$\alpha_s=\frac{M}{\alpha_1 f_c b'_f h_0^2}=\frac{107.81\times10^6}{1.0\times9.6\times2000\times465^2}=0.026$$

$$\xi=1-\sqrt{1-2\alpha_s}=0.026<\xi_b=0.55\text{（满足要求）}$$

$$\gamma_s=0.5(1+\sqrt{1-\alpha_s})=0.993$$

$$A_s=\frac{M}{f_y\gamma_s h_0}=\frac{107.95\times10^6}{300\times0.993\times465}=779\text{mm}^2$$

选用3Φ20，$A_s=941\text{mm}^2$

②斜截面强度验算：

取设计剪力$V=106.86\text{kN}$

验算截面尺寸　　　$h_w = h_0 = 465\text{mm}, \frac{h_w}{b} = \frac{465}{250} = 1.86 < 4$

属厚腹梁。

$0.25\beta_c f_c b h_0 = 0.25 \times 1 \times 9.6 \times 250 \times 465 = 279000\text{N} = 279\text{kN} > V_{max} = 106.86\text{kN}$（截面符合要求）

验算是否需要计算配置箍筋：

$0.7 f_t b h_0 = 0.7 \times 1.10 \times 250 \times 465 = 89513\text{N} < V = 106.86\text{kN}$，故需配置箍筋。若选用 $\phi 8@200$。

$$0.7 f_t b h_0 + 1.25 f_{yv} \frac{A_{sv}}{S} h_0 = 0.7 \times 1.10 \times 250 \times 465 + 1.25 \times 210 \times \frac{2 \times 50.3}{200} \times 465$$

$= 150910\text{N} > V = 106.86\text{N}$（满足要求）

配箍率　　　$\rho_{sv} = \frac{nA_{sv1}}{bs} = \frac{2 \times 50.3}{250 \times 200} \times 100\% = 0.201\%$

最小配箍率　　　$\rho_{svmin} = 0.24 \frac{f_t}{f_{yv}} = 0.24 \times \frac{1.1}{210} \times 100\% = 0.126\% < \rho_{sv}$（满足要求）

2)柱的设计：

以第二层 A 轴线柱为例。其最不利的内力组合如图 6-50 所示。

柱的截面尺寸为 300mm×450mm。

①受力纵筋的计算：

柱的计算长度 $l_0 = 1.25H = 1.25 \times 3.2 = 4\text{m}$

$l_0/h = 4000/450 = 8.89$

柱端 A_4：$e_0 = \frac{M}{N} = \frac{58.03 \times 10^6}{498.91 \times 10^3} = 116\text{mm}$；$e_a = \frac{450}{30} = 15\text{mm} < 20\text{mm}$

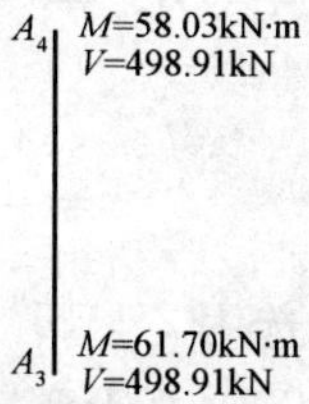

图 6-50　最不利内力组合

$e_i = e_0 + e_a = 116 + 20 = 136\text{mm}$

$\xi_1 = 0.2 + 2.7 \frac{e_i}{h_0} = 0.2 + 2.7 \times \frac{136}{415} = 1.08 > 1$，取 $\xi_1 = 1$

$l_0/h = 8.89 < 15, \xi_2 = 1$

$$\eta = 1 + \frac{1}{1400 \frac{e_i}{h_0}} \left(\frac{l_0}{h}\right)^2 \xi_1 \xi_2 = 1 + \frac{1}{1400 \times \frac{136}{415}} \times 8.89^2 \times 1 \times 1 = 1.17$$

$\eta e_i = 1.17 \times 136 = 159\text{mm} > 0.3h_0 = 140\text{mm}$

先按大偏心受压情况计算

$$e = \eta e_i + \frac{h}{2} - a = 159 + \frac{450}{2} - 35 = 349\text{mm}$$

$$x = \frac{N}{\alpha_1 f_c b} = \frac{498.91 \times 10^3}{1.0 \times 9.6 \times 300} = 173.23\text{mm} (x < 0.55h_0, x > 2a)$$

$$A_s = A'_s = \frac{Ne - \alpha_1 f_c b x \left(h_0 - \frac{x}{2}\right)}{f'_y (h_0 - a'_s)}$$

$$= \frac{498.91 \times 10^3 \times 355 - 1.0 \times 9.6 \times 300 \times 173.6 \times \left(415 - \frac{173.6}{2}\right)}{300 \times (415 - 35)} = 117.82\text{mm}$$

选用 2Φ16。

柱端 A3： $e_0=\dfrac{M}{N}=\dfrac{61.7\times10^6}{498.91\times10^3}=124\text{mm};e_a=\dfrac{450}{30}=15\text{mm}(<20\text{mm})$

$$e_i=e_0+e_a=124+20=144\text{mm}$$

$$\xi_1=0.2+2.7\frac{e_i}{h_0}=0.2+2.7\times\frac{144}{415}=1.16>1,取\ \xi_1=1$$

$$l_0/h=8.89<15,\xi_2=1$$

$$\eta=1+\frac{1}{1400\dfrac{e_i}{h_0}}\left(\frac{l_0}{h}\right)^2\xi_1\xi_2=1+\frac{1}{1400\times\dfrac{144}{415}}\times8.89^2\times1\times1=1.16$$

$$\eta e_i=1.16\times144=167\text{mm}>0.3h_0=140\text{mm}$$

先按大偏心受压情况计算。

$$e=\eta e_i+\frac{h}{2}-a=167+\frac{450}{2}-35=357\text{mm}$$

$$x=\frac{N}{\alpha_1f_cb}=\frac{498.91\times10^3}{1.0\times9.6\times300}=173.2\text{mm}(x<0.55h_0,x>2a)$$

$$A_s=A'_s=\frac{Ne-\alpha_1f_cbx\left(h_0-\dfrac{x}{2}\right)}{f'_y(h_0-a'_s)}$$

$$=\frac{498.91\times10^3\times361-1.0\times9.6\times300\times173.2\times\left(415-\dfrac{173.2}{2}\right)}{300\times(415-35)}=144.14\text{mm}$$

选用 2Φ16

②垂直于弯矩作用平面的强度检算：

取最大压力 498.91kN 进行验算。

$l_0/h=133.78$，查表 $\varphi=0.9305$，

$N_u=0.9\varphi(f_cA+f'_yA'_s)=0.9\times0.9305\times(9.6\times300\times450+300\times804)=1287\text{kN}>500.06\text{kN}$

③抗剪强度计算：

柱 A_3、A_4 的受力如图 6-51 所示。

$$V_{A_4}=\frac{M_{A_3}+M_{A_4}+\dfrac{1}{2}qH^2}{H}=\frac{58.03+61.73+\dfrac{1}{2}\times1.79\times3.22}{3.2}$$

$$=40.29\text{kN}$$

$$V_{A_3}=\frac{M_{A_3}+M_{A_4}-\dfrac{1}{2}qH^2}{H}=34.56\text{kN}$$

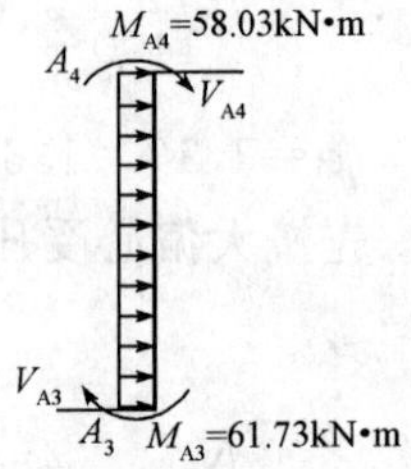

图 6-51　柱 A_3、A_4 受力图

$$\lambda=\frac{H}{2h_0}=3.86>3,取\ \lambda=3$$

$$N=498.91\times10^3\text{N}>0.3f_cA=0.3\times9.6\times300\times450=388.80\times10^3\text{N}$$

$$V_u=\frac{1.75}{\lambda+1.0}f_tbh_0+0.07N=\frac{1.75}{3+1}\times1.10\times300\times415+0.07\times389\times10^3=87146\text{N}$$

$$=87.1\text{kN}>43.3\text{kN}$$

故可按构造要求配箍筋，取 ϕ8@200。

3)节点图：

由上面算出的结果，绘出了二层梁与柱的节点图(如图 6-52 所示)。

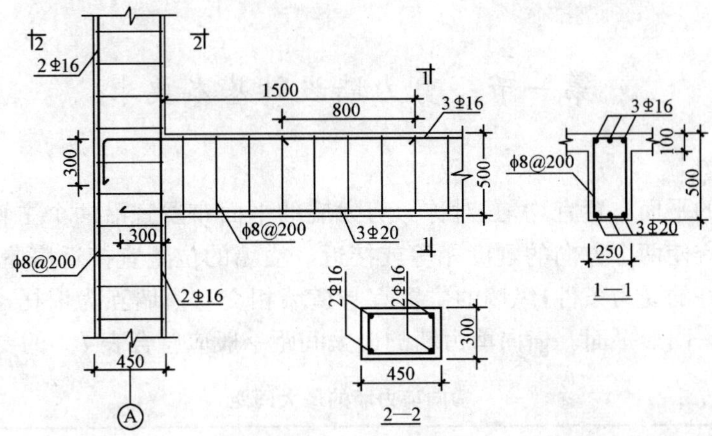

图 6-52　节点图

第七章　钢筋混凝土剪力墙结构

第一节　剪力墙设计基本要求

一、平面布置

(1)剪力墙的平面布置宜均匀、对称。剪力墙的平面布置宜沿两个主轴方向双向布置，避免单向布置，宜使两个方向的刚度相等或接近。横墙的位置宜接近房屋的端部但又不在端部，以取得最好的受力条件；纵墙的位置宜与横墙相交与横墙互为依托，组成 L 形、T 形、Ⅱ形、Ⅰ形、口形、回形平面。横向剪力墙的最大间距一般应符合表 7-1 的要求。

表 7-1　　横向剪力墙的最大间距

楼盖形式	只考虑风力作用	6 度或 7 度	8 度	9 度
装配整体式	$\leqslant 3.5B, \leqslant 50$m	$\leqslant 3B, \leqslant 40$m	$\leqslant 2.5B, \leqslant 30$m	—
现浇整体式	$\leqslant 5B, \leqslant 60$m	$\leqslant 4B, \leqslant 50$m	$\leqslant 3B, \leqslant 40$m	$\leqslant 2B, \leqslant 30$m

纵向剪力墙宜布置在结构单元的中间区段，避免集中布置在房屋的尽端，以免妨碍房屋伸缩变形。

(2)剪力墙不宜布置过密及过长，合理的设计应是瘦高型的，呈受弯状态，过长的剪力墙可用楼板或弱连梁分割成若干墙段，每一个墙段相当于一片独立的剪力墙，墙段的高宽比不应小于 2，也不宜大于 8。

(3)短肢剪力墙结构是介于框架结构与剪力墙结构之间的一种结构，短肢剪力墙结构的最大适用高度、抗震等级、墙肢的轴压比、配筋率、截面剪力设计值等有关的要求也介于框架和剪力墙之间。短肢剪力墙的抗震性能较差，高层建筑结构不应全部采用短肢墙。当层数较多或总高度较高时，宜在适当位置布置核心筒或增设一般剪力墙。使形成短肢墙核心筒结构或短肢墙-剪力墙结构，共同抵抗水平力。

(4)在楼面纵梁与横墙（或横梁与纵墙）直接相交处，宜沿梁的轴线设置剪力墙或扶壁柱，以减小梁端弯矩对墙的不利影响。

(5)楼面大梁不宜搁置在剪力墙的连梁上，在水平力作用下，连梁自身的剪力就很大，不宜再增加连梁的负担。

(6)在设计中应设法采取一些构造措施和施工措施减少设缝或不设缝。

(7)一般情况下，伸缩缝的最大间距不宜超过表 7-2 的规定。

表 7-2　　伸缩缝的最大间距

结构形式	施工方法	最大间距(m)	结构形式	施工方法	最大间距(m)
框架-剪力墙结构	装配整体式	70	剪力墙结构	内浇外挂	65
	内浇外挂	65		全现浇	45
	全现浇	55			

二、竖向布置

(1)剪力墙的门窗洞口应上下左右对齐,成行成列布置形成联肢墙。

(2)抗震设计时,一～三级抗震等级剪力墙的底部加强部位不宜采用错洞墙;一～三级抗震等级剪力墙均不宜采用叠合错洞墙。当无法避免时,除了应按有限元法计算外,并应在洞口周边加框[如图 7-1a)所示];或用轻质材料填充,将叠合洞口转化为规则洞口[如图 7-1b)所示]。

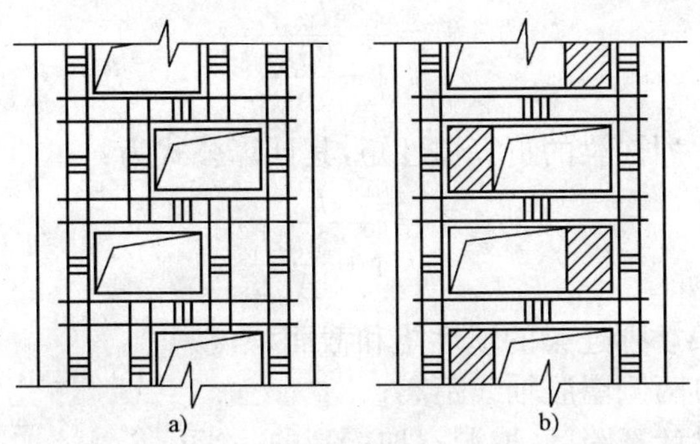

图 7-1　错洞墙的构造措施

a)在洞口加框维持错洞方案;b)通过填充墙改变错洞性质

(3)剪力墙应从底到顶连续布置,上下成列的门窗洞也应不间断设置,不需要门窗洞的地方,可以“先开后堵”,避免刚度突变。

(4)剪力墙的边缘及门窗洞口宜加“框”(翼缘、明柱、突楞等边缘构件)或暗柱。

试验表明:有边缘构件的剪力墙与矩形截面的剪力墙相比,极限强度约提高 40%,极限层间位移角增加一倍,耗能能力增大 20%,且有利于墙体的稳定。

第二节　水平荷载作用下内力与位移的计算

一、计算方法

1. 基本假定

(1)将结构沿两个正交主轴划分为若干片平面抗侧力结构,每一个方向上的水平荷载由该方向上的平面抗侧力结构承受,在考虑横墙作用时,部分与横墙相连的纵墙可以作为横墙的有效翼缘与横墙共同工作。

(2)垂直于水平荷载方向的独立墙、柱不参加工作。

(3)计算时,除考虑各构件的弯曲变形外,剪力墙宜考虑剪切变形,对于总高度超过 50m,高宽比大于 4 的高层房屋结构,宜考虑柱与墙的轴向变形。

2. 整体参数

整体参数 α 是判别剪力墙类型的重要条件,其计算公式为:

$$\alpha=\begin{cases} H\sqrt{\dfrac{12I_{\mathrm{b}}a^{2}}{h(I_{1}+I_{2})l_{\mathrm{b}}^{3}}\dfrac{I}{I_{\mathrm{n}}}}\text{(双肢墙)} \\ H\sqrt{\dfrac{12}{\tau h\sum\limits_{j=1}^{m+1}I_{\mathrm{j}}}\sum\limits_{j=1}^{m}\dfrac{I_{\mathrm{bj}}a_{\mathrm{j}}^{2}}{l_{\mathrm{bj}}^{2}}}\text{(多肢墙)} \end{cases} \tag{7-1}$$

式中 τ——轴变参数。当3～4肢时，取$\tau=0.8$；5～7肢时，取0.85；8肢及多于8肢，取0.9；

I——剪力墙对组合截面形心轴的惯性矩；

I_n——扣除墙肢惯性矩后剪力墙的惯性矩，其计算公式为：

$$I_n=I-\sum_{j=1}^{m+1}I_j$$

I_b——双肢墙连梁的折算惯性矩，其计算公式为： (7-2)

$$I_b=\frac{I_{b0}}{1+\dfrac{30\mu I_{b0}}{A_b l_b^2}} \tag{7-3}$$

I_{bj}——多肢墙等j列连梁的折算惯性矩，其计算公式为：

$$I_{bj}=\frac{I_{b0j}}{1+\dfrac{30\mu I_{b0j}}{A_{bj} l_{bj}^2}} \tag{7-4}$$

I_{b0j}、A_{bj}是第j列连梁的惯性矩和截面积；

a_j——第j列洞口两侧墙肢轴线距离；

l_{bj}——第j列连梁计算跨度，取洞宽加梁高的一半；

h——层高；

H——剪力墙总高；

μ——剪应力分布不均匀系数：矩形截面取$\mu=1.2$；工形截面取$\mu=\dfrac{A}{A'}$（A为剪力墙横截面积，A'为腹板截面积）；T形截面按表7-3取值。

表7-3 T形截面剪应力分布不均匀系数表

L/t \ B/t	2	4	6	8	10	12
4	1.441	1.876	2.281	2.633	3.061	3.424
6	1.362	1.697	2.033	2.367	2.693	3.026
8	1.313	1.572	1.838	2.106	2.374	2.641
10	1.283	1.489	1.707	1.927	2.148	2.370
12	1.264	1.432	1.614	1.800	1.988	2.178
15	1.243	1.374	1.519	1.669	1.820	1.973
20	1.228	1.317	1.422	1.534	1.648	1.763
30	1.214	1.264	1.328	1.399	1.473	1.549
40	1.208	1.240	1.284	1.334	1.387	1.442

注：B表示翼缘宽度，L表示剪力墙的截面高度，t表示墙厚。

3. 剪力墙分类

可以用α及$\dfrac{I_n}{I}$这两个条件来判别剪力墙的类型。

(1)无洞口的整片墙及开有小洞口，但洞口立面总面积不超过该片墙面总面积的15%，并且洞口的长边尺寸不超过洞边至墙边及洞口至洞边的距离，可按整截面墙计算。

(2)当$\alpha<1$时，连梁的约束作用很小，各墙肢可作为单肢墙考虑，按整截面墙的计算方法计算。

(3)当$1\leqslant\alpha<10$时，连梁的约束作用已明显存在，不能忽略，但墙肢仍以弯曲变形为主，可按联肢墙计算。

(4)当 $\alpha>10$ 时：

如 $\frac{I_n}{I}\leqslant\xi$，墙肢在层间很少出现反弯点，可作为以弯曲变形为主的整体小开口墙计算。

如 $\frac{I_n}{I}>\xi$，墙肢将在大多数层间出现反弯点，接近于框架受力条件，宜按壁式框架设计。

二、整截面墙计算

1. 计算截面积

无洞口墙取整截面面积；

有洞口墙的计算截面积取无洞处(洞口以上或以下)毛截面积乘以削弱系数，即

$$A_w=\gamma_0 A \tag{7-5}$$

式中　γ_0——孔洞削弱系数，其计算公式为：

$$\gamma_0=1-1.25\sqrt{\frac{A_{0p}}{A_f}} \tag{7-6}$$

A_{0p}——墙面孔洞立面面积之和；

A_f——整截面剪力墙立面总面积(包括孔洞立面面积)；

A——有洞墙在无洞处的横截面毛面积。

2. 等效惯性矩

有小洞口整截面墙的等效惯性矩，取有洞处横截面惯性矩与无洞处横截面惯性矩沿竖向的加权平均值。

$$I_w=\frac{\sum_{i=1}^{n}I_i h_i}{\sum_{i=1}^{n}h_i}=\frac{\sum_{i=1}^{n}I_i h_i}{H} \tag{7-7}$$

式中　I_i——第 i 段剪力墙横截面惯性矩，矩形无洞口墙段 $I_i=\frac{1}{12}tB^3$ 矩形有洞口墙段取组合截面惯性矩(如图 7-2 所示)，其计算公式为：

$$I_i=\frac{1}{12}tB^3-\frac{1}{12}tB_1^3-tB_1 y_1^2 \tag{7-8}$$

y_1 是洞口截面中心线至组合截面中心线的距离。

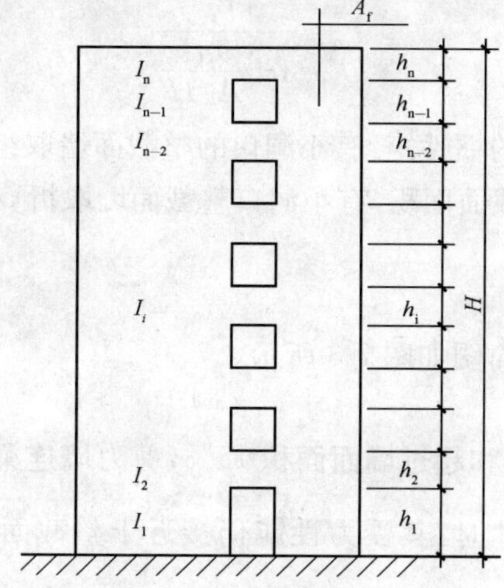

图 7-2　剪力墙横截面惯性矩计算简图

三、顶点水平位移

单肢及整截面墙的顶点水平位移。

$$u_t=\begin{cases}\dfrac{11}{60}\cdot\dfrac{VH^3}{EI_{eq}}=\dfrac{11}{120}\cdot\dfrac{gH^4}{EI_{eq}}(\text{倒三角形荷载})\\[2mm]\dfrac{1}{8}\cdot\dfrac{VH^3}{EI_{eq}}=\dfrac{1}{8}\cdot\dfrac{qH^4}{EI_{eq}}(\text{均布荷载})\\[2mm]\dfrac{1}{3}\cdot\dfrac{VH^3}{EI_{eq}}=\dfrac{1}{3}\cdot\dfrac{FH^3}{EI_{eq}}(\text{顶点集中荷载})\end{cases}\tag{7-9}$$

式中 V——外荷载在墙底产生的总剪力，即全部水平力之和；

H——剪力墙总高；

g——倒三角形荷载的最大值，为了便于以后的计算和查表，可将集中作用在 i 质点处的地震作用按底部弯矩相等的原则换算成倒三角形荷载：

$$M_0=\frac{1}{2}gH\times\frac{2}{3}H=\frac{1}{3}gH^2,g=\frac{3M_0}{H^2}\tag{7-10}$$

q——均布荷载；

F——作用在剪力墙顶点的集中力。

等效惯性矩的计算公式为：

$$I_{eq}=\begin{cases}\dfrac{I_w}{1+\dfrac{3.67EI_w\mu}{GA_wH^2}}(\text{倒三角形荷载})\\[4mm]\dfrac{I_w}{1+\dfrac{4EI_w\mu}{GA_wH^2}}(\text{均布荷载})\\[4mm]\dfrac{I_w}{1+\dfrac{3EI_w\mu}{GA_wH^2}}(\text{顶点集中荷载})\end{cases}\tag{7-11}$$

三个式子差别不大，为了简化计算，取 $G=0.4E$ 代入取平均值并凑整，可以统一采用下式计算等效惯性矩：

$$I_{eq}=\frac{I_w}{1+\dfrac{9\mu I_w}{A_wH^2}}\tag{7-12}$$

式中 I_w——无洞口剪力墙的惯性矩，有小洞口的整截面墙取组合截面惯性矩；

A_w——无洞口剪力墙截面面积，有小洞口整截面墙取折算截面面积。

四、整体小开口墙计算

1. 计算简图

整体小体开口墙的计算简图如图 7-3 所示。

2. 墙肢内力

(1)当墙面开洞面积的总和超过墙面面积 15%，剪力墙连梁刚度和墙肢宽度基本均匀，且满足 $\alpha\geqslant 10$ 及 $\dfrac{I_n}{I}\leqslant\zeta$ 的条件时，其受力性能仍接近于整截面剪力墙，可按整体小开口墙计算。

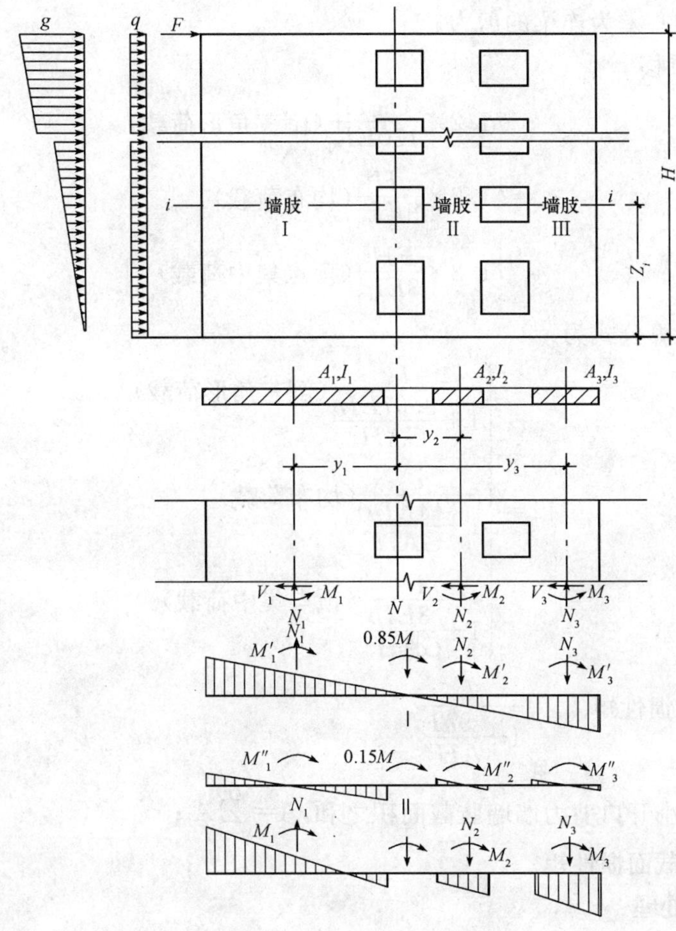

图 7-3 整体小开口墙计算简图

(2)外荷载在截面中产生的弯矩大约有 85%使墙体产生整体弯曲,15%使墙体产生局部弯曲,墙肢的弯矩、轴力和剪力可按下列公式计算

墙肢弯矩

$$M_j=M'_j+M''_j=0.85M\cdot\frac{(I_j+A_j\cdot y_j^2)}{I}+0.15M\frac{I_j}{\sum_{j=1}^{m+1}I_j} \tag{7-13}$$

墙肢轴力

$$N_j=0.85M\frac{A_j y_j}{I} \tag{7-14}$$

墙肢剪力

$$V_j=\frac{V}{2}\left[\frac{A_j}{\sum_{j=1}^{m+1}A_j}+\frac{I_j}{\sum_{j=1}^{m+1}I_j}\right] \tag{7-15}$$

式中 M、V——外荷载产生的总弯矩及总剪力;

I_j、A_j——第 j 墙肢的截面惯性矩及横截面积;

I——剪力墙对组合截面形心轴的惯性矩 $I=\sum_{j=1}^{m+1}(I_j+A_j y_j^2)$,$m$ 是房屋的开间数,即窗洞的列数;

y_j——第 j 墙肢截面形心至组合截面形心的距离。

上下墙肢的轴心差为连梁的剪力。

3. 顶点水平位移

$$u_t=\begin{cases}1.2\times\dfrac{11gH^4}{120EI_{eq}}(\text{倒三角形荷载})\\1.2\times\dfrac{qH^4}{8EI_{eq}}(\text{均布荷载})\\1.2\times\dfrac{FH^3}{3EI_{eq}}(\text{顶点集中荷载})\end{cases}\tag{7-16}$$

等效惯性矩计算公式为：

$$I_{eq}=\begin{cases}\dfrac{I}{1+\dfrac{3.67EI\mu}{GAH^2}}(\text{倒三角形荷载})\\\dfrac{I}{1+\dfrac{4EI\mu}{GAH^2}}(\text{均布荷载})\\\dfrac{I}{1+\dfrac{3EI\mu}{GAH^2}}(\text{顶点集中荷载})\end{cases}\tag{7-17}$$

或取统一等效惯性矩 $I_{eq}=\dfrac{I}{1+\dfrac{9\mu I}{AH^2}}$。

式中 A——整体小开口剪力墙墙肢截面积之和，$A=\sum\limits_{j=1}^{m+1}A_j$；

I——组合截面惯性矩。

五、小墙肢的处理

当剪力墙多数墙肢基本均匀又符合小开口墙的条件，当夹有个别是细小墙肢时，仍可按小开口墙近似计算墙肢内力，但小墙肢的端部宜附加局部弯曲的影响

$$M_j=M_{0j}+\Delta M_j\tag{7-18}$$

$$\Delta M_j=V_j\frac{h_0}{2}\tag{7-19}$$

式中 ΔM_j——由于小墙肢局部弯曲在肢端增加的局部弯矩；

M_{0j}——按整体小开口墙算得的小墙肢端部弯矩；

V_j——墙肢剪力；

h_0——洞口的高度。

六、联肢墙的计算

1. 基本假定

(1)各层的层高相等，各墙肢的刚度沿高度不变。

(2)连梁的反弯点在跨中，连梁的作用可以用沿高度均匀分布的弹性薄片代替。

(3)各墙肢的变形曲线相似，同一标高处的水平位移和转角均相同。

(4)除顶点集中荷载外，其他荷载沿高度连续分布。

2. 基本参数

(1)连梁的等效惯性矩。

多肢墙

$$I_{bj}=\frac{I_{b0j}}{1+\frac{30\mu I_{b0j}}{A_{bj}l_{bj}^2}} \tag{7-20}$$

双肢墙

$$I_b=\frac{I_{b0}}{1+\frac{30\mu I_{b0}}{A_b l_b^2}} \tag{7-21}$$

式中　I_{b0j}、A_{bj}——多肢墙第 j 列连梁的截面惯性矩及截面面积；

I_{b0}、A_b——双肢墙连梁的截面惯性矩及截面面积；

μ——剪应力分布不均匀系数。

(2)轴变参数。

墙肢轴向变形影响参数

双肢墙

$$\tau=\frac{Sa}{I_1+I_2+Sa} \tag{7-22}$$

式中

$$S=\frac{aA_1A_2}{A_1+A_2} \tag{7-23}$$

一般来说，多肢墙，3～4 肢，取 $\tau=0.8$；5～7 肢，取 $\tau=0.85$；≥8 肢，取 $\tau=0.9$。

(3)整体参数。

多肢墙

$$\alpha^2=\frac{6H^2}{\tau h\sum_{j=1}^{m+1}I_j}\sum_{j=1}^{m}D_j \tag{7-24}$$

式中　D_j——连梁的刚度特征，其计算公式为：

$$D_j=\frac{2I_{bj}a_j^2}{l_j^3} \tag{7-25}$$

τ——墙肢轴向变形影响参数；

I_{bj}——第 j 列连梁的等效惯性矩。

双肢墙

可改写成

$$\alpha^2=\frac{6H^2D}{h(I_1+I_2)}\frac{I}{I_n} \tag{7-26}$$

式中

$$D=\frac{2I_b a^2}{l^3} \tag{7-27}$$

I_b——连梁的折算惯性矩；

I——剪力墙对组合截面形心轴的惯性矩；

I_n——扣除墙肢惯性矩后剪力墙的惯性矩，其计算公式为：

$$I_n=I-\sum_{j=1}^{m+1}I_j \tag{7-28}$$

(4)剪变参数。

1)多肢墙的剪切变形影响参数。当墙肢截面及连梁高度比较均匀时，可近似采用下列公式：

$$\gamma^2=\frac{2.38\mu}{H^2}\cdot\frac{\sum_{j=1}^{m+1}I_j}{\sum_{j=1}^{m+1}A_j}\cdot\frac{\sum_{j=1}^{m}l_j}{\sum_{j=1}^{m}a_j} \tag{7-29}$$

$$\gamma_1^2=\frac{2.38\mu}{H^2}\cdot\frac{\sum_{j=1}^{m+1}I_j}{\sum_{j=1}^{m+1}A_j} \tag{7-30}$$

$$\beta=\alpha^2\gamma^2 \tag{7-31}$$

对于肢数少、层数多、$\frac{H}{B}\geqslant4$ 的剪力墙，可不考虑剪切变形的影响，取 $\gamma^2=\gamma_1^2=\beta=0$。

2)双肢墙取 $\gamma^2=\gamma_1^2=\beta=0$。

(5)联肢墙的等效惯性矩。

1)多肢墙：

$$I_{ep}=\begin{cases}\sum I_j/[(1-\tau)+(1-\beta)\tau\psi_a+3.64\gamma_1^2]（倒三角形荷载）\\ \sum I_j/[(1-\tau)+(1-\beta)\tau\psi_a+4\gamma_1^2]（均布荷载）\\ \sum I_j/[(1-\tau)+(1-\beta)\tau\psi_a+3\gamma_1^2]（顶点集中荷载）\end{cases} \tag{7-32}$$

2)双肢墙：

$$I_{eq}=\sum I_j/[(1-\tau)+\tau\psi_a] \tag{7-33}$$

式中 I_j——第 j 列墙肢的截面惯性矩；

τ——轴变参数；

β、γ_1——剪变参数；

ψ_a——系数，由附表 15 值查取。

3. 内力计算

(1)墙肢的剪力(如图 7-4 所示)。

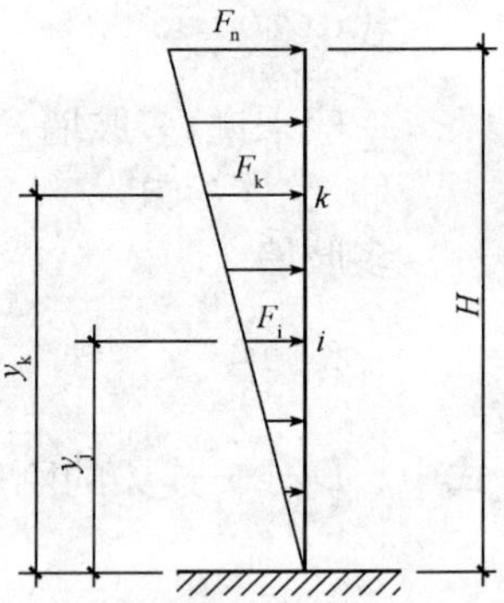

1)多肢墙：

第 i 层第 j 列墙肢的剪力

$$V_{ij}=\frac{1}{2}(\eta_j+\lambda_j)V_i \tag{7-34}$$

图 7-4 内力计算简图

式中

$$\eta_j=\frac{I_j}{\sum_{j=1}^{m+1}I_j}$$

$$\lambda_j=\frac{A_j}{\sum_{j=1}^{m+1}A_j}$$

V_i——水平荷载在剪力墙距墙底 y 高底处产生的总剪力，其计算公式为：

$$V_i=\sum_{k=i}^{n}F_k \quad (k\geqslant i)$$

2)双肢墙：

$$\left.\begin{aligned}&V_{i1}=\frac{1}{2}(\eta_1+\lambda_1)V_i\\&V_{i2}=\frac{1}{2}(\eta_2+\lambda_2)V_i\\&\eta_1=\frac{I_1}{I_1+I_2}\qquad \eta_2=\frac{I_2}{I_1+I_2}\\&\lambda_1=\frac{A_1}{A_1+A_2}\qquad \lambda_2=\frac{A_2}{A_1+A_2}\end{aligned}\right\} \tag{7-35}$$

式中 η_1、η_2、λ_1、λ_2 如上。

(2)墙肢的弯矩。

第 i 层顶墙肢的总弯矩　　$M_{it}=M_{Fit}-\sum_{k=i}^{n}m_{k}$

第 i 层底墙肢的总弯矩　　$M_{ib}=M_{Fib}-\sum_{k=i}^{n}m_{k}$　　(7-36)

对于连续分布的倒三角形荷载(如图 7-5 所示)。

$$M_{Fi}=(1+0.5\xi_{i})(1-\xi_{i})^{2}M_{0} \tag{7-37}$$

式中

$$\xi_{i}=\frac{y_{i}}{H} \tag{7-38}$$

$$M_{0}=\frac{1}{3}gH^{2} \tag{7-39}$$

对于等量均布荷载(如图 7-6 所示)。

$$M_{Fi}=(1-\xi_{i})^{2}M_{0} \tag{7-40}$$

$$M_{0}=\frac{1}{2}qH^{2} \tag{7-41}$$

式中　$\sum_{k=i}^{n}m_{k}$——自第 i 层至 n 层各跨连梁对剪力墙产生的总约束弯矩(内弯矩);

m_{k}——第 k 层($k\geqslant i$)各跨连梁对剪力墙的约束弯矩,

多肢墙　$m_{k}=\tau hV_{0}[(1-\beta)\psi_{1}+\beta\psi_{2}]_{k}$

双肢墙　$m_{k}=\tau hV_{0}(\psi_{1})_{k}$

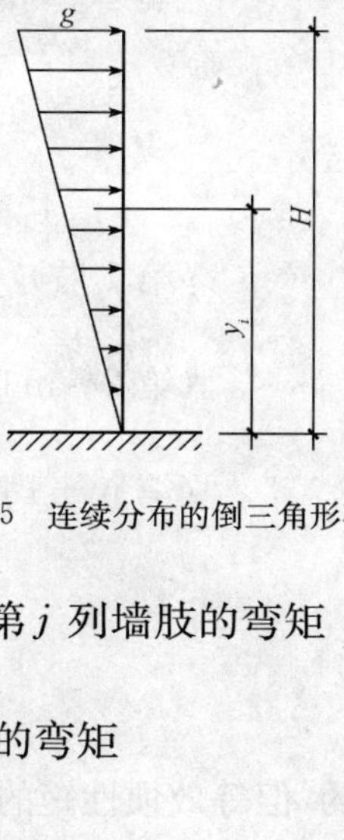

图 7-5　连续分布的倒三角形荷载

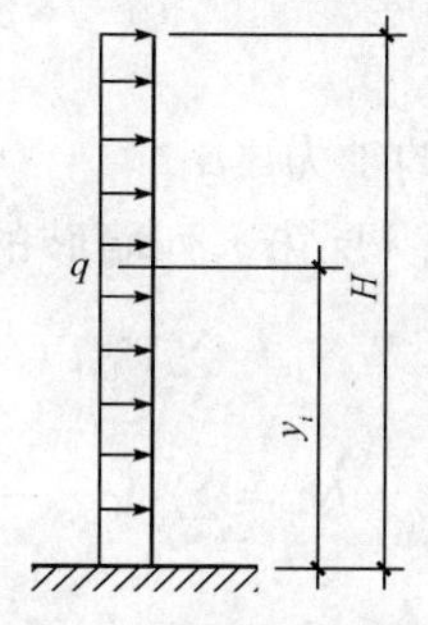

图 7-6　等量均布荷载

多肢墙第 i 层第 j 列墙肢的弯矩

$$M_{ij}=M_{i}\eta_{j} \tag{7-42}$$

双肢墙各墙肢的弯矩

$$M_{i1}=M_{i}\frac{I_{1}}{I_{1}+I_{2}} \tag{7-43}$$

$$M_{i2}=M_{i}\frac{I_{2}}{I_{1}+I_{2}} \tag{7-44}$$

(3)连梁的剪力。

1)多肢墙第 i 层第 j 列连梁剪力:

$$V_{bij}=\frac{d_{j}}{a_{i}}\tau hV_{0}[(1-\beta)\psi_{1}+\beta\psi_{2}]_{i} \tag{7-45}$$

2)当墙肢少,层数多,$\frac{H}{B}\geqslant 4$ 时,可不考虑剪切变形的影响,取 $\beta=0$,于是:

$$V_{bij}=\frac{d_{j}}{a_{j}}\tau hV_{0}(\psi_{1})_{i} \tag{7-46}$$

式中
$$d_j=\frac{D_j\varphi_j}{\sum_{j=1}^{m}D_j\varphi_j} \tag{7-47}$$

φ_j——系数，由附表10按α及$\frac{r_j}{B}$查取，r_j是第j列墙肢中线至墙边的距离；B是剪力墙的总宽度；

V_0——墙体底部剪力，全部水平力之和；

ψ_1、ψ_2——由附表11～附表14按α及ξ_i查取，$\xi_i=\frac{y_i}{H}$。

3）对于双肢墙，$d_j=1$，则

$$V_{bi}=\frac{\tau h V_0}{a}(\psi_1)i \tag{7-48}$$

（4）连梁的弯矩。

多肢墙第i层第j列连梁的弯矩

$$M_{bij}=V_{bij}\frac{l_j}{2} \tag{7-49}$$

双肢墙第i层连梁的弯矩

$$M_{bi}=V_{bi}\frac{l}{2} \tag{7-50}$$

（5）墙肢的轴力。

多肢墙第i层第j列墙肢的轴力

$$\begin{aligned}
&N_{i1}=\sum_{k=i}^{n}V_{bk1} && \text{（第1肢）}\\
&N_{ij}=\sum_{k=i}^{n}[V_{bkj}-V_{bk(j-1)}] && \text{（第2～m肢）}\\
&N_{i(m+1)}=\sum_{k=i}^{n}V_{bkm} && \text{（第m+1肢）}
\end{aligned} \tag{7-51}$$

双肢墙第i层墙肢的轴力

$$N_{i1}=-N_{i2}=\sum_{k=i}^{n}V_{bk} \tag{7-52}$$

（6）顶点位移计算。

双肢及多肢剪力墙，顶点位移的计算公式是一样的，但等效惯性矩的取值不同

$$u_t=\begin{cases}\dfrac{11}{60}\dfrac{V_0H^3}{EI_{eq}}=\dfrac{11}{120}\dfrac{gH^4}{EI_{ep}}\text{（倒三角形荷载）}\\[2mm] \dfrac{1}{8}\dfrac{V_0H^3}{EI_{eq}}=\dfrac{1}{8}\dfrac{qH^4}{EI_{eq}}\text{（均布荷载）}\\[2mm] \dfrac{1}{3}\dfrac{V_0H^3}{EI_{eq}}=\dfrac{1}{3}\dfrac{FH^3}{EI_{eq}}\text{（顶点集中荷载）}\end{cases} \tag{7-53}$$

式中 V_0——底部总剪力；

g、q——倒三角形连续分布及均布水平荷载的最大值；

F——作用在剪力墙顶点的集中力；

I_{eq}——等效惯性矩。

第三节　剪力墙构造设计

一、剪力墙基本构造要求

(1)剪力墙的混凝土强度等级。一般不应低于C20,带有筒体和短肢剪力墙时,不应低于C25。

(2)抗震设计时,一般剪力墙结构,底部加强部位的高度,可取墙肢总高度的1/8和底部两层高度二者的较大值;底部带转换层的高层建筑结构,其剪力墙底部加强部位的高度,可取墙肢总高度的1/8和框支层加上框支层以上两层高度二者的较大值。

(3)抗震设计时,一、二级抗震等级的剪力墙底部加强部位,其重力荷载代表值作用下墙肢的平均轴压比不宜超过表7-4的限值。

表7-4　剪力墙最大平均轴压比

轴压比	一级(9度)	一级(7、8)度	二级
$\frac{N}{f_cA}$	0.4	0.5	0.6

注:1. N为重力荷载作用下剪力墙肢的轴力设计值。
2. A为剪力墙墙肢截面面积。
3. f_c为混凝土轴心抗压强度设计值。

有抗震设计时的短肢剪力墙,在重力荷载代表值设计值作用下,各层的轴压比,一、二、三级时,分别不宜大于0.5、0.6、0.7。对于无翼缘或端柱的一字形短肢剪力墙,其轴压比限值相应降低0.1。

(4)为了保证剪力墙出平面的刚度和稳定性能。剪力墙的截面厚度应满足下列要求,否则应验算墙体稳定。

1)按一、二级抗震等级设计的剪力墙的截面厚度,底部加强部位不应小于层高或剪力墙无支长度的1/16,且不应小于200mm;其他部位不应小于1/20及160mm。无端柱或翼墙的一字形剪力墙,其底部加强部位截面厚度尚不应小于层高的1/12;其他部位不应小于1/15,且不小于180mm。

2)按三、四级抗震等级设计的剪力墙的截面厚度,底部加强部位不应小于层高或剪力墙无支长度的1/20,且不应小于160mm;其他部位不应小于1/25及160mm。

3)非抗震设计的剪力墙,其截面厚度不应小于层高或剪力墙无支长度的1/25且不小于160mm。

4)电梯井、管道井的间壁墙长度不大,两端嵌固又好;为了减轻自重,厚度可适当减薄,但也不宜小于160mm。

5)独立小墙肢的截面高度h_w不宜小于截面厚度b_w的5倍;小于3倍时宜按柱的要求设计。

二、剪力墙约束边缘构件设计

(1)剪力墙两端和洞口两侧应设置边缘构件,并应符合下列要求:

1)一般剪力墙结构,一级和二级剪力墙底部加强部位及相邻的上一层在重力荷载代表值作用下墙体平均轴压比不小于表7-5的规定值时,应按下述(2)设置约束边缘构件,小于时可按下述(3)设置构造边缘构件;一、二级剪力墙底部加强部位以上的一般部位及三、四级非抗震设计的剪力墙,均应按下述(3)设置构造边缘构件。

表 7-5 剪力墙设置构造边缘构件的最大平均轴压比

烈度和等级	9 度一级	8 度一级	二 级
轴压比	0.1	0.2	0.3

2)部分框支剪力墙结构、落地剪力墙的底部加强部位，两端应有翼墙或端柱，应设置约束边缘构件；不落地的剪力墙可按下述(3)设置构造边缘构件。

(2)剪力墙约束边缘构件(如图 7-7 所示)沿墙肢方向的长度 l_c 和箍筋配箍特征值 λ_v 宜符合表 7-6 的要求，且一、二级抗震设计时箍筋分别不应小于 ϕ8@100 和 ϕ8@150。其纵向钢筋的配筋范围不应小于约束边缘构件的阴影面积，一、二级抗震设计时其纵向钢筋最小截面面积分别不应小于约束边缘构件阴影面积的 1.2%和 1.0%，并分别不应小于 6ϕ16 和 6ϕ14。配箍特征值 λ_v 与体积配箍率 ρ_v 关系应按式(7-54)采用：

$$\rho_v=\lambda_v \frac{f_c}{f_{yv}} \tag{7-54}$$

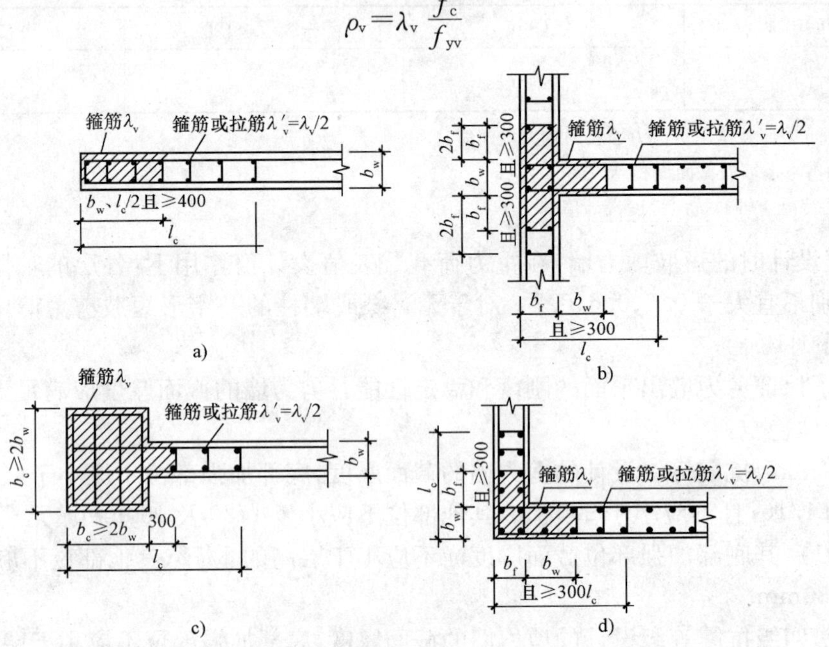

图 7-7 剪力墙的约束边缘构件

a)暗柱和无翼墙端部；b)有翼墙的端部；c)有端柱的端部；d)转角墙端部

式中 f_c、f_{yv}——混凝土轴心抗压强度设计值及箍筋或拉筋的抗拉强度设计值。

表 7-6 约束边缘构件范围 l_c 及其配箍特征值 λ_v

项 目	一级(9 度)	一级(7、8 度)	二 级
λ_v	0.20	0.20	0.20
l_c(暗柱)	$0.25h_w$	$0.20h_w$	$0.20h_w$
l_c(翼墙或端柱)	$0.20h_w$	$0.15h_w$	$0.15h_w$

注：1. λ_v 为约束边缘构件的配箍特征值，h_w 为剪力墙墙肢长度。

2. l_c 为约束边缘构件沿墙肢长度，不应小于表中数值、$1.5b_w$ 和 450mm 三者的较大值，有翼墙或端柱时尚不应小于翼墙厚度或端柱沿墙肢方向截面高度加 300mm。

3. 翼墙长度小于其厚度 3 倍或端柱截面边长小于墙厚的 2 倍时，视为无翼墙或无端柱。

(3)抗震设计时，一、二级抗震等级的剪力墙底部加强部位及其上一层，设置的约束边缘构件按《高层建筑混凝土结构技术规程》(JGJ 3—2002)要求配箍特征 λ_v 为 0.20。按《建筑抗震设计规范》(GB 50011—2001)规定，多层建筑当墙肢底截面在重力荷载代表值作用下的轴压比抗震等级一级(9度)、一级(8级)、二级分别为 0.1、0.2、0.3 时可仅设置构造边缘构件。

(4)当构件为T形、L形时分别以一字形确定。约束边缘构件箍筋布置要求如图7-8所示，并应符合下列要求：

1)箍筋及拉筋的弯钩135°，直段长度不应小于10倍箍筋直径。

2)阴影部分以箍筋为主，拉筋肢数不应多于总肢数的1/3。

3)阴影部分以外部分也应设计闭箍，闭箍、箍筋及拉筋的体积常按阴影部分箍筋特征值 λ_v 的1/2确定，肢距不大于300mm。

4)箍筋、拉筋的沿竖向间距均不大于100mm。

5)箍筋重叠不宜多于两个。

6)墙水平分布筋不能计入箍筋体积率。

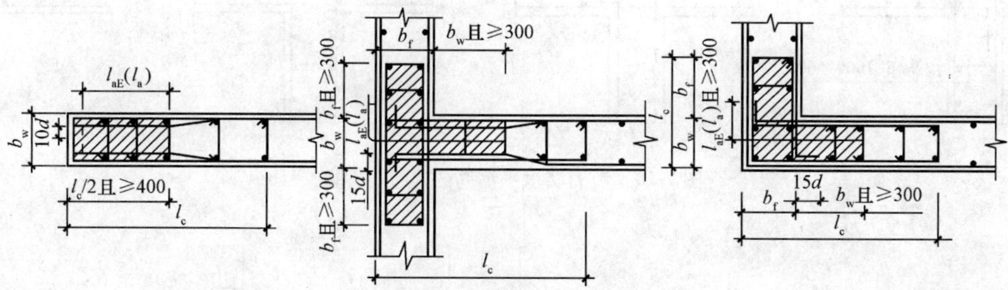

图7-8　约束边缘构件箍筋、拉筋布置

三、剪力墙构造边缘构件设计

(1)抗震设计时，箍筋的无肢长度不应大于300mm，拉筋的水平间距不应大于纵向钢筋间距的2倍。当剪力墙端部为端柱时，端柱中纵向钢筋及箍筋宜按框架柱的构造要求配置。

(2)非抗震设计的剪力墙，端部应按构造配置不少于4根12mm或2根16mm的纵向钢筋，沿纵向应配置不少于直径为6mm、间距为250mm的拉结筋。

(3)暗柱、翼柱中，计算纵向钢筋用量的截面面积 A_c 及其配筋范围应取图7-9中的阴影部分。

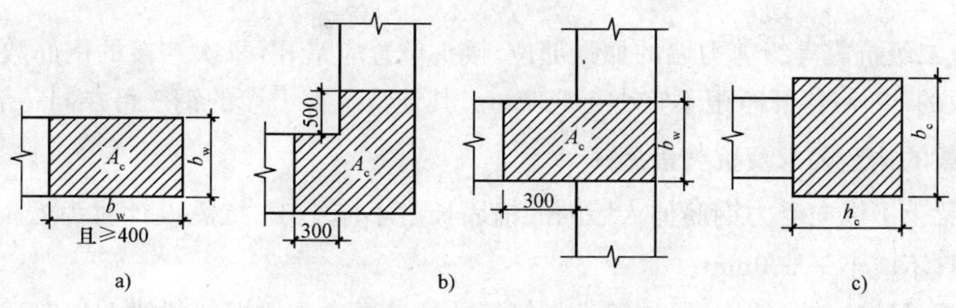

图7-9　剪力墙的构造边缘构件

a)暗柱；b)翼墙；c)端柱

四、剪力墙的配筋要求

(1)一般剪力墙竖向和水平分布钢筋的配筋率,一、二、三级抗震设计时均不应小于0.25%,四级抗震设计和非抗震设计时,均不应小于0.20%。

(2)一般剪力墙竖向和水平分布钢筋间距均不应大于300mm;分布钢筋的直径均不应小于8mm。

(3)剪力墙竖向和水平分布钢筋的直径不宜大于墙肢截面厚度的1/10。

(4)房屋顶层剪力墙以及长矩形平面房屋的楼梯间和电梯间剪力墙、端开间的纵向剪力墙、端山墙等的水平和竖向分布钢筋的最小配筋率不应小于0.25%,钢筋间距不应大于200mm。

(5)水平及竖向钢筋的连接与锚固(如图7-10和图7-11所示)

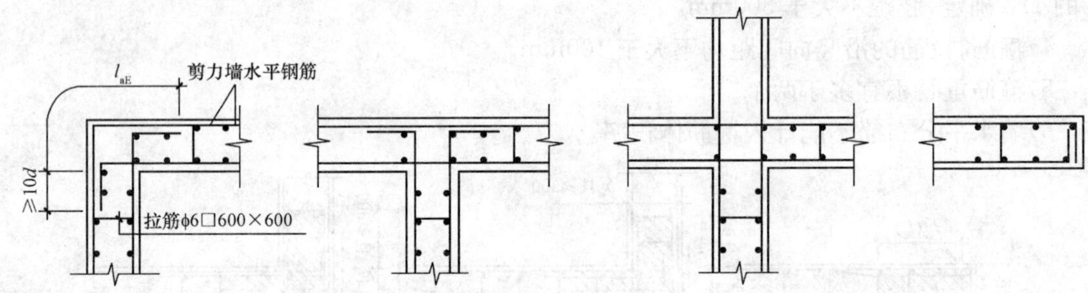

图7-10 剪力墙水平钢筋的连接与锚固

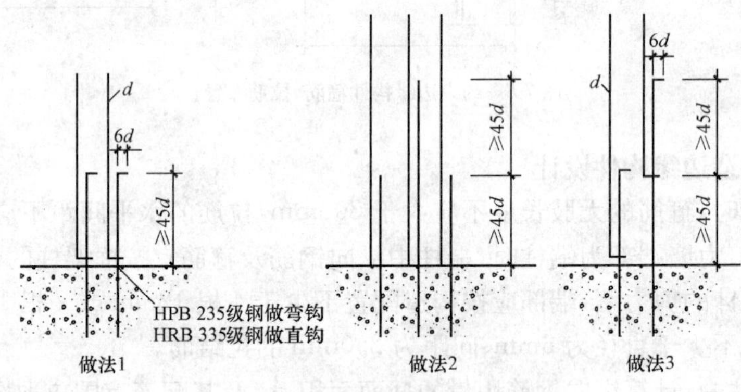

图7-11 上下层剪力墙竖向钢筋的连接

(6)一、二级抗震等级剪力墙的加强部位,接头位置应错开,每次连接的钢筋数量不宜超过钢筋总数的50%,错开净距不宜小于500mm;其他情况剪力墙的钢筋可在同一部位连接。

五、连梁的构造要求及抗剪措施

(1)连梁上下纵向受力钢筋伸入墙内的锚固长度不应小于:抗震设计时为l_{aE},非抗震设计时为l_a,且不应小于600mm。

(2)抗震设计的剪力墙中,沿连梁全长箍筋的构造要求应按框架梁梁端加密区箍筋构造要求采用;非抗震设计时,沿连梁全长的箍筋直径应不小于6mm,间距不大于150mm(如图7-12所示)。

(3)在顶层连梁锚入墙体的钢筋长度范围内,应配置间距不大于 150mm 的箍筋,构造箍筋直径与该连梁的箍筋直径相同。

(4)截面高度大于 700mm 的连梁,在梁的两侧面应设置纵向构造钢筋(腰筋),沿高度间距不应大于 200mm,直径不应小于 10mm。宜将墙面水平分布钢筋拉通。

(5)在跨高比不大于 2.5 的连梁中,梁两侧的纵向分布筋(腰筋)的面积配筋率应不低于 0.3%,并宜将墙肢中水平钢筋拉通连续配置,以加强剪力墙的整体性。

(6)一、二级剪力墙底部加强部位跨高比<2.0、墙厚≥300mm 的连梁,可采用斜向交叉配筋,以改善连梁的延性,每方向的斜筋面积(A_s)按下式计算(如图 7-13 所示):

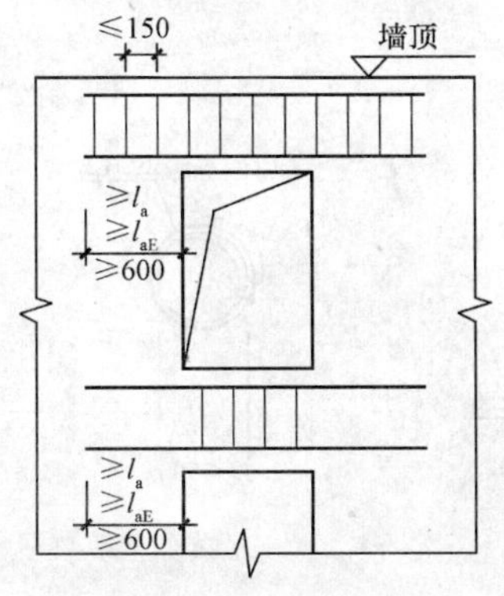

图 7-12 剪力墙连梁配筋构造

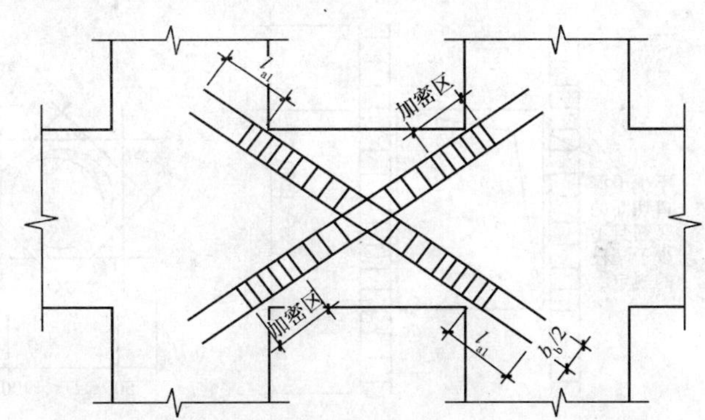

图 7-13 梁内交叉暗撑配筋示意图

非抗震设计时

$$A_s \geqslant \frac{V_b}{2f_y \sin\alpha} \tag{7-55}$$

有抗震设防时

$$A_s \geqslant \frac{V_b \gamma_{RE}}{2f_y \sin\alpha} \tag{7-56}$$

式中 V_b——连梁剪力设计值;

f_y——斜筋的抗拉强度设计值;

α——斜筋与连梁轴线夹角;

γ_{RE}——承载力抗震调整系数,取 0.85。

(7)两个方向斜撑的纵向钢筋均应采用矩形箍筋或螺旋箍筋绑成一体,箍筋直径不应小于 8mm,箍筋间距不应大于 200mm 及梁截面宽度的一半;端部加密区的箍筋间距不应大于 100mm,加密区长度不应小于 600mm 及梁截面宽度的两倍;

(8)纵筋伸入竖向构件的长度不应小于 l_{a1},非抗震设计时 l_{a1} 可取 l_a;抗震设计时宜取 $1.5l_a$。

六、墙上开洞及梁上穿孔

(1)剪力墙上不可避免地要开洞,洞边可参考图 7-14 配置加固钢筋。

(2)连系梁上最好不要穿孔,必须穿孔时可参考图 7-15 配置加固钢筋和附加箍筋。

穿过连系梁的管道应预埋套管,连系梁在洞口上下的有效高度不应小于梁高的 1/3,并不小于 200mm。

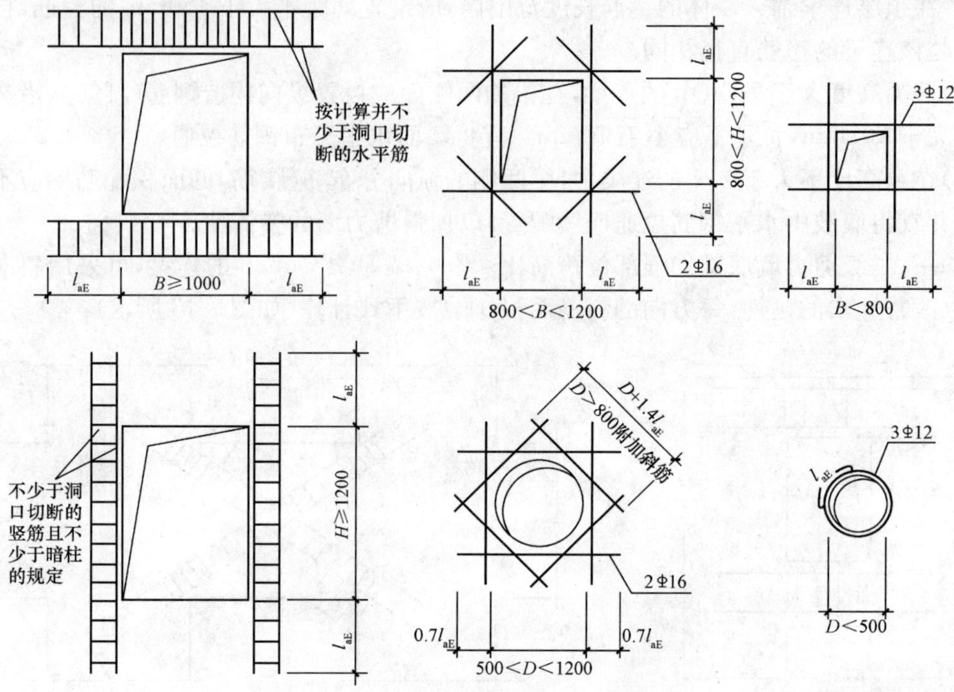

图 7-14　剪力墙洞边加固参考图

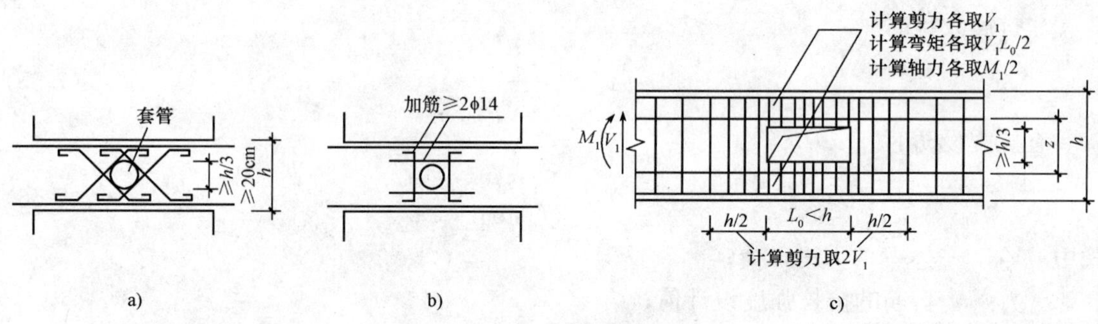

图 7-15　连系梁穿孔加固参考图

【例 7-1】 高层住宅在横向水平地震作用下顶点水平位移计算

某高层住宅，层高 3m，墙面开洞情况如图 7-16 所示，采用 C30 级混凝土现浇，要求计算在横向水平地震作用下顶点水平位移。

解：(1)计算简图(如图 7-16 所示)。

(2)判别剪力墙的类型。

窗洞总面积　$A_{0p} = 0.9 \times 1.5 \times 10 = 13.5\text{m}^2$

墙面总面积　$A_f = 10.06 \times 30 = 301.8\text{m}^2$

$$\frac{A_{0p}}{A_f} = \frac{13.5}{301.8} = 0.0447 < 0.15$$

并且窗洞的长边尺寸不超过洞边到墙边及洞边至洞边的净距，故可按整截面墙计算。

(3)截面特征。

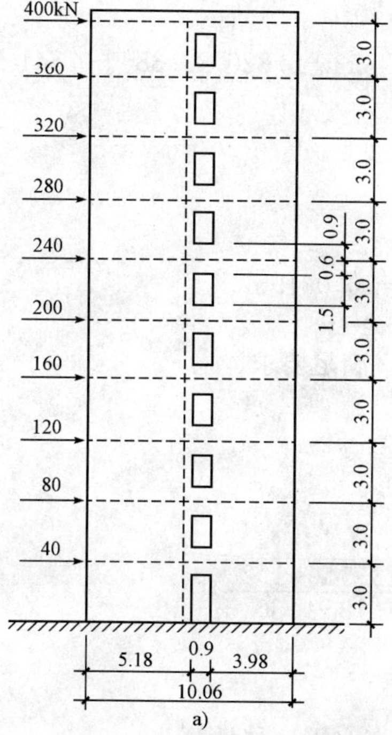

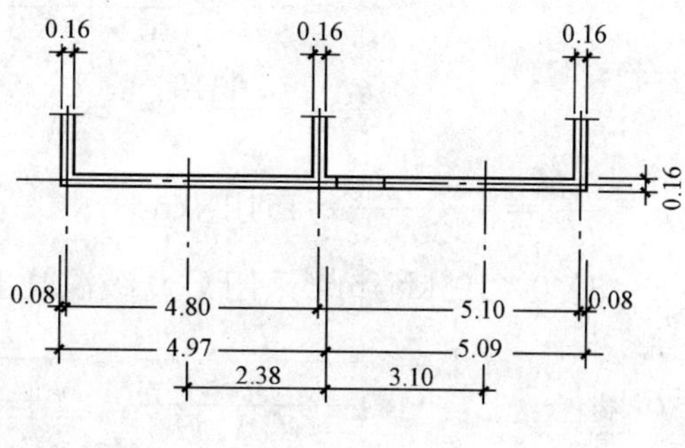

图 7-16　例 7-1 图

$$I_1=\frac{1}{12}\times0.16\times5.18^3=1.853\text{m}^4$$

$$A_1=0.16\times5.18=0.829\text{m}^2$$

$$I_2=\frac{1}{12}\times0.16\times3.98^3=0.841\text{m}^4$$

$$A_2=0.16\times3.98=0.637\text{m}^2$$

$$S=10.06\times0.16\times\frac{10.06}{2}-0.9\times0.16\times(5.18+0.45)=7.2856\text{m}^3$$

$$\sum_{j=1}^{n}A_{\text{j}}=0.829+0.637=1.466\text{m}^2$$

$$y=\frac{S}{A}=\frac{7.2856}{1.466}=4.97\text{m}$$

$$y_1=4.97-\frac{5.18}{2}=2.38\text{m}$$

$$y_2=5.09-\frac{3.98}{2}=3.10\text{m}$$

(4)墙底弯矩和剪力。

$$M_0=400\times3\times10+360\times3\times9+\cdots+40\times3\times1=46200\text{kN}\cdot\text{m}$$

$$V_0=400+360+\cdots+40=2200\text{kN}$$

(5)顶点水平位移。

$$\gamma_0=1-1.25\sqrt{\frac{A_{0\text{p}}}{A_{\text{f}}}}=1-1.25\sqrt{0.0447}=0.736$$

$$A_{\text{w}}=\gamma_0 A=0.736\times10.06\times0.16=1.185\text{m}^2$$

$$I_w=\frac{\sum_{i=1}^{n}I_i h_i}{H}=\frac{1}{30}\Big[\frac{1}{12}\times0.16\times10.06^3\times1.5\times10+(1.853+0.829\times2.38^2+0.841+0.637\times3.10^2)\times1.5\times10\Big]=13.54\text{m}^4$$

$$u_t=\frac{11}{120}\frac{gH^4}{EI_{eq}}$$

$$=\frac{11}{120}\times\frac{154\times30^4}{30\times10^6\times11.95}=0.0319\text{m}$$

$$\frac{u_t}{H}=\frac{0.0319}{30}=\frac{1}{940}<\frac{1}{900}\qquad 满足要求$$

式中 $g=\frac{3M_0}{H^2}=\frac{3\times46200}{30^2}=154\text{kN/m}$

$E=30.0\times10^6\text{kN/m}^2$（采用 C30 级混凝土）

$$I_{eq}=\frac{I_w}{1+\frac{3.67EI_w\mu}{GA_wH^2}}=\frac{13.54}{1+\frac{3.67\times13.54\times1.2}{0.42\times1.185\times30^2}}=11.95\text{m}^4$$

$G=0.42E$

$\mu=1.2$

【例 7-2】 增加窗洞剪力墙在水平地震作用下顶点水平位移计算

将例 7-1 的剪力墙增加一列窗洞，其他条件不变。

解：(1)计算简图（如图 7-17 所示）。

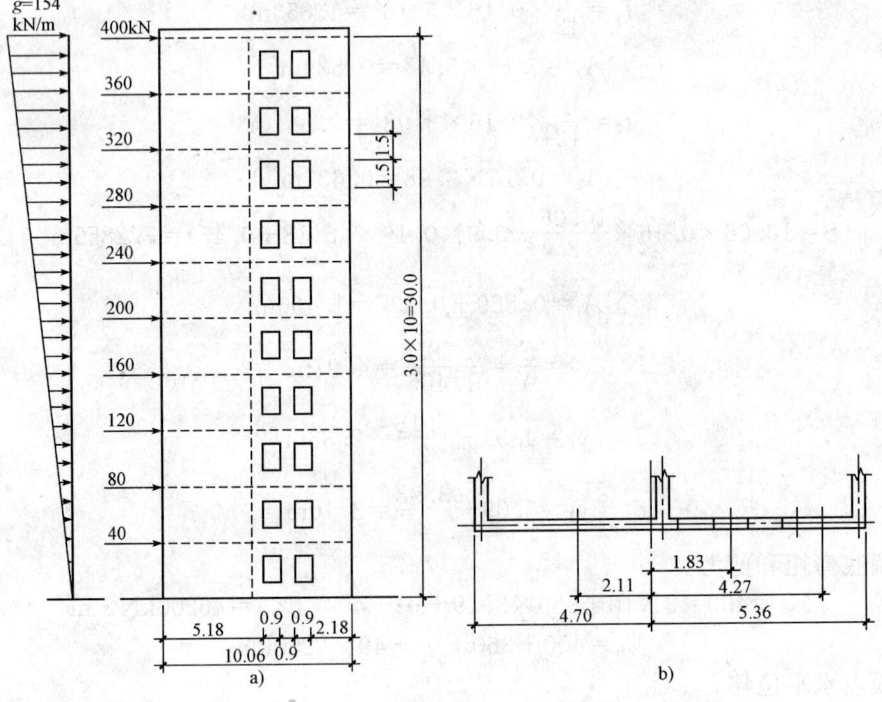

图 7-17 例 7-2 图

(2)截面特征。

$$I_1=\frac{1}{12}\times0.16\times5.18^3=1.8532\text{m}^4$$

$$A_1=0.16\times5.18=0.8288\text{m}^2$$

$$I_2=\frac{1}{12}\times0.16\times0.9^3=0.0097\text{m}^4$$

$$A_2=0.16\times0.9=0.144\text{m}^2$$

$$I_3=\frac{1}{12}\times0.16\times2.18^3=0.1381\text{m}^4$$

$$A_3=0.16\times2.18=0.3488\text{m}^2$$

$$S=0.8288\times\frac{5.18}{2}+0.144\times\left(5.18+0.9+\frac{0.9}{2}\right)+0.3488\times\left(10.06-\frac{2.18}{2}\right)=6.2157\text{m}^3$$

$$\sum_{j=1}^{m+1}A_{\text{j}}=0.8288+0.144+0.3488=1.3216\text{m}^2$$

$$y=\frac{S}{A}=\frac{6.2157}{1.3216}=4.7032\text{，取 }y=4.70\text{m}$$

$$y_1=4.70-\frac{5.18}{2}=2.11\text{m}$$

$$y_2=5.36-\left(2.18+0.9+\frac{0.9}{2}\right)=1.83\text{m}$$

$$y_3=5.36-\frac{2.18}{2}=4.27\text{m}$$

$$\sum_{j=1}^{m+1}I_{\text{j}}=1.8532+0.0097+0.1381=2.001\text{m}^4$$

组合截面惯性矩

$$\begin{aligned}I&=2.001+0.8288\times2.11^2+0.144\times1.83^2+0.3488\times4.27\\&=12.53\text{m}^4\end{aligned}$$

(3)判别剪力墙类型。

$$\alpha=H\sqrt{\frac{12}{\tau h\sum_{j=1}^{m+1}I_{\text{j}}}\sum\frac{I_{\text{bj}}\cdot\alpha_{\text{j}}^2}{l_{\text{j}}^3}}$$

$$=30\sqrt{\frac{12}{0.8\times3\times2.001}\times0.062}=11.81>10$$

$$I_{\text{n}}=I-\sum_{j=1}^{m+1}I_{\text{j}}=12.53-2.001=10.53\text{m}^4$$

$$\frac{I_{\text{n}}}{I}=\frac{10.53}{12.53}=0.84<\zeta$$

符合整体小开口剪力墙的条件，可按小开口墙计算。

$$a_1=\frac{5.18+0.9}{2}+0.9=3.94\text{m}$$

$$a_2=\frac{0.9+2.18}{2}+0.9=2.44\text{m}$$

$$I_{\text{bj}}=\frac{I_{\text{b0j}}}{1+\frac{30\mu I_{\text{b0j}}}{A_{\text{bj}}l_{\text{j}}^2}}=\frac{0.045}{1+\frac{30\times1.2\times0.045}{0.24\times1.65^2}}=0.0129$$

式中
$$I_{b0j}=\frac{1}{12}\times0.16\times1.5^3=0.045\text{m}^4$$
$$A_{bj}=0.16\times1.5=0.24\text{m}^2$$
$$l_j=l_0+\frac{h_b}{2}=0.9+\frac{1.5}{2}=1.65$$
$$\mu=1.2\text{(按矩形截面取值)}$$
$$\sum_{j=1}^{m}\frac{I_{bj}a_j^2}{l_j^3}=\frac{0.0129\times3.94^2}{1.65^3}+\frac{0.0129\times2.44^2}{1.65^3}=0.062\text{m}^3$$

(4)地震作用对墙底产生的总弯矩及总剪力在例中已经求得。
$$M_0=46200\text{kN}\cdot\text{m}$$
$$V_0=2200\text{kN}$$

(5)剪力墙底部墙肢内力。

1)底部墙肢弯矩：
$$M_j=0.85M\frac{I_j+A_jy_j^2}{I}+0.15M\frac{I_j}{\sum I_j}$$
$$\begin{aligned}M_1&=0.85\times46200\times\frac{1.8532+0.8288\times2.11^2}{12.53}+0.15\times46200\times\frac{1.8532}{2.001}\\&=39270\times0.443+6930\times0.926\\&=23813.8\text{kN}\cdot\text{m}\end{aligned}$$
$$\begin{aligned}M_2&=0.85\times46200\times\frac{0.0097+0.144\times1.83^2}{12.53}+0.15\times46200\times\frac{0.0097}{2.001}\\&=39270\times0.039+6930\times0.005\\&=1566.1\text{kN}\cdot\text{m}\end{aligned}$$
$$\begin{aligned}M_3&=0.85\times46200\times\frac{0.1381+0.3488\times4.27^2}{12.53}+0.15\times46200\times\frac{0.1381}{2.001}\\&=39270\times0.518+6930\times0.069\\&=20820.1\text{kN}\cdot\text{m}\end{aligned}$$

校核：$M_0=23813.8+1566.1+20820.1=46200\text{kN}\cdot\text{m}$

分配无误。

2)底部墙肢轴力：
$$N_j=0.85M\frac{A_jy_j}{I}$$
$$N_1=0.85\times46200\times\frac{0.8288\times2.11}{12.53}=5480.8\text{kN}$$
$$N_2=0.85\times46200\times\frac{0.144\times1.83}{12.53}=825.9\text{kN}$$
$$N_3=0.85\times46200\times\frac{0.3488\times4.27}{12.53}=4667.8\text{kN}$$

3)墙肢剪力：
$$V_j=\frac{V}{2}\left(\frac{A_j}{\Sigma A_j}+\frac{I_j}{\Sigma I_j}\right)$$
$$V_1=\frac{2200}{2}\times\left(\frac{0.8288}{1.3216}+\frac{1.8532}{2.001}\right)=1100\times1.553=1708.3\text{kN}$$
$$V_2=\frac{2200}{2}\times\left(\frac{0.144}{1.3216}+\frac{0.0097}{2.001}\right)=1100\times0.114=125.4\text{kN}$$

$$V_3=\frac{2200}{2}\times\left(\frac{0.3488}{1.3216}+\frac{0.1381}{2.001}\right)=1100\times0.333=366.3\text{kN}$$

4)个别小墙肢调整计算。

墙肢Ⅱ的截面最小并与其他两个墙肢相差悬殊，应考虑局部弯曲的影响。

墙肢Ⅱ端部附加局部弯矩

$$\Delta M_2=V_2\frac{h_0}{2}=125.4\times\frac{1.5}{2}=94.05\text{kN}\cdot\text{m}$$

式中　h_0——洞口高度，等于 1.5m。

墙肢Ⅱ考虑局部弯曲影响后的端部弯矩

$$M_2=M_{02}+\Delta M_2=1566.1+94.05=1660.15\text{kN}\cdot\text{m}$$

(6)顶点水平位移。

$$\begin{aligned}u_t&=1.2\times\frac{11gH^4}{120EI}\left(1+\frac{3.67\mu EI}{GAH^2}\right)\\&=1.2\times\frac{11\times154\times30^4}{120\times31.5\times10^6\times12.53}\times\left(1+\frac{3.67\times1.2\times12.53}{0.42\times1.3216\times30^2}\right)\\&=0.0322\text{m}\end{aligned}$$

$$\frac{u_t}{H}=\frac{0.0322}{30}=\frac{1}{933}<\frac{1}{900}\quad\text{满足要求}$$

$g=154$kN/m(倒三角形荷载的最大值)

$H=3.0\times10=30$m

$E=31.5\times10^6$kN/m^2(按 C35 级混凝土取值)

$I=12.53$m^4(组合截面惯性矩)

$\mu=1.2$(按矩形截面取值)

$G=0.42E$(剪变模量)

$A=\sum_{j=1}^{m+1}A_j=1.3216$m^2

【例 7-3】 增加门洞剪力墙在水平地震作用下顶点水平位移计算

将例 7-2 剪力墙的窗洞改为门洞，其他条件不变。

(1)计算简图(如图 7-18 所示)。

(2)截面特征。

$$I_1=\frac{1}{12}\times0.16\times5.18^3=1.8532\text{m}^4$$

$$A_1=0.16\times5.18=0.8288\text{m}^2$$

$$I_2=\frac{1}{12}\times0.16\times3.98^3=0.8406\text{m}^4$$

$$A_2=0.16\times3.98=0.6368\text{m}^2$$

$$S=0.8288\times\frac{5.18}{2}+0.6368\times\left(10.06-\frac{3.98}{2}\right)=7.2856\text{m}^3$$

$$\sum_{j=1}^{n}A_j=A_1+A_2=0.8288+0.6368=1.4656\text{m}^2$$

$$y=\frac{S}{A}=\frac{7.2856}{1.4656}=4.97\text{m}$$

$$y_1=4.97-\frac{5.18}{2}=2.38\text{m}$$

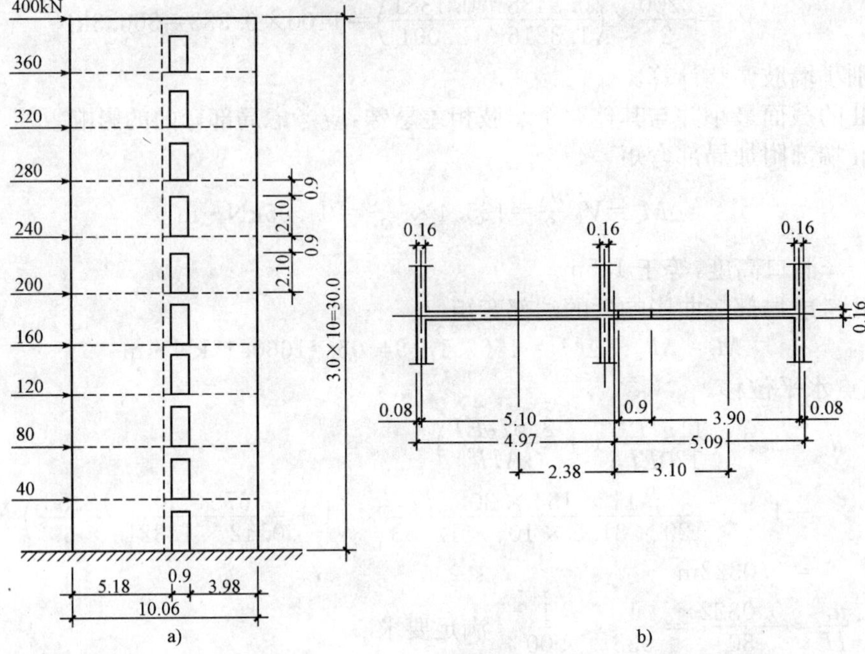

图 7-18　例 7-3 图

$$y_2=5.09-\frac{3.98}{2}=3.10\text{m}$$

$$\sum_{j=1}^{n}I_j=I_1+I_2=1.8532+0.8406=2.6938\text{m}^4$$

$$I=2.6938+0.8288\times2.38^2+0.6368\times3.10^2=13.51\text{m}^4$$

$$I_n=I-\sum_{j=1}^{n}I_j=13.51-2.6938=10.82\text{m}^4$$

$$I_{b0}=\frac{1}{12}\times0.16\times(3.0-2.1)^3=0.00972\text{m}^4$$

$$A_b=0.16\times0.9=0.144\text{m}^2$$

$$I_b=I_{b0}+\frac{h_b}{2}=0.9+\frac{0.9}{2}=1.35\text{m}$$

$$a=\frac{5.18+3.98}{2}+0.9=5.48\text{m}$$

(3)基本参数。

1)连梁的等效惯性矩：

$$I_b=\frac{I_{b0}}{1+\frac{30\mu I_{b0}}{A_b l_b^2}}=\frac{0.00972}{1+\frac{30\times1.2\times0.00972}{0.144\times1.35^2}}=0.00417\text{m}^4$$

2)轴变参数：

$$\tau=\frac{Sa}{I_1+I_2+Sa}=\frac{1.9734\times5.48}{1.8532+0.8406+1.9734\times5.48}=0.801$$

$$S=\frac{aA_1A_2}{A_1+A_2}=\frac{5.48\times0.8288\times0.6368}{0.8288+0.6368}=1.9734\text{m}^3$$

3)整体参数：

$$\alpha^2=\frac{6H^2D}{h(I_1+I_2)}\frac{I}{I_n}=\frac{6\times30^2\times0.102}{3\times2.0938}\times\frac{13.51}{10.82}=87.69$$

$$\alpha=9.36<10$$

式中
$$D=\frac{2I_ba^2}{l^3}=\frac{2\times0.00417\times5.48^2}{1.35^3}=0.102$$

4)双肢墙的等效惯性矩：

$$I_{eq}=\frac{\sum I_j}{(1-\tau)+\tau\psi_a}=\frac{2.694}{(1-0.801)+0.801\times0.03466}=11.88\text{m}^4$$

式中　ψ_a——由附表15按$a=9.39$查得$\psi_a=0.03466$。

(4)内力计算(见表7-7)。

1)墙肢剪力。

$$V_{i1}=\frac{1}{2}(\eta_1+\lambda_1)V_i$$

$$V_{i2}=\frac{1}{2}(\eta_2+\lambda_2)V_i$$

式中
$$\eta_1=\frac{I_1}{I_1+I_2}=\frac{1.8532}{1.8532+0.8406}=0.688$$

$$\eta_2=\frac{I_2}{I_1+I_2}=\frac{0.8406}{1.8532+0.8406}=0.312$$

$$\lambda_1=\frac{A_1}{A_1+A_2}=\frac{0.8288}{0.8288+0.6368}=0.5655$$

$$\lambda_2=\frac{A_2}{A_1+A_2}=\frac{0.6368}{0.8288+0.6368}=0.4345$$

表7-7　　内力计算结果

	F_i(kN)	$V_i=\sum_{j=1}^{n}F_j$	$\frac{1}{2}(\eta_1+\lambda_1)$	$\frac{1}{2}(\eta_2+\lambda_2)$	V_{i1}(kN)	V_{i2}(kN)
10	400	400			250.7	149.3
9	360	760			476.4	283.6
8	320	1080			676.9	403.1
7	280	1360			852.4	507.6
6	240	1600			1002.9	597.1
5	200	1800	0.6268	0.3732	1128.2	671.8
4	160	1960			1228.5	731.5
3	120	2080			1303.7	776.3
2	80	2160			1353.9	806.1
1	40	2200			1379.0	821.0

2)墙肢弯矩：

底部墙肢总弯矩

$$M_0=400\times30+360\times27+\cdots+40\times3=46200\text{kN}\cdot\text{m}$$

现有的计算表都是按照倒三角形荷载、均布荷载及顶点集中水平荷载这三种典型荷载形式编制的，为了便于利用这些现成的表格，按照底部弯矩相等的原则将集中作用在质点上的水平力换算成倒三角形连续分布荷载。

$$g=\frac{3M_0}{H^2}=\frac{3\times46200}{30^2}=154\text{kN/m}$$

底部总剪力

$$V_0=\frac{1}{2}gH=\frac{1}{2}\times154\times30=2310\text{kN}$$

与实际剪力 2200kN 很接近，可以代换。

第 i 层顶墙肢的总弯矩

$$M_{it}=M_{Fit}-\sum_{k=i}^{n}m_k$$

第 i 层底墙肢的总弯矩

$$M_{ib}=M_{Fib}-\sum_{k=1}^{n}m_k$$

连续分布倒三角形荷载距墙底 y 高度处产生的总弯矩

$$M_{Fi}=(1+0.5\xi_i)(1-\xi_i)^2M_0$$

式中 $\xi_i=\frac{y_i}{H}$；$M_0=\frac{1}{3}gH^2$。

第 i 层至 n 层连梁对剪力墙产生的总约束弯矩

$$\sum_{k=1}^{n}m_k=\sum_{k=1}^{n}\tau hV_0(\psi_1)_k$$

各墙肢弯矩如图 7-19 所示。

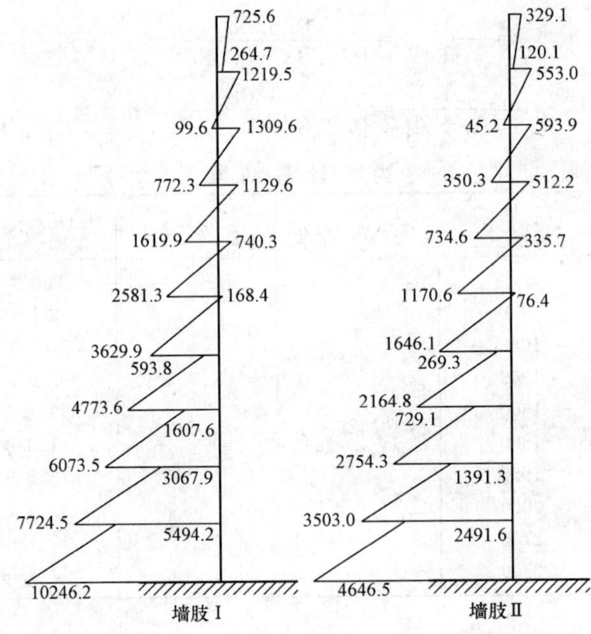

图 7-19 墙肢弯矩图

3）双肢墙各层连梁的剪力、弯矩及墙肢轴力：

连梁剪力 $$V_{bi}=\frac{\tau hV_0}{a}=\frac{m_i}{a}$$

连梁弯矩 $$M_{bi}=V_{bi}\frac{1}{2}$$

墙肢轴力 $$N_{i1}=-N_{i2}=\sum_{k=1}^{n}V_{bk}$$

计算结果见表 7-8：

表 7-8　墙肢弯矩计算结果

层次	α	ξ_i	$(1+0.5\xi_i)\times(1-\xi_i)^2$	M_0	M_{Fi}	τ	h	V_c	ψ_1	m_k	$\sum_{k=i}^{n} m_k$	M_i	η_1	η_2	M_1 (kN·m)	M_2 (kN·m)
10	9.36	1	0	46200	0	0.801	3.0	2310	0.190	1054.7	1054.7	−1054.7	0.688	0.312	−725.6	−329.1
					669.9							−384.8			−264.7	−120.1
9		0.9	0.145		669.9				0.250	1387.7	2442.4	−1772.5			−1219.5	−553.0
					2587.2							144.8			99.6	45.2
8		0.8	0.056		2587.2				0.369	2048.3	4490.7	−1903.5			−1309.6	−593.9
					5613.3							1122.6			772.3	350.3
7		0.7	0.1215		5613.3				0.498	2764.4	7255.1	−1641.8			−1129.6	−512.2
					9609.6							2354.5			1619.9	734.6
6		0.6	0.208		9609.6				0.618	3430.5	10685.6	−1076.0			−740.3	−335.7
					14437.5							3751.9			2581.3	1170.6
5		0.5	0.3125		14437.5				0.720	3996.7	14682.3	−244.8			−168.4	−76.4
					19958.4							5276.1			3629.9	1646.1
4		0.4	0.432		19958.4				0.795	4413.0	19095.3	863.1			593.8	269.3
					26033.7							6938.4			4773.6	2164.8
3		0.3	0.5635		26033.7				0.829	4601.7	23697.0	2336.7			1607.6	729.1
					32524.8							8827.8			6073.5	2754.3
2		0.2	0.704		32524.8				0.787	4368.6	28065.6	4459.2			3067.9	1391.3
					39293.1							11227.5			7724.5	3503.0
1		0.1	0.8505		39293.1				0.584	3241.7	31307.3	7985.8			5494.2	2491.6
					46200.0							14892.7			10246.2	4646.5

(5)顶点位移。

采用 C30 级混凝土，$E=30\times10^6\,\text{kN/m}^2$

$$u_t=\frac{11}{120}\frac{gH^4}{EI_{eq}}=\frac{11}{120}\times\frac{154\times30^4}{30\times10^6\times11.88}=0.032\text{m}$$

$$\frac{u_t}{H}=\frac{0.032}{30}=\frac{1}{935}<\frac{1}{900}\qquad\text{满足要求}$$

第八章　钢筋混凝土单层排架结构

第一节　排架结构计算

一、排架计算的步骤

排架计算（也称为排架分析）的目的是为设计排架柱及柱下基础提供内力数据，其主要内容和计算步骤大致如下：

(1)根据厂房或仓库等建筑的平、剖面布置，确定排架计算简图。这时应确定柱的高度，初步拟定柱截面尺寸并算出柱截面惯性矩，以及确定排架计算跨度等。

(2)计算作用在排架上的各项荷载值。

(3)分别对各项荷载作用下的排架进行内力计算，求出各控制截面的内力值。

(4)对柱各控制截面进行最不利荷载作用下的内力组合，求出最不利内力。

(5)必要时还应对排架柱刚度进行验算（即验算排架的水平位移值）。

二、横向排架的种类

根据厂房生产工艺要求的不同，横向平面排架在内力计算时可分成下列几种：

1. 等高排架

凡各柱的柱顶标高相同，横梁在同一水平面上连贯各跨[如图 8-1a)所示]或柱顶标高虽不同，但柱顶由倾斜横梁贯通相连[如图 8-1b)所示]的排架，在内力计算时均属于等高排架。

2. 不等高排架

凡各柱柱顶标高不同，且横梁不贯通的排架[如图 8-1c)所示]，在内力计算时属于不等高排架。

3. 跨变排架

在荷戴作用下，横梁跨度有改变的排架，在内力计算时属跨变排架。最常遇到的跨变排架为不设下弦杆的锯齿形屋盖与柱所组成的排架[如图 8-1d)所示]。

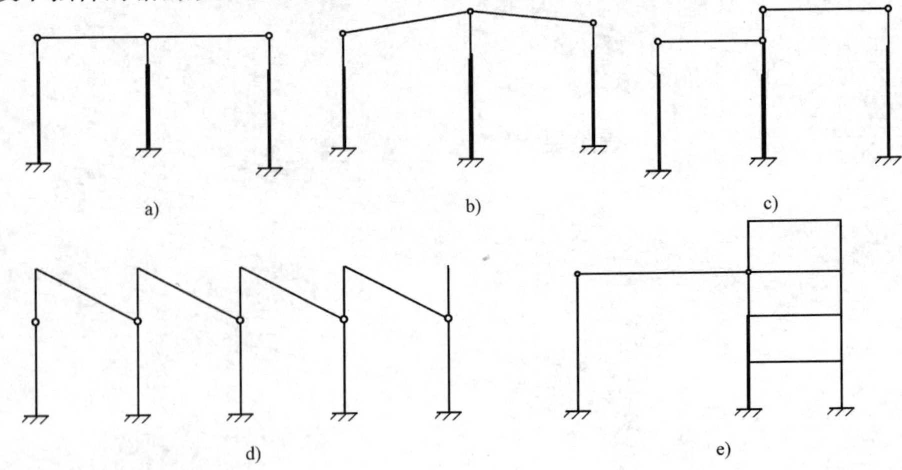

图 8-1　横向排架

4. 混合排架

由排架柱与框架组成的排架[图 8-1e)]称为混合排架或复式排架。常见的混合排架如发电厂的主厂房结构。

三、排架计算的基本假定

为了简化计算，根据结构构件连接构造情况和工程实践经验，对排架计算可作如下假定：

(1)排架柱铰接于横梁(屋架或屋面梁)底面，下端刚接于基础顶面。

(2)一般不考虑横梁轴向变形的影响，即假定横梁为没有轴向变形的刚杆，亦即假定横梁两端柱的水平位移值相等。这个假定对于屋面梁或下弦杆刚度较大的屋架是适用的。但必须指出的是，对于下弦杆刚度较小的屋架(如组合式屋架)，应考虑横梁轴向变形对排架内力的影响。这时应按跨变排架计算。

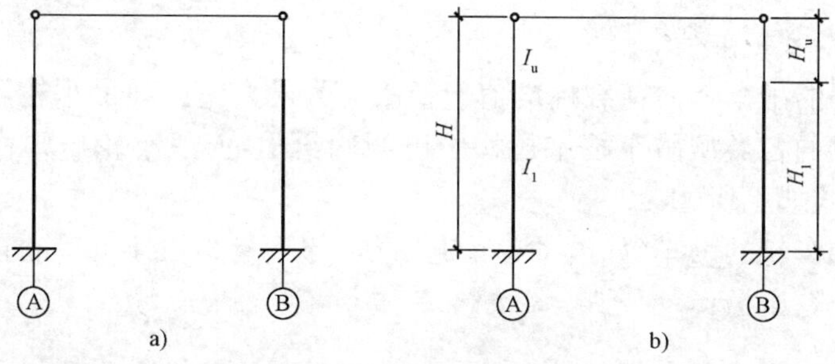

图 8-2　排架计算假定示意图

四、排架计算的计算简图

(1)作用在排架上的永久荷载(恒荷载)、雪荷载和风荷载等是沿厂房纵向均匀分布的，而厂房的柱距一般沿纵向是相等的，于是，可以在结构平面图上通过两相邻柱间距的中线截出一个典型区段，作为排架的计算单元[图 8-3a)的阴影部分]。除吊车等移动荷载外，阴影部分为一榀排架的负荷范围。

(2)排架的计算简图[如图 8-3b)所示]。图中柱的计算轴线均取上、下部柱截面的形心线，因单阶柱的上部截面小于下柱戴面，故柱截面形心连线呈折线。为了方便，常把折线画成直线[如图 8-2a)所示]，而在排架计算时，仍按折线计算。计算简图中尚应包括柱的各部分高度 H_u、H_l、H 和截面惯性矩 I_u、I_l，以及排架的计算跨度等。此处，H_u、H_l 为上、下柱柱高，H 为柱的总高；I_u、I_l 分别为上、下柱的截面惯性矩[如图 8-2b)所示]。H_u、H 可按下列公式确定：

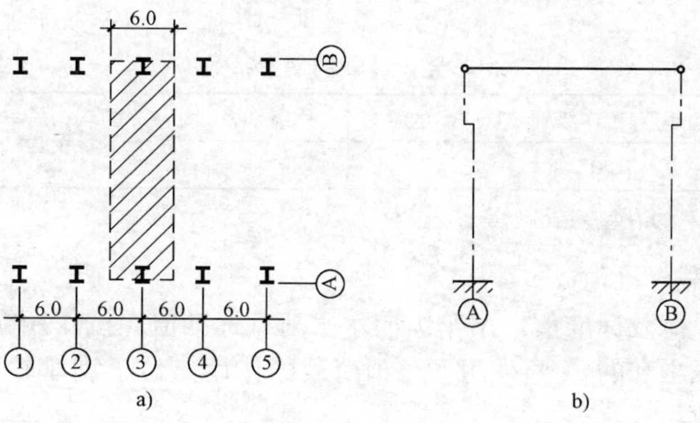

图 8-3　排架计算简图

$$H_u = \text{柱顶标高} - \text{轨顶标高} + \text{轨道构造高度} + \text{吊车梁支承处的梁高} \tag{8-1}$$

$$H = \text{柱顶标高} + \text{基础底面标高的绝对值} - \text{初步拟定的基础高度} \tag{8-2}$$

各部分柱的抗弯刚度 EI,可由预先假定的柱截面形状、尺寸来确定。

五、排架荷载计算

1. 作用在排架上的荷载有永久荷载和可变荷载两类

永久荷载一般包括屋面重量(如屋面构造层重量、屋面板、屋架、天窗和屋盖支撑等自重)、柱、围护结构及门窗重量、吊车梁及轨道重量等。可变荷载包括屋面活荷载(屋面均布活荷载或雪荷载,有时还需考虑积灰荷载)、吊车竖向荷载和横向水平荷载、风荷载等,有时还需考虑地面荷载、温度作用及地震作用等。

2. 吊车荷载

(1)吊车竖向荷载标准值。

在设计中采用的吊车竖向荷载标准值包括吊车的最大轮压和最小轮压。其中最大轮压在吊车生产厂提供的各类型吊车技术规格中已明确给出,但最小轮压则往往需由设计者自行计算,其计算公式如下所述。

对每端有两个车轮的吊车(如电动单梁起重机、起重量不大于 50t 的普通电动吊钩桥式起重机等),其最小轮压为:

$$P_{min} = \frac{G+Q}{2}g - P_{max} \tag{8-3}$$

对每端有四个车轮的吊车(如起重量超过 50t 的普通电动吊钩桥式起重机等),其最小轮压为:

$$P_{min} = \frac{G+Q}{4}g - P_{max} \tag{8-4}$$

式中 P_{min}——吊车的最小轮压,kN;

P_{max}——吊车的最大轮压,kN;

G——吊车总重量,t;

Q——吊车额定起重量,t;

g——重力加速度,取等于 9.81m/s^2。

(2)吊车竖向荷载的动力系数。

当计算吊车梁及其连接的强度时,吊车竖向荷载应乘以动力系数。动力系数可按表 8-1 取用。

表 8-1　吊车竖向荷载的动力系数

吊车类型	悬挂吊车、电动葫芦、工作级别 A1～A5 的吊车	工作级别为 A6～A8 的软钩吊车、硬钩吊车、其他特种吊车
动力系数	1.05	1.10

注:特种吊车指冶金工厂的冶金专用吊车等。

(3)吊车水平荷载标准值。

1)吊车纵向水平荷载标准值。吊车纵向水平荷载标准值应按作用在吊车一端轨道上所有刹车轮的最大轮压之和的 10%采用。该项荷载的作用点位于刹车轮与轨道的接触点,其方向与轨道方向一致。

2)吊车横向水平荷载标准值。吊车横向水平荷载标准值应按下式计算:

$$H=\alpha_{H}(Q+G_{1})g \tag{8-5}$$

式中 H——吊车横向水平荷载标准值；

α_{H}——系数，对软钩吊车：当额定起重量不大于 10t 时，应取 0.12；当额定起重量为 16～50t，应取 0.10；当额定起重量不小于 75t 时，应取 0.08；对硬钩吊车：应取 0.20；

G_{1}——吊车横行小车重量。

吊车横向水平荷载应等分于吊车桥架的两端，分别由轨道上的车轮平均传至轨道，其方向与轨道垂直，并考虑正反方向的刹车情况。

3. 多台吊车的组合

(1)吊车竖向荷载组合。

当排架结构的厂房内安装有多台吊车时，排架计算应按下列原则考虑吊车竖向荷载：

1)对一层吊车的单跨厂房的每个排架，参与组合的吊车台数不宜多于两台。

2)对一层吊车的多跨厂房的每个排架，参与组合的吊车台数不宜多于四台。

3)对多层吊车的单跨或多跨厂房的每个排架，参与组合的吊车台数应按实际情况考虑。

4)当情况特殊时，参与组合的吊车台数应按实际情况考虑。

(2)吊车水平荷载组合。

计算排架考虑多台吊车水平荷载时，对单跨或多跨厂房的每个排架，参与组合的吊车台数不应多于两台。

(3)多台吊车荷载的折减。

在排架计算时，多台吊车的竖向荷载和水平荷载标准值应乘以表 8-2 中规定的折减系数。

表 8-2　多台吊车竖向和水平荷载折减系数

参与组合的吊车台数	吊车工作级别	
	A1～A5	A6～A8
2	0.9	0.95
3	0.85	0.90
4	0.8	0.85

注：对多层吊车的单跨或多跨厂房，计算排架时，参与组合吊车荷载的折减系数应按实际情况考虑。

4. 吊车荷载的组合值、频遇值及准永久值系数

吊车荷载的组合值、频遇值及准永久值系数见表 8-3。

表 8-3　吊车荷载的组合值、频遇值及准永久值系数

吊车工作级别		组合值系数 ψ_{c}	频遇值系数 ψ_{f}	准永久值系数 ψ_{q}
软钩吊车	工作级别 A1～A3	0.7	0.6	0.5
	工作级别 A4、A5	0.7	0.7	0.6
	工作级别 A6、A7	0.7	0.7	0.7
	工作级别 A8	0.95	0.95	0.95
硬钩吊车		0.95	0.95	0.95

注：设计厂房的排架结构时，在荷载准永久组合中不考虑吊车荷载。但在吊车梁按正常使用极限状态时计算变形或裂缝时，可采用吊车荷载的准永久值。

【例 8-1】 简支钢筋混凝土吊车梁跨中最大弯矩计算

跨度为 6m 的简支钢筋混凝土吊车梁，其计算跨度 l_0=5.8m，承受按北京起重运输机械研究所技术资料生产的电动吊钩桥式吊车两台，吊车工作级别为 A5 级，吊车跨度 l_c=22.5m，吊车额定起重量一台为 16/3.2t，另一台为 10t。求计算吊车梁正截面受弯强度的，由吊车的最大轮压产生的跨中最大弯矩标准值。

解：吊车主要技术数据见表 8-4。

表 8-4　吊车主要技术数据

吊车起重量(t)	最大轮压(kN)	吊车最大宽度(m)	大车轮距(m)
16/3.2	183.26	6.322	4.4
10	127.40	5.922	4.1

在吊车梁计算跨度范围内，吊车最大轮压在吊车梁上的位置排列有以下几种不利情况可能产生的正截面弯矩最大值，应通过试算确定是何种情况。吊车竖向荷载的动力系数按表 8-1 取等于 1.05。

情况 1：一台 16/3.2t 吊车作用于梁上。

最大轮压在梁上产生最大弯矩的位置根据结构力学原理可确定如图 8-4a)所示。

$$M_{max}^{1}=\frac{1}{4}P_{16/3.2}\times1.05l_0=\frac{1}{4}183.26\times1.05\times5.8=279.0\text{kN}\cdot\text{m}$$

情况 2：一台 10t 吊车作用于梁上。

最大轮压在梁上产生最大弯矩的位置根据结构力学原理可确定如图 8-4b)所示。

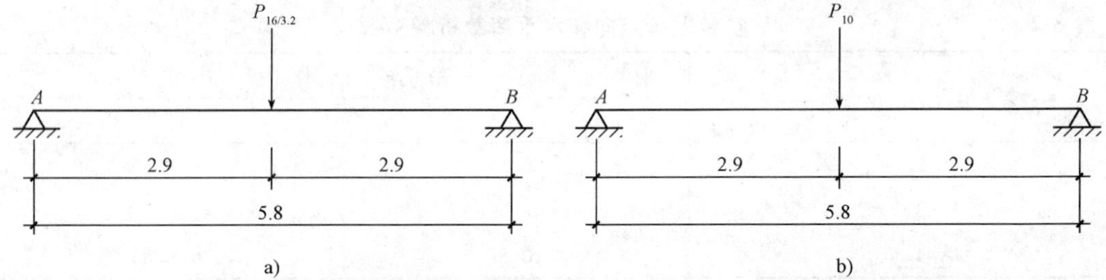

图 8-4　例 8-1 图(单位：m)

a)一台 16/3.2t 吊车最大轮压位置；b)一台 10t 吊车最大轮压位置

$$M_{max}^{2}=\frac{1}{4}P_{10}\times1.05l_0=\frac{1}{4}\times127.40\times1.05\times5.8=194.0\text{kN}\cdot\text{m}$$

情况 3 及情况 4：一台 16/3.2t 吊车与一台 10t 吊车最大轮压同时作用于梁上。

根据结构力学原理，梁的绝对最大弯矩位于当最大轮压的合力 R 与相邻轮压间的距离 x 的一半和梁跨中$\left(\frac{1}{2}l_0\right)$相重合时，则此相邻轮压所在位置就可能是绝对最大弯矩处。此时有两种可能，如图 8-5 所示。

两吊车最大轮压的合力 R 作用点距 P_{10} 的距离 x 为：

$$x=\frac{P_{16/3.2}\times1.872}{P_{16/3.2}+P_{10}}=\frac{183.26\times1.872}{183.26+127.40}=1104\text{mm}$$

R 与 P_{10} 的距离 x 的一半和梁跨中重合时，即情况 3[图 8-5a)]：

支座 B 的反力 R_B：

$R_B=(1.05\times127.4\times3.452+1.05\times183.26\times1.58)/5.8=132.03\text{kN}$

$M_{max}^{3a}=132.03\times2.348=310.0\text{kN}\cdot\text{m}$

R 与 $P_{16/3.2}$ 间距离的一半和梁跨中重合时，即情况 4[如图 8-5b)所示]：

支座 A 的反力 R_A：

$R_A=(1.05\times127.4\times1.362+1.05\times183.26\times3.234)/5.8=138.70\text{kN}$

$M_{max}^{3b}=138.70\times2.566=355.9\text{kN}\cdot\text{m}$

故知在以上四种情况中，以如图 8-5b)所示的弯矩最大，因此在计算吊车梁正截面抗弯承载力时，吊车竖向最大轮压产生的 M_{max} 标准值应取 355.9kN · m。

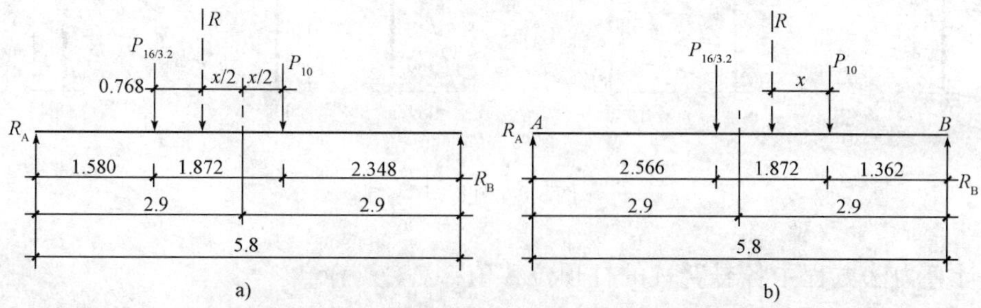

图 8-5 一台 10t 与一台 16t 吊车最大轮压位置(单位：m)

a) R 与 P_{10} 间距离的 1/2 与跨中重合；b) R 与 $P_{16/3.2}$ 间距离的 1/2 与跨中重合

六、排架内力计算

1. 力法计算

(1)除去排架的多余联系，用未知力 X 代替排架横梁的联系作用，使排架成为静定结构(称为"基本结构"或"基本体系")。

(2)借助于原排架在某点的已知变形条件，建立力法方程。

(3)解此力法方程，求出未知力 X。

(4)当 X 求得后，即可利用静力平衡条件求得排架的内力。

【例 8-2】 排架结构内力计算

求解如图 8-6 所示排架结构内力。

解：(1)绘出在外荷载作用下排架的变形示意图[即如图 8-6a)中虚线所示]，位移方向可任意假定，同时标出横梁两端大小相等、方向一致的水平位移 Δ_C 和 Δ_D。

(2)将横梁切开，并在切口上代以一对未知力 X_1(指向可任意假定，但两力的方向应相反)，并列出各悬臂柱在外荷载和未知力共同作用下的位移表达式：

柱 AC $\qquad \Delta_C=-X_1\delta_{CC}+P\delta_{CC}$

柱 BD $\qquad \Delta_D=-X_1\delta_{DD}$

上式的符号规定，当外荷载或未知力的悬臂柱所产生的位移(如 $P\delta_{CC}$、$X_1\delta_{CC}$、$X_1\delta_{DD}$)的方向与排架柱顶位移(如 Δ_C、Δ_D)方向相同者为正，反之为负。

(3)根据横梁两端位移相等(即 $\Delta_C=\Delta_D$)的变形条件，建立力法方程，即

$$-X_1\delta_{CC}+P\delta_{CC}=X_1\delta_{DD}$$

则

$$X_1(\delta_{CC}+\delta_{DD})-P\delta_{CC}=0 \tag{8-6}$$

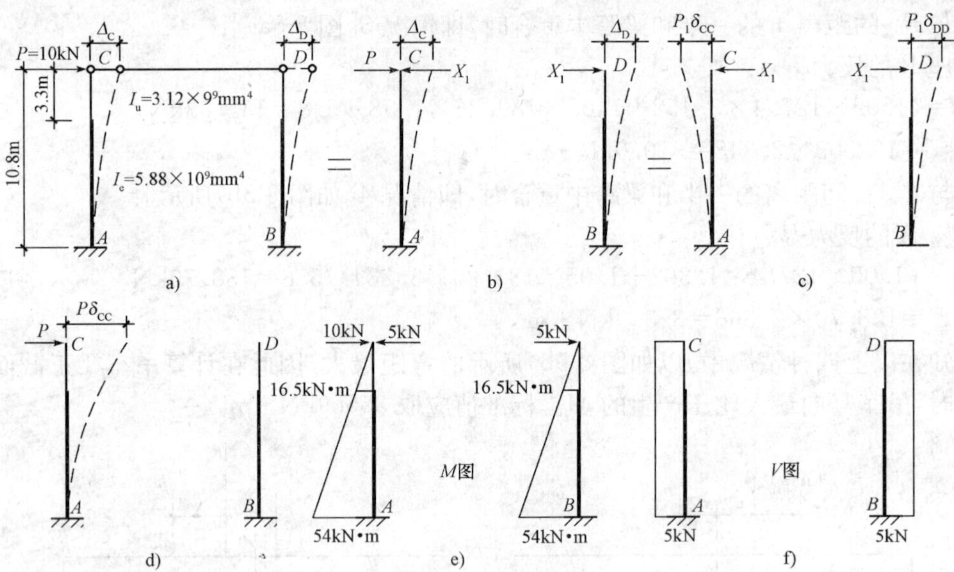

图 8-6 例 8-2 图

(4)计算力法方程中各悬臂柱的柱顶位移值：

柱 AC：当 $X=1$ 作用在柱顶时所引起的柱顶水平位移值 δ_{CC}（一般称形常数，因其仅与柱的形状有关）可按图形相乘法求得：

$$\delta_{CC}=\frac{1}{3EI_1}\left[H^3+\left(\frac{I_1}{I_u}-1\right)H_u^3\right]$$

$$=\frac{1}{3EI_1}\left[10.8^3+\left(\frac{5.88\times10^5}{2.13\times10^5}-1\right)\times3.3^3\right]=\frac{441}{EI_1}$$

柱 BD：上、下柱尺寸与柱 AC 完全相同，当 $X=1$ 作用在柱顶时，柱顶水平位移 δ_{DD} 与 δ_{CC} 相同，即 $\delta_{CC}=\delta_{DD}=441/EI_1$。

(5)解力法方程，即可求得 X_1 为：

$$X_1=\frac{P\delta_{CC}}{\delta_{CC}+\delta_{DD}}=\frac{P(441/EI_1)}{2(441/EI_1)}=\frac{P}{2}=5\text{kN}$$

从上述计算结果可知，对于单层单跨对称排架，在柱顶作用一水平力 P 时，其横梁内力恰等于 $P/2$。

(6)绘制内力图：将所求得的 X_1 和外力 P 一起作用于各悬臂柱上，利用静力平衡条件，求出各柱弯矩和剪力值并按比例绘出弯矩图[图 8-6e)]和剪力图[图 8-6f)]：

柱 AC：　$M_B=(10-5)\times3.3=16.5\text{kN}\cdot\text{m}$

$M_A=(10-5)\times10.8=54\text{kN}\cdot\text{m}$

$V_{AC}=10-5=5\text{kN}$

柱 BD：　$M_F=5\times3.3=16.5\text{kN}\cdot\text{m}$

$M_B=5\times10.8=54\text{kN}$

$V_{BD}=5\text{kN}$

2. 应用图表计算

应用图表法计算可参见表 8-5 所示。

表 8-5　　**变截面柱内力计算系数表**

序号	简图	R	C	序号	简图	R	C
0	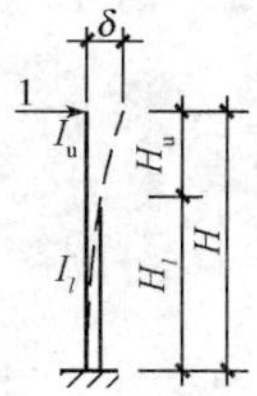		$\delta=\frac{H^3}{C_0EI_l}$ $C_0=\frac{3}{1+\lambda^3\left(\frac{1}{n}-1\right)}$	6	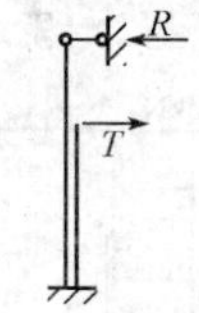	TC_6	$C_6=\frac{1-0.5\lambda(3-\lambda^2)}{1+\lambda^3\left(\frac{1}{n}-1\right)}$
1	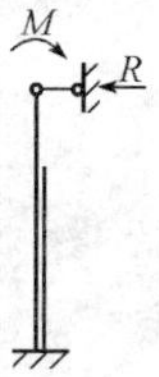	$\frac{M}{H}C_1$	$C_1=\frac{3}{2}\frac{1-\lambda^2\left(1-\frac{1}{n}\right)}{1+\lambda^3\left(\frac{1}{n-1}\right)}$	7	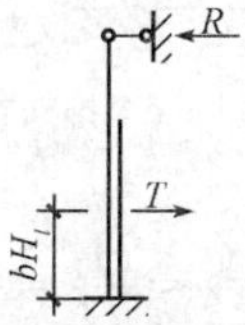	TC_7	$C_7=\frac{b^2(1-\lambda^2)[3-b(1-\lambda)]}{2\left[1+\lambda^3\left(\frac{1}{n}-1\right)\right]}$
2	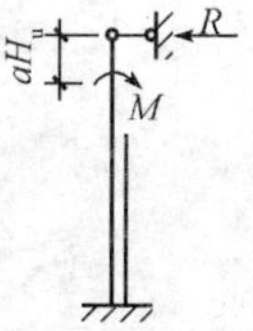	$\frac{M}{H}C_2$	$C_2=\frac{3}{2}\frac{1+\lambda^2\left(\frac{1-a^2}{n}-1\right)}{1+\lambda^3\left(\frac{1}{n}-1\right)}$	8	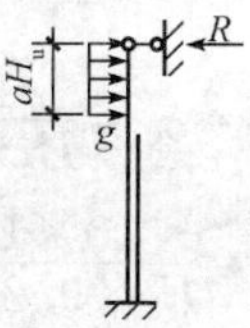	qHC_8	$C_8=\{\frac{a^4}{n}\lambda^4-$ $\left[\left(\frac{1}{n}-1\right)\times(6a-8)a\lambda^4\right]$ $-a\lambda(6a\lambda-8)\}$ $\div 8\left[1+\lambda^3\left(\frac{1}{n}-1\right)\right]$
3		$\frac{M}{H}C_3$	$C_3=\frac{3}{2}\frac{1-\lambda^2}{1+\lambda^3\left(\frac{1}{n}-1\right)}$	9	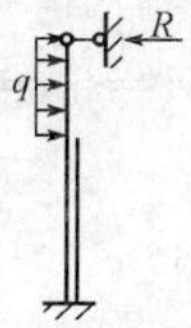	qHC_9	$C_9=\frac{8\lambda-6\lambda^3+\lambda^4\left(\frac{3}{n}-2\right)}{8\left[1+\lambda^3\left(\frac{1}{n}-1\right)\right]}$
4	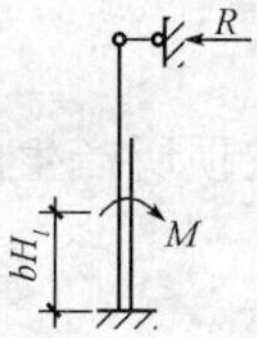	$\frac{M}{H}C_4$	$C_4=\frac{3}{2}$ $\frac{2b(1-\lambda)-b^2(1-\lambda)^2}{1+\lambda^3\left(\frac{1}{n}-1\right)}$	10	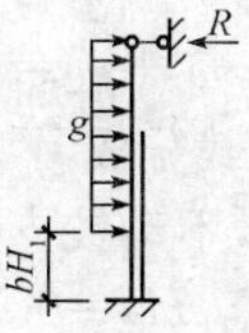	qHC_{10}	$C_{10}=\{3-b^3(1-\lambda)^3$ $\times[4-b(1-\lambda)]$ $+3\lambda^4\left(\frac{1}{n}-1\right)\}$ $\div 8\left[1+\lambda^3\left(\frac{1}{n}-1\right)\right]$
5	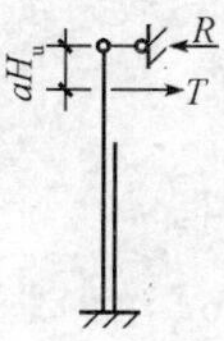	TC_5	$C_5=\{2-3a\lambda+\lambda^3$ $\left[\frac{(2+a)(1-a)^2}{n}-(2-3a)\right]\}$ $\div 2\left[1+\lambda^3\left(\frac{1}{n}-1\right)\right]$	11	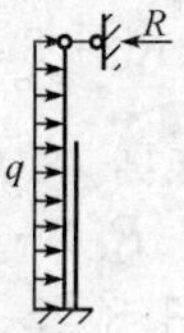	qHC_{11}	$C_{11}=\frac{3\left[1+\lambda^4\left(\frac{1}{n}-1\right)\right]}{8\left[1+\lambda^3\left(\frac{1}{n}-1\right)\right]}$

注：表中 $n=I_u/I_l$，$\lambda=H_u/H$，$1-\lambda=H_l/H$。

$$\lambda=\frac{H_u}{H},n=\frac{I_u}{I_l},C_0=\frac{3}{1+\lambda^3\left(\frac{1}{n}-1\right)}$$

【例 8-3】 变截面柱排架在风荷载作用下的内力计算

条件:如图 8-7 所示的排架,已知 $W=2.0\text{kN}$,$q_1=1.87\text{kN/m}$,$q_2=1.17\text{kN/m}$;A 柱与 C 柱截面相同,$I_{1A}=I_{1C}=2.13\times10^5\text{cm}^4$,$I_{2A}=I_{2C}=9.23\times10^5\text{cm}^4$,$I_{1B}=4.17\times10^5\text{cm}^4$,$I_{2B}=9.23\times10^5\text{cm}^4$;上柱高均为 $H_1=3.10\text{cm}$,柱总高均为 $H=12.22\text{cm}$。

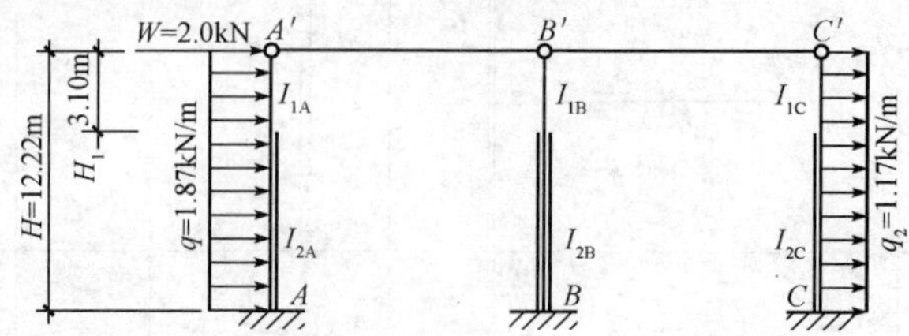

图 8-7　排架在风荷载作用时的计算简图

解:(1)计算剪力分配系数:$\lambda=\dfrac{H_1}{H}=\dfrac{3.10}{12.22}=0.254$

对 A、C 柱,$n=\dfrac{2.13}{9.23}=0.231$;$B$ 柱,$n=\dfrac{4.17}{9.23}=0.452$

A、C 柱:　　$C_0=2.85$,$\delta_A=\delta_C=\dfrac{10\times12.22^3}{E_c\times9.23\times2.85}=694\dfrac{1}{E_c}\text{cm}$

B 柱:　　$C_0=2.94$,$\delta_B=\dfrac{10\times12.22^3}{E_c\times9.23\times2.94}=672\dfrac{1}{E_c}\text{cm}$

剪力分配系数

$$\mu_A=\mu_C=\frac{\dfrac{1}{694}}{2\times\dfrac{1}{694}+\dfrac{1}{672}}=0.33$$

$$\mu_B=\frac{\dfrac{1}{672}}{2\times\dfrac{1}{694}+\dfrac{1}{672}}=0.34$$

$$\mu_A+\mu_B+\mu_C=0.33+0.34+0.33=1.0$$

(2)计算各柱顶剪力:把荷载分成 W、q_1 和 q_2 三种情况,分别求出在各柱顶所产生的剪力,然后叠加。由于 q_1 的作用,不动铰支座反力为:

$$R_A=C_{11}q_1H_2=0.361\times1.87\times12.22=8.25\text{kN}$$

由于 q_2,不动铰支座反力为:

$$R_C=8.25\times\frac{1.17}{1.87}=5.16\text{kN}$$

故各柱总的柱顶剪力及柱底剪力为[如图 8-8a)所示]:

$$\begin{aligned}V'_A&=\mu_A(W+R_A+R_C)-R_A\\&=0.33\times(2.0+8.25+5.16)-8.25=0.33\times15.41-8.25\\&=-3.16\text{kN}\end{aligned}$$

$$V_A=1.87\times12.22-3.16=19.69\text{kN}$$

$$V'_B=\mu_B(W+R_A+R_C)=0.34\times15.41=5.24\text{kN}$$

$$V_B=5.24\text{kN}$$

$$V'_C=\mu_C(W+R_A+R_C)-R_C=0.33\times15.41-5.16=-0.07\text{kN}$$

$$V_C = 1.17 \times 12.22 - 0.07 = 14.23\text{kN}$$

(3)绘制弯矩图[如图 8-8b)所示]。

$$M_A = -3.16 \times 12.22 + 1.87 \times \frac{12.22^2}{2} = 101\text{kN} \cdot \text{m}(\text{左拉})$$

$$M_B = 5.24 \times 12.22 = 64\text{kN} \cdot \text{m}(\text{左拉})$$

$$M_C = -0.07 \times 12.22 + 1.17 \times \frac{12.22^2}{2} = 78.8\text{kN} \cdot \text{m}(\text{左拉})$$

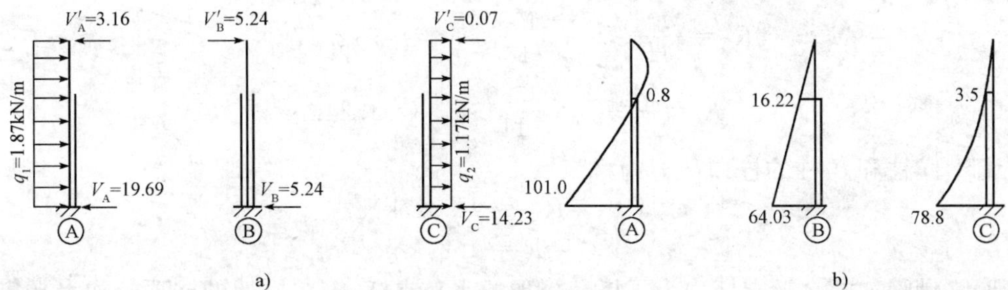

图 8-8　排架柱剪力弯矩图(单位:kN · m)

a)柱剪力;b)柱弯矩图

【例 8-4】　变截面柱排架在吊车荷载作用下的内力计算

条件:某金工车间的排架计算简图,如图 8-9 所示,A 柱与 B 柱形状和尺寸等均相同。

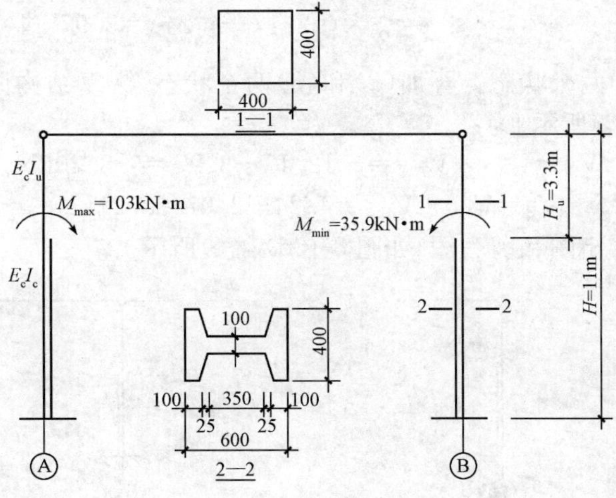

图 8-9　排架计算简图

在 $M_{max} = 103\text{kN} \cdot \text{m}$ 和 $M_{min} = 35.9\text{kN} \cdot \text{m}$ 联合作用下按剪力分配法计算的排架内力。

解:(1)计算参数 n 和 λ 上部柱截面惯性矩为:

$$I_u = \frac{1}{12} \times 400 \times 400^3 = 2.13 \times 10^9 \text{mm}^4$$

下部柱截面惯性矩为:

$$I_l \approx \frac{1}{12} \times 400 \times 600^3 - \frac{1}{12} \times 300 \times 350^3 - 2 \times \frac{1}{2} \times 300 \times 25 \times \left(175 + \frac{2 \times 25}{3}\right)^2$$
$$= 5.75 \times 10^9 \text{mm}^4$$

故
$$n=\frac{I_u}{I_l}=\frac{2.13\times10^9}{5.85\times10^9}=0.36$$
$$\lambda=\frac{H_u}{H}=\frac{3300}{11000}=0.3$$

从表 8-5 查得 $C_3=1.3$。

(2)在柱顶加水平支杆。在 A 柱和 B 柱的柱顶分别附加水平支杆，如图 8-10a)所示。反力系数 $C_3=1.3$。因此得水平支杆反力为：
$$R_A=\frac{M_{max}}{H}C_3=\frac{-103}{11}\times1.3=-12.17\text{kN}$$
$$R_B=\frac{M_{min}}{H}C_3=\frac{35.9}{11}\times1.3=4.24\text{kN}$$

因此，A 柱和 B 柱的柱顶剪力为：
$$V_{A.1}=R_A=-12.17\text{kN}$$
$$V_{B.1}=R_B=4.24\text{kN}$$

(3)撤销附加的水平支杆。为了撤消附加的水平支杆，需在排架的柱顶施加水平集中力 $-R_A$ 和 $-R_B$，如图 8-10b)所示。因为 A 柱与 B 柱相同，故剪力分配系数 $\mu_A=\mu_B=\frac{1}{2}$，于是在 $-R_A$ 及 $-R_B$ 作用下，各分配到的柱顶剪力为：
$$V_{A.2}=V_{B.2}=\frac{1}{2}(-R_A-R_B)$$
$$=\frac{1}{2}\times(12.17-4.24)=3.97\text{kN}$$

(4)叠加(2)和(3)两个状态。叠加(2)和(3)两个状态，恢复结构原有受力状况，此时总的柱顶剪力[如图 8-10)所示]为：
$$V_A=V_{A.1}+V_{A.2}=-12.17+3.97=-8.20\text{kN}$$
$$V_B=V_{B.1}+V_{B.2}=4.24+3.97=8.21\text{kN}$$

相应的内力图(弯矩图和剪力图)如图 8-10d)和 e)所示。

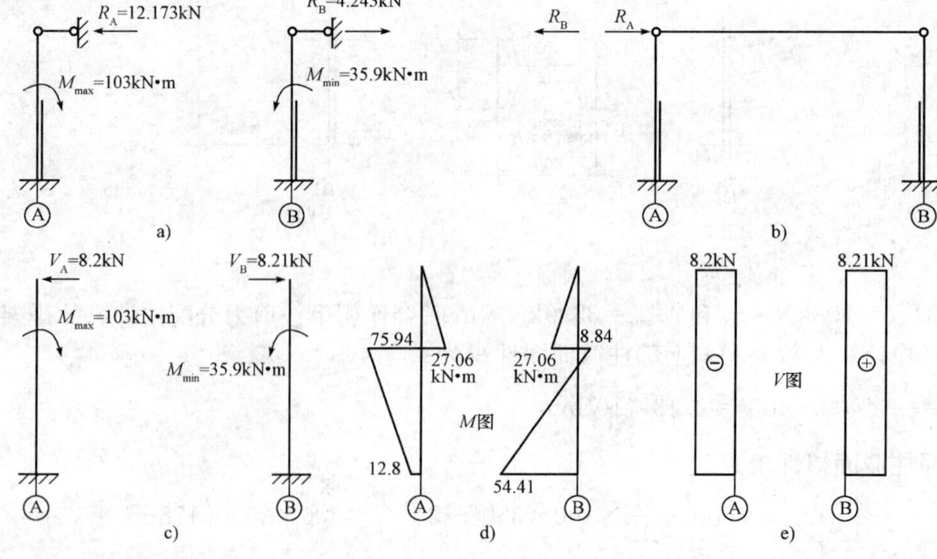

图 8-10 排架弯矩图和剪力图

3. 剪力分配法计算等高排架

应用剪力分配法计算等高排架可参见表 8-6。

表 8-6　　剪力分配法计算任意荷载作用下等高排架内力

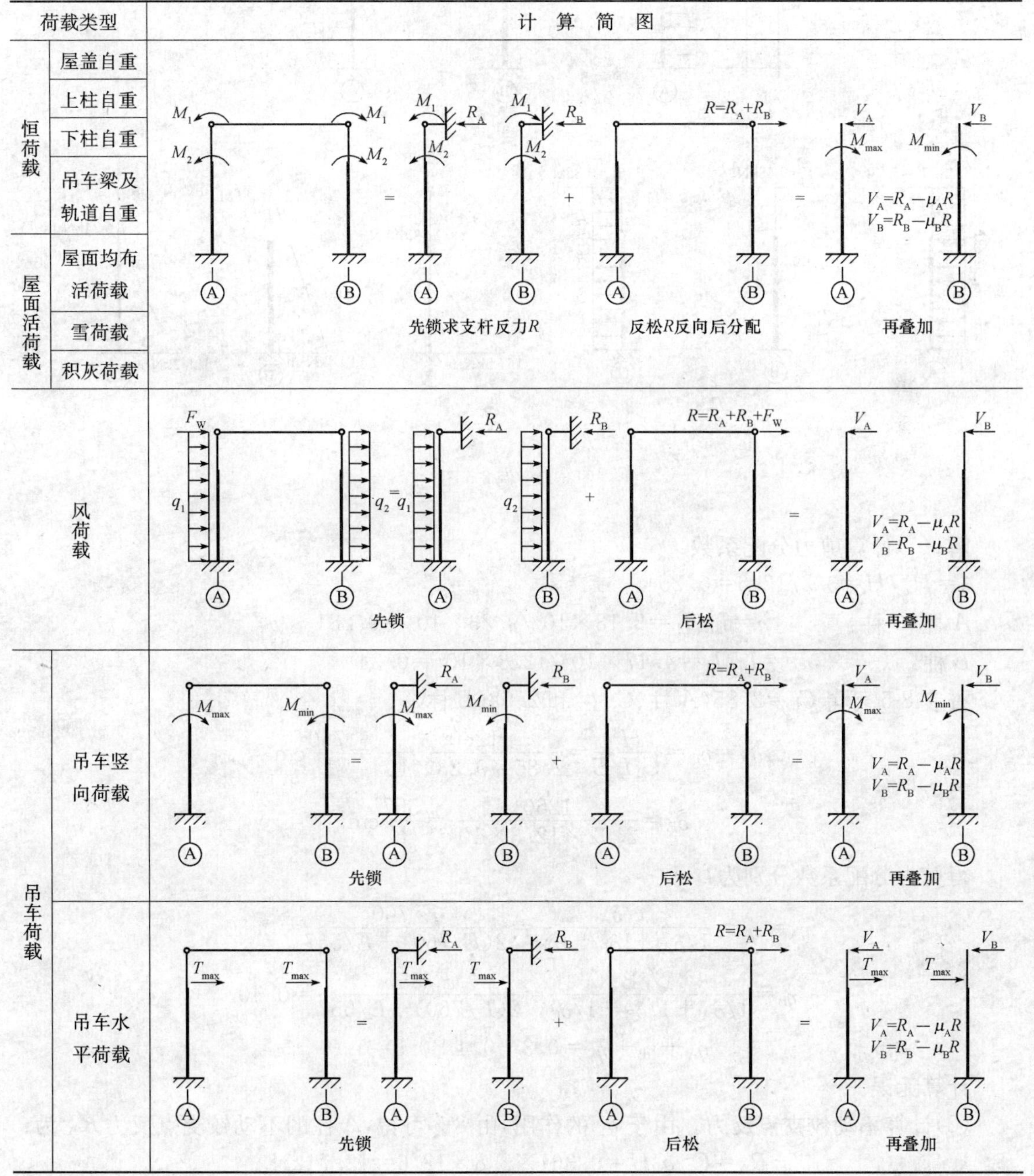

荷载类型		计 算 简 图
恒荷载	屋盖自重	M_1，M_2；先锁求支杆反力 R（R_A，R_B）＝ + 反松 R 反向后分配（$R=R_A+R_B$）＝ 再叠加：$V_A=R_A-\mu_A R$，$V_B=R_B-\mu_B R$（M_{max}，M_{min}）
	上柱自重	
	下柱自重	
	吊车梁及轨道自重	
屋面活荷载	屋面均布活荷载	
	雪荷载	
	积灰荷载	
风荷载		F_W，q_1，q_2；先锁（R_A，R_B）＋ 后松（$R=R_A+R_B+F_W$）＝ 再叠加：$V_A=R_A-\mu_A R$，$V_B=R_B-\mu_B R$
吊车荷载	吊车竖向荷载	M_{max}，M_{min}；先锁（R_A，R_B）＋ 后松（$R=R_A+R_B$）＝ 再叠加：$V_A=R_A-\mu_A R$，$V_B=R_B-\mu_B R$
	吊车水平荷载	T_{max}；先锁（R_A，R_B）＋ 后松（$R=R_A+R_B$）＝ 再叠加：$V_A=R_A-\mu_A R$，$V_B=R_B-\mu_B R$

【例 8-5】 剪力分配法计算双跨等高排架

试用剪力分配法计算图 8-11 所示的双跨等高排架。已知 $W=3\text{kN}$，$q_1=2.8\text{kN/m}$，$q_2=1.75\text{kN/m}$，柱 A 与柱 C 相同，$I_{uA}=I_{uC}=2.13\times10^5\text{cm}^4$，$I_{1A}=I_{1C}=9.23\times10^5\text{cm}^4$，$I_{uB}=4.17\times10^5\text{cm}^4$，$I_{1B}=12.3\times10^5\text{cm}^4$；上柱高均为 $H_u=3.2\text{m}$，柱总高均为 $H=12.6\text{m}$。

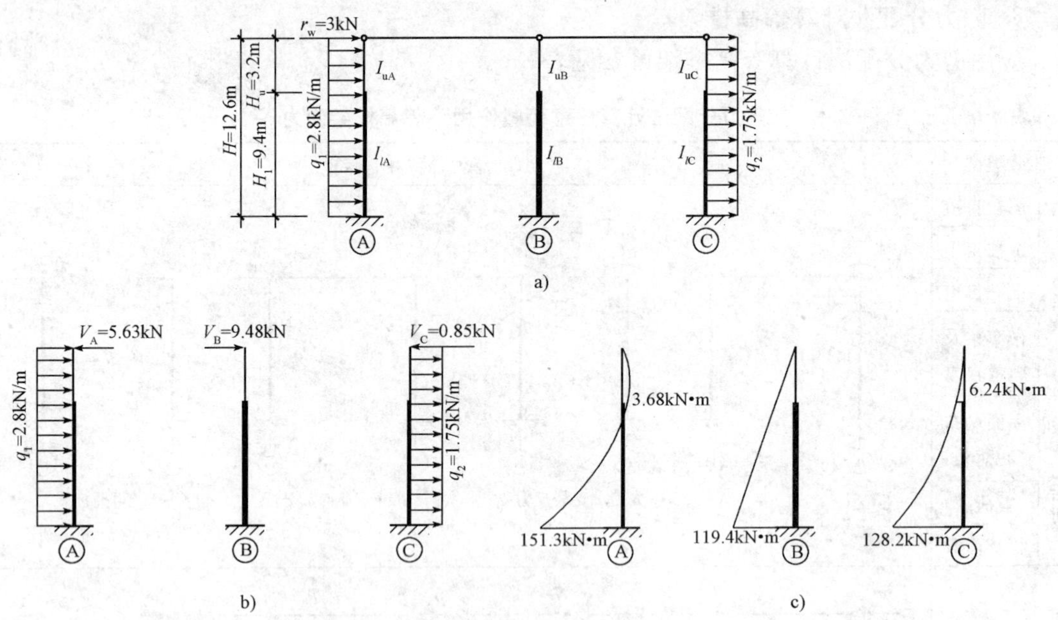

图 8-11 例 8-5 图

解:(1)计算剪力分配系数:

$\lambda=H_u/H=3.2/12.6=0.254$

A 柱、C 柱: $n=I_u/I_1=2.13\times10^5/9.23\times10^5=0.281$

B 柱: $n=I_u/I_1=4.17\times10^5/12.3\times10^5=0.34$

查表 8-5 可得 $C_0=2.85$(A 柱、C 柱)和 2.92(B 柱)。

$$\delta_A=\delta_C=\frac{H^3}{C_0 I_1 E}=\frac{1260^3}{2.85\times9.23\times10^5}=\frac{760}{E}\text{cm}$$

$$\delta_B=\frac{1260^3}{2.92\times12.3\times10^5}=\frac{557}{E}\text{cm}$$

得剪力分配系数分别为:

$$\eta_A=\eta_C=\frac{1/\delta_A}{1/\delta_A+1\delta_B+1\delta_C}=\frac{E/760}{2(E/760)+E/557}=0.30$$

$$\eta_B=\frac{1/\delta B}{1/\delta_A+1/\delta_B+1/\delta_C}=\frac{E/557}{2(E/760)+E/557}=0.40$$

$$\eta_A+\eta_B+\eta_C=0.3+0.4+0.3=1.0$$

计算无误。

(2)计算不动铰支点反力。由于 q_1 的作用,由 8-5 可得,A 柱的不动铰支点反力 R_A 为:

$$R_A=C_{10}q_1H=0.361\times2.8\times12.6=12.74\text{kN}$$

由于 q_2 的作用,柱 C 的不动铰支点反力 R_C 为(A 柱、C 柱尺寸相同,可按比例求算):

$$R_C=12.74\times\frac{1.75}{2.8}=7.96\text{kN}$$

(3)计算各柱柱顶剪力。将附加不动铰支点反力 R_A、R_C 反向作用于排架柱顶,同时考虑到排架柱(A 柱)顶还作用有水平集中力 W,故各柱最后的柱顶剪力分别为[如图 8-11b)所示]:

$V_A=\eta_A(W+R_A+R_C)-R_A=0.3\times(3+12.74+7.96)-12.74=-5.63\text{kN}(\leftarrow)$

$V_B=\eta_B(W+R_A+R_C)=0.4\times(3+12.74+7.96)=9.48\text{kN}(\rightarrow)$

$V_C=\eta_C(W+R_A+R_C)-R_C=0.3\times(3+12.7+7.96)-7.96=-0.85\text{kN}(\leftarrow)$

(4)绘制内力图。各柱按独立悬臂柱(在柱顶剪力及外荷载作用下)绘得的弯矩图如图8-11c)所示。

第二节　钢筋混凝土排架柱设计

一、设计步骤

钢筋混凝土排架柱设计的步骤如下：

(1)按要求选用混凝土强度等级和钢筋品种。

(2)根据结构跨度、高度、柱距、有无吊车及吊车规格以及材料供应和施工条件等情况，通过技术经济指标分析，选择合理的柱型。

(3)根据工艺要求和吊车规格等条件，确定柱高和柱截面尺寸。

(4)按上述排架的计算公式，求出柱各控制截面的最不利内力组合。

(5)根据各控制截面的最不利内力组合进行截面承载力计算，确定所需的受力钢筋截面面积；同时根据构造要求布置箍筋和构造钢筋。

(6)确定支承吊车梁、屋架等构件的牛腿的尺寸，并进行配筋计算和采取构造措施。

(7)进行柱在施工吊装阶段的承载力和裂缝宽度验算。

(8)对连接构造与预埋件进行设计。

(9)绘制施工图。

二、阶形柱设计

1. 阶形柱的计算长度

(1)对于无吊车或仅有悬挂吊车的厂房排架柱，当一柱失稳时，其他各柱将通过屋架等水平构件得到支撑。因此，失稳柱的柱顶可设想有一弹性支点。

(2)对于有桥式吊车的厂房排架柱，由于吊车是局部荷载，各柱的轴力相差很大，再加上厂房的空间作用，厂房在实际使用中，柱顶的水平变位只有几毫米。因此，最大受荷柱在破坏时，柱顶不可能发生显著的足以加速柱顶破坏的水平变位。因此，可以假定柱顶有一刚性支点，即所谓的不动铰。

(3)柱底均假定为固定端。

采用刚性屋盖的单层厂房阶形柱计算长度参考表见表8-7。

表8-7　　采用刚性屋盖的单层厂房阶形柱计算长度参考表

	柱的类型	有无吊车条件	排架方向	垂直排架方向	
				有柱间支撑	无柱支撑
露天栈桥柱	H	有吊车	2.0H	1.0H	—
等截面排架柱	H	无吊车 单跨	1.5H	1.0H	1.2H
		无吊车 多跨	1.2H		

续上表

柱的类型	有无吊车条件		排架方向	垂直排架方向	
				有柱间支撑	无柱支撑
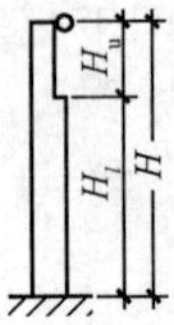	上柱	$H_u/H_l \geqslant 0.3$	$2.0H_u$	$1.25H_u$	$1.5H_u$
		$H_u/H_l < 0.3$	$2.5H_u$		
	下柱	无吊车荷载 单跨	$1.5H$	$0.8H_l$	$1.0H_l$
		无吊车荷载 多跨	$1.25H$		
		有吊车荷载	$1.0H_l$		
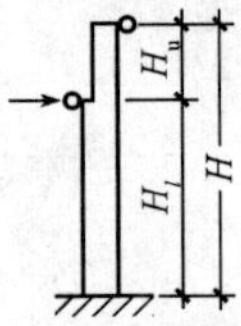	上柱	$H_u/H_l \geqslant 0.3$	$2.0H_u$	$1.25H_u$	$1.5H_u$
		$H_u/H_l < 0.3$	$2.5H_u$		
	下柱		$1.0H_l$	$0.8H_l$	$1.0H_l$
二段阶形排架柱	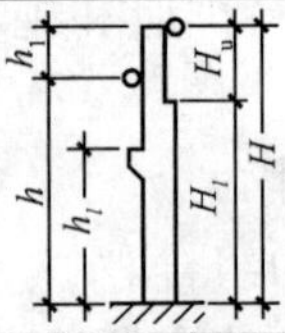 上柱		$2.5h_l$	$1.25H_u$	$1.5H_u$
	下柱	上下皆无	$1.0h_l$	$0.8H_l$	$1.0H_l$
		上有下无	$1.0H_l$		
		下有(高跨可有可无)	$1.0h_l$		
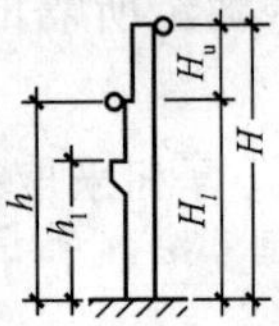	上柱		$2.5H_u$	$1.25H_u$	$1.5H_u$
	下柱	上下皆无	$1.0h_u$	$0.8H_l$	$1.0H_l$
		上有下无	$1.0H_l$		
		下有(高跨可有可无)	$1.0h_l$		
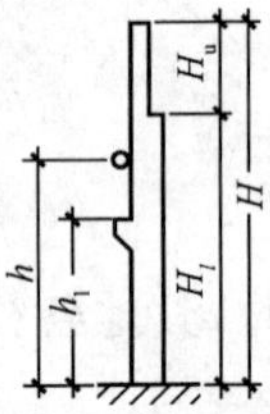	上柱		$2.5H_u$	$1.25H_u$	$1.5H_u$
	下柱	上下皆无	$1.0h$	$0.8H_l$	$1.0h_l$
		上有下无	$1.0h$		
		下有(高跨可有可无)	$1.0h_l$		
三段阶形排架柱	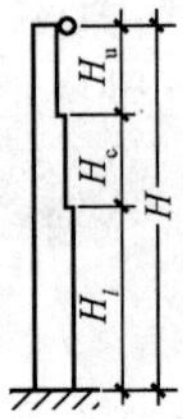 上柱		$3.0H_u$	$1.5H_u$	
	中柱	上下皆无	$1.25H$	$2.0H_c$	
		上有下无	$1.0(H_c+H_l)$		
		上无下有	$2.0(H_u+H_c)$		
		上下皆有	$3.0H_c$		
	下柱	上下皆无 单跨	$1.5H$	$1.0H_l$	
		上下皆无 多跨	$1.25H$		
		上有下无	$1.0(H_c+H_l)$		
		下有(上层可有可无)	$1.0H_l$		
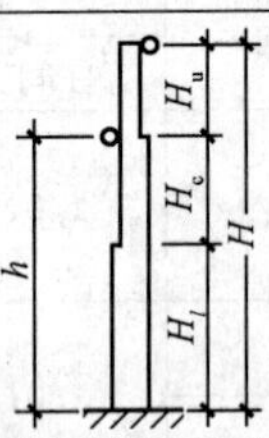	上柱		$3.0H_u$	$1.25H_u$	
	中柱	下无(上层可有可无)	$1.0h$	$2.0H_c$	
		下有(上层可有可无)	$3.0H_c$		
	下柱	下无(上层可有可无)	$1.25h$	$1.0H_l$	
		下有(上层可有可无)	$1.0H_l$		

2. 截面尺寸

(1)阶形柱的上柱和下柱应取同样的截面宽度，侧面不得出现台阶或牛腿。

(2)抗风柱的宽度，一般与排架柱取相同的宽度。高大厂房往往给山墙抗风柱设置一个中间支点(抗风桁架)。

(3)无吊车的厂房排架柱，其截面高度 $h \geqslant 500$mm。

(4)无吊车厂房阶形柱下柱的截面高度 $h \geqslant 600$mm。

(5)柱的截面尺寸主要取决于轨顶标高，安装一般中级工作制(A1～A5)软钩吊车的单层厂房排架柱，其截面尺寸可参考表 8-8 确定。

表 8-8 6m 柱距厂房阶形柱下柱截面尺寸参考表

<table>
<tr><th colspan="2">简 图</th><th colspan="2">适 用 条 件</th><th>截面高度(h)</th><th>截面宽度(b)</th></tr>
<tr><td rowspan="2">无吊车厂房排架柱</td><td rowspan="2"></td><td colspan="2">单跨厂房</td><td>$\frac{H}{16}$</td><td>$\frac{H_l}{25}$</td></tr>
<tr><td colspan="2">多跨厂房</td><td>$\frac{H}{18}$</td><td>$b \geqslant 400$mm</td></tr>
<tr><td rowspan="7">有吊车厂房排架柱</td><td rowspan="7"></td><td>$Q \leqslant 10$t</td><td>$H_l \leqslant 10$m</td><td>$\frac{H_l}{14}$</td><td rowspan="3">$\frac{H_l}{20}$
$b \geqslant 400$mm</td></tr>
<tr><td rowspan="2">$Q=15 \sim 30$t</td><td>$H_l < 12$m</td><td>$\frac{H_l}{14}$</td></tr>
<tr><td>$H_l \geqslant 12$m</td><td>$\frac{H_l}{12}$</td></tr>
<tr><td rowspan="2">$Q=50$t</td><td>$H_l < 14$m</td><td>$\frac{H_l}{12}$</td><td rowspan="4">$\frac{H_l}{20}$
$b \geqslant 500$mm</td></tr>
<tr><td>$H_l \geqslant 14$m</td><td>$\frac{H_l}{10}$</td></tr>
<tr><td rowspan="2">$Q=70 \sim 100$t</td><td>$H_l < 16$m</td><td>$\frac{H_l}{10}$</td></tr>
<tr><td>$H_l \geqslant 16$m</td><td>$\frac{H_l}{8}$</td></tr>
<tr><td rowspan="3">露天吊车栈桥柱</td><td rowspan="3"></td><td>$Q \leqslant 10$t</td><td>$H_l \leqslant 10$m</td><td>$\frac{H_l}{14}$</td><td rowspan="2">$\frac{H_l}{20}$
$b \geqslant 400$mm</td></tr>
<tr><td>$Q=15 \sim 30$t</td><td>$H_l \leqslant 12$m</td><td>$\frac{H_l}{12}$</td></tr>
<tr><td>$Q=50$t</td><td>$H_l \leqslant 14$m</td><td>$\frac{H_l}{10}$</td><td>$\frac{H_l}{20}$
$b \geqslant 500$mm</td></tr>
<tr><td rowspan="2">抗风柱</td><td rowspan="2"></td><td colspan="2">单支点</td><td>$\frac{H_l}{18}$</td><td>$\frac{H_l}{20}$
$b \geqslant 400$mm</td></tr>
<tr><td colspan="2">双支点</td><td>$\frac{H_l}{16}$</td><td>$\frac{H_l}{25}$
$b \geqslant 500$mm</td></tr>
</table>

注：H——自基础顶面算起的柱高。

H_l——自基础顶面算起的下柱高度。

3. 排架柱横向侧移的验算

(1)对于有重级工作制吊车的厂房柱和有中、重级工作制吊车的露天栈桥柱或某些重要厂房或柱截面高度不能满足表 8-8 的要求时，按表 8-9 的要求验算排架柱在吊车梁顶面处的横向变形值。

(2)对于柱距相同的对称排架来说,两相对柱在吊车梁顶面处的水平变位也是相同的,只需要验算一边柱子就可以,对于两相对柱列的柱距不等时,其横向变形应按最不利的一侧考虑。

(3)对于局部抽柱的柱列,经过验算即使超过限值,也不得加大上柱的截面高度,否则将影响吊车的行驶。通常可采取加宽整根柱截面或提高整根柱的混凝土强度等级等措施来解决。

(4)在计算中,吊车的水平力不考虑动力系数并取标准值。

(5)其中,混凝土柱的短期刚度 $B_s=0.85E_cI_0$,E_c 为混凝土的弹性模量;

I_0 为换算截面惯性矩,对于矩形柱和工形柱 I_0 就等于截面惯性矩 I,双肢柱应取换算惯性矩 I_0。

表 8-9　　柱的计算变形限值

变形的种类	按平面结构图形计算	按空间结构图形计算	变形的种类	按平面结构图形计算	按空间结构图形计算
厂房柱的横向变形	$\frac{H_c}{1250}$	$\frac{H_c}{2000}$	厂房和露天栈桥柱的纵向变形	$\frac{H_c}{4000}$	—
露天栈桥柱的横向变形	$\frac{H_c}{2500}$	—			

注:H_c——自基础顶面至吊车梁顶面的柱高。

4. 排架柱设计

(1)复式排架。

1)常用的复式排架有以如图 8-12 所示三种形式。

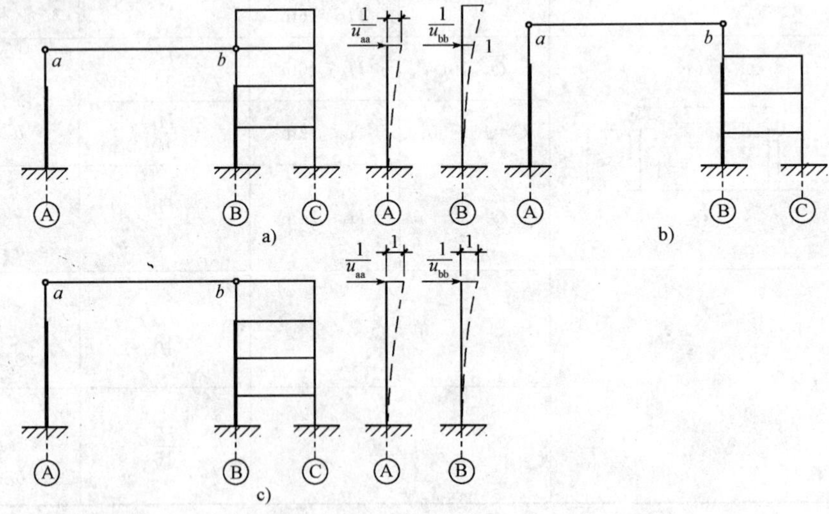

图 8-12　复式排架

2)在任何情况下,都不得采用第二种形式因为横梁的刚度很大,而 u_b、u_a,B 柱上柱的相对侧移将远远超过规定。

当框架的侧移刚度大于排架柱的侧移刚度 20 倍时,可以将框架当作排架柱的不动铰支点。否则,应考虑排架柱与框架共同工作。

$$\frac{1}{u_{bb}}\geqslant\frac{20}{u_{aa}}$$

(2)附建披屋的排架柱。

7 度以上地震区不得将局部披屋的屋面梁搁置在排架柱上，只有当披屋与厂房同样长时，才可以把厂房排架当作披屋柱的不动铰支点。在承受风荷载时，柱顶反力可以按以下简化公式计算(如图 8-13 所示)：

$$R_a=\left(0.8\times\frac{3}{8}q_0h_1-0.2q_0h_2\right)=(0.3h_1-0.2h_2)q_0 \tag{8-7}$$

式中　q_0—— w_0B；

B——B 列排架柱的柱距。

(3)附设操作平台的排架柱。

1)在 7 度以上地震区，车间内不得将局部平台的横梁直接搁置在排架柱上。当平台与厂房单元同样长度时，可以将平台梁搁置在排架柱的牛腿上，并把排架当作不动铰支点[如图 8-14a)、图 8-14b)所示]。

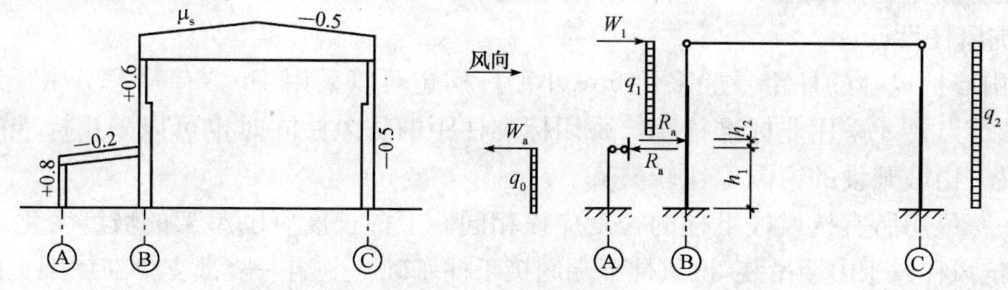

图 8-13　披屋计算简图

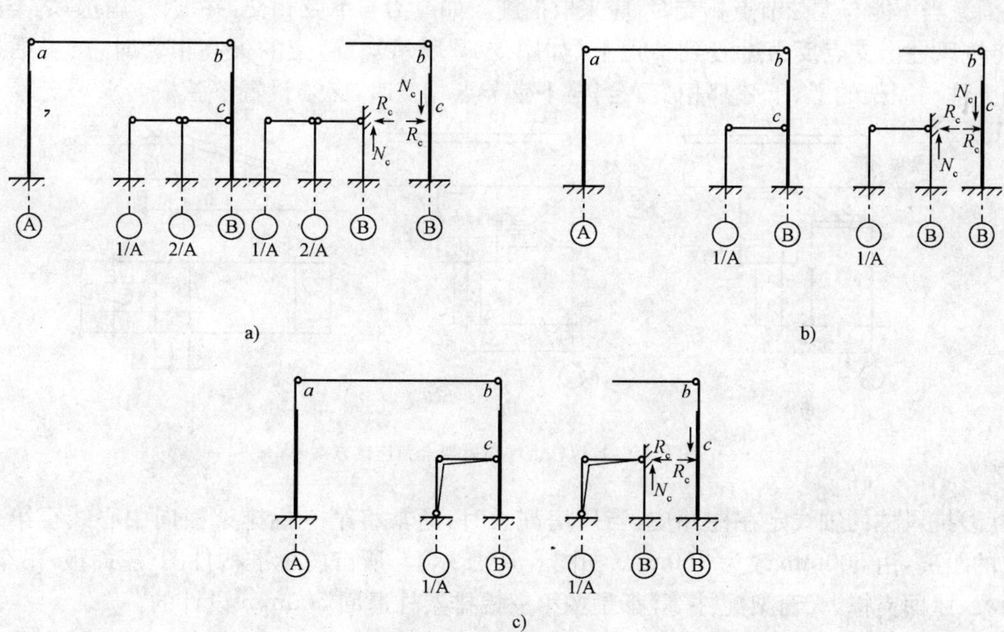

图 8-14　平台计算简图

2)局部平台可采用如图 8-14c)所示的形式将横梁支承在排架柱上，此时 $R_c=0$，仅有 N_c 作用在排架柱牛腿上。

(4)带有短柱深基础的排架柱：

当厂房内局部设有坑、罐、设备基础时，往往需要将附近柱基础的底标高加深。为了不影响排架工作。通常采取加厚垫层或做短柱深基础等措施，而不加长排架柱(如图 8-15 所示)。

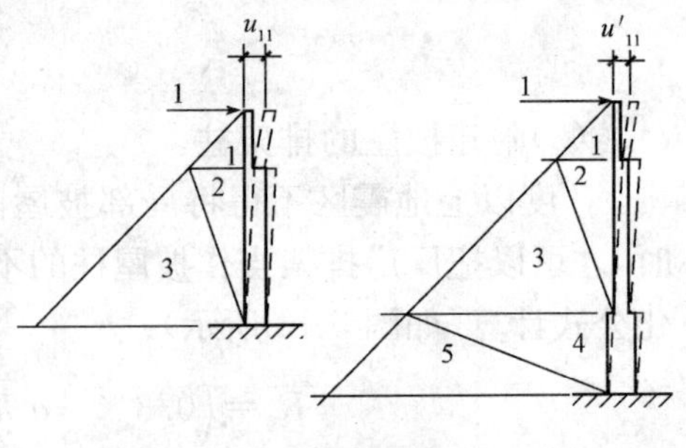

图 8-15 柱顶侧移计算简图

$$u_{11}=\sum_{i=1}^{3}\frac{A_i y_i}{EI_i} \tag{8-8}$$

$$u'_{11}=\sum_{i=1}^{5}\frac{A_i y_i}{EI_i} \tag{8-9}$$

当 $u'_{11}\leqslant 1.05u_{11}$时，可将短柱基础的顶面作为排架柱的固定端。否则，应加大短柱截面或将短柱基础作为排架柱的一个组成部分考虑。

5. 抗风柱设计

(1)山墙抗风柱的柱距一般采用 6m，小型厂房也可以采用 4m。有时为了让开大门或凑屋架上弦节点。才采用非标准柱距。采用标准柱距的防风柱同时也可以采用标准的连系梁和基础梁。山墙开设的窗洞也比较整齐。

同一跨厂房所有抗风柱下柱的长度应该相同。上柱长度则随屋架的坡度变化。

(2)抗风柱先于山墙吊装，抗风柱下端固接于柱基础。上端一般都支撑在屋架上弦节点处并与上弦支撑的节点相交(如图 8-16 所示)。因为屋架上弦受压，屋架横向支撑通常都设在上弦平面。当不能与上弦节点相交时，应采取措施。如改为与下弦相交，并加设“扁担”之类的构件，将抗风柱上支点反力过渡到节点上(如图 8-17 所示)。屋架的矢高很大时，可考虑抗风柱的上柱与屋架的上、下弦都相交。当与下弦节点相交时，必须设置下弦横向水平支撑。

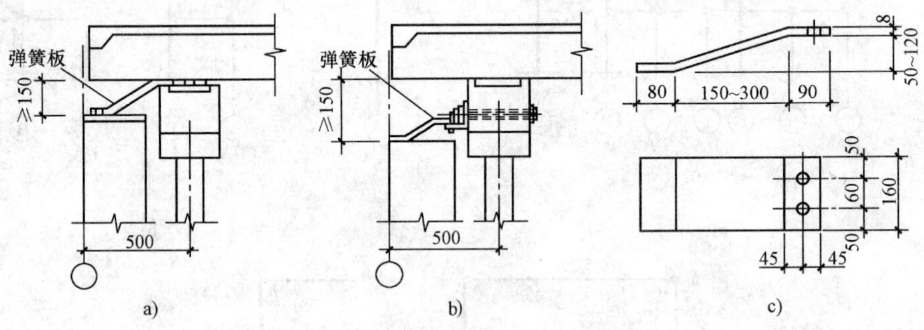

图 8-16 抗风柱上端与屋架上弦连接方案

(3)抗风柱的轴线定在柱外皮，当厂房高大时，通常将第一榀排架横向中心线至第一根轴线的距离，由 500mm 改为 750mm(如图 8-18 所示)。所有的标准构件图(屋面板、吊车梁、连系梁、屋面支撑、天窗架配件等)都是按第一榀排架柱退回 500mm 设计的。

如抗风柱的上柱同时与屋架的上下弦联结时，上柱截面高度一般不会太大，可不改变第一榀排架柱到第一根轴线的距离(如图 8-19 所示)。

(4)所有的抗风柱都必须验算吊装。抗风柱的计算简图一般有如图 8-20 所示四种。

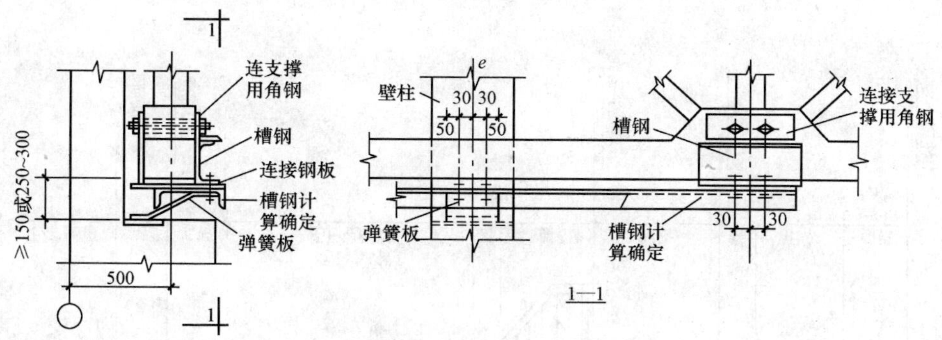

图 8-17　抗风柱与屋架下弦连接方案(一)

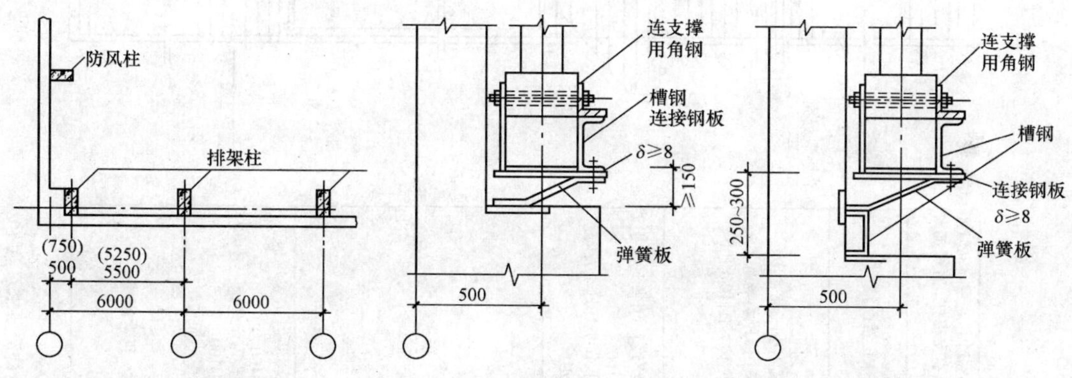

图 8-18　厂房端部插入距　　　　图 8-19　抗风柱与屋架下弦连接方案(二)

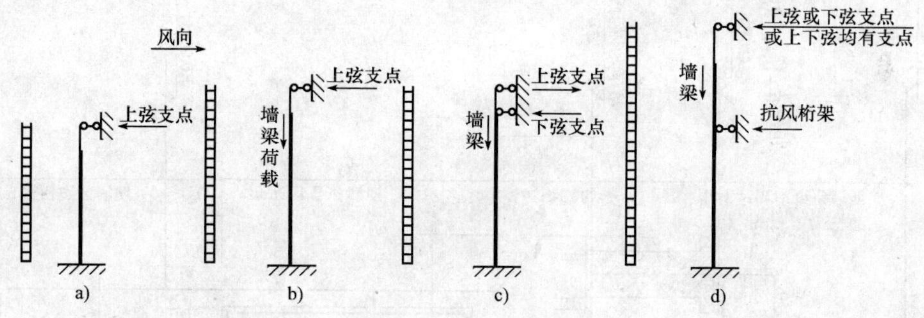

图 8-20　抗风柱计算简图

6. 柱截面配筋计算

(1)排架柱往往要承受反复荷载,轴力大小多变,弯矩正负正常,矩形柱、阶形柱,一般均采用对称配筋。

(2)一榀排架有好几根柱子,而每根柱子又有好几个需要计算配筋的截面,而每一个截面又有好几个荷载效应组合值,通常都是查表计算。

7. 柱截面构造

(1)建造在 8 度Ⅲ、Ⅳ类场地和 9 度地区的单层厂房,发生相当于设防烈度的地震时,破坏部位往往在上柱,因为上柱的承载力一般相对较小,且其下端的支承条件不如下柱。

(2)柱构造配筋详如图 8-21 所示。

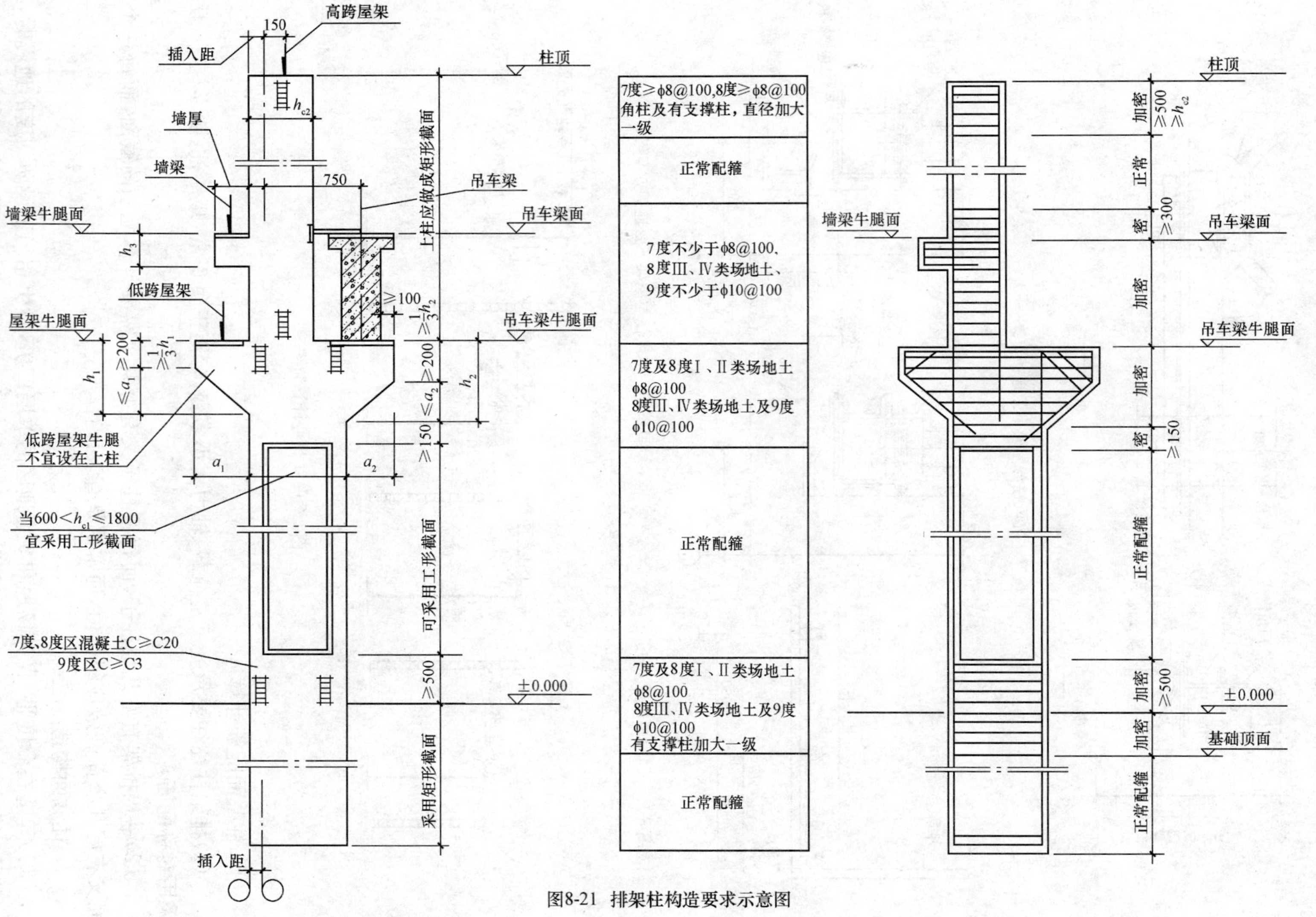

图8-21 排架柱构造要求示意图

(3)矩形柱，当其截面高度 $h>500\text{mm}$ 时，在侧面应设置直径为 10～16mm 的附加钢筋，间距不大于 500mm(如图 8-22 所示)。

(4)当工形柱的翼缘厚度 h_f 不大于 100mm 时，可以仅在翼缘侧边外角配置纵向钢筋；当翼缘厚度 h_f 大于 100mm 时，应在翼缘侧边内角加配纵向构造钢筋。腹板的纵向附加钢筋按如图 8-23 所示要求配置：

1)$h\leqslant 900\text{mm}$ 时，设一根。

2)$900\text{mm}<h\leqslant 1300\text{mm}$ 时，设两根。

3)$1300\text{mm}<h\leqslant 1800\text{mm}$ 时，设三根。

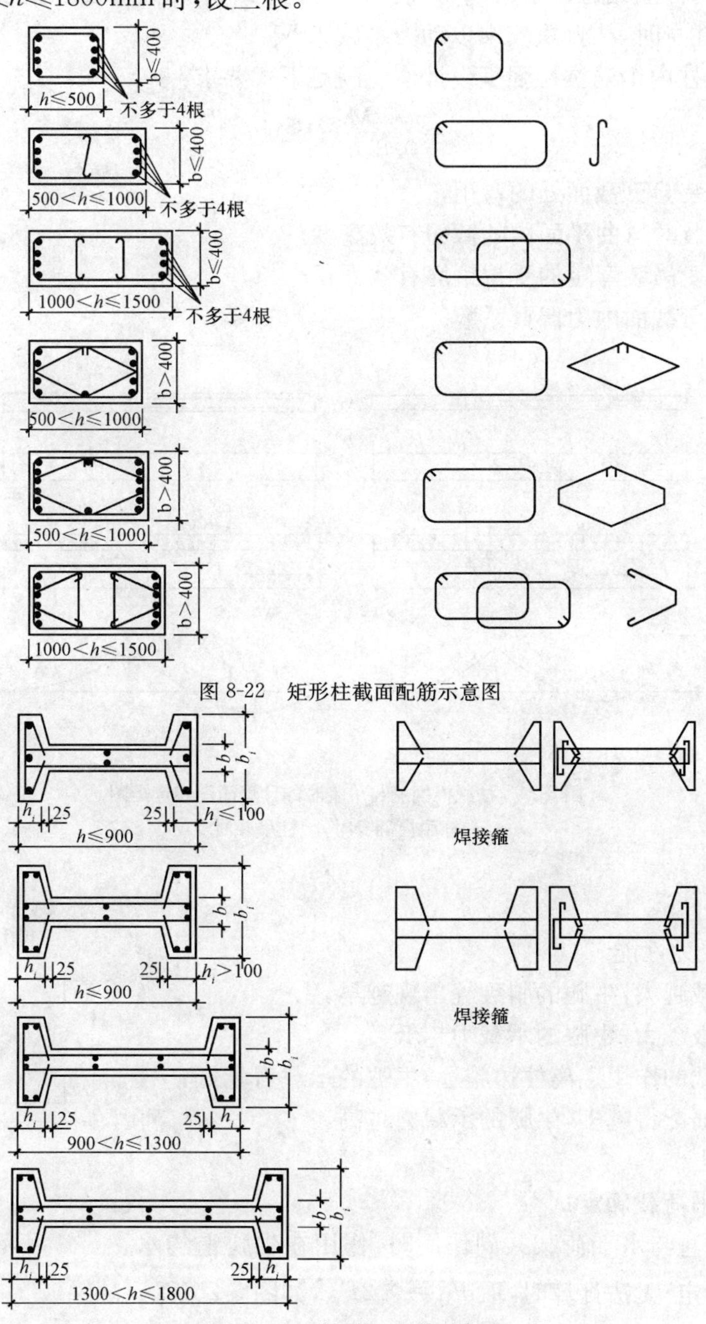

图 8-22　矩形柱截面配筋示意图

图 8-23　工形柱截面配筋示意图

8. 吊装验算

(1)预制柱的混凝土强度应达到设计强度的70%以上,并不得低于C15级时,方可吊装。

(2)一般采用双点翻身,单点起吊。上部吊点常绑在牛腿的下边缘处(如图8-24所示)。

(3)当采用预埋吊环吊装时,吊环应采用热轧钢筋制作,并严禁使用冷加工钢筋。吊环埋入深度不应小于$30d$,并应焊接或绑扎在钢筋骨架上。每个吊环可按二个截面计算,在构件的自重标准值作用下,吊环拉应力不应大于$50N/mm^2$(构造自重的动力系数已考虑在内)。当在一个构件上设有四个吊环时,设计仅考虑三个吊环同时发挥作用。

(4)在验算柱身时,柱自重应乘以动力系数1.5。

(5)吊装时,柱内钢筋抗拉强度设计值应满足下式要求:

$$f_y = \frac{M}{0.87 h_0 A_s} \leqslant [f_y] \tag{8-10}$$

式中 M——吊装验算截面处的弯矩;

h_0——吊装时弯曲平面内的截面有效高度;

A_s——承受吊装弯矩的受拉钢筋有效面积;

0.87——受弯截面内力偶臂系数。

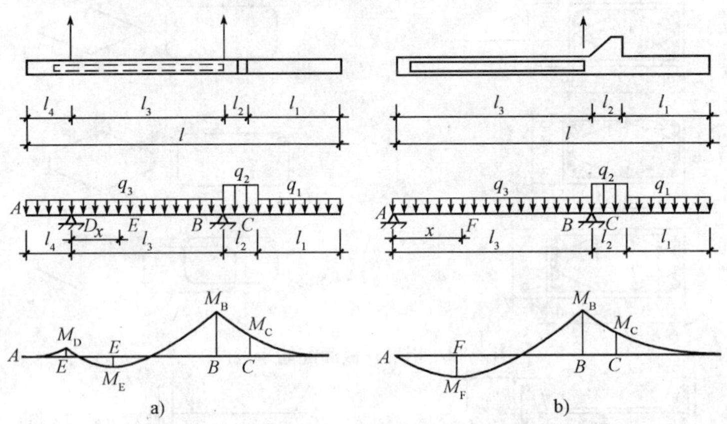

图8-24 柱脱模翻身与吊装时的计算简图和弯矩图

a)柱脱模翻身时;b)柱吊装时

三、牛腿设计

1. 牛腿的受力性能

(1)水平荷载越大,牛腿的斜裂缝出现越早。

(2)不平荷载越大,牛腿的承载力越低。

(3)垂直荷载的作用点离柱边越远,牛腿的承载力越低。

(4)横向钢筋配得越多,牛腿的承载力越高。

2. 牛腿的设计

(1)牛腿水平荷载确定:

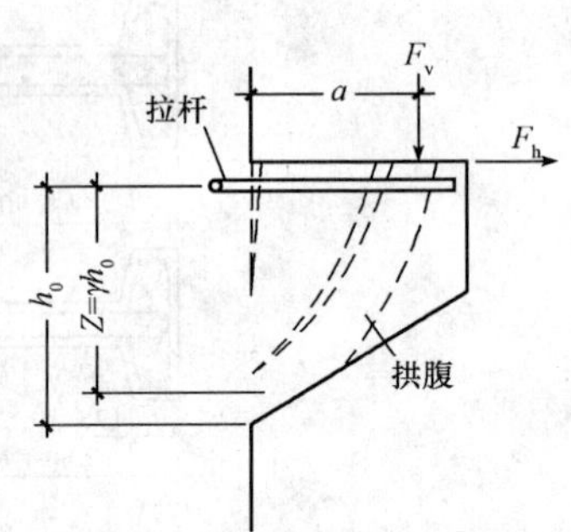

图8-25 牛腿受力示意图

当牛腿有垂直与水平荷载共同作用时,作用在牛腿上的水平荷载由计算确定;无法计算时,取$F_{hk}=0.2F_{vk}$,如图8-25所示。

(2)确定牛腿截面尺寸(如图8-26所示)。

牛腿的截面尺寸应满足以下裂缝控制要求：

$$F_{vk} \leqslant \beta\left(1-0.5\frac{F_{hk}}{F_{vk}}\right)\frac{f_{tk}bh_0}{0.5+\dfrac{a}{h_0}} \tag{8-11}$$

式中　F_{vk}——作用于牛腿顶面按荷载效应标准组合计算的竖向力值；

F_{hk}——作用于牛腿顶面按荷载效应标准组合计算的水平力值；

β——裂缝控制系数：对支承吊车梁的牛腿，取 0.65；对其他牛腿取 0.8；

a——竖向力作用点至下柱边缘的水平距离，此时应考虑安装偏差 20mm；当考虑 20mm 安装偏差后的竖向力作用点仍位于下柱截面以内时，取 $a=0$；

b——牛腿宽度（即柱宽）；

h_0——牛腿与下柱交接处的垂直截面有效高度：$h_0=h_1-a_s+c\tan\alpha$，当 $\alpha>45°$ 时，c 为下柱边缘到牛腿外边缘的水平长度；

f_{tk}——混凝土轴心抗拉强度标准值。

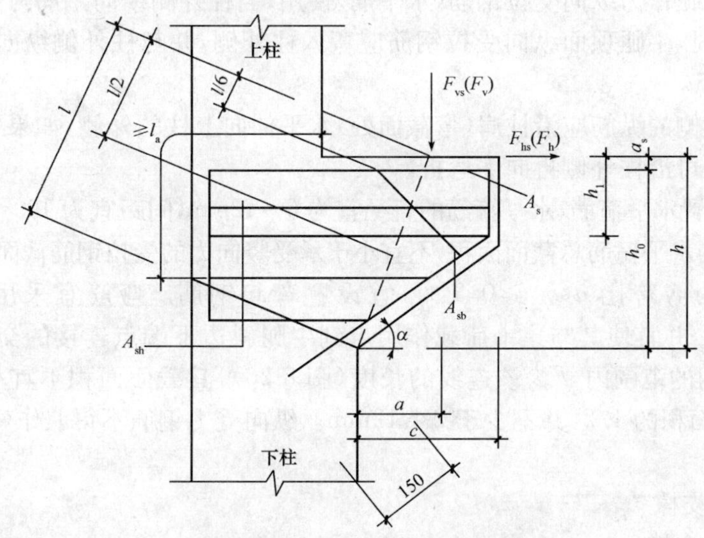

图 8-26　牛腿的轮廓尺寸和钢筋配置

牛腿的外边缘高度 h_1 不应小于 $h/3$，且不应小于 200mm，实际工程常采用 400mm。

(3)抗弯计算。

牛腿的纵向受力钢筋由承受重力荷载所需的受拉钢筋和承受水平拉力所需的水平锚筋组成，纵向钢筋的总面积按下式计算：

$$A_s \geqslant \frac{F_v a}{0.85h_0 f_y}+1.2\cdot\frac{F_h}{f_y} \tag{8-12}$$

式中　F_v——作用在牛腿顶面的竖向力设计值；

F_h——作用在牛腿顶面的水平拉力设计值。

a——系数，当 $a<0.3h_0$ 时，取 $a=0.3h_0$。

当用于地震组合时，不等高厂房支承低跨屋盖的柱牛腿（柱肩）的纵向受拉钢筋截面面积的计算公式与上式有着相似的形式：

$$A_s \geqslant \left(\frac{N_G a}{0.85h_0 f_y}+1.2\cdot\frac{N_E}{f_y}\right)\gamma_{RE} \tag{8-13}$$

式中 N_G——作用在牛腿面上重力荷载代表值产生的压力设计值；

N_E——作用在牛腿面上地震组合的水平拉力设计值；

γ_{RE}——承载力抗震调整系数，可采用 1.0。

3. 牛腿设计的构造要求

(1)沿牛腿顶面配置的纵向受拉钢筋(水平筋)，宜采用 HRB335 级或 HRB400 级钢筋。

(2)全部纵向受拉钢筋及弯起钢筋宜沿牛腿外边缘向下伸入下柱内 150mm 后截断；当上柱截面高度较大时，纵向钢筋(水平筋)伸入上柱的锚固长度，当采用直线锚固时不应小于规定的锚固长度 l_a，当上柱尺寸不足时，可将纵筋伸至对面柱边(柱外侧)再向下弯折，此时的锚固长度应从上柱内边算起，向下的直段长度不少于 $15d$。

(3)承受竖向力所需的纵向受力钢筋的配筋率，按牛腿有效截面计算，不应小于 0.2%及 $0.45f_t/f_y$，也不宜大于 0.6%，钢筋数量不宜少于 4Φ12。

(4)当牛腿设于上柱柱顶时，宜将柱外侧的纵向受力钢筋(竖筋)沿柱顶水平弯入位于柱内侧的牛腿，供牛腿作为纵向受拉钢筋(水平筋)使用；当柱外侧纵向钢筋与牛腿顶面纵向受拉钢筋分开配置时，牛腿顶面纵向受拉钢筋应弯入柱外侧，并与柱外侧纵向钢筋搭接，其搭接长度不小于 $1.5l_a$。

(5)抗风柱内侧的纵筋应沿柱肩(弯截面处)水平伸向上柱的外侧，如果自上柱内皮算起的锚固长度不够，可沿柱外侧再向下弯折。

(6)牛腿应设置水平箍筋，水平箍筋的直径宜为 6～12mm，间距宜为 100～150mm，且在上部 $2h_0/3$ 范围内的水平箍筋总截面面积，不宜小于承受竖向力的受拉钢筋截面面积的 1/2。

(7)当牛腿的剪跨比 $a/h_0 \geqslant 0.3$ 时，宜设置弯起钢筋。弯筋宜采用 HRB335 级或 HRB400 级钢筋。并宜使其与集中荷载作用点到牛腿斜边下端点连接的交点，位于牛腿上部 $l/6$ 至 $l/2$ 之间的范围内，l 为该连线的长度(图 8-26)，其截面面积不宜小于承受竖向力的受拉钢筋截面面积的 1/2，并不少于 2Φ12mm。纵向受力钢筋不得兼作弯起钢筋。

四、支撑设计

1. 屋架横向支撑

(1)上弦横向支撑。

1)一般单层厂房通常只在屋架上弦设置横向支撑。

2)屋架上弦是压杆，平面内的稳定有腹杆保证，平面外由每块屋面板的焊缝及板与板之间的细石混凝土灌缝来保证① 屋面无天窗时，可不设上弦横向支撑。

3)对于地震烈度 6 度和 7 度区，屋架跨度 $L \geqslant 18$m 时，应该在厂房单元的两端第一个开间各设一道上弦横向支撑；8 度区及 9 度区，在有柱间支撑的开间再加一道。

4)如果山墙防风柱的上端与屋架上弦连接，且防风柱传来的水平力较大，屋面板的预埋件及焊缝强度不足时，应在厂房单元的第一开间设置上弦横向支撑。

5)当天窗仅通到厂房端部(或伸缩缝)的第三个开间时，可在开窗范围内沿厂房纵向在上弦节点位置，设置 1～3 道通长的受压系杆[如图 8-27a)所示]。其间距不超过屋架上弦杆平面外的计算长度。一般为 3m。当上弦节点距离为 4.5m 时，采用 4.5m。

当天窗通到厂房端部(或伸缩缝)的第二开间或者通过伸缩缝时，应在第一或第二开间的天窗范围内设置上弦横向支撑和通长的受压系杆[如图 8-27b)、c)所示]。屋架支撑形式及材料用表见表 8-10。

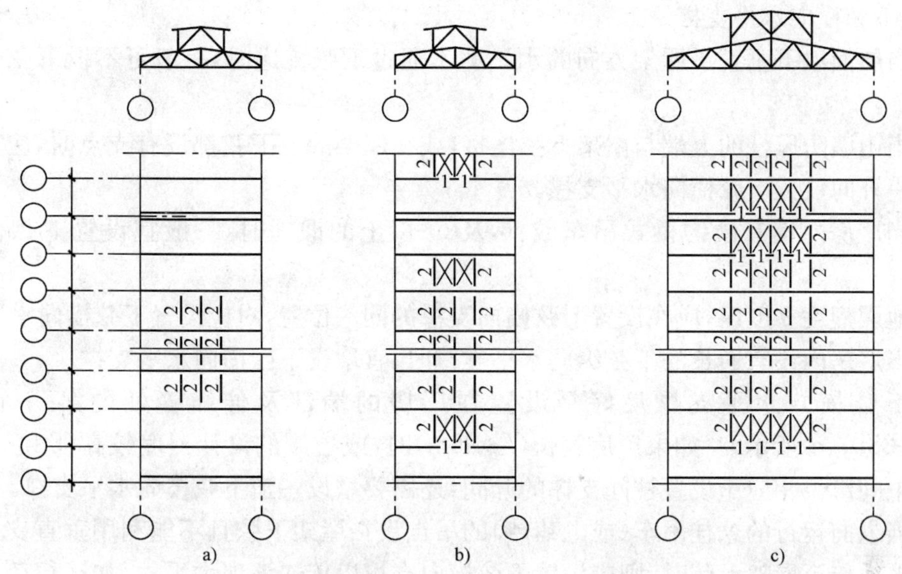

图 8-27　天窗架下弦支撑布置示意图

a)当天窗通到厂房端部(或伸缩缝)的第三开间时的支撑布置图;b)当天窗通到厂房端部(或伸缩缝)的第二开间时的支撑布置图;c)当天窗通过伸缩缝时的支撑布置图

1-天窗架下弦(屋架上弦)横向支撑;2-天窗架下弦(屋架上弦)受压系杆

表 8-10　　**屋架支撑形式及材料用表**

支撑编号	支撑种类	形　式	材　料	说　明
1	上弦横向支撑		单角钢	交叉角一般在 25°～65°之间
2	上弦受压系杆		双角钢	采用十字形式
3	下弦横向水平支撑		单角钢	交叉角一般在 35°～55°之间
4	屋架下弦或 柱顶受压系杆		双角钢或钢筋 混凝土系杆	跨中用双角钢
5	屋架端部竖向支撑		角钢或钢筋混凝土支撑	
	屋架中部竖向支撑		角钢	
6	下弦受拉系杆		单角钢	
7	下弦纵向水平支撑		单角钢	交叉角一般在 35°～55°之间
8	斜　撑		角钢	

注:当竖向支撑处屋架有竖腹杆时,支撑两端的竖杆可取消。

(2)下弦横向水平支撑。

1)当屋面以下垂直于屋架方向的水平力不通过下弦传递时，一般可不设下弦横向水平支撑。

2)当山墙防风柱的上端与屋架下弦连接，或在屋架的上下弦都设有支点时，应在厂房单元的第一开间设置下弦横向水平支撑。

3)当厂房内设有硬钩桥式吊车或 5t 及 5t 以上的锻锤时，一般宜设置下弦横向水平支撑。

4)地震烈度 9 度区，应在设置上弦横向支撑的同一位置，对应设置下弦横向水平支撑。

5)当厂房内设有通长的下弦纵向水平支撑时，宜增设下弦横向水平支撑。

6)下弦横向水平支撑最好是设置在厂房的端部及伸缩缝处的第一个开间内[如图 8-28b)、c)所示]。如果厂房较长($l \geqslant 96$m)时，或抗震的设计烈度较高(8 度、9 度)；在厂房的中间部位相应于设置柱间支撑的开间，还需要增设一道下弦横向水平支撑。

7)当纵向运行的悬挂吊车(或电葫芦)的吊点设在屋架下弦且不能利用垂直支撑或者斜撑将水平力传至屋架上弦时，则应设置下弦横向支撑以传递该项水平力；如运行范围达不到横向支撑处，则应在轨道延伸的长度内设置受压系杆与端部横向支撑的相应节点连通[如图 8-29a)所示]，或者在轨道尽头的柱间内增设一道下弦横向水平支撑[如图 8-29b)所示]。

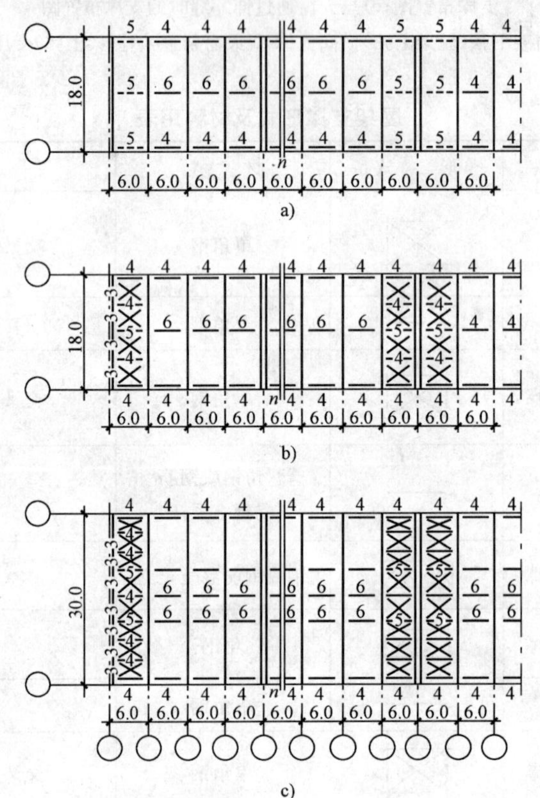

图 8-28　屋架下弦横向水平支撑布置示意图

a)当不设下弦横向支撑时的布置图；b)、c)当设置下弦横向支撑时的布置图

3-下弦横向水平支撑；4-下弦或柱顶受压系杆；5-竖向支撑；6-下弦受拉系杆

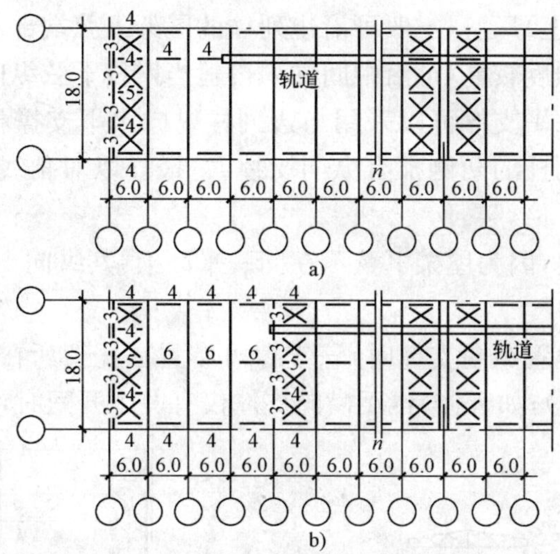

图 8-29　有悬挂吊车时下弦横向支撑布置示意图
a)设受压系杆时的布置图；b)增设一道横向支撑时的布置图

(3)下弦纵向水平支撑。

1)当各列柱的柱距相等，每榀排架的柱顶反力都可以通过屋架(而不是托架)传递时，一般可不设下弦纵向水平支撑。

2)当厂房的一列柱由于开门或布置大型设备需要抽掉个别排架柱时；或中列柱的柱距较边列柱的柱距扩大一倍采取 12m 柱距时，厂房的空间工作主要靠屋架下弦纵向水平支撑将个别排架柱的柱顶反力传递时，应设置下弦纵向水平支撑。

3)当厂房内设有硬钩吊车或 5t 以上的壁行吊车时，应设置纵向水平支撑。

4)当厂房内设置的虽然是软钩吊车，但吨位较大，也应设置下弦纵向水平支撑。

5)单跨厂房一般应沿屋架下弦两端布置两道通长的纵向水平支撑[如图 8-30a)所示]，跨度为 15m 及 18m 且无托架时，可沿下弦中部布置一道[如图 8-30b)所示]。

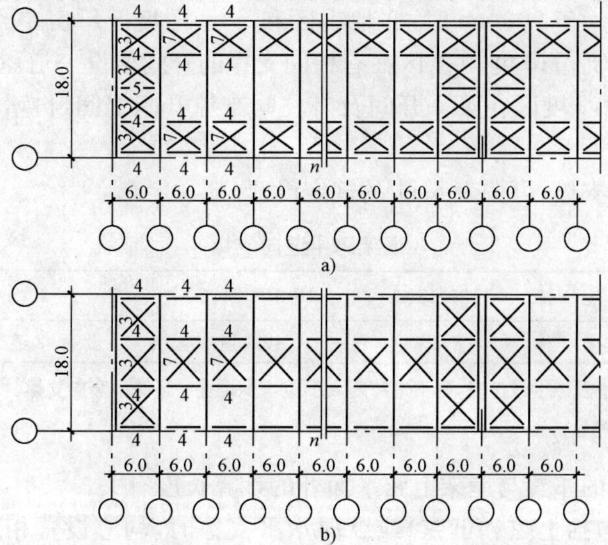

图 8-30　单跨厂房下弦纵向水平支撑布置示意图

6)等高多跨(两跨以上)厂房,一般可沿边列柱的屋架下弦端部各布置一道通长的支撑,当吊车吨位较大或地震烈度较高,可沿中间柱列再适当增设下弦纵向水平支撑。

中列柱的下弦纵向水平支撑可以采用与边列柱纵向水平支撑相同的设计,并且布置在中列柱的一侧。如果中列柱的两侧都有纵向支撑时,最好以对角线撑来代替交叉撑。相当于把交叉撑的范围扩大4倍。

7)不等高的多跨厂房,因为屋架下弦不在同一平面上,其纵向支撑的布置可按两个厂房分别考虑(如图8-31所示)。

8)仅由于有托架而设置纵向支撑时,该支撑可布置在托架所在的开间并向两端各延伸一个开间(如图8-32所示);如延伸后,距横向支撑仅有一个开间时,则宜连通。

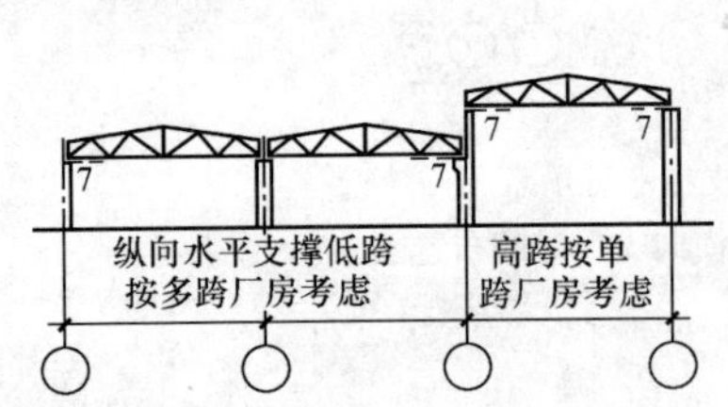

图8-31 不等高多跨厂房下弦纵向水平支撑布置原则

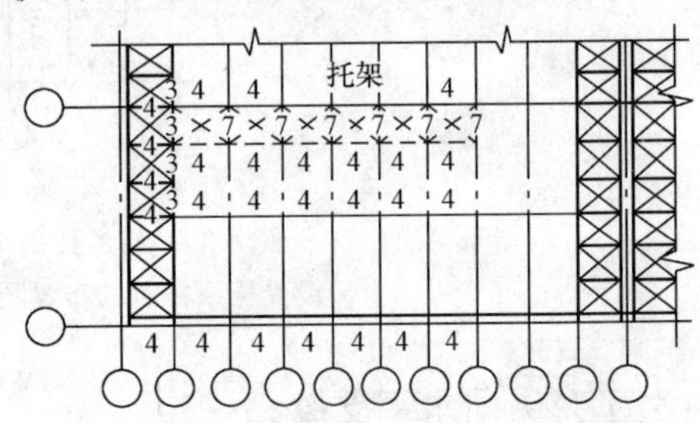

图8-32 有托架时下弦纵向水平支撑布置示意图

9)当横向水平支撑布置在厂房两端第二个开间时,纵向水平支撑应与横向支撑交叉,贯通全长。

(4)竖向支撑。

1)原则上,设有横向支撑的开间,相邻两榀屋架的端部和中点应设置竖向支撑。

2)当采用拱形屋架或屋架(屋面梁)端部高度小于等于900mm时,非地震区及6度、7度区,在屋架的端部可以用一根受压系杆来代替竖向支撑;8度区,在厂房单元两端第一开间及有柱间支撑的开间,应各设一道竖向支撑;9度区每隔48m再增设一道。

3)屋架端部高度大于900mm时,非地震区和6度、7度区厂房单元两端第一开间应各设一道屋架端部竖向支撑;8度、9度区在有柱间支撑的开间增设一道屋架端部竖向支撑;当厂房较长($l \geqslant 96$m)时,9度区在第一开间及有柱间支撑开间之间,再增设一道,即每隔24m设一道。

4)屋架跨中竖向支撑,可按表8-11的规定设置。

表8-11　　屋架跨中竖向支撑

厂房跨度 l	$l=12\sim18$(m)	$18<l\leqslant24$(m)	$24<l\leqslant30$(m)	$30<l\leqslant36$(m)
要求设置的跨中竖向支撑	不设	设1道	设1～2道	设3道

注:当厂房内设有750kg及以上锻锤时,则不论跨度大小应至少设置一道跨中竖向支撑。

(5)水平系杆。

1)屋架上弦系杆的布置与屋架上弦平面外的计算长度有关。

2)当设有横向(包括上弦和下弦)或纵向水平支撑时,均应设置相应的受压系杆(如图8-33所示4号杆)以形成完整的平面桁架体系。

3)在屋架跨度内设有竖向支撑时，一般沿每一竖向支撑的同一垂直面在上弦设置一道通长的受压系杆(如图 8-33 所示 2 号杆)；下弦设置一道通长的受拉系杆(如图 8-33 所示 6 号杆)。

4)当屋架端部设有竖向支撑时，一般在该支撑的同一垂直面内设置通长的上弦及下弦受压系杆，但已设有柱顶受压系杆(如图 8-33 所示 4 号杆)时，此顶下弦系杆应予取消，或者保留下弦系杆取消柱顶系杆，不必重复设置。

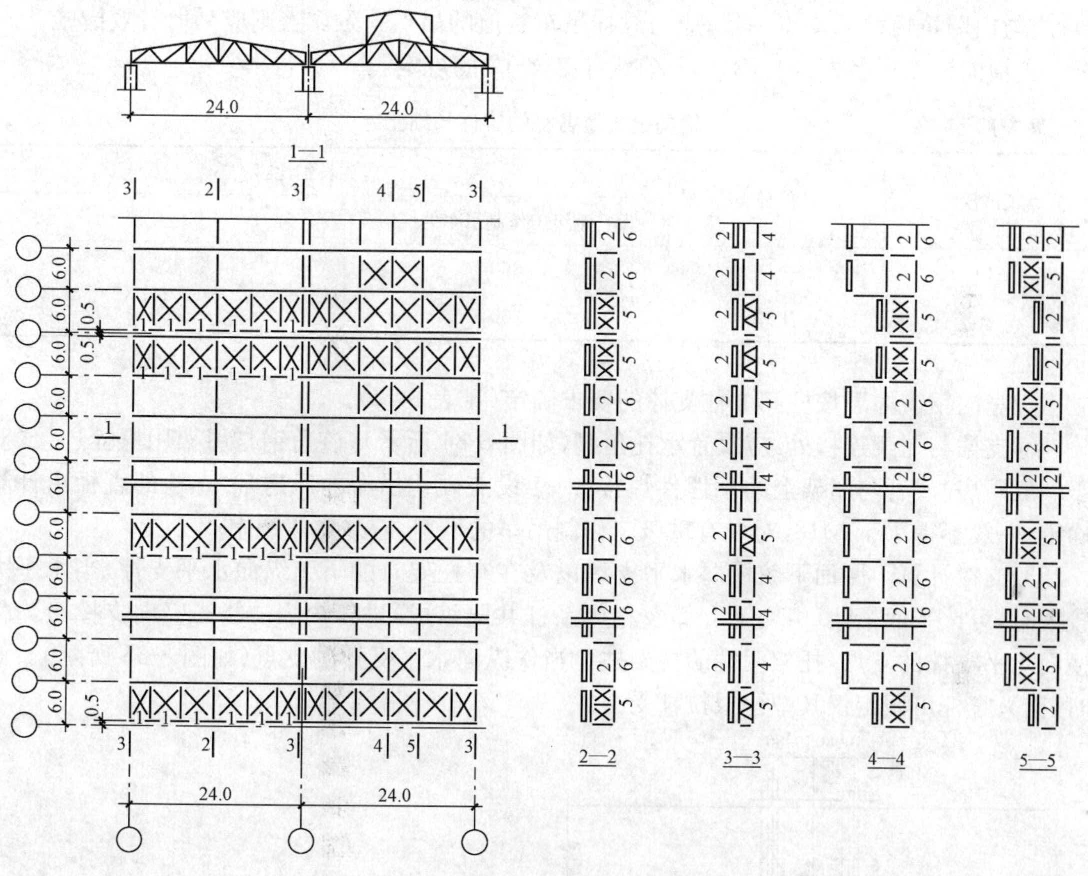

图 8-33　屋架支撑构件布置示意图

(6)天窗架支撑。

1)支撑设置：

①天窗架上弦的侧向稳定，如能保证，在非地震区可不设天窗架上弦横向支撑；否则，在天窗两端第一开间应各设一道天窗架上弦横向支撑。

②地震区，在天窗两端第一开间以及凡是有屋架上弦横向支撑的柱间均需相应设置天窗架上弦横向支撑。

③在第一开间天窗架的两端应设置竖向支撑。此外，7 度区每隔 30m 增设一道；8 度区每隔 24m 增设一道；9 度区每隔 18m 增设一道。

2)支撑构造：

①屋架及天窗架支撑，一般均采用钢结构，在屋架及天窗架标准图中配套供应。当上下

弦都设有横向水平支撑时，应布置在同一开间内。

②厂房端部或伸缩缝处第一个开间的轴线距离虽然是6m，但屋架的间距实际上只有5.5m，这样在同一个厂房中就出现了两套构件。为了减少型号，在非地震区设计中，可以将厂房两端的横向支撑退回一个开间，布置在第二个开间内。此时，应在厂房两端第一个开间内设置下弦水平系杆，并按压杆考虑，用来传递抗风柱传来的风压。

③横向支撑（系杆）的节点应与屋架、天窗架的节点一致；应与檩条或屋面板的焊点一致；应与山墙抗风柱的支点一致；应与悬挂吊车轨道的吊点一致。否则应采取有效措施。

④横向钢支撑各杆的长细比，不宜大于表8-12的规定。

表 8-12　横向钢支撑各杆的容许长细比

项　次	杆件种类	容许长细比	
		设有重级工作制吊车的厂房	其他厂房
1	拉杆	350	400
2	压杆	200	200

⑤竖向钢支撑可按柱间上柱支撑的要求确定（见表8-12）。

⑥支撑与屋架连接处，应设置承托角钢（如图8-34所示），该角钢与屋架用螺栓连接（对于一般厂房）或者与屋架上的预埋件焊接（对于设有硬钩吊车的厂房）。螺栓的直径由计算确定，一般不得小于M18，对设有重级工作制吊车的厂房，应采用双螺帽。

3）支撑计算。屋面下弦横向水平支撑以及在有托架时的下弦纵向水平支撑，当水平力较大时，可按平面桁架（由交叉支撑及相应系杆共同组成）进行内力分析。竖向支撑可当作横向水平支撑的支点，托架两端的排架柱可当作纵向水平支撑的支点（如图8-35所示）。此时，交叉腹杆可假定仅其中一根拉杆受力。

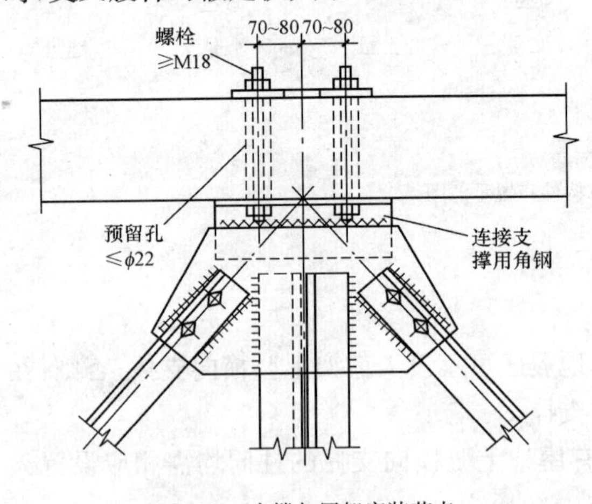

图 8-34　支撑与屋架安装节点

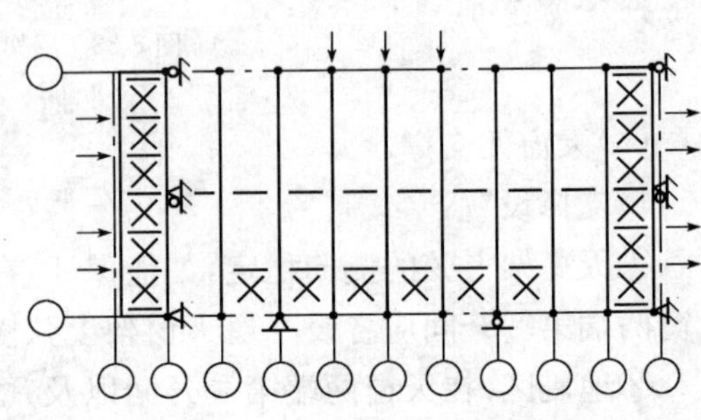
图 8-35　纵、横向水平支撑计算简图

非地震区屋架及天窗架的竖向支撑一般可不进行计算，仅按构造要求确定其截面；地震区应按《建筑抗震设计规范》（GB 50011—2001）及《钢结构设计规范》（GB 50017—2003）进行设计。

钢筋混凝土受压系杆的截面不宜小于 180mm×220mm，并应验算其在施工吊装时的强度和抗裂度。此外，还应验算其在自重长期作用下的挠度。

(7)柱间支撑。

1)支撑设置：

①厂房的纵向稳定主要是靠柱间支撑(如图 8-36 所示)来保证。

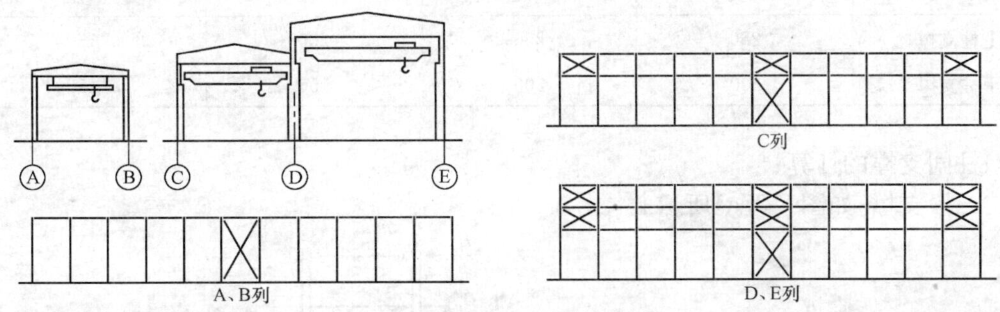

图 8-36　柱间支撑布置示意图

②垂直于山墙面的风压、吊车纵向水平力、纵向地震力等都是通过屋顶和布置在柱间的吊车梁、联系梁、屋架端部的垂直支撑(或压杆)等纵向构件传给柱间支撑。

③柱间支撑宜布置在温度区段的中点，柱间支撑不能布置在曙度区段的中点，可以偏移 1～2 个柱距。但此时温度区段的计算长度应按两倍长半段的长度考虑。

④建于地震烈度 8 度及 9 度区有吊车的单层厂房，还应在第一或第二个柱距吊车梁以上再设置一道上柱支撑，借以加强厂房的纵向刚度。

⑤在设置柱间支撑的柱间有时需布置设备或通道，可将一般常用的交叉支撑改为门形支撑(如图 8-36 所示)。

⑥单跨和多跨单层厂房，各柱列的柱间支撑，应放在同一柱间。

⑦高低跨厂房的中柱，当两面牛腿不在同一标高时，其柱间支撑一般按高跨或高牛腿设置，如牛腿标高相差较大(大于等于 1.5m)，可设置成多层柱间支撑。

⑧柱截面高度 $h>600$mm 时，应设置双片柱间支撑，如果只有一边有吊车梁，应在没有吊车梁的一边加设直撑(按压杆设计)以便与斜撑(交叉撑)组成支撑体系。

⑨当纵向水平力很大时，可设置双支撑，在相邻柱距内并列。

⑩当厂房基础埋置较深，或为高杯口基础或地震烈度较大(8 度、9 度)时，宜设置基础系梁或基础圈梁，借以承受支撑作用力。

2)柱间支撑的构造：

①柱间支撑一般常采用钢结构，上柱支撑常采用单片，下柱支撑常采用双片。

②支撑杆件的最大细长比宜满足表 8-13 的要求。

③柱间支撑斜杆与水平线的夹角不宜大于 55°，大于 55°时宜增设一层柱间支撑。

④柱间支撑钢斜杆的交叉点应放置节点板，厚度不小于 10mm；斜杆应与节点板焊牢，斜杆与端部节点板的连接宜采用焊接。

⑤柱间支撑与柱连接的节点焊缝及柱内锚件的强度应大于支撑杆件的强度，一般可取

杆件全截面屈服强度的 1.2 倍。

⑥8 度Ⅲ、Ⅳ类场地和 9 度区，支撑杆件与柱连接节点的预埋锚件宜采用角钢加端板，并且成对设置锚板。

表 8-13　　支撑杆件的最大长细比

位　置	6 度	7 度	8 度	9 度
上柱支撑	250	250	200	150
下柱支撑	200	200	150	150

3)柱间支撑的计算：

①二段支撑[如图 8-37a)所示]。

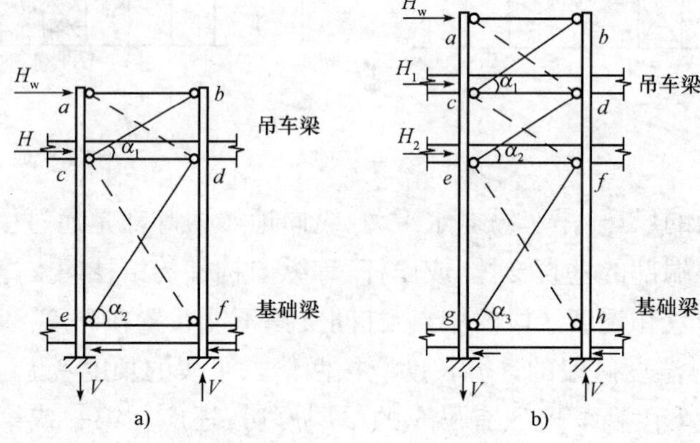

图 8-37　柱间支撑计算简图

上段柱间支撑

$$N_{ab}=H_w \tag{8-14}$$

$$N_{ad}=0 \tag{8-15}$$

$$N_{bc}=\frac{H_w}{\cos\alpha_1} \tag{8-16}$$

下段柱间支撑　$N_{cf}=0$

当采用单片支撑时

$$N_{de}=\frac{0.85(H_w+H)}{\cos\alpha_2} \tag{8-17}$$

当采用双片支撑时，每片

$$N_{de}=\frac{0.85(0.5H_w+H)}{\cos\alpha_2} \tag{8-18}$$

式中　0.85——风及吊车荷载效应的组合系数。

②三段支撑

上段柱间支撑(同前)。

中段柱间支撑(将 H 换成 H_1，计算公式同前)。

下段柱间支撑 H_1 与 H_2 不同时出现，由 H_w 与 H_1 或 H_2 组合，取最大值，按双片考虑，每片受力为：

$$N_{eh}=0$$

$$N_{fg}=\frac{0.85(0.5H_w+H_i)}{\cos\alpha_3} \tag{8-19}$$

③门架式下段柱间支撑(如图 8-38 所示)按双片考虑每片受力:

$$V=\frac{0.85(0.5H_w+H_1)h_1}{l_0} \tag{8-20}$$

$$H_b=\frac{0.5H_w+H_1}{2} \tag{8-21}$$

求出支座反力后,用结构力学方法按平面桁架计算各杆内力。

④作用在柱间支撑顶部的风荷载 H_w 按下列公式计算:

当抗风柱的上端点支承在屋架上弦时,作用在柱顶的风力(如图 8-39 所示)

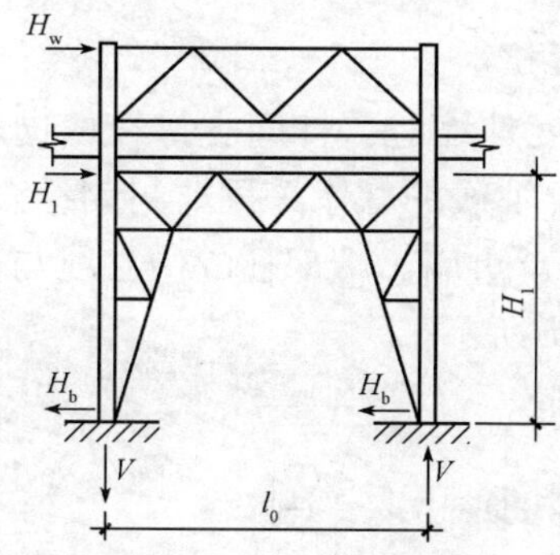

图 8-38 门架式支撑计算简图

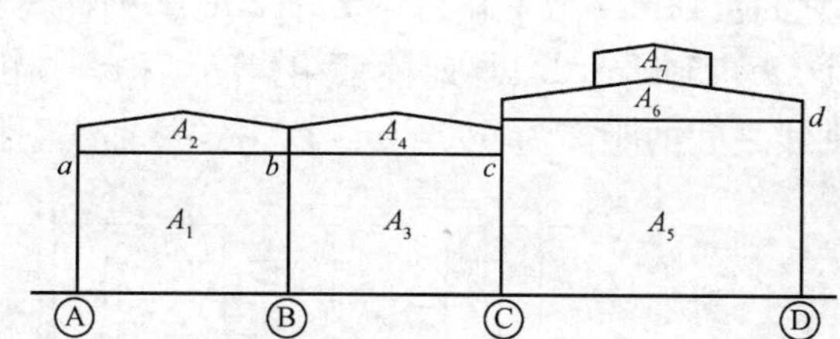

图 8-39 山墙挡风面积示意图

$$H_a=\frac{1}{2}\times\frac{3}{8}(A_1+A_2)w_1=\frac{3}{16}(A_1+A_2)w_1 \tag{8-22}$$

$$H_b=\frac{1}{2}\times\frac{3}{8}(A_1+A_2+A_3+A_4)w_1=\frac{3}{16}(A_1+A_2+A_3+A_4)w_1 \tag{8-23}$$

$$H_c=\frac{1}{2}\times\frac{3}{8}(A_3+A_4+A_5+A_6)w_1+\frac{1}{2}A_7w_2=\frac{3}{16}(A_3+A_4+A_5+A_6)w_1+\frac{1}{2}A_7w_2 \tag{8-24}$$

$$H_d=\frac{3}{16}(A_5+A_6)w_1+\frac{1}{2}A_7w_1 \tag{8-25}$$

当 CD 跨的抗风柱上段同时支承在屋架上下弦时,则

$$H'_c=\frac{1}{2}\times\frac{3}{8}(A_3+A_4+A_5)w_1+\frac{1}{2}(A_6+A_7)w_2$$

$$=\frac{3}{16}(A_3+A_4+A_5)w_1+\frac{1}{2}(A_6+A_7)w_2 \tag{8-26}$$

$$H'_d=\frac{3}{16}A_5w_1+\frac{1}{2}(A_6+A_7)w_2 \tag{8-27}$$

式中 A_i——为柱顶标高以下和以上山墙及天窗端板的挡风面积,m²;

w_i——垂直作用于 A_i 的风荷载,kN/m²

$w_i=1.4\beta_z u_s u_z w_0$,按《建筑结构荷载规范》(GB 50009—2001)取值。

第三节　单层排架结构设计算例

【例 8-6】 厂房结构设计

某双跨车间，无天窗，结构布置如图所示，18m 跨设两台 A5 级 32/5t 桥式吊车。15m 跨设有两台 16t/3.2A5 级工作制桥式吊车。轨定顶标高 7.8m，天然地面标高为－0.30m。基底标高为－1.8m。地基承载力为 $f=180\text{kN/m}^2$。屋面采用二毡油防水屋面。边跨采用外天沟。中间采用内天沟，该地区基本风压 $w_0=0.45\text{kN/m}^2$。

柱采用 C25 混凝土，基础采用 C20 混凝土，柱受力筋采用 HRB335 级柱中其他钢筋及基础配筋采用 HPB235 级。

求：试对厂房结构进行设计。

解：(1)厂房平面布置。

1)定位轴线。本设计中的厂房长度为 60m，可不设温度伸缩缝。柱间支撑在横向轴线⑤、⑥之间。18m跨吊车起重量大于 20t，Ⓐ列柱与纵向定位轴线的联系采用非封闭结合，联系尺寸 $D=150\text{mm}$，Ⓑ、Ⓒ列柱采用封闭结构合。山墙是非承重墙。端部柱的中心线与横向定位轴线之间的距离为 600mm。厂房定位轴线图如图 8-40 所示。

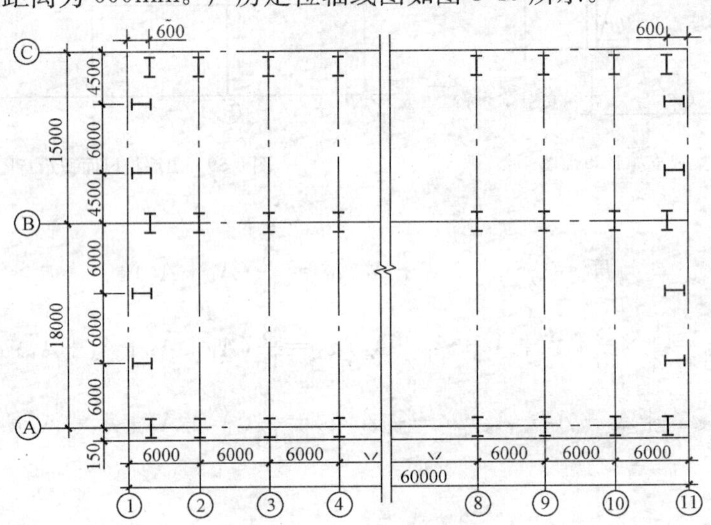

图 8-40　厂房平面定位轴线图

2)验算吊车架外缘与上柱内缘的净空尺寸 b_2：

如图 8-41 所示，取上柱截面高度为 400mm，则

$$b_2=A-(b_1+b_3)$$

式中　A——吊车轨道中心线至该柱纵向定位轴线的距离，本题取 $A=750\text{mm}$。

b_1——吊车轮中心线至吊车外缘的尺寸，可从吊车基本参数表中查得。

b_3——上柱内边缘至纵向定位轴线的距离。

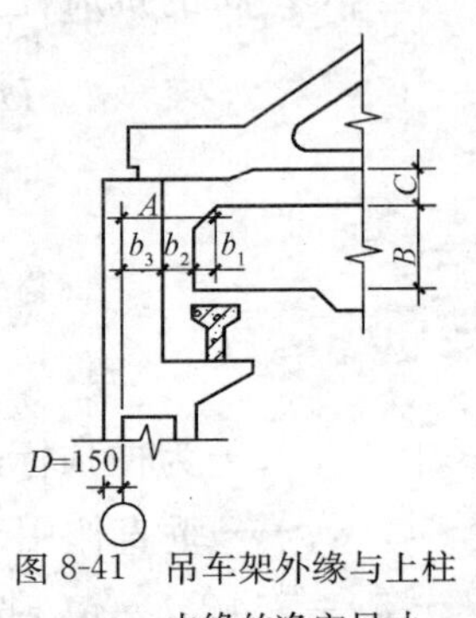

图 8-41　吊车架外缘与上柱内缘的净空尺寸

对Ⓐ列柱：

Q=32t，由吊车基本参数表查得：b_1=300mm，b_3=400−D=400−150=250mm

b_2=750−(300+250)=200mm>80mm(满足要求)

对Ⓒ列柱：

Q=10t，由吊车基本参数表查得：b_1=230mm，b_3=400mm。b_2=750−(230+400)=120mm>80mm(满足要求)

吊车架外缘与上柱内缘的净空尺寸满足要求。

(2)构件选型及布置

1)屋盖构件选型：

①屋面板。

荷载：

二毡三油防水层	1.2×0.35=0.42kN/m^2
20mm厚水泥砂浆找平层	1.2×0.02×20=0.48kN/m^2
屋面活荷载 }取大值	1.4×0.5=0.70kN/m^2
雪荷载	1.4×1.0×0.35=0.49kN/m^2
小计	1.60kN/m^2

根据荷载值(不包括自重)1.60kN/m^2，选用1.5m×6m预应力钢筋混凝土屋面板，中部YWB−2Ⅲ，端部YWB−2Ⅲ$_s$，其允许外加荷载2.39kN/m^2>1.60kN/m^2，板自重1.30kN/m^2。

②嵌板。如果屋面板覆盖的斜长不是屋面板宽1.5m的倍数，还需布置嵌板。选用嵌板。中部KWB−1，端部KWB−1$_s$其允许外加荷载3.35kN/m^2>1.60kN/m^2，板重1.65kN/m^2。

③天沟板。

a. 外天沟板

天沟板宽度为0.77m。

荷载：

焦渣混凝土找坡层	1.2×1.5×0.77=1.39kN/m
二毡三油防水层	1.2×0.35×0.77=0.32kN/m
20mm厚水泥砂浆找平层	1.2×0.02×20×0.77=0.37kN/m
积水荷载 }取大值	1.4×10×0.13×0.77=1.40kN/m
屋面活荷载	1.4×0.5×0.77=0.54kN/m
小　计	3.48kN/m

中间天沟板选用TGB77−1，开洞天沟板选用TGB77−1a或TGB77−1b，端部为TGB77−1Sa或TGB77−1Sb，允许外加荷载4.13kN/m>3.48kN/m，自重2.02kN/m。

b. 内天沟

天沟板宽度为0.62m。

荷载：

焦渣混凝土找坡层　　1.2×1.5×0.62=1.12kN/m
二毡三油防水层　　1.2×0.35×0.62=0.26kN/m
20mm 厚水泥砂浆找平层　　1.2×0.02×20×0.62=0.30kN/m
积水荷载 } 取大值　　1.4×10×0.13×0.62=1.13kN/m
屋面活荷载 } 取大值　　1.4×0.5×0.62=0.43kN/m

小　　计　　2.81kN/m

中间天沟板选用 TGB62－2，开洞天沟板选用 TGB62－2a 或 TGB62－2b，端部为 TGB62－2Sa 或 TGB62－2Sb，允许外加荷载 5.24kN/m>2.81kN/m，自重 1.83kN/m。

④屋架。

荷载：

屋面板荷载　　1.60kN/m²
屋面板自重　　1.2×1.3=1.56kN/m²
灌缝重　　1.2×0.1=0.12kN/m²

小　　计　　3.28kN/m²

由于厂房跨度不大，故采用钢筋混凝土折线型屋架，得：

18m 跨屋架选用：WJ－18－2Da(中间)；WJ－18－2Da′(端部)，允许外加荷载 3.5kN/m²>3.28kN/m²，自重 53.5kN。

15m 跨屋架选用：WJ－15－2D_a(中间)；WJ－15－2Da′(端部)，允许外加荷载 3.5kN/m²>3.28kN/m²，自重 45.65kN。

2)吊车梁。对 18m 跨厂房：吊车起重量为 32t，A5 级工作制，$L_k=L-2\lambda=18-2\times0.75=16.5$m。采用 6m 先张预应力混凝土吊车梁。中间跨选用 YXDL6－7Z，边跨选用 YXDL6－7B，梁高 1200mm，自重 44.2kN。

对 15m 跨厂房：吊车起重量为 10t，A5 级工作制，$L_k=L-2\lambda=15-2\times0.75=13.5$m。采用 6m 先张预应力混凝土吊车梁。中间跨选用 YXDL6－2Z，边跨选用 YXDL6－2B，梁高 900mm，自重 30.4kN。

3)基础梁。采用钢筋混凝土基础梁。

纵墙及山墙中间选用 JL－1，山墙边跨 6m 柱距选用 JL－7，山墙边跨 4.5m 柱距选用 JL－21。

外墙门洞处基础梁另行设计。

4)支撑。

①柱间支撑：如图 8-42 所示，设在⑤、⑥轴线之间，上柱用 ZC042－1，下柱用 ZC072－11。

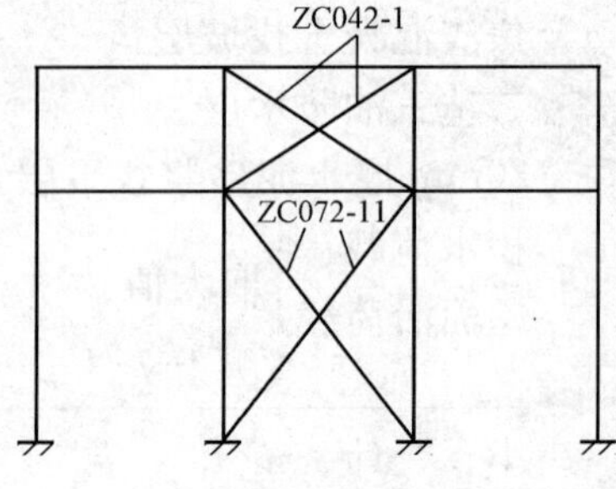

图 8-42　柱间支撑

②屋架支撑：两端第一柱间设置垂直支撑。由于跨度(小于)等于 18m，屋架跨中可不设垂直支撑，而仅在两端设置。对 18m 跨，采用 CC(18)－1；对 15m 跨，采用 CC(15)－1。

对 18m 和 15m 跨，下弦水平系杆则分别采用 GX(18)－1 和 GX(15)－1(如图 8-43 所示)。

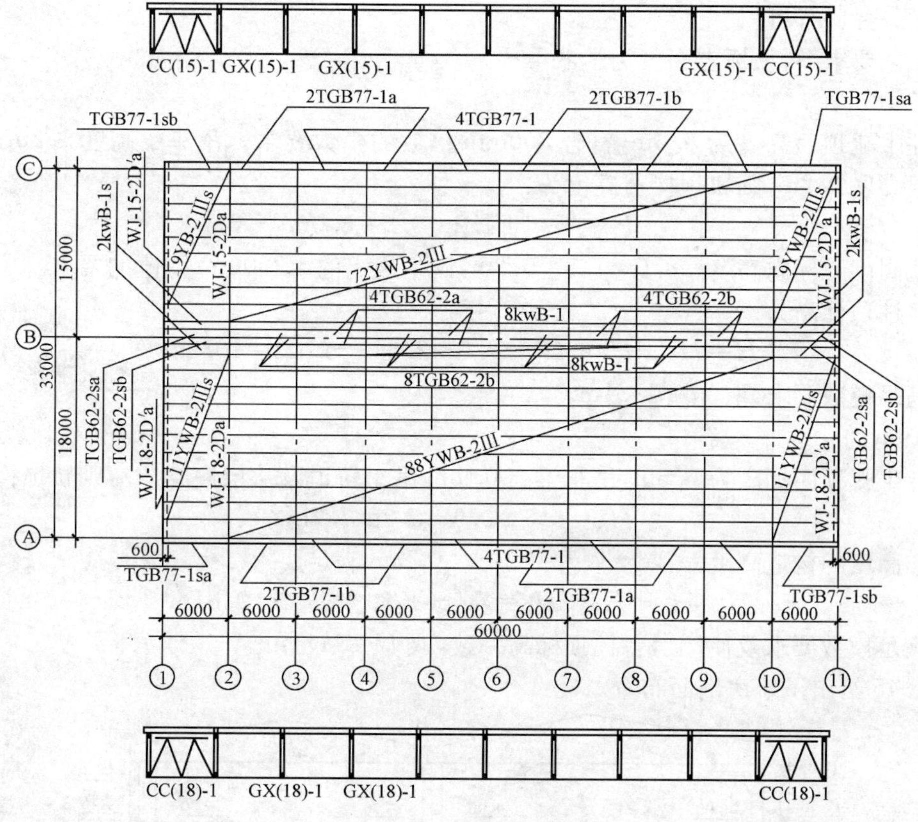

图 8-43 屋盖平面布置图

5)圈梁兼作连系梁及过梁。现浇圈梁截面 240mm×240mm,沿厂房高度布置三道,如图 8-43 所示。

6)抗风柱。18m 跨的抗风柱沿山墙等距离布置,15m 跨的抗风柱中间的间距为 6m,两边的间距为 4.5m,上柱采用矩形截面,下柱采用工字型截面。

图 8-43 给出了屋面结构布置,图 8-44 给出了构件平面布置。

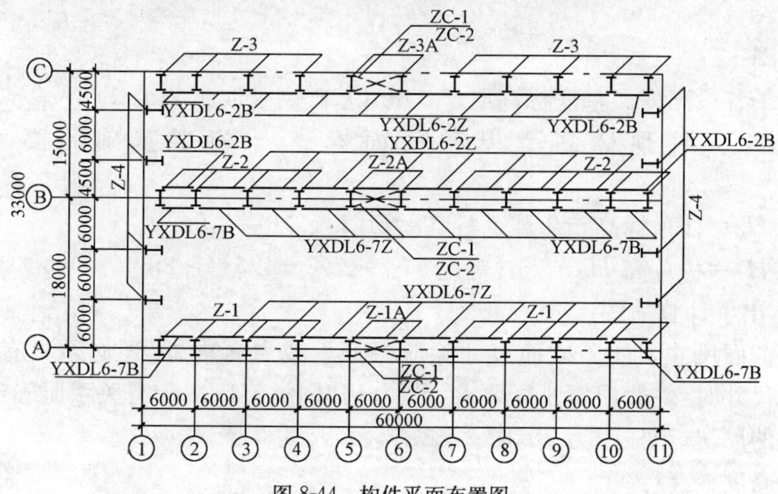

图 8-44 构件平面布置图

(3)厂房剖面设计。

由工艺要求,轨顶标志高度为7.8m。

对于18m跨:

取柱牛腿顶面高度为6.6m,符合300mm倍数的模数要求。吊车梁高度1.2m,吊车轨道及垫层高度0.2m,则轨顶构造高度为:

$$H_A=6.6+1.2+0.2=8.0\text{m}$$

构造高度-标志高度=8.0-7.8=0.2m,满足规定的±200mm差值的要求。

厂房柱顶标高为:

$$H=H_A+H_B+H_C=8.0+2.689+0.22=10.9\text{m}$$

为满足模数要求,取$H=11.1$m。

对15m跨:

设计牛腿顶面标高为6.6m,吊车梁高0.9m,吊车轨道及垫层高0.2m,则轨顶构造高度

$$H_A=6.6+0.9+0.2=7.7\text{m}$$

标志高度-构造高度=7.8-7.7=0.1m<0.2m,满足要求。

$$H=H_A+H_B+H_C=7.7+1.89+0.22=9.81\text{m}$$

为满足模数要求及使厂房各柱顶标高一致,取$H=11.1$m。

图8-45给出了厂房剖面布置。

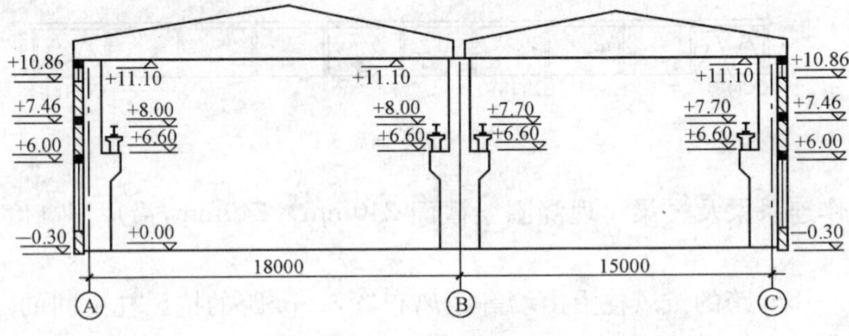

图8-45 厂房剖面布置图

(4)排架内力计算。

1)计算简图:

①确定柱子各段高度。基底标高取-1.8m,基础高度取1.2m。

柱总高 H_2 = 柱顶标高 - 基础底面标高 - 初拟基础的高度 = 11.1 - (-1.8)-1.2=11.2m

上柱高度 H_u=柱顶标高-牛腿面标高=11.1-6.6=4.5m

下柱高度 H_1=柱总高 H_2-上柱高度 H_u=11.7-4.5=7.2m

图8-46给出了计算简图。

②确定柱截面尺寸。柱子截面尺寸除应保证承载力要求外,还必须具有足够的刚度。初步确定截面尺寸时,一般根据刚度要求,参照已建同类型厂房和有关手册确定。

对有吊车的厂房,当柱距为6m时:

下柱截面高度:

当Q=16t时:$h\geqslant H_1/14=7200/14=514$mm,取800mm

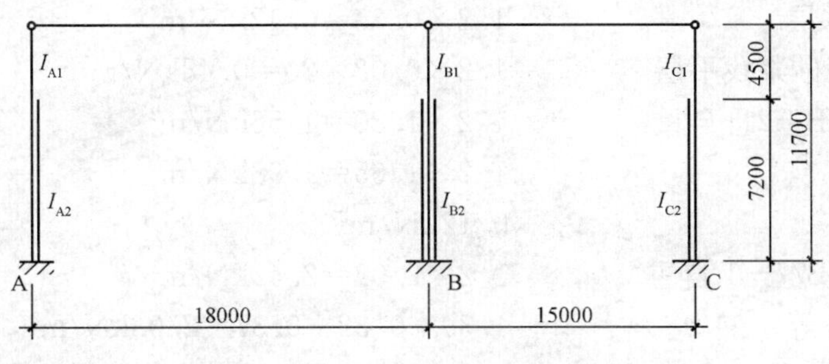

图 8-46　计算简图

当 $Q=32t$ 时：$h \geqslant H_1/10=7200/10=720mm$，取 800mm

下柱截面采用工字形，$b=400mm$，$h=800mm$，如图 8-47 所示及表 8-14。

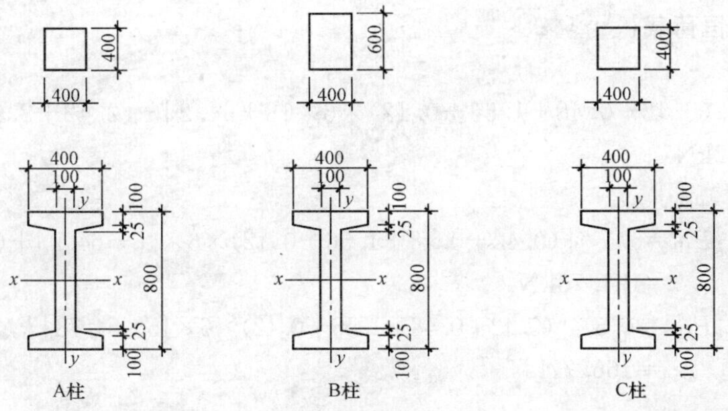

图 8-47　柱子截面尺寸

上柱截面高度：

当 $Q=16t$ 时，$b \geqslant H_1/25=7200/25=288mm$，且 $\geqslant 350mm$，取 400mm

当 $Q=32t$ 时，$b \geqslant H_1/25=7200/25=288mm$，且 $\geqslant 350mm$，取 400mm

上柱截面采用矩形，边柱 400mm×400mm，中柱 400mm×600mm，如图 8-47 所示及表 8-14。

表 8-14　　**截 面 几 何 特 征**

柱　号	截面形状尺寸(mm)	A (10^3mm^2)	I_x (10^6mm^4)	I_y (10^6mm^4)	r_x (mm)	r_y(mm)	G ($kN \cdot m^{-1}$)
A	正方形 400×400	160.0	2133	2133	115.5	115.5	4.000
	工字形 400×800×100	147.5	12305	1201	288.8	90.2	3.690
B	正方形 400×600	240.0	7200	3200	173.2	115.5	6.000
	工字形 400×800×100	147.5	12305	1201	288.8	90.2	3.690
C	正方形 400×400	160.0	2133	2133	115.5	115.5	4.000
	工字形 400×800×100	147.5	12305	1201	288.8	90.2	3.690

2)荷载计算：

①恒荷载：

a. 屋盖自重 P_1

二毡三油防水层　　$1.2\times0.35=0.42\text{kN/m}^2$

20mm 厚水泥砂浆找平层　　$1.2\times0.02\times20=0.48\text{kN/m}^2$

屋面板 YKWB－2Ⅲ自重　　$1.2\times1.30=1.56\text{kN/m}^2$

嵌板自重　　$1.2\times1.65=1.98\text{kN/m}^2$

灌缝　　0.12kN/m^2

外天沟板 TGB77－1 自重　　$1.2\times2.02=2.42\text{kN/m}^2$

外天沟板找坡等　　$1.39+0.32+0.37=2.08\text{kN/m}^2$

内天沟板自重　　$1.2\times1.83=2.20\text{kN/m}^2$

内天沟板找坡等　　$1.12+0.26+0.30=1.68\text{kN/m}$

屋架 WJ－18－2Da　　$1.2\times53.5=64.2\text{kN}$

WJ－15－2Da　　$1.2\times45.65=54.78\text{kN}$

屋架传来的恒荷载：

A 柱：

$P_{1A}=0.5\times[(0.42+0.48+1.56+0.12)\times6\times18+64.2]+(2.42+2.08)\times6$
$=198.42\text{kN}$

B 柱：

18m 跨传来：$P_{1B}=0.5\times[(0.42+0.48+1.56+0.12)\times6\times18+64.2]+(2.20+1.68)\times6$
$=194.70\text{kN}$

15m 跨传来：$P_{1B}'=0.5\times[(0.42+0.48+1.56+0.12)\times6\times15\times54.78]+(2.20+1.68)\times6$
$=166.77\text{kN}$

C 柱：

$P_{1C}=0.5\times[(0.42+0.48+1.56+0.12)\times6\times15+54.78]+(2.42+2.08)\times6$
$=170.49\text{kN}$

P_1 作用点位置与纵向定位轴线的距离应为 150mm。如图 8-48 所示。

$M_{1A}=198.42\times(0.15-0.05)=19.84\text{kN}\cdot\text{m}$

$M_{1B}=-(194.70-166.77)\times0.15=-4.19\text{kN}\cdot\text{m}$

$M_{1A}=170.49\times(0.2-0.15)=8.52\text{kN}\cdot\text{m}$

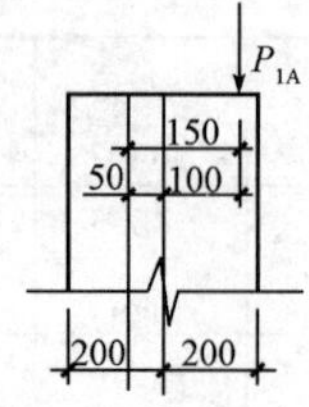

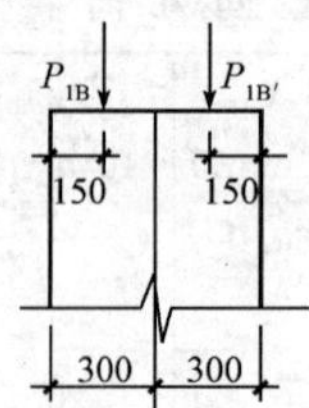

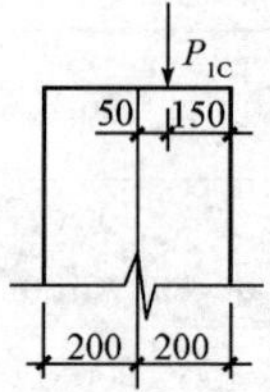

图 8-48　P_1 作用点位置

b. 上柱自重 P_4：

A 柱：$P_{4A}=1.2\times0.4\times0.4\times4.5\times25=21.6\text{kN}$

B 柱：$P_{4B}=1.2\times0.4\times0.6\times4.5\times25=32.4\text{kN}$

C 柱：$P_{4C}=1.2\times0.4\times0.4\times4.5\times25=21.6\text{kN}$

c. 吊车梁、轨道、垫层自重 P_3：

取轨道及垫层自重为 0.8kN/m,则共重 $1.2\times0.8\times6=5.76$kN

吊车梁自重:

18m 跨:YXDL6-7ZB　　　$1.2\times44.2=53.04$kN

15m 跨:YXDL6-2ZB　　　$1.2\times30.4=36.48$kN

A 柱:$P_{3A}=5.76+53.04=58.80$kN

B 柱:18m 跨传来　　$P_{3B}=53.04+5.76=58.80$kN

　　15m 跨传来　　$P_{3B}'=36.48+5.76=42.24$kN

C 柱:$P_{3C}=5.76+36.48=42.24$kN

d. 下柱自重:

假定牛腿尺寸如图 8-49 所示。

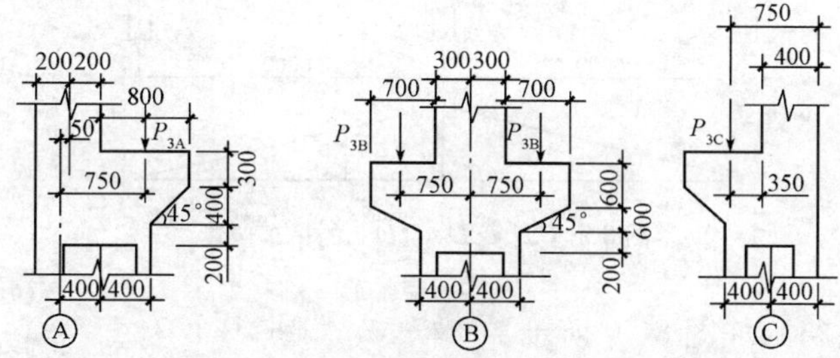

图 8-49　牛腿尺寸

A 柱:$P_{5A}=1.2\times0.1475\times25\times(11.7-4.5-0.9)+1.2\times(0.8\times0.4\times0.2\times25)+1.2\times(1.2\times0.7-0.5\times0.4\times0.4)\times0.4\times25=38.9$kN

B 柱:$P_{5B}=1.2\times0.1475\times25\times(11.7-4.5-1.4)+1.2\times(0.8\times0.4\times0.2\times25)+1.2\times(2.0\times1.2-0.62)\times0.4\times25=52.1$kN

C 柱:$P_{5C}=38.9$kN(同 A 柱)

②屋面活荷载 P_2:

屋面活荷载取 $1.4\times0.5\times0.70\text{kN/m}^2$

A 柱:$P_{2A}=0.5\times(0.7\times18\times6)+0.77\times6\times0.70=41.03$kN

B 柱:18m 跨传来 $P_{2B}=0.5\times0.7\times18\times6+0.62\times6\times0.70=40.40$kN

　　15m 跨传来 $P_{2B}'=0.5\times0.7\times15\times6+0.62\times6\times0.70=34.10$kN

C 柱:$P_{2C}=0.5\times(0.7\times15\times6)+0.77\times6\times0.70=34.73$kN

P_2 作用位置同 P_1。

③吊车荷载:

a. 吊车竖向荷载 D_{max}、D_{min}。

从产品目录查得吊车基本尺寸和轮压,列于表 8-15。

表 8-15　　　　**吊车基本尺寸和轮压**

起重量(t)	跨度 L_k(m)	吊车轿距 B(mm)	轮距 K(mm)	最大轮压 P_{max}(kN)	起重机总重 (G+g)(kN)	小车重 g(kN)	最小轮压 P_{min}(kN)
16	13.5	5940	4000	148	203.44	62.27kN	38.6
32	19.5	6620	4700	275	355.2	108.8	67.4

竖向荷载 D_{max}、D_{min}应考虑两台吊车作用时的最不利位置用影响线求出。两台吊车之间的最短距离应为($B-K$):

Q=16t 时,$B-K=5940-4000=1940$mm

Q=30t 时,$B-K=6620-4700=1920$mm

Q=32t 时(18m 跨),根据图 8-50,得

$$y_1=(6-5.1)/6=0.15;y_2=1;y_3=(6-1.1)/6=0.816;y_4=0$$

$$D_{max}=1.4\times275\times(1+0.15+0.816)=756.91\text{kN}$$

$$D_{min}=D_{max}P_{min}/P_{max}=756.91\times67.4/275=185.51\text{kN}$$

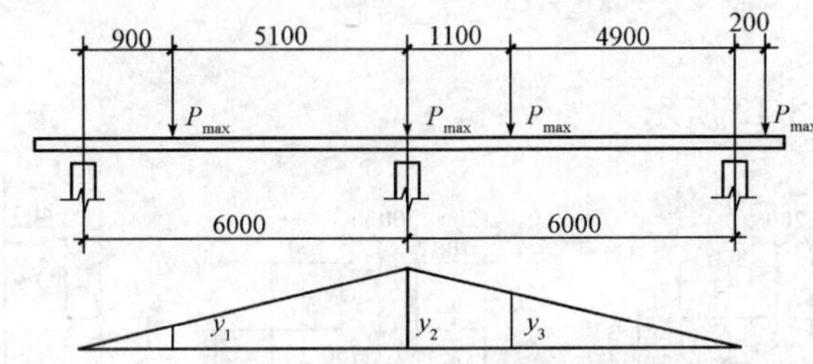

图 8-50 计算 D_{max}、D_{min}的吊车位置

Q=16t 时(15m 跨),如图 8-50 所示。

$$y_1=(6-4.4)/6=0.267;y_2=1$$

$$y_3=(6-1.04)/6=0.827;y_4=(6-1.04-4.4)/6=0.093$$

所以:$D_{max}=1.4\times148\times(1+0.267+0.827+0.093)=453.15\text{kN}$

$D_{min}=D_{max}\cdot P_{min}/P_{max}=453.15\times38.6/148=118.19\text{kN}$

b. 吊车横向水平荷载:

对 18m 跨:

每个大车轮产生的横向水平制动力为:

$$T=r_Q\times\alpha/4(Q+g)=1.4\times0.1/4\times(320+108.8)=15.01\text{kN}$$

T 的最不利位置同 P_{max},故

$$T_{max}=D_{max}\times T/(r_QP_{max})=756.91\times15.01/(1.4\times275)=29.51\text{kN}$$

对 15m 跨:

$T=1.4\times0.12/4\times(160+62.27)=9.34\text{kN}$

$T_{max}=D_{max}\times T/(r_QP_{max})=453.15\times4.34/(1.4\times148)=20.43\text{kN}$

T_{max}作用点位置就是各跨吊车梁顶面(如图 8-51 所示)。

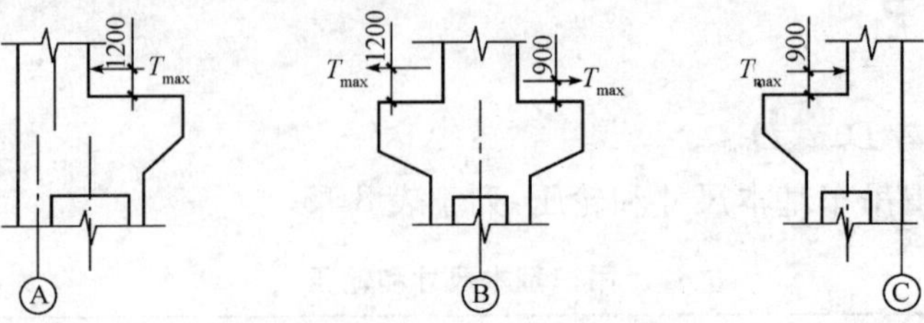

图 8-51 T_{max}作用位置

④风荷载:该地区基本风压 $w_0=0.45\text{kN/m}^2$,地面粗糙度为 B 类。

a. 作用在柱上的均布荷载:

柱顶标高 11.1m，室外地面标高－0.3m

柱顶离室外地面高度：11.1－(－0.30)＝11.40m

风压高度系数　　$\mu_z=1.0+(11.4-10)(1.14-1.0)/(15-10)=1.039$

风荷载体型系数 μ_s 如图 8-52 所示。

$w_1=\mu_S\mu_z\beta_z w_0=0.8\times1.039\times1.0\times0.45=0.374\text{kN/m}^2$

$w_2=\mu_S\mu_z\beta_z w_0=-0.4\times1.039\times1.0\times0.45=-0.187\text{kN/m}^2$

$q_1=r_Q w_1 B=1.4\times0.374\times6=3.14\text{kN/m}$(压力)

$q_2=r_Q w_2 B=-1.4\times0.187\times6=-1.57\text{kN/m}$(吸力)

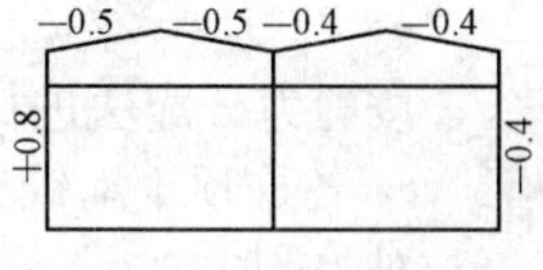

图 8-52　风荷载体型系数 μ_s(风向→)

b. 屋盖风荷载 F_w：

18m 跨屋架的屋脊高度为：

柱顶高度＋屋架轴线高度＋上、下弦杆截面增加高度＋屋面板高度

＝11.4＋(2.8＋0.15＋0.12)＋0.24＝14.7m

15m 跨屋架的屋脊高度为：11.4＋(2.3＋0.15＋0.12)＋0.24＝14.2m

F_w 计算结果见表 8-16。

$F_w=F_{w1}+F_{w1}'+F_{w2}+F_{w2}'=7.15+3.21-0.52=9.84\text{kN}(\rightarrow)$

同理，可求得右吹向左风(←)

$$F_w=9.48\text{kN}(\leftarrow)$$

表 8-16　　**风荷载 F_w 计算表**

项　目	18m 跨	15m 跨
屋脊高度(m)	14.7	14.2
μ_z	1＋(1.14－1)×4.7/5＝1.132	1＋(1.14－1)×4.2/5＝1.118
柱顶至檐口顶高(m)	1.69＋0.4＝2.09	1.90
坡面竖向高度(m)	(14.7－11.4)－2.09＝1.21	0.91
左吹向右风(→)	$F_{w1}=1.4\times0.8\times1.132\times0.45\times2.09\times6=7.15\text{kN}(\rightarrow)$	$F_{w1}'=1.4\times0.4\times1.118\times0.45\times1.9\times6=3.21\text{kN}(\rightarrow)$
	$F_{w2}=1.4\times(-0.6+0.5)\times1.132\times0.45\times1.21\times6=-0.52\text{kN}(\leftarrow)$	$F_{w2}=0$

注：计算 F_{w1}、F_{w1}' 时，以屋脊处 μ_z 近似代替屋顶至檐口顶高之间的平均值 μ_z，误差不大。

3)内力分析。在计算简图中，上柱的计算轴线取为上柱的截面形心线，下柱的计算轴线取为下柱的截面形心线。下面计算时弯矩和剪力的符号按照下述规则：弯矩以顺时针方向为正；剪力以使构件产生顺时针方向转动趋势为正；轴向力以压为正。

各柱的抗剪刚度计算结果见表 8-17。

表 8-17　　**柱的抗剪刚度**

项　目	A 柱、C 柱	B　柱
$n=I_1/I_2$	0.173	0.585
$\lambda=H_1/H_2$	0.385	0.385
C_0	0.236	2.88
δ	552/E	452/E
$1/\delta$	0.00181E	0.00221E
η	0.31	0.38

注：$\eta_i=(1/\delta_i)/\sum(1/\delta_i)$。

①恒荷载作用下的内力分析。

对A柱、C柱：

$n=I_1/I_2=21.33/123.05=0.173$；$\lambda=H_1/H_2=4.5/11.7=0.385$。$C_1=2.01$，$C_3=1.00$

对B柱：

$n=I_1/I_2=72/123.05=0.585$；$\lambda=H_1/H_2=4.5/11.7=0.385$。查得：$C_1=1.59$，$C_3=1.23$

按剪力分配法进行计算。

a. 各柱顶不动铰支座反力。

对A柱：

$M_1=19.84\text{kN}\cdot\text{m}$

$M_2=-(198.42+21.6)\times0.2+58.80\times0.5=-14.60\text{kN}\cdot\text{m}$

$R_A=R_1+R_2=(M_1/H_2)C_1+(M_2/H_2)C_3=(19.84/11.7)\times2.01+(-14.60/11.7)\times1.00=2.16\text{kN}(\leftarrow)$

对B柱：

$M_1'=-4.19\text{kN}\cdot\text{m}$

$M_2'=-(58.80-42.24)\times0.75=-12.42\text{kN}\cdot\text{m}$

$R_B=R_1+R_2=(M'_1/H_2)C_1+(M'_2/H_2)C_3=(-4.19/11.7)\times1.59+(-12.42/11.7)\times1.23=-1.88\text{kN}(\rightarrow)$

对C柱：

$M_1''=8.52\text{kN}\cdot\text{m}$

$M_2''=(170.49+21.6)\times0.2-42.24\times0.35=23.63\text{kN}\cdot\text{m}$

$R_C=R_1+R_2=(M_1''/H_2)C_1+(M_2''/H_2)C_3=(8.52/11.7)\times2.01+(23.63/11.7)\times1.00=3.48\text{kN}(\leftarrow)$

$R=R_A+R_B+R_C=2.16-1.88+3.48=3.76\text{kN}(\leftarrow)$

b. 按抗剪刚度分配反向作用的R，再进行叠加：

$V_A=\eta_A R-R_A=0.31\times3.76-2.16=-0.99\text{kN}(\leftarrow)$

$V_B=\eta_B R-R_B=0.38\times3.76-(-1.83)=3.30\text{kN}(\rightarrow)$

$V_C=\eta_C R-R_C=0.31\times3.76-3.48=-2.31\text{kN}(\leftarrow)$

c. 绘各柱内力图，如图8-53～图8-56所示。

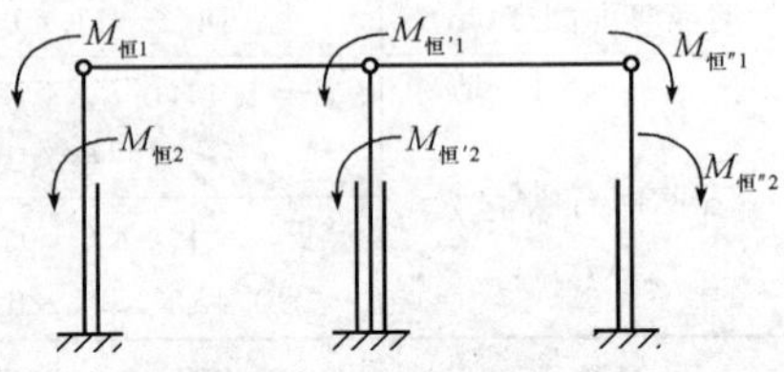

图8-53 恒荷载产生的计算力矩示意图

②屋面活荷载作用下的内力分析，如图8-57～图8-59所示。

对A柱：

$M_1=41.03\times0.1=4.1\text{kN}\cdot\text{m}$

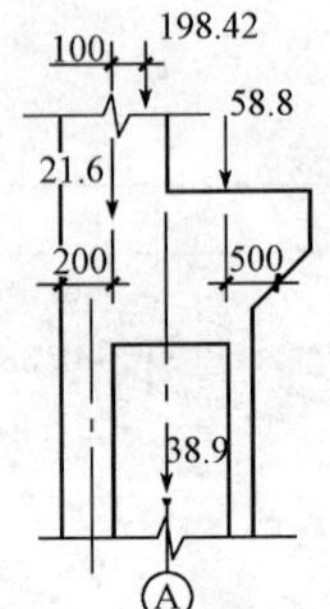

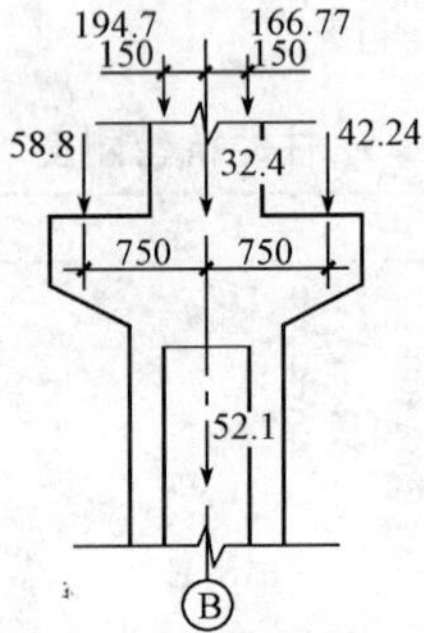

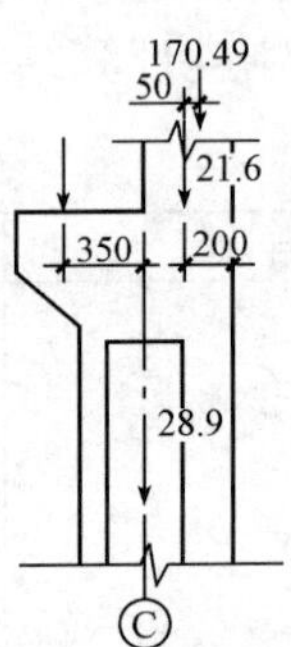

图8-54 恒荷载产生的集中力(单位：kN)

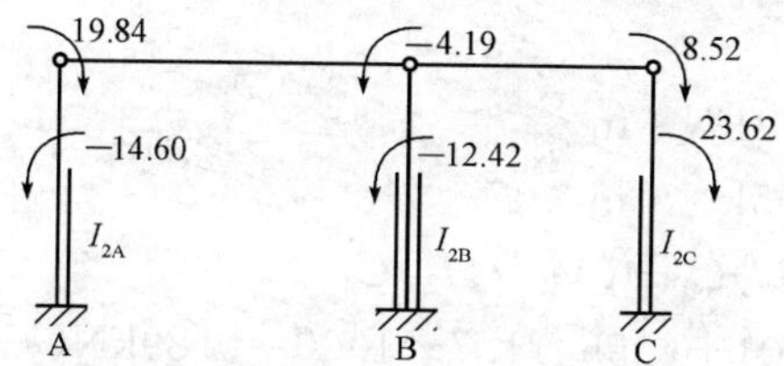

图 8-55 恒荷载产生的计算力矩图(单位:kN·m)

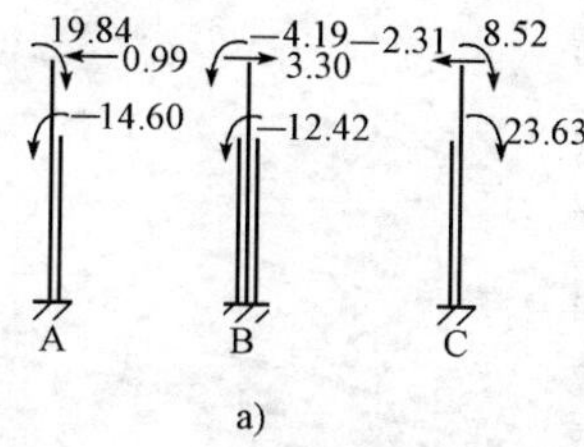

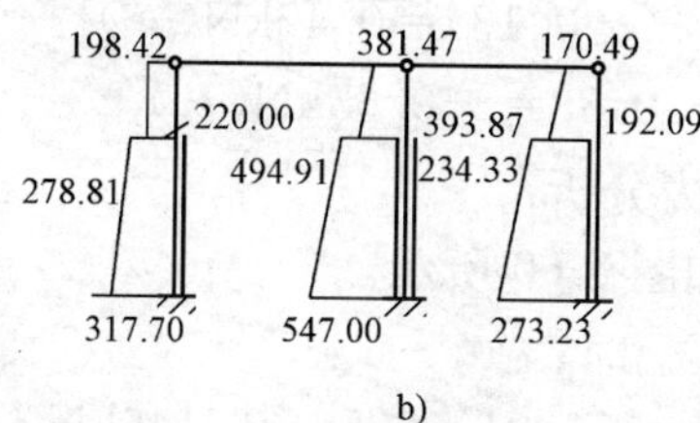

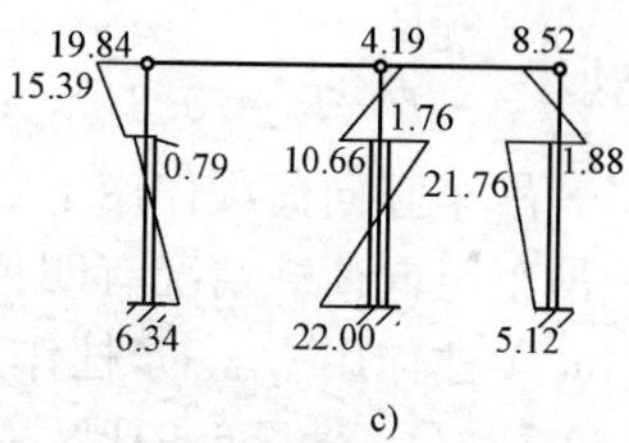

图 8-56 恒荷载作用下的内力图

a)单阶柱;b)N 图(kN);c)M 图(kN·m)

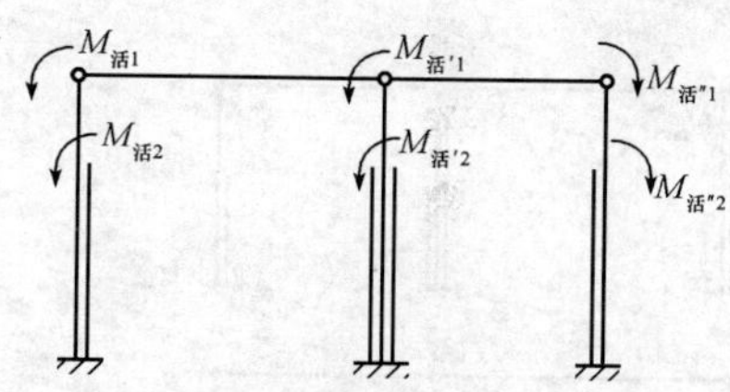

图 8-57 屋面活荷载生产的计算力矩示意图

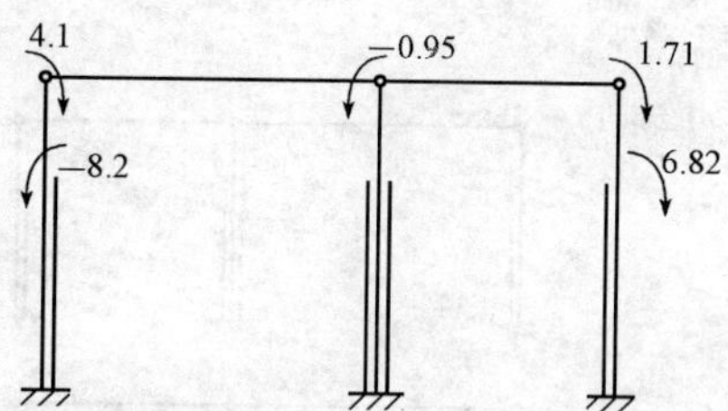

图 8-58 活荷载产生的计算力矩

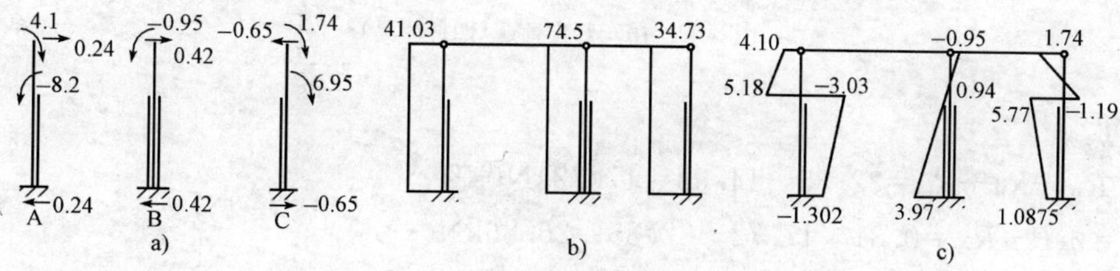

图 8-59 屋面活荷载作用下的内力图

a)单阶柱;b)N 图(kN);c)M 图(kN·m)

$M_2 = -41.03 \times 0.2 = -8.2\text{kN} \cdot \text{m}$

$R_A = R_1 + R_2 = (M_1/H_2)C_1 + (M_2/H_2)C_3 = (4.1/11.7) \times 2.01 + (-8.2/11.7) \times 1.00 = 0$

对 B 柱:

$M_1' = -40.4 \times 0.15 + 34.1 \times 0.15 = -0.945\text{kN} \cdot \text{m}$

$M_2' = 0$

$R_B = R_1 + R_2 = (M_1'/H_2)C_1 + (M_2'/H_2)C_3 = (-0.945/11.7) \times 1.59 = -0.13\text{kN}(\leftarrow)$

对C柱：

$M_1''=34.7\times0.05=1.74\text{kN}\cdot\text{m}$

$M_2''=34.7\times0.20=6.95\text{kN}\cdot\text{m}$

$R_C=R_1+R_2=(M_1''/H_2)C_1+(M_2''/H_2)C_3$

$\quad=(1.74/11.7)\times2.01+6.95/11.7\times1.00=0.89\text{kN}(\leftarrow)$

$R=R_A+R_B+R_C=0-0.13+0.89=0.76\text{kN}(\leftarrow)$

$V_A=\eta_A R-R_A=0.31\times0.76-0=0.24\text{kN}(\rightarrow)$

$V_B=\eta_B R-R_B=0.38\times0.75-(-0.13)=0.42\text{kN}(\rightarrow)$

$V_C=\eta_C R-R_C=0.31\times0.75-0.88=-0.65\text{kN}(\leftarrow)$

③吊车竖向荷载作用下的内力分析：

吊车竖向荷载情况有四种，如图8-60所示。

a. A柱作用 D_{max}，B柱作用 D_{min} 时：

A柱：$D_{max}=756.91\text{kN}$，$M_{max}=756.91\times0.5=378.46\text{kN}\cdot\text{m}$

B柱左：$D_{min}=185.5\text{kN}$，$M_{min}=185.5\times0.75=-139.13\text{kN}\cdot\text{m}$

$R_A=(M_{max}/H_2)C_3=(378.46/11.7)\times1.0=32.35\text{kN}(\leftarrow)$

$R_B=(M_{min}/H_2)C_3=(139.13/11.7)\times1.23=-14.63\text{kN}(\rightarrow)$

$R_C=0$

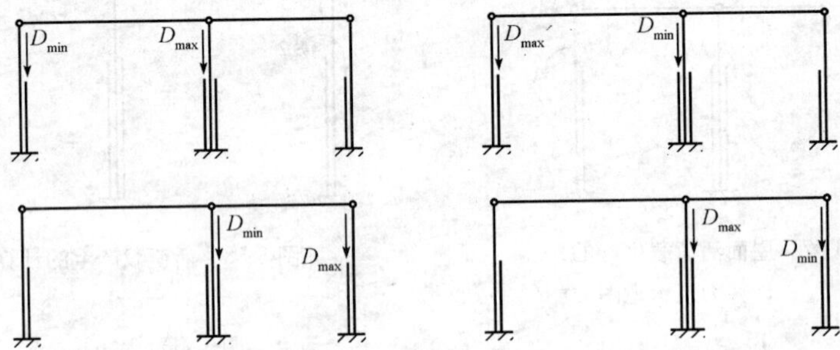

图8-60 吊车竖向荷载(四种情况)

所以：

$R=R_A+R_B+R_C=32.35-14.63=17.72\text{kN}(\leftarrow)$

$V_A=\eta_A R-R_A=0.31\times17.72-32.35=26.86\text{kN}(\leftarrow)$

$V_B=\eta_B R-R_B=0.38\times17.72-(-14.63)=21.36\text{kN}(\rightarrow)$

$V_C=\eta_C R=0.31\times17.72=5.49\text{kN}(\rightarrow)$

计算内力结果如图8-61所示。

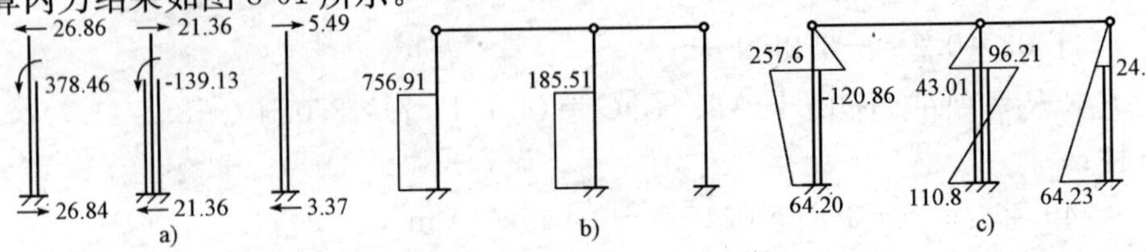

图8-61 A柱作用 D_{max}，B柱左作用 D_{min}

a)单阶柱；b)N图(kN)；c)M图(kN·m)

b. A 柱作用 D_{min}，B 柱作用 D_{max} 时：

A 柱：$D_{min}=185.51kN$，

$M_{min}=185.51\times0.5=92.76kN\cdot m$

B 柱左：$D_{max}=756.91kN$，

$M_{max}=-756.91\times0.75=-567.68kN\cdot m$

$R_A=(M_{max}/H_2)C_3=(92.76/11.7)\times1.0=7.93kN(\leftarrow)$

$R_B=-59.68kN(\rightarrow)$

$R_C=0$

$R=R_A+R_B+R_C=7.93-59.68=51.75kN(\rightarrow)$

所以：

$V_A=\eta_A R-R_A=0.31\times(-51.75)-7.93=-23.97kN(\leftarrow)$

$V_B=40.02kN(\rightarrow)$

$V_C=-16.04kN(\leftarrow)$

内力结果如图 8-62 所示。

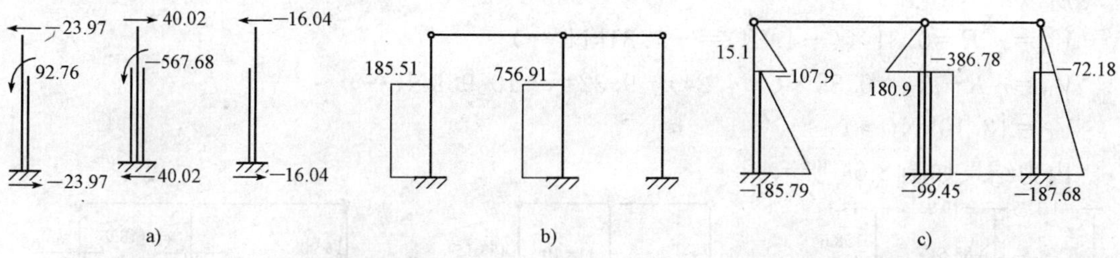

图 8-62　A 柱作用 D_{max} B 柱左作用 D_{max}

c. B 柱右作用 D_{max}，C 柱作用 D_{min} 时：

B 柱右：$D_{max}=453.15kN$

$M_{max}=453.15\times0.75=339.86kN\cdot m$

C 柱：$D_{min}=118.19kN$

$M_{min}=-118.19\times0.35=-41.37kN\cdot m$

$R_A=0$

$R_B=(339.86/11.7)\times1.23=35.73kN(\leftarrow)$

$R_C=(41.37/11.7)\times1.0=-3.5kN(\rightarrow)$

$R=R_A+R_B+R_C=35.73-3.5=32.23kN(\leftarrow)$

所以：

$V_A=\eta_A R=0.31\times32.23=9.99kN(\rightarrow)$

$V_B=\eta_B R-R_B=0.38\times32.23-35.73=-23.48kN(\leftarrow)$

$V_C=7.20kN(\rightarrow)$

内力结果如图 8-63 所示。

d. B 柱右作用 D_{min}，C 柱作用 D_{max} 时

B 柱右：作用 $D_{min}=118.19kN$，

$M_{min}=118.19\times0.75=88.64kN\cdot m$

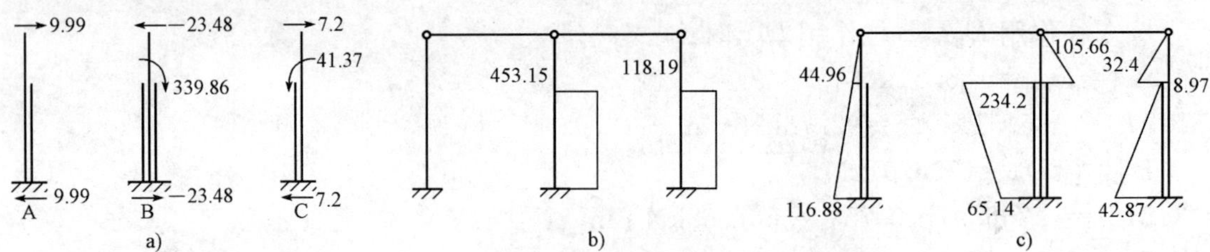

图 8-63　B 柱右作用 D_{max}，C 柱作用 D_{min}

C 柱：$D_{max}=453.15kN$

$M_{max}=-453.15\times0.35=-158.6kN\cdot m$

$R_A=0$

$R_B=(88.64/11.7)\times1.23=9.32kN(\leftarrow)$

$R_C=(-158.6/11.7)\times1.0=-13.56kN(\rightarrow)$

$R=R_A+R_B+R_C=9.32-13.56=-4.24kN(\rightarrow)$

所以：

$V_A=\eta_A R=0.31\times(-4.24)=-1.31kN(\rightarrow)$

$V_B=\eta_B R-R_B=0.38\times(-4.24)-9.32=-10.93kN(\leftarrow)$

$V_C=13.10kN(\rightarrow)$

内力结果如图 8-64 所示。

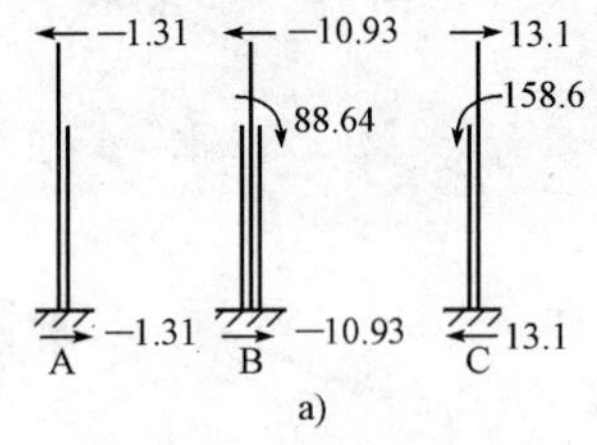

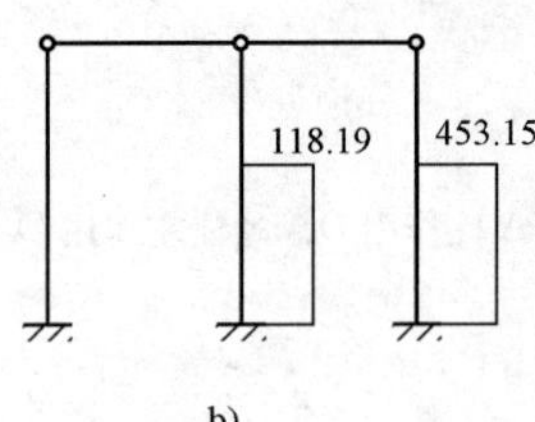

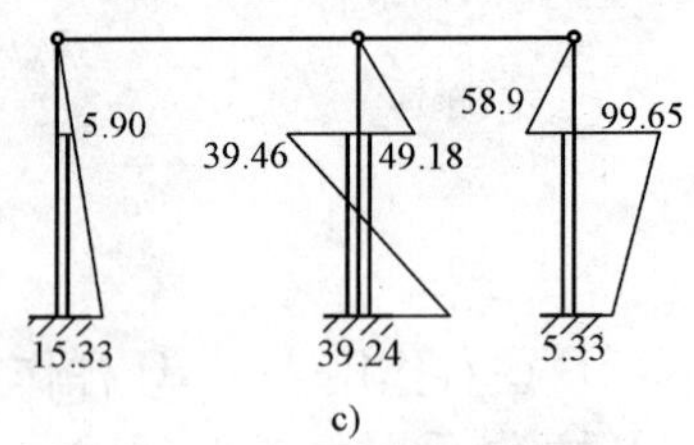

图 8-64　B 柱右作用 D_{min}，C 柱作用 D_{max}时

④吊车水平荷载作用下的内力分析。吊车水平荷载下有两种情况，如图 8-65 所示。

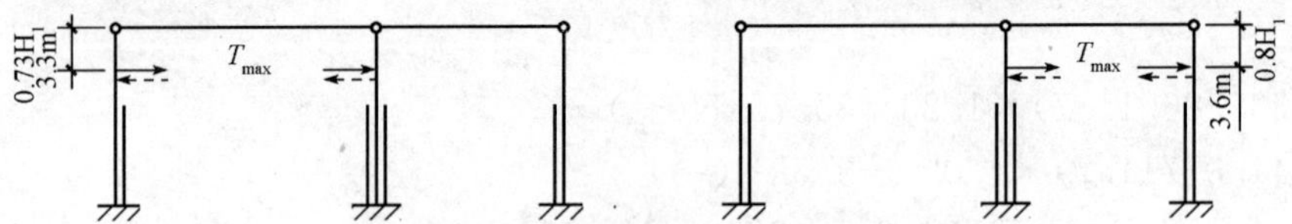

图 8-65　吊车水平荷载(两种情况)

a. A、B 跨作用 T_{max}时(正反两向)：

A 柱 T_{max}作用点至柱顶 $y=0.73H_1$。

A 柱 $n=0.73$，$\lambda=0.385$，由分别查得：

$y=0.7H_1$ 时的 $C_5:C_{51}=0.5$；$y=0.8H_1$ 时的 $C_5:C_{52}=0.45$。用内插法近似求 $y=0.73H_1$ 的 $C_5:C_{5A}=0.5+(0.73+0.7)\times(0.45-0.5)/(0.8-00.7)=0.485$

同理得：$C_{5B}=0.571$

求反力得：

$R_A = C_{5A} T_{max} = 0.485 \times 29.51 = 14.31\text{kN}$

$R_B = C_{5B} T_{max} = 0.571 \times 29.51 = 16.85\text{kN}$

$R_c = 0$

$R = R_A + R_B + R_C = 14.31 + 16.85 + 0 = 31.16\text{kN}$

所以：

$V_A = \eta_A R - R_A = 0.31 \times 31.16 - 14.31 = -4.65\text{kN}(\leftarrow)$

$V_B = \eta_B R - R_B = 0.38 \times 31.16 - 16.85 = -5.01\text{kN}(\leftarrow)$

$V_C = \eta_C R = 0.31 \times 31.16 = 9.66\text{kN}(\rightarrow)$

内力结果如图 8-66 所示。

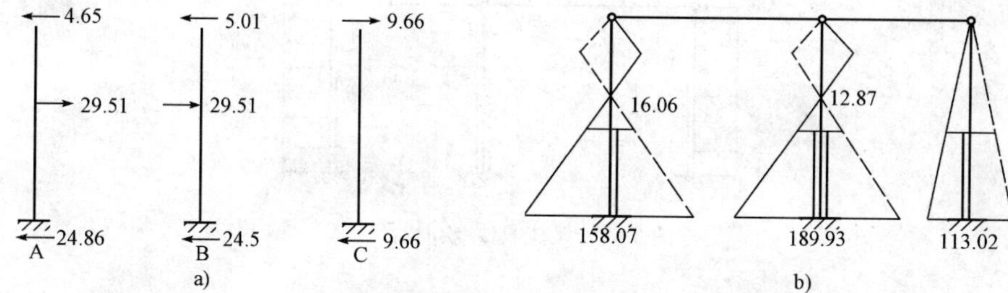

图 8-66　A、B 跨作用 T_{max}

a)单阶柱；b)M 图(kN · m)

b. B、C 跨作用 T_{max}时(正反两向)：

B 柱右 T_{max}作用点至柱顶 $y = 0.8H_1$。

B 柱的 $n = 0.585, \lambda = 0.385$，查表可以得到：$C_{5B} = 0.533$

C 柱的 $n = 0.673, \lambda = 0.385, y = 0.8H_1$，查表可以得到：$C_{5C} = 0.45$

求反力：

$R_A = 0$

$R_B = C_{5B} T_{max} = 0.533 \times 20.43 = 10.89\text{kN}$

$R_C = C_{5C} T_{max} = 0.45 \times 20.43 = 9.19\text{kN}$

$R = R_A + R_B + R_C = 0 + 10.89 + 9.19 = 20.08\text{kN}$

所以：

$V_A = \eta_A R = 0.31 \times 20.08 = 6.22\text{kN}(\rightarrow)$

$V_B = \eta_B R - R_B = 0.38 \times 20.08 - 10.89 = -3.26\text{kN}(\leftarrow)$

$V_C = \eta_C R - R_C = 0.31 \times 20.08 - 9.19 = -2.97\text{kN}(\leftarrow)$

内力结果如图 8-67 所示。

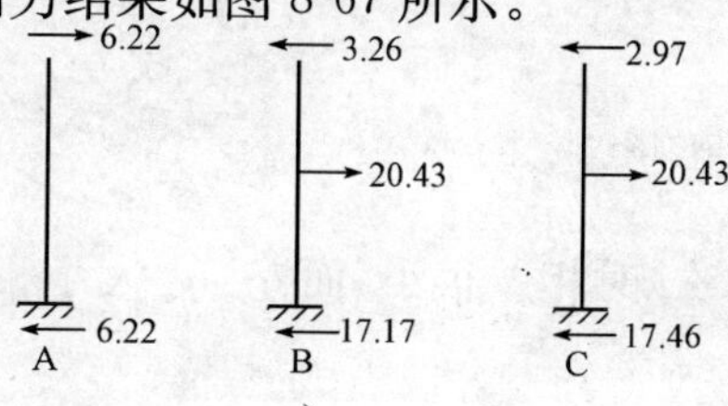

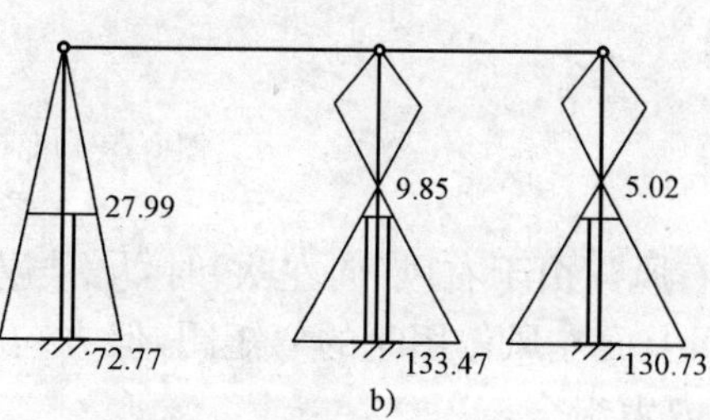

图 8-67　B、C 跨作用 T_{max}时

⑤风荷载作用下的内力分析。风荷载作用下有两种情况，如图 8-68 所示。

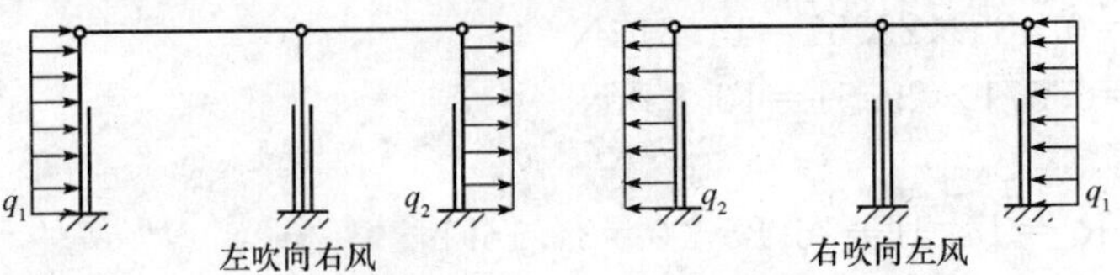

图 8-68 风荷载(两种情况)

a. 左风(向右吹)。

受力情况如图 8-69 所示。

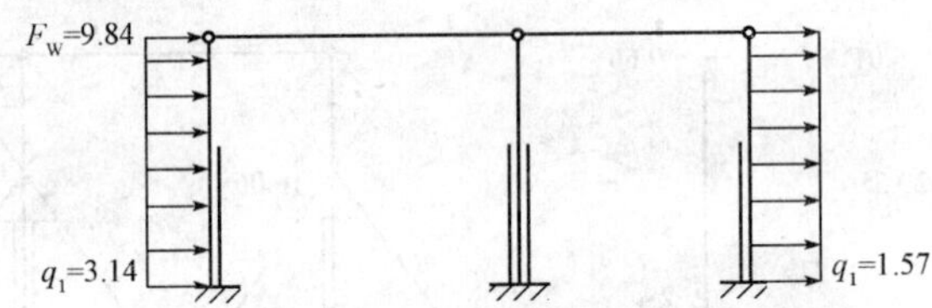

图 8-69 风荷载(左吹向右风)

A 柱：

$n=0.173$，$\lambda=0.285$，查表得，$C_{11}=0.326$

$R_A=C_{11}q_1H_z=0.326\times3.14\times11.7=11.98\text{kN}$

$R_B=0$

$R_C=0.326\times1.57\times11.7=5.99\text{kN}$

$R=F_W+R_A+R_B+R_C=9.48+11.98+5.99=27.45\text{kN}$

所以：

$V_A=\eta_AR-R_A=0.31\times27.45-11.98=-3.47\text{kN}(\leftarrow)$

$V_B=\eta_BR-R_B=0.38\times27.45-0=10.43\text{kN}(\rightarrow)$

$V_C=\eta_CR-R_C=0.31\times27.45-5.99=2.52\text{kN}(\rightarrow)$

内力结果如图 8-70 所示。

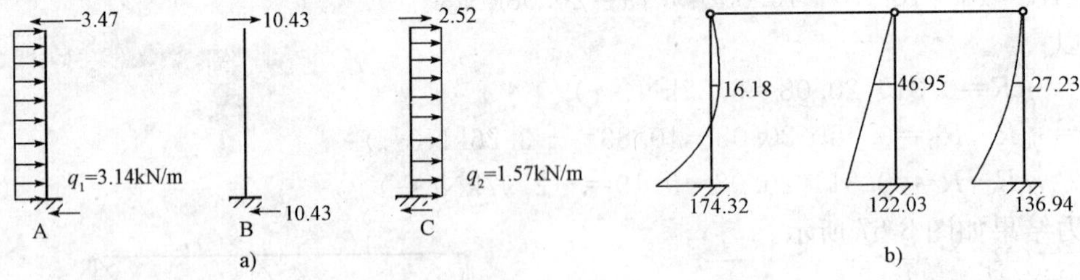

图 8-70 风荷载作用下的内力图

b. 右风。由于右风(向左吹)时，F_W 与左风(向右吹)时相差很小，而 q_1、q_2 大小相等，故可近似用上面左风作用时的弯矩图，但方向相反。

(5)内力组合。

中柱的内力组合列于表 8-18。

表 8-18　　**中柱内力组合表**

荷载种类		恒荷载	屋面活荷载	吊车竖向荷载				吊车水平荷载		风　向	
编号		①	②	③18m 跨 D_{max}在 A	④18m 跨 D_{max}在 B	⑤15m 跨 D_{max}在 B	⑥15m 跨 D_{max}在 C	⑦18m 跨作用 T_{max}	⑧15m 跨作用 T_{max}	⑨左吹向右风	⑩右吹向左风
内力		M N	M N	M N	M N	M N	M N	M N	M N	M N	M N
控制截面	组合目标	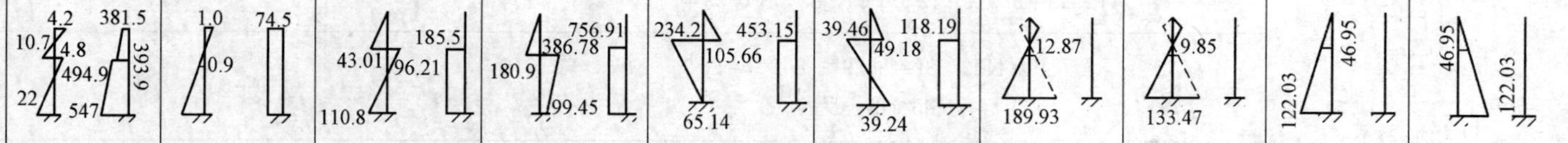 4.2 10.7 4.8 494.9 22 547 381.5 393.9	1.0 0.9 74.5	43.01 110.8 185.5 96.21	180.9 99.45 756.91 386.78	234.2 65.14 453.15 105.66	39.46 39.24 118.19 49.18	12.87 189.93	9.85 133.47	122.03 46.95	46.95 122.03
		组合项目			组合内力值						
Ⅰ—Ⅰ	M_{max}, N	①+0.85[②+0.9(④+⑦)+⑨]			$M_{max}=10.7+0.85[0.9+0.9(180.9+12.87)+46.95]$ $=199.6\text{kN}\cdot\text{m}$ $N=393.9+0.85(74.5+0+0+0)=457.2\text{kN}$						
	$-M_{max}, N$	①+0.85[0.9+(⑤+⑧)+⑩]			$-M_{max}=10.7+0.85[0.9(-105.66-9.85)-46.95]$ $=-117.57\text{kN}\cdot\text{m}$ $N=393.9+0.85(0+0+0)=393.9\text{kN}$						
	N_{max}, M	①+②			$N_{max}=393.9+74.5=468.4\text{kN}$ $M=10.7+0.9=11.6\text{kN}\cdot\text{m}$						
	N_{min}, M	①+0.85[0.9(④+⑦)+⑨]			$N\min=393.9\text{kN}$ $M=10.7+0.85[0.9(180.9+12.87)+46.95]$ $=198.8\text{kN}\cdot\text{m}$						

续上表

荷载种类		恒荷载	屋面活荷载	吊车竖向荷载				吊车水平荷载		风向	
编号		①	②	③18m跨 D_{max}在A	④18m跨 D_{max}在B	⑤15m跨 D_{max}在B	⑥15m跨 D_{max}在C	⑦18m跨作用T_{max}	⑧15m跨作用T_{max}	⑨左吹向右风	⑩右吹向左风
内力		M N	M N	M N	M N	M N	M N	M N	M N	M N	M N
控制截面	组合目标	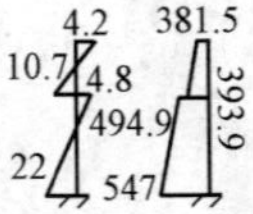 4.2 10.7 4.8 494.9 22 381.5 393.9 547	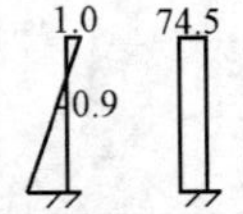 1.0 0.9 74.5	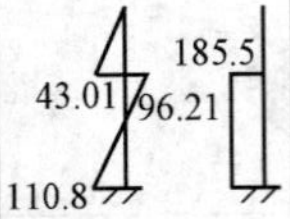 43.01 96.21 110.8 185.5	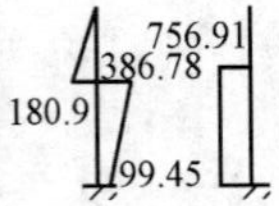 180.9 386.78 756.91 99.45	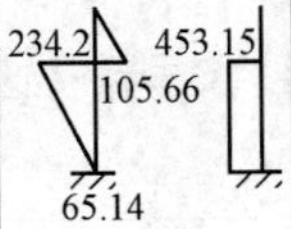 234.2 105.66 65.14 453.15	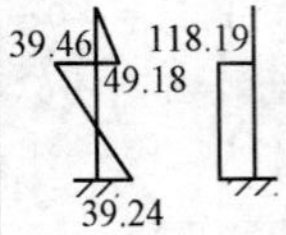 39.46 49.18 39.24 118.19	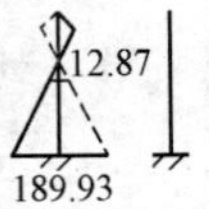 12.87 189.93	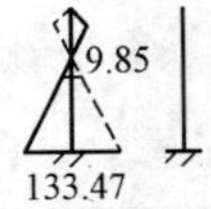 9.85 133.47	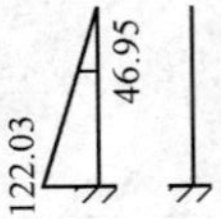 122.03 46.95	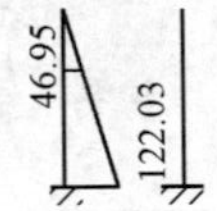 46.95 122.03
Ⅱ—Ⅱ	M_{max}, N	①+0.85[②+0.9(⑤+⑧)+⑨]			$M_{max}=-1.8+0.85[0.9+0.9\times(234.2+9.8)+46.95]$ $=225.5kN\cdot m$ $N=494.9+0.85(74.5+0.9\times453.15)=904.88kN$						
	$-M_{max}, N$	①+0.9④			$-M_{max}=-1.8+0.9\times(-386.78)=-349.9kN\cdot m$ $N=494.9+0.9\times756.91=1176.12kN\cdot m$						
	N_{max}, M	①+0.85[②+0.8(④+⑤)+0.9⑦+⑩]			$N_{max}=494.9+0.85[74.5+0.8\times(756.91+453.15)]$ $=1381.07kN$ $M=-1.8+0.85[0.9+0.8\times(-386.78+234.2)$ $-0.9\times12.87-46.95]=-154.54kN\cdot m$					$M_{max,k}=284.1kN\cdot m$ $N_k=811.27kN$ $V_k=13.57$	
	N_{min}, M	①+⑩			$N_{min}=494.9kN$ $M=-1.8-46.95=48.75kN\cdot m$						
Ⅲ—Ⅲ	M_{max}, N	①+0.85[②+0.8(③+⑤)+0.9⑦+⑨]			$M_{max}=22.0+0.85[4.0+0.8\times(110.8+65.14)$ $+0.9\times189.93+122.03]=394.06kN\cdot m$ $N=547.0+0.85[74.5+0.8\times(185.5+$ $453.15)]=1044.6kN$ $V=3.3+0.85[0.4+0.8\times(21.36-23.48)$ $+0.9\times9.66+10.43]=18.45kN$						

续上表

荷载种类		恒荷载	屋面活荷载	吊车竖向荷载				吊车水平荷载		风向	
编号		①	②	③18m跨 D_{max}在A	④18m跨 D_{max}在B	⑤15m跨 D_{max}在B	⑥15m跨 D_{max}在C	⑦18m跨作用T_{max}	⑧15m跨作用T_{max}	⑨左吹向右风	⑩右吹向左风
内力		M N	M N	M N	M N	M N	M N	M N	M N	M N	M N
控制截面	组合目标	4.2 10.7 4.8 494.9 22 381.5 393.9 547	1.0 0.9 74.5	43.01 96.21 110.8 185.5	756.91 386.78 180.9 99.45	234.2 453.15 105.66 65.14	39.46 118.19 49.18 39.24	12.87 189.93	9.85 133.47	122.03 46.95	46.95 122.03
Ⅲ—Ⅲ	$-M_{max}$, N	①+0.85[0.8(④+⑥)+0.9×⑦+⑩]			$-M_{max}=22.0+0.85\times[0.8\times(-99.45-39.24)-0.9\times189.93-122.03]=-321.3$kN·m $N=547.0+0.85\times[0.8\times(756.91+118.19)]=1142.07$kN $V=3.3+0.85\times[0.8\times(40.02-23.48)-0.9\times(9.66)-10.43]=6.83$kN						$M_{max,k}=-226.9$kN·m $N_k=880.9$kN $V_k=5.27$kN	
	N_{max}, M	①+0.85[②+0.8(④+⑤)+0.9⑦+⑩]			$N_{max}=547.0+0.85\times[74.5+0.8\times(756.91+453.15)]=1433.2$kN $M=22.0+0.85\times[3.97+0.8\times(-99.45+65.14)-0.9\times189.93-122.03]=-246.98$kN·m $V=3.3+0.85\times[0.4+0.8\times(40.02-10.93)-0.9\times(9.66)-10.43]=-1.3$kN						$M_{max,k}=-173.79$kN·m $N_k=1088.8$kN $V_k=-0.58$kN	
	N_{min}, M	①+⑨			$N_{min}=547.0$kN $M=22.0+122.03=144.03$kN·m $V=3.3+10.43=13.73$kN							

(6)截面设计

1)中柱截面设计。

①主要尺寸。柱顶标高 11.1m 上柱高度 $H_u=4.5\text{m}$,下柱高度 $H_l=7.2\text{m}$ 查表确定柱子计算长度:

有表确定柱子计算长度:

有吊车时　上柱:$l_u=2.0H_u=2.0\times4.5=9.0\text{m}$

下柱:$l_l=1.0H_l=1.0\times7.2=7.2\text{m}$

无吊车时(或不考虑吊车荷载时)　上柱:$l_u=1.25H_u=1.25\times4.5=5.6\text{m}$

下柱:$l_l=1.25H_l=1.25\times7.2=9.0\text{m}$

②材料选用。

混凝土:强度等级 C25,$f_c=11.9\text{N/mm}^2$。

钢筋:受力钢筋采用 HRB335 钢筋,$f_y=f'_y=300\text{N/mm}^2$;箍筋、构造筋等采用 HPB235 级钢筋,$f_y=210\text{N/mm}^2$。

2)上柱配筋设计。

采用对称配筋。

由内力组合表 8-17 可得,Ⅰ-Ⅰ截面的四组内力为:

①$\begin{cases}M=199.6\text{kN}\cdot\text{m}\\N=457.2\text{kN}\end{cases}$

②$\begin{cases}M=-117.57\text{kN}\cdot\text{m}\\N=393.9\text{kN}\end{cases}$

③$\begin{cases}M=198.84\text{kN}\cdot\text{m}\\N=393.9\text{kN}\end{cases}$

④$\begin{cases}M=11.6\text{kN}\cdot\text{m}\\N=468.4\text{kN}\end{cases}$

对上柱截面,$\alpha_1 f_c\xi_b h_0=3700\text{kN}$,所以上述四种情况均可以按照大偏心受压进行截面设计。在大偏心受压构件中,$|M|$相近,N 越小越不利;N 相近时,$|M|$越大越不利,因此③组为最不利一组内力,用③组内力计算配筋。

$e_0=M/N=198.84/393.9=0.505\text{m}=505\text{mm}$

$e_a=0.02\text{m}$,$e_i=e_0+e_a=0.505+0.02=0.525\text{m}$

$\xi_1=0.2+2.7e_i/h_0=0.2+2.7\times525/565=2.21>1$,取 $\xi_1=1.0$。

$\xi_2=1.15-0.01l_0/\text{h}=1.5-0.01\times9/0.6=1.0$

所以:

$$\eta=1+\frac{1}{1400e_i/h_0}\left(\frac{l_0}{h}\right)^2\xi_1\xi_2=1+\frac{1}{1400\times525/565}\times\left(\frac{9}{0.6}\right)^2\times1\times1=1.17$$

$e=h/2+\eta e_i-a_s=600/2+1.17\times525-35=879.2\text{mm}$

$x=N/\alpha_1\text{f}_c b=393.9\times10^3/(11.9\times400)=82.8\text{mm}<\xi_b h_0=0.55\times565=311\text{mm}$

$$\begin{aligned}A_s=A_S'&=[Ne-\alpha_1 f_c bx(h_0-x/2)]/[f_y'(h_0-a_s')]\\&=[393.9\times10^3\times879-11.9\times400\times82.8\times(565-82.8/2)]/[300\times(565-35)]\\&=879.7\text{mm}\end{aligned}$$

选用 3⌀20($A_s = A_s' = 941$mm)

3)下柱配筋设计。下柱截面按工字形截面,采用对称配筋,沿柱全长各截面配筋相同。

工字形截面大小偏心用下式判别:

当 $x = N/\alpha_1 f_c b_f' < h_f'$ 时,中和轴在受压翼缘内,按第一类工字形截面的大偏心受压截面计算:

当 $h_f' < X = [N - \alpha_1 f_c (b_f' - b) h_f'] / \alpha_1 f_c b < \xi_b h_0$ 时,中和轴通过腹板,按二类工字形截面的大偏心受压截面计算:

当 $\xi_b h_0 < X < h - h_f$ 时,中和轴通过腹板,按小偏心受压截面计算。

当 $h - h_f < X < h$ 时,中和轴在受拉翼缘内,按小偏心受压截面计算。

$X = [N - \alpha_1 f_c (b_f' - b) h_f'] / \alpha_1 f_c b$

$\quad = [N - 11.9 \times (400 - 100) \times 112.5] / (11.9 \times 100) = N/1190 - 337.5$

$\xi_b h_0 = 0.55 \times 765 = 421$mm

中柱下柱 8 组内力汇总及取舍见表 8-19,现取下列 3 组进行计算。

表 8-19　　中柱Ⅱ－Ⅱ、Ⅲ－Ⅲ截面内力组合值汇总和取舍

序号	内力值	$X = N/1190 - 337.5$	判别	取舍	备注
1	$M = 225.5$kN·m $N = 904.88$kN	423mm	大偏压	√	①大偏压时: 若$\|M_1\| \approx \|M_2\|$,$N_1 < N_2$,或 $N_1 \approx N_2$;$\|M_1\| > \|M_2\|$,或$\|M_1\| > \|M_2\|$,$N_1 < N_2$ 时,M_1、N_1 比 M_2、N_2 不利 ②小偏压时: 若$\|M_1\| \approx \|M_2\|$,$N_1 > N_2$,或 $N_1 \approx N_2$;$\|M_1\| > \|M_2\|$,或$\|M_1\| > \|M_2\|$,$N_1 > N_2$ 时,M_1、N_1 比 M_2、N_2 不利
2	$M = -349.9$kN·m $N = 1176.12$kN	651mm	小偏压	√	
3	$M = -154.54$kN·m $N = 1381.07$kN	823mm	小偏压	×	
4	$M = -48.75$kN·m $N = 494.9$kN	78mm	大偏压	×	
5	$M = 394.06$kN·m $N = 1044.6$kN	540mm	小偏压	×	
6	$M = -321.3$kN·m $N = 1142.07$kN	622mm	小偏压	×	
7	$M = -246.98$kN·m $N = 1423.2$kN	858mm	小偏压	×	
8	$M = 144.03$kN·m $N = 547.0$kN	122mm	大偏压	√	

①$M = 225.5$kN·m,$N = 904.88$kN

由表 8-19 知,此组为大偏心受压,$x = 423\text{mm} > h_f' = 112.5$mm

$l_0/h = 7200/800 = 9.0 < 15$,取 $\xi_2 = 1.0$

$e_0 = M/N = 225.5 \times 10^3 / 904.88 = 249$mm

$e_a=h/30=26.7\text{mm}, e_i=e_0+e_a=249+26.67=275.7\text{mm}$

$\xi_1=0.2+2.7e_i/h_0=0.2+2.7\times275.7/765=1.17<1$，取 $\xi_1=1.0$

所以：

$$\eta=1+\frac{1}{1400e_i/h_0}(\frac{l_0}{h})^2\xi_1\xi_2=1+\frac{1}{1400\times275.7/765}\times(\frac{7.2}{0.8})^2\times1\times1.0=1.16$$

$e=h/2+\eta e_i-a_s=800/2+1.16\times275.7-35=684.8\text{mm}$

$A_s=A_s'=[Ne-\alpha_1 f_c bx(h_0-x/2)-\alpha_1 f_c(b_f'-b)h_f'(h_0-h_f'/2)]/[f_y'(h_0-a_s')]$

$=[904.88\times103\times684.8-11.9\times100\times423\times(765-423/2)-(11.9\times300\times112.5\times765-112.5/2)]/[300\times(765-35)]=257.51\text{mm}^2$

②$M=-349.9\text{kN}\cdot\text{m}, N=1176.12\text{kN}$

由表 8-18 知，此组为小偏心受压。

$l_0/h=7200/800=9.0<15$，取 $\xi_2=1.0$

$e_0=M/N=349.9\times103/1176.12=297\text{mm}$

$e_a=h/30=26.67\text{mm}, e_i=e_0+e_a=297+26.67=323.67\text{mm}$

$\xi_1=0.2+2.7e_i/h_0=0.2+2.7\times323.67/765=1.34>1$，取 $\xi_1=1.0$

所以：

$$\eta=1+\frac{1}{1400e_i/h_0}(\frac{l_0}{h})^2\xi_1\xi_2=1+\frac{1}{1400\times323.7/765}\times(\frac{7.2}{0.8})^2\times1\times1=1.14$$

$e=h/2+\eta e_i-a_s=800/2+1.14\times323.7-35=734.1\text{mm}$

根据表 8-18 给出了 x 的计算结果(651mm，非真值)，初步判断属于中和轴通过腹板的小偏心受压截面，可以按下式计算：

$N=\alpha_1 f_c[bx+(b_f'-b)h_f']+f_y'A_s'-\sigma_s A_s$

$N_e=\alpha_1 f_c b_x(h_0 x/2)+\alpha_1 f_c(b_f'-b)h_f'(h_0-h_f'/2)+f_y'A_s'(h_0-a_s')$

$\sigma_s=(x/h_0-0.8)f_y/(\xi_b-0.8)$

用迭代法进行计算，得

$x=320\text{mm}$

$A_s=A_s'=953\text{mm}^2$

③$M=144.03\text{kN}\cdot\text{m}, N=547.0\text{kN}$

由表 8-18 知，此组为大偏心受压，$x_1=122\text{mm}>h_f'=112.5\text{mm}$

此项组合未考虑吊车荷载，故 $l_0/h=1.25H_1=9\text{m}$

$l_0=9000/800=11.25<15$，取 $\xi_2=1.0$

$e_0=M/N=144.03\times10^3/547.0=263.3\text{mm}$

$e_a=h/30=26.67\text{mm}, e_i=e_0+e_a=263.3+26.67=289.97\text{m}$

$\xi_1=0.2+2.7e_i/h_0=0.2+2.7\times289.97/765=1.22>1$，取 $\xi_1=1.0$

所以：

$$\eta=1+\frac{1}{1400e_i/h_0}(\frac{l_0}{h})^2\xi_1\xi_2=1+\frac{1}{1400\times323.7/765}\times(\frac{9}{0.8})^2\times1\times1=1.21$$

$e=h/2+\eta e_i-as=800/2+1.21\times289.97-35=715.86\text{mm}$

$A_s=A_s'=[Ne-(\alpha_1 f_c bx(h_0-x/2)-(\alpha_1 f_c(b_f'-b)h_f'(h_0-h_f'/2)]/f_y(h_0-a_s)$

$=[547.0\times10^3\times715.86-11.9\times100\times122\times(765-122/2)-11.9\times300\times112.5\times$

$(765-112.5/2)]/[300\times(765-35)]=21.54\text{mm}^2$

④垂直于弯矩平面方向承载力所需的配筋

用 N_{max} 一组，$M=-246.98\text{kN}\cdot\text{m}$，$N_{max}=1423.2\text{kN}$，该工字形截面最小回转半径 $r_y=90.2\text{mm}$。

$l_0/r_y=7200/90.2=79.8$，$\varphi=0.673$

$A_s=A_s'=(N_{max}/\varphi-f_cA)/2f_y'$

$=(1423.2\times10^3/0.673-11.9\times147500)/(2\times300)=599\text{mm}^2$

综上所述，取不利组合第 2 组 $A_s=A_s'=933\text{mm}^2$

中柱下柱配筋选用 4⌀20($A_s=A_s'=1256\text{mm}^2$)

4)牛腿设计。

①截面尺寸验算。牛腿截面尺寸如图 8-49 所示。

B 柱左

根据公式 $F_{vs}\leqslant\beta\left(1-0.5\dfrac{F_{hs}}{F_{vs}}\right)\dfrac{f_{tk}bh_0}{0.5+\dfrac{a}{h_0}}$

其中：

$$F_{hs}=0$$

$$F_{vs}=P_3/1.2+D_{max}/1.4=58.8/1.2+756.91/1.4=589.7\text{kN}$$

$$\beta=0.65$$

$$a=350+20=370\text{mm}$$

$$h_0=1200-40=1160\text{mm}$$

所以：$\beta\left(1-0.5\dfrac{F_{hs}}{F_{vs}}\right)\dfrac{f_{tk}bh_0}{0.5+\dfrac{a}{h_0}}=0.65\dfrac{1.78\times400\times1160}{0.5+370/1160}=656\text{kN}>F_{vs}=589.7\text{kN}$

截面尺寸满足要求。

②承载力计算及构造。

根据公式

$$A_s=\frac{F_va}{0.85f_yh_0}+1.2\frac{F_h}{f_y}$$

其中：

$$F_v=P_3+D_{max}=58.8+756.91=815.71\text{kN}$$

$$F_h=0$$

$$a=370\text{mm}$$

所以：

$A_s=815.71\times370\times10^3/(0.85\times300\times1160)=1020.33\text{mm}^2$

选用 4⌀18($A_s=1019\text{mm}^2$)，箍筋⌀8@100。

$\alpha^{a/h}=370/1160=0.32>0.3$，应设弯筋

$A_{sb}=(2/3)A_s=(2/3)\times1019=697\text{mm}^2$

且：$0.0015bh=0.0015\times400\times1200=720\text{mm}^2$

选用弯筋 3 Φ 18(A_{sb}=763mm^2)

5)吊装验算。

①内力计算。动力系数 1.5,取施工阶段验算安全度等级降低系数为 0.9,吊装时混凝土强度未达设计值,按照设计强度的 70%考虑。

柱子插入基础杯口深度 0.8m,故柱全长 11700+800=12500mm。

根据计算简图如图 8-71 所示。

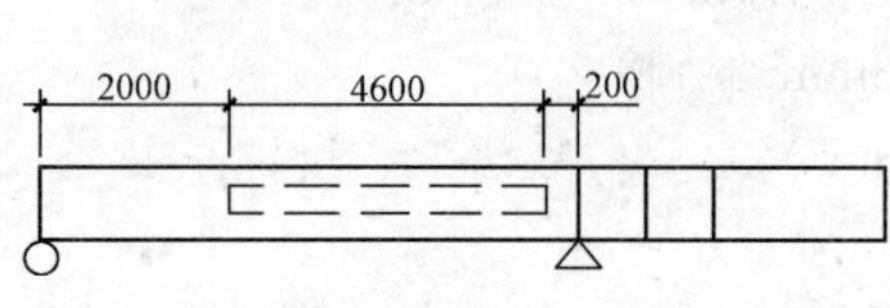

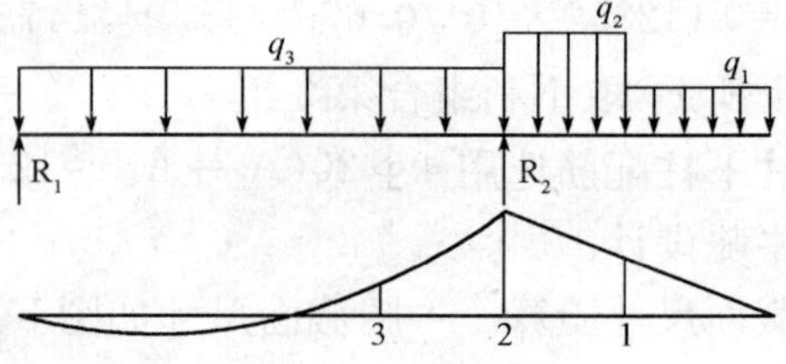

图 8-71 柱吊装验算

q_1=1.5×0.9×1.2×25×0.4×0.6=9.72kN/m

q_2=1.5×0.9×1.2×25(2.0×1.2−0.62)×0.4/1.2=27.54kN/m

q_3=1.5×0.9×1.2×25(0.1475×4.6+0.4×0.8×2.2)/6.8=2.78kN/m

M_1=0.5×9.72×4.52=98.42kN·m

M_2=0.5×1.22×27.54+9.72×4.5×(1.2+4.5/2)=170.73kN·m

M_3=(−1/8)×2.78×6.8^2+0.5×170.73=69.29kN·m

②承载力验算。

1-1 截面:

$b\times h$=600mm×400mm;h_0=400−35=365mm。由于对称配筋,则

$A_s=M/[f_y(h_0-a_s')]$=98.42×10^6/[300×(365−35)]=994mm^2

可见,上柱可利用的主筋 2 Φ 20(A_s=618mm^2),不能满足吊装时承载力要求,故需另配钢筋。

2-2 截面:

b=2×112.5=225mm,h=400mm。

$A_s=M/[f_y(h_0-a_s')]$=170.73×10^6/[300×(365−35)]=1724mm^2

显然,2-2 截面也不能满足吊装时承载力要求。

上述吊装验算结果表明,根据使用阶段的内力进行配筋,施工时不翻身起吊,不能满足承载力要求。因此,应改变起吊方法,如调整吊点,翻身起吊、多点起吊等,以减少弯矩,使柱尽可能不加钢筋。

③吊装时裂缝宽度验算。采用原吊装方法,翻身起吊,上柱配筋为 3 Φ 20(A_s=942mm^2),经验算满足承载力要求。

1-1 截面最大裂缝宽度为:

$$W_{max}=(\alpha_{cr}\psi\sigma_{ss}/E_s)(2.7c+0.1d/\rho_{te})\nu$$

其中:

α_{cr}=2.1;c=25mm;d=20mm;ν=0.7

$\sigma_{ss}=M_s/(0.87h_0A_s)=(98.42\times106/1.2)/(0.87\times565\times942)=177\text{N/mm}^2$

$\rho_{te}=A_s/A_{te}=A_s/(0.5bh)=942/(0.5\times400\times600)=0.00785$

$\psi=1.1-0.65f_{th}/\rho_{te}\sigma_{ss}=1.1-(0.65\times1.78\times0.7)/(0.00785\times177)=0.517$

所以：

$W_{max}=2.1\times0.517\times177/2.0\times10^5\times(2.7\times25+0.1\times20/0.00785)\times0.7$

$=0.31\text{mm}>0.3\text{mm}$

裂缝宽度不满足要求。将钢筋增加至 4⌀20，经验算，裂缝宽度可满足要求。

2-2 截面：经验算裂缝宽度满足要求。

6）预埋件设计。设计吊车梁与上柱内侧以及与牛腿顶面连接处的预埋件。

①吊车上缘与上柱内侧的连接（B 柱左，如图 8-72 所示）。

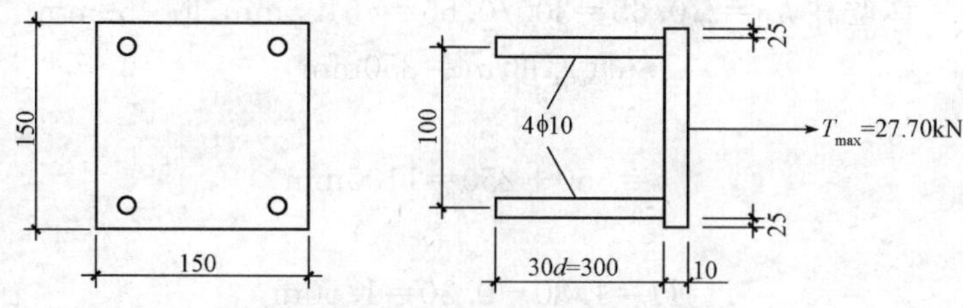

图 8-72　吊车上缘与上柱内侧的连接

$N=0.3a_hf_yA_s=0.8(0.6+0.25\times10/10)\times300\times314$

$=64\text{kN}>T_{max}=27.70\text{kN}$

②吊车梁与牛腿面的连接（如图 8-73 所示）。

$P=P_3+D_{max}=58.8+756.91=815.71\text{kN}$

$A\geqslant P/(0.5f_c)=815.71\times10^3/(0.5\times11.9)=137094\text{mm}^2$

取 $a\times b=400\times400=160000\text{mm}^2$

$\delta=10\text{mm}$

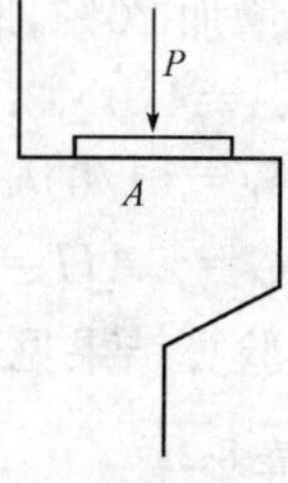

图 8-73　吊车梁与牛腿面的连接

(7)基础设计。

1）基础设计资料。基础底面标高为−1.80m，地基土允许承载力设计值 $f=180\text{kN/m}^2$，基础混凝土 C20，HPB235 级钢筋，柱插入基础部分截面尺寸为 400mm×800mm。

B 柱杯口顶面承受的内力见表 8-20。

表 8-20　B 柱杯口顶面内力组合

内　力	N_{max}组合	M_{max}组合	$-M_{max}$组合
N(kN)	1423.2	1044.6	1142.07
M(kN·m)	−246.98	394.06	−321.3
V(kN)	−1.3	18.45	6.83

注：最小轴力组合是非控制内力，未列出。

2）设计计算。基础采用平板式锥形杯口基础。

初步确定基础各部位的尺寸：

柱的插入深度

$$H_1=800+50=850\text{mm}>0.05l=0.05\times11700=585\text{mm}$$

且 H_1>柱子纵筋的锚固长度要求

杯口顶部尺寸

宽＝400＋2×75＝550mm

长＝800＋2×75＝950mm

杯口底部尺寸

宽＝400＋2×50＝550mm

长＝800＋2×50＝900mm

杯壁尺寸

厚度 $t=300\text{mm}$

杯壁高 $h_1=t/0.65=300/0.65=461.5\text{mm}$，取 450mm

杯底厚度 $a_1=250\text{mm}$

基础总高度

$$h=850+250=1100\text{mm}$$

基础埋深

$$H=1.80-0.30=1.50\text{m}$$

①基础底板尺寸确定。先按轴心受压基础设计。

$A\geqslant N_{max}/(f-\gamma_s H)=1423.2/(180-20\times1.5)=9.49\text{m}^2$

增加 20%，取 $A=1.2\times9.49=11.39\text{m}^2$，初步选 $a\times b=4.0\text{m}\times3.0\text{m}$，则

$A=4.0\times3.0=12\text{m}^2$

$W=(1/6)ba^2=(1/6)\times3.0\times4^2\times42=8.0\text{m}^2$

$G=\gamma_s AH=20\times12\times1.50=360\text{kN}$

验算结果见表 8-21，基础剖面如图 8-74 所示。

表 8-21　基础底面压力计算表

计算项	N_{max}组合	M_{max}组合	$-M_{max}$组合
M(kN·m)	−246.98	394.06	−321.3
N(kN)	1423.2	1044.6	1142.07
V(kN)	−1.3	18.45	6.83
G(kN)	360	360	360
$(N+G)$(kN)	1783.2	1404.6	1502.07
$(M+Vh)$(kN·m)	−248.93	421.74	−311.06
$\|(M+Vh)/W\|$(kN/m²)	31.12	52.72	38.9
$(N+G)/A$(kN/m²)	148.6	117.05	125.17
$\sigma_{f,max}$(kN/m²)	179.72<1.2f	169.27<1.2f	164.07<1.2f
$\sigma_{f,min}$(kN/m²)	117.48	64.33	86.27
$(\sigma_{f,max}+\sigma_{f,min})/2$(kN/m²)	148.6<f	117.05<f	125.17<f

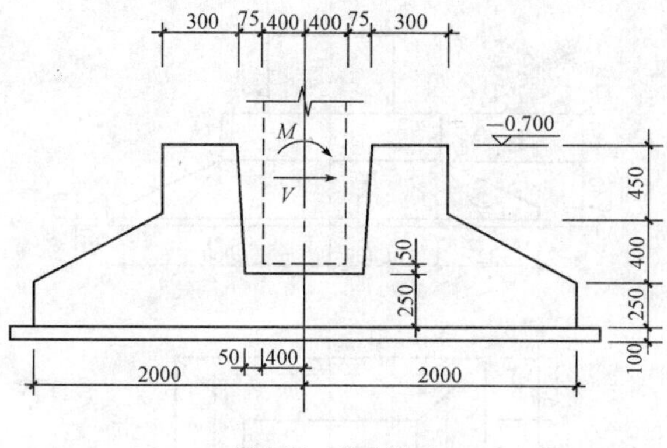

图 8-74　基础剖面

②基础高度验算。

地基净反力

$$P_{s,max}=N/A+|(M+Vh)/W|=1423.2/12+31.12=149.72\text{kN/m}^2$$

$$P_{s,min}=N/A+|(M+Vh)/W|=1423.2/12-31.12=87.48\text{kN/m}^2$$

由于杯壁厚度 $t=300$mm，杯壁高度 450mm，上阶底落在冲切破坏锥内，故仅需对台阶以下进行冲切验算(如图 8-75 所示)。

$a=4000$mm；$b=3000$mm；$a_c=1550$mm；$b_c=1400$mm；$h_0=650-40=610$mm；$b_t=b_c=1400$mm

$b_b=b_t+2h_0=1400+2\times610=2620\text{mm}<\text{b}=3000\text{mm}$

$A=0.5b(a-a_c-2h_0)-0.25(b-b_c-2h_0)^2$

$\quad=0.5\times3.0\times(4-1.55-2\times0.61)-0.25\times(3.0-1.4-2\times0.61)^2=1.81\text{m}^2$

$b_m=0.5(b_t+b_b)=0.5\times1400+3000=2200$mm

近似取 $p_s=P_{s,max}=149.72\text{kN/m}^2$

$F_1=p_sA=149.72\times1.81=271\text{kN}<0.6f_1b_mh_0=709.6\text{kN}$

③基础底板配筋计算(如图 8-75 所示)。

$P_{s,\text{I}}=149.72-(149.72-87.48)\times1600/4000=124.8\text{kN/m}^2$

沿基础长底方向：

柱边Ⅰ-Ⅰ截面处弯矩

$M_\text{I}=(1/12)_{a_\text{I}}{}^2(2b+b_c)(P_{s,max}+P_{s,\text{I}})$

$\quad=(1/12)(2.0-0.4)^2(2\times3.0+0.4)(149.72+124.8)=410.8\text{kN}\cdot\text{m}$

$A_{ss\text{I}}=M_1/(0.9f_yh_0)=(410.8\times10^6)/[0.9\times210\times(1100-40)]=2050\text{mm}^2$

台阶Ⅰ′-Ⅰ′截面处弯矩

$M_\text{I}{}'=(1/12)\times1.225^2\times(2\times3.0+1.36)\times(149.72+124.8)=245.8\text{kN}\cdot\text{m}$

$A_{s,\text{I}}{}'=M_\text{I}{}'/(0.9f_yh_0)=(245.8\times10^6)/(0.9\times210\times610)=2132\text{mm}^2$

故沿基础长底方向配 $\phi12@130(20\phi12,A_s=2260\text{mm}^2)$。

沿基础短边方向

$M_\text{II}=(1/48)(b-b_c{}')^2(2a+a_c)(p_{s,max}+p_{s,min})$

$\quad=(1/48)(3-0.4)^2(2\times4+0.8)(149.72+87.48)=293.97\text{kN}\cdot\text{m}$

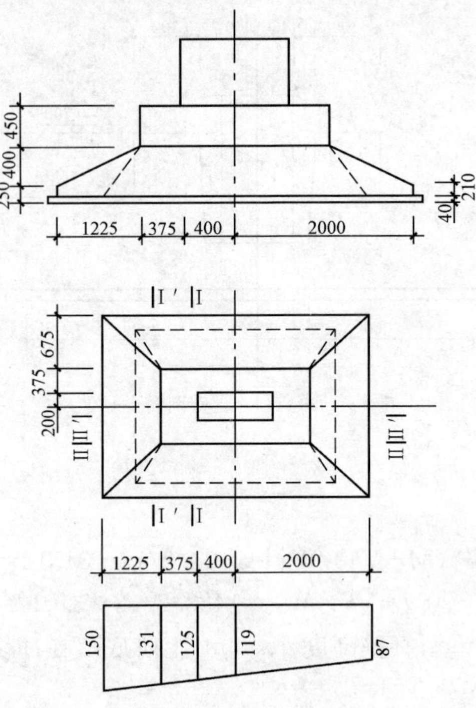

图 8-75 基础冲切及配筋验算

$A_{s\text{II}}=M_{\text{II}}/[0.9(h_0-d)f_y]=293.97\times10^6/[0.9(1060-12)\times210]=1484.2\text{mm}^2$

$M_{\text{II}}'=(1/48)(3.0-1.16)^2(2\times4+1.55)(149.72+87.48)=159.78\text{kN}\cdot\text{m}$

$A_{s\text{II}}'=159.78\times10^6/[0.9(610-12)\times210]=1414\text{mm}^2$

故沿短边方向配 ϕ10@200(21ϕ10,$A_S=1648\text{mm}^2$)

附录　混凝土结构设计常用资料

附表 1　　钢筋混凝土轴心受压构件的稳定系数 φ

l_0/b	≤8	10	12	14	16	18	20	22	24	26	28
l_0/d	≤7	8.5	10.5	12	14	15.5	17	19	21	22.5	24
l_0/i	≤23	35	42	43	55	62	69	73	83	90	97
φ	1.0	0.98	0.95	0.92	0.87	0.81	0.75	0.70	0.65	0.60	0.56
l_0/b	30	32	34	36	38	40	42	44	46	48	50
l_0/d	26	28	29.5	31	33	34.5	36.5	38	40	41.5	43
$l_0 i$	104	111	118	125	132	139	146	153	160	167	174
φ	0.52	0.48	0.44	0.40	0.36	0.32	0.29	0.26	0.23	0.21	0.19

注：表中 l_0 为构件计算长度；b 为矩形截面的短边尺寸；d 为圆形截面的直径；i 为截面最小回转半径。

附表 2　　纵向受力钢筋的混凝土保护层的最小厚度（单位：mm）

序号	环境类别		板、墙、壳			梁			柱		
			≤C20	C25～C45	≥C50	≤C20	C25～C45	≥C50	≤C20	C25～C45	C50
1	一		20	15	15	30	25	30	30	30	30
2	二	a	—	20	15	—	30	25	—	30	30
		b	—	25	20	—	35	30	—	35	30
3	三		—	30	25	—	40	35	—	40	35

注：1. 基础的保护层厚度不小于 40mm；当无垫层时不小于 70mm。

2. 处于一类环境且由工厂生产的预制构件，当混凝土强度等级不低于 C20 时，其保护层厚度可按表中规定减少 5mm，但预制构件中的预应力钢筋的保护层厚度不应小于 15mm；处于二类环境且由工厂生产的预制构件，当表面另作水泥砂浆抹面层且有质量保护措施时，保护层厚度可按表中一类环境数值取用。

3. 预制钢筋混凝土受弯构件钢筋端头的保护层厚度不应小于 10mm；预制肋形板主肋钢筋的保护层厚度应按梁的数值采用。

4. 板、墙、壳中分布钢筋的保护层厚度不应小于表中相应数值减 10mm，且不应小于 10mm；梁、柱中箍筋和构造钢筋的保护层厚度不应小于 15mm。

5. 处于二类环境中的悬臂板，其上表面应另做水泥砂浆保护层或采取其他保护措施。

6. 当梁、柱的保护层厚度大于 40mm 时，应对混凝土保护层采取有效的防裂构造措施。

7. 有防火要求的建筑物，其保护层厚度应符合国家现行有关防火规范的规定。

附表 3　　柱刚度修正系数 α_c

简　图	$\overline{K}$　值	α_c　值
K_{b2}, K_c, K_{b4}；K_{b1}, K_{b2}, K_c, K_{b3}, K_{b4}	$\overline{K}=\frac{K_{b1}+K_{b2}+K_{b3}+K_{b4}}{2K_c}$ $\overline{K}=\frac{K_{b2}+K_{b4}}{2K_c}$	$\alpha_c=\frac{\overline{K}}{2+\overline{K}}$
K_{b2}, K_c；K_{b1}, K_{b2}, K_c	$\overline{K}\frac{K_{b1}+K_{b2}}{K_c}$ $\overline{K}=\frac{K_{b2}}{K_c}$	$\alpha_c=\frac{0.5+\overline{K}}{2+\overline{K}}$

续上表

简　图	$\overline{K}$ 值	α_c 值
K_{b2} K_c　　K_{b1} K_{b2} K_c	$\overline{K}=\frac{K_{b1}+K_{b2}}{K_c}$ $\overline{K}=\frac{K_{b2}}{K_c}$	$\alpha_c=\frac{0.5+\overline{K}}{1+2\overline{K}}$

注：$\overline{K}$ 为梁与柱刚度的比值。

附表 4　　在均布水平荷载作用下的标准反弯点高度比(y_0h)

m	n \ $\overline{K}$	0.1	0.2	0.3	0.4	0.5	0.6	0.7	0.8	0.9	1.0	2.0	3.0	4.0	5.0
7	7	−0.35	−0.05	0.10	0.20	0.20	0.25	0.30	0.30	0.35	0.35	0.40	0.45	0.45	0.45
	6	−0.10	0.15	0.25	0.30	0.35	0.35	0.35	0.40	0.40	0.40	0.45	0.45	0.50	0.50
	5	0.10	0.25	0.30	0.35	0.40	0.40	0.40	0.45	0.45	0.45	0.50	0.50	0.50	0.50
	4	0.30	0.35	0.40	0.40	0.40	0.45	0.45	0.45	0.45	0.45	0.50	0.50	0.50	0.50
	3	0.50	0.45	0.45	0.45	0.45	0.45	0.45	0.45	0.45	0.45	0.50	0.50	0.50	0.50
	2	0.75	0.60	0.55	0.50	0.50	0.50	0.50	0.50	0.50	0.50	0.50	0.50	0.50	0.50
	1	1.20	0.95	0.85	0.80	0.75	0.70	0.70	0.65	0.65	0.65	0.55	0.55	0.55	0.55
8	8	−0.35	−0.15	0.10	0.10	0.25	0.25	0.30	0.30	0.35	0.35	0.40	0.45	0.45	0.45
	7	−0.10	0.15	0.25	0.30	0.35	0.35	0.40	0.40	0.40	0.40	0.45	0.50	0.50	0.50
	6	0.05	0.25	0.30	0.35	0.40	0.40	0.40	0.45	0.45	0.45	0.45	0.50	0.50	0.50
	5	0.20	0.30	0.35	0.40	0.40	0.45	0.45	0.45	0.45	0.45	0.50	0.50	0.50	0.50
	4	0.35	0.40	0.40	0.45	0.45	0.45	0.45	0.45	0.45	0.45	0.50	0.50	0.50	0.50
	3	0.50	0.45	0.45	0.45	0.45	0.45	0.45	0.45	0.50	0.50	0.50	0.50	0.50	0.50
	2	0.75	0.60	0.55	0.55	0.50	0.50	0.50	0.50	0.50	0.50	0.50	0.50	0.50	0.50
	1	1.20	1.00	0.85	0.80	0.75	0.70	0.70	0.65	0.65	0.65	0.55	0.55	0.55	0.55
9	9	−0.40	−0.05	0.10	0.20	0.25	0.25	0.30	0.30	0.35	0.35	0.45	0.45	0.45	0.45
	8	−0.15	0.15	0.10	0.20	0.25	0.25	0.30	0.30	0.35	0.35	0.45	0.45	0.50	0.50
	7	0.05	0.25	0.30	0.35	0.40	0.40	0.40	0.45	0.45	0.45	0.45	0.50	0.50	0.50
	6	0.15	0.30	0.35	0.40	0.40	0.45	0.45	0.45	0.45	0.45	0.50	0.50	0.50	0.50
	5	0.25	0.35	0.40	0.40	0.45	0.45	0.45	0.45	0.45	0.45	0.50	0.50	0.50	0.50
	4	0.40	0.40	0.40	0.45	0.45	0.45	0.45	0.45	0.45	0.45	0.50	0.50	0.50	0.50
	3	0.55	0.45	0.45	0.45	0.45	0.45	0.45	0.45	0.50	0.50	0.50	0.50	0.50	0.50
	2	0.80	0.65	0.55	0.55	0.50	0.50	0.50	0.50	0.50	0.50	0.50	0.50	0.50	0.50
	1	1.20	1.00	0.85	0.80	0.75	0.70	0.70	0.65	0.65	0.65	0.55	0.55	0.55	0.55
10	10	−0.40	−0.05	0.10	0.20	0.25	0.30	0.30	0.30	0.30	0.35	0.40	0.45	0.45	0.45
	9	−0.15	0.15	0.25	0.30	0.35	0.35	0.40	0.40	0.40	0.40	0.45	0.45	0.50	0.50
	8	0.00	0.25	0.30	0.35	0.40	0.40	0.40	0.45	0.45	0.45	0.45	0.50	0.50	0.50
	7	0.10	0.30	0.35	0.40	0.40	0.45	0.45	0.45	0.45	0.45	0.50	0.50	0.50	0.50
	6	0.20	0.35	0.40	0.40	0.45	0.45	0.45	0.45	0.45	0.45	0.50	0.50	0.50	0.50
	5	0.30	0.40	0.40	0.45	0.45	0.45	0.45	0.45	0.45	0.50	0.50	0.50	0.50	0.50
	4	0.40	0.40	0.45	0.45	0.45	0.45	0.45	0.45	0.45	0.50	0.50	0.50	0.50	0.50
	3	0.55	0.50	0.45	0.45	0.45	0.50	0.50	0.50	0.50	0.50	0.50	0.50	0.50	0.50
	2	0.80	0.65	0.55	0.55	0.55	0.50	0.50	0.50	0.50	0.50	0.50	0.50	0.50	0.50
	1	1.30	1.00	0.85	0.80	0.75	0.70	0.70	0.65	0.65	0.65	0.60	0.55	0.55	0.55
	11	−0.40	0.05	0.10	0.20	0.25	0.30	0.30	0.30	0.35	0.35	0.40	0.45	0.45	0.45
	10	−0.15	0.15	0.25	0.30	0.35	0.35	0.40	0.40	0.40	0.40	0.45	0.45	0.50	0.50
	9	0.00	0.25	0.30	0.35	0.40	0.40	0.40	0.45	0.45	0.45	0.45	0.50	0.50	0.50
	8	0.10	0.30	0.35	0.40	0.40	0.45	0.45	0.45	0.45	0.45	0.50	0.50	0.50	0.50
	7	0.20	0.35	0.40	0.45	0.45	0.45	0.45	0.45	0.45	0.45	0.50	0.50	0.50	0.50

续上表

m	n \ $\overline{K}$	0.1	0.2	0.3	0.4	0.5	0.6	0.7	0.8	0.9	1.0	2.0	3.0	4.0	5.0
11	6	0.25	0.35	0.40	0.45	0.45	0.45	0.45	0.45	0.45	0.45	0.50	0.50	0.50	0.50
	5	0.35	0.40	0.40	0.45	0.45	0.45	0.45	0.45	0.45	0.50	0.50	0.50	0.50	0.50
	4	0.40	0.45	0.45	0.45	0.45	0.45	0.45	0.50	0.50	0.50	0.50	0.50	0.50	0.50
	3	0.55	0.50	0.50	0.50	0.50	0.50	0.50	0.50	0.50	0.50	050	0.50	0.50	0.50
	2	0.80	0.65	0.60	0.51	0.65	0.50	0.50	0.50	0.50	0.50	0.50	0.50	0.50	0.50
	1	1.30	1.00	0.85	0.80	0.75	0.70	0.70	0.65	0.65	0.65	0.60	0.55	0.55	0.55
12以上	自上1层	-0.40	-0.05	0.10	0.20	0.25	0.30	0.30	0.30	0.35	0.35	0.40	0.45	0.45	0.45
	2	-0.15	0.15	0.25	0.30	0.35	0.35	0.40	0.40	0.40	0.40	0.45	0.45	0.50	0.50
	3	0.00	0.25	0.30	0.35	0.40	0.40	0.40	0.45	0.45	0.45	0.50	0.50	0.50	0.50
	4	0.10	0.30	0.35	0.40	0.40	0.45	0.45	0.45	0.45	0.45	0.50	0.50	0.50	0.50
	5	0.20	0.35	0.40	0.40	0.45	0.45	0.45	0.45	0.45	0.45	0.50	0.50	0.50	0.50
	6	0.25	0.35	0.40	0.45	0.45	0.45	0.45	0.45	0.45	0.45	0.50	0.50	0.50	0.50
	7	0.30	0.40	0.40	0.45	0.45	0.45	0.45	0.45	0.50	0.50	0.50	0.50	0.50	0.50
	8	0.35	0.40	0.40	0.45	0.45	0.45	0.45	0.45	0.50	0.50	0.50	0.50	0.50	0.50
	中间各层	0.40	0.40	0.45	0.45	0.45	0.45	0.50	0.50	0.50	0.50	0.50	0.50	0.50	0.50
	4	0.45	0.45	0.45	0.45	0.50	0.50	0.50	0.50	0.50	0.50	0.50	0.50	0.50	0.50
	3	0.60	0.50	0.50	0.50	0.50	0.50	0.50	0.50	0.50	0.50	0.50	0.50	0.50	0.50
	2	0.80	0.65	0.60	0.55	0.55	0.50	0.50	0.50	0.50	0.50	0.50	0.50	0.50	0.50
	以下1层	1.30	1.00	0.85	0.80	0.75	0.70	0.70	0.65	0.65	0.55	0.55	0.55	0.55	0.55

注：m—总层数；n—所在楼层数；$\overline{K}$—平均相对刚度。

附表 5　三角形荷载作用下标准反弯点高度比（y_0/h）

m	n \ $\overline{K}$	0.1	0.2	0.3	0.4	0.5	0.6	0.7	0.8	0.9	1.0	2.0	3.0	4.0	5.0
7	7	-0.20	0.05	0.15	0.20	0.25	0.30	0.30	0.35	0.35	0.35	0.45	0.45	0.45	0.45
	6	0.05	0.20	0.30	0.35	0.35	0.40	0.40	0.40	0.40	0.45	0.45	0.50	0.50	0.50
	5	0.20	0.30	0.35	0.40	0.40	0.45	0.45	0.45	0.45	0.45	0.50	0.50	0.50	0.50
	4	0.35	0.40	0.40	0.45	0.45	0.45	0.45	0.45	0.45	0.45	0.50	0.50	0.50	0.50
	3	0.55	0.50	0.50	0.50	0.50	0.50	0.50	0.50	0.50	0.50	0.50	0.50	0.50	0.50
	2	0.80	0.65	0.60	0.55	0.55	0.55	0.50	0.50	0.50	0.50	0.50	0.50	0.50	0.50
	1	1.30	1.00	0.90	0.80	0.75	0.70	0.70	0.70	0.65	0.65	0.60	0.55	0.55	0.55
8	8	-0.20	0.05	0.15	0.20	0.25	0.30	0.35	0.35	0.35	0.35	0.45	0.45	0.45	0.45
	7	0.00	0.20	0.30	0.35	0.35	0.40	0.40	0.40	0.40	0.45	0.45	0.50	0.50	0.50
	6	0.15	0.30	0.35	0.40	0.40	0.45	0.45	0.45	0.45	0.45	0.50	0.50	0.50	0.50
	5	0.30	0.45	0.40	0.45	0.45	0.45	0.45	0.45	0.45	0.45	0.50	0.50	0.50	0.50
	4	0.40	0.45	0.45	0.45	0.45	0.45	0.45	0.50	0.50	0.50	0.50	0.50	0.50	0.50
	3	0.60	0.50	0.50	0.50	0.50	0.50	0.50	0.50	0.50	0.50	0.50	0.50	0.50	0.50
	2	0.85	0.65	0.60	0.55	0.55	0.55	0.50	0.50	0.50	0.50	0.50	0.50	0.50	0.50
	1	1.30	1.00	0.90	0.80	0.75	0.70	0.70	0.70	0.65	0.65	0.60	0.55	0.55	0.55

续上表

m	n \ $\overline{K}$	0.1	0.2	0.3	0.4	0.5	0.6	0.7	0.8	0.9	1.0	2.0	3.0	4.0	5.0
9	9	−0.25	0.00	0.15	0.20	0.25	0.30	0.30	0.35	0.35	0.40	0.45	0.45	0.45	0.45
	8	0.00	0.20	0.30	0.35	0.35	0.40	0.40	0.40	0.40	0.45	0.45	0.50	0.50	0.50
	7	0.15	0.30	0.35	0.40	0.40	0.45	0.45	0.45	0.45	0.45	0.50	0.50	0.50	0.50
	6	0.25	0.35	0.40	0.40	0.45	0.45	0.45	0.45	0.45	0.50	0.50	0.50	0.50	0.50
	5	0.35	0.40	0.45	0.45	0.45	0.45	0.45	0.45	0.50	0.50	0.50	0.50	0.50	0.50
	4	0.45	0.45	0.45	0.45	0.45	0.50	0.50	0.50	0.50	0.50	0.50	0.50	0.50	0.50
	3	0.60	0.50	0.50	0.50	0.50	0.50	0.50	0.50	0.50	0.50	0.50	0.50	0.50	0.50
	2	0.80	0.65	0.60	0.55	0.55	0.55	0.55	0.50	0.50	0.50	0.50	0.50	0.50	0.50
	1	1.35	1.00	0.90	0.80	0.75	0.75	0.70	0.70	0.65	0.65	0.60	0.55	0.55	0.55
10	10	−0.25	0.00	0.10	0.20	0.25	0.30	0.30	0.35	0.35	0.40	0.45	0.45	0.45	0.45
	9	−0.05	0.20	0.30	0.35	0.35	0.40	0.40	0.40	0.40	0.45	0.45	0.50	0.50	0.50
	8	0.10	0.30	0.35	0.40	0.40	0.40	0.45	0.45	0.45	0.45	0.50	0.50	0.50	0.50
	7	0.20	0.35	0.40	0.40	0.45	0.45	0.45	0.45	0.45	0.50	0.50	0.50	0.50	0.50
	6	0.30	0.40	0.40	0.45	0.45	0.45	0.45	0.45	0.45	0.50	0.50	0.50	0.50	0.50
	5	0.40	0.45	0.45	0.45	0.45	0.45	0.45	0.50	0.50	0.50	0.50	0.50	0.50	0.50
	4	0.50	0.45	0.45	0.45	0.50	0.50	0.50	0.50	0.50	0.50	0.50	0.50	0.50	0.50
	3	0.60	0.55	0.50	0.50	0.50	0.50	0.50	0.50	0.50	0.50	0.50	0.50	0.50	0.50
	2	0.85	0.65	0.60	0.55	0.55	0.55	0.55	0.50	0.50	0.50	0.50	0.50	0.50	0.50
	1	1.35	1.00	0.90	0.80	0.75	0.75	0.70	0.70	0.65	0.65	0.60	0.55	0.55	0.55
11	11	−0.25	0.00	0.15	0.20	0.25	0.30	0.30	0.30	0.35	0.45	0.45	0.45	0.45	0.45
	10	−0.05	0.20	0.25	0.30	0.35	0.40	0.40	0.40	0.40	0.45	0.50	0.50	0.50	0.50
	9	0.10	0.30	0.35	0.40	0.40	0.45	0.45	0.45	0.45	0.50	0.50	0.50	0.50	0.50
	8	0.20	0.35	0.40	0.40	0.45	0.45	0.45	0.45	0.45	0.50	0.50	0.50	0.50	0.50
	7	0.25	0.40	0.40	0.45	0.45	0.45	0.45	0.45	0.45	0.50	0.50	0.50	0.50	0.50
	6	0.35	0.40	0.45	0.45	0.45	0.45	0.45	0.50	0.50	0.50	0.50	0.50	0.50	0.50
	5	0.40	0.44	0.45	0.45	0.45	0.50	0.50	0.50	0.50	0.50	0.50	0.50	0.50	0.50
	4	0.50	0.50	0.50	0.50	0.50	0.50	0.50	0.50	0.50	0.50	0.50	0.50	0.50	0.50
	3	0.65	0.55	0.50	0.50	0.50	0.50	0.50	0.50	0.50	0.50	0.50	0.50	0.50	0.50
	2	0.85	0.65	0.60	0.55	0.55	0.55	0.55	0.50	0.50	0.50	0.50	0.50	0.50	0.50
	1	1.35	1.05	0.90	0.80	0.75	0.75	0.75	0.70	0.65	0.60	0.60	0.55	0.55	0.55
12以上	自上1层	−0.30	0.00	0.15	0.20	0.25	0.30	0.30	0.30	0.35	0.35	0.40	0.45	0.45	0.45
	2	−0.10	0.20	0.25	0.30	0.35	0.40	0.40	0.40	0.40	0.40	0.45	0.45	0.45	0.50
	3	0.05	0.25	0.35	0.40	0.40	0.40	0.45	0.45	0.45	0.45	0.45	0.50	0.50	0.50
	4	0.15	0.30	0.40	0.40	0.45	0.45	0.45	0.45	0.45	0.45	0.45	0.50	0.50	0.50
	5	0.25	0.35	0.40	0.45	0.45	0.45	0.45	0.45	0.45	0.45	0.50	0.50	0.50	0.50
	6	0.30	0.40	0.40	0.45	0.45	0.45	0.45	0.50	0.50	0.50	0.50	0.50	0.50	0.50
	7	0.35	0.40	0.40	0.45	0.45	0.45	0.50	0.50	0.50	0.50	0.50	0.50	0.50	0.50
	8	0.35	0.45	0.45	0.45	0.50	0.50	0.50	0.50	0.50	0.50	0.50	0.50	0.50	0.50
	中间各层	0.45	0.45	0.50	0.45	0.50	0.50	0.50	0.50	0.50	0.50	0.50	0.50	0.50	0.50
	4	0.55	0.50	0.50	0.50	0.50	0.50	0.50	0.50	0.50	0.50	0.50	0.50	0.50	0.50
	3	0.65	0.55	0.50	0.50	0.50	050	0.50	0.50	0.50	0.50	0.50	0.50	0.50	0.50
	2	0.70	0.70	0.60	0.55	0.55	0.55	0.55	0.50	0.50	0.50	0.50	0.50	0.50	0.50
	自下1层	1.35	1.05	0.90	0.80	0.75	0.70	0.70	0.70	0.65	0.65	0.60	0.55	0.55	0.55

注：m——总层数；n——所在楼层数；$\overline{K}$——平均相对刚度。

附表 6　　　　按照上下梁相对刚度变化的修正值(y_1/h)

α \ $\overline{K}$	0.1	0.2	0.3	0.4	0.5	0.6	0.7	0.8	0.9	1.0	2.0	3.0	4.0	5.0
0.4	0.55	0.40	0.30	0.25	0.20	0.20	0.20	0.15	0.15	0.15	0.05	0.05	0.05	0.05
0.5	0.45	0.30	0.20	0.20	0.20	0.15	0.15	0.10	0.10	0.10	0.05	0.05	0.05	0.05
0.6	0.30	0.20	0.15	0.15	0.10	0.10	0.10	0.10	0.05	0.05	0.05	0.05	0.00	0.00
0.7	0.20	0.15	0.10	0.10	0.10	0.05	0.05	0.05	0.05	0.05	0.05	0.00	0.00	0.00
0.8	0.15	0.10	0.05	0.05	0.05	0.05	0.05	0.05	0.05	0.00	0.00	0.00	0.00	0.00
0.9	0.05	0.05	0.05	0.05	0.00	0.00	0.00	0.00	0.00	0.00	0.00	0.00	0.00	0.00

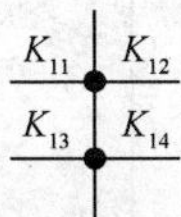

注：$\alpha_1 \dfrac{K_{ts}}{K_{tx}}$

$K_{ts}=K_{11}+K_{12}$　　　　α_1——最下层可以不考虑，当上梁相对刚度较大时则取倒数。

$K_{tx}=K_{13}+K_{14}$　　　　$\alpha_t=\dfrac{K_{tx}}{K_{ts}}$时，求 y_1 取负号(－)。

附表 7　　　　**按照上下层高不同的修正值 y_2/h 和 y_3/h**

(y_2/h——按上层层高变化的修正值；y_3/h——按下层层高变化的修正值)

α_2	α_3 \ $\overline{K}$	0.1	0.2	0.3	0.4	0.5	0.6	0.7	0.8	0.9	1.0	2.0	3.0	4.0	5.0
2.0		0.25	0.15	0.15	0.10	0.10	0.10	0.10	0.10	0.05	0.05	0.05	0.05	0.0	0.0
1.8		0.20	0.15	0.10	0.10	0.10	0.05	0.05	0.05	0.05	0.05	0.05	0.0	0.0	0.0
1.6	0.4	0.15	0.10	0.10	0.05	0.05	0.05	0.05	0.05	0.05	0.05	0.0	0.0	0.0	0.0
1.4	0.6	0.10	0.05	0.05	0.05	0.05	0.05	0.05	0.05	0.05	0.0	0.0	0.0	0.0	0.0
1.2	0.8	0.05	0.05	0.05	0.0	0.0	0.0	0.0	0.0	0.0	0.0	0.0	0.0	0.0	0.0
1.0	1.0	0.0	0.0	0.0	0.0	0.0	0.0	0.0	0.0	0.0	0.0	0.0	0.0	0.0	0.0
0.8	1.2	−0.05	−0.05	−0.05	0.0	0.0	0.0	0.0	0.0	0.0	0.0	0.0	0.0	0.0	0.0
0.6	1.4	−0.10	−0.05	−0.05	−0.05	−0.05	−0.05	−0.05	−0.05	−0.05	0.0	0.0	0.0	0.0	0.0
0.4	1.6	−0.15	−0.10	−0.10	−0.05	−0.05	−0.05	−0.05	−0.05	−0.05	−0.05	0.0	0.0	0.0	0.0
	1.8	−0.20	−0.15	−0.10	−0.10	−0.10	−0.05	−0.05	−0.05	−0.05	−0.05	−0.05	0.0	0.0	0.0
	2.0	−0.25	−0.15	−0.15	−0.10	−0.10	−0.10	−0.10	−0.10	−0.05	−0.05	−0.05	−0.05	0.0	0.0

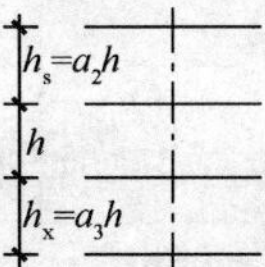

注：y_2——按照 $\alpha_2=\dfrac{h_s}{h}$求得，上层较高时为正值，但对于最上层 y_2 可不考虑。

y_3——按照 $\alpha_3=\dfrac{h_x}{h}$求得，对于最下层 y_3 可不考虑。

附表 8　　位移系数 F_N 值

s_N	F_N		
	顶点集中荷载	均布荷载	三角形分布荷载
0.00	1.0000	0.3333	0.5000
0.05	0.9592	0.3256	0.4872
0.10	0.9273	0.3188	0.4761
0.15	0.9002	0.3127	0.4661
0.20	0.8764	0.3071	0.4570
0.25	0.8551	0.3019	0.4486
0.30	0.8359	0.2970	0.4409
0.35	0.8152	0.2925	0.4336
0.40	0.8019	0.2882	0.4268
0.45	0.7867	0.2842	0.4204
0.50	0.7725	0.2803	0.4143
0.55	0.7593	0.2767	0.4085
0.60	0.7467	0.2732	0.4030
0.65	0.7349	0.2699	0.3978
0.70	0.7237	0.2667	0.3928
0.75	0.7131	0.2636	0.3880
0.80	0.7029	0.2607	0.3834
0.85	0.6932	0.2579	0.3789
0.90	0.6840	0.2551	0.3747
0.95	0.6751	0.2525	0.3706
1.00	0.6667	0.2500	0.3666

附表 9　　单层厂房常用构件数据摘要

序号	构件名称	简　图	图集号	混凝土 (m^3)	钢材 (kN)	自重 (kN)	附　注
1	1.5×6.0m 预应力大型屋面板(卷材防水)	肋高 h=240mm	G410(一)	0.467	0.32～0.53	11.7	g=140kg/m^2
2	9m 单坡预应力钢筋混凝土屋面梁	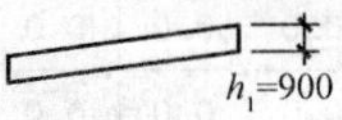 h_1=900	G414(一)	1.67	3.57～5.27	41.9	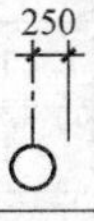 250
3	12m 单坡预应力钢筋混凝土屋面梁	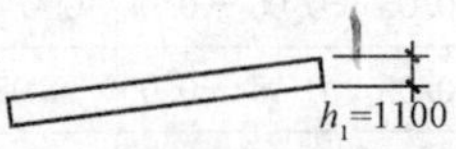 h_1=1100	G414(二)	1.75	3.34～5.50	43.6	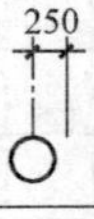 250
4	12m 双坡预应力钢筋混凝土工字形屋面梁	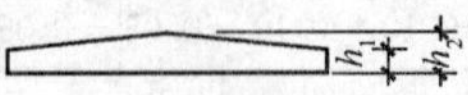 h_1=900mm　h_2=1500mm	G414(三)	2.38	5.03～8.12	59.5	e=250mm
5	15m 双坡预应力钢筋混凝土工字形屋面梁	h_1=900mm　h_2=1650mm	G441(四)	3.64	7.81～10.08	91.1	e=250mm
6	15m 钢筋混凝土折线形屋架	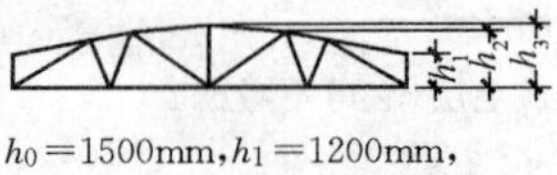 h_0=1500mm,h_1=1200mm,h_2=2100mm,h_3=2300mm	G314(一)	1.826	4.10～5.28	45.65	 150

续上表

序号	构件名称	简图	图集号	混凝土 (m^3)	钢材 (kN)	自重 (kN)	附注
7	18m钢筋混凝土折线形屋架	简图与18m预应力屋架相同 $h_0=1800mm$,$h_1=1400mm$, $h_2=2600mm$,$h_3=2800mm$	G314(二)	2.14	5.26 ~7.38	53.5	$e=150mm$
8	18m预应力钢筋混凝土折线形屋架	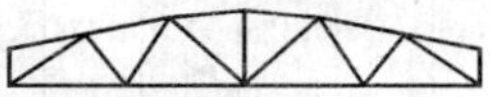 $h_0=1900mm$,$h_1=1400mm$, $h_2=2600mm$,$h_3=2800mm$	G415(一)	2.42 ~2.728	4.79 ~7.36	60.5 ~68.2	$e=150mm$
9	24m预应力钢筋混凝土折线形屋架	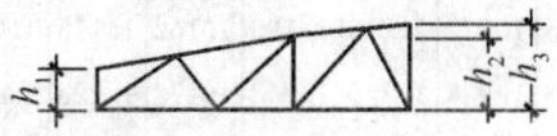 $h_0=1900mm$,$h_1=1400mm$, $h_2=2900mm$,$h_3=3200mm$	G415(三)	4.12 ~4.23	7.68 ~11.9	106.0 ~109.0	$e=150mm$
10	30m预应力钢筋混凝土折线形屋架	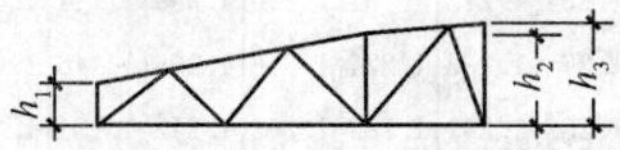 $h_0=1900mm$,$h_1=1400mm$, $h_2=3500mm$,$h_3=3800mm$	G415(五)	5.63	10.61 ~15.87	140.0	$e=150mm$
11	钢筋混凝土吊车梁	$Q\leqslant5t$,电动单梁,$h=600mm$ $Q\leqslant10t$,$L_k\leqslant28.5m$,$h=900mm$ $Q\leqslant3/5t$,$L_k\leqslant28.5m$,$h=1200mm$	G323(二)	0.67 ~0.68 1.10 ~1.13 1.58 ~1.63	0.90 ~1.13 1.21 ~2.21 2.26 ~3.50	16.8 ~17.0 27.5 ~28.2 39.5 ~40.8	~145mm ~170mm ~176mm
12	先张预应力钢筋混凝土吊车梁	$Q\leqslant10t$,$L_k\leqslant31.5m$,$h=100mm$ $Q\leqslant30t$,$L_k\leqslant31.5m$,$h=1200mm$ $Q\leqslant50t$,$L_k\leqslant31.5m$,$h=1500mm$	G425	1.22 1.77 2.30	1.63 ~2.31 2.15 ~3.91 3.90 ~4.81	30.4 44.2 57.5	~170mm ~170mm ~190mm
13	后张自锚预应力钢筋混凝土吊车梁	$Q\leqslant10t$,$L_k\leqslant31.5m$,$h=900mm$ ($Q=15t$,$L_k=16.5m$) $Q\leqslant20t$,$L_k\leqslant31.5m$,$h=1200mm$ ($Q=30/5t$,$L_k=16.5$) $Q\leqslant30/5t$,$L_k\leqslant31.5m$,$h=1200mm$ ($Q=50/5t$,$L_k=19.5m$) $Q\leqslant50/5t$,$L_k\leqslant31.5m$,$h=1500mm$	G426(一)	1.07 1.82 1.82 2.36	2.16 ~2.59 2.83 ~3.22 3.17 ~4.14 3.82	26.7 45.5 45.5 59.0	~170mm ~170mm ~190mm ~190mm
14	后张锚具预应力钢筋混凝土吊车梁	$Q\leqslant5t$,$L_k\leqslant31.5m$,$h=900mm$ ($Q\leqslant10t$,$L_k\leqslant25.5m$,) $Q\leqslant15t$,$L_k\leqslant31.5m$,$h=1200mm$ ($Q\leqslant20t$,$L_k\leqslant25.5m$) $Q\leqslant30t$,$L_k\leqslant31.5m$,$h=1200mm$ ($Q=50t$,$L_k=16.5m$) $Q\leqslant50t$,$L_k\leqslant31.0m$,$h=1500mm$	G426(二)	1.07 1.82 1.82 2.36	2.27 ~2.72 30.6 ~3.50 3.44 ~4.51 4.14 ~4.81	26.7 45.5 45.5 59.0	~170mm ~170mm ~190mm ~190mm

注:h_0 是层架的外缘高度;h_1 是层架的轴线高度。

附表 10　　φ_j 数值表

r_j/B \ α	0.00	0.05	0.10	0.15	0.20	0.25	0.30	0.35	0.40	0.45	0.50	0.55	0.60	0.65	0.70	0.75	0.80	0.85	0.90	0.95	1.00
0.0	1.000	1.000	1.000	1.000	1.000	1.000	1.000	1.000	1.000	1.000	1.000	1.000	1.000	1.000	1.000	1.000	1.000	1.000	1.000	1.000	1.000
0.4	0.909	0.934	0.958	0.978	0.996	1.011	1.023	1.033	1.040	1.044	1.045	1.44	1.040	1.033	1.023	1.011	0.996	0.978	0.958	0.935	0.909
0.8	0.833	0.880	0.923	0.960	0.993	1.020	1.043	1.060	1.073	1.080	1.083	1.080	1.073	1.060	1.043	1.020	0.993	0.960	0.923	0.880	0.833
1.2	0.769	0.835	0.893	0.945	0.990	1.028	1.060	1.084	1.101	1.111	1.115	1.111	1.101	1.084	1.060	1.028	0.990	0.945	0.893	0.835	0.769
1.5	0.714	0.795	0.863	0.932	0.988	1.035	1.074	1.104	1.125	1.138	1.142	1.138	1.125	1.104	1.074	1.035	0.988	0.932	0.868	0.795	0.714
2.0	0.666	0.761	0.846	0.921	0.986	1.041	1.086	1.121	1.146	1.161	1.166	1.161	1.146	1.121	1.086	1.041	0.986	0.921	0.846	0.761	0.666
2.4	0.625	0.731	0.827	0.911	0.985	1.046	1.097	1.36	1.165	1.181	1.187	1.181	1.165	1.136	1.097	1.046	0.985	0.911	0.827	0.731	0.625
2.8	0.588	0.705	0.810	0.903	0.983	1.051	1.107	1.150	1.181	1.199	1.205	1.199	1.181	1.150	1.107	1.051	0.983	0.903	0.810	0.705	0.588
3.3	0.555	0.682	0.795	0.895	0.982	1.055	1.115	1.162	1.195	1.215	1.222	1.215	1.195	1.162	1.115	1.055	0.982	0.895	0.795	0.682	0.555
3.6	0.526	0.661	0.782	0.888	0.981	1.059	1.123	1.172	1.208	1.229	1.236	1.229	1.208	1.172	1.123	1.059	0.981	0.888	0.782	0.661	0.526
4.0	0.500	0.642	0.770	0.882	0.980	1.062	1.130	1.182	1.220	1.242	1.250	1.242	1.220	1.182	1.130	1.062	0.980	0.882	0.770	0.642	0.500
4.4	0.476	0.625	0.759	0.876	0.979	1.065	1.136	1.191	1.230	1.254	1.261	1.254	1.230	1.191	1.136	1.065	0.979	0.876	0.759	0.625	0.476
4.8	0.454	0.610	0.749	0.871	0.978	1.068	1.141	1.199	1.240	1.264	1.272	1.264	1.240	1.999	1.141	1.068	0.978	0.871	0.749	0.610	0.454
5.2	0.434	0.595	0.740	0.867	0.977	1.070	1.146	1.206	1.248	1.274	1.282	1.274	1.248	1.206	1.146	1.070	0.977	0.867	0.740	0.595	0.434
5.6	0.416	0.582	0.731	0.862	0.976	1.072	1.151	1.212	1.256	1.282	1.291	1.282	1.256	1.212	1.151	1.072	0.976	0.862	0.731	0.582	0.416
6.0	0.400	0.571	0.724	0.859	0.975	1.075	1.156	1.219	1.264	1.291	1.300	1.291	1.264	1.219	1.156	1.075	0.976	0.859	0.724	0.571	0.400
6.4	0.384	0.560	0.716	0.855	0.975	1.076	1.160	1.224	1.270	1.298	1.307	1.298	1.270	1.224	1.160	1.076	0.975	0.855	0.716	0.560	0.384
6.8	0.370	0.549	0.710	0.852	0.974	1.078	1.163	1.229	1.277	1.305	1.314	1.305	1.277	1.229	1.163	1.078	0.974	0.852	0.710	0.549	0.370
7.2	0.357	0.540	0.704	0.848	0.974	1.080	1.167	1.234	1.282	1.311	1.321	1.311	1.282	1.234	1.167	1.080	0.974	0.848	0.704	0.540	0.357
7.6	0.344	0.531	0.698	0.846	0.973	1.081	1.170	1.239	1.288	1.317	1.327	1.317	1.288	1.239	1.170	1.081	0.973	0.846	0.698	0.531	0.344
8.0	0.333	0.523	0.693	0.843	0.973	1.083	1.183	1.243	1.293	1.323	1.333	1.323	1.293	1.243	1.183	1.083	0.973	0.843	0.693	0.523	0.333
12.0	0.250	0.463	0.655	0.823	0.969	1.093	1.195	1.273	1.330	1.363	1.375	1.363	1.330	1.273	1.195	1.093	0.969	0.823	0.655	0.463	0.250
16.0	0.200	0.428	0.632	0.811	0.967	1.100	1.208	1.292	1.352	1.388	1.400	1.388	1.352	1.292	1.208	1.100	0.967	0.811	0.632	0.428	0.200
20.0	0.166	0.404	0.616	0.804	0.966	1.104	1.216	1.304	1.366	1.404	1.416	1.404	1.366	1.304	1.216	1.104	0.966	0.804	0.616	0.404	0.166
24.0	0.142	0.387	0.605	0.798	0.965	1.107	1.222	1.312	1.377	1.415	1.428	1.415	1.377	1.312	1.222	1.107	0.965	0.798	0.605	0.387	0.142
28.0	0.125	0.374	0.597	0.794	0.965	1.109	1.227	1.319	1.385	1.424	1.437	1.424	1.385	1.319	1.227	1.109	0.965	0.794	0.597	0.374	0.125
32.0	0.111	0.364	0.591	0.791	0.964	1.111	1.231	1.324	1.391	1.431	1.444	1.431	1.391	1.324	1.231	1.111	0.964	0.791	0.591	0.364	0.111
36.0	0.100	0.356	0.586	0.788	0.964	1.112	1.234	1.328	1.396	1.436	1.450	1.436	1.396	1.328	1.234	1.112	0.964	0.788	0.586	0.356	0.100
40.0	0.090	0.350	0.581	0.786	0.963	1.113	1.236	1.331	1.400	1.440	1.454	1.440	1.400	1.331	1.236	1.113	0.963	0.786	0.581	0.350	0.090

附表 11　　均布荷载作用下的 ψ_1 值

α \ ξ	1.0	1.5	2.0	2.5	3.0	3.5	4.0	4.5	5.0	5.5	6.0	6.5	7.0	7.5	8.0	8.5	9.0	9.5	10.0	10.5
1.00	0.113	0.178	0.216	0.231	0.232	0.224	0.213	0.199	0.186	0.173	0.161	0.150	0.141	0.132	0.124	0.117	0.110	0.105	0.099	0.095
0.95	0.113	0.178	0.217	0.233	0.234	0.228	0.217	0.204	0.191	0.179	0.168	0.157	0.148	0.140	0.133	0.126	0.120	0.115	0.110	0.106
0.90	0.113	0.179	0.219	0.237	0.241	0.236	0.227	0.217	0.206	0.195	0.185	0.176	0.168	0.161	0.155	0.149	0.144	0.140	0.136	0.133
0.85	0.114	0.181	0.223	0.244	0.251	0.249	0.243	0.235	0.226	0.218	0.210	0.203	0.196	0.191	0.186	0.181	0.178	0.174	0.171	0.168
0.80	0.114	0.183	0.228	0.252	0.263	0.265	0.263	0.258	0.252	0.246	0.241	0.235	0.231	0.227	0.223	0.220	0.217	0.215	0.213	0.211
0.75	0.114	0.185	0.233	0.261	0.276	0.283	0.285	0.284	0.281	0.278	0.257	0.272	0.269	0.266	0.246	0.262	0.260	0.258	0.257	0.256
0.70	0.114	0.186	0.237	0.270	0.290	0.302	0.308	0.311	0.312	0.312	0.312	0.310	0.309	0.308	0.307	0.306	0.305	0.304	0.303	0.303
0.65	0.113	0.187	0.242	0.279	0.304	0.321	0.332	0.339	0.344	0.347	0.349	0.350	0.351	0.351	0.351	0.351	0.351	0.351	0.351	0.351
0.60	0.111	0.186	0.245	0.287	0.317	0.339	0.355	0.367	0.376	0.382	0.387	0.390	0.393	0.395	0.396	0.397	0.398	0.398	0.399	0.399
0.55	0.109	0.185	0.246	0.293	0.328	0.355	0.376	0.393	0.406	0.416	0.424	0.430	0.434	0.438	0.441	0.443	0.444	0.445	0.446	0.447
0.50	0.106	0.182	0.246	0.296	0.336	0.369	0.395	0.416	0.433	0.447	0.458	0.467	0.474	0.479	0.483	0.487	0.490	0.492	0.493	0.495

续上表

ξ \ α	11.0	11.5	12.0	12.5	13.0	13.5	14.0	14.5	15.0	15.5	16.0	16.5	17.0	17.5	18.0	18.5	19.0	19.5	20.0	20.5
0.45	0.103	0.178	0.242	0.296	0.341	0.378	0.409	0.435	0.456	0.474	0.488	0.500	0.510	0.517	0.524	0.529	0.533	0.536	0.539	0.541
0.40	0.097	0.171	0.236	0.293	0.341	0.382	0.418	0.448	0.474	0.495	0.513	0.528	0.541	0.551	0.560	0.567	0.573	0.577	0.581	0.585
0.35	0.091	0.162	0.226	0.284	0.335	0.380	0.419	0.453	0.483	0.508	0.530	0.549	0.565	0.578	0.589	0.599	0.607	0.614	0.619	0.624
0.30	0.083	0.150	0.212	0.270	0.322	0.369	0.411	0.449	0.482	0.511	0.537	0.559	0.578	0.595	0.609	0.622	0.632	0.642	0.650	0.657
0.25	0.074	0.135	0.194	0.249	0.300	0.348	0.392	0.431	0.467	0.499	0.528	0.554	0.576	0.597	0.614	0.630	0.644	0.657	0.667	0.677
0.20	0.063	0.116	0.169	0.220	0.269	0.315	0.358	0.398	0.435	0.469	0.500	0.528	0.553	0.577	0.598	0.617	0.634	0.650	0.664	0.677
0.15	0.050	0.094	0.138	0.182	0.225	0.266	0.306	0.344	0.379	0.413	0.444	0.473	0.500	0.525	0.548	0.570	0.590	0.609	0.626	0.643
0.10	0.036	0.067	0.100	0.134	0.167	0.200	0.233	0.264	0.294	0.323	0.351	0.378	0.403	0.427	0.450	0.472	0.493	0.513	0.532	0.550
0.05	0.019	0.036	0.054	0.074	0.093	0.113	0.133	0.152	0.171	0.190	0.209	0.227	0.245	0.262	0.279	0.296	0.312	0.328	0.343	0.358
0.00	0.000	0.000	0.000	0.000	0.000	0.000	0.000	0.000	0.000	0.000	0.000	0.000	0.000	0.000	0.000	0.000	0.000	0.000	0.000	0.000
1.00	0.090	0.086	0.083	0.079	0.076	0.074	0.071	0.068	0.066	0.064	0.062	0.060	0.058	0.057	0.055	0.054	0.052	0.051	0.050	0.04
0.95	0.102	0.098	0.095	0.092	0.090	0.087	0.085	0.083	0.081	0.079	0.077	0.076	0.075	0.073	0.072	0.071	0.070	0.069	0.068	0.06
0.90	0.130	0.127	0.124	0.122	0.120	0.119	0.117	0.116	0.114	0.113	0.112	0.111	0.110	0.109	0.109	0.108	0.107	0.107	0.106	0.10
0.85	0.167	0.165	0.163	0.162	0.160	0.159	0.158	0.157	0.156	0.156	0.155	0.154	0.154	0.153	0.153	0.153	0.152	0.152	0.152	0.15
0.80	0.209	0.208	0.207	0.206	0.205	0.204	0.204	0.203	0.203	0.202	0.202	0.202	0.201	0.201	0.201	0.201	0.201	0.200	0.200	0.20
0.75	0.255	0.254	0.253	0.253	0.252	0.252	0.251	0.251	0.251	0.251	0.250	0.250	0.250	0.250	0.250	0.250	0.250	0.250	0.250	0.25
0.70	0.302	0.302	0.301	0.301	0.301	0.301	0.300	0.300	0.300	0.300	0.300	0.300	0.300	0.300	0.300	0.300	0.300	0.300	0.299	0.28
0.65	0.351	0.350	0.350	0.350	0.350	0.350	0.350	0.350	0.350	0.350	0.350	0.350	0.350	0.349	0.349	0.349	0.349	0.349	0.349	0.34
0.60	0.399	0.399	0.399	0.399	0.399	0.399	0.399	0.399	0.399	0.399	0.399	0.399	0.399	0.399	0.399	0.399	0.399	0.399	0.399	0.39
0.55	0.448	0.448	0.448	0.448	0.448	0.449	0.449	0.449	0.449	0.449	0.449	0.449	0.449	0.449	0.449	0.449	0.449	0.449	0.449	0.44
0.50	0.496	0.496	0.497	0.498	0.498	0.498	0.499	0.499	0.499	0.499	0.499	0.499	0.499	0.499	0.499	0.499	0.499	0.499	0.499	0.49
0.45	0.543	0.544	0.545	0.546	0.547	0.547	0.548	0.548	0.548	0.548	0.549	0.549	0.549	0.549	0.549	0.549	0.549	0.549	0.549	0.54
0.40	0.587	0.589	0.591	0.593	0.594	0.595	0.596	0.596	0.597	0.597	0.598	0.598	0.598	0.599	0.599	0.599	0.599	0.599	0.599	0.59
0.35	0.628	0.632	0.634	0.637	0.639	0.641	0.642	0.643	0.644	0.645	0.646	0.646	0.647	0.647	0.648	0.648	0.648	0.648	0.649	0.64
0.30	0.663	0.668	0.672	0.676	0.679	0.682	0.684	0.687	0.688	0.690	0.691	0.692	0.693	0.694	0.695	0.696	0.696	0.697	0.697	0.69
0.25	0.686	0.693	0.709	0.706	0.711	0.715	0.719	0.723	0.726	0.729	0.731	0.733	0.735	0.737	0.738	0.740	0.741	0.742	0.743	0.74
0.20	0.689	0.699	0.709	0.717	0.725	0.732	0.739	0.744	0.750	0.754	0.759	0.763	0.766	0.768	0.772	0.775	0.777	0.779	0.781	0.78
0.15	0.657	0.671	0.684	0.696	0.707	0.718	0.727	0.736	0.744	0.752	0.759	0.765	0.771	0.777	0.782	0.787	0.792	0.796	0.800	0.80
0.10	0.567	0.583	0.598	0.613	0.627	0.640	0.653	0.665	0.676	0.687	0.698	0.707	0.717	0.726	0.734	0.742	0.750	0.757	0.764	0.77
0.05	0.373	0.387	0.401	0.414	0.428	0.440	0.453	0.465	0.477	0.489	0.500	0.511	0.522	0.533	0.543	0.553	0.563	0.572	0.582	0.59
0.00	0.000	0.000	0.000	0.000	0.000	0.000	0.000	0.000	0.000	0.000	0.000	0.000	0.000	0.000	0.000	0.000	0.000	0.000	0.000	0.000

附表 12　　倒三角形荷载作用下的 ψ_1 值

ξ \ α	1.0	1.5	2.0	2.5	3.0	3.5	4.0	4.5	5.0	5.5	6.0	6.5	7.0	7.5	8.0	8.5	9.0	9.5	10.0	10.5
1.00	0.171	0.270	0.331	0.358	0.363	0.356	0.342	0325	0.307	0.289	0.273	0.257	0.243	0.230	0.218	0.207	0.197	0.188	0.179	0.17
0.95	0.171	0.271	0.332	0.360	0.367	0.361	0.348	0.332	0.316	0.299	0.283	0.269	0.256	0.243	0.233	0.223	0.219	0.205	0.198	0.19
0.90	0.171	0.273	0.336	0.367	0.377	0.374	0.365	0.352	0.338	0.324	0.311	0.299	0.288	0.278	0.270	0.262	0.255	0.248	0.243	0.23
0.85	0.172	0.275	0.341	0.377	0.391	0.393	0.388	0.380	0.370	0.360	0.350	0.341	0.333	0.326	0.320	0.314	0.309	0.303	0.301	0.29
0.80	0.172	0.277	0.347	0.388	0.408	0.415	0.416	0.412	0.407	0.402	0.396	0.390	0.385	0.381	0.377	0.373	0.371	0.368	0.366	0.36
0.75	0.171	0.278	0.353	0.399	0.425	0.439	0.446	0.448	0.448	0.447	0.445	0.443	0.440	0.439	0.437	0.436	0.434	0.433	0.433	0.43
0.70	0.170	0.279	0.358	0.410	0.443	0.463	0.476	0.484	0.489	0.492	0.494	0.496	0.496	0.497	0.497	0.497	0.498	0.498	0.498	0.49
0.65	0.168	0.279	0.362	0.419	0.459	0.486	0.506	0.519	0.530	0.537	0.543	0.547	0.550	0.553	0.555	0.557	0.559	0.560	0.561	0.56
0.60	0.165	0.276	0.363	0.426	0.472	0.506	0.532	0.552	0.567	0.579	0.588	0.596	0.601	0.606	0.610	0.614	0.616	0.619	0.621	0.62
0.55	0.161	0.272	0.362	0.430	0.482	0.522	0.554	0.579	0.599	0.616	0.629	0.639	0.648	0.655	0.661	0.665	0.669	0.672	0.675	0.67
0.50	0.156	0.266	0.357	0.429	0.487	0.533	0.570	0.601	0.626	0.647	0.663	0.677	0.688	0.697	0.705	0.711	0.716	0.721	0.724	0.72

续上表

ξ \ α	11.0	11.5	12.0	12.5	13.0	13.5	14.0	14.5	15.0	15.5	16.0	16.5	17.0	17.5	18.0	18.5	19.0	19.5	20.0	20.5
0.45	0.149	0.256	0.348	0.423	0.485	0.537	0.579	0.615	0.645	0.670	0.690	0.707	0.721	0.733	0.742	0.750	0.757	0.762	0.767	0.77
0.40	0.140	0.244	0.335	0.412	0.477	0.533	0.580	0.620	0.654	0.683	0.707	0.728	0.745	0.759	0.771	0.781	0.789	0.796	0.802	0.80
0.35	0.130	0.228	0.317	0.394	0.461	0.519	0.570	0.614	0.652	0.685	0.712	0.736	0.756	0.774	0.783	0.801	0.811	0.820	0.828	0.83
0.30	0.118	0.209	0.293	0.368	0.435	0.495	0.548	0.594	0.636	0.671	0.703	0.730	0.753	0.774	0.791	0.807	0.820	0.831	0.841	0.84
0.25	0.103	0.185	0.263	0.334	0.399	0.458	0.511	0.559	0.602	0.640	0.674	0.704	0.731	0.755	0.775	0.794	0.810	0.824	0.837	0.84
0.20	0.087	0.158	0.226	0.290	0.350	0.406	0.457	0.504	0.547	0.587	0.622	0.654	0.683	0.709	0.733	0.754	0.774	0.791	0.807	0.82
0.15	0.069	0.126	0.182	0.236	0.288	0.337	0.383	0.426	0.467	0.504	0.539	0.571	0.601	0.629	0.654	0.678	0.700	0.720	0.738	0.75
0.10	0.048	0.089	0.130	0.171	0.210	0.248	0.285	0.321	0.354	0.386	0.417	0.446	0.473	0.499	0.523	0.546	0.568	0.588	0.609	0.62
0.05	0.025	0.047	0.069	0.92	0.115	0.137	0.159	0.181	0.202	0.222	0.242	0.262	0.280	0.299	0.316	0.334	0.351	0.367	0.383	0.39
0.00	0.000	0.000	0.000	0.000	0.000	0.000	0.000	0.000	0.000	0.000	0.000	0.000	0.000	0.000	0.000	0.000	0.000	0.000	0.000	0.00
1.00	0.165	0.158	0.152	0.147	0.142	0.137	0.132	0.128	0.124	0.120	0.117	0.113	0.110	0.107	0.104	0.102	0.099	0.097	0.095	0.09
0.95	0.185	0.180	0.174	0.170	0.165	0.161	0.158	0.154	0.151	0.148	0.145	0.143	0.140	0.138	0.136	0.134	0.132	0.130	0.129	0.12
0.90	0.233	0.229	0.226	0.222	0.219	0.217	0.214	0.212	0.210	0.208	0.207	0.205	0.204	0.203	0.201	0.200	0.199	0.199	0.198	0.19
0.85	0.295	0.293	0.290	0.288	0.287	0.285	0.284	0.283	0.282	0.281	0.280	0.280	0.279	0.278	0.278	0.278	0.277	0.277	0.277	0.27
0.80	0.363	0.361	0.360	0.360	0.358	0.358	0.358	0.357	0.357	0.357	0.357	0.356	0.356	0.356	0.356	0.356	0.356	0.356	0.356	0.35
0.75	0.432	0.431	0.431	0.431	0.431	0.431	0.431	0.431	0.431	0.431	0.431	0.431	0.432	0.432	0.432	0.432	0.432	0.432	0.432	0.43
0.70	0.499	0.498	0.500	0.500	0.500	0.501	0.501	0.502	0.502	0.502	0.503	0.503	0.503	0.503	0.504	0.504	0.504	0.504	0.505	0.50
0.65	0.563	0.564	0.565	0.566	0.566	0.567	0.568	0.568	0.568	0.568	0.568	0.570	0.570	0.571	0.571	0.571	0.571	0.572	0.572	0.57
0.60	0.624	0.625	0.626	0.627	0.628	0.628	0.629	0.630	0.631	0.631	0.632	0.632	0.633	0.633	0.633	0.634	0.634	0.634	0.634	0.63
0.55	0.679	0.681	0.682	0.684	0.685	0.686	0.686	0.687	0.688	0.688	0.688	0.688	0.690	0.690	0.691	0.691	0.691	0.692	0.692	0.69
0.50	0.730	0.732	0.733	0.735	0.736	0.737	0.738	0.738	0.740	0.741	0.741	0.742	0.742	0.743	0.743	0.743	0.744	0.744	0.744	0.74
0.45	0.744	0.777	0.778	0.781	0.782	0.784	0.785	0.786	0.787	0.788	0.788	0.789	0.790	0.790	0.790	0.791	0.791	0.792	0.792	0.79
0.40	0.811	0.815	0.818	0.820	0.822	0.824	0.826	0.827	0.828	0.829	0.830	0.831	0.831	0.832	0.833	0.833	0.833	0.834	0.834	0.83
0.35	0.840	0.844	0.848	0.852	0.855	0.857	0.859	0.861	0.863	0.864	0.865	0.867	0.867	0.868	0.869	0.870	0.870	0.871	0.871	0.87
0.30	0.857	0.863	0.868	0.873	0.878	0.881	0.884	0.887	0.890	0.892	0.893	0.895	0.896	0.898	0.899	0.900	0.901	0.901	0.902	0.90
0.25	0.858	0.866	0.874	0.881	0.887	0.892	0.897	0.901	0.903	0.908	0.911	0.914	0.916	0.918	0.920	0.921	0.923	0.924	0.925	0.92
0.20	0.834	0.846	0.856	0.866	0.874	0.882	0.889	0.896	0.901	0.907	0.911	0.916	0.919	0.923	0.926	0.929	0.932	0.934	0.936	0.93
0.15	0.772	0.786	0.800	0.813	0.825	0.836	0.846	0.855	0.864	0.872	0.879	0.886	0.893	0.899	0.904	0.909	0.914	0.918	0.922	0.92
0.10	0.646	0.663	0.679	0.694	0.708	0.722	0.735	0.748	0.760	0.771	0.781	0.792	0.801	0.810	0.819	0.827	0.835	0.843	0.850	0.85
0.05	0.413	0.428	0.442	0.456	0.469	0.483	0.495	0.508	0.520	0.532	0.543	0.555	0.566	0.576	0.587	0.597	0.607	0.617	0.626	0.63
0.00	0.000	0.000	0.000	0.000	0.000	0.000	0.000	0.000	0.000	0.000	0.000	0.000	0.000	0.000	0.000	0.000	0.000	0.000	0.000	0.00

附表 13　　顶部集中力作用下的 ψ_1 值

ξ \ α	1.0	1.5	2.0	2.5	3.0	3.5	4.0	4.5	5.0	5.5	6.0	6.5	7.0	7.5	8.0	8.5	9.0	9.5	10.0	10.5
1.00	0.351	0.574	0.734	0.836	0.900	0.939	0.963	0.977	0.986	0.991	0.995	0.996	0.999	0.998	0.999	0.999	0.999	0.999	0.999	0.99
0.95	0.351	0.573	0.732	0.835	0.899	0.938	0.962	0.977	0.986	0.991	0.994	0.996	0.998	0.998	0.999	0.999	0.999	0.999	0.999	0.99
0.90	0.348	0.570	0.728	0.831	0.896	0.935	0.960	0.975	0.984	0.990	0.994	0.996	0.997	0.998	0.999	0.999	0.999	0.999	0.999	0.99
0.85	0.344	0.564	0.722	0.825	0.890	0.931	0.956	0.972	0.982	0.988	0.992	0.995	0.997	0.998	0.998	0.999	0.999	0.999	0.999	0.99
0.80	0.338	0.555	0.712	0.816	0.882	0.924	0.951	0.968	0.979	0.986	0.991	0.994	0.996	0.997	0.998	0.998	0.999	0.999	0.999	0.99
0.75	0.331	0.544	0.700	0.804	0.871	0.915	0.943	0.962	0.974	0.982	0.988	0.992	0.994	0.996	0.997	0.998	0.998	0.999	0.999	0.99
0.70	0.322	0.531	0.684	0.788	0.857	0.903	0.933	0.954	0.968	0.977	0.984	0.989	0.992	0.994	0.996	0.997	0.998	0.998	0.999	0.99
0.65	0.311	0.515	0.666	0.770	0.840	0.888	0.921	0.944	0.960	0.971	0.979	0.985	0.989	0.992	0.994	0.996	0.997	0.997	0.998	0.99
0.60	0.299	0.496	0.644	0.743	0.820	0.870	0.905	0.931	0.949	0.962	0.972	0.979	0.984	0.988	0.991	0.993	0.995	0.996	0.997	0.99
0.55	0.285	0.474	0.619	0.722	0.795	0.848	0.886	0.914	0.935	0.951	0.962	0.971	0.978	0.983	0.987	0.990	0.992	0.994	0.995	0.99
0.50	0.269	0.449	0.589	0.692	0.766	0.821	0.862	0.893	0.917	0.935	0.950	0.961	0.969	0.976	0.981	0.985	0.988	0.991	0.993	0.99

续上表

ξ \ α	1.0	1.5	2.0	2.5	3.0	3.5	4.0	4.5	5.0	5.5	6.0	6.5	7.0	7.5	8.0	8.5	9.0	9.5	10.0	10.5
0.45	0.251	0.421	0.556	0.656	0.731	0.788	0.832	0.867	0.893	0.915	0.932	0.946	0.957	0.965	0.972	0.978	0.982	0.986	0.988	0.99
0.40	0.231	0.390	0.518	0.616	0.691	0.760	0.796	0.834	0.864	0.889	0.909	0.925	0.939	0.950	0.959	0.966	0.972	0.977	0.981	0.99
0.35	0.210	0.356	0.476	0.569	0.643	0.703	0.752	0.792	0.826	0.854	0.877	0.897	0.913	0.927	0.939	0.948	0.957	0.964	0.969	0.99
0.30	0.186	0.318	0.428	0.516	0.588	0.647	0.697	0.740	0.776	0.807	0.834	0.857	0.877	0.894	0.909	0.921	0.932	0.942	0.950	0.99
0.25	0.161	0.276	0.374	0.455	0.523	0.581	0.631	0.675	0.713	0.747	0.776	0.803	0.826	0.846	0.864	0.880	0.894	0.907	0.917	0.99
0.20	0.133	0.230	0.314	0.386	0.448	0.502	0.550	0.593	0.632	0.667	0.698	0.727	0.753	0.776	0.798	0.817	0.834	0.850	0.864	0.89
0.15	0.103	0.179	0.248	0.307	0.360	0.407	0.450	0.490	0.527	0.561	0.593	0.622	0.650	0.675	0.698	0.720	0.740	0.759	0.776	0.79
0.10	0.071	0.125	0.174	0.217	0.257	0.294	0.329	0.362	0.393	0.423	0.451	0.478	0.503	0.527	0.550	0.572	0.593	0.613	0.632	0.69
0.05	0.036	0.065	0.091	0.115	0.138	0.160	0.181	0.201	0.221	0.240	0.259	0.277	0.295	0.312	0.329	0.346	0.362	0.378	0.393	0.49
0.00	0.000	0.000	0.000	0.000	0.000	0.000	0.000	0.000	0.000	0.000	0.000	0.000	0.000	0.000	0.000	0.000	0.000	0.000	0.000	0.00
1.00	0.999	0.999	0.999	0.999	0.999	0.999	1.000	1.000	1.000	1.000	1.000	1.000	1.000	1.000	1.000	1.000	1.000	1.000	1.000	1.00
0.95	0.999	0.999	0.999	0.999	0.999	0.999	0.999	0.999	1.000	1.000	1.000	1.000	1.000	1.000	1.000	1.000	1.000	1.000	1.000	1.00
0.90	0.999	0.999	0.999	0.999	0.999	0.999	0.999	0.999	0.999	1.000	1.000	1.000	1.000	1.000	1.000	1.000	1.000	1.000	1.000	1.00
0.85	0.999	0.999	0.999	0.999	0.999	0.999	0.999	0.999	0.999	0.999	1.000	1.000	1.000	1.000	1.000	1.000	1.000	1.000	1.000	1.00
0.80	0.999	0.999	0.999	0.999	0.999	0.999	0.999	0.999	0.999	0.999	0.999	0.999	0.999	1.000	1.000	1.000	1.000	1.000	1.000	1.00
0.75	0.999	0.999	0.999	0.999	0.999	0.999	0.999	0.999	0.999	0.999	0.999	0.999	0.999	0.999	0.999	1.000	1.000	1.000	1.000	1.00
0.70	0.999	0.999	0.999	0.999	0.999	0.999	0.999	0.999	0.999	0.999	0.999	0.999	0.999	0.999	0.999	0.999	0.999	0.999	1.000	1.00
0.65	0.999	0.999	0.999	0.999	0.999	0.999	0.999	0.999	0.999	0.999	0.999	0.999	0.999	0.999	0.999	0.999	0.999	0.999	0.999	0.99
0.60	0.998	0.998	0.999	0.999	0.999	0.999	0.999	0.999	0.999	0.999	0.999	0.999	0.999	0.999	0.999	0.999	0.999	0.999	0.999	0.99
0.55	0.997	0.998	0.998	0.998	0.999	0.999	0.999	0.999	0.999	0.999	0.999	0.999	0.999	0.999	0.999	0.999	0.999	0.999	0.999	0.99
0.50	0.995	0.996	0.997	0.998	0.998	0.998	0.999	0.999	0.999	0.999	0.999	0.999	0.999	0.999	0.999	0.999	0.999	0.999	0.999	0.99
0.45	0.992	0.994	0.995	0.996	0.997	0.997	0.998	0.998	0.998	0.999	0.999	0.999	0.999	0.999	0.999	0.999	0.999	0.999	0.999	0.99
0.40	0.987	0.989	0.991	0.993	0.994	0.995	0.996	0.996	0.997	0.997	0.998	0.998	0.998	0.999	0.999	0.999	0.999	0.999	0.999	0.99
0.35	0.978	0.982	0.985	0.987	0.989	0.991	0.992	0.993	0.994	0.995	0.996	0.996	0.997	0.997	0.998	0.998	0.998	0.998	0.999	0.99
0.30	0.963	0.969	0.972	0.976	0.979	0.982	0.985	0.987	0.988	0.990	0.991	0.992	0.993	0.994	0.995	0.996	0.996	0.997	0.997	0.99
0.25	0.936	0.943	0.950	0.956	0.961	0.965	0.969	0.973	0.976	0.979	0.981	0.983	0.985	0.987	0.988	0.990	0.991	0.992	0.993	0.99
0.20	0.889	0.899	0.909	0.917	0.925	0.932	0.939	0.945	0.950	0.954	0.959	0.963	0.966	0.968	0.972	0.975	0.977	0.979	0.981	0.98
0.15	0.808	0.821	0.834	0.846	0.857	0.868	0.877	0.886	0.894	0.902	0.909	0.915	0.921	0.927	0.932	0.937	0.942	0.946	0.950	0.95
0.10	0.667	0.683	0.698	0.713	0.727	0.740	0.753	0.765	0.776	0.787	0.798	0.808	0.817	0.826	0.834	0.842	0.850	0.857	0.864	0.87
0.05	0.423	0.437	0.454	0.464	0.478	0.490	0.503	0.515	0.527	0.538	0.550	0.561	0.572	0.583	0.593	0.603	0.613	0.622	0.632	0.64
0.00	0.000	0.000	0.000	0.000	0.000	0.000	0.000	0.000	0.000	0.000	0.000	0.000	0.000	0.000	0.000	0.000	0.000	0.000	0.000	0.00

附表 14　　**典型荷载作用下的 ψ_2 值**

ξ	倒三角形荷载	均布荷载	顶点集中荷载	ξ	倒三角形荷载	均布荷载	顶点集中荷载
1.00	0.000	0.000		0.50	0.748	0.499	
0.95	0.097	0.049		0.45	0.797	0.549	
0.90	0.189	0.099		0.40	0.839	0.599	
0.85	0.277	0.149		0.35	0.877	0.649	
0.80	0.359	0.199	1.0	0.30	0.909	0.699	1.0
0.75	0.437	0.249		0.25	0.937	0.749	
0.70	0.508	0.299		0.20	0.958	0.799	
0.65	0.577	0.349		0.15	0.977	0.849	
0.60	0.639	0.399		0.10	0.989	0.899	
0.55	0.697	0.449		0.05	0.997	0.949	
				0.00	1.000	1.000	

附表 15　　典型荷载作用下的 ψ_a 值

α	倒三角形荷载	均布荷载	顶点集中荷载	α	倒三角形荷载	均布荷载	顶点集中荷载
1.0	0.720	0.722	0.715	11.0	0.026	0.027	0.022
1.5	0.537	0.540	0.528	11.5	0.023	0.025	0.020
2.0	0.399	0.403	0.388	12.0	0.022	0.023	0.019
2.5	0.302	0.306	0.290	12.5	0.020	0.021	0.017
3.0	0.234	0.238	0.222	13.0	0.019	0.020	0.016
3.5	0.186	0.190	0.175	13.5	0.017	0.018	0.015
4.0	0.151	0.155	0.140	14.0	0.016	0.017	0.014
4.5	0.125	0.128	0.115	14.5	0.015	0.016	0.013
5.0	0.105	0.108	0.096	15.0	0.014	0.015	0.012
5.5	0.089	0.092	0.081	15.5	0.013	0.014	0.011
6.0	0.077	0.080	0.069	16.0	0.012	0.013	0.010
6.5	0.067	0.070	0.060	16.5	0.012	0.013	0.010
7.0	0.058	0.061	0.052	17.0	0.011	0.012	0.009
7.5	0.052	0.054	0.046	17.5	0.010	0.011	0.009
8.0	0.046	0.048	0.041	18.0	0.010	0.011	0.008
8.5	0.041	0.043	0.036	18.5	0.009	0.010	0.008
9.0	0.037	0.039	0.032	19.0	0.009	0.009	0.007
9.5	0.034	0.035	0.029	19.5	0.008	0.009	0.007
10.0	0.031	0.032	0.027	12.0	0.008	0.009	0.007
10.5	0.028	0.030	0.024				

参考文献

[1] 中华人民共和国国家标准. GB 50010—2002 混凝土结构设计规范[S]. 北京:中国建筑工业出版社,2002.

[2] 中华人民共和国国家标准. JGJ 3—2002 高层建筑混凝土结构技术规程[S]. 北京:中国建筑工业出版社,2002.

[3] 中华人民共和国国家标准. GB 50009—2001 建筑结构荷载规范[S]. 北京:中国建筑工业出版社,2002.

[4] 中华人民共和国国家标准. GB 50011—2001 建筑抗震设计规范[S]. 北京:中国建筑工业出版社,2002.

[5] 行业标准. JGJ 95—2003 冷轧带肋钢筋混凝土结构技术规程[S]. 北京:中国建筑工业出版社,2002.

[6] 徐有邻,等. 混凝土结构设计规范理解与应用[M]. 北京:中国建筑工业出版社,2002.

[7] 王有志,等. 预应力混凝土结构[M]. 北京:中国水利水电出版社,1999.

[8] 蓝宗建. 混凝土结构设计原理[M]. 南京:东南大学出版社,2002.

[9] 邱洪兴,等. 建筑结构设计[M]. 南京:东南大学出版社,2002.

[10] 严正庭,严捷. 简明混凝土结构构造手册[M]. 北京:中国建筑工业出版社,1992.

[11] 宋玉普,王清湘. 钢筋混凝土结构[M]. 北京:机械工业出版社,2004.

[12] 李萍等. 简明混凝土结构设计施工[M]. 北京:中国电力出版社,2005.

[13] 国振喜. 简明钢筋混凝土结构构造手册[M]. 北京:机械工业出版社,2002.

[14] 吴德安. 混凝土结构计算手册[M]. 北京:中国建筑工业出版社,2002.

[15] 中国土木工程学会高强混凝土委员会. 高强混凝土结构设计与施工指南[M]. 北京:中国建筑工业出版社,2001.

[16] 曹双寅. 工程结构设计原理[M]. 南京:东南大学出版社,2002.